CAD工程设计详解系列

详解 UG NX 12.0 标准教程

（第 5 版）

CAD/CAM/CAE 技术联盟

叶国华　卢　园　编著

電子工業出版社
Publishing House of Electronics Industry
北京 · BEIJING

内 容 简 介

本书按知识结构划分为 11 章，内容包括 UG NX 12.0 简介、基本操作、实体建模基础、草图设计、曲线功能、特征建模、特征操作与编辑、曲面功能、钣金设计、装配建模和工程图等知识。内容安排上，由浅入深，从易到难，各章既相对独立又前后关联。

本书配赠网盘电子资料，包含全书实例操作过程视频 mp4 文件和实例源文件，读者可以通过这些多媒体资料方便直观地学习本书内容。

在介绍内容的过程中，作者根据自己多年的经验和心得体会，及时给出总结和相关提示，帮助读者及时快捷地掌握相应技能。

本书适合广大工程技术人员和机械工程专业的学生学习，也可以作为高等院校相关专业的教学用书。

图书在版编目（CIP）数据

详解 UG NX 12.0 标准教程 / 叶国华，卢园编著. —5 版. —北京：电子工业出版社，2018.12
（CAD 工程设计详解系列）
ISBN 978-7-121-35693-3

I. ①详…　II. ①叶…　②卢…　III. ①计算机辅助设计－应用软件－教材　IV. ①TP391.72

中国版本图书馆 CIP 数据核字（2018）第 277171 号

策划编辑：许存权
责任编辑：许存权　　　　特约编辑：谢忠玉 等
印　　刷：北京虎彩文化传播有限公司
装　　订：北京虎彩文化传播有限公司
出版发行：电子工业出版社
　　　　　北京市海淀区万寿路 173 信箱　　　邮编：100036
开　　本：787×1 092　1/16　印张：24　　　字数：615 千字
版　　次：2009 年 4 月第 1 版
　　　　　2018 年 12 月第 5 版
印　　次：2023 年 9 月第 2 次印刷
定　　价：89.00 元

凡所购买电子工业出版社图书有缺损问题，请向购买书店调换。若书店售缺，请与本社发行部联系，联系及邮购电话：（010）88254888，88258888。

质量投诉请发邮件至 zlts@phei.com.cn，盗版侵权举报请发邮件至 dbqq@phei.com.cn。

本书咨询联系方式：（010）88254484，xucq@phei.com.cn。

前　　言

UG（Unigraphics NX）是原 EDS 公司（现 Siemens 公司）出品的一个产品工程解决方案，它为用户的产品设计及加工过程提供了数字化造型和验证手段。UG 针对用户的虚拟产品设计和工艺设计的需求，提供了经过实践验证的解决方案。

UG 为设计师和工程师提供了一个产品开发的崭新模式，它不仅是对单个几何的操纵，更重要的是团队能够根据工程需求进行产品开发。UG 能够有效地捕捉、利用和共享数字化工程完整过程中的知识，事实证明为企业带来了战略性的收益。

UG 使企业能够通过新一代数字化产品开发系统，实现向产品全生命周期管理转型的目标。UG 包含了企业中应用最广泛的集成应用套件，用于产品设计、工程和制造全范围的开发过程。UG 是新一代数字化产品开发系统，它可以通过过程变更来驱动产品革新。UG 的独特之处是其知识管理基础，它使工程专业人员能够推动革新，以创造更大的利润。UG 可以管理生产和系统性能知识，根据已知准则来确认每一个设计决策。

UG 的每个新版本都代表了当时先进制造的前沿技术，很多现代设计方法和理念都能较快地在新版本中体现。最近发布的最新版本 UG NX 12.0 在很多方面都进行了改进和升级，例如 HD3D、同步建模、数字化生命周期仿真等。

一、本书特色

纵观市面上的 UG 书籍，琳琅满目，让人眼花缭乱，但读者要挑选一本适合自己的书反而举步维艰，虽然“身在此山中”，也只是“雾里看花”。那么，本书为什么能够在读者的“慧眼”中“雀屏中选”，那是因为本书有以下 5 大特色。

● 作者权威

笔者组织几所高校的老师，根据学生工程应用的学习需要精心编写了此书，本书的作者中有 UG 工程设计专家和高校多年从事计算机图形学教学研究的一线人员，他们具有丰富的教学实践经验与教材编写经验。多年的教学工作使他们能够准确地把握学生的学习心理与实际需求。

● 实例专业

本书中有很多实例是工程设计项目案例，经过作者精心提炼和改编，不仅保证了读者能够学好知识点，更重要的是能帮助读者掌握实际操作技能。

● 提升技能

本书将工程设计中涉及的专业知识融于其中，让读者深刻体会到利用 UG 工程设计的完整过程和使用技巧，真正做到以不变应万变。为读者以后的实际工作做好技术储备，使读者能够快速掌握工作技能。

● 内容精彩

全书以实例为核心，透彻讲解各种类型案例，书中案例丰富，而且具有代表性，经过了多次课堂和工程检验；案例由浅入深，每一个案例所包含的重点难点非常明确，读者学习起来会感到非常轻松。

● 知行合一

结合大量实例详细讲解 UG 知识要点，让读者在学习案例的过程中潜移默化地掌握 UG 软件操作技巧，同时培养工程设计实践能力。

二、本书组织结构和主要内容

本书以最新的 UG NX 12.0 版本为演示平台，全面介绍 UG 软件从基础到实战的全部知识，帮助读者更好地学习 UG，全书分为 11 章。

第 1 章主要介绍 UG NX 12.0。

第 2 章主要介绍基本操作。

第 3 章主要介绍实体建模基础。

第 4 章主要介绍草图设计。

第 5 章主要介绍曲线功能。

第 6 章主要介绍特征建模。

第 7 章主要介绍特征操作与编辑。

第 8 章主要介绍曲面功能。

第 9 章主要介绍钣金设计。

第 10 章主要介绍装配建模。

第 11 章主要介绍工程图。

全书解说翔实，图文并茂，语言简洁，思路清晰，可以作为初学者的入门教材，也可作为工程技术人员的工具书。

三、本书的配套资源

本书提供了极为丰富的配套资源，期望读者在最短的时间学会并精通这门技术。读者可以登录百度网盘下载（地址：https://pan.baidu.com/s/1f9NAtF_0xf9R4nVWvZ8O9A，密码：r6wr；或者 https://pan.baidu.com/s/1u20DyRkKz7Vr0f0uO9hj_Q，密码：swzj），读者如果没有百度网盘，需要先注册一个才能下载。

1. 配套教学视频

作者针对本书专门制作了全部实例配套教学视频，读者可以先看视频，像看电影一样轻松愉悦地学习本书内容，然后对照加以实践和练习，可以大大提高学习效率。

2. 5大不同类造型的设计实例及其配套的视频文件

为了帮助读者拓展视野，作者还特意赠送 5 套不同类型的设计实例及其配套的视频文件，总时长达 348 分钟。

3. 全书实例的源文件

本书附带了很多实例，电子资料中包含实例的源文件和所需的素材，读者可以在安装 UG NX 12.0 软件之后，打开并使用它们。

四、致谢

本书由 CAD/CAM/CAE 技术联盟策划，主要由昆明理工大学国土资源工程学院的叶国华和石家庄三维书屋文化传播有限公司的卢园两位老师编写。其中叶国华执笔编写第 1～7 章，卢园执笔编写第 8～11 章。另外，刘昌丽、康士廷、杨雪静、胡仁喜、闫聪聪、孟培、王敏、王玮、王培合、王艳池、王义发、王玉秋、李兵、李亚莉、解江坤、李娟、傅晓文、张玺、李纮、李申鹏等也参与了具体章节的编写和配套素材的制作，并为本书的出版提供了必要的帮助，对他们的付出表示真诚的感谢。

CAD/CAM/CAE 技术联盟是一个 CAD/CAM/CAE 技术研讨、工程开发、培训咨询和图书创作的工程技术人员协作联盟，包含 20 多位专职和兼职 CAD/CAM/CAE 工程技术专家，其创作的很多教材已成为国内具有引导性的旗舰作品，在国内相关专业方向图书创作领域具有举足轻重的地位。

读者可以登录本书学习交流群（QQ：811016724），作者随时在线提供本书的学习指导，诸如软件下载、软件安装、授课 PPT 下载等一系列的后续服务，让读者无障碍地快速学习本书。读者也可以将问题发到邮箱 win760520@126.com，我们将及时予以回复。

编　者

注：由于本书软件截图较多，图中英文字母皆为正体，为保持图文对应，书中的 x 轴、y 轴、xy 平面等字母的字体保留用正体。

目　　录

第 1 章　UG NX 12.0 简介……1
1.1　UG NX 12.0 的启动……2
1.2　界面……2
1.2.1　标题……2
1.2.2　菜单……3
1.2.3　功能区……4
1.2.4　工作区……4
1.2.5　坐标系……4
1.2.6　快速访问工具条……4
1.2.7　资源工具条……5
1.2.8　提示行……5
1.2.9　状态行……6
1.3　功能区的定制……6
1.3.1　选项卡/条……6
1.3.2　命令……6
1.3.3　图标/工具提示……7
1.3.4　快捷方式……7
1.4　参数设置……8
1.4.1　默认参数设置……8
1.4.2　对象首选项……9
1.4.3　用户界面首选项……10
1.4.4　资源板……14
1.4.5　选择首选项……15
1.4.6　装配首选项……15
1.4.7　草图首选项……15
1.4.8　制图首选项……17
1.4.9　建模首选项……19
第 2 章　基本操作……22
2.1　文件操作……23
2.1.1　新建文件……23
2.1.2　打开关闭文件……24
2.1.3　导入导出文件……26
2.1.4　退出文件……27
2.2　对象操作……27
2.2.1　改变对象的显示方式……27
2.2.2　隐藏对象……30
2.2.3　对象变换……31
2.2.4　移动对象……35
2.3　坐标系操作……36
2.3.1　坐标系的变换……36
2.3.2　坐标系的定义……37
2.3.3　坐标系的保存、显示和隐藏……38
2.4　视图与布局……39
2.4.1　视图……39
2.4.2　布局……40
2.5　图层操作……42
2.5.1　图层的分类……42
2.5.2　图层的设置……43
2.5.3　图层的其他操作……44
第 3 章　实体建模基础……46
3.1　基准建模……47
3.1.1　点……47
3.1.2　基准平面……49
3.1.3　基准轴……50
3.1.4　基准坐标系……50
3.2　体素特征……51
3.2.1　长方体……51
3.2.2　圆柱……52
3.2.3　圆锥体……53
3.2.4　球……54
3.3　布尔运算……55
3.3.1　合并……55
3.3.2　减去……56
3.3.3　相交……56
第 4 章　草图设计……58
4.1　草图建立……59

4.1.1 进入草图环境……………………59
4.1.2 草图创建的一般步骤…………59
4.1.3 草图的视角……………………60
4.2 草图绘制……………………………60
4.2.1 轮廓……………………………61
4.2.2 直线……………………………61
4.2.3 圆弧……………………………61
4.2.4 圆………………………………62
4.2.5 派生曲线………………………62
4.2.6 圆角……………………………62
4.2.7 倒斜角…………………………62
4.2.8 矩形……………………………63
4.2.9 多边形…………………………64
4.2.10 椭圆…………………………65
4.2.11 二次曲线……………………65
4.3 草图操作……………………………66
4.3.1 快速修剪………………………66
4.3.2 快速延伸………………………66
4.3.3 镜像……………………………67
4.3.4 阵列曲线………………………67
4.3.5 实例——槽轮草图……………68
4.3.6 拖动……………………………71
4.3.7 偏置曲线………………………71
4.3.8 添加现有曲线…………………71
4.4 草图约束……………………………72
4.4.1 建立尺寸约束…………………72
4.4.2 建立几何约束…………………74
4.4.3 动画演示尺寸…………………75
4.4.4 转换至/自参考对象……………76
4.5 综合实例——垫片草图……………76
第 5 章 曲线功能……………………79
5.1 曲线…………………………………80
5.1.1 基本曲线………………………80
5.1.2 倒斜角…………………………84
5.1.3 多边形…………………………86
5.1.4 椭圆……………………………87
5.1.5 抛物线…………………………88
5.1.6 双曲线…………………………88
5.1.7 艺术样条………………………88
5.1.8 规律曲线………………………90
5.1.9 螺旋线…………………………91
5.2 派生的曲线…………………………93
5.2.1 偏置……………………………93
5.2.2 在面上偏置……………………94
5.2.3 桥接……………………………96
5.2.4 简化……………………………97
5.2.5 连结……………………………98
5.2.6 投影……………………………98
5.2.7 组合投影………………………100
5.2.8 缠绕/展开………………………101
5.2.9 镜像曲线………………………102
5.2.10 抽取…………………………103
5.2.11 相交…………………………103
5.2.12 截面…………………………104
5.3 曲线编辑……………………………107
5.3.1 编辑曲线参数…………………107
5.3.2 修剪曲线………………………109
5.3.3 修剪拐角………………………110
5.3.4 分割曲线………………………111
5.3.5 编辑圆角………………………113
5.3.6 拉长曲线………………………114
5.3.7 曲线长度………………………115
5.3.8 光顺样条………………………116
5.3.9 实例——灯罩曲线……………117
第 6 章 特征建模……………………122
6.1 基于截面的特征……………………123
6.1.1 拉伸……………………………123
6.1.2 实例——键……………………125
6.1.3 旋转……………………………127
6.1.4 实例——碗……………………128
6.1.5 沿引导线扫掠…………………132
6.1.6 管………………………………132
6.2 基于特征的特征……………………133
6.2.1 孔………………………………133
6.2.2 实例——盘……………………135
6.2.3 凸台……………………………136
6.2.4 实例——笔芯…………………137
6.2.5 腔………………………………139

6.2.6 实例——臂 ……141
6.2.7 垫块 ……145
6.2.8 实例——箱体 ……146
6.2.9 键槽 ……151
6.2.10 槽 ……154
6.2.11 三角形加强筋 ……155
6.2.12 螺纹 ……156
6.2.13 实例——灯泡 ……159
6.3 GC 工具箱 ……161
6.3.1 齿轮建模 ……161
6.3.2 实例——圆柱齿轮 ……163
6.3.3 弹簧设计 ……165
6.3.4 实例——圆柱拉伸弹簧 ……166
6.4 综合实例——方向盘 ……168
第 7 章 特征操作与编辑 ……176
7.1 细节特征 ……177
7.1.1 边倒圆 ……177
7.1.2 实例——笔前端盖 ……179
7.1.3 面倒圆 ……183
7.1.4 倒斜角 ……184
7.1.5 球形拐角 ……185
7.1.6 拔模 ……186
7.1.7 实例——锅盖 ……188
7.2 偏置/缩放特征 ……192
7.2.1 抽壳 ……192
7.2.2 实例——笔后端盖 ……193
7.2.3 偏置面 ……197
7.2.4 缩放体 ……198
7.3 修剪 ……200
7.3.1 修剪体 ……200
7.3.2 实例——茶杯 ……201
7.3.3 拆分体 ……205
7.4 关联复制特征 ……206
7.4.1 阵列特征 ……206
7.4.2 实例——挡板 ……207
7.4.3 镜像特征 ……209
7.4.4 实例——哑铃 ……210
7.4.5 镜像几何体 ……212
7.5 特征编辑 ……212
7.5.1 编辑特征参数 ……212
7.5.2 实例——通气器 ……213
7.5.3 编辑位置 ……217
7.5.4 移动特征 ……218
7.5.5 特征重排序 ……218
7.5.6 抑制特征和取消抑制特征 ……219
7.5.7 由表达式抑制 ……219
7.5.8 移除参数 ……220
7.5.9 编辑实体密度 ……220
7.5.10 特征重播 ……220
7.6 综合实例 ……220
7.6.1 笔筒 ……220
7.6.2 阀体 ……224
第 8 章 曲面功能 ……229
8.1 自由曲面创建 ……230
8.1.1 通过点生成曲面 ……230
8.1.2 拟合曲面 ……233
8.1.3 直纹 ……234
8.1.4 通过曲线组 ……235
8.1.5 通过曲线网格 ……237
8.1.6 截面曲面 ……239
8.1.7 艺术曲面 ……242
8.1.8 N 边曲面 ……244
8.1.9 延伸曲面 ……245
8.1.10 规律延伸 ……246
8.1.11 扫掠 ……248
8.1.12 实例——茶壶 1 ……250
8.2 曲面操作 ……261
8.2.1 偏置曲面 ……261
8.2.2 大致偏置 ……261
8.2.3 修剪片体 ……263
8.2.4 加厚 ……264
8.2.5 实例——茶壶 2 ……264
8.3 自由曲面编辑 ……274
8.3.1 X 型 ……274
8.3.2 扩大 ……275
8.3.3 更改次数 ……276
8.3.4 更改刚度 ……276
8.3.5 法向反向 ……277

8.4 综合实例——油烟机腔…………277

第 9 章 钣金设计…………283
9.1 钣金基本特征…………284
9.1.1 突出块…………284
9.1.2 弯边…………284
9.1.3 轮廓弯边…………287
9.1.4 放样弯边…………288
9.1.5 二次折弯特征…………289
9.1.6 折弯…………290
9.1.7 法向开孔…………291
9.1.8 实例——消毒柜顶后板…………292
9.1.9 凹坑…………298
9.1.10 实例——花盆…………299
9.2 钣金高级特征…………302
9.2.1 冲压开孔…………302
9.2.2 筋…………303
9.2.3 百叶窗…………305
9.2.4 倒角…………305
9.2.5 撕边…………306
9.2.6 转换为钣金…………306
9.2.7 封闭拐角…………307
9.2.8 实例——投影机底盒…………309
9.2.9 伸直…………317
9.2.10 重新折弯…………317
9.3 综合实例——消毒柜左侧板…………318

第 10 章 装配建模…………326
10.1 装配概述…………327
10.1.1 相关术语和概念…………327
10.1.2 引用集…………327
10.2 装配导航器…………328
10.2.1 功能概述…………328
10.2.2 预览面板和依附性面板…………329
10.3 自底向上装配…………329
10.3.1 添加已经存在的部件…………330
10.3.2 组件的装配约束…………331
10.3.3 实例——笔装配…………334
10.4 自顶向下装配…………337
10.4.1 第一种设计方法…………338
10.4.2 第二种设计方法…………339
10.5 装配爆炸图…………339
10.5.1 爆炸图的建立…………340
10.5.2 自动爆炸视图…………340
10.5.3 编辑爆炸视图…………340
10.5.4 实例——笔爆炸图…………341
10.5.5 对象干涉检查…………343
10.6 综合实例——制动器装配…………344

第 11 章 工程图…………349
11.1 工程图概述…………350
11.2 图纸管理…………351
11.2.1 新建工程图…………351
11.2.2 编辑工程图…………352
11.3 视图管理…………352
11.3.1 建立基本视图…………352
11.3.2 投影视图…………353
11.3.3 局部放大视图…………354
11.3.4 剖视图…………354
11.3.5 局部剖视图…………355
11.4 视图编辑…………356
11.4.1 视图对齐…………356
11.4.2 视图相关编辑…………357
11.4.3 移动/复制视图…………358
11.4.4 视图边界…………359
11.4.5 显示与更新视图…………360
11.5 尺寸…………360
11.6 符号…………362
11.6.1 基准特征符号…………362
11.6.2 基准目标…………363
11.6.3 特征控制框…………364
11.6.4 表面粗糙度…………366
11.6.5 注释…………367
11.7 综合实例——创建阀体工程图…………368

Chapter

UG NX 12.0 简介

1

内容简介

UG（Unigraphics）是集 CAD/CAM/CAE 为一体的三维设计平台，也是当今世界广泛应用的计算机辅助设计、分析和制造软件之一，广泛应用于汽车、航空航天、机械、消费产品、医疗器械、造船等行业，它为制造行业产品开发的全过程提供解决方案，功能包括概念设计、工程设计、性能分析和制造。本章主要介绍 UG 软件界面的工作环境，简单介绍如何自定义功能区及参数的设置。

内容要点

- 系统启动
- 界面介绍
- 功能区定制
- 参数设置

案例效果

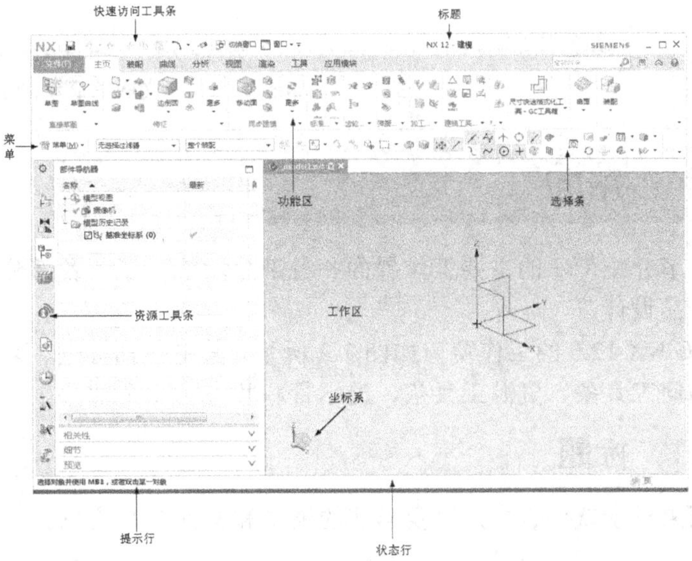

1.1　UG NX 12.0 的启动

启动 UG NX 12.0 中文版，有下面 4 种方法。

（1）双击桌面上 UG NX 12.0 的快捷方式图标，即可启动 UG NX 12.0 中文版。

（2）单击桌面左下方的“开始”按钮，在弹出的菜单中选择“所有程序”→“Siemens NX 12.0”→“NX 12.0”，启动 UG NX 12.0 中文版。

（3）将 UG NX 12.0 的快捷方式图标拖到桌面下方的快捷启动栏中，只需单击快捷启动栏中 UG NX 12.0 的快捷方式图标，即可启动 UG NX 12.0 中文版。

（4）直接在 UG NX 12.0 安装目录的 UGII 子目录下双击 ugraf.exe 图标，可启动 UG NX 12.0 中文版。

UG NX 12.0 中文版的启动画面如图 1-1 所示。

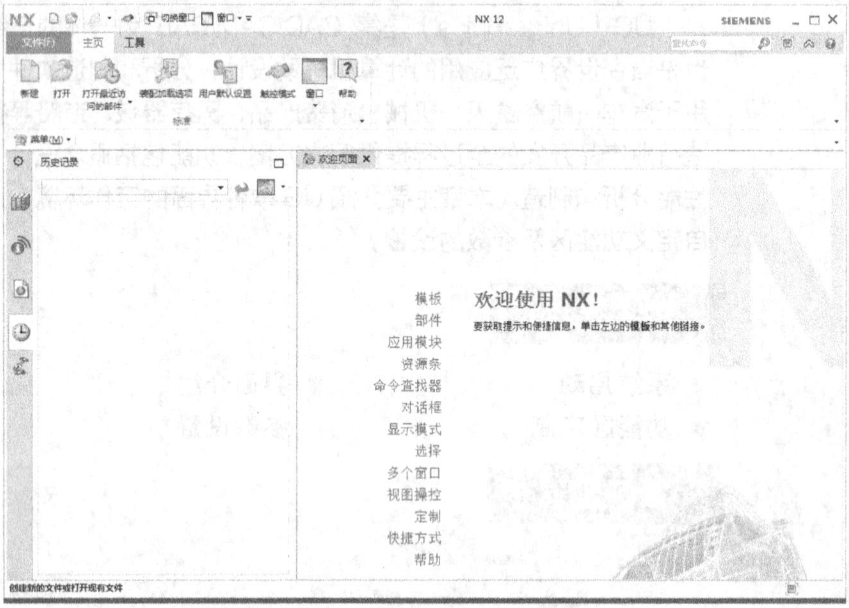

图 1-1　UG NX 12.0 中文版的启动画面

1.2　界面

本节介绍 UG 的主要工作界面和各部分功能，了解各部分的位置和功能之后才可以有效进行产品设计。

UG NX 12.0 的工作窗口如图 1-2 所示，其中包括标题、菜单、功能区、工作区、坐标系、快速访问工具条、资源工具条、提示行和状态行 9 个部分。

1.2.1　标题

用来显示软件版本，以及当前的模块和文件名等信息。

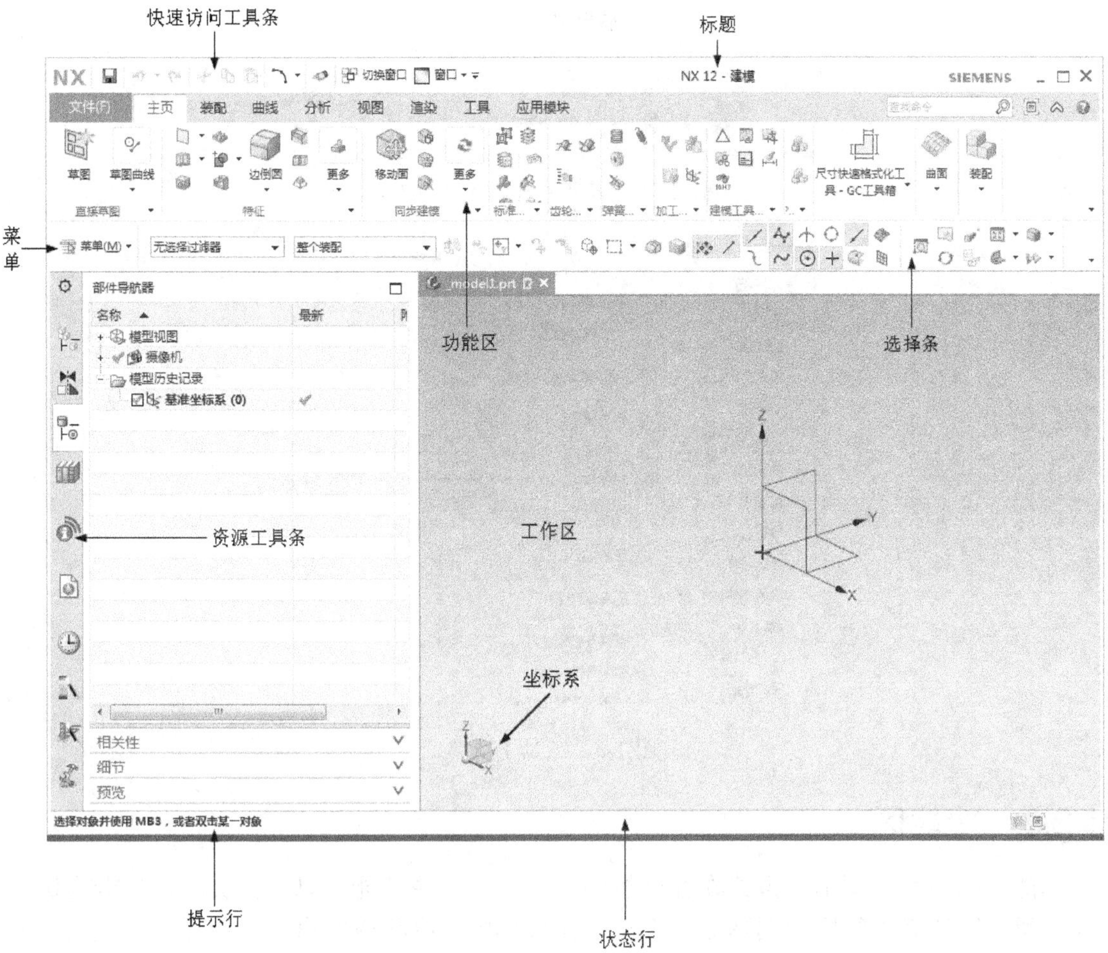

图 1-2 工作窗口

1.2.2 菜单

菜单包含了本软件的主要功能，系统的所有命令或者设置选项都归属到不同的菜单下，它们分别是：“文件”子菜单、“编辑”子菜单、“视图”子菜单、“插入”子菜单、“格式”子菜单、“工具”子菜单、“装配”子菜单、“信息”子菜单、“分析”子菜单、“首选项”子菜单、“应用模块”子菜单、“窗口”子菜单、“GC 工具箱”和“帮助”子菜单。

当单击菜单时，在下拉菜单中就会显示所有与该功能有关的命令选项。图 1-3 为工具下拉菜单的`命令选项，有如下特点。

（1）快捷字母。例如 File 中的 F 是系统默认快捷字母命令键，按下 Alt+F 即可调用该命令选项。比如要调用“File”→“Open”命令，按下 Alt+F 后再按 O 即可调出该命令。

（2）功能命令。是实现软件各个功能所要执行的各个命令，单击它会调出相应功能。

（3）提示箭头。是指菜单命令中右方的三角箭头，表示该命令含有子菜单。

（4）快捷命令。命令右方的按钮组合键即是该命令的快捷键，在工作过程中直接按下组合键即可自动执行该命令。

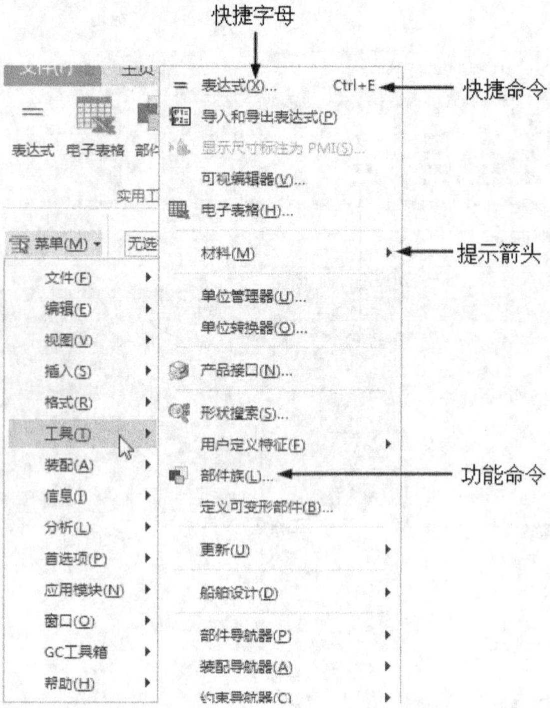

图 1-3　工具子菜单

1.2.3　功能区

功能区的命令以图形的方式在各个组和库中表示命令功能，以“主页”选项卡为例，如图 1-4 所示，所有功能区的图形命令都可以在菜单中找到相应的命令，这样可以使用户避免在菜单中查找命令的烦琐，方便操作。

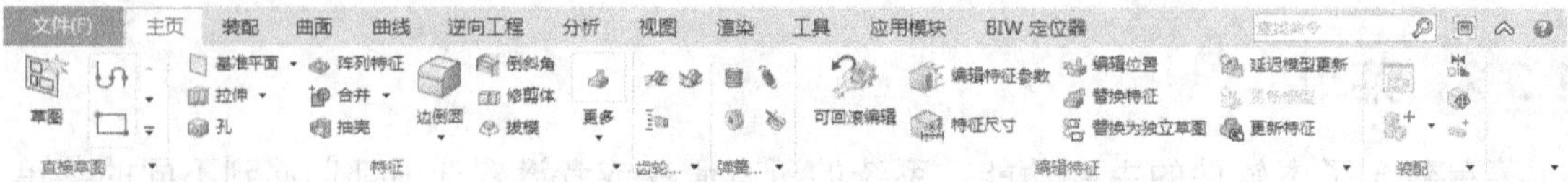

图 1-4　“主页”选项卡

1.2.4　工作区

工作区是绘图的主区域。

1.2.5　坐标系

UG 中的坐标系分为工作坐标系（WCS）和绝对坐标系（ACS），其中工作坐标系是用户在建模时直接应用的坐标系。

1.2.6　快速访问工具条

快速访问工具条在标题左边，其中含有一些常用命令，以方便绘图工作。

1.2.7 资源工具条

资源工具条（图 1-5）中包括：装配导航器、部件导航器、Web 浏览器、历史记录、重用库等。

（1）单击“重用库”图标打开“重用库”选项卡，当单击□（图 1-6）按钮时可以切换页面的最大化。

（2）单击 Web 浏览器图标，用它来显示 UG NX12.0 的在线帮助、CAST、e-vis、iMan，或其他任何网站和网页。也可用“菜单”→“首选项”→“用户界面”来配置浏览主页，如图 1-7 所示。

图 1-5　资源工具条

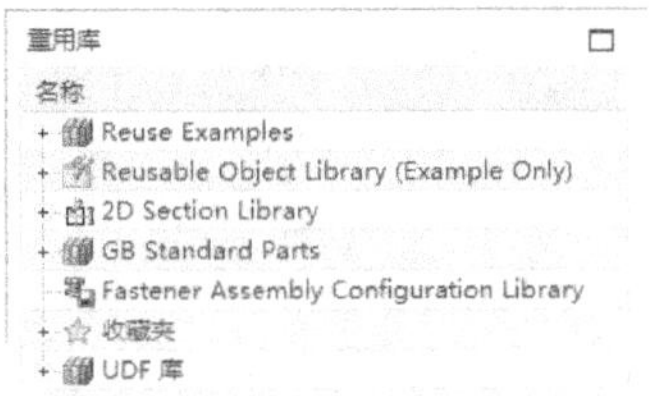

图 1-6　最大化窗口

图 1-7　配置浏览器主页

（3）单击“历史记录”图标，可访问打开过的零件列表，可以预览零件及其他相关信息，见图 1-8。

图 1-8　历史信息

1.2.8 提示行

提示行用来提示用户如何操作。执行每个命令时，系统都会在提示行中显示用户必须执行的下一步操作。对于用户不熟悉的命令，利用提示行帮助，一般都可以顺利完成操作。

1.2.9 状态行

状态行主要用于显示系统或图元的状态，例如显示是否选中图元等信息。

1.3 功能区的定制

UG 中提供的功能区可以为用户工作提供方便，但是进入应用模块之后，UG 只会显示默认的功能区图标设置，然而用户可以根据自己的习惯定制独特风格的功能区，本节将介绍功能区的设置。

选择“菜单”→“工具”→“定制”命令（如图 1-9 所示）或者在功能区空白处的任意位置右击鼠标，从弹出的菜单（如图 1-10 所示）中选择“定制”项就可以打开“定制”对话框，如图 1-11 所示，对话框中有 4 个功能标签选项：命令、选项卡/条、快捷方式、图标/工具提示。单击相应的标签后，对话框会随之显示对应的选项卡内容，即可进行功能区的定制，完成后执行对话框下方的“关闭”命令即可退出对话框。

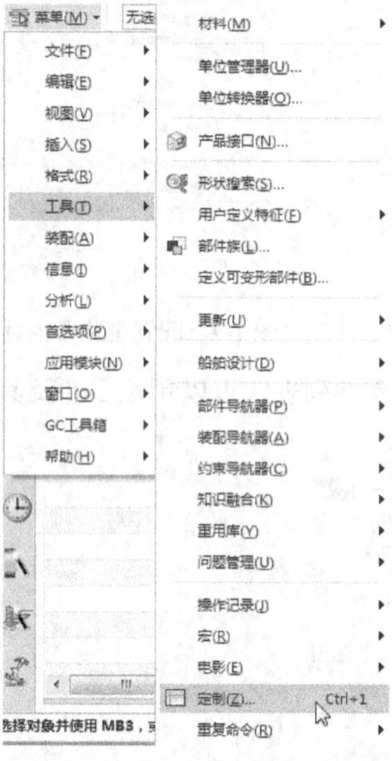

图 1-9 “菜单”→“工具”→“定制”命令

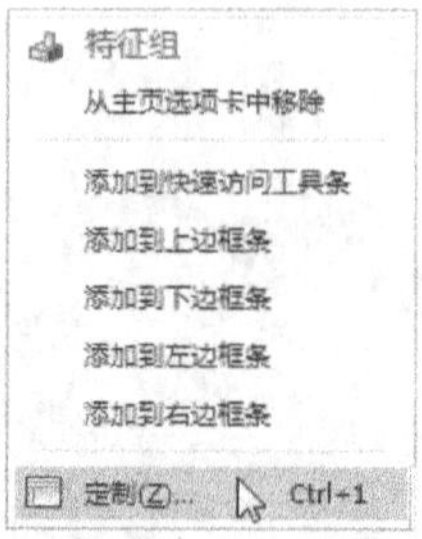

图 1-10 弹出的菜单

1.3.1 选项卡/条

该选项卡（如图 1-11 所示）用于设置显示或隐藏某些功能区、新建功能区、装载定义好的功能区，也可以利用“重置”命令来恢复软件默认的功能区设置。

1.3.2 命令

该选项标签用于显示或隐藏功能区中的某些图标命令，如图 1-12 所示，具体操作为：在

“类别”下找到需添加命令的功能区，然后在“项”选项卡下找到待添加的命令，将该命令拖至工作窗口的相应功能区中即可。对于功能区上不需要的命令图标，点击鼠标右键选择移除即可。命令图标用同样方法也可以拖动到菜单中。

图 1-11 “选项卡/条”选项卡

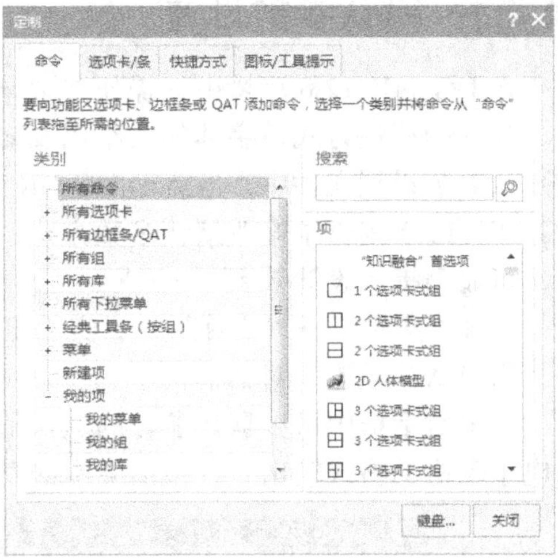

图 1-12 “命令”选项卡

1.3.3 图标/工具提示

该选项卡（如图 1-13 所示）用于设置在功能区和菜单上是否显示工具提示、在对话框选项上是否显示工具提示，以及功能区、菜单和对话框等图标大小的设置。

1.3.4 快捷方式

该选项卡（如图 1-14 所示）用于定制快捷工具条和快捷圆盘工具条等。

图 1-13 “图标/工具提示”选项卡

图 1-14 “快捷方式”选项卡

1.4 参数设置

在使用 UG NX 12.0 中文版进行建模之前，首先要对 UG NX 12.0 中文版进行系统设置。下面主要介绍系统的环境设置和参数设置。

1.4.1 默认参数设置

在 UG NX 12.0 环境中，操作参数一般都可以修改。大多数的操作参数，如图尺寸的单位、尺寸的标注方式、字体的大小以及对象的颜色等，都有默认值。而参数的默认值都保存在默认参数设置文件中，当启动 UG NX 12.0 时，会自动调用默认参数设置文件中默认参数。UG NX 12.0 提供了修改默认参数方式，用户可以根据自己的习惯预先设置默认参数的默认值，可显著提高设计效率。

选择“菜单”→“文件”→“实用工具”→“用户默认设置”命令，弹出如图 1-15 所示的“用户默认设置”对话框。

在该对话框中可以默认参数的默认值、查找所需默认设置的作用域和版本、把默认参数以电子表格的格式输出、升级旧版本的默认设置等。

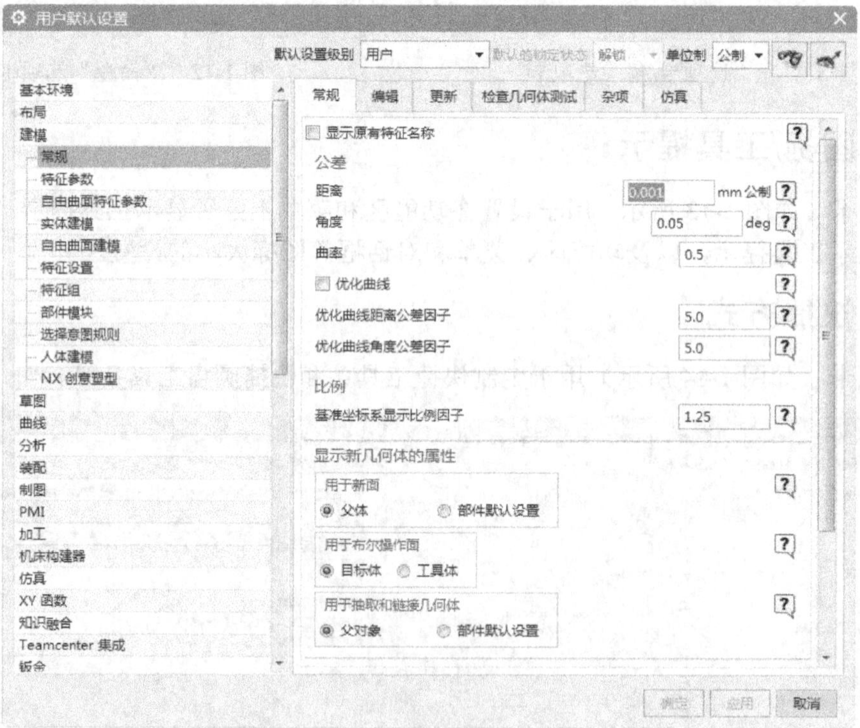

图 1-15 “用户默认设置”对话框

下面介绍如图 1-15 所示对话框中主要选项的用法。

1. 查找默认设置

单击“查找默认设置”图标，弹出如图 1-16 所示的“查找默认设置”对话框，在该对话框“输入与默认设置关联的字符”的文本框中输入要查找的默认设置，单击“查找”按钮，则找到的默认设置在“找到的默认设置”列表框中列出其“应用模块”、“类别”、“子类别”、“选项卡”、“设置”、“适用于”等。

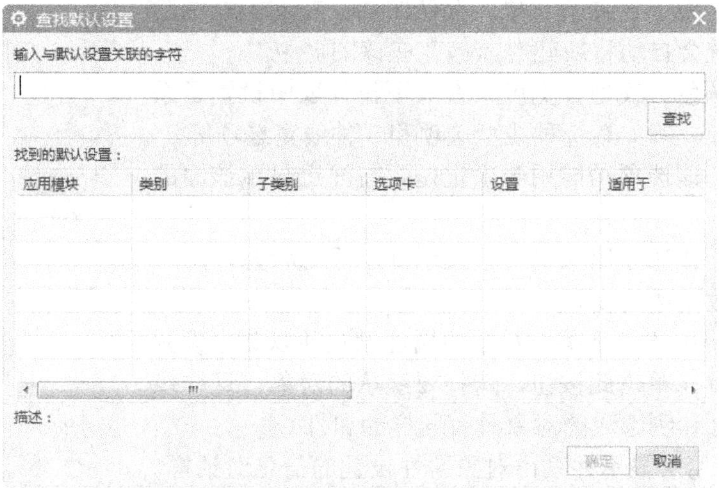

图 1-16 “查找默认设置”对话框

2. 管理当前设置

单击“管理当前设置”图标，弹出如图 1-17 所示的“管理当前设置”对话框。在该对话框中可以实现对默认设置的“新建”、“删除”、“导入”、“导出”和“以电子表格”的格式输出默认设置。

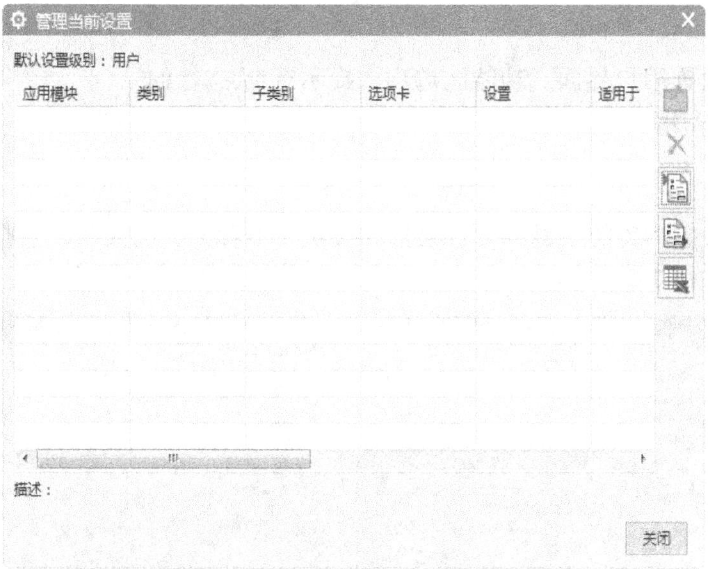

图 1-17 “管理当前设置”对话框

1.4.2 对象首选项

选择“菜单”→“首选项”→“对象”命令，系统打开如图 1-18 所示“对象首选项”对话框，该功能主要用于设置产生新对象的属性，例如“线型”、“线宽”、“颜色”等，通过编辑用户可以进行个性化的设置。

以下就相关选项进行说明。

（1）工作层：用于设置新对象的存储图层。在文本框中输入图层号后，系统会自动将新建对象储存在该图层中。

（2）类型、颜色、线型、宽度：在其下拉列表中设置了系统默认的多种选项，例如有 7 种线型选项和 3 种线宽选项等。

（3）面分析：该选项功能用于确定是否在面上显示该面的分析效果。

（4）透明度：该选项用来使对象显示处于透明状态，用户可以通过滑块来改变透明度。

（5）继承：用于继承某个对象的属性设置并以此来设置新创对象的预设置。单击此按钮，选择要继承的对象，这样以后新建的对象就会和刚选取的对象具有同样的属性。

（6）信息：用于显示并列出对象属性设置的信息对话框。

1.4.3 用户界面首选项

选择“菜单”→“首选项”→“用户界面”命令，系统打开如图 1-19 所示“用户界面首选项”对话框。此对话框中包含了“常规”、“布局”、“宏”、“操作记录”和“用户工具”5 个选项，以下就对话框部分选项介绍其用法：

1. 布局

该选项用于设置用户界面、功能区选项、提示行/状态行的位置等，如图 1-19 所示。

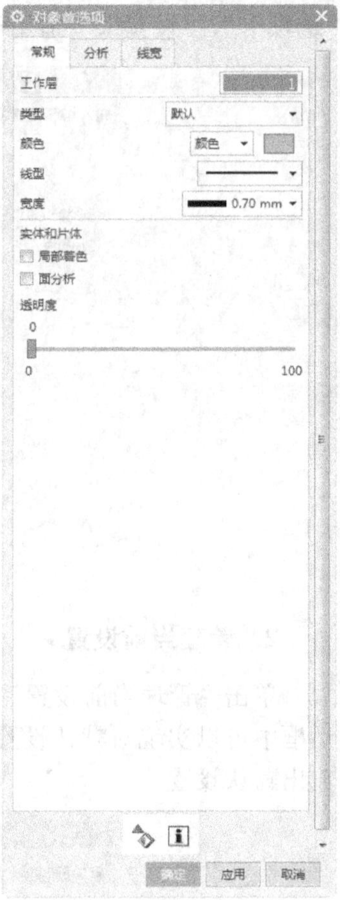

图 1-18 “对象首选项”对话框

2. 主题

该选项用于设置 NX 的主题界面，包括轻量级（推荐）、浅灰色、经典、使用系统字体、系统 5 种主题，如图 1-20 所示。

图 1-19 “布局”选项卡

图 1-20 “主题”选项卡

3．资源条

UG 工作区左侧资源条的状态，如图 1-21 所示，其中可以设置资源条主页、停靠位置、自动飞出与否等。

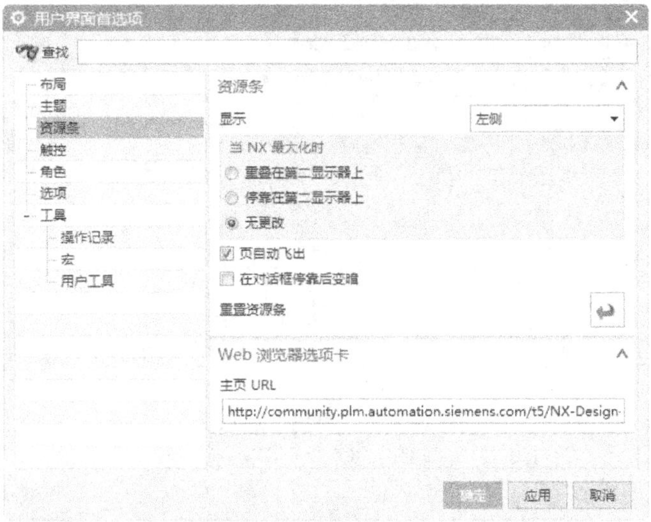

图 1-21　“资源条”选项卡

4．触控

“触控”选项卡，如图 1-22 所示。针对触摸屏操作进行优化，还可以调节数字触摸板和圆盘触摸板的显示。

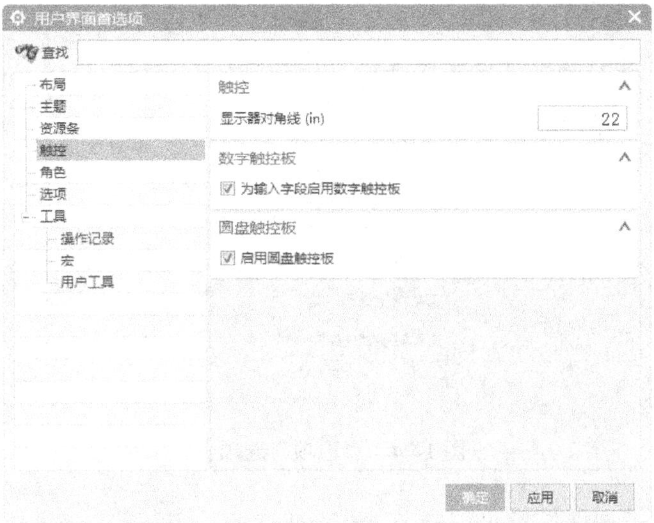

图 1-22　“触控”选项卡

5．角色

“角色”选项卡，如图 1-23 所示。可以新建和加载角色，也可以重置当前应用模块的布局。

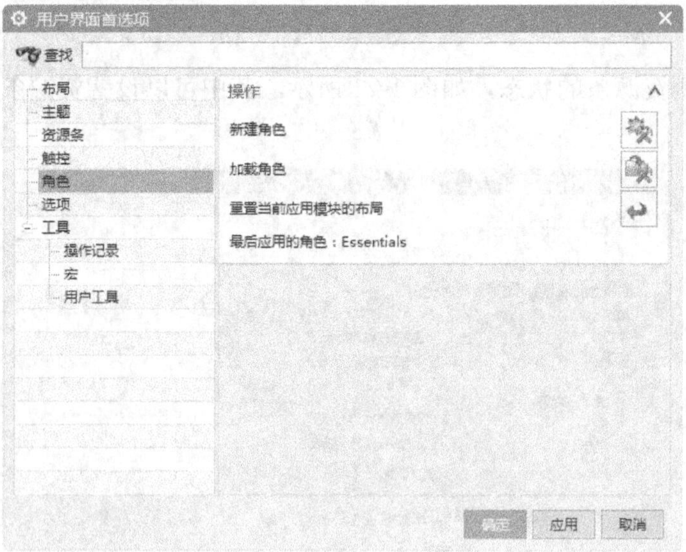

图 1-23　“角色”选项卡

6．选项

“选项”选项卡，如图 1-24 所示。设置对话框内容显示的多少，设置对话框中的文本框中数据的小数点后的位数以及用户的反馈信息。

图 1-24　“选项”选项卡

7．工具

（1）宏是一个储存一系列描述用户键盘和鼠标在 UG 交互过程中操作语句的文件（扩展名为“.macro”），任意一串交互输入操作都可以记录到宏文件中，然后可以通过简单的播放功能来重放记录的操作，如图 1-25 中所示。宏对于执行重复的、复杂的或较长时间的任务十分有用，而且还可以使用户工作环境个性化。

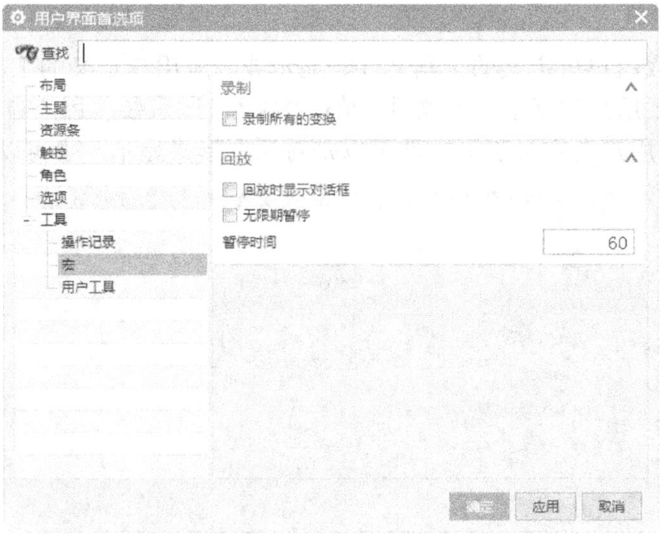

图 1-25 “宏”选项卡

对于宏记录的内容，用户可以通过以记事本的方式打开保存了的宏文件，可以查看系统记录的全过程。

① 录制所有的变换：该复选框用于设置在记录宏时，是否记录所有的动作。选中该复选框后，系统会记录所有的操作，所以文件会较大；当不选中该复选框时，则系统仅记录动作结果，因此宏文件较小。

② 回放时显示对话框：该复选框用于设置在回放时是否显示设置对话框。

③ 无限期暂停：该复选框用于设置记录宏时，如果用户执行了暂停命令，则在播放宏时，系统会在指定的暂停时刻显示对话框并停止播放宏，提示用户单击 OK 按钮后方可继续播放。

④ 暂停时间：该文本框用于设置暂停时间，单位为 s。

（2）操作记录。

在该选项中可以设置操作文件的各种不同的格式，如图 1-26 所示。

图 1-26 “操作记录”选项卡

（3）用户工具。

该选项用于装载用户自定义的工具文件、显示或隐藏用户定义的工具。如图 1-27 所示，其列表框中已装载了用户定义的工具文件。单击“载入”即可装载用户自定义工具栏文件（扩展名为“.utd”），用户自定义工具文件可以是对话框形式显示，也可以是工具图标形式。

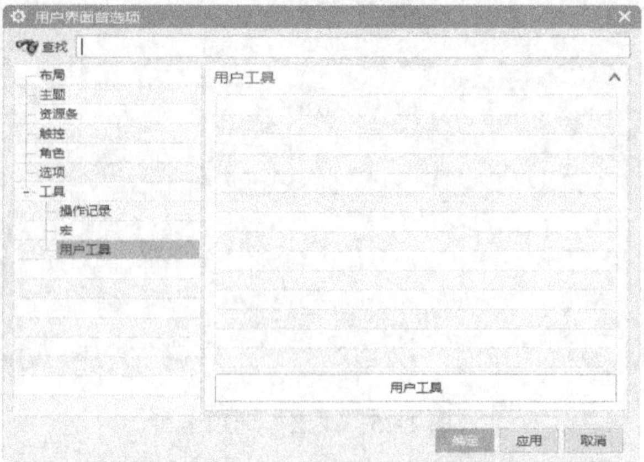

图 1-27　“用户工具”选项卡

1.4.4 资源板

选择“菜单”→“首选项”→“资源板”命令，系统打开如图 1-28 所示“资源板”对话框，该功能是自 UG NX2.0 添加的，主要用于控制整个窗口最右边的资源条的显示。模板资源用于处理大量重复性工作，可以最大程度地减少重复性工作，以下就其选项功能作一介绍。

（1）新建资源板：用户可以设置一个自己的加工、制图、环境设置的模板，用于完成以后的重复性工作。

（2）打开资源板：用于打开一些系统已完成的模板文件。系统会提示选择“*.pax”模板文件。

（3）打开目录作为资源板：用户可以选择一个文件夹作为模板。

（4）打开目录作为模板资源板：选择一文件路径作为模板。

（5）打开目录作为角色资源板：用于打开一些角色作为模板。

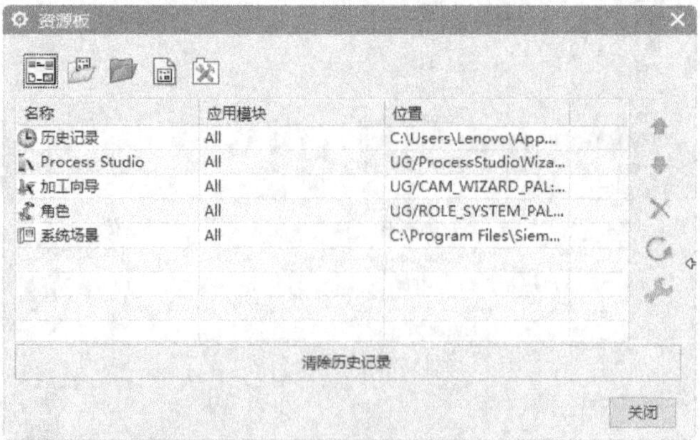

图 1-28　“资源板”对话框

1.4.5 选择首选项

选择“菜单”→“首选项”→“选择”命令，系统打开如图 1-29 所示“选择首选项”对话框，在该对话框中可以设置光标选择对象后，系统所显现的默认“颜色”、“选择球大小”和“确认选择”设置等选项，以下介绍相关用法。

（1）鼠标手势：该选项用于设置选择方式，包括矩形和套索方式。

（2）选择规则：该选项用于设置选择规则，包括内部、外部、交叉、内部/交叉、外部/交叉 5 种选项。

（3）着色视图：该选项用于设置系统着色时对象的显示方式，包括高亮显示面和高亮显示边两个选项。

（4）面分析视图：该选项用于设置面分析时的视图显示方式，包括高亮显示面和高亮显示边两个选项。

（5）选择半径：该选项用于设置选择球的大小，包含小、中、大三种选项。

（6）延迟：选择该复选框之后，可以设置预显示的参数。该选项用于控制预选对象是否高亮显示。预选框下的延迟时间滑块用于当预选对象时，控制高亮显示对象的时间。

（7）成链公差：该文本框用于设置链接曲线时，彼此相邻的曲线端点间允许的最大间隙。链接公差值设置得越小，链接选取就越精确，值越大就越不精确。

（8）成链方法：有四种，包括简单、WCS、WCS 左侧和 WCS 右侧。

① 简单：该方式用于选择彼此首尾相连的曲线串。

② WCS：该方式用于在当前 XC-YC 坐标平面上选择彼此首尾相连的曲线串。

③ WCS 左侧：该方式用于在当前 XC-YC 坐标平面上，从连接开始点至结束点沿左侧路线选择彼此首尾相连的曲线串。

④ WCS 右侧：该方式用于在当前 XC-YC 坐标平面上，从连接开始点至结束点沿右侧路线选择彼此首尾相连的曲线串。

简单方法由系统自动识别，它最为常用。当需要连接的对象含有两条连接路径时，一般选用后两种方式选项，用于指定是沿左连接还是沿右连接。

1.4.6 装配首选项

选择“菜单”→“首选项”→“装配”命令，系统打开如图 1-30 所示“装配首选项”对话框。该对话框用于设置装配的相关参数。

以下介绍部分选项功能用法。

（1）选择组件成员：用于设置是否首先选择组件。勾选该复选框，则在选择属于某个子装配的组件时，首先选择的是子装配中的组件，而不是子装配。

（2）描述性部件名样式：该选项用于设置部件名称的显示类型。其中包括文件名、描述、指定的属性 3 种方式。

1.4.7 草图首选项

该选项用于改变草图的默认值并且控制某些草图对象的显示。要设定这些设置值，选择“菜单”→“首选项”→“草图”命令，系统打开如图 1-31 所示“草图首选项”对话框。

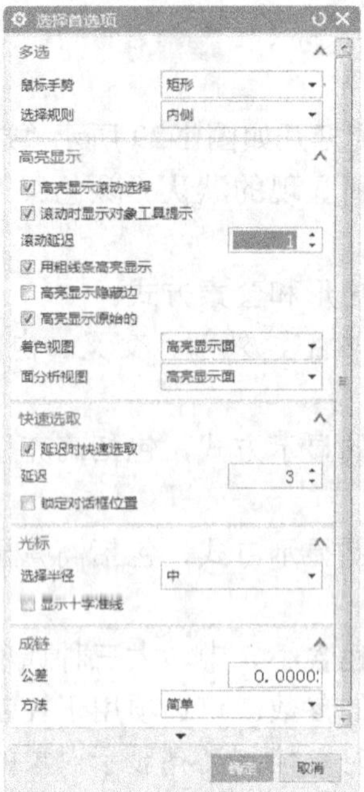

图 1-29 “选择首选项”对话框

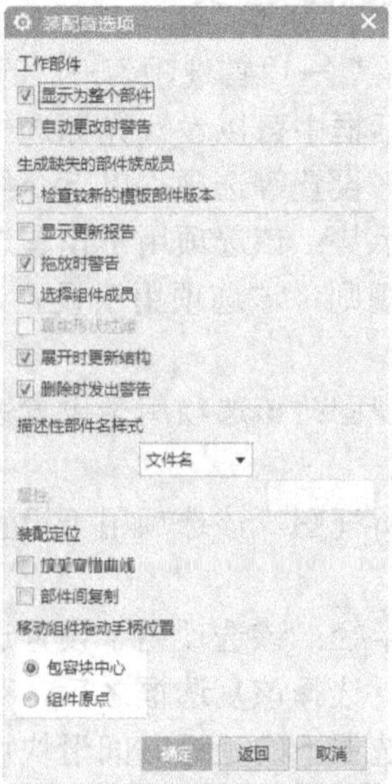

图 1-30 “装配首选项”对话框

图 1-31 “草图首选项”对话框

对话框中的选项功能介绍如下。

（1）对齐角：此选项可以为竖直和水平直线指定默认的对齐角公差值。如果有一条用端点指定的直线，它相对于水平参考或竖直参考的夹角小于或等于对齐角的值，那么这条直线会自动地捕捉至竖直或水平的位置。

对齐角的默认值是 3°。可以指定的最大值是 20°。如果不想让直线自动地捕捉至水平或竖直的位置，可将对齐角设定为 0°。

（2）文本高度：此选项可以指定在尺寸中显示的文本的大小（默认值是 0.125）。

（3）尺寸标签：此选项可以控制如何显示草图尺寸中的表达式，下列选择有效。

① 表达式：显示整个表达式，例如 P2=P3×4。

② 名称：仅显示表达式的名称,例如 P2。

③ 值：显示表达式的数值。

（4）更改视图方位：如果此选项为“关闭”，则当草图被激活时，显示激活草图的视图就不会返回其原先的方向。如果此选项为“打开”，则当草图被激活时，视图方向将会改变。

（5）保持图层状态：当激活草图时，草图所在的层自动地变为工作层。当该选项为“打开”并且使草图不激活时，草图所在的层将返回其先前的状态（即它不再是工作层）。草图激活之前的工作层将重新变为工作层。如果此选项为“关闭”(默认值)，则当使草图不激活时，此草图的层保持为工作层。

（6）显示自由度箭头：此选项控制自由度箭头的显示。默认状态为“打开”。当此选项为“关闭”时，箭头的显示置为“关闭”。然而，这并不意味着约束了草图。

（7）显示约束符号：该复选框用于控制约束是否动态显示。

（8）名称前缀：这个选项可以为草图几何体的名称指定前缀。

1.4.8 制图首选项

制图首选项的设置是对包括尺寸参数、文字参数、单位和视图参数等制图注释参数的月设置。单击“菜单”→“首选项”→“制图”命令，系统弹出如图 1-32 所示“制图首选项”对话框。该对话框中包含了 10 个选项卡，用户选取相应的选项卡，对话框中就会出现相应的选项。

下面介绍常用的几种参数的设置方法。

（1）尺寸：设置尺寸相关的参数的时候，根据标注尺寸的需要，用户可以利用对话框中上部的尺寸和直线/箭头工具条进行设置。在尺寸设置中主要有以下几个设置选项。

① 尺寸线：根据标注的尺寸的需要，勾选箭头之间是否有线，或者修剪尺寸线。

② 方向和位置：在方位下拉列表中可以选择 5 种文本的放置位置，如图 1-33 所示。

图 1-32 “制图首选项”对话框

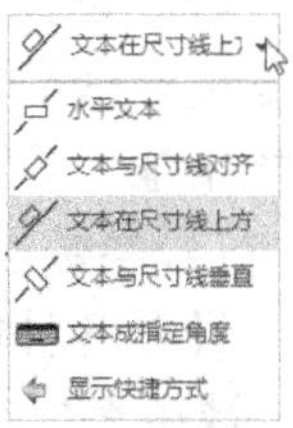

图 1-33 尺寸值的放置位置

③ 公差：可以设置最高 6 位的精度和 12 种类型的公差，图 1-34 显示了可以设置的 11 种类型的公差形式。

④ 倒斜角：系统提供了 4 种类型的倒斜角样式，可以设置分割线样式和间隔，也可以设置指引线的格式，4 种样式包括符号、大小、大小和角度以及角度和大小。

（2）公共："直线/箭头"选项卡如图 1-35 所示。

① 箭头：该选项用于设置剖视图中的截面线箭头的参数，用户可以改变箭头的大小和箭头的长度以及箭头的角度。

② 箭头线：该选项用于设置截面的延长线的参数。用户可以修改剖面延长线长度以及图形框之间的距离。

直线和箭头相关参数的设置可以设置尺寸线箭头的类型和箭头的形状参数，同时还可以设置尺寸线，延长线和箭头的显示颜色、线形和线宽。在设置参数时，用户根据要设置的尺寸和箭头的形式，在对话框中选择箭头的类型，并且输入箭头的参数值。如果需要，还可以在下部的选项中改变尺寸线和箭头的颜色。

图 1-34　11 种公差形式

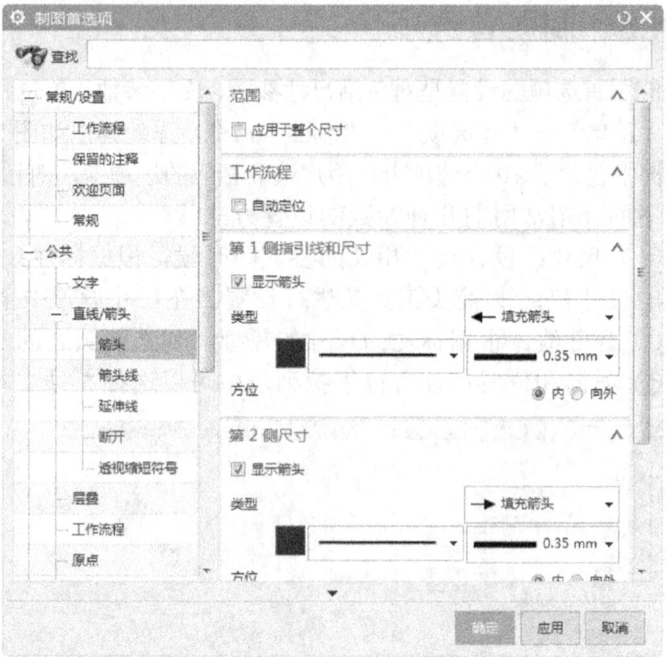

图 1-35　"直线/箭头"选项卡

③ 文字：设置文字相关的参数时，用户可以设置 4 种"文字类型"选项参数：尺寸、附加的、公差和一般。设置文字参数时，先选择文字对齐位置和文本对正方式，再选择要设置的文本颜色和宽度，最后在"高度"、"NX 字体间隙因子"、"文本宽高比"和"行间距因子"等文本框中输入设置参数，这时用户可在预览窗口中看到文字的显示效果。

④ 符号：符号参数选项可以设置符号的颜色、线型和线宽等参数。

（3）注释：设置各种标注的颜色、线条和线宽。

"剖面线/区域填充"选项卡：用于设置各种填充线/剖面线样式和类型，并且可以设置角度和线型。在此选项卡中设置了区域内应该填充的图形以及比例和角度等，如图 1-36 所示。

（4）表：用于设置二维工程图表格的格式、文字标注等参数。

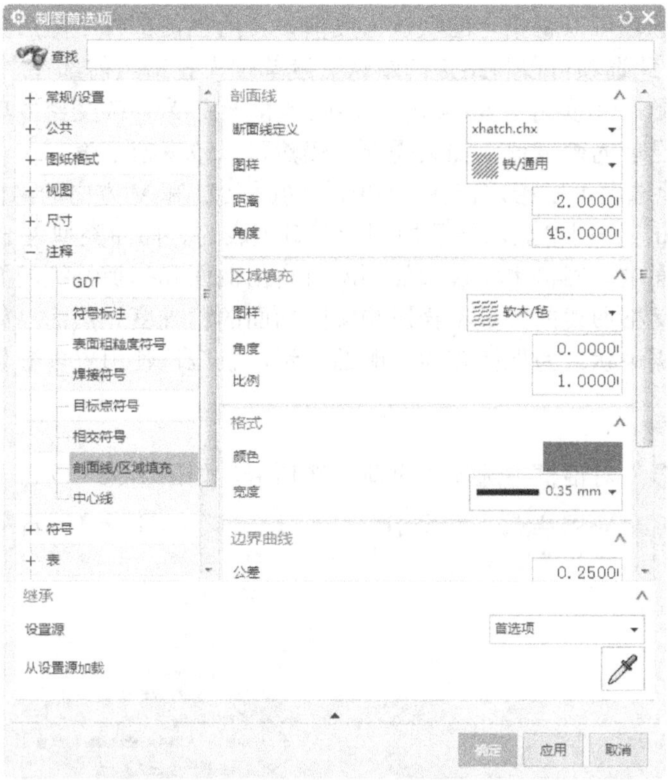

图 1-36 “剖面线/区域填充”选项卡

① 零件明细表：用于指定生成明细表时，默认的符号、标号顺序、排列顺序和更新控制等。

② 单元格：用来控制表格中每个单元格的格式、内容和边界线设置等。

1.4.9 建模首选项

该选项用于设定建模参数和特性，如距离、角度公差、密度、密度单位和曲面网格。一旦定义了一组参数，所有随后生成的对象都符合那些特殊设置。要设定这些参数，选择“菜单”→“首选项”→“建模”命令，系统打开如图 1-37 所示“建模首选项”对话框，所有选项功能介绍如下。

1. 常规

（1）体类型：该选项作用在于，当生成依附于曲线的某种类型的体时，是生成一个实体还是片体。此选项可在“实体”与“片体”之间切换。该选项可与“通过曲线网格”、“通过曲线”、“扫掠”、“截面”和“直纹”等自由形式特征生成选项及“拉伸体”与“旋转体”特征生成选项一起使用。

（2）距离公差：该选项用于设置建模距离公差。在“建模”中可使用这个公差值来生成扫掠、旋转实体、正在截取的实体和许多其他功能。例如，生成片体时，距离公差指定原先曲面上的对应点与生成的 B 曲面之间的最大允许距离。

（3）角度公差：这个选项可以设定角度公差。角度公差是在对应点的曲面法向之间的最大允许角度，或在对应点的曲线切向矢量之间的最大允许角度。

（4）密度：该选项可以将指定的默认密度值设置给当前部件中随后生成的实体。

（5）密度单位：此选项可以将指定的默认密度单位设置给当前部件中随后生成的实体上。密度可用的单位制是：磅-英寸、磅-英尺、克-厘米和千克-米。改变密度单位将会使系统根据新的单位重新计算当前的密度值。如果需要，仍然可以改变密度值。

（6）网格线：此选项可以指定正在生成的体的面上 U 和 V 方向的网格曲线的数量。如果“U”和“V”都是 0，则网格显示将添加到所有新生成的、曲面类型为 B-曲面、偏置曲面、拉伸面或外部面的面中。网格也将被添加到所有自由曲面和扫掠特征的面中。网格曲线仅仅是一个显示特征。网格曲线的数量不会影响实际曲面的精确度。然而，如果网格数量太少，曲面可能会显示为锯齿状。为保持较为光顺的显示，就应该使用更多数量的网格曲线。

2. 更新

在“建模首选项”对话框中选择“更新”选项卡，如图 1-38 所示。

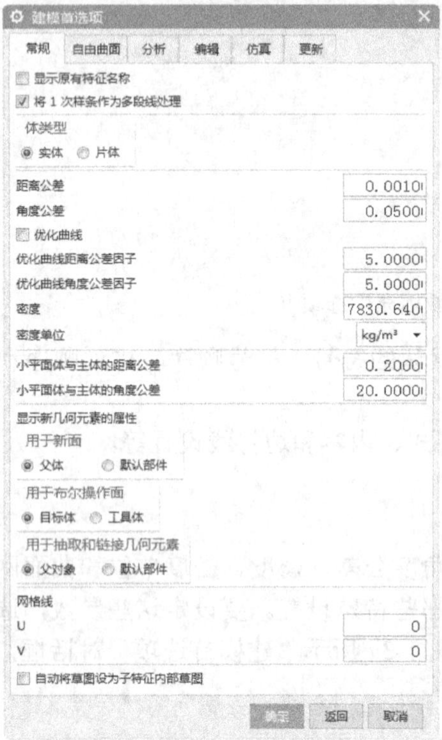

图 1-37 “建模首选项”对话框

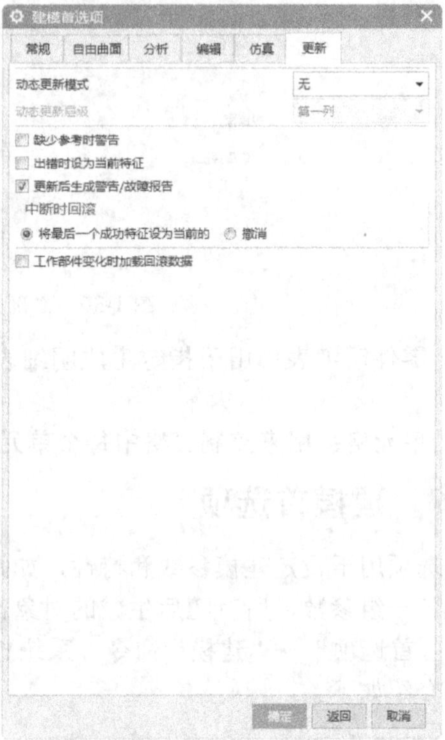

图 1-38 “更新”选项卡

（1）动态更新模式：该选项用于指定系统在更新体的父曲线、样条、桥接曲线、直线或弧时，实时动态显示该体如何改变。正在改变的体的显示是临时的，直到完成编辑操作，它才变为永久的，其下有 3 个子选项。

① 连续：当移动鼠标编辑父曲线时，子体连续动态更新。当编辑体的父曲线时，此设置提供了来自图形显示的实时动态响应。当连续动态更新没有过多地降低系统速度时，可使用此设置。

② 增量：在编辑父曲线（例如，当拖动艺术样条极点）时每次停止移动鼠标，子体就动态更新一次。当连续动态更新过多地降低系统速度时，可使用此设置。

③ 无：该选项表示在编辑体的父曲线的过程中禁用“动态更新”。

（2）动态更新层级：此选项从属于“动态更新”，用于决定其父曲线正在被编辑的体显示的动态更新程度，其下有 2 个选项。

① 第一列：选中该选项后，在编辑过程中，只有那些直接从曲线或正在编辑的曲线中衍生出的特征才可以动态更新。“第一层子”被定义为第一个体，它可以从曲线中衍生出来，并且它不是隐藏的或放置在不可见层上的。

② 全部：选中该选项后，允许那些依附曲线或正在编辑的曲线的所有特征在编辑过程中动态更新。如果“动态更新”设置为“无”，系统将忽略“直接子级”设置。

如果通过选择“菜单”→“编辑”→“特征”→“编辑参数”命令编辑样条、直线、弧和桥接特征，则会忽略“直接子”设置。

3. 自由曲面

“自由曲面”选项卡如图 1-39 所示。

图 1-39 “自由曲面”选项卡

（1）曲线拟合方法：此选项控制当必须用样条逼近曲线时所使用的拟合方式，有以下三种选择。

① 三次：使用阶次为 3 的样条。如果需要将样条数据转移到另外一个只支持阶次为 3 的样条的系统上，就必须使用这个选项。

② 五次：使用阶次为 5 的样条。用五次拟合方式生成的曲线，其段的数量比那些用三次拟合方式生成的曲线的段的数量少，而且更容易通过移动极点来进行编辑。曲率分布更光顺，并且可以更好地复制真实曲线的曲率特性。

③ 高阶：使用更为高次的样条曲线拟合，要求曲线光顺性更高，但一般不常用。

（2）构造结果：这个选项可以在使用“通过曲线”、“通过曲线网格”、“扫掠”和“直纹”选项时控制自由形式特征的生成，其下有两个选项。

① 平面：该选项用于“打开”并且生成几何体将产生平面时，会生成一个有界平面。

② B 曲面：该选项用于将告知系统总是生成 B 曲面。使用有界平面代替 B 曲面可提高后续应用的性能和可靠性。然而，如果曲面的等参数曲线或流线对应用非常重要，则 B 曲面选项可以控制这些数据。

Chapter

基 本 操 作

2

内容简介

本章主要介绍 UG 应用中的一些基本操作及经常使用的工具，从而使用户更为熟悉 UG 的建模环境，对于建模中常用的工具或者命令要很好地掌握还是要多练多用才行，但对 UG 所提供的建模工具的整体了解也是必不可少的，只有全局了解了才知道对同一模型可以有多种建模和修改的思路，对更为复杂或特殊模型的建立游刃有余。

UG 建模应用程序提供了一个实体建模系统，可以进行快速的概念设计。工程师可通过定义设计中不同部件间的数学关系，将他们的需求和设计限制结合在一起。基于特征的实体建模和编辑能力使得设计者可以通过直接编辑实体特征的尺寸，或通过使用其他几何编辑和构造技巧，来修改和更新实体。

内容要点

- 文件操作
- 对象操作
- 坐标系操作
- 视图与布局
- 图层操作

案例效果

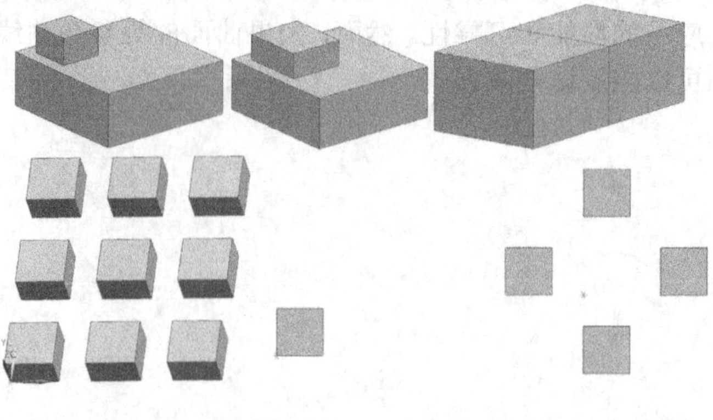

2.1 文件操作

本节将介绍文件的操作，包括新建文件、打开和关闭文件、保存文件、导入导出文件操作设置等。

文件操作可以通过如图 2-1 所示“文件”的各种命令来完成。

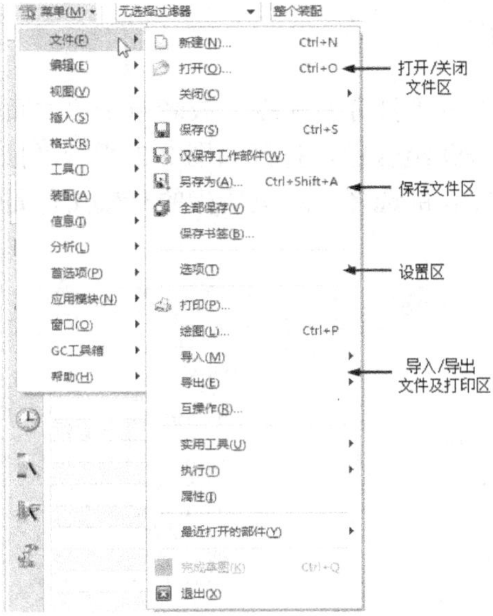

图 2-1 “文件”菜单命令

2.1.1 新建文件

新建一个 UG 的 prt 文件，选择“菜单”→“文件”→“新建”命令或者单击“主页”选项卡→“标准”组→“新建”图标或按 Ctrl+N 组合键，打开如图 2-2 所示“新建”对话框。

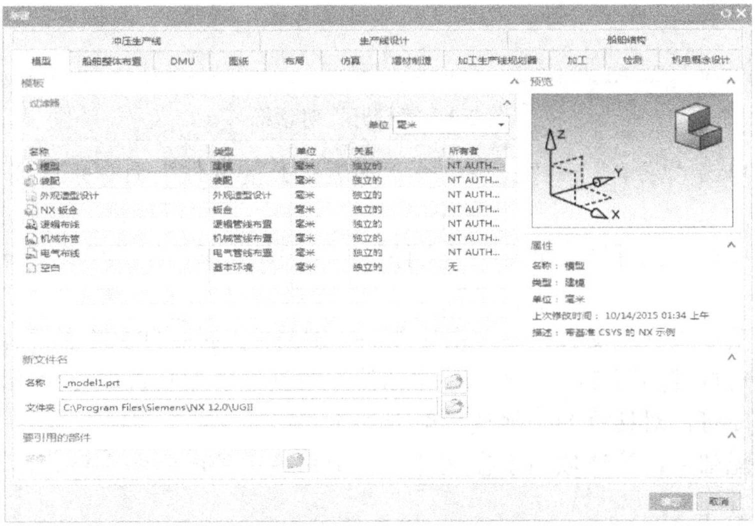

图 2-2 “新建”对话框

在对话框中“模板”列表选择适当的模板，然后在“新文件名”中的“文件夹”确定新建文件的保存路径，在“名称”中写入输入文件名，设置完后单击“确定”按钮即可。

提示： UG 并不支持中文路径以及中文文件名，所以需要代以英文字母！否则将会被认为文件名无效。另外，文件在移动或复制时也要注意路径中不要有中文字符，否则系统会认为无效文件。这一点，直到 UG NX 12.0 依旧没有改变。

2.1.2 打开关闭文件

选择“菜单”→“文件”→“打开”命令，或者单击“主页”→选项卡→“标准”组→“打开”图标或者按下 Ctrl+O 组合键，打开如图 2-3 所示“打开”对话框，对话框中会列出当前目录下的所有有效文件以供选择，这里所指的有效文件是根据用户在“文件类型”中的设置来决定的。

图 2-3 “打开”对话框

另外，可以单击“菜单”→“文件”→“最近打开的部件”命令来选择性地打开最近打开过的文件。

关闭文件可以通过执行“菜单”→“文件”→“关闭”下的子菜单命令来完成，如图 2-4 所示。

下面介绍“菜单”→“文件”→“关闭”→“选定的部件（P）”的子菜单命令。

选择该命令后打开如图 2-5 所示“关闭部件”对话框，用户选取要关闭的文件，其后单击“确定”按钮即可，对话框的其他选项解释如下。

（1）顶层装配部件：该选项用于在文件列表中只列出顶层装配文件，而不列出装配中包含的组件。

（2）会话中的所有部件：该选项用于在文件列表列出当前进程中所有载入的文件。

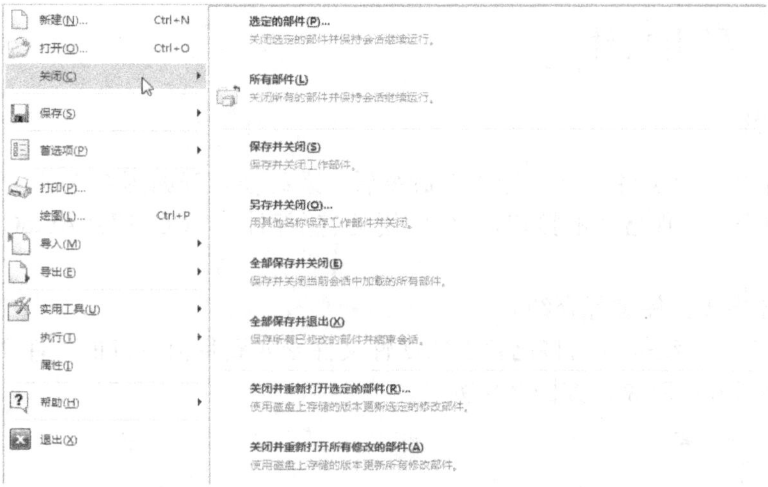

图 2-4 “关闭”子菜单

（3）仅部件：仅关闭所选择的文件。

（4）部件和组件：该选项功能在于，如果所选择的文件是装配文件，则会一同关闭所有属于该装配文件的组件文件。

（5）关闭所有打开的部件：选择该选项，可以关闭所有文件，但系统会出现警示对话框，如图 2-6 所示，提示用户有部分文件已做修改，给出选项让用户进一步确定。

其他的命令与之相似，只是关闭之前再保存一下，此处不再详述。

图 2-5 “关闭部件”对话框

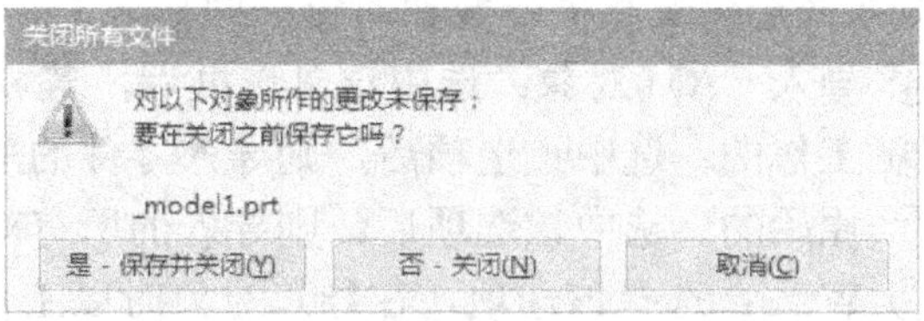

图 2-6 “关闭所有文件”对话框

2.1.3 导入导出文件

1. 导入文件

选择“菜单”→“文件”→“导入”命令后，系统会打开如图 2-7 所示子菜单，提供了 UG 与其他应用程序文件格式的接口，其中常用的有“部件”、“CGM”、“AutoCAD DXF/DWG”等格式文件。

下面对部分格式文件进行介绍。

（1）部件：UG 系统提供的将已存在的零件文件导入到目前打开的零件文件或新文件中；此外还可以导入 CAM 对象，如图 2-8 所示。

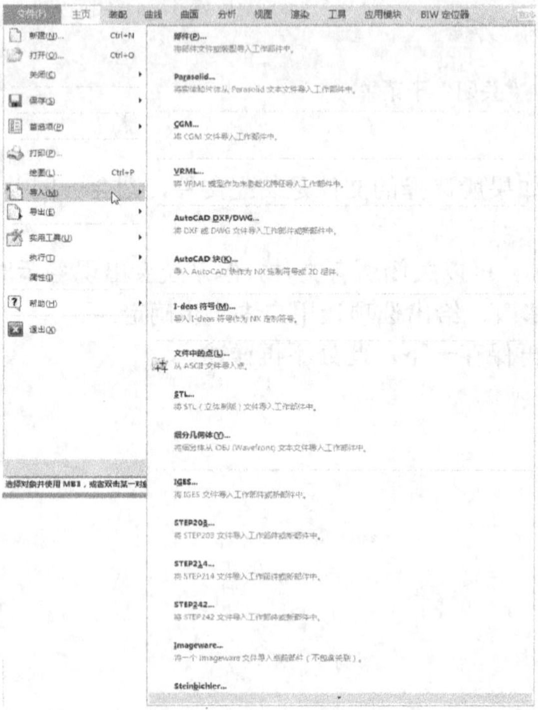

图 2-7 “导入”子菜单

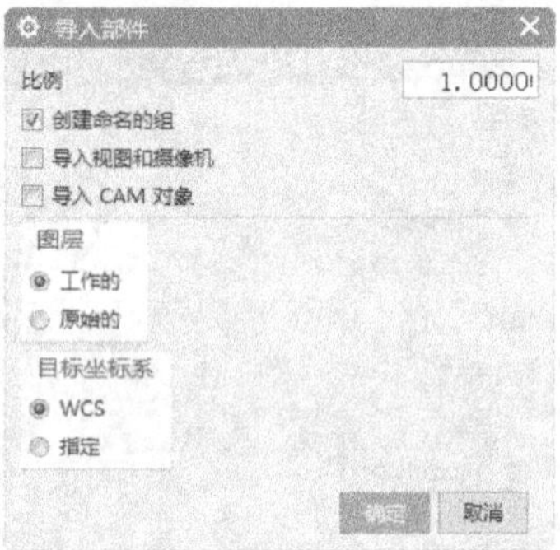

图 2-8 “导入部件”对话框

① 比例：该选项中文本框用于设置导入零件的大小比例。如果导入的零件含有自由曲面时，系统将限制比例值为 1。

② 创建命名的组：选择该选项后，系统会将导入的零件中的所有对象建立群组，该群组的名称即是该零件文件的原始名称。并且该零件文件的属性将转换为导入的所有对象的属性。

③ 导入视图和摄像机：选中该复选框后，导入的零件中若包含用户自定义布局和查看方式，则系统会将其相关参数和对象一同导入。

④ 导入 CAM 对象：选中该复选框后，若零件中含有 CAM 对象则将一同导入。

⑤ 工作的：选中该选项后，则导入零件的所有对象将属于当前的工作图层。

⑥ 原始的：选中该选项后，则导入的所有对象还是属于原来的图层。

⑦ WCS：选择该选项，在导入对象时以工作坐标系为定位基准。

⑧ 指定：选中该选项后，系统将在导入对象后显示坐标子菜单，采用用户自定义的定位

基准，定义之后，系统将以该坐标系作为导入对象的定位基准。

（2）Parasolid：单击该命令后系统会打开对话框导入（*.x_t）格式文件，允许用户导入含有适当文字格式文件的实体（parasolid），该文字格式文件含有可用说明该实体的数据。导入的实体密度保持不变，表面属性（颜色、反射参数等）除透明度外，保持不变。

（3）CGM：单击该命令可导入 CGM（Computer Graphic Metafile）文件，即标准的 ANSI 格式的电脑图形中继文件。

（4）IGES：单击该命令可以导入 IGES 格式文件。IGES（Initial Graphics Exchange Specification）是可在一般 CAD/CAM 应用软件间转换的常用格式，可供各 CAD/CAM 相关应用程序转换点、线、曲面等对象。

（5）AutoCAD DXF//DWG：单击该命令可以导入 DFX/DWG 格式文件，可见其他 CAD/CAM 相关应用程序导出的 DFX/DWG 文件导入到 UG 中，操作与 IGES 相同。

2．导出文件

执行“菜单”→“文件”→“导出”命令，可以将 UG 文件导出为除自身外的多种文件格式，包括图片、数据文件和其他各种应用程序文件格式。

2.1.4 退出文件

选择“菜单”→“文件”→“退出”命令或者单击软件界面右上方的“关闭”✕图标，如果修改任一部件并且没有保存文件，则将弹出警告信息，如图 2-9 所示。

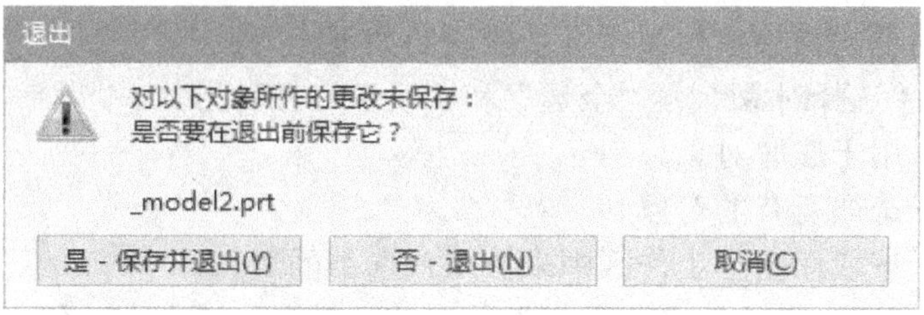

图 2-9 “退出”对话框

2.2 对象操作

UG 建模过程中的点、线、面、图层、实体等被称为对象，三维实体的创建、编辑操作过程实质上也可以看作是对对象的操作过程。本节将介绍对象的操作过程。

2.2.1 改变对象的显示方式

下面介绍对象的实体图形显示方式，首先进入建模模块中，选择“菜单”→“编辑”→“对象显示”命令或按下组合键 Ctrl+J，打开如图 2-10 所示“类选择”对话框，选择要改变的对象后，打开如图 2-11 所示的“编辑对象显示”对话框，可编辑所选择对象的“图层”、“颜色”、“线型”、“透明度”或者“着色显示”等参数，完成后单击“确定”按钮即可完成编辑并退出对话框，按下“应用”按钮则不用退出对话框，接着进行其他操作。

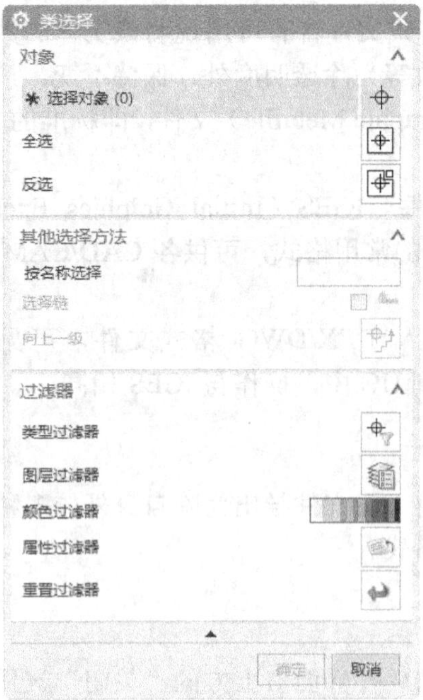

图 2-10 “类选择”对话框

图 2-11 “编辑对象显示”对话框

“类选择”对话框的相关参数和命令功能说明如下。

（1）对象：有“选择对象”、“全选”和“反选”三种方式。

① 选择对象：用于选取对象。

② 全选：用于选取所有的对象。

③ 反选：用于选取在图形工作区中未被用户选中的对象。

（2）其他选择方法：有“按名称选择”、“选择链”、“向上一级”三种方式。

① 按名称选择：用于输入预选取对象的名称，可使用通配符“？”或“*”。

② 选择链：用于选择首尾相接的多个对象。选择方法是首先单击对象链中的第一个对象，然后再单击最后一个对象，使所选对象呈高亮度显示，最后确定，结束选择对象的操作。

③ 向上一级：用于选取上一级的对象。当选取了含有群组的对象时，该按钮才被激活，单击该按钮，系统自动选取群组中当前对象的上一级对象。

（3）过滤器：用于限制要选择对象的范围，有“类型过滤器”、“图层过滤器”、“属性过滤器”、“重置过滤器”和“颜色过滤器”5 种方式。

① 类型过滤器：单击此按钮，打开如图 2-12 所示的“按类型选择”对话框，在该对话框中，可设置在对象选择中需要包括或排除的对象类型。当选取“曲线”、“点”、“基准”、“草图”等对象类型时，单击“细节过滤”按钮，还可以做进一步限制，如图 2-13 所示。

② 图层过滤器：单击此按钮，打开如图 2-14 所示的“按图层选择”对话框，在该对话框中可以设置在选择对象时，需包括或排除对象的所在层。

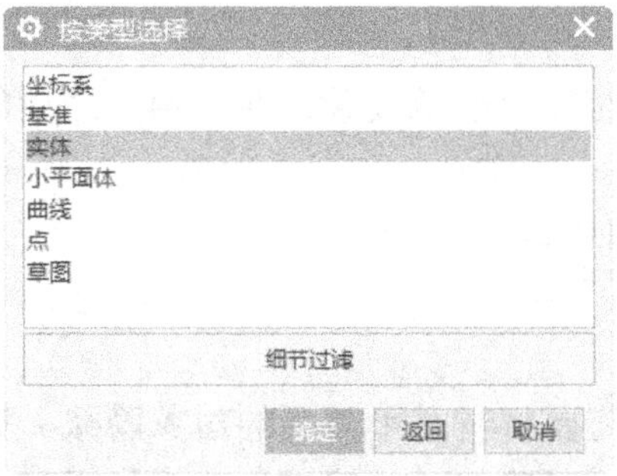

图 2-12 “按类型选择”对话框

图 2-13 “曲线”对话框

③ 颜色过滤器：单击此按钮，打开如图 2-15 所示的“颜色”对话框，在该对话框中通过指定的颜色来限制选择对象的范围。

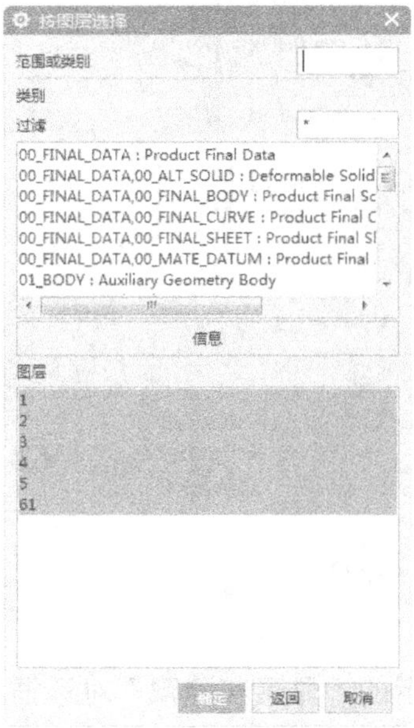

图 2-14 “按图层选择”对话框

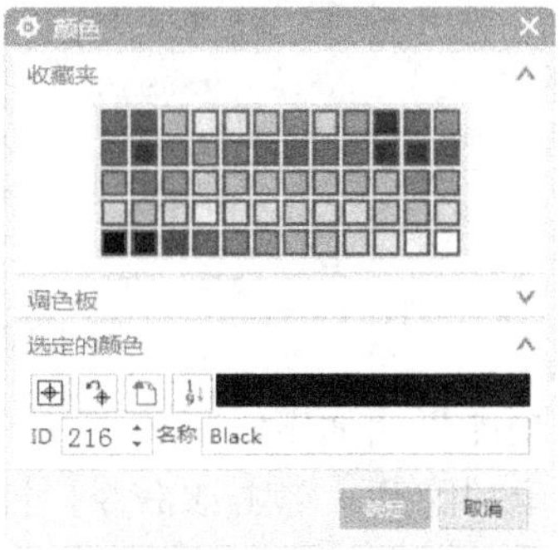

图 2-15 “颜色”对话框

④ 属性过滤器：单击此按钮，打开如图 2-16 所示的“按属性选择”对话框，在该对话框中，可按对象线型、线宽或其他自定义属性过滤。

⑤ 重置过滤器：单击此按钮，用于恢复成默认的过滤方式。

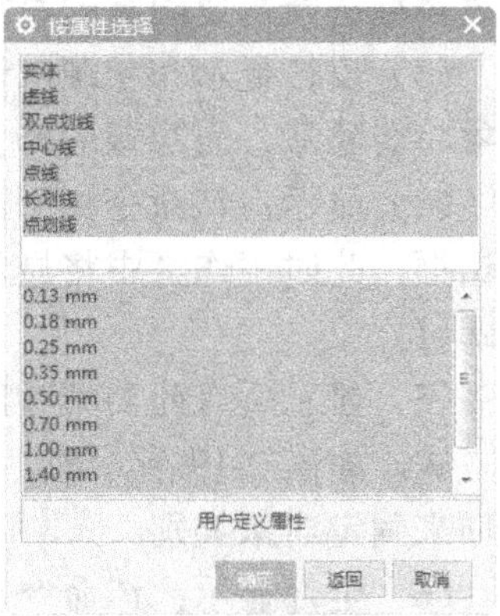

图 2-16 “按属性选择”对话框

在“编辑对象显示”对话框（图 2-11），其相关命令说明如下。

（1）“图层”：用于指定选择对象放置的层。系统规定的层为 1～256 层。

（2）“颜色”：用于改变所选对象的颜色，可以调出如图 2-15 所示“颜色”对话框。

（3）“线型”：用于修改所选对象的线型（不包括文本）。

（4）“宽度”：用于修改所选对象的线宽。

（5）“继承”：打开对话框要求选择需要从哪个对象上继承设置，并应用到之后的所选对象上。

（6）“重新高亮显示对象”：重新高亮显示所选对象。

2.2.2 隐藏对象

当工作区域内图形太多，以至于不便于操作时，需要将暂时不需要的对象隐藏，如模型中的草图、基准面、曲线、尺寸、坐标、平面等，在“菜单”→“编辑”→“显示和隐藏”菜单下的子菜单提供了显示、隐藏和取消隐藏功能命令，如图 2-17 所示。

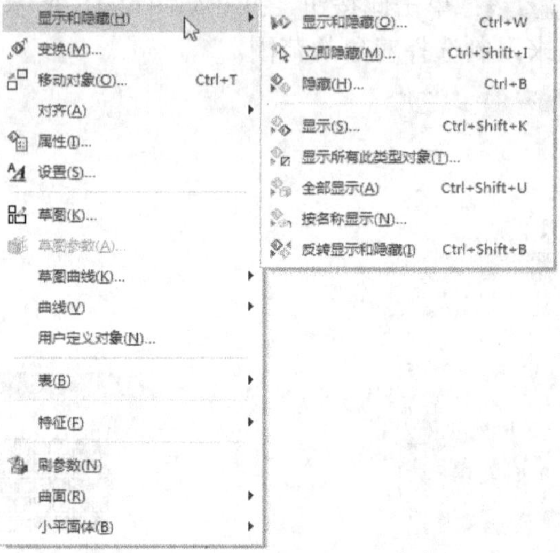

图 2-17 “显示和隐藏”子菜单

其部分功能说明如下。

（1）显示和隐藏：单击该命令，打开如图 2-18 所示的“显示和隐藏”对话框，可以选择要显示或隐藏的对象。

（2）隐藏：该命令也可以通过按下组合键 Ctrl+B 实现，提供了“类选择”对话框，可以通过类型选择需要隐藏的对象或是直接选取。

（3）反转显示和隐藏：该命令用于反转当前所有对象的显示或隐藏状态，即显示的全部对象将会隐藏，而隐藏的将会全部显示。

（4）显示：该命令将所选的隐藏对象重新显示出来，单击该命令后将会打开一类型选择对话框，此时工作区中将显示所有已经隐藏的对象，用户可以在其中选择需要重新显示的对象即可。

（5）显示所有此类型对象：该命令将重新显示某类型的所有隐藏对象，并提供了 5 种过滤方式，如图 2-19 所示的“类型”、“图层”、“其他”、“重置”和“颜色”5 个按钮或选项来确定对象类别。

（6）全部显示：该命令也可以通过按下组合键 Shift+Ctrl+U 实现，将重新显示所有在可选层上的隐藏对象。

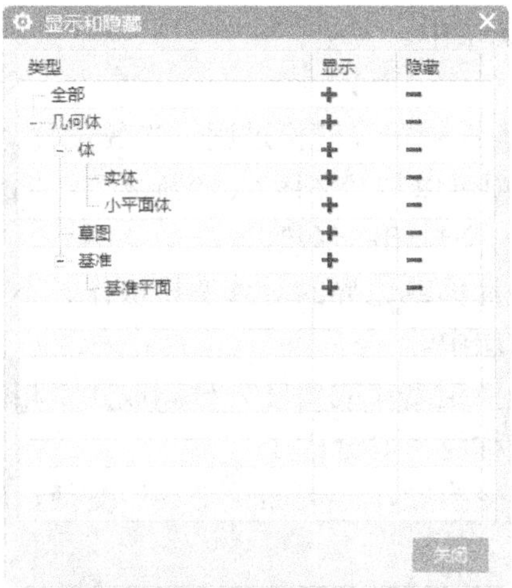

图 2-18 “显示和隐藏”对话框

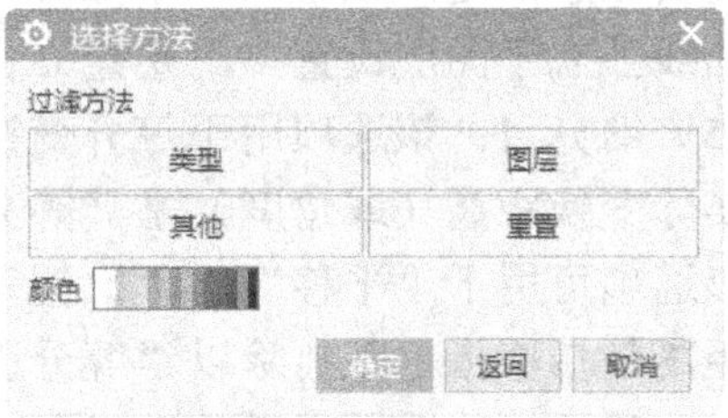

图 2-19 “过滤方法”对话框

2.2.3 对象变换

选择“菜单”→“编辑”→“变换”命令或是按下 Ctrl+T 组合键后，打开如图 2-20 所示的“变换”对话框，可被变化的对象包括直线、曲线、面、实体等。该对话框在操作变化对象时经常用到。在执行“变换”命令的最后操作时，都会打开如图 2-21 所示的对话框。

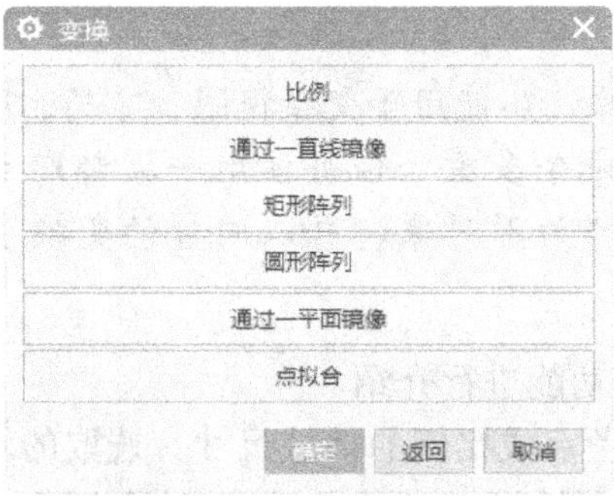

图 2-20 “变换”对话框

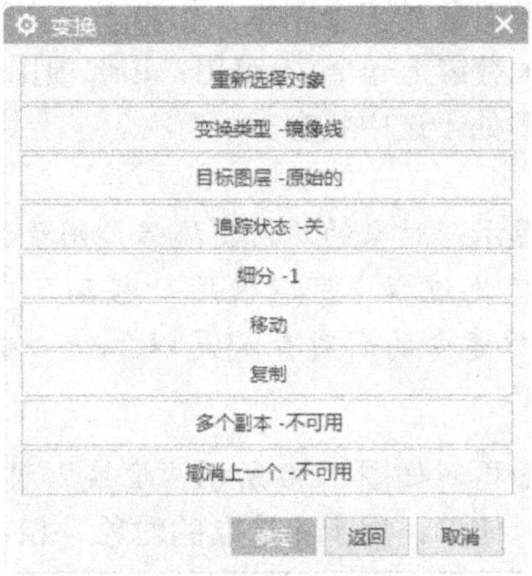

图 2-21 “变换”公共参数对话框

下面对如图 2-21 所示的对象“变换”公共参数对话框中部分功能进行介绍，该对话框用于选择新的变换对象、改变变换方法、指定变换后对象的存放图层等功能。

（1）重新选择对象：该选项用于重新选择对象，通过类选择器对话框来选择新的变换对象，而保持原变换方法不变。

（2）变换类型–镜像线：该选项用于修改变换方法。即在不重新选择变换对象的情况下，修改变换方法，当前选择的变换方法以简写的形式显示在“-”符号后面。

（3）目标图层–原始的：该选项用于指定目标图层。即在变换完成后，指定新建立的对象所在的图层。单击该选项后，会有以下 3 种选项。

① 工作的：变换后的对象放在当前工作图层中。

② 原始的：变换后的对象保持在源对象所在的图层中。

③ 指定：变换后的对象被移动到指定的图层中。

（4）追踪状态–关：该选项是一个开关选项，用于设置跟踪变换过程。当其设置为“开”时，则在源对象与变换后的对象之间画连接线。该选项可以与“平移”、“旋转”、“比例”、“镜像”或“重定位”等变换方法一起使用，以建立一个封闭的形状。

需要注意的是，该选项对于源对象类型为实体、片体或边界的对象变换操作时不可用。跟踪曲线独立于图层设置，总是建立在当前的工作图层中。

（5）细分–1：该选项用于等分变换距离。即把变换距离（或角度）分割成几个相等的部分，实际变换距离（或角度）是其等分值。指定的值称为“等分因子”。

该选项可用于“平移”、“比例”、“旋转”等变换操作。例如“平移”变换，实际变换的距离是指原指定距离除以“等分因子”的商。

（6）移动：该选项用于移动对象。即变换后，将源对象从其原来的位置移动到由变换参数所指定的新位置。如果所选取的对象与其他对像间有父子依存关系（即依赖于其他父对象而建立），则只有选取了全部的父对象一起进行变换后，才能用“移动”命令选项。

（7）复制：该选项用于复制对象。即变换后，将源对象从其原来的位置复制到由变换参数所指定的新位置。对于依赖其他父对象而建立的对象，复制后的新对象中数据关联信息将会丢失（即它不再依赖于任何对象而独立存在）。

（8）多个副本–不可用：该选项用于复制多个对象。按指定的变换参数和副本个数在新位置复制源对象的多个副本。相当于一次执行了多个“复制”命令操作。

（9）撤销上一个–不可用：该选项用于撤销最近变换。即撤销最近一次的变换操作，但源对象依旧处于选中状态。

提示：对象的几何变换只能用于变化几何对象，不能用于变换视图、布局、图纸等。另外，变化过程中可以使用“移动”或“复制”命令多次，但每使用一次都建立一个新对象，所建立的新对象都是以上一个操作的结果作为源对象，并以同样的变换参数变换后得到的。

下面再对如图 2-20 所示“变换”对话框中部分功能进行介绍。

（1）比例：用于将选取的对象，相对于指定参考点成比例的缩放尺寸。选取的对象在参考点处不移动。选中该选项后，在系统打开的点构造器选择一参考点后，系统会打开如图 2-22 所示选项，提供了以下两种选择。

① 比例：该文本框用于设置均匀缩放（如图 2-23 所示）。

图 2-22 “比例”选项

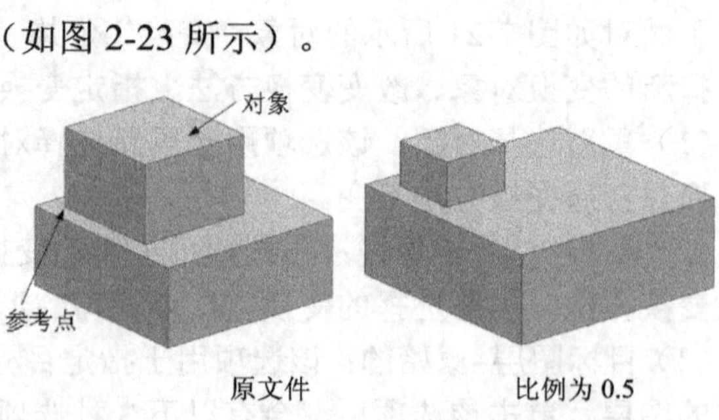

图 2-23 均匀比例示意图

② 非均匀比例：选中该选项后，在打开的如图 2-24 所示的对话框中设置“XC-比例”、“YC-比例”、“ZC-比例”方向上的缩放比例，示意图如图 2-25 所示。

图 2-24　非均匀比例

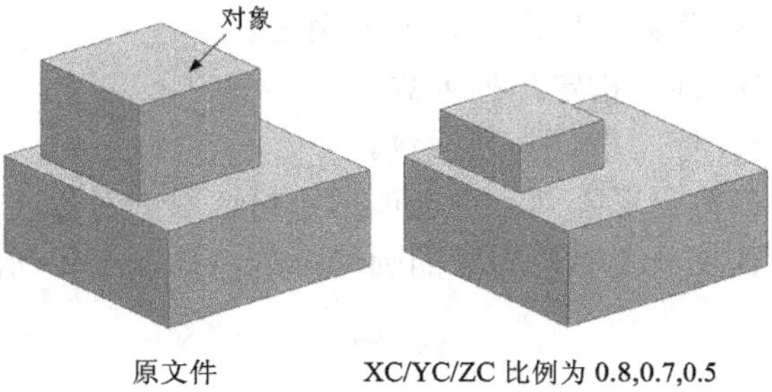

图 2-25　非均匀比例示意图

（2）通过一直线镜像：该选项用于将选取的对象，相对于指定的参考直线作镜像。即在参考线的相反侧建立源对象的一个镜像。

选中该选项后，系统会打开如图 2-26 所示对话框，提供了以下三种选择。

① 两点：用于指定两点，两点的连线即为参考线。

② 现有的直线：选择一条已有的直线（或实体边缘线）作为参考线。

③ 点和矢量：该选项用点构造器指定一点，其后在矢量构造器中指定一个矢量，通过指定点的矢量即作为参考直线。

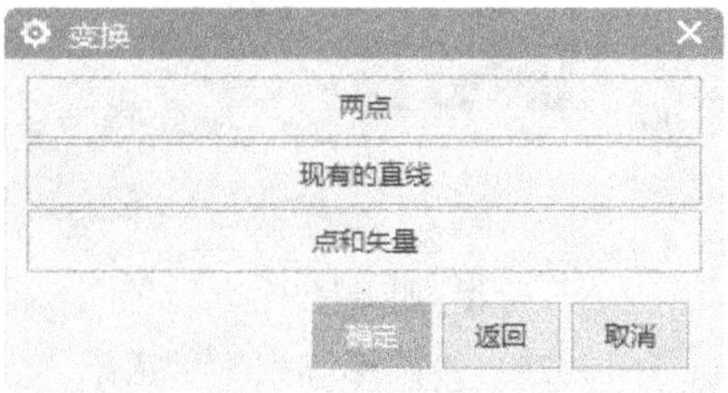

图 2-26　“通过一直线镜像”变换选项

（3）矩形阵列：该选项用于将选取的对象，从指定的阵列原点开始，沿坐标系 XC 和 YC 方向（或指定的方位）建立一个等间距的矩形阵列。系统先将源对象从指定的参考点移动或复制到目标点（阵列原点）然后沿 XC、YC 方向建立阵列，如图 2-27 所示。

选中该选项后，系统会打开如图 2-28 所示对话框，下面介绍该对话框的部分选项。

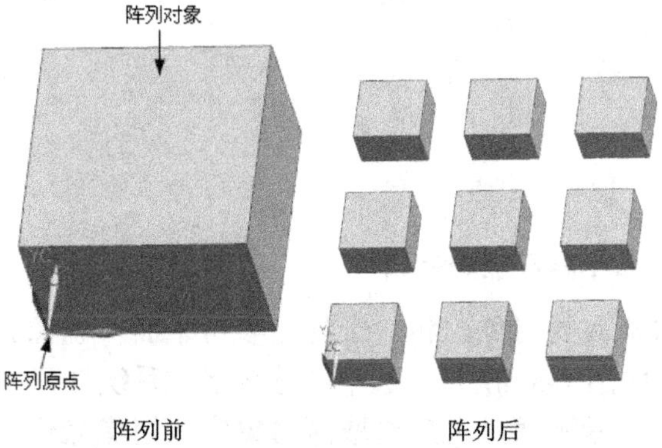

图 2-27　“矩形阵列”示意图

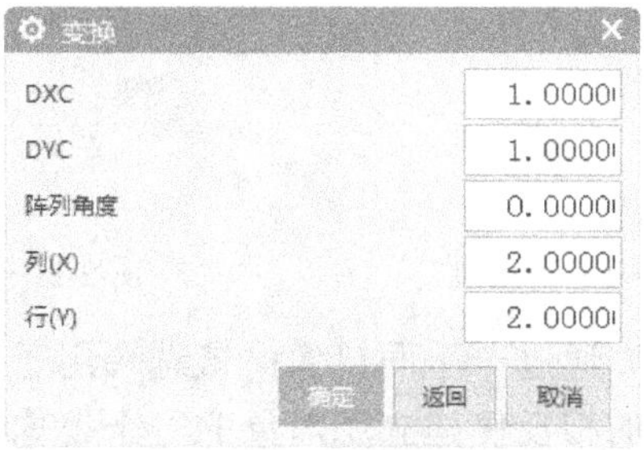

图 2-28　设置矩形阵列参数

① DXC：该选项表示 XC 方向间距。

② DYC：该选项表示 YC 方向间距。

③ 阵列角度：指定阵列角度。

④ 列：指定阵列列数。

⑤ 行：指定阵列行数。

（4）圆形阵列：该选项用于将选取的对象，从指定的阵列原点开始，绕目标点（阵列中心）建立一个等角间距的圆形阵列，如图 2-29 所示。

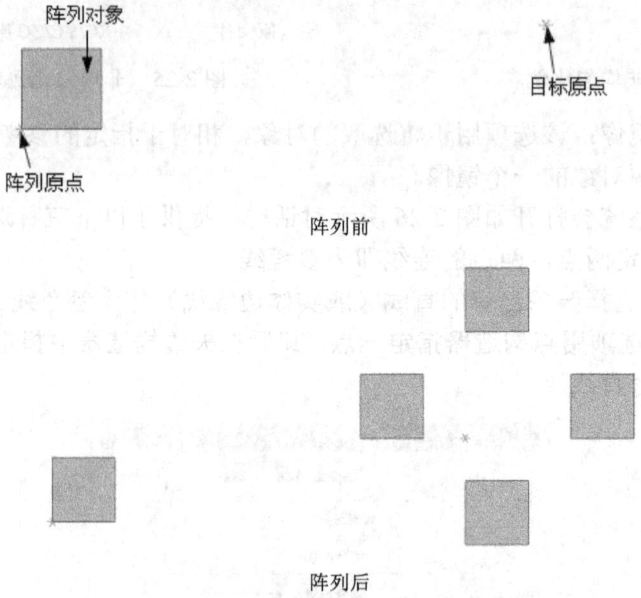

图 2-29 “圆形阵列”示意图

选中该选项后，系统会打开如图 2-30 所示对话框，下面介绍该对话框的部分选项。

①“半径”：用于设置环形阵列的半径值，该值也等于目标对象上的参考点到目标点之间的距离。

②“起始角”：定位环形阵列的起始角（于 XC 正向平行为零）。

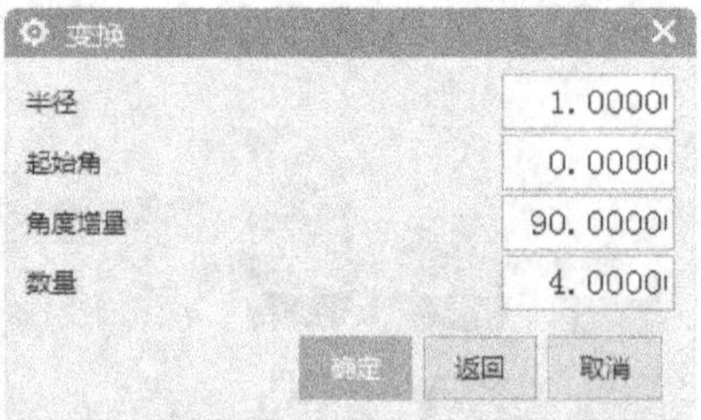

图 2-30 “圆形阵列”变换选项

（5）通过一平面镜像：该选项用于将选取的对象，相对于指定参考平面作镜像。即在参考平面的相反侧建立源对象的一个镜像。如图 2-31 所示。选中该选项后，系统打开如图 2-32 所示“平面”对话框，用于选择或创建一参考平面，之后选取源对象完成镜像操作。

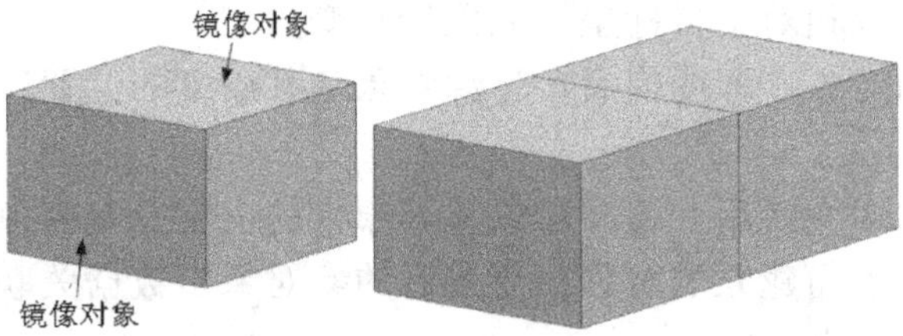

图 2-31 “通过一平面镜像”示意图

图 2-32 “平面”对话框

（6）点拟合：该选项用于将选取的对象，从指定的参考点集缩放、重定位或修剪到目标点集上。选中该选项后，系统打开如图 2-33 所示对话框。

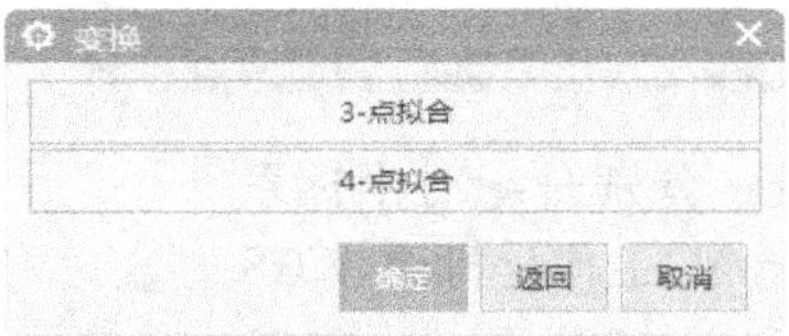

图 2-33 “点拟合”变换选项

其有两选项，介绍如下：

① 3-点拟合：允许用户通过 3 个参考点和 3 个目标点来缩放和重定位对象。

② 4-点拟合：允许用户通过 4 个参考点和 4 个目标点来缩放和重定位对象。

2.2.4 移动对象

选择“菜单”→“编辑”→“移动对象”命令，打开如图 2-34 所示的“移动对象”对话框。

图 2-34 “移动对象”对话框

对话框中的选项说明如下。

（1）运动：包括距离、角度、点之间的距离、径向距离、点到点、根据三点旋转、将轴与矢量对齐、坐标系到坐标系和动态。

① 距离：是指将选择对象由原来的位置移动到新的位置。

② 点到点：用户可以选择参考点和目标点，则这两个点之间的距离和由参考点指向目标点的方向将决定对象的平移方向和距离。

③ 根据三点旋转：提供三个位于同一个平面内且垂直于矢量轴的参考点，让对象围绕旋转中心，按照这三个点同旋转中心连线形成的角度逆时针旋转。

④ 将轴与矢量对齐：将对象绕参考点从一个轴向另外一个轴旋转一定的角度。选择起始轴，然后确定终止轴，这两个轴决定了旋转角度的方向。此时用户可以清楚地看到两个矢量

的箭头，而且这两个箭头首先出现在选择轴上，当单击“确定”按钮以后，该箭头就平移到参考点。

⑤ 动态：用于将选取的对象，相对于参考坐标系中的位置和方位移动（或复制）到目标坐标系中，使建立的新对象的位置和方位相对于目标坐标系保持不变。

（2）移动原先的：该选项用于移动对象。即变换后，将源对象从其原来的位置移动到由变换参数所指定的新位置。

（3）复制原先的：用于复制对象。即变换后，将源对象从其原来的位置复制到由变换参数所指定的新位置。对于依赖其他父对象而建立的对象，复制后的新对象中数据关联信息将会丢失，即它不再依赖于任何对象而独立存在。

（4）非关联副本数：用于复制多个对象。按指定的变换参数和副本个数在新位置复制源对象的多个副本。

2.3 坐标系操作

UG 共包括 3 种坐标系统，分别是绝对坐标系 ACS（Absolute Coordinate System）、工作坐标系 WCS（Work Coordinate System）和机械坐标系 MCS（Machine Coordinate System），它们都符合右手法则。

ACS：是系统默认的坐标系，其原点位置永远不变，在用户新建文件时就产生了。

WCS：是 UG 系统提供给用户的坐标系，用户可以根据需要任意移动它的位置，也可以设置属于自己的 WCS 坐标系。

MCS：该坐标系一般用于模具设计、加工、配线等向导操作中。

UG 中关于坐标系统的操作功能如图 2-35 所示。

在一个 UG 文件中可以存在多个坐标系。但它们当中只可以有一个工作坐标系，UG 中还可以利用 WCS 下拉菜单中的“保存”命令来保存坐标系，从而记录下每次操作时的坐标系位置，以后再利用“原点”命令移动到相应的位置。

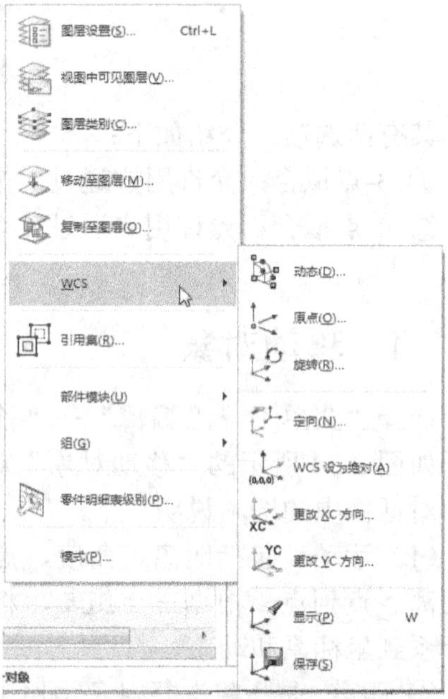

图 2-35 坐标系统操作子菜单

2.3.1 坐标系的变换

选择“菜单”→“格式”→“WCS”命令，打开如图 2-35 所示子菜单命令，用于对坐标系进行变换以产生新的坐标。

（1）动态：该命令能通过步进的方式移动或旋转当前的 WCS，用户可以在绘图工作区中移动坐标系到指定位置，也可以设置步进参数使坐标系逐步移动到指定的距离参数，如图 2-36 所示。

（2）原点：该命令通过定义当前 WCS 的原点来移动坐标系的位置。但该命令仅仅移动坐标系的位置，而不会改变坐标轴的方向。

（3）旋转：该命令将会打开如图 2-37 所示对话框，通过当前的 WCS 绕其某一坐标轴旋转一定角度，来定义一个新的 WCS。

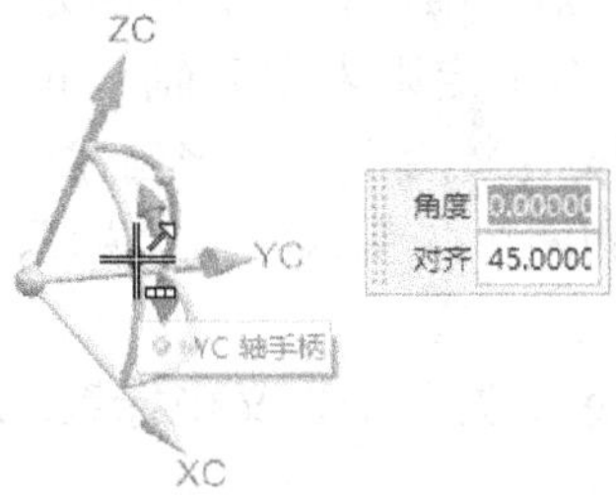

图 2-36 “动态移动”示意图

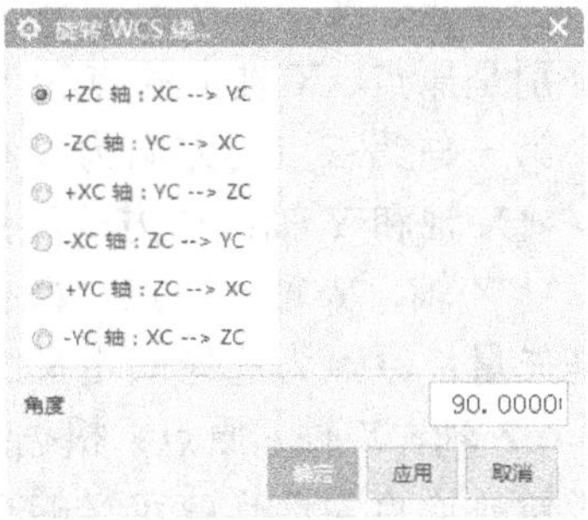

图 2-37 “旋转 WCS 绕”对话框

用户通过对话框可以选择坐标系绕哪个轴旋转，同时指定从一个轴转向另一个轴，在“角度”文本框中输入需要旋转的角度，角度可以为负值。

提示：可以直接双击坐标系使坐标系激活，处于动态移动状态，用鼠标拖动原点处的方块，可以在沿 X、Y、Z 方向任意移动，也可以绕任意坐标轴旋转。

（4）改变坐标轴方向：选择“菜单”→“格式”→“WCS”→“更改 XC 方向”命令或选择“菜单”→“格式”→“WCS”→“更改 YC 方向”命令，系统打开“点”对话框，在该对话框中选择点，系统以原坐标系的原点和该点在 XC-YC 平面上的投影点的连线方向作为新坐标系的 XC 方向或 YC 方向，而原坐标系的 ZC 轴方向不变。

2.3.2 坐标系的定义

选择“菜单”→“格式”→“WCS”→“定向”命令，打开如图 2-38 所示“坐标系”对话框，用于定义一个新的坐标系，下面介绍其相关功能。

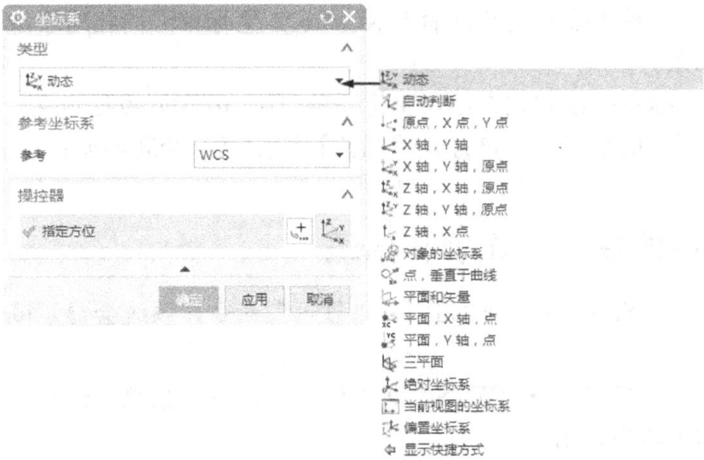

图 2-38 “坐标系”对话框

（1）动态：使您可以手动移动坐标系到任何想要的位置或方位，即可以使用手柄操控坐标系。

（2）自动判断：该方式通过选择的对象或输入 X、Y、Z 坐标轴方向的偏置值来定义一个坐标系。

（3）原点、X 点、Y 点：该方式利用点创建功能先后指定 3 个点来定义一个坐标系。这 3 点分别是原点、X 轴上的点和 Y 轴上的点，第一点为原点，第一和第二点的方向为 X 轴的正向，第一与第三点的方向为 Y 轴方向，再由 X 到 Y 按右手定则来定 Z 轴正向。

（4）X 轴和 Y 轴：该方式利用矢量创建的功能选择或定义两个矢量来创建坐标系。

（5）X 轴，Y 轴，原点：根据选择或定义的一个点和两个矢量来定义坐标系。X 轴和 Y 轴都是矢量；原点为选择或定义的点。

（6）Z 轴，X 轴，原点：根据选择或定义的一个点和两个矢量来定义坐标系。Z 轴和 X 轴都是矢量；原点为选择或定义的点。

（7）Z 轴，Y 轴，原点：根据选择或定义的一个点和两个矢量来定义坐标系。Z 轴和 Y 轴都是矢量；原点为选择或定义的点。

（8）Z 轴，X 点：根据定义的一个点和一条 Z 轴来定义坐标系。X 轴是从 Z 轴矢量到点的矢量；Y 轴是从 X 轴和 Z 轴计算得出的；原点是这三个矢量的交点。

（9）对象的坐标系：该方式由选择的平面曲线、平面或实体的坐标系来定义一个新的坐标系，XOY 平面为选择对象所在的平面。

（10）点、垂直于曲线：该方式利用所选曲线的切线和一个指定点的方法创建一个坐标系。曲线的切线方向即为 Z 轴矢量，X 轴方向为沿点到切线的垂线指向点的方向，Y 轴正向由自 Z 轴至 X 轴矢量按右手定则来确定，切点即为原点。

（11）平面和矢量：该方式通过先后选择一个平面和一矢量来定义一个坐标系。其中 X 轴为平面的法矢，Y 轴为指定矢量在平面上的投影，原点为指定矢量与平面的交点。

（12）平面，X 轴，点：基于为 Z 轴选定的平面对象、投影到 X 轴平面的矢量以及投影到原点平面的点来定义坐标系。

（13）三平面：该方式通过先后选择 3 个平面来定义一个坐标系。3 平面的交点为原点，第一个平面的法向为 X 轴，Y、Z 依此类推。

（14）偏置坐标系：该方式通过输入 X、Y、Z 坐标轴方向相对于选择坐标系的偏距来定义一个新的坐标系。

（15）绝对坐标系：该方式在绝对坐标系的（0，0，0）点处定义一个新的坐标系。

（16）当前视图的坐标系：该方式用当前视图定义一个新的坐标系。XOY 平面为当前视图所在平面。

2.3.3 坐标系的保存、显示和隐藏

选择“菜单”→“格式”→“WCS”→“显示”命令，系统会显示或隐藏当前的工作坐标按钮。

选择“菜单”→“格式”→“WCS”→“保存”命令，系统会保存当前设置的工作坐标系，以便在以后的工作中调用。

2.4 视图与布局

本节主要介绍视图布局。分别介绍布局的新建与打开、删除、保存等，并详细介绍了布局的各种操作，如旋转、移动等。

2.4.1 视图

选择“菜单”→“视图”可得到如图 2-39 所示的“视图”子菜单，在 UG 建模模块中，沿着某个方向去观察模型，得到的一幅平行投影的平面图像成为视图。不同的视图用于显示在不同方位和观察方向上的图像。

视图的观察方向只和绝对坐标系有关，与工作坐标系无关。每一个视图都有一个名称，称为视图名，在工作区的左下角显示该名称。UG 系统默认定义好了的视图称为标准视图。对视图变换的操作可以通过执行“菜单”→“视图”→“操作”命令调出操作子菜单（图 2-40 左图）或是通过在绘图工作区中单击鼠标右键打开的快捷菜单中快速操作（图 2-40 右图）。

图 2-39 “视图”子菜单

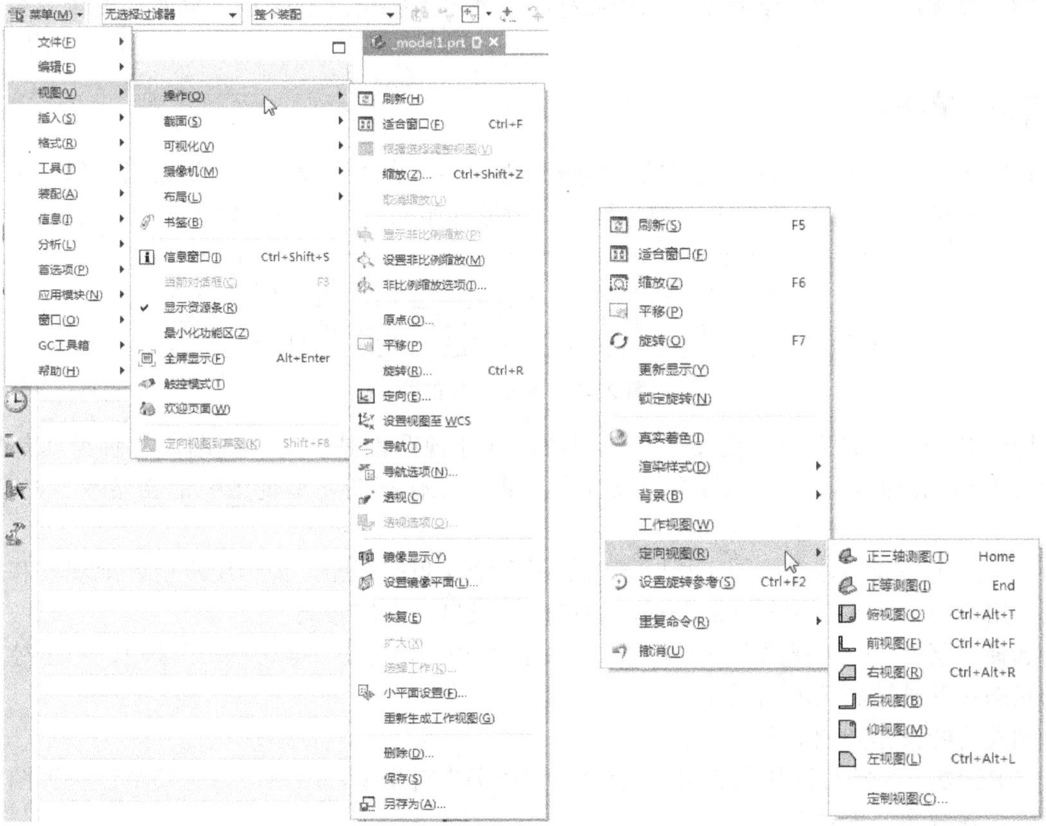

图 2-40 “视图”操作菜单

在工作区通过右击鼠标可以打开如图 2-40 右图所示快捷菜单，部分菜单命令功能说明如下。

（1）适合窗口：用于拟合视图，即调整视图中心和比例，使整合部件拟合在视图的边界内。也可以通过快捷键 Ctrl+F 实现。

（2）缩放：用于实时缩放视图，该命令可以通过同时按下鼠标中键（对于 3 键鼠标而言）不放来拖动鼠标实现；将鼠标置于图形界面中，滚动鼠标滚轮就可以对视图进行缩放；或者在按下鼠标滚轮的同时按下“Ctrl”键，然后上下移动鼠标也可以对视图进行缩放。

（3）旋转：用于旋转视图，该命令可以通过按下鼠标中键（对于 3 键鼠标而言）不放，再拖动鼠标实现。

（4）平移：用于移动视图，该命令可以通过同时按下鼠标右键和中键（对于 3 键鼠标而言）不放来拖动鼠标实现；或者在按下鼠标滚轮的同时按下“Shift”键，然后向各个方向移动鼠标也可以对视图进行移动。

（5）刷新：用于更新窗口显示，包括：更新 WCS 显示、更新由线段逼近的曲线和边缘显示；更新草图和相对定位尺寸/自由度指示符、基准平面和平面显示。

（6）渲染样式：用于更换视图的显示模式，给出的命令中包含静态线框、着色、局部着色、面分析、艺术外观等 8 种对象的显示模式。

（7）定向视图：用于改变对象观察点的位置。子菜单中包括正三轴测图、正等测图、俯视图、前视图、右视图、后视图、仰视图、左视图和定制视图共 9 个视图命令。

（8）设置旋转参考：该命令可以用鼠标在工作区选择合适旋转点，再通过旋转命令观察对象。

2.4.2 布局

在绘图工作区中，将多个视图按一定排列规则显示出来，就成为一个布局，每一个布局也有一个名称。UG 预先定义了 6 种布局，称为标准布局，各种布局如图 2-41 所示。

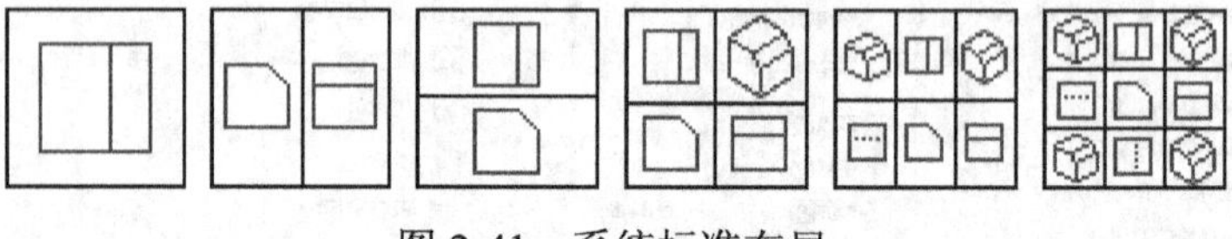

图 2-41　系统标准布局

同一布局中，只有一个视图是工作视图，其他视图都是非工作视图。各种操作都默认为针对工作视图的，用户可以随便改变工作视图。工作视图在其视图中都会显示“WORK”字样。

布局的主要作用是在绘图工作区同时显示多个视角的视图，便于用户更好地观察和操作模型。用户可以定义系统默认的布局，也可以生成自定义的布局。

选择“菜单”→“视图”→“布局”命令，系统调出如图 2-42 所示子菜单，用于控制布局的状态和各种视图角度的显示。

相关功能操作介绍如下。

（1）新建：系统打开如图 2-43 所示“新建布局”对话框，用户可以在其中设置视图布局的形式和各视图的视角。

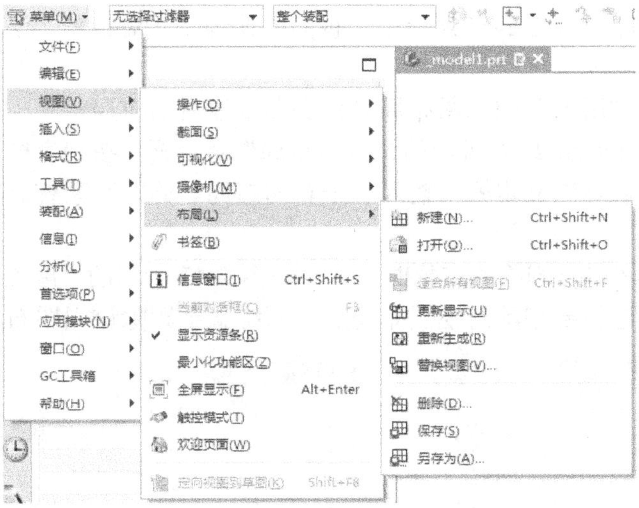

图 2-42 “布局”子菜单

建议用户在自定义自己的布局时，输入自己的布局名称。默认情况下，UG 会按照先后顺序给每个布局命名为 LAY1、LAY2 等。

（2）打开：系统会打开如图 2-44 所示对话框，在当前文件的布局名称列表中选择要打开的某个布局，系统会按该布局的方式来显示图形。当勾选了“适合所有视图”复选框之后，系统会自动调整布局中的所有视图加以拟合。

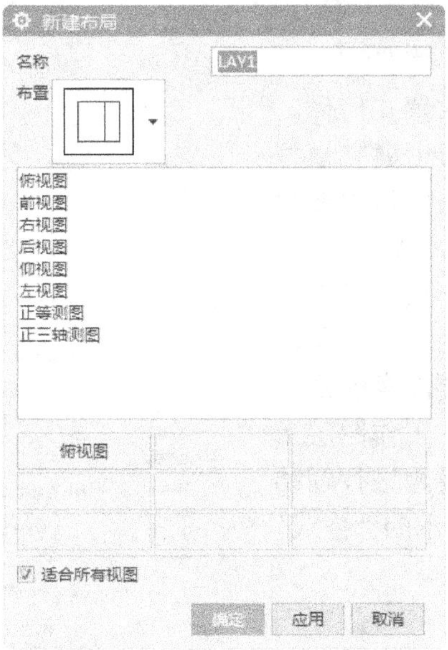

图 2-43 “新建布局”对话框

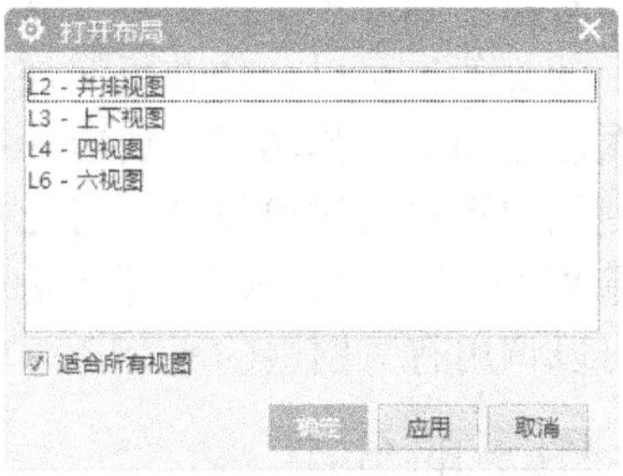

图 2-44 “打开布局”对话框

（3）适合所有视图：该功能用于调整当前布局中所有视图的中心和比例，使实体模型最大限度地拟合在每个视图边界内。

（4）更新显示：当对实体进行修改后，使用了该命令就会对所有视图的模型进行实时更新显示。

（5）重新生成：该功能用于重新生成布局中的每一个视图。

（6）替换视图：打开如图 2-45 所示的“视图替换为…”对话框，该对话框用于替换布局中的某个视图。

（7）保存：系统则用当前的视图布局名称保存修改后的布局。

（8）另存为：打开如图 2-46 所示的“另存布局”对话框，在列表框中选择要更换名称进行保存的布局，在“名称”文本框中输入一个新的布局名称，则系统会用新的名称保存修改过的布局。

（9）删除：当存在用户删除的布局时，打开如图 2-47 所示的“删除布局”对话框，该对话框用于从列表框中选择要删除的视图布局后，系统就会删除该视图布局。

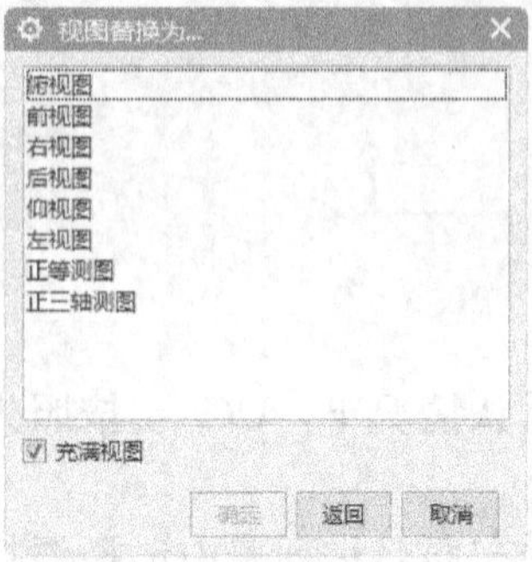

图 2-45 “视图替换为…”对话框

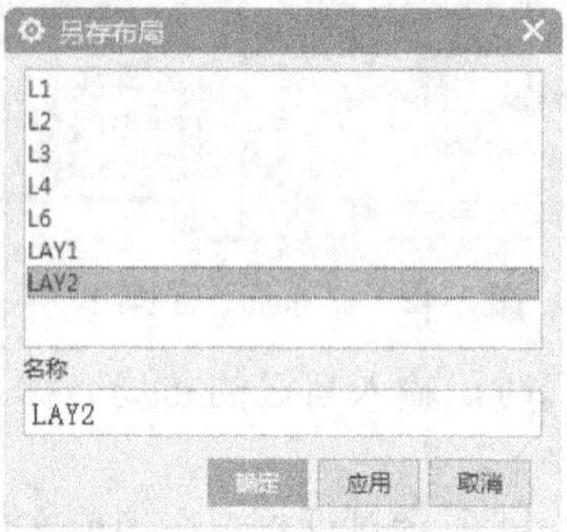

图 2-46 “另存布局”对话框

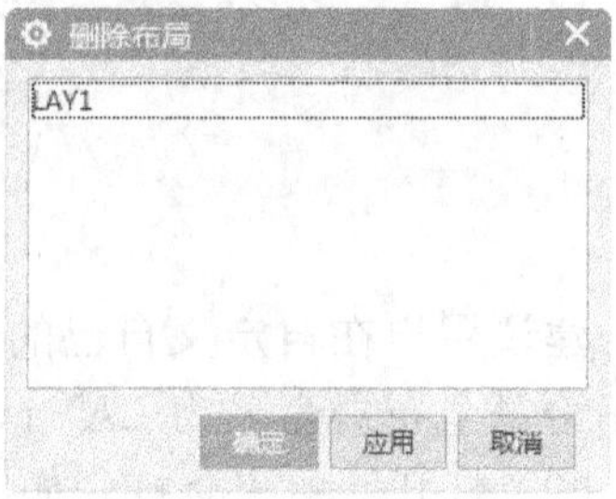

图 2-47 “删除布局”对话框

2.5 图层操作

所谓图层，就是在空间中使用不同的层次来放置几何体。UG 中的图层功能类似于设计工程师在透明覆盖层上建立模型的方法，一个图层类似于一个透明的覆盖层。图层的最主要功能是在复杂建模的时候可以控制对象的显示、编辑、状态。

一个 UG 文件中最多可以有 256 个图层，每个层上可以含任意数量的对象。因此一个图层可以含有部件上的所有对象，一个对象上的部件也可以分布在很多层上，但需要注意的是，只有一个图层是当前工作图层，所有的操作只能在工作图层上进行，其他图层可以通过可见性、可选择性等的设置进行辅助工作。选择“菜单”→“格式”可得到如图 2-48 所示的“格式”子菜单，可以调用有关图层的所有命令功能。

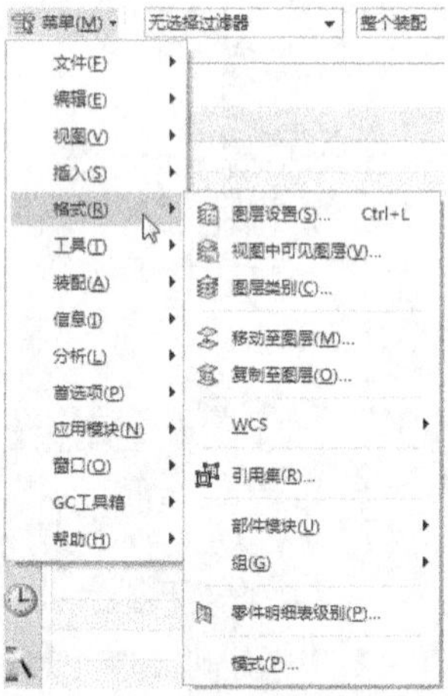

图 2-48 “格式”子菜单

2.5.1 图层的分类

对相应图层进行分类管理，可以很方便地通过层类来实现对其中各层的操作，可以提高操作效率。例如可以设置 model、draft、sketch 等图层种类，model 包括 1～10 层，draft 包括 11～20 层，sketch 包括 21～30 层等等。用户可以根据自身需要来制定图层的类别。

选择“菜单”→“格式”→“图层类别”命令，打开如图 2-49 所示“图层类别”对话框，可以对图层进行分类设置。

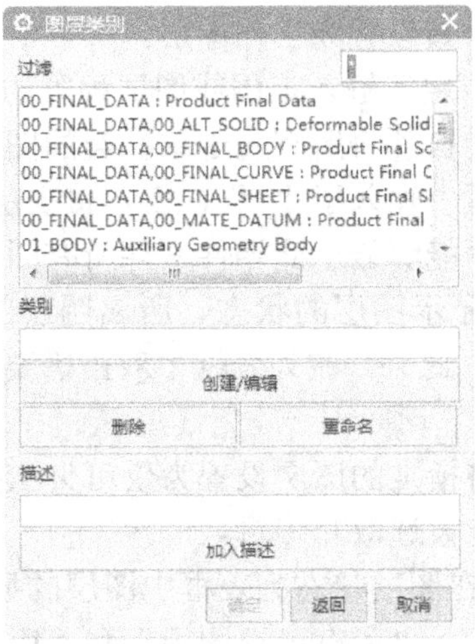

图 2-49 “图层类别”对话框

下面介绍其中部分选项功能。

（1）过滤：该文本框用于输入已存在的图层种类的名称来进行筛选，当输入“*”时则会显示所有的图层种类。用户可以直接在列表框中选取需要编辑的图层种类。

（2）图层类别表框：用于显示满足过滤条件的所有图层类条目。

（3）类别：该文本框用于输入图层种类的名称，来新建图层或是对已存在图层种类进行编辑。

（4）创建/编辑：该选项用于创建和编辑图层，若“类别”中输入的名字已存在则进行编辑，若不存在则进行创建。

（5）删除/重命名：该选项用于对选中的图层种类进行删除或重命名操作。

（6）描述：该选项功能用于输入某类图层相应的描述文字，即用于解释该图层种类含义的文字，当输入的描述文字超出规定长度时，系统会自动进行长度匹配。

（7）加入描述：新建图层类时，若在“描述”下面的文本框中输入了该图层类的描述信息，再需单击该按钮才能使描述信息有效。

2.5.2 图层的设置

用户可以在任何一个或一群图层中设置该图层是否显示和是否变换工作图层等。选择“菜单”→“格式”→“图层设置”命令，打开如图 2-50 所示“图层设置”对话框，利用该对话框可以对组件中所有图层或任意一个图层进行工作层、可选性、可见性等设置，并且可以查询层的信息，同时也可以对层所属种类进行编辑。

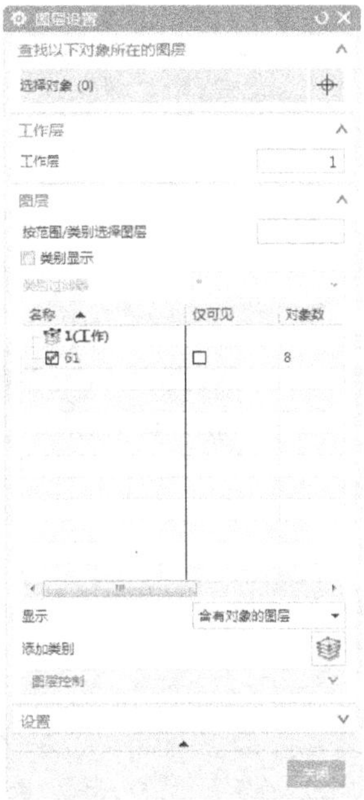

图 2-50 “图层设置”对话框

下面介绍相关功能的用法。

（1）工作层：用于输入需要设置为当前工作层的图层号。

当输入图层号后，系统会自动将其设置为工作图层。

（2）按范围/类别选择图层：用于输入范围或图层种类的名称进行筛选操作，在文本框中输入种类名称并确定后，系统会自动将所有属于该种类的图层选取，并改变其状态。

（3）类别过滤器：在文本框中输入了“*”，表示接受所有图层种类。

（4）名称：图层信息对话框能够显示此零件文件所有图层和所属种类的相关信息。如图层编号、状态、图层种类等。显示图层的状态、所属图层的种类、对象数目等。可以利用 Ctrl+Shift 组合键进行多项选择。此外，在列表框中双击需要更改状态的图层，系统会自动切换其显示状态。

（5）仅可见：该选项用于将指定的图层设置为仅可见状态。当图层处于仅可见状态时，该图层的所有对象仅可见但不能被选取和编辑。

（6）显示：该选项用于控制在图层状态列表框中图层的显示情况。该下拉列表中含有“所有图层”、“含有对象的图层”、“所有可选图层”和“所有可见图层”4 个选项。

（7）显示前全部适合：该选项用于在更新显示前吻合所有的试图，使对象充满显示区域，或在工作区域利用 Ctrl+F 组合键实现该功能。

2.5.3 图层的其他操作

1．图层的可见性设置

选择“菜单”→“格式”→“视图中可见图层”命令，系统会打开如图 2-51 所示“视图中的可见图层”对话框。

在图 2-51（左）打开的对话框中选择要操作的视图，之后在打开对话框（图 2-51 右）的列表框中选择可见性图层，然后设置可见/不可见选项。

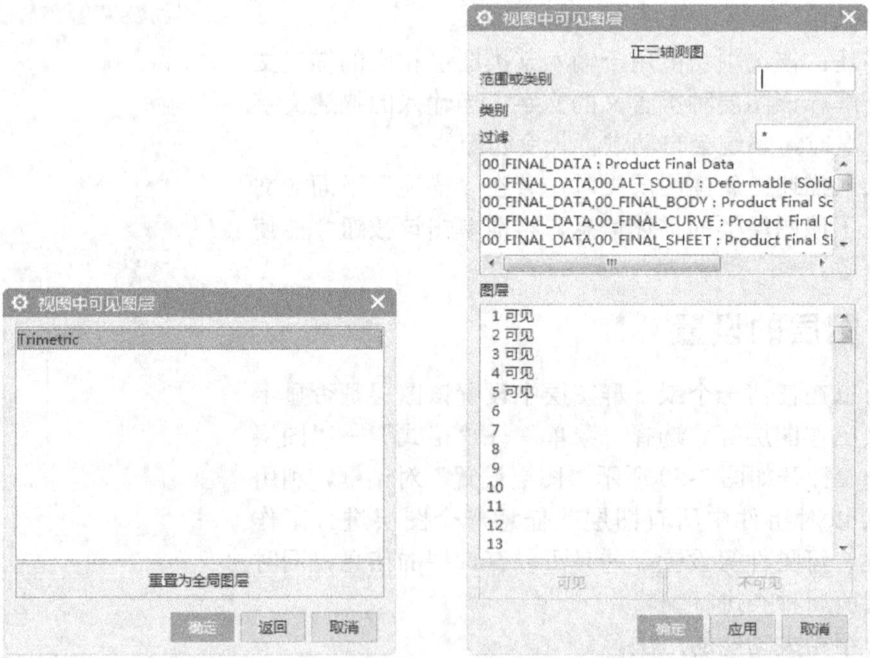

图 2-51 “视图中的可见图层”对话框

2. 图层中对象的移动

选择“菜单”→“格式”→“移动至图层”命令，选择要移动的对象后，打开如图 2-52 中所示的“图层移动”对话框。

在“图层”列表中直接选中目标层，系统就会将所选对象放置在目的层中。

3. 图层中对象的复制

选择“菜单”→“格式”→“复制至图层”命令，选择要复制的对象后，打开如图 2-53 中所示的对话框，操作过程基本相同，在此不再详述。

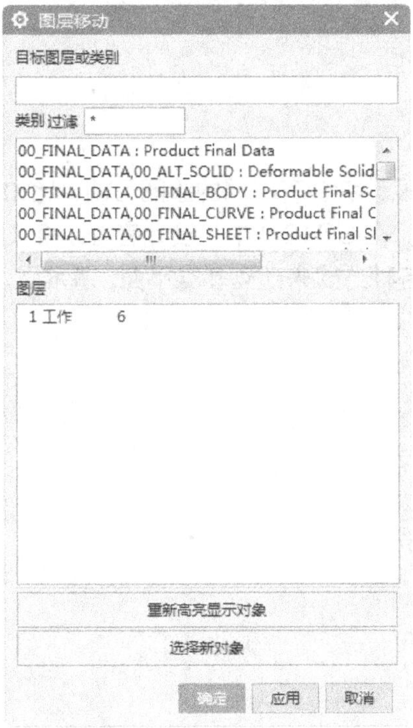

图 2-52 “图层移动”对话框

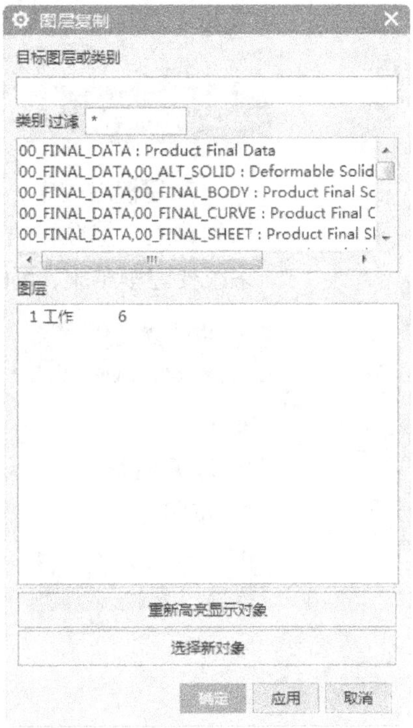

图 2-53 “图层复制”对话框

Chapter

实体建模基础

3

内容简介

在建模过程中，不同的设计者会有不同的绘图习惯，比如点，基准平面的建立，基准轴的建立等。在 UG12.0 中，设计者可以修改相关的参数来改变建模结果，可以通过各种方式来建立基准平面、基准点、基准轴等。

内容要点

- 点
- 体素特征
- 布尔运算

案例效果

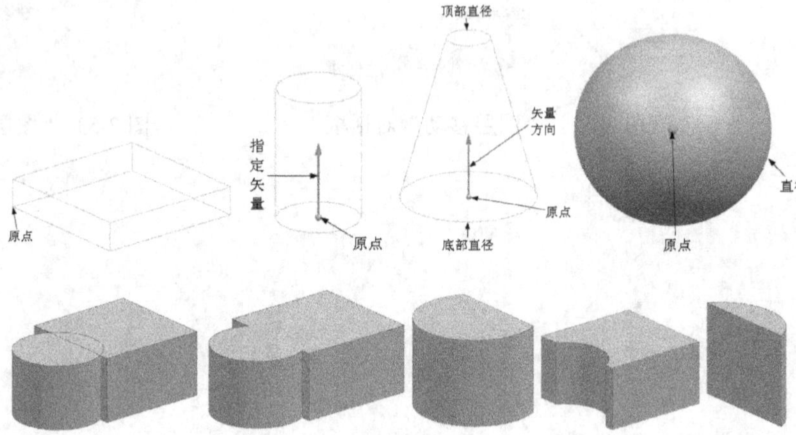

3.1 基准建模

在建模中，经常需要建立基准点、基准平面、基准轴和基准坐标系。UG NX 12.0 提供了基准建模工具，通过选择“菜单”→“插入”→“基准/点”菜单来实现，如图 3-1 所示。

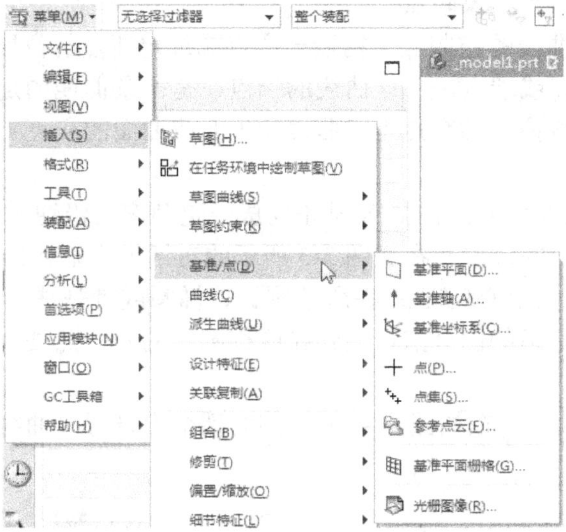

图 3-1 “基准/点”菜单

3.1.1 点

选择“菜单”→“插入”→“基准/点”→“点”命令，或者单击“主页”选项卡→“特征”组→“基准/点”下拉菜单→“点”＋图标，系统打开如图 3-2 所示的“点”对话框。

图 3-2 “点”对话框

下面介绍基准点的创建方法。

（1）自动判断的点：根据鼠标所指的位置指定各种点之中距光标最近的点。

（2）光标位置：直接在鼠标左键单击的位置上建立点。

（3）现有点：根据已经存在的点，在该点位置上再创建一个点。

（4）端点：根据鼠标选择位置，在靠近鼠标选择位置的端点处建立点。如果选择的特征为完整的圆，那么端点为零象限点。

（5）控制点：在曲线的控制点上构造一个点或规定新点的位置。控制点与曲线的类型有关，可以是直线的中点或端点、二次曲线的端点或是样条曲线的定义点或是控制点等。

（6）交点：在两段曲线的交点上、曲线和平面或曲面的交点上创建一个点或规定新点的位置。

（7）圆弧/椭圆上的角度：在与 X 轴正向成一定角度（沿逆时针方向）的圆弧/椭圆弧上创建一个点或规定新点的位置，在如图 3-3 所示的对话框中输入曲线上的角度。

（8）圆弧中心/椭圆中心/球心：在所选圆弧、椭圆或者是球的中心建立点。

（9）象限点：即圆弧的四分点，在圆弧或椭圆弧的四分点处创建一个点或规定新点的位置。

（10）曲线/边上的点：在如图 3-4 所示的对话框中设置“曲线长度”值，即可在选择的特征上建立点。

图 3-3　圆弧/椭圆上的角度

图 3-4　设置曲线长度参数

（11）面上的点：在如图 3-5 所示的对话框中设置“U 向参数”和“V 向参数”的值，即可在面上建立点。

（12）两点之间：在如图 3-6 所示的对话框中设置“点之间的位置”的值，即可在两点之间建立点。

图 3-5　设置 U 向参数和 V 向参数

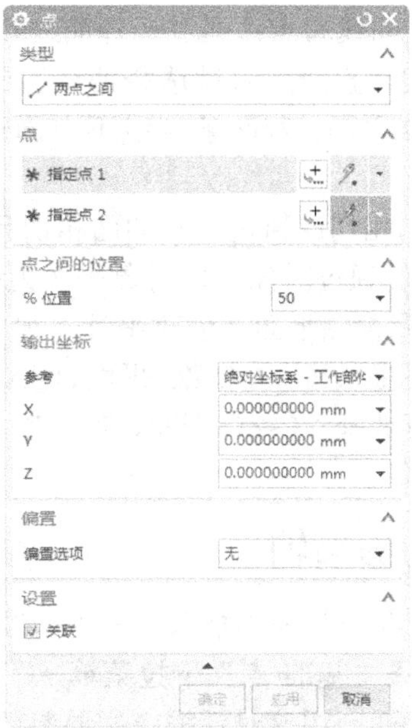

图 3-6　设置点的位置

3.1.2 基准平面

选择“菜单”→“插入”→“基准/点”→“基准平面”命令，或者单击“主页”选项卡→“特征”组→“基准/点”下拉菜单→“基准平面”图标，系统打开如图 3-7 所示的“基准平面”对话框。

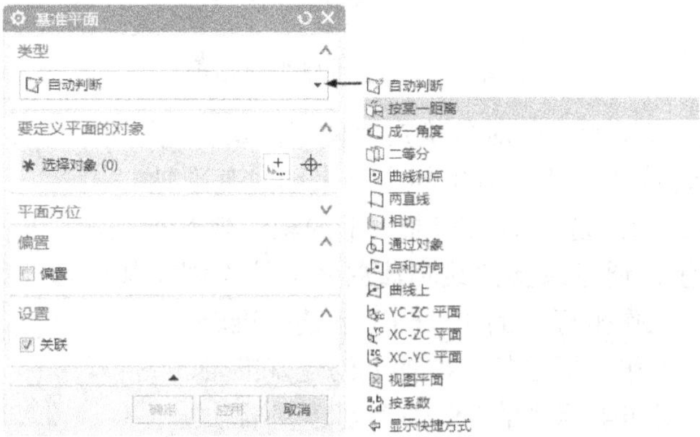

图 3-7　“基准平面”对话框

下面介绍基准平面的创建方法。

（1）自动判断：系统根据所选对象创建基准平面。

（2）点和方向：通过选择一个参考点和一个参考矢量来创建基准平面。

（3）曲线上：通过已存在的曲线，创建在该曲线某点处和该曲线垂直的基准平面。

（4）按某一距离：通过和已存在的参考平面或基准面进行偏置得到新的基准平面。

（5）成一角度：通过与一个平面或基准面成指定角度来创建基本平面。

（6）二等分：在两个相互平行的平面或基准平面的对称中心处创建基准平面。

（7）曲线和点：通过选择曲线和点来创建基准平面。

（8）两直线：通过选择两条直线，若两条直线在同一平面内，则以这两条直线所在平面为基准平面；若两条直线不在同一平面内，那么基准平面通过一条直线且和另一条直线平行。

（9）相切：通过与一曲面相切且通过该曲面上点或线或平面来创建基准平面。

（10）通过对象：以对象平面为基准平面。

（11）视图平面：创建平行于视图平面并穿过 WCS 原点的固定基准平面。

系统还提供了 YC-ZC 平面、XC-ZC 平面、XC-YC 平面和按钮系数共 4 种方法。也就是说可选择 YC-ZC 平面、XC-ZC 平面、XC-YC 平面为基准平面，或单击按钮，自定义基准平面。

3.1.3 基准轴

选择"菜单"→"插入"→"基准/点"→"基准轴"命令，或者单击"主页"选项卡→"特征"组→"基准/点"下拉菜单→"基准轴"图标，系统打开如图 3-8 所示的"基准轴"对话框，下面介绍该对话框中主要参数的用法。

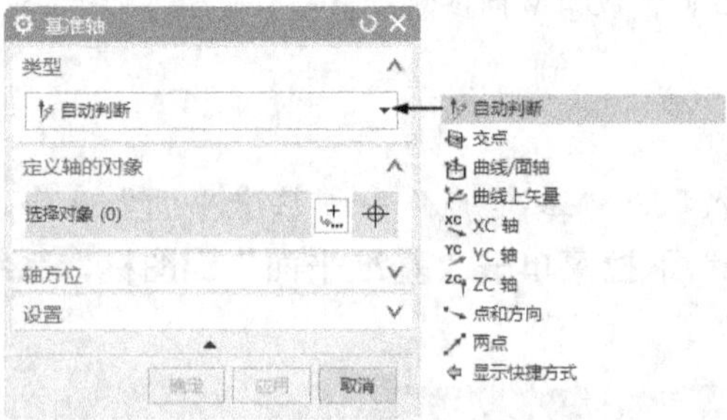

图 3-8 "基准轴"对话框

（1）自动判断：根据所选的对象确定要使用的最佳基准轴类型。

（2）交点：通过选择两相交对象的交点来创建基准轴。

（3）曲线/面轴：通过选择曲面和曲面上的轴创建基准轴。

（4）曲线上矢量：通过选择曲线和该曲线上的点创建基准轴。

（5）XC 轴：在工作坐标系的 XC 轴上创建基准轴。

（6）YC 轴：在工作坐标系的 YC 轴上创建基准轴。

（7）ZC 轴：在工作坐标系的 ZC 轴上创建基准轴。

（8）点和方向：通过选择一个点和方向矢量创建基准轴。

（9）两点：通过选择两个点来创建基准轴。

3.1.4 基准坐标系

选择"菜单"→"插入"→"基准/点"→"基准坐标系"命令，或者单击"主页"选项卡→"特征"组→"基准/点"下拉菜单→"基准坐标系"图标，打开如图 3-9 所示的"基准坐标系"对话框，该对话框用于创建基准坐标系，与坐标系不同的是，基准坐标系一次建立 3 个基准面 XY、YZ 和 ZX 面和 3 个基准轴 X、Y 和 Z 轴。

图 3-9 “基准坐标系”对话框

对话框中的含义同 2.3.2 节，在这里就不做详细介绍。

3.2 体素特征

体素特征是基本的几何解析形状，如长方体、圆柱、圆锥和球等。

体素特征关联到当初创建它们时用于定位它们的点、矢量和曲线对象。如果随后一个定位对象，体素特征也会因此更新或移动。

3.2.1 长方体

选择“菜单”→“插入”→“设计特征”→“长方体”命令，打开如图 3-10 所示的“长方体”对话框。

下面介绍 3 种不同类型的创建方式。

（1）原点和边长：该方式允许用户通过原点和 3 边长度来创建长方体，示意图如图 3-11 所示。

图 3-10 “长方体”对话框

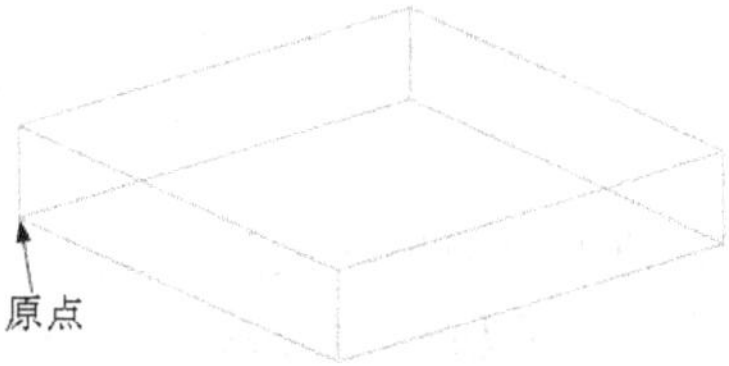

图 3-11 “原点和边长”示意图

（2）两点和高度：该方式允许用户通过高度和底面的两对角点来创建长方体，示意图如图 3-12 所示。

（3）两个对角点：该方式允许用户通过两个对角顶点来创建长方体，示意图如图 3-13 所示。

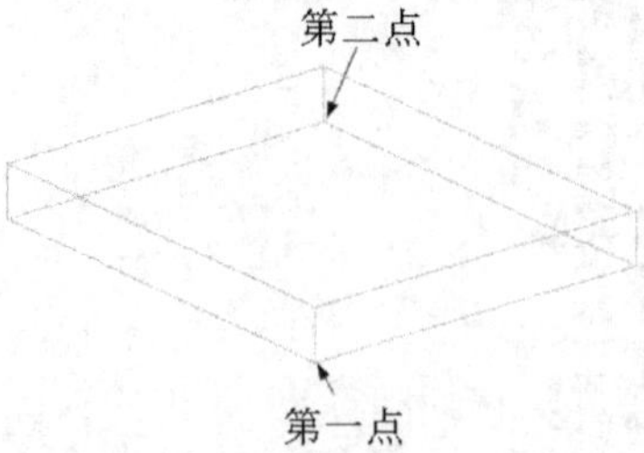

图 3-12 “两点和高度”示意图

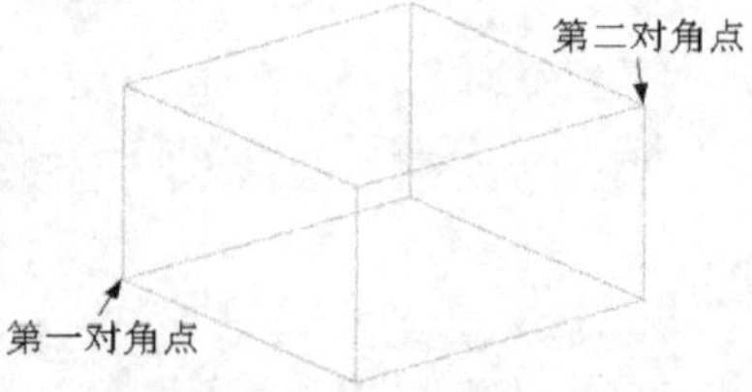

图 3-13 “两个对角点”示意图

3.2.2 圆柱

选择“菜单”→“插入”→“设计特征”→“圆柱”命令，打开如图 3-14 所示的“圆柱”对话框。

图 3-14 “圆柱”对话框

下面介绍 2 种不同类型的创建方式。

（1）轴、直径和高度：该方式允许用户通过定义直径和圆柱高度值以及底面圆心来创建圆柱体，创建示意图如图 3-15 所示。

（2）圆弧和高度：该方式允许用户通过定义圆柱高度值，选择一段已有的圆弧并定义创建方向来创建圆柱体。用户选取的圆弧不一定需要是完整的圆，且生成圆柱与弧不关联，圆柱方向可以选择是否反向，示意图如图 3-16 所示。

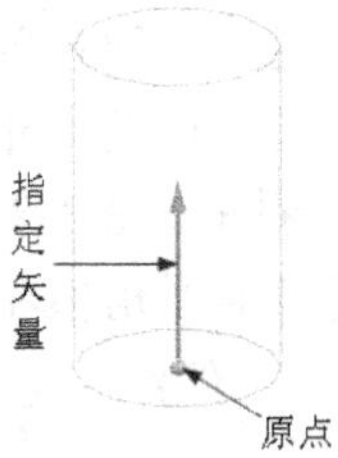

图 3-15 “轴、直径和高度”示意图

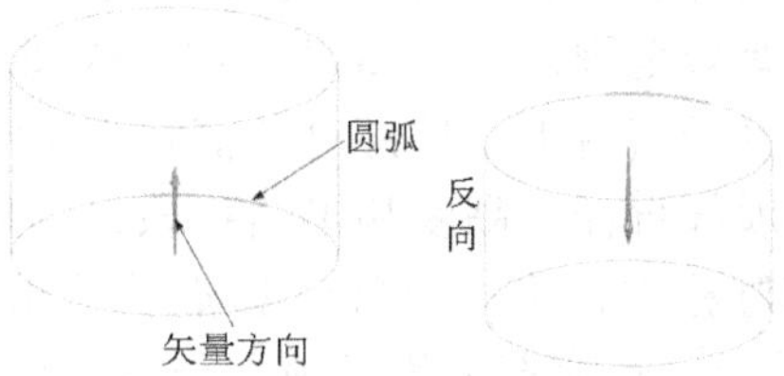

图 3-16 “圆弧和高度”示意图

3.2.3 圆锥体

选择“菜单”→“插入”→“设计特征”→“圆锥”命令，打开如图 3-17 所示“圆锥”对话框。

下面介绍 5 种不同类型的创建方式。

（1）直径和高度：该选项通过定义底部直径、顶直径和高度值生成实体圆锥，创建示意图如图 3-18 所示。

（2）直径和半角：该选项通过定义底部直径、顶部直径和半角值生成圆锥，创建示意图如图 3-19 所示。

图 3-17 “圆锥”对话框

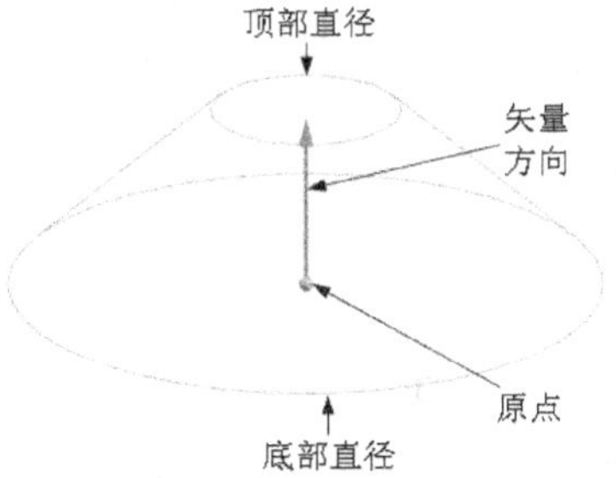

图 3-18 “直径和高度”示意图

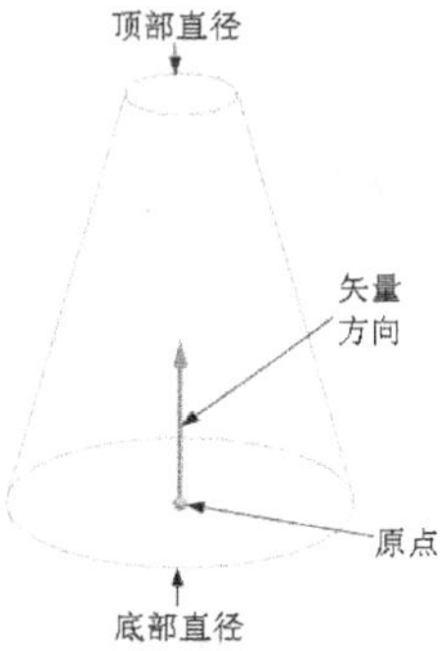

图 3-19 “直径和半角”示意图

半顶角定义了圆锥的轴与侧面形成的角度。半顶角值的有效范围是 1°～89°。图 3-20 说明了不同的半顶角值对圆锥形状的影响。每种情况下轴的点直径和顶直径都是相同的。半顶角值影响顶点的“锐度”以及圆锥的高度。

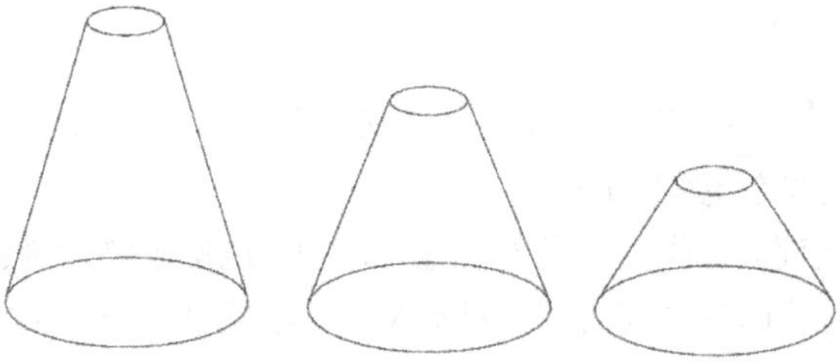

15°　　20°　　30°

图 3-20 不同半顶角值对圆锥形状的影响

（3）底部直径、高度和半角：该选项通过定义底部直径、高度和半顶角值生成圆锥。半顶角值的有效范围是 1°～89°。在生成圆锥的过程中，有一个经过原点的圆形平表面，其直径由底部直径值给出。顶部直径值必须小于底部直径值，创建示意图如图 3-21 所示。

（4）顶部直径、高度和半角：该选项通过定义顶直径、高度和半顶角值生成圆锥。在生成圆锥的过程中，有一个经过原点的圆形平表面，其直径由顶直径值给出，创建示意图如图 3-22 所示。底部直径值必须大于顶部直径值。

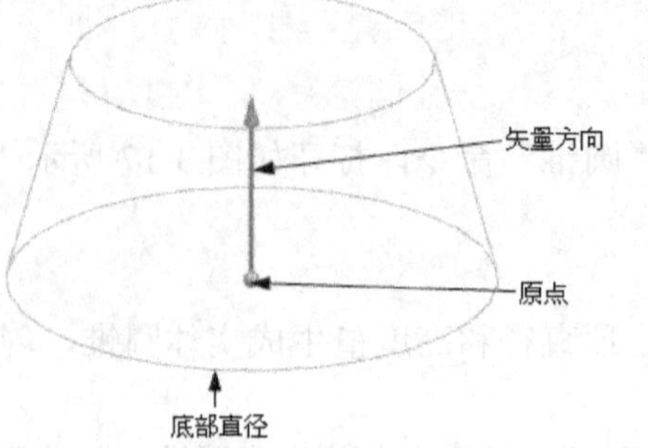

图 3-21 “底部直径、高度和半角”创建示意图

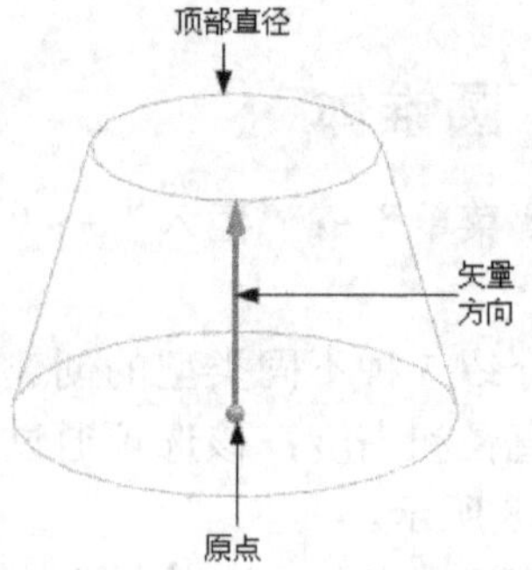

图 3-22 “顶部直径、高度和半角”创建示意图

（5）两个共轴的圆弧：该选项通过选择两条弧生成圆锥特征。两条弧不一定是平行的（如图 3-23 所示）。

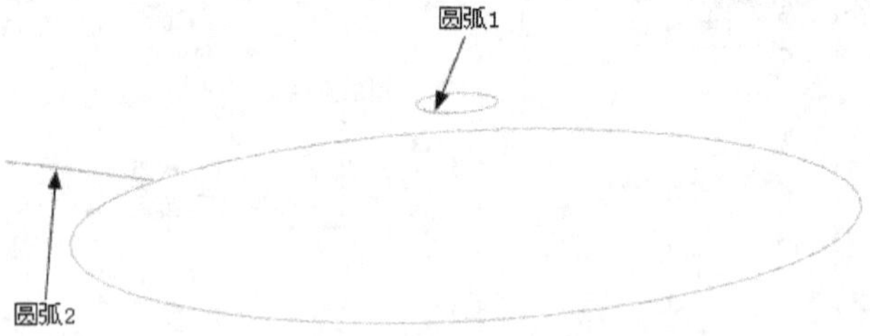

图 3-23 “两个共轴的圆弧”示意图

选择了基弧和顶弧之后，就会生成完整的圆锥。所定义的圆锥轴位于弧的中心，并且处于基弧的法向上。圆锥的底部直径和顶部直径取自两个弧。圆锥的高度是顶弧的中心与基弧的平面之间的距离。

如果选中的弧不是共轴的，系统会将第二条选中的弧（顶弧）平行投影到由基弧形成的平面上，直到两个弧共轴为止。另外，圆锥不与弧相关联。

3.2.4 球

选择“菜单”→“插入”→“设计特征”→“球”命令，打开如图 3-24 所示的“球”对话框。下面介绍 2 种不同类型的创建方式。

（1）中心点和直径：该选项通过定义直径值和中心生成球体，创建示意图如图 3-25 所示。

（2）圆弧：该选项通过选择圆弧来生成球体，示意图如图 3-26 所示，所选的弧不必为完整的圆弧。系统基于任何弧对象生成完整的球体。选定的弧定义球体的中心和直径。另外，球体不与弧相关；这意味着如果编辑弧的大小，球体不会更新以匹配弧的改变。

图 3-24 “球”对话框

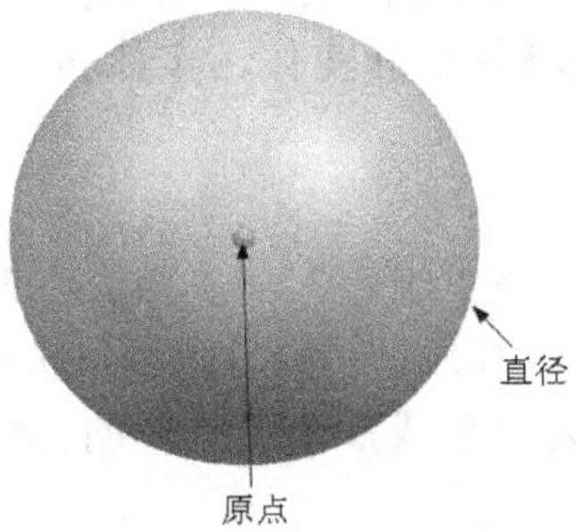

图 3-25 “中心点和直径”创建示意图

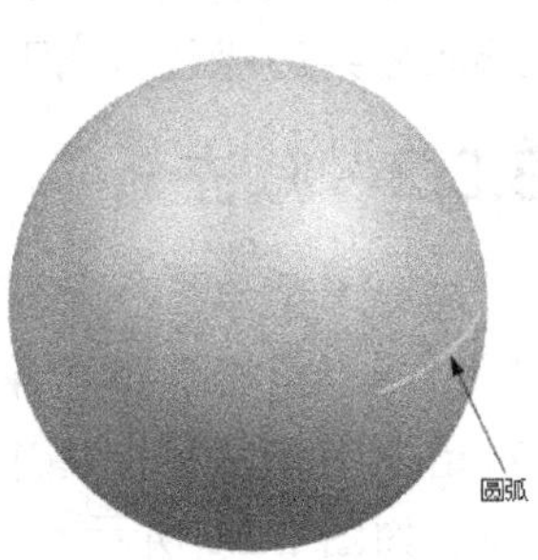

图 3-26 “圆弧”创建示意图

3.3 布尔运算

零件模型通常由单个实体组成，但在建模过程中，实体通常是由多个实体或特征组合而成的，于是要求把多个实体或特征组合成一个实体，这个操作称为布尔运算（或布尔操作）。

布尔运算在实际建模过程中用得比较多，但一般情况下是系统自动完成或自动提示用户选择合适的布尔运算。布尔运算也可独立操作。

3.3.1 合并

选择“菜单”→“插入”→“组合”→“合并”命令，或者单击“主页”选项卡→“特征”组→“组合”下拉菜单→“合并”图标，系统打开如图 3-27 所示的“合并”对话框。该对话框用于将两个或多个实体的体积组合在一起构成单个实体，其公共部分完全合并到一起，如图 3-28 所示。

图 3-27 “合并”对话框

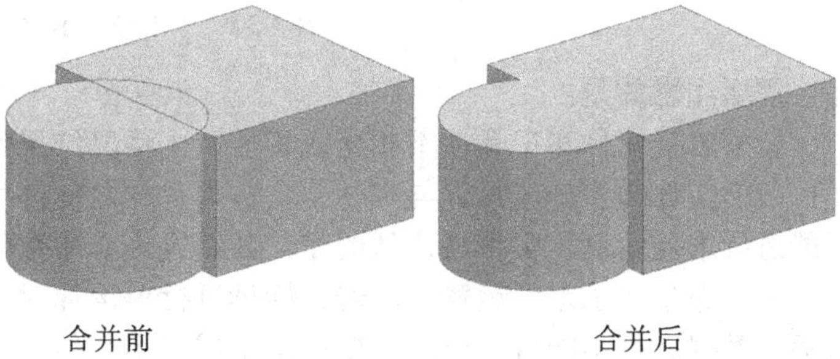

图 3-28 “合并”示意图

对话框中的选项说明如下。

（1）目标：进行布尔“合并”时第一个选择的体对象，运算的结果将加在目标体上，并修改目标体。同一次布尔运算中，目标体只能有一个。布尔运算的结果体类型与目标体的类型一致。

（2）工具：进行布尔运算时第二个以后选择的体对象，这些对象将加在目标体上，并构成目标体的一部分。同一次布尔运算中，工具体可有多个。

需要注意的是：可以将实体和实体进行合并运算，也可以将片体和片体进行合并运算（具有近似公共边缘线），但不能将片体和实体、实体和片体进行合并运算。

3.3.2 减去

选择“菜单”→“插入”→“组合”→“减去”命令，或者单击“主页”选项卡→“特征”组→“组合”下拉菜单→“减去”图标，系统打开如图 3-29 所示的“求差”对话框。该对话框用于从目标体中减去一个或多个工具体的体积，即将目标体中与工具体公共的部分去掉，如图 3-30 所示。

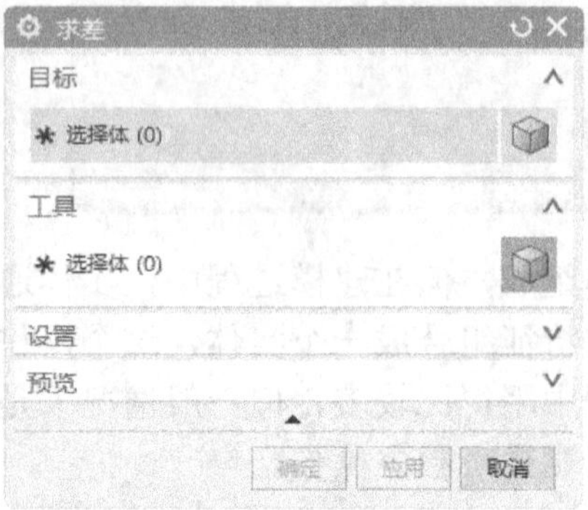

图 3-29 “求差”对话框

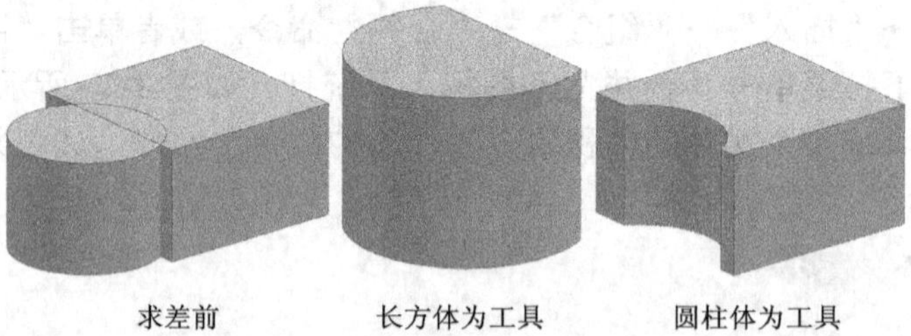

图 3-30 “求差”示意图

需要注意的是：

（1）若目标体和工具体不相交或相接，则运算结果保持为目标体不变。

（2）实体与实体、片体与实体、实体与片体之间都可进行求差运算，但片体与片体之间不能进行求差运算。实体与片体的差，其结果为非参数化实体。

（3）布尔“求差”运算时，若目标体进行差运算后的结果为两个或多个实体，则目标体将丢失数据。也不能将一个片体变成两个或多个片体。

（4）差运算的结果不允许产生 0 厚度，即不允许目标实体和工具体的表面刚好相切。

3.3.3 相交

选择“菜单”→“插入”→“组合”→“相交”命令，或者单击“主页”选项卡→“特征”组→“组合”下拉菜单→“相交”图标，系统打开如图 3-31 所示的“相交”对话框。该对话框用于将两个或多个实体合并成单个实体，运算结果取其公共部分体积构成单个实体，如图 3-32 所示。

图 3-31 “相交”对话框

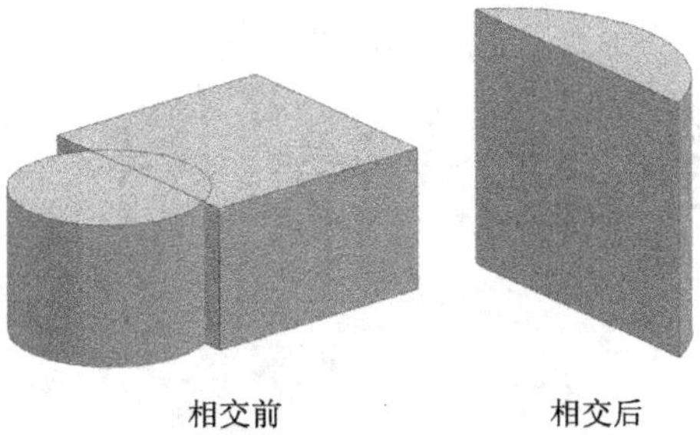

图 3-32 “相交”示意图

Chapter

草图设计

4

内容简介

草图（Sketch）是 UG 建模中建立参数化模型的一个重要工具。通常情况下，用户的三维设计应该从草图设计开始，通过 UG 中提供的草图功能建立各种基本曲线，对曲线进行几何约束和尺寸约束，然后对二维草图进行拉伸、旋转或者扫掠就可以很方便地生成三维实体。此后模型的编辑修改，主要在相应的草图中完成后即可更新模型。

本章主要介绍草图的基本知识、操作和编辑等。

内容要点

- 草图建立
- 草图绘制
- 草图操作
- 草图约束

案例效果

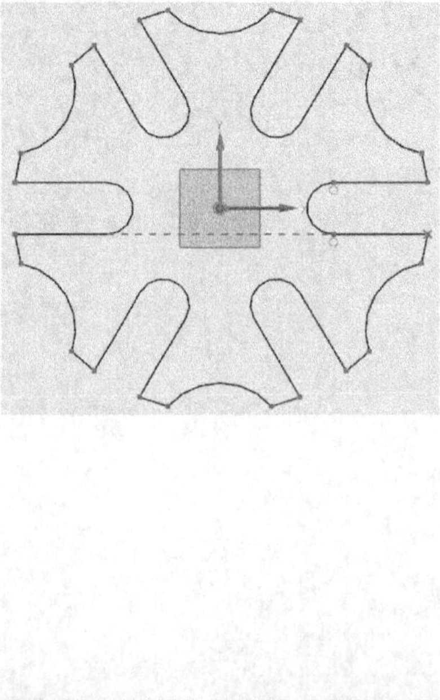

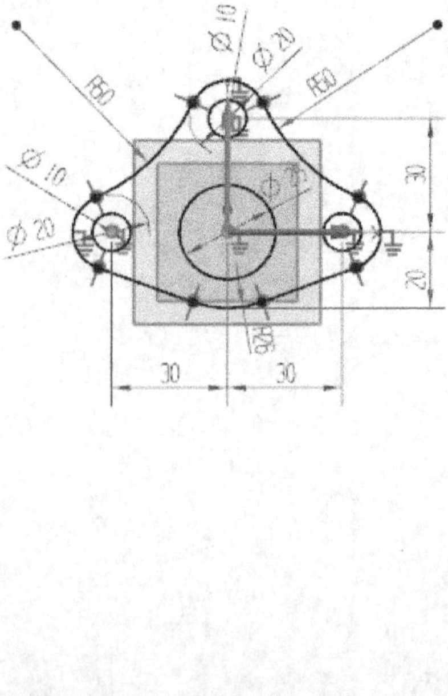

4.1 草图建立

草图是位于指定平面上的曲线和点所组成的一个特征，其默认特征名为：SKETCH。草图由草图平面、草图坐标系、草图曲线和草图约束等组成；草图平面是草图曲线所在的平面，草图坐标系的 XY 平面即为草图平面，草图坐标系由用户在建立草图时确定。一个模型中可以包含多个草图，每一个草图都有一个名称，系统通过草图名称对草图及其对象进行引用。

4.1.1 进入草图环境

单击“应用模块”选项卡→“设计”组→“建模”图标，在“建模”模块中执行“菜单”→“插入”→“在任务环境中绘制草图”命令，打开如图 4-1 所示“创建草图”对话框。

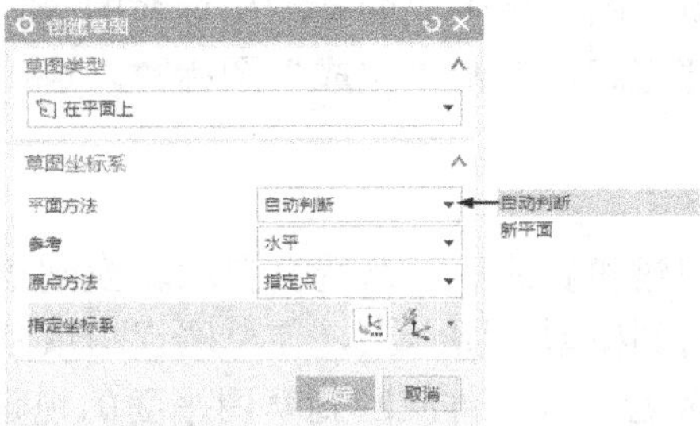

图 4-1 “创建草图”对话框

选择自动判断，单击“确定”按钮，进入草图环境，如图 4-2 所示。

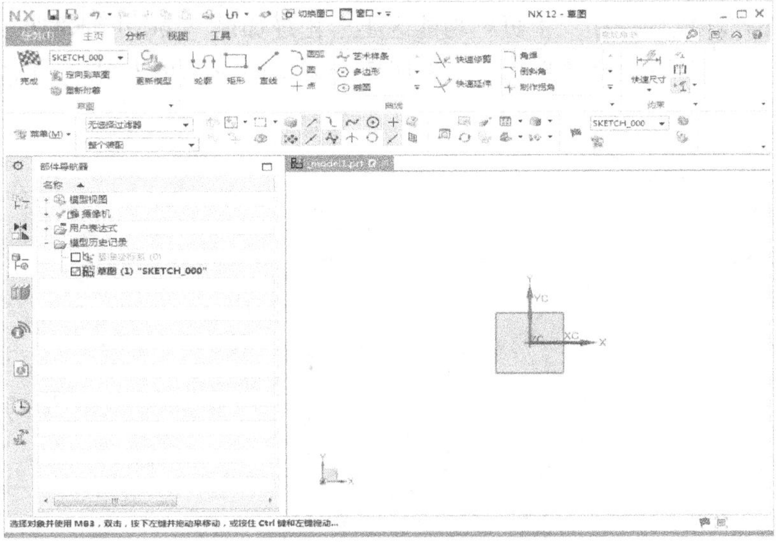

图 4-2 “草图”工作环境

4.1.2 草图创建的一般步骤

（1）进入草图创建环境后，首先在“主页”选项卡→“草图”组（如图 4-3 所示）中输入名称（使用鼠标左键单击文本框，鼠标变成“I”光标后，单击鼠标左键即可输入）。

（2）要创建草图，在“创建草图”对话框中指定草图的放置平面，有以下几种情况。

① 如果要将某一工作坐标系平面指定为草图平面，在“平面方法”选项中选择“新平面”，在指定平面下拉中选择 XC-YC、XC-ZC， YC-ZC 或创建其他的基准平面，将草图方向和草图原点进行设置，然后单击“确定”按钮。

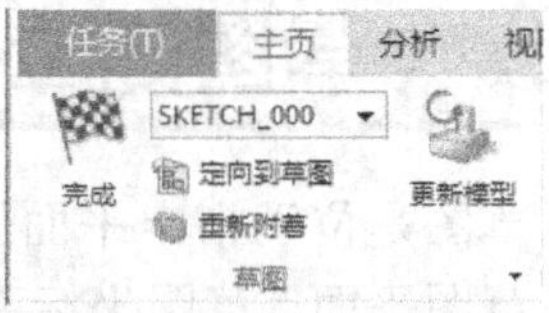

图 4-3 “草图”组

② 如果要为草图平面选择现有平面或已有的基准平面，在“平面方法”选项选择“自动判断”选项，然后选择所需的面或基准平面，然后单击“确定”按钮。

③ 如果要将基准坐标系用于草图平面，在“草图坐标系”选项选择“坐标系对话框”按钮，将会创建新的基准坐标系，并将其 X-Y 平面用于草图平面,在打开的 “坐标系”对话框生成基准坐标系。生成的新草图与新生成的基准坐标系的 X-Y 平面重合。

（3）当草图创建工作全部完成，单击“完成”图标，退出草图工作环境。

4.1.3 草图的视角

当用户完成草图平面的创建和修改后，系统会自动转换到草图平面视角。如果用户对该视角不满意，可以单击“定向到模型”图标，使草图视角恢复到原来基本建模的视角。还可以通过“定向到草图”图标，可以再次回到草图平面的视角。

4.2 草图绘制

进入草图工作环境后，在“主页”功能区上会出现如图 4-4(a)所示图标，其相关命令也可以在“菜单”→“插入”→“曲线”子菜单中找到如图 4-4(b)所示，下面介绍常用的绘图命令。

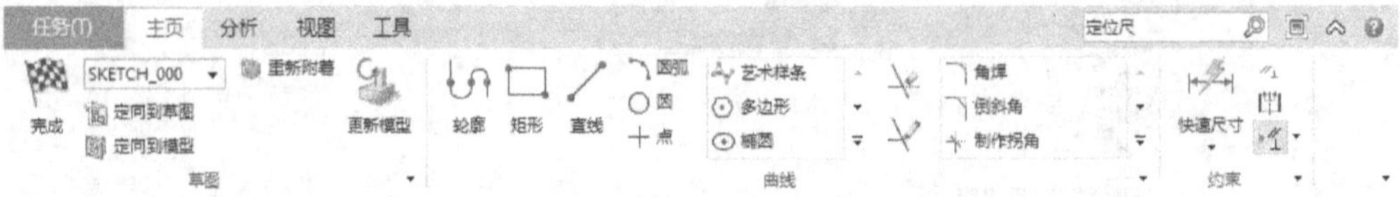

(a)

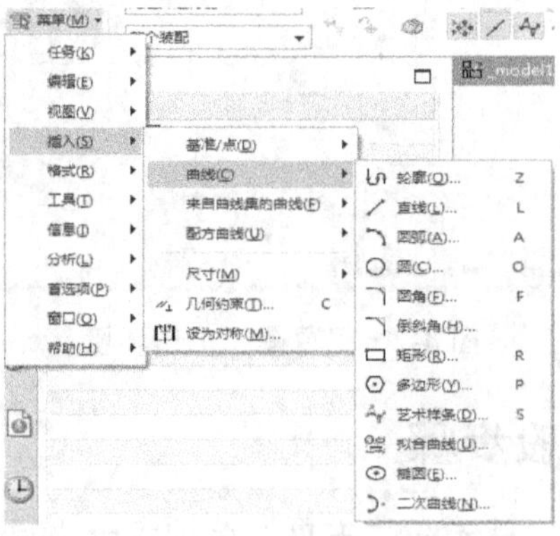

(b)

图 4-4 草图环境下的“主页”选项卡和“插入”子菜单

4.2.1 轮廓

绘制单一或者连续的直线和圆弧。

选择“菜单”→“插入”→“曲线”→“轮廓”命令，或者单击“主页”选项卡→“曲线”组→“轮廓”图标，打开如图 4-5 所示的“轮廓”对话框。

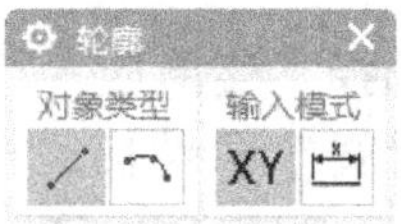

图 4-5 “轮廓”对话框

（1）直线

单击直线图标，在视图区选择两点绘制直线。

（2）圆弧

单击圆弧图标，在视图区选择一点，输入半径，然后在视图区选择另一点，或者根据相应约束和扫描角度绘制圆弧。

（3）坐标模式

单击坐标模式XY图标，在视图区显示如图 4-6 所示“XC”和“YC”数值输入文本框，在文本框中输入所需数值，确定绘制点。

（4）参数模式

单击参数模式图标，在视图区显示如图 4-7 所示“长度”和“角度”或者“半径”数值输入文本框，在文本框中输入所需数值，拖动鼠标，在所要放置位置单击鼠标左键，绘制直线或者弧。和坐标模式的区别是：在数值输入文本框中输入数值后，坐标模式是确定的，而参数模式是浮动的。

图 4-6 “坐标模式”数值输入文本框

(a) 选择直线绘制 (b) 选择圆弧绘制

图 4-7 “参数模式”数值输入文本框

4.2.2 直线

选择“菜单”→“插入”→“曲线”→“直线”命令，或者单击“主页”选项卡→“曲线”组→“直线”图标，打开如图 4-8 所示的“直线”对话框，其各个参数含义和“配置文件”对话框中对应的参数含义相同。

4.2.3 圆弧

选择“菜单”→“插入”→“曲线”→“圆弧”命令，或者单击“主页”选项卡→“曲线”组→“圆弧”图标，打开如图 4-9 所示的“圆弧”对话框。

图 4-8 “直线”对话框

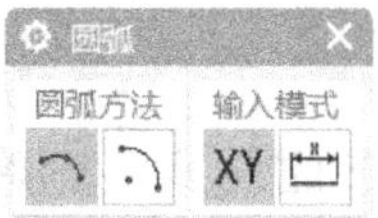

图 4-9 “圆弧”对话框

（1）三点定圆弧

单击三点定圆弧图标，通过“三点定圆弧”方式绘制弧。

（2）中心和端点定圆弧

单击中心和端点定圆弧图标，通过“中心和端点定圆弧”方式绘制弧。

4.2.4 圆

选择“菜单”→“插入”→“曲线”→“圆”命令，或者单击“主页”选项卡→“曲线”组→“圆”◯图标，打开如图 4-10 所示的“圆”对话框。

（1）圆心和直径定圆

单击圆心和直径定圆⊙图标，通过“圆心和直径定圆”方式绘制圆。

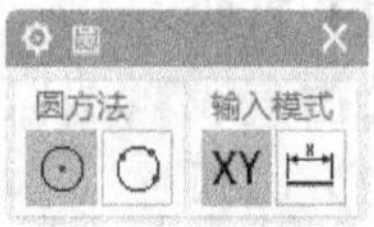

图 4-10 “圆”对话框

（2）三点定圆

单击三点定圆◯图标，选择“三点定圆”方式绘制圆。

4.2.5 派生曲线

选择一条或几条直线后，系统自动生成其平行线或中线或角平分线。

选择“菜单”→“插入”→“来自曲线集的曲线”→“派生直线”命令，或者单击“主页”选项卡→“曲线”组→“曲线”库→“派生直线”图标，选择“派生曲线”方式绘制直线。“派生曲线”方式绘制草图示意图如图 4-11 所示。

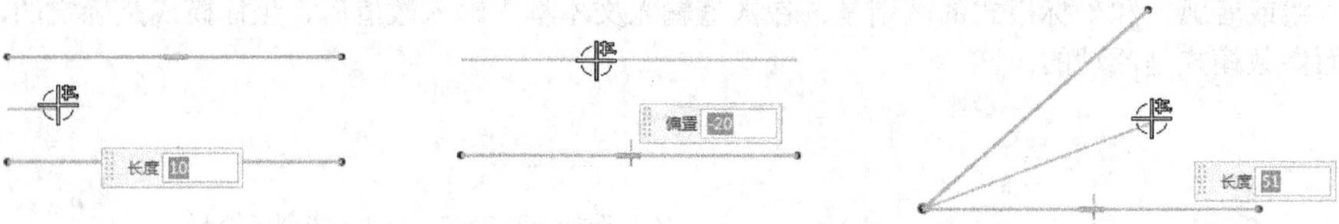

图 4-11 “派生曲线”方式绘制草图

4.2.6 圆角

使用此命令可以在两条或三条曲线之间创建一个圆角。

选择“菜单”→“插入”→“曲线”→“圆角”命令，或者单击“主页”选项卡→“曲线”组→“编辑曲线”库→“角焊”图标，打开图 4-12 所示的“圆角”对话框。

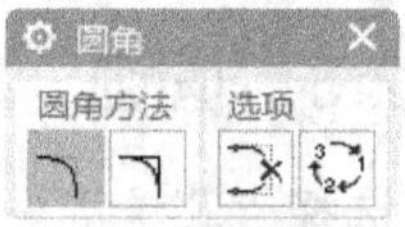

图 4-12 “圆角”对话框

1. 圆角方法

（1）修剪：修剪输入曲线。

（2）取消修剪：使输入曲线保持取消修剪状态。

2. 选项

（1）删除第三条曲线：删除选定的第三条曲线。

（2）创建备选圆角：预览互补的圆角。

4.2.7 倒斜角

使用此命令可斜接两条草图线之间的尖角。选择“菜单”→“插入”→“曲线”→“倒斜角”命令，或者单击“主页”选项卡→“曲线”组→“编辑曲线”库→“倒斜角”图标，打开图 4-13 所示的“倒斜角”对话框。

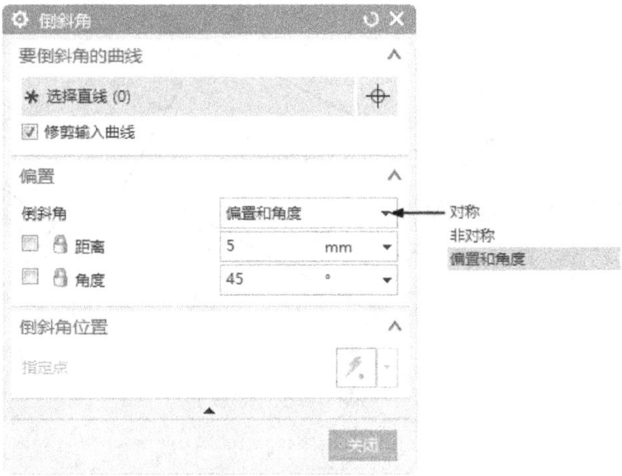

图 4-13 “倒斜角”对话框

1. 要倒斜角的曲线

（1）选择直线：通过在相交直线上方拖动光标以选择多条直线，或按照一次选择一条直线的方法选择多条直线。

（2）修剪输入曲线：勾选此复选框，修剪倒斜角的曲线。

2. 偏置

（1）倒斜角

① 对称：指定倒斜角与交点有一定距离，且垂直于等分线。

② 非对称：指定沿选定的两条直线分别测量的距离值。

③ 偏置和角度：指定倒斜角的角度和距离值。

（2）距离：指定从交点到第一条直线的倒斜角的距离。

（3）距离 1/距离 2：设置从交点到第一条/第二条直线的倒斜角的距离。

（4）角度：设置从第一条直线到倒斜角的角度。

3. 指定点指定倒斜角的位置（略）

4.2.8 矩形

使用此命令可通过三种方式来创建矩形。

选择“菜单”→“插入”→“曲线”→“矩形”命令，或者单击“主页”选项卡→“曲线”组→“矩形”图标，打开图 4-14 所示的“矩形”对话框。

图 4-14 “矩形”对话框

1. 矩形方法

（1）按 2 点：根据对角点上的两点创建矩形，如图 4-15 所示。

（2）按 3 点：根据起点和决定宽度、宽度和角度的两点来创建矩形，如图 4-16 所示。

（3）从中心：从中心点、决定角度和宽度的第二点以及决定高度的第三点来创建矩形，如图 4-17 所示。

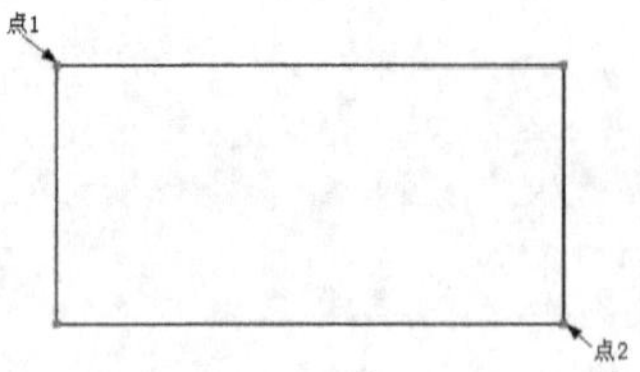

图 4-15　按 2 点

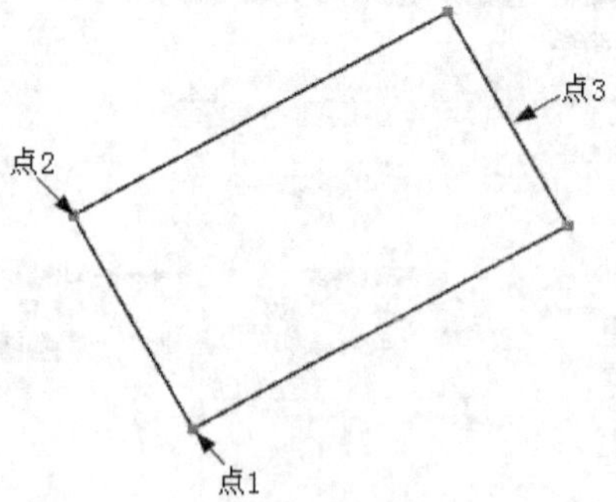

图 4-16　按 3 点

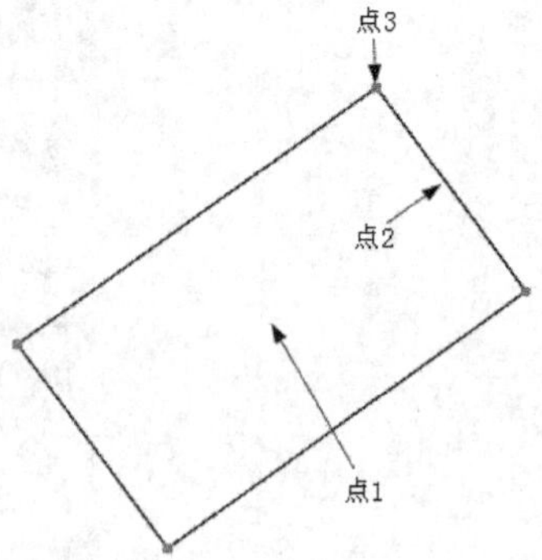

图 4-17　从中心

2．输入模式

（1）坐标模式XY：用 XC、YC 坐标为矩形指定点。

（2）参数模式：用相关参数值为矩形指定点。

4.2.9　多边形

选择“菜单”→“插入”→“曲线”→“多边形”命令，或者单击“主页”选项卡→“曲线”组→“编辑曲线”库→“多边形”图标，打开图 4-18 所示的“多边形”对话框。

图 4-18　“多边形”对话框

（1）中心点：在适当的位置单击或通过点对话框确定中心点。

（2）边：输入多边形的边数。

（3）大小。

① 指定点：选择点或者通过点对话框定义多边形的半径。

② 大小。

- 内切圆半径：指定从中心点到多边形中心的距离。

- 外接圆半径：指定从中心点到多边形拐角的距离。
- 边长：指定多边形的长度。

③ 半径：设置多边形内切圆和外接圆半径的大小。

④ 旋转：设置从草图水平轴开始测量的旋转角度。

⑤ 长度：设置多边形边长的长度。

4.2.10 椭圆

选择“菜单”→“插入”→“曲线”→“椭圆”命令，或者单击“主页”选项卡→“曲线”组→“编辑曲线”库→“椭圆”图标，打开如图 4-19 所示的“椭圆”对话框。

图 4-19 “椭圆”对话框

（1）中心：在适当的位置单击或通过点对话框确定椭圆中心点。

（2）大半径：直接输入长半轴长度，也可以通过点对话框来确定长轴长度。

（3）小半径：直接输入短半轴长度，也可以通过点对话框来确定短轴长度。

（4）封闭：勾选此复选框，创建整圆。若取消此复选框的勾选，输入起始角和终止角创建椭圆弧。

（5）角度：椭圆的旋转角度是主轴相对于 xc 轴，沿逆时针方向倾斜的角度。

4.2.11 二次曲线

选择“菜单”→“插入”→“曲线”→“二次曲线”命令，或者单击“主页”选项卡→“曲线”组→“曲线”库→“二次曲线”图标，打开如图 4-20 所示的“二次曲线”对话框，定义三个点，输入用户所需的“Rho”值。单击“确定”按钮，创建二次曲线。

图 4-20 “二次曲线”对话框

4.3 草图操作

建立草图之后，可以对草图进行很多操作，包括镜像、拖动等命令，下面将进一步介绍。

4.3.1 快速修剪

该命令可以将曲线修剪至任何方向最近的实际交点或虚拟交点。

选择“菜单”→“编辑”→“曲线”→“快速修剪”命令，或者单击“主页”选项卡→“曲线”组→“快速修剪”图标。打开如图 4-21 所示“快速修剪”对话框。

（1）边界曲线：选择位于当前草图中或者出现该草图前面的任何曲线、边、基本平面等。

（2）要修剪的曲线：选择一条或多条要修剪的曲线。

（3）修剪至延伸线：指定是否修剪至一条或多余边界曲线的虚拟延伸线。

4.3.2 快速延伸

该命令可以将曲线延伸至它与另一条曲线的实际交点或虚拟交点。

选择“菜单”→“编辑”→“曲线”→“快速修剪”命令，或者单击“主页”选项卡→“曲线”组→“快速修剪”图标。打开如图 4-22 所示“快速延伸”对话框。

图 4-21 “快速修剪”对话框

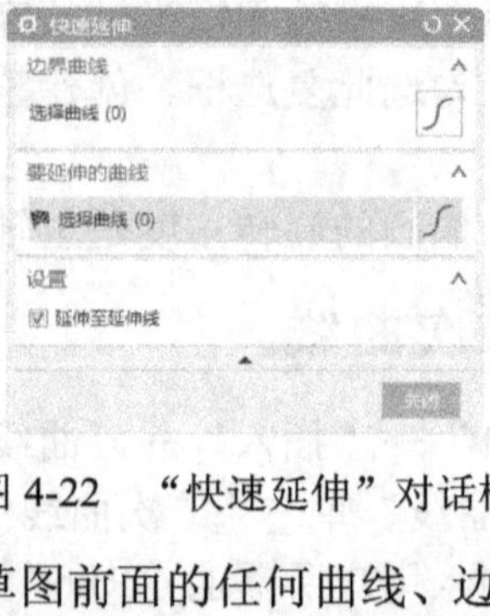

图 4-22 “快速延伸”对话框

（1）边界曲线：选择位于当前草图中或者出现该草图前面的任何曲线、边、基本平面等。

（2）要修剪的曲线：选择要延伸的曲线。

（3）延伸至延伸线：指定是否延伸到边界曲线的虚拟延伸线。

4.3.3 镜像

该选项通过草图中现有的任一条直线来镜像草图几何体，示意图如图 4-23 所示。

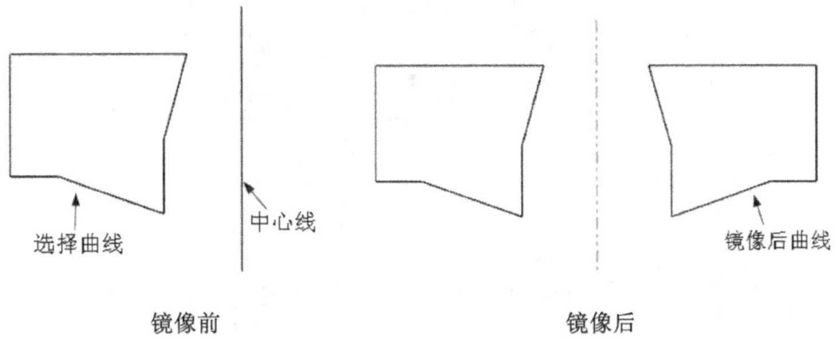

图 4-23 “镜像”示意图

选择“菜单”→“插入”→“来自曲线集的曲线”→“镜像曲线”命令，或者单击“主页”选项卡→“曲线”组→“曲线”库→“镜像曲线”图标，打开如图 4-24 所示“镜像曲线”对话框，其部分选项功能介绍如下。

图 4-24 “镜像曲线”对话框

（1）中心线：该选项用于选择一条已有直线作为镜像操作的中心线（在镜像操作过程中，该直线将成为参考直线）。

（2）要镜像的曲线：用于选择将被镜像的曲线。

4.3.4 阵列曲线

利用此命令可将草图曲线进行阵列。

选择“菜单”→“插入”→“来自曲线集的曲线”→“阵列曲线”命令，或者单击“主页”选项卡→“曲线”组→“曲线”库→“阵列曲线”图标。打开如图 4-25 所示“阵列曲线”对话框。

（1）线性：使用一个或两个方向定义布局。

（2）圆形：使用旋转点和可选径向间距参数定义布局。

（3）常规：使用一个或多个目标点或坐标系定义的位置来定义布局。

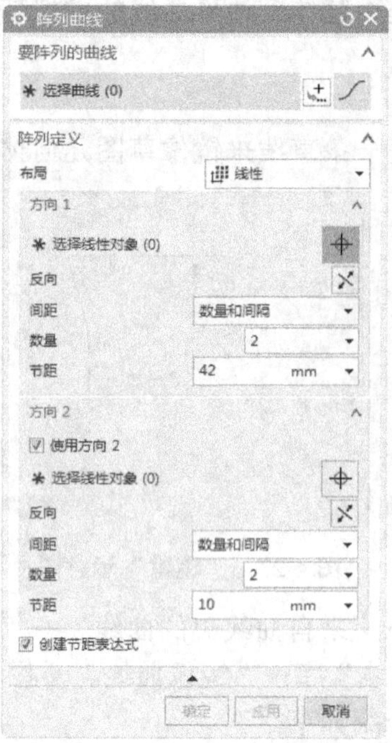

图 4-25 “阵列曲线”对话框

4.3.5 实例——槽轮草图

本例绘制如图 4-26 所示的槽轮草图。

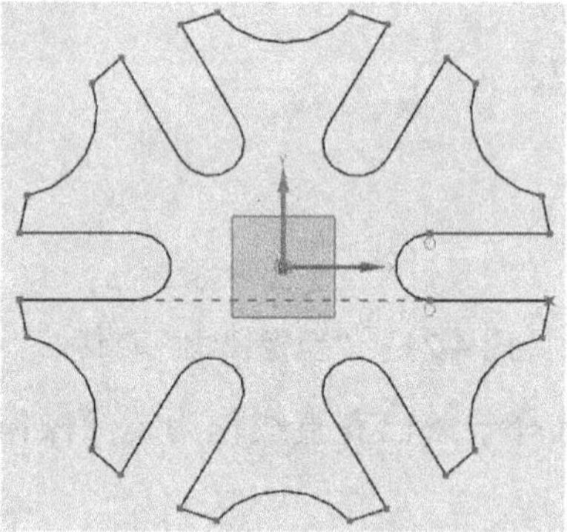

图 4-26 槽轮草图

绘制步骤

（1）单击“主页”选项卡→“标准”组→“新建”图标，打开“新建”对话框。在模板列表中选择“模型”，输入名称为 caolun，单击“确定”按钮，进入建模环境。

（2）选择“菜单”→“首选项”→“草图”命令，或者单击“文件”选项卡→“所有首选项”→“草图”命令，打开如图 4-27 所示的“草图首选项”对话框，在“尺寸标签”下拉列表中选择“值”，取消“连续自动标注尺寸”复选框勾选，单击“确定”按钮。

（3）单击“曲线”选项卡→“在任务环境中绘制草图”图标，打开如图 4-28 所示“创建草图”对话框，选择 XC-YC 平面作为草图绘制平面，其他采用默认设置，单击“确定”按钮，进入草图绘制截面。

图 4-27　“草图首选项”对话框

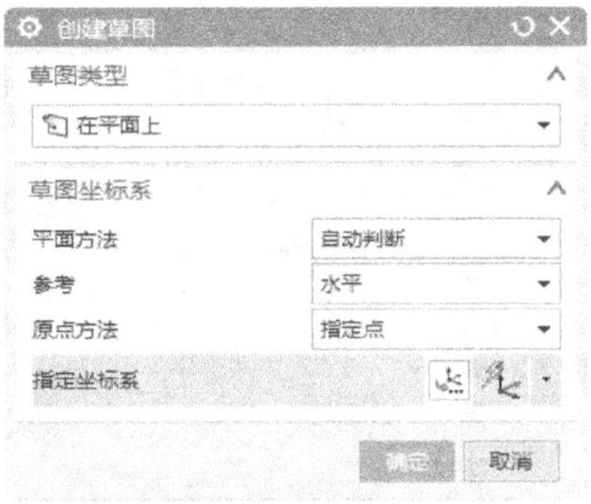

图 4-28　“创建草图”对话框

（4）单击“主页”选项卡→“曲线”组→“圆”图标，打开如图 4-29 所示的“圆”对话框，捕捉坐标原点为圆心，在如图 4-30 所示的参数对话框中输入直径为 55，按回车键确认。绘制圆 1。重复上述步骤分别在点坐标（15,0）处绘制直径为 7 圆 2，在点坐标（0,32.5）处绘制直径为 18 的圆 3，结果如图 4-31 所示。

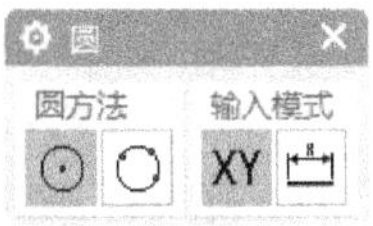

图 4-29　“圆”对话框

图 4-30　参数对话框

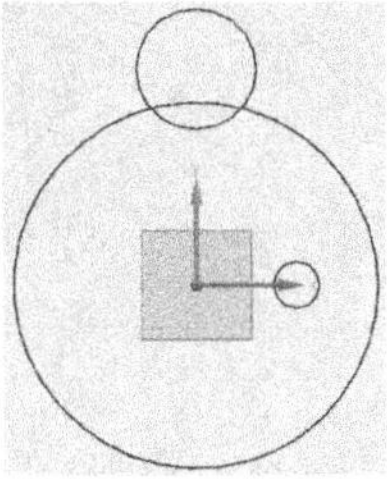

图 4-31　绘制圆

（5）单击“主页”选项卡→“曲线”组→“直线”图标，打开如图 4-32 所示的“直线”对话框，分别捕捉圆 2 的象限点为起点，绘制两条水平直线，如图 4-33 所示。

图 4-32 “直线”对话框

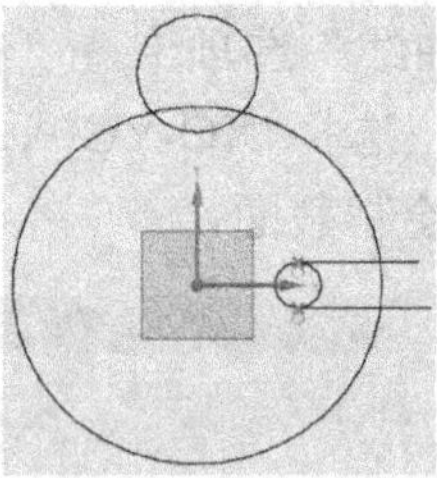

图 4-33 绘制两条水平直线

（6）单击“主页”选项卡→“曲线”组→“曲线”库→“阵列曲线”图标，打开如图 4-34 所示的“阵列曲线”对话框，选择圆 2、圆 3 和直线为阵列对象，在布局下拉列表中选择“圆形”，指定坐标原点为旋转点，输入数量和节距角为 6 和 60，单击“确定”按钮，完成阵列，如图 4-35 所示。

图 4-34 “阵列曲线”对话框

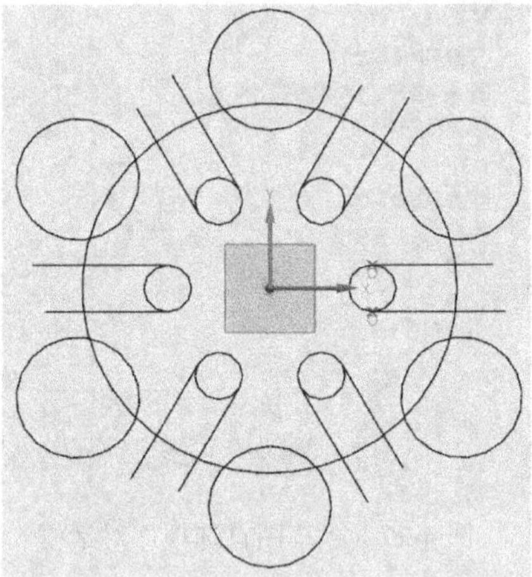

图 4-35 阵列图形

（7）单击“主页”选项卡→“曲线”组→“快速修剪”图标，打开如图 4-36 所示的“快速修剪”对话框，修剪多余线段，结果如图 4-26 所示。

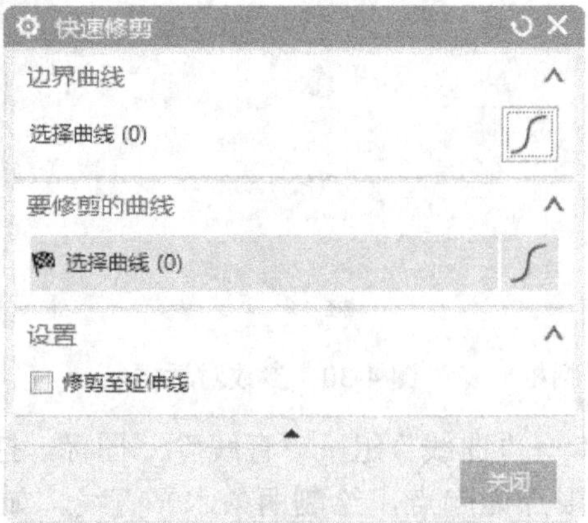

图 4-36 “快速修剪”对话框

4.3.6 拖动

当用户在草图中选择了尺寸或曲线后，待鼠标变成后，即可在图形区域中拖动它们，可以更改草图。在欠约束的草图中，可以拖动尺寸和欠约束对象。在完全约束的草图中，可以拖动尺寸，但不能拖动对象。用户可以一次选中并拖动多个对象，但必须单独选中每个尺寸并加以拖动。

在进行拖动操作时，与顶点相连的对象是不分开的。

4.3.7 偏置曲线

该选项可以在草图中关联性地偏置抽取的曲线。生成偏置约束。修改原先的曲线，将会更新抽取的曲线和偏置曲线，示意图如图 4-37 所示。

单击“主页”选项卡→“派生曲线”组→“偏置曲线”图标，打开如图 4-38 所示的“偏置曲线”对话框。

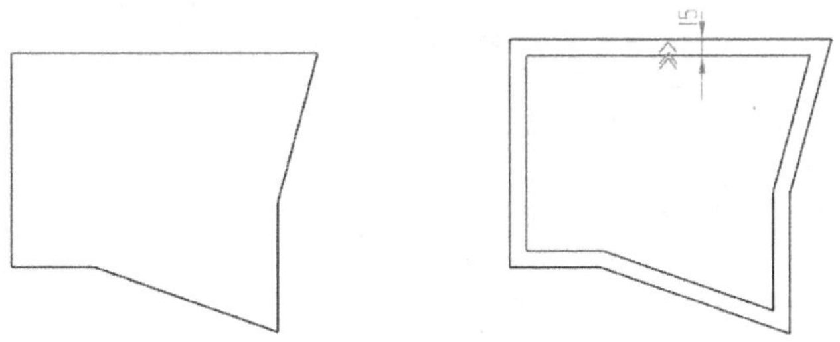

偏置前　　偏置后

图 4-37　偏置曲线示意图

图 4-38　“偏置曲线”对话框

该选项可以在草图中关联性地偏置抽取的曲线。关联性地偏置曲线指的是：如果修改了原先的曲线，将会相应地更新抽取的曲线和偏置曲线。被偏置的曲线都是单个样条，并且是几何约束。

4.3.8 添加现有曲线

选择“菜单”→“插入”→“来自曲线集的曲线”→“现有曲线”命令，用于将绝大多数已有的曲线和点，以及椭圆、抛物线和双曲线等二次曲线添加到当前草图中。该选项只是简单地将曲线添加到草图，而不会将约束应用于添加的曲线，几何体之间的间隙没有闭合。要使系统应用某些几何约束，可使用“自动约束”功能。

提示：不能将已被拉伸的曲线添加到在拉伸后生成的草图中。

4.4 草图约束

约束能够用于精确地控制草图中的对象。草图约束有两种类型：尺寸约束（也称之为草图尺寸）和几何约束。

尺寸约束建立起草图对象的大小（如直线的长度、圆弧的半径，等等）或是两个对象之间的关系（如两点之间的距离）。尺寸约束看上去更像是图纸上的尺寸。

几何约束建立起草图对象的几何特性（如要求某一直线具有固定长度）或是两个或更多草图对象的关系类型（如要求两条直线垂直或平行，或是几个弧具有相同的半径）。在图形区无法看到几何约束，但是用户可以使用“显示/删除约束”显示有关信息，并显示代表这些约束的直观标记。

4.4.1 建立尺寸约束

建立草图尺寸约束是限制草图几何对象的大小和形状，也就是在草图上标注草图尺寸，并设置尺寸标注线，与此同时再建立相应的表达式，以便在后续的编辑工作中实现尺寸的参数化驱动。进入草图工作环境后，在草图环境下的“菜单”→“插入”→“尺寸”子菜单中找到（如图 4-39 所示）。

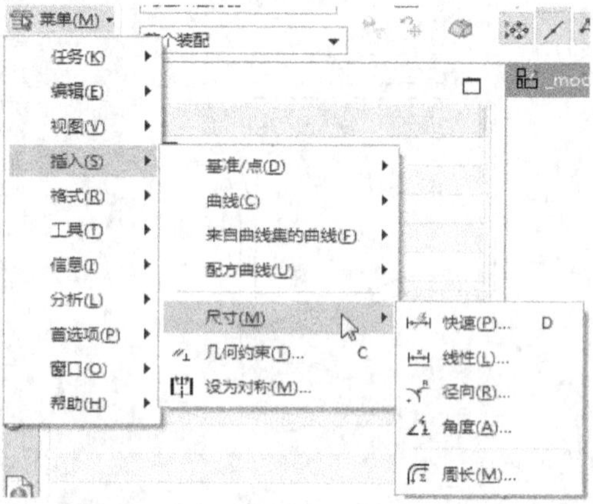

图 4-39 “尺寸”子菜单

（1）在生成尺寸约束时，用户可以选择草图曲线、边、基准平面或基准轴上的点，以生成水平、竖直、平行、垂直和角度尺寸。

（2）生成尺寸约束时，系统会生成一个表达式，其名称和值显示在一个打开的对话框文本区域中（如图 4-40 所示），用户可以接着编辑该表达式的名和值。

（3）生成尺寸约束时，只要选中了几何体，其尺寸及其延伸线和箭头就会全部显示出来。将尺寸拖动到位，然后按下鼠标左键。完成尺寸约束后，用户还可以随时更改尺寸约束。只需在图形区选中该值双击，然后可以使用生成过程所采用的同一方式，编辑其名称、值或位置。同时用户还可以使用“动画模拟”功能，在一个指定的范围中，显示动态地改变表达式之值的效果。

下面介绍主要尺寸约束选项功能。

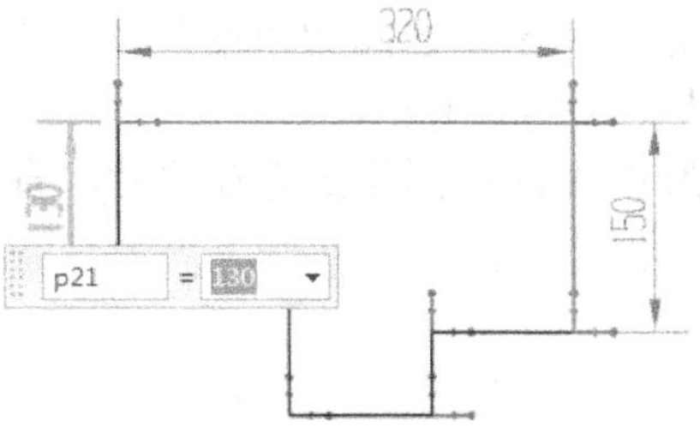

图 4-40 “尺寸约束编辑”示意图

（1）快速：可用单个命令和一组基本选择项从一组常规、好用的尺寸类型快速创建不同的尺寸，下面是快速尺寸对话框中的各种测量方法。

① 自动判断：使用该选项，在选择几何体后，由系统自动根据所选择的对象搜寻合适尺寸类型进行匹配。

② 水平：该选项用于指定与约束两点间距离的与 XC 轴平行的尺寸（也就是草图的水平参考），示意图如图 4-41 所示。

③ 竖直：该选项用于指定与约束两点间距离的与 YC 轴平行的尺寸（也就是草图的竖直参考），示意图如图 4-42 所示。

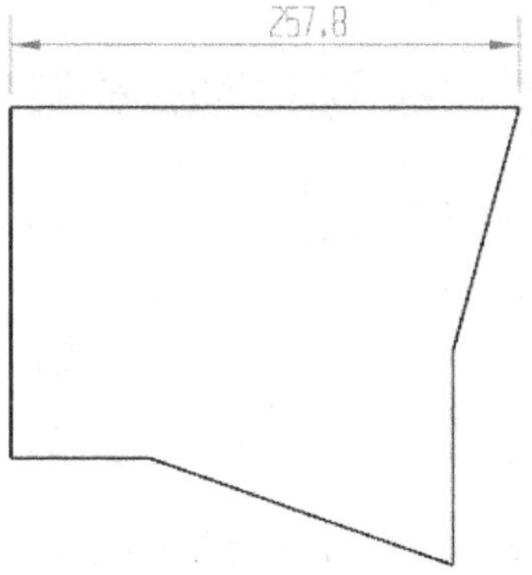

图 4-41 “水平”标注示意图

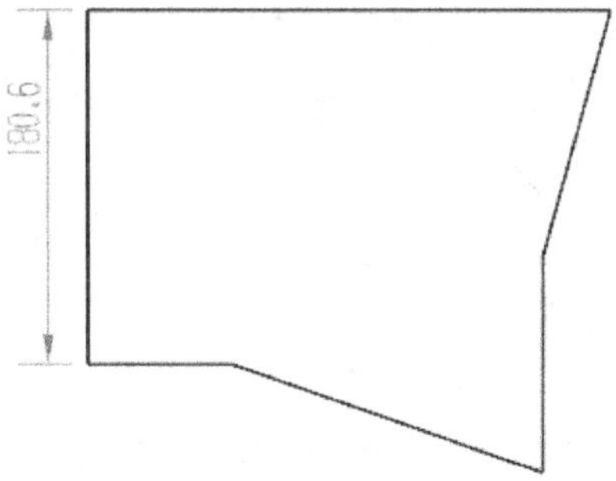

图 4-42 “竖直”标注示意图

④ 点到点：该选项用于指定平行于两个端点的尺寸。平行尺寸限制两点之间的最短距离，平行标注示意图如图 4-43 所示。

⑤ 垂直：该选项用于指定直线和所选草图对象端点之间的垂直尺寸，测量到该直线的垂直距离，垂直标注示意图如图 4-44 所示。

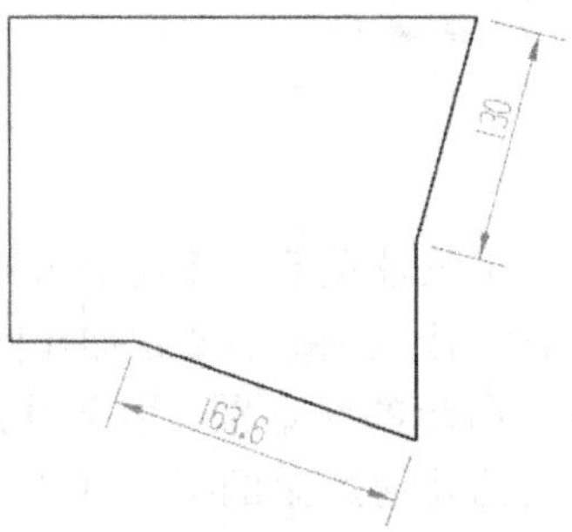

图 4-43 “点到点”标注示意图

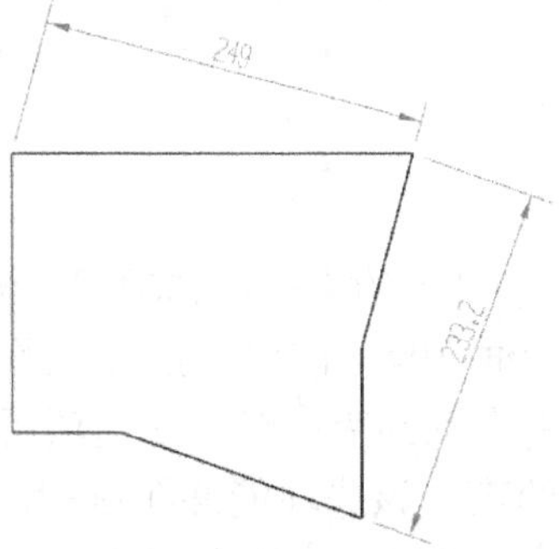

图 4-44 “垂直”标注示意图

⑥ 斜角：该选项用于指定两条线之间的角度尺寸。相对于工作坐标系按照逆时针方向测量角度，斜角标注示意图如图 4-45 所示。

⑦ 直径：该选项用于为草图的弧/圆指定直径尺寸，直径标注示意图如图 4-46 所示。

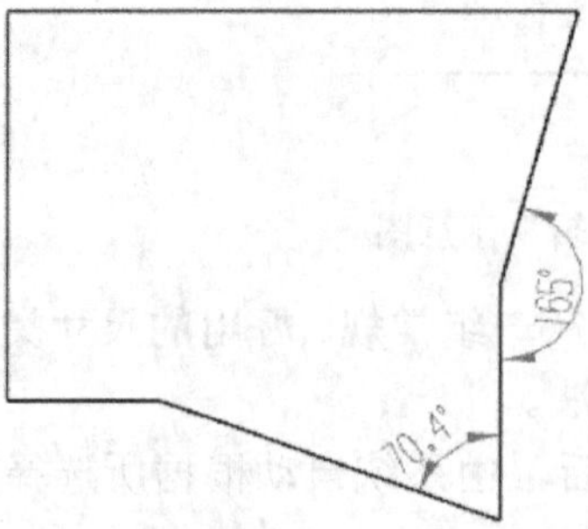

图 4-45 “斜角”标注示意图

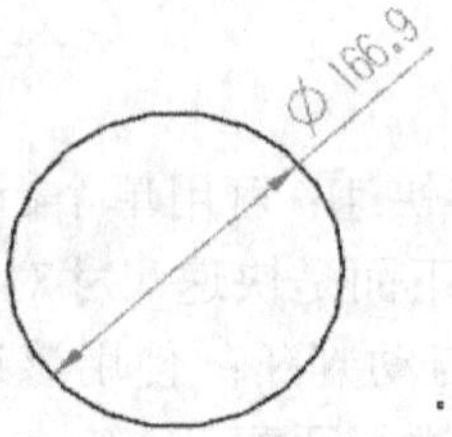

图 4-46 “直径”标注示意图

⑧ 径向：该选项用于为草图的弧/圆指定半径尺寸，如图 4-47 所示。

（2）周长：该选项用于将所选的草图轮廓曲线的总长度限制为一个需要的值。可以选择周长约束的曲线是直线和弧，选中该选项后，打开如图 4-48 所示的“周长尺寸”对话框，选择曲线后，该曲线的尺寸显示在距离文本框中。

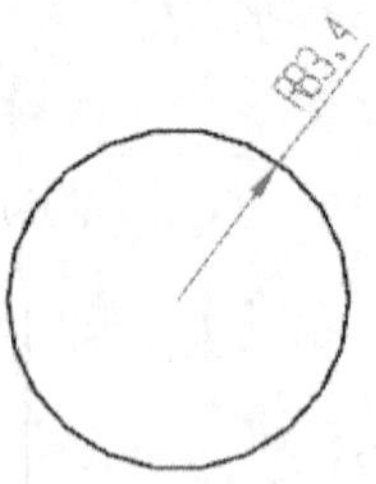

图 4-47 “半径”标注示意图

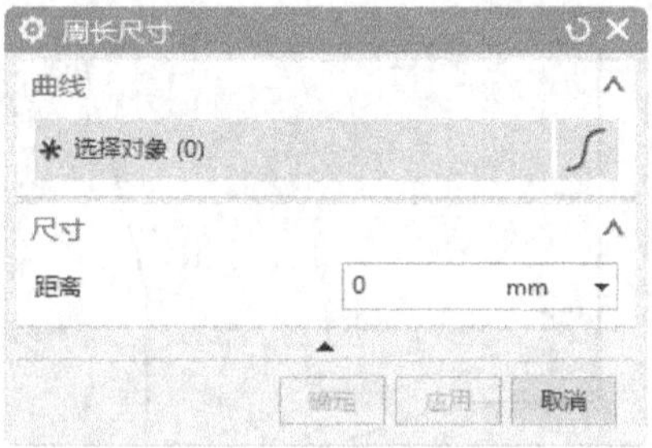

图 4-48 “周长尺寸”对话框

4.4.2 建立几何约束

使用几何约束，可以指定草图对象必须遵守的条件，或是草图对象之间必须维持的关系。约束组（均在“主页”选项卡中）如图 4-49 所示，其主要几何约束选项功能如下。

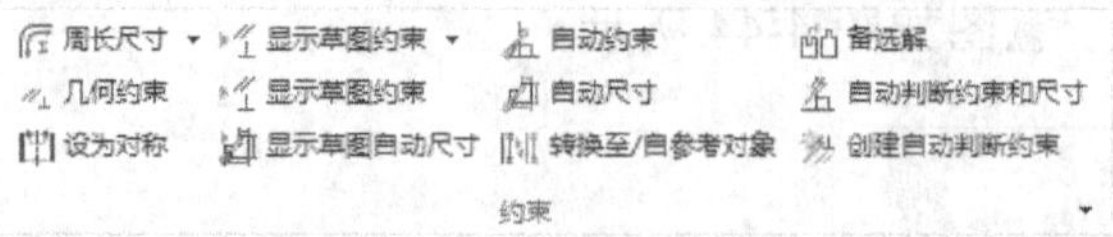

图 4-49 约束组

（1）几何约束：该选项用于激活手动约束设置，选中该选项后，系统会打开如图 4-50 所示的对话框，用户可以在其上点击图标以确定要添加的约束，依次选择需要添加几何约束对象。

（2）自动约束：选中该选项后系统会打开如图 4-51 所示的对话框，用于设置系统自动要添加的约束。该选项能够在可行的地方自动应用到草图的几何约束的类型（水平、竖直、平行、垂直、相切、点在曲线上、等长、等半径、重合、同心），对话框相关选项功能如下。

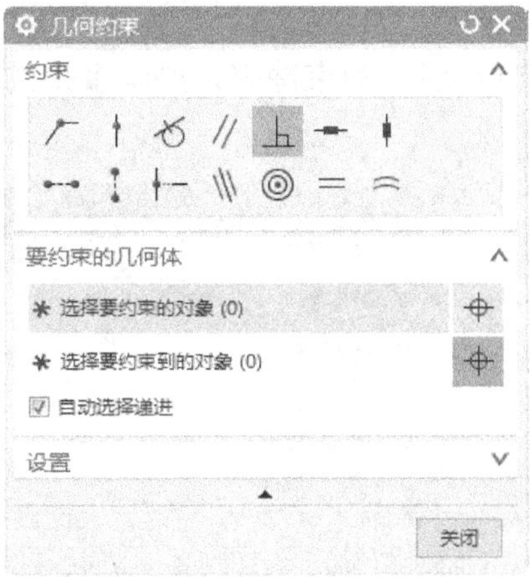

图 4-50 “几何约束”对话框

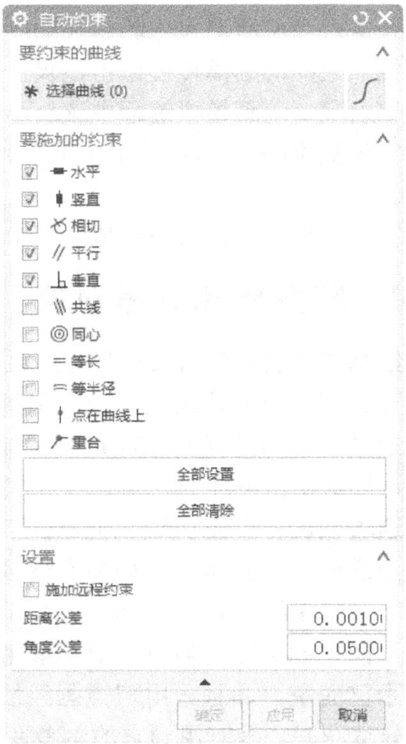

图 4-51 “自动约束”对话框

① 全部设置：选中所有约束类型。

② 全部清除：清除所有约束类型。

③ 距离公差：用于控制对象端点的距离必须达到的接近程度才能重合。

④ 角度公差：用于控制系统要应用水平、竖直、平行或垂直约束，直线必须达到的接近程度。

当将几何体添加到激活的草图时，尤其是当几何体是由其他 CAD 系统导入时。该选项功能会特别有用。

（3）显示草图约束：该选项用于打开所有的约束类型。

4.4.3 动画演示尺寸

单击“主页”选项卡→“约束”组→“约束工具”下拉菜单→“动画演示尺寸”图标，打开如图 4-52 所示“动画演示尺寸”对话框，用于在一个指定的范围中，动态显示给定尺寸发生变化的效果。受这一选定尺寸影响的任一几何体也将同时被模拟。“动画演示尺寸”不会更改草图尺寸。动画模拟完成之后，草图会恢复到原先的状态。

图 4-52 “动画演示尺寸”对话框

相关选项功能如下。

（1）尺寸列表窗：列出可以模拟的尺寸。

（2）值：当前所选尺寸的值（动画模拟过程中不会发生变化）。

（3）下限：动画模拟过程中该尺寸的最小值。

（4）上限：动画模拟过程中该尺寸的最大值。

（5）步数/循环：当尺寸值由上限移动到下限（反之亦然）时所变化（等于大小/增量）的次数。

（6）显示尺寸：在动画模拟过程中显示原先的草图尺寸（该选项可选）。

4.4.4 转换至/自参考对象

在给草图添加几何约束和尺寸约束的过程中，有时会引起约束冲突，删除多余的几何约束和尺寸约束可以解决约束冲突，另外的一种办法就是通过将草图几何对象或尺寸对象转换为参考对象可以解决约束冲突。

该选项能够将草图曲线（但不是点）或草图尺寸由激活转换为参考，或由参考转换回激活。参考尺寸显示在用户的草图中，虽然其值被更新，但是它不能控制草图几何体。显示参考曲线，但它的显示已变灰，并且采用双点画线线型。在拉伸或回转草图时，没有用到它的参考曲线。

单击“主页”选项卡→“约束”组→“约束工具”下拉菜单→“转换至/自动参考对象”图标，打开如图 4-53 所示的“转换至/自动参考对象”对话框。

图 4-53 “转换至/自参考对象”对话框

相关选项功能如下。

（1）参考曲线或尺寸：该选项用于将激活对象转换为参考状态。

（2）活动曲线或驱动尺寸：该选项用于将参考对象转换为激活状态。

4.5 综合实例——垫片草图

本例绘制如图 4-54 所示的垫片草图。

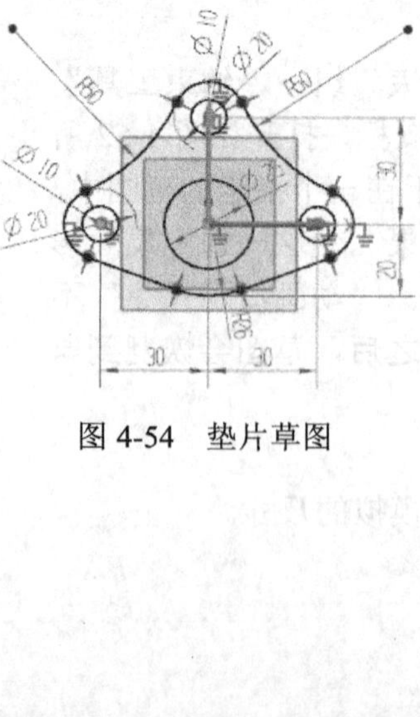

图 4-54 垫片草图

绘制步骤

（1）单击“主页”选项卡→“标准”组→“新建”图标，打开“新建”对话框。在模板列表中选择“模型”，输入名称为 dianpian，单击“确定”按钮，进入建模环境。

（2）选择“菜单”→“首选项”→“草图”命令，打开“草图首选项”对话框，在尺寸标签下拉列表中选择“值”，取消“连续自动标注尺寸”复选框勾选，单击“确定”按钮。

（3）单击“曲线”选项卡→“在任务环境中绘制草图”图标，打开“创建草图”对话框，选择 XC-YC 平面作为草图绘制平面，其他采用默认设置，单击“确定”按钮，进入草图绘制截面。

（4）单击“主页”选项卡→“曲线”组→“圆”图标，打开“圆”对话框。捕捉坐标原点为圆心，输入直径为 25，按回车键确认。绘制圆。重复上述步骤分别在点坐标（30,0）处绘制直径为 10 的圆和直径为 20 的圆，在点坐标（0,30）处绘制直径为 10 的圆和直径为 20 的圆，在点坐标（−30,0）处绘制直径为 10 的圆和直径为 20 的圆，在点坐标（0,6）处绘制直径为 52 的圆，结果如图 4-55 所示。

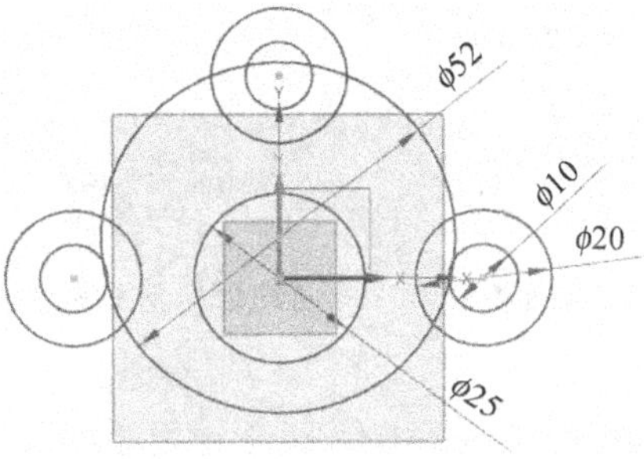

图 4-55　绘制圆

（5）单击“主页”选项卡→“曲线”组→“直线”图标，在圆下方任意绘制两条直线，如图 4-56 所示的直线。

（6）单击“主页”选项卡→“曲线”组→“圆弧”图标，在圆的左上角和右上角任意位置绘制半径为 50 的圆弧（扫掠角度尽量大些），如图 4-57 所示。

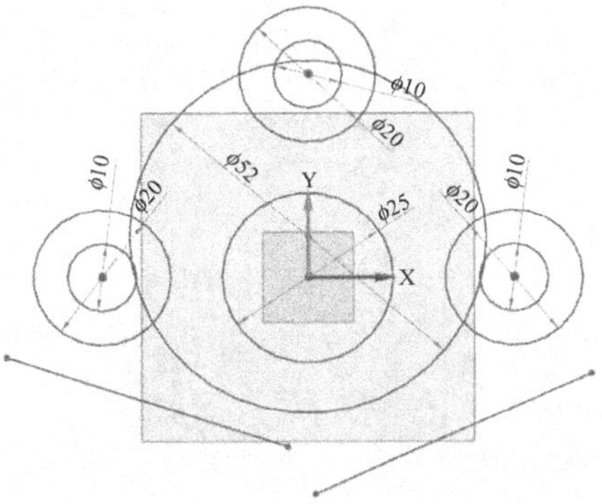

图 4-56　绘制直线

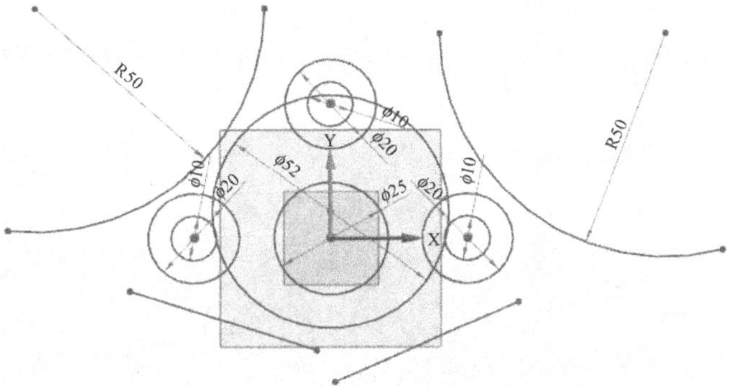

图 4-57　绘制圆弧

（7）单击“主页”选项卡→“约束”组→“几何约束”图标，打开的如图 4-58 所示的“几何约束”对话框，在设置栏中选择“自动选择递进”，在约束栏中单击“完全固定”按钮，选择第 4 步中所绘制的所有圆，将它们完全固定；再选择“相切”按钮，先选择左上角的圆弧，再选择上边直径为 20 的圆，再选择左上角的圆弧，然后选择左边直径为 20 的圆，右上角的圆弧和圆下方的两条直线同上述方法，结果如图 4-59 所示。

（8）单击“主页”选项卡→“曲线”组→“快速修剪”图标，修剪多余线段，结果如图 4-60 所示。

（9）单击“主页”选项卡→“约束”组→“尺寸”下拉菜单→“快速尺寸”图标，打开如图 4-61 所示的“快速尺寸”对话框，选择“方法”为“自动判断”（也可选择其他确定的测量方法），选择标注对象，在表达式中修改尺寸，标注结果如图 4-54 所示。

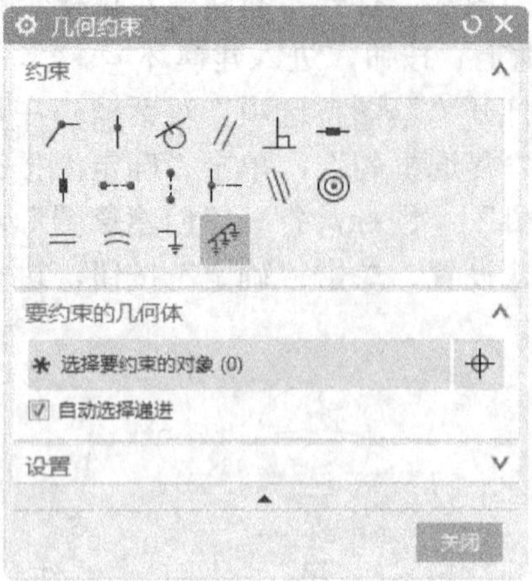

图 4-58 “几何约束”对话框

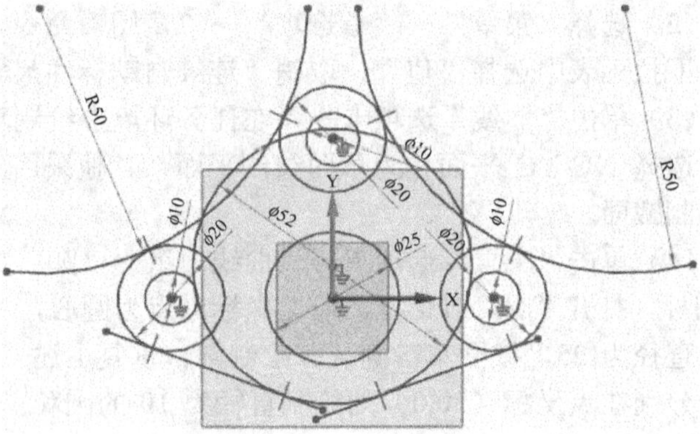

图 4-59 添加约束

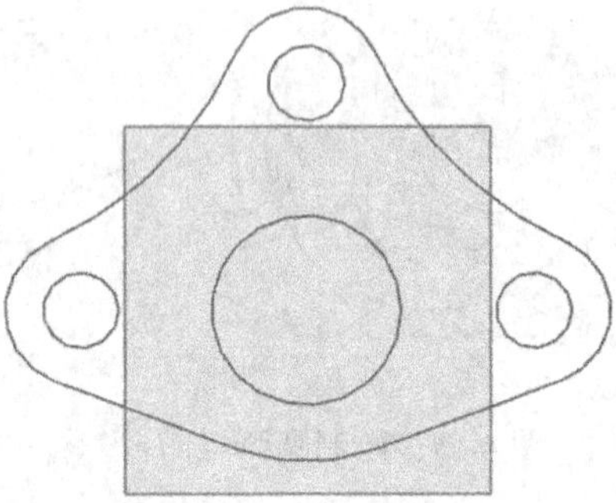

图 4-60 修剪多余线段

图 4-61 “快速尺寸”对话框

Chapter

曲 线 功 能

5

内容简介

本章主要介绍曲线的建立、操作以及编辑的方法。UG NX 12.0 重新改进了曲线的各种操作风格，以前版本一些复杂难用的操作方式被抛弃了，采用了新的方法，本章将详述。

内容要点

- 曲线
- 派生曲线
- 曲线编辑

案例效果

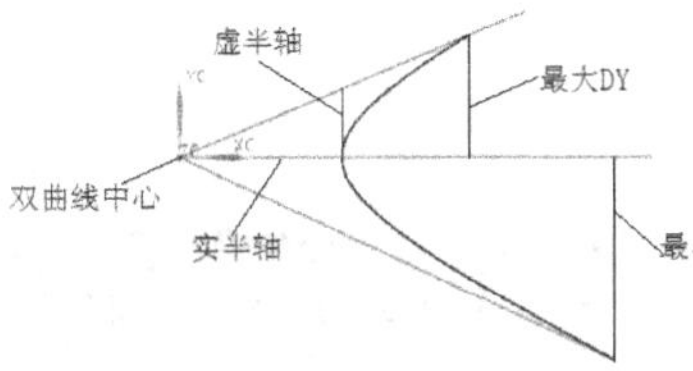

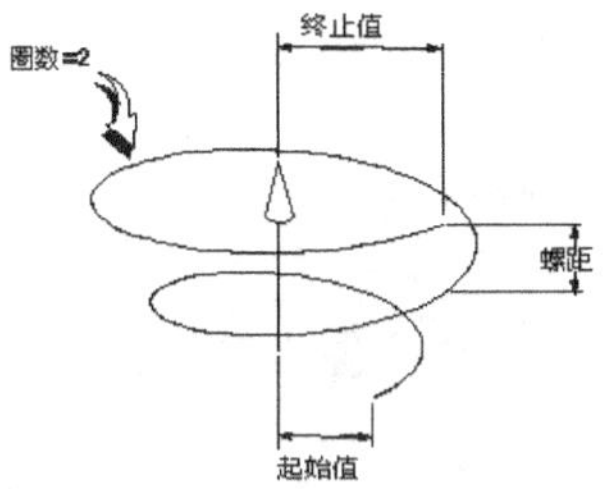

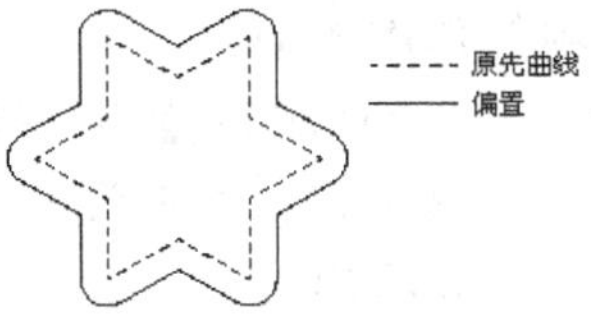

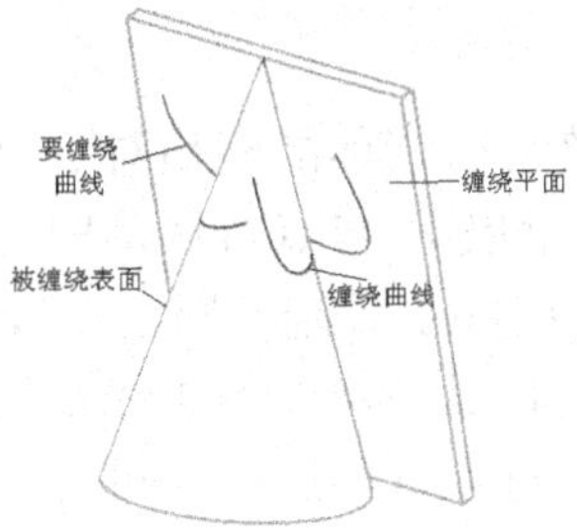

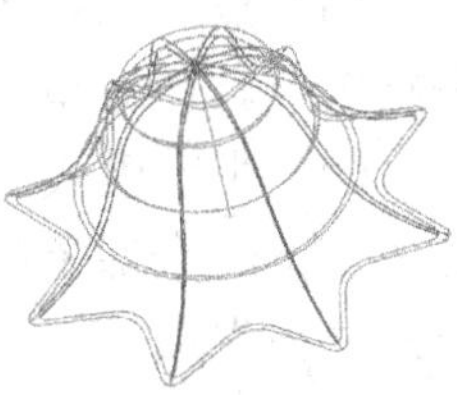

5.1 曲线

在所有的三维建模中，曲线是构建模型的基础。只有曲线构造的质量良好才能保证以后的面或实体质量好。曲线功能主要包括曲线的生成、编辑和操作方法。

5.1.1 基本曲线

1. 直线的建立

选择“菜单”→“插入”→“曲线”→“基本曲线（原有）”命令，在打开的对话框中选中“直线”⁄图标（如图 5-1 所示），下面介绍其中的各选项。

（1）无界：当该选项设置为“打开”时，不论生成方式如何，所生成的任何直线都会被限制在视图的范围内（“线串模式”变灰）。

（2）增量：该选项用于以增量的方式生成直线，即在选定一点后，分别在绘图区下方跟踪条的 XC、YC、ZC 文本框中（如图 5-2）输入坐标值作为后一点相对于前一点的增量。

对于大多数直线的生成方式，可以通过在对话条的文本框中输入值并在生成直线后立即按<Enter> 键，建立精确的直线角度值或长度值。

图 5-1 “基本曲线”对话框

图 5-2 “跟踪条”对话条

（3）点方法：该选项菜单能够相对于已有的几何体，通过指定光标位置或使用点构造器来指定点。该菜单上的选项与点对话框中选项的作用相似。

（4）线串模式：能够生成未打断的曲线串。当该选项设置为“打开”时，一个对象的终点变成了下一个对象的起点。若要停止线串模式，只需将该按钮设置为“关闭”。若要中断线串模式并在生成下一个对象时再启动，可选择“打断线串”。

（5）打断线串：在选择该选项的地方打断曲线串，但“线串模式”仍保持激活状态（即，如果继续生成直线或弧，它们将位于另一个未打断的线串中）。

（6）锁定模式：当生成平行于、垂直于已有直线或与已有直线成一定角度的直线时，如果选择“锁定模式”，则当前在图形窗口中以橡皮线显示的直线生成模式将被锁定。当下一步操作通常会导致直线生成模式发生改变，而又想避免这种改变时，可以使用该选项。

当选择“锁定模式”后，该按钮会变为“解锁模式”。可选择“解锁模式”来解除对正在生成的直线的锁定，使其能切换到另外的模式中。

（7）平行于 XC、YC、ZC：这些按钮用于生成平行于 XC、YC 或 ZC 轴的直线。指定一个点，选择所需轴的按钮，并指定直线的终点。

（8）原始的：选中该按钮后，新创建的平行线的距离由原先选择线算起。

（9）新的：选中该按钮后，新创建的平行线的距离由新选择线算起。

（10）角度增量：如果指定了第一点，然后在图形窗口中拖动光标，则该直线就会捕捉至该字段中指定的每个增量度数处。只有当点方法设置为“自动推断的点”时，“角度增量”才有效。如果使用了任何其他的“点方式”，则会忽略“角度增量”。

要更改“角度增量”，可在该字段中输入一个新值，并按 Enter 键。（只有按下 Enter 键之后，新值才会生效。）

2. 圆

选择“菜单”→“插入”→“曲线”→“基本曲线（原有）”命令，在打开的对话框中选中“圆”◯图标（如图 5-3 所示），其中大部分选项前面已经介绍，此处主要介绍圆创建独有选项。

图 5-3 “圆”创建选项

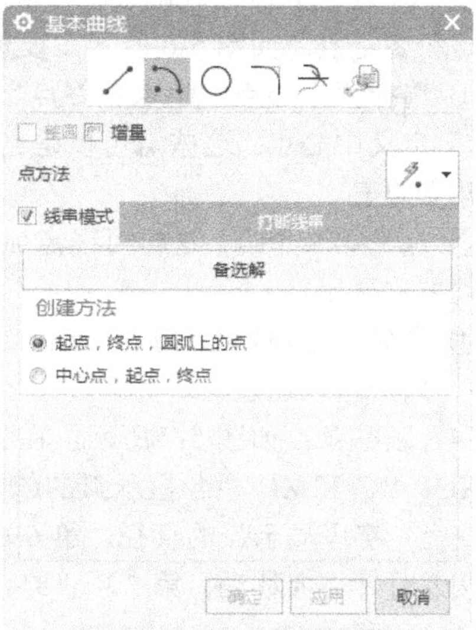

图 5-4 “圆弧”创建选项

“多个位置”：勾选此复选框，每定义一个点，都会生成先前生成的圆的一个副本，其圆心位于指定点。

3. 圆弧

选择“菜单”→“插入”→“曲线”→“基本曲线（原有）”命令，在打开的对话框中选中其中的“圆弧”图标（如图 5-4 所示），其中大部分选项前面已经介绍，此处主要介绍圆弧创建独有选项。

（1）整圆：当该选项为“打开”时，不论其生成方式如何，所生成的任何弧都是完整的圆。

（2）备选解：生成当前所预览的弧的补弧；只能在预览弧的时候使用。如果将光标移至该对话框之后选择“备选解”，预览的弧会发生改变，就不能得到预期的结果了。

（3）创建方法：弧的生成方式有以下两种（以样图做介绍）。

第一种是“起点、终点、圆弧上的点”：利用这种方式，可以生成通过三个点的弧，或通过两个点并与选中对象相切的弧。选中的要与弧相切的对象不能是抛物线、双曲线或样条（但是，可以选择其中的某个对象与完整的圆相切），如图 5-5 所示。要使用这种方式生成弧：

图 5-5 “起点、终点、圆弧上的点”示意图

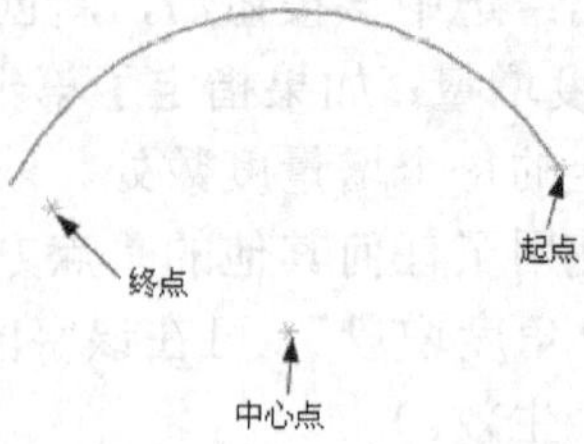

图 5-6 “中心点、起点、终点”示意图

① 定义两个点。这些点可以是光标位置、控制点或通过在对话条中输入数字并按 Enter 键而建立的值。通过拖动即可显示弧。其端点是两个已定义的点。

② 定义第三点或选择一个相切对象（不能是抛物线、双曲线或样条）。

第二种是“中心点、起点、终点”：使用这种方式，应首先定义中心点，然后定义弧的起始点和终止点。如图 5-6 所示，要使用以下方式生成弧。

① 选择“中心点、起点、终点”按钮以将该选项置为“打开”。

② 定义中心点。这些点可以是光标位置、控制点或通过在对话条中输入数字并按 Enter 键而建立的值。

③ 定义第二个点。这样可确定弧的半径和起始角。弧从第二个点开始沿逆时针方向，按橡皮筋方式显示。

④ 当显示出预期的弧后，指定光标位置、选择限制几何体或在对话条中输入一个终止角（记住，用户可以通过为“另解”按鼠标中键，获得所预览弧的补弧）。

（4）跟踪条：如图 5-7 所示，在弧的生成和编辑期间，跟踪对话条中有以下字段可用：

XC、YC 和 ZC 栏各显示弧的起始点的位置。第 4 项“半径”字段显示弧的半径。第 5 项“直径”字段显示弧的直径。第 6 项“起始角”字段显示弧的起始角度，从 XC 轴开始测量，按逆时针方向移动。第 7 项“终止角”字段显示弧的终止角度，从 XC 轴开始测量，按逆时针方向移动。

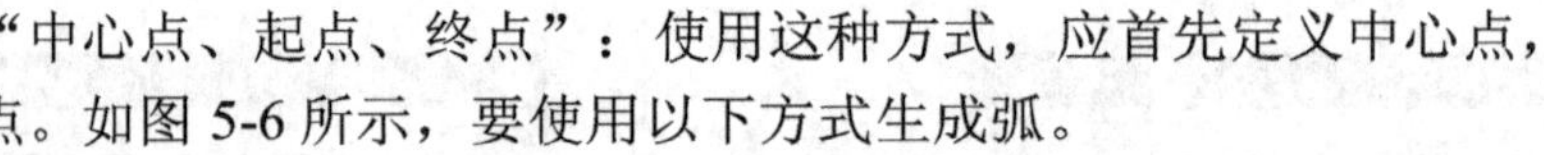

图 5-7 跟踪条对话条

需要注意的是：在使用“起始点、终止点、弧上的点”生成方式时，后两项“起始角”和“终止角”字段将变灰。

4．圆角

选择“菜单”→“插入”→“曲线”→“基本曲线（原有）”命令，在对话框中选中“圆角”图标，对话框如图 5-8 所示，可以使用“圆角”选项来圆整两条或三条选中曲线的相交处。还可以指定生成圆角时原先的曲线的修剪方式。需要注意的是：在激活的草图中的圆角是使用“草图圆角”对话框而不是使用本节所述的“曲线例角”对话框生成的。

图 5-8 “曲线倒圆”对话框

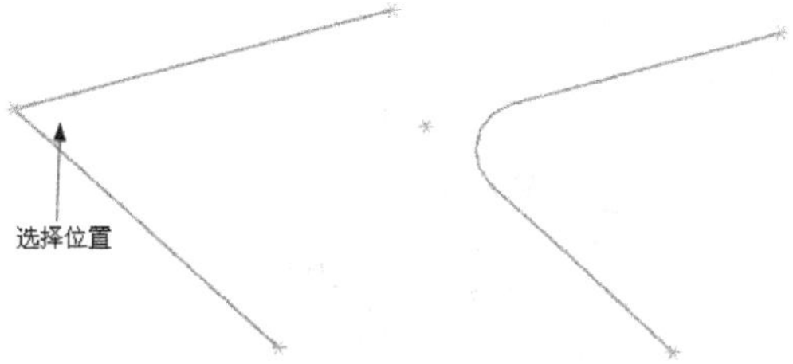

图 5-9 “简单圆角”示意图

曲线倒圆对话框选项功能如下。

（1）简单圆角：在两条共面非平行直线之间生成圆角。通过输入半径值确定圆角的大小。直线将被自动修剪至与圆弧的相切点。生成的圆角与直线的选择位置直接相关。要同时选择两条直线。必须以同时包括两条直线的方式放置选择球，如图 5-9 所示。

通过指定一个点选择两条直线。该点确定如何生成圆角，并指示圆弧的中心。将选择球的中心放置到最靠近要生成圆角的交点处。各条线将延长或修剪到圆弧处，如图 5-10 所示。

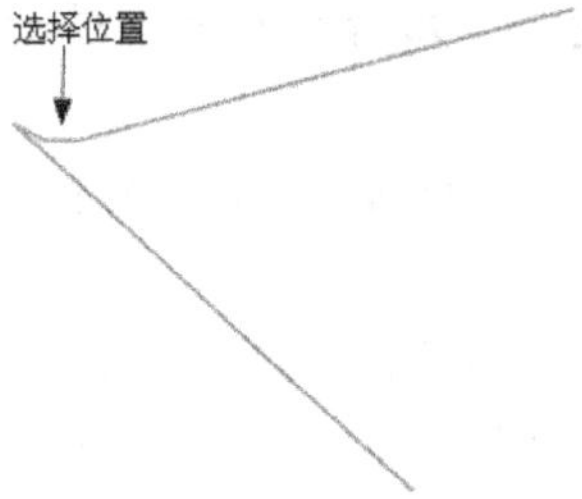

图 5-10 “圆角方向”示意图

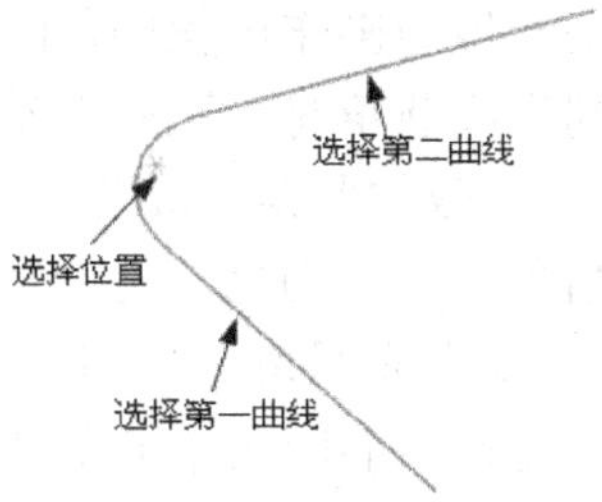

图 5-11 “2 曲线圆角”示意图

（2）2 曲线圆角：在两条曲线（包括点、线、圆、二次曲线或样条）之间构造一个圆角。两条曲线间的圆角是沿逆时针方向从第一条曲线到第二条曲线生成的一段弧。通过这种方式生成的圆角同时与两条曲线相切，如图 5-11 所示。

有以下几种圆角情况。

① 两个点之间的圆角：如果圆角在两个点之间生成，那么该圆角就会生成在一个基于点的位置的平面上。

需要注意的是：如果两点之间的矢量平行于 ZC 轴，则不能构造出圆角。

② 一个点和另一条曲线之间的圆角：如果只有一条曲线为点，那么圆角平面定义为包含该点与圆角相切点之间的矢量，以及倒圆角对象的切线 $\bar{B}$ 的平面。该圆角平面完全独立于工作坐标系。

③ 两条曲线之间的圆角：如果两条曲线都不是点，那么圆角平面就是包含第一条曲线切线的平面。该平面与同时垂直于两条曲线切线的矢量垂直。这两条曲线不必位于同一平面内，

而且圆角完全独立于工作坐标系，如图 5-11 所示。

（3）3 曲线圆角：该选项可在三条曲线间生成圆角，这三条曲线可以是点、线、圆弧、二次曲线和样条的任意组合。“半径”选项不可用。

三条曲线倒出的圆角是沿逆时针方向从第一条曲线到第三条曲线生成的一段圆弧。该圆角是按圆弧的中心到所有三条曲线的距离相等的方式构造的。三条曲线不必位于同一个平面内，如图 5-12 所示。

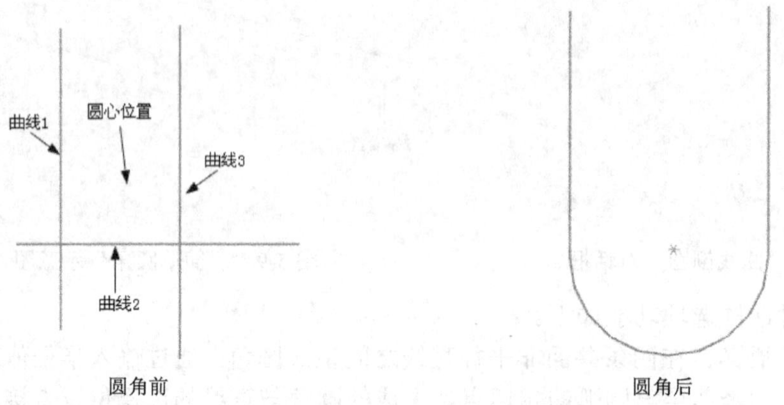

图 5-12 “3 曲线圆角”示意图

这些曲线被修剪至圆角的切点处。如果原先的曲线不与圆角弧相切，则系统会计算并显示与圆角相交所必需的曲线的外推部分（除了无法外推的点和样条）。

一般在每一步的操作过程中，状态栏都会给出相应的下一步操作提示。对于上述的操作，当没有能顺利生成圆角时，系统会给出如下信息。

① 定义了无效的圆角：如果选中的 3 条曲线不能构成一个圆角弧，或者如果倒圆角步骤无法会聚到圆角中心，则显示上面的错误信息。

② 无解：未生成圆角：当超出允许的最大迭代数（100）时（该迭代用于查找 3 条曲线中每条曲线上与指明的圆角中心等距的点），则出现第二种情况。在这种情况下，选择另一个近似的圆角中心可以形成圆角。

当系统无法解开该二次方程组时，显示上述错误信息。在这种情况下，选择另一个近似的圆角中心可以生成圆角。

（4）半径：定义倒圆角的半径。

（5）继承：能够通过选择已有的圆角来定义新圆角的值。

（6）修剪选项：如果选择生成两条或三条曲线倒圆，则需要选择一个修剪选项。修剪可缩短或延伸选中的曲线以便与该圆角连接起来。根据选中的圆角选项的不同，某些修剪选项可能会发生改变或不可用。点是不能进行修剪或延伸的，如果修剪后的曲线长度等于 0 并且没有与该曲线关联的连接，则该曲线会被删除。

5.1.2 倒斜角

选择“菜单”→“插入”→“曲线”→“倒斜角(原)”命令，系统打开如图 5-13 所示“倒斜角”对话框，用于在两条共面的直线或曲线之间生成斜角。

系统提供了两种选择方式，下面介绍其功能。

（1）简单倒斜角：该选项用于建立简单倒角，其产生的两边偏置值必须相同，且角度为 45° 并且该选项只能用于两共面的直线间倒角。选中该选项后系统会要求输入倒角尺寸，而后选择两直线交点即可完成倒角，如图 5-14 所示。

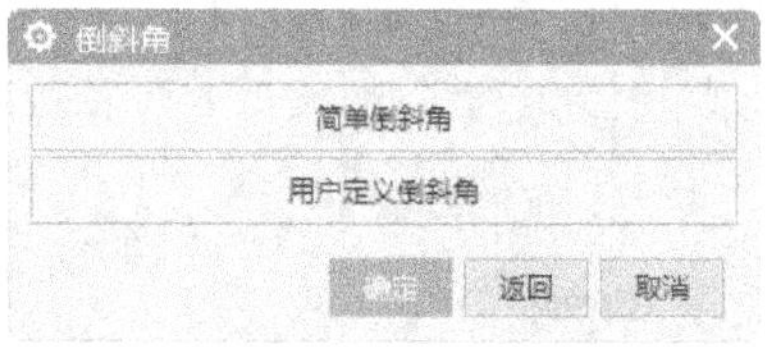

图 5-13　“倒斜角”对话框

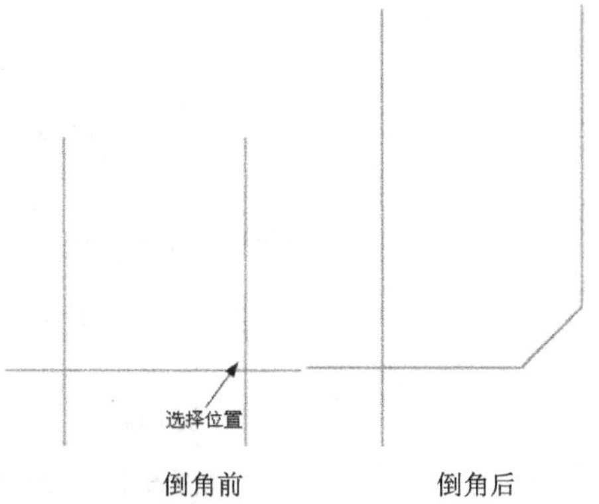

图 5-14　“简单倒角”示意图

（2）用户定义倒斜角：在两个共面曲线（包括圆弧、样条和三次曲线）之间生成斜角。该选项比生成简单倒角时具有更多的修剪控制。选中该选项后会打开如图 5-15 对话框，下面介绍各选项功能。

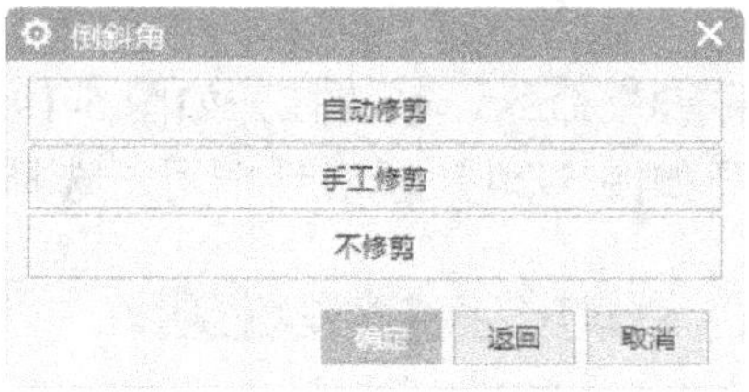

图 5-15　“用户定义倒斜角”对话框

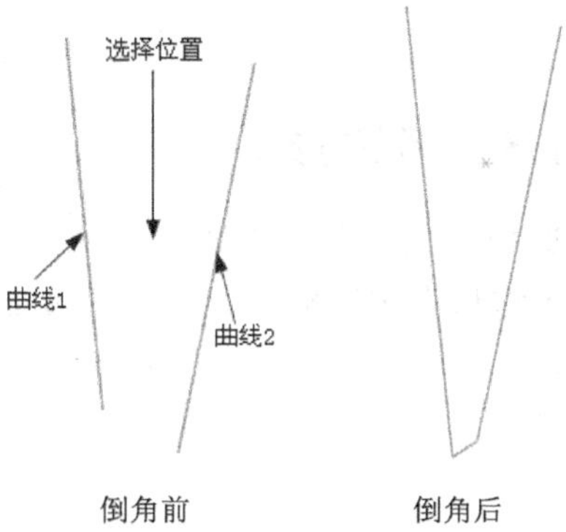

图 5-16　“自动修剪”示意图

① 自动修剪：该选项用于使两条曲线自动延长或缩短以连接倒角曲线（参见图 5-16）。如果原有曲线未能如愿修剪，可恢复原有曲线（使用“取销”，或按 Ctrl+Z 组合键）并选择手工修剪。

② 手工修剪：该选项可以选择想要修剪的倒角曲线。然后指定是否修剪曲线，并且指定要修剪倒角的哪一侧。选取的倒角侧将从几何体中切除。如图 5-17 所示以偏置和角度方式进行倒角。

③ 不修剪：该选项用于保留原有曲线不变。

当用户选定某一倒角方式后，系统会打开如图 5-18 所示对话框，要求用户输入偏置值和角度（该角度是从第二条曲线测量的）或者全部输入偏置值来确定倒角范围，以上两选项可以通过“偏置值”和“偏置和角度”按钮来进行切换。

其中“偏置”是两曲线交点与倒角线起点之间的距离。对于简单倒角，沿两条曲线的偏置相等。对于线性倒角偏置而言，偏置值是直线距离，但是对于非线性倒角偏置而言，偏置值不一定是直线距离。

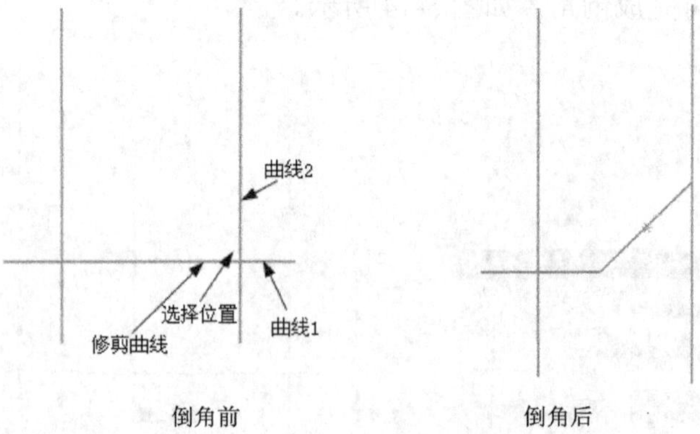

图 5-17 “手工修剪”示意图

图 5-18 偏置选项设置对话框

5.1.3 多边形

选择“菜单”→“插入”→“曲线”→“多边形(原有)”命令，系统打开如图 5-19 所示的“多边形”对话框，当输入多边形的边数目后，将打开如图 5-20 所示对话框用于选择创建方式。

图 5-19 “多边形”对话框

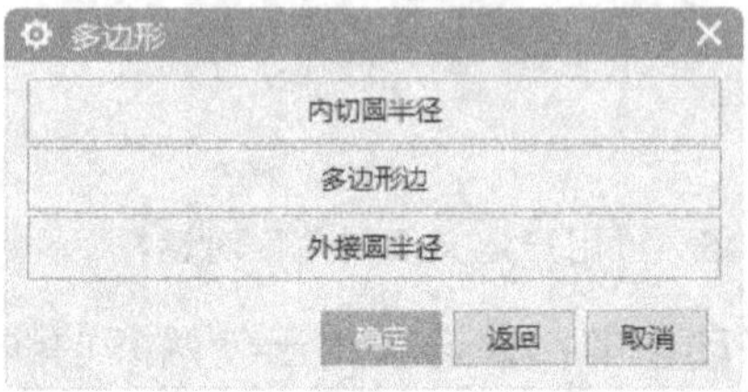

图 5-20 “多边形”创建方式对话框

下面介绍多边形的创建方法。

（1）内切圆半径：该选项将会打开如图 5-21 所示对话框。可以通过输入内切圆的半径定义多边形的尺寸及方位角度来创建多边形，内切圆半径也是原点到多边形边的中点的距离。方向角是多边形从 XC 轴逆时针方向旋转的角度，如图 5-22 所示。

（2）多边形边：该选项将会打开如图 5-23 所示对话框。该选项用于输入多边形一边的边长及方位角度来创建多边形，该长度将应用到所有边。

（3）外接圆半径：该选项将会打开如图 5-24 所示对话框。该选项通过指定外接圆半径定义多边形的尺寸及方位角度来创建多边形。外接圆半径是原点到多边形顶点的距离，如图 5-25 所示。

图 5-21　“多边形”对话框

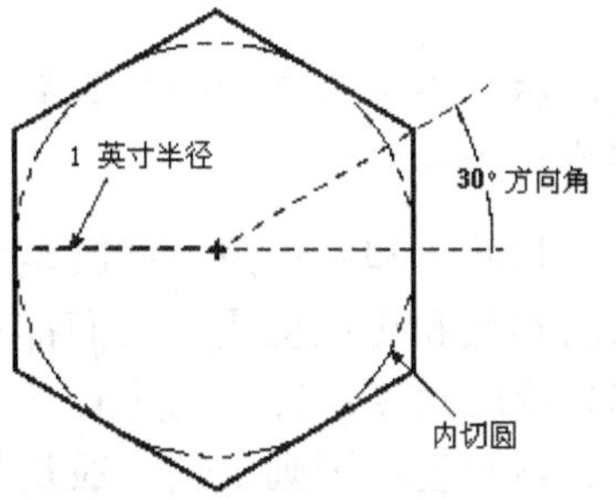

图 5-22　“内切圆半径方式”示意图

图 5-23　“多边形”对话框

图 5-24　外接圆半径设置对话框

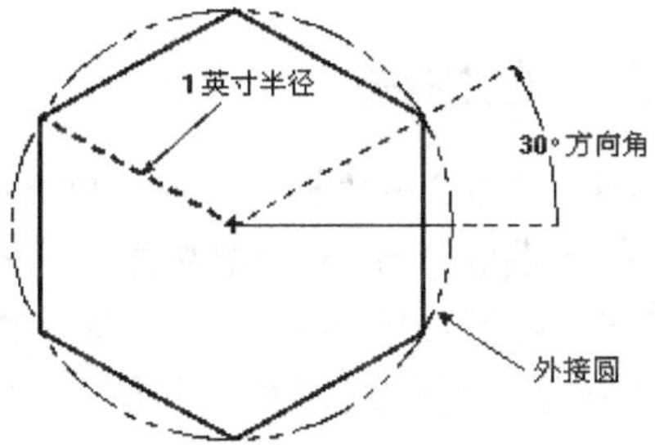

图 5-25　“外接圆半径方式” 示意图

5.1.4 椭圆

选择“菜单”→“插入”→“曲线”→“椭圆（原有）”命令，打开“点”对话框，输入椭圆原点，单击“确定”按钮，打开如图 5-26 所示的“椭圆”对话框。

下面介绍其中各选项。

（1）长半轴和短半轴：椭圆有两根轴：长轴和短轴（每根轴的中点都在椭圆的中心）。椭圆的最长直径就是主轴；最短直径就是副轴。长半轴和短半轴的值指的是这些轴长度的一半，如图 5-27 所示。

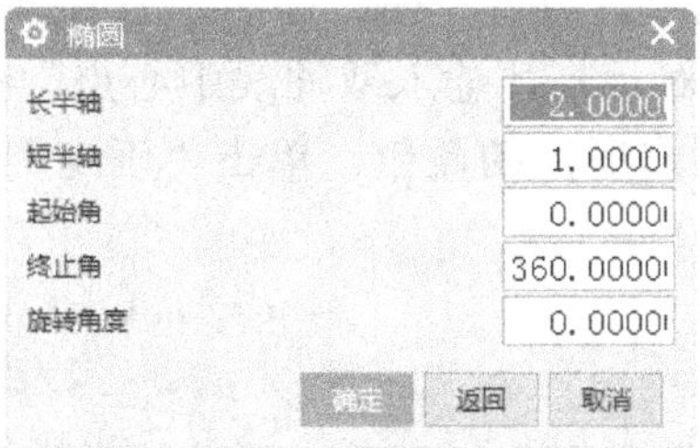

图 5-26　“椭圆”对话框

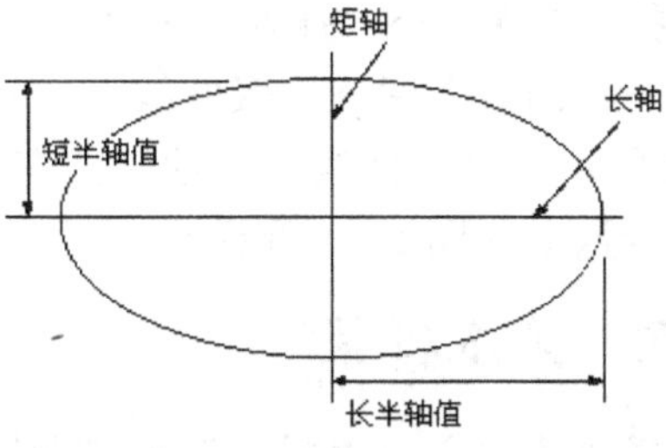

图 5-27　“长半轴和短半轴”示意图

提示：不论为每个轴的长度输入的值如何，较大的值总是作为长半轴的值，较小的值总是作为短半轴的值。

（2）起始角和终止角：椭圆是绕 ZC 轴正向沿着逆时针方向生成的。起始角和终止角确定椭圆的起始和终止位置，它们都是相对于主轴测算的，如图 5-28 所示。

（3）旋转角度：椭圆的旋转角度是主轴相对于 XC 轴，沿逆时针方向倾斜的角度。除非改变了旋转角度，否则主轴一般是与 XC 轴重合的，如图 5-29 所示。

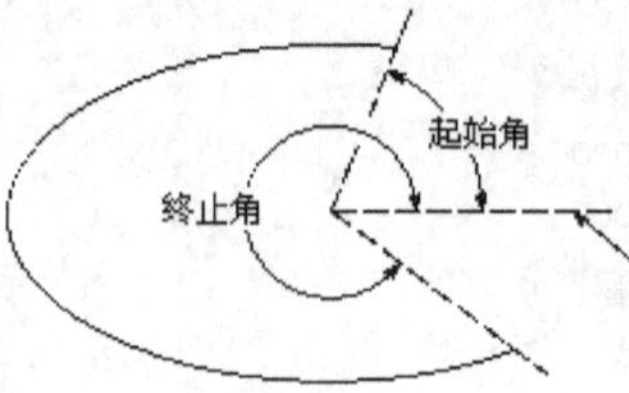

图 5-28 “起始角和终止角”示意图

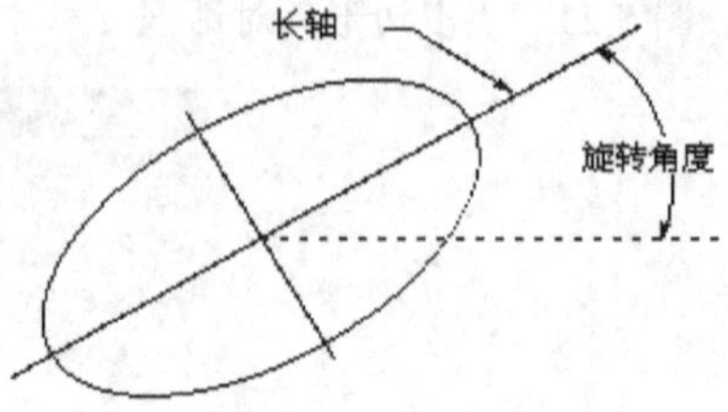

图 5-29 “旋转角度”示意图

5.1.5 抛物线

选择“菜单”→“插入”→“曲线”→“抛物线”命令，或者单击“曲线”选项卡→“更多”库→“曲线”库→“抛物线”图标，打开“点”对话框，输入抛物线顶点，单击“确定”按钮，打开如图 5-30 所示“抛物线”对话框，在该对话框中输入用户所需的数值，单击“确定”按钮，抛物线示意图如图 5-31 所示。

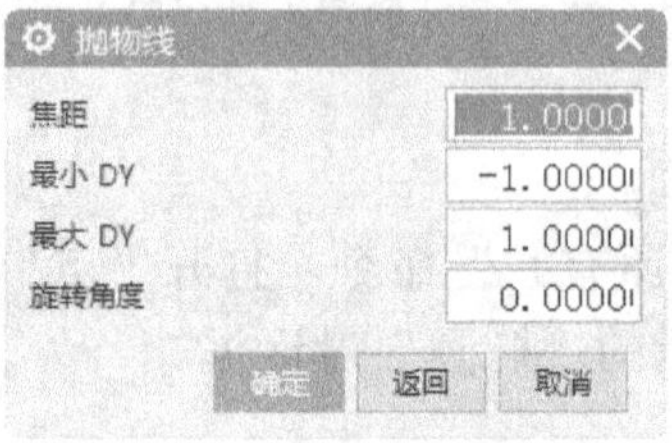

图 5-30 “抛物线”对话框

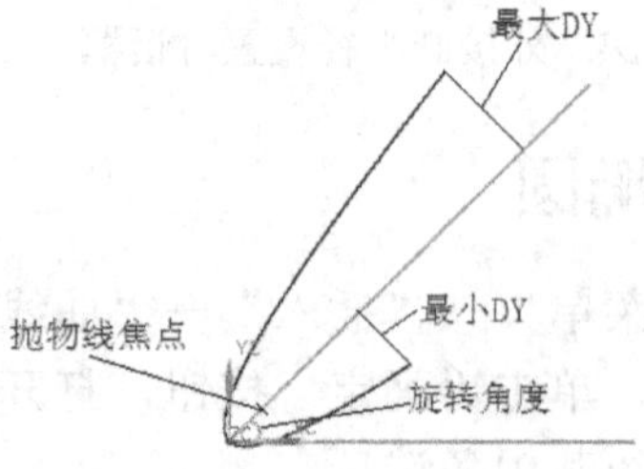

图 5-31 “抛物线”示意图

5.1.6 双曲线

选择“菜单”→“插入”→“曲线”→“双曲线”命令，或者单击“曲线”选项卡→“更多”库→“曲线”库→“双曲线”图标，打开“点”对话框，输入双曲线中心点，打开如图 5-32 所示的“双曲线”对话框，在该对话框中输入用户所需的数值，单击“确定”按钮，双曲线示意图如图 5-33 所示。

5.1.7 艺术样条

选择“菜单”→“插入”→“曲线”→“艺术样条”命令，或者单击“曲线”选项卡→“曲线”组→“艺术样条”图标，打开如图 5-34 所示“艺术样条”对话框。

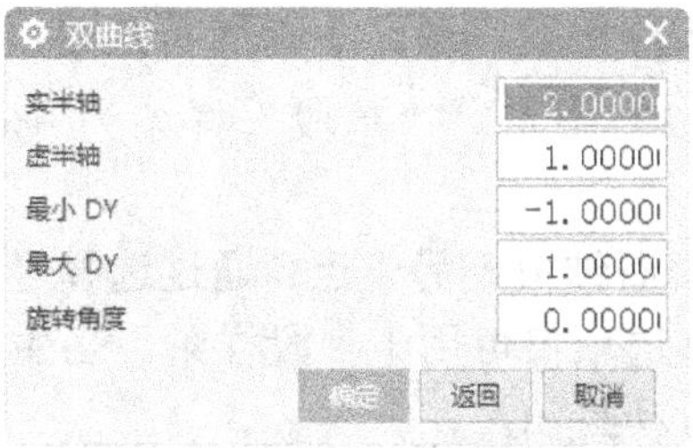

图 5-32 “双曲线”对话框

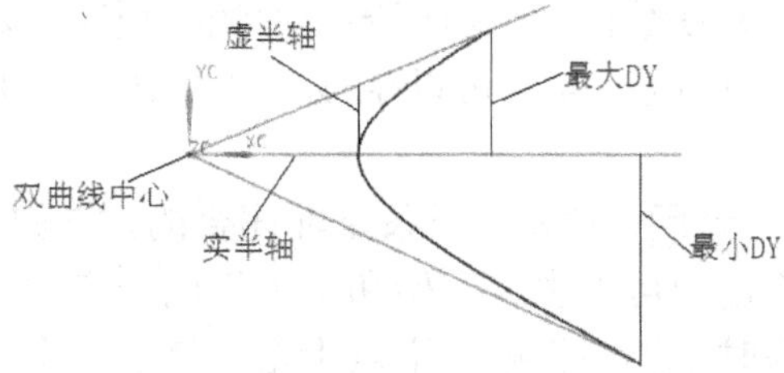

图 5-33 “双曲线”示意图

UG 生成的所有样条都是非均匀有理 B 样条，系统提供了以下两种方式生成 B 样条。

（1）类型：系统提供了“通过点”和“根据极点”两种方法来创建艺术样条曲线。

① 根据极点：该选项中所给定的数据点称为曲线的极点或控制点。样条曲线靠近它的各个极点，但通常不通过任何极点（端点除外）。使用极点可以对曲线的总体形状和特征进行更好的控制。该选项还有助于避免曲线中多余的波动（曲率反向），如图 5-35 所示。

② 通过点：该选项生成的样条将通过一组数据点，如图 5-34 所示。

图 5-34 “艺术样条”对话框

图 5-35 设置“根据极点”类型

提示：应尽可能使用较低阶次的曲线（3、4、5）。如果没有什么更好的理由要使用其他阶次，则应使用默认阶次 3。单段曲线的阶次取决于其指定点的数量。

（2）点/极点位置：定义样条点或极点位置。

（3）参数化：该项可调节曲线类型和次数以改变样条。

① 单段：样条可以生成为“单段”，每段限制为 25 个点。“单段”样条为 Bezier 曲线。

② 封闭：通常，样条是非闭合的，它们开始于一点，而结束于另一点。通过选择“封闭曲线”选项可以生成开始和结束于同一点的封闭样条。该选项仅可用于多段样条。当生成封闭样条时，不必将第一个点指定为最后一个点，样条会自动封闭。

③ 次数：这是一个代表定义曲线的多项式次数的数学概念。次数通常比样条线段中的点数小 1。因此，样条的点数不得少于次数。UG 样条的次数必须介于 1 和 24 之间。但是建议用户在生成样条时使用三次曲线（次数为 3）。

（4）制图平面：该项可以选择和创建艺术样条所在平面，可以绘制指定平面的艺术样条。

（5）移动：在指定的方向上或沿指定的平面移动样条点和极点。

① WCS：在工作坐标系的指定 X、Y 或 Z 方向上或沿 WCS 的一个主平面移动点或极点。

② 视图：相对于视图平面移动极点或点。

③ 矢量：用于定义所选极点或多段线的移动方向。

④ 平面：选择一个基准平面、基准 CSYS 或使用指定平面来定义一个平面，以在其中移动选定的极点或多段线。

⑤ 法向：沿曲线的法向移动点或极点。

（6）延伸。

① 对称：勾选此复选框，在所选样条的指定开始和结束位置上展开对称延伸。

② 起点/终点：（A）无：不创建延伸；（B）按值：用于指定延伸的值；（C）根据点：用于定义延伸的延展位置。

（7）设置。

① 自动判断的类型：（A）等参数：将约束限制为曲面的 U 和 V 向；（B）截面：允许约束同任何方向对齐；（C）法向：根据曲线或曲面的正常法向自动判断约束；（D）垂直于曲线或边：从点附着对象的父级自动判断 G1、G2 或 G3 约束。

② 固定相切方位：勾选此复选框，与邻近点相对的约束点的移动就不会影响方位，并且方向保留为静态。

5.1.8 规律曲线

选择“菜单”→“插入”→“曲线”→“规律曲线”命令，或者单击“曲线”选项卡→“曲线”组→“曲线”库→“规律曲线”图标，打开如图 5-36 所示“规律曲线”对话框。

下面介绍对话框中规律类型选项功能。

（1）恒定：该选项能够给整个规律功能定义一个常数值。系统提示用户只输入一个规律值（即该常数）。

（2）线性：该选项能够定义从起始点到终止点的线性变化率。

（3）三次：该选项能够定义从起始点到终止点的三次变化率。

（4）沿脊线的线性：该选项能够使用两个或多个沿着脊线的点定义线性规律功能。选择一条脊线曲线后，可以沿该曲线指出多个点。系统会提示用户在每个点处输入一个值。

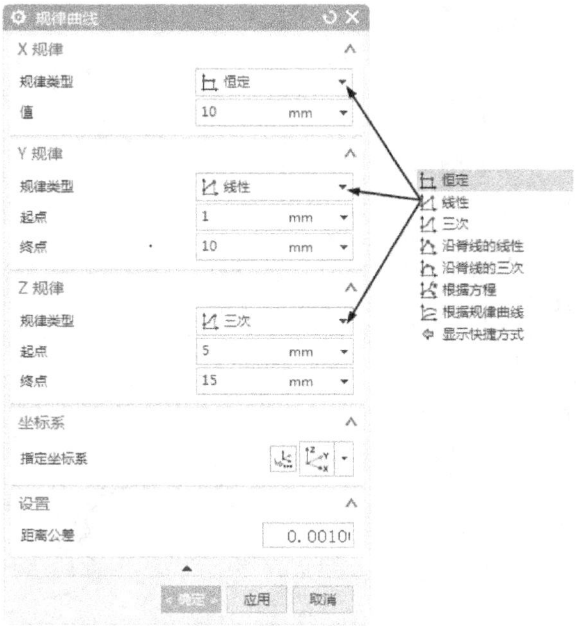

图 5-36 “规律曲线”对话框

（5）沿脊线的三次：该选项能够使用两个或多个沿着脊线的点定义三次规律功能。选择一条脊线曲线后，可以沿该脊线指出多个点。系统会提示用户在每个点处输入一个值。

（6）根据方程：该选项可以用表达式和“参数表达式变量”来定义规律。必须事先定义所有变量（变量定义可以使用“工具”→“表达式”来定义），并且公式必须使用参数表达式变量“t”。

（7）根据规律曲线：该选项利用已存在的规律曲线来控制坐标或参数的变化。选择该选项后，按照系统在提示栏给出的提示，先选择一条存在的规律曲线，再选择一条基线来辅助选定曲线的方向。如果没有定义基准线，默认的基准线方向就是绝对坐标系的 X 轴方向。

提示：

规律样条是根据建模首选项对话框中的距离公差和角度公差设置而近似生成的。另外可以使用信息->对象来显示关于规律样条的非参数信息或特征信息。

任何大于 360° 的规律曲线都必须使用螺旋线选项或根据公式规律子功能来构建。

5.1.9 螺旋线

选择“菜单”→“插入”→“曲线”→“螺旋”命令，或者单击“曲线”选项卡→“曲线”组→“曲线”库→“螺旋”图标，系统打开如图 5-37 所示“螺旋”对话框。

该对话框能够通过定义方位、螺距、大小（规律或恒定）、长度（规律或恒定）和旋转方向，可以生成螺旋线。如图 5-38 所示。

以下就螺旋线对话框中各功能作简单介绍。

（1）类型：包括沿矢量和沿脊线两种。

（2）方位：用于设置螺旋线指定方向的偏转角度。

图 5-37 “螺旋”对话框

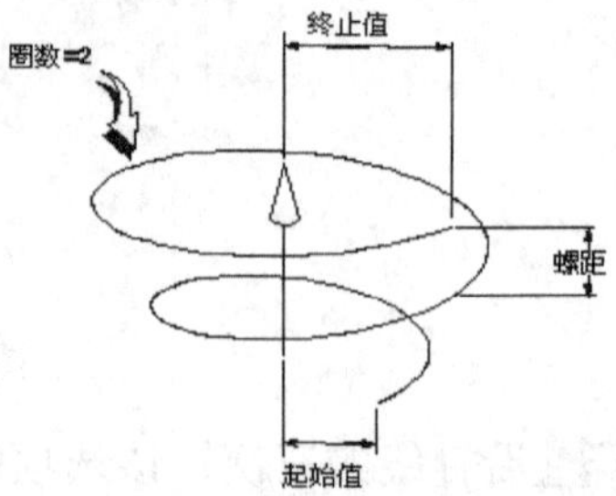

图 5-38 “螺旋线”创建示意图

（3）大小：能够指定半径或直径的定义方式。可通过“使用规律曲线”来定义值的大小。

① 规律类型：能够使用规律函数来控制螺旋线的半径变化。

② 值：该选项为默认的，能够输入半径值，该值在整个螺旋线上都是常数。

（4）螺距：相邻的圈之间沿螺旋轴方向的距离，能够使用规律函数来控制螺距的变化。“螺距”必须大于或等于 0。

（5）长度：该项用于控制螺旋线的长度，可用圈数和起始/终止限制两种方法。圈数必须大于 0，可以接受小于 1 的值（比如 0.5 可生成半圈螺旋线）。

（6）设置：该选项用于控制旋转的方向，如图 5-39 所示。

① 右手：螺旋线起始于基点向右卷曲（逆时针方向）。

② 左手：螺旋线起始于基点向左卷曲（顺时针方向）。

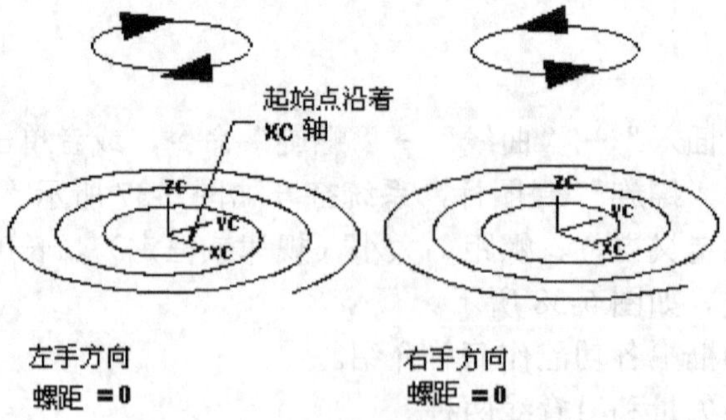

图 5-39 “旋转方向”示意图

5.2 派生的曲线

一般情况下，曲线创建完成后并不能满足用户需求，还需要进一步的处理工作，本节中将进一步介绍曲线的操作功能，如简化、偏置、桥接、连接、截面和在面上偏置等。

5.2.1 偏置

选择“菜单”→“插入”→“派生曲线”→“偏置”命令，或者单击“曲线”选项卡→“派生曲线”组→“偏置曲线”图标，系统打开如图 5-40 所示“偏置曲线”对话框。

该选项能够通过从原先对象偏置的方法，生成直线、圆弧、二次曲线、样条和边。偏置曲线是通过垂直于选中基曲线上的点来构造的。可以选择是否使偏置曲线与其输入数据相关联。

曲线可以在选中几何体所确定的平面内偏置，也可以使用拔模角和拔模高度选项偏置到一个平行的平面上。只有当多条曲线共面且为连续的线串（即端端相连）时，才能对其进行偏置。结果曲线的对象类型与它们的输入曲线相同（除了二次曲线，它偏置为样条）。

下面介绍“偏置曲线”对话框中各部分选项功能。

（1）偏置类型。

① 距离：此方式在选取曲线的平面上偏置曲线。并在其下方的“距离”和“副本数”中设置偏置距离和产生的数量。

② 拔模：此方式在平行于选取曲线平面，并与其相距指定距离的平面上偏置曲线。一个平面符号标记出偏置曲线所在的平面。并在其下方的“高度”和“角度”中设置其数值。该方式的基本思想是将曲线按照指定的“角度”偏置到与曲线所在平面相距“高度”的平面上。其中，拔模角度是偏置方向与原曲线所在平面法向的夹角。

如图 5-41 所示是用“草图”偏置方式生成偏置曲线的一个示例。“拔模高度”为 0.2500，“拔模角”为 30°。

图 5-40 “偏置曲线”对话框

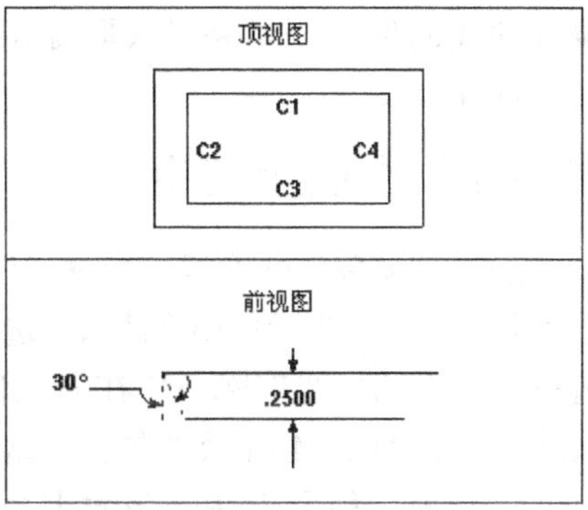

图 5-41 “草图”偏置方式示意图

③ 规律控制：此方式在规律定义的距离上偏置曲线，该规律是用规律子功能选项对话框指定的。

④ 3D 轴向：此方式在三维空间内指定矢量方向和偏置距离来偏置曲线。并在其下方的“3D 偏置值”和“轴矢量”中设置数值。

（2）距离：在箭头矢量指示的方向上与选中曲线之间的偏置距离。负的距离值将在反方向上偏置曲线。

（3）副本数：该选项能够构造多组偏置曲线，如图 5-42 所示。每组都从前一组偏置一个指定（使用“偏置方式”选项）的距离。

（4）反向：该选项用于反转箭头矢量标记的偏置方向。

（5）修剪：该选项将偏置曲线修剪或延伸到它们交点处的方式。

① 无：既不修剪偏置曲线，也不将偏置曲线倒成圆角。

② 相切延伸：将偏置曲线延伸到它们的交点处。

③ 圆角：构造与每条偏置曲线的终点相切的圆弧。圆弧的半径等于偏置距离。图 5-43 显示了一个用该“圆角”生成的偏置。如果生成重复的偏置（即只选择“应用”而不更改任何输入），则圆弧的半径每次都会增加一个偏置距离。

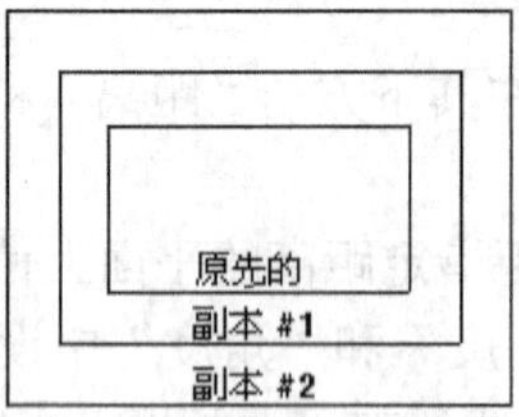

图 5-42 “副本数”示意图

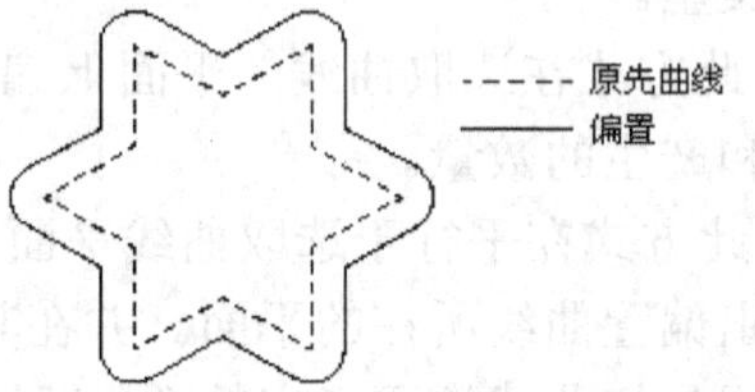

图 5-43 “圆角”方式示意图

（6）距离公差：当输入曲线为样条或二次曲线时，可确定偏置曲线的精度。

（7）关联：如果该选项切换为”打开”，则偏置曲线会与输入曲线和定义数据相关联。

（8）输入曲线：该选项能够指定对原先曲线的处理情况。对于关联曲线，某些选项不可用。

① 保留：在生成偏置曲线时，保留输入曲线。

② 隐藏：在生成偏置曲线时，隐藏输入曲线。

③ 删除：在生成偏置曲线时，删除输入曲线。如果“关联输出”切换为”打开”，则该选项会变灰。

④ 替换：该操作类似于移动操作，输入曲线被移至偏置曲线的位置。如果“关联输出”切换为“打开”，则该选项会变灰。

5.2.2 在面上偏置

选择“菜单”→“插入”→“派生的曲线”→“在面上偏置”命令，或者单击“曲线”选项卡→“派生的曲线”组→“派生的曲线”库→“在面上偏置曲线”图标，系统打开如图 5-44 所示“在面上偏置曲线”对话框。

该选项功能用于在一表面上由一存在曲线按指定的距离生成一条沿面的偏置曲线。

图 5-44 “在面上偏置曲线”对话框

下面介绍部分功能。

1. 类型

（1）恒定：生成曲线，它具有与面内原始曲线的恒定偏置。
（2）可变：用于指定与原始曲线上点位置之间的不同距离，以在面中创建可变曲线。

2. 偏置方向

（1）垂直于曲线：沿垂直于输入曲线相切矢量的方向创建偏置。
（2）垂直于矢量：用于指定一个矢量，确定与偏置垂直的方向。

3. 偏置法

定义测量偏置距离的方法。所选方法将应用于特征的所有线串。
（1）弦：沿曲线弦长偏置。
（2）弧长：沿曲线弧长偏置。
（3）测地线：沿曲面最小距离创建。
（4）相切：沿曲面的切线方向创建。
（5）投影距离：用于按指定的法向矢量在虚拟平面上指定偏置距离。

4. 倒圆尖角

根据需要使偏置曲线尖角光顺。
（1）无：不添加任何倒圆。
（2）矢量：用于定义输入矢量，作为虚拟倒圆圆柱的轴方向。
（3）最适合：根据垂直于圆柱和曲线之间最终接触点的曲面，确定虚拟倒圆圆柱的轴方向。
（4）投影矢量：将投影方向用作虚拟倒圆圆柱的轴方向。

5. 修剪和延伸偏置曲线

（1）在截面内修剪至彼此：修剪同一截面内两条曲线之间的拐角。延伸两条曲线的切线以形成拐角，并对切线进行修剪。

（2）在截面内延伸至彼此：延伸同一截面内两条曲线之间的拐角。延伸两条曲线的切线以形成拐角。

（3）修剪至面的边：将曲线修剪至面的边。

（4）延伸至面的边：将偏置曲线延伸至面边界。

（5）移除偏置曲线内的自相交：修剪偏置曲线的相交区域。

6. 设置

（1）从曲线自动判断体的面：偏置体的面由选择要偏置的曲线自动确定。

（2）高级曲线拟合：用于选择高级曲线拟合方法，提高输出曲线的精度，包括以下 4 种方法。

① 次数和段数：通过指定次数和段数的数字，显式控制输出曲线的参数设置。

② 次数和公差：通过指定最大次数和公差，控制输出曲线的参数设置。

③ 保持参数化：从输入曲线（或在相交曲线情况下的输入曲面）继承次数、段数、极点结构和结点结构，并将其应用到输出曲线。

④ 自动拟合：使用最低次数、最高次数、最大段数值和公差值，控制输出曲线的参数设置。

（3）连结曲线：用于在连结多个面的曲线时指派要创建的一种曲线。根据指定公差填充曲线间缝隙。

① 否：使跨多个面或平面创建的曲线在每个面或平面上均显示为单独的曲线。

② 常规：连结输出曲线以形成常规样条曲线。

（4）公差：该选项用于设置偏置曲线公差，其默认值是在建模预设置对话框中设置的。公差值决定了偏置曲线与被偏置曲线的相似程度，选用默认值即可。

5.2.3 桥接

选择“菜单”→“插入”→“派生曲线”→“桥接”命令，或者单击“曲线”选项卡→“派生曲线”组→“桥接曲线”图标，系统打开如图 5-45 所示“桥接曲线”对话框。

该选项可以用来桥接两条不同位置的曲线，边也可以作为曲线来选择。这是用户在曲线连接中最常用的方法。

下面介绍桥接对话框部分选项功能。

1. 起始对象

用于确定桥接曲线操作的第一个对象。

（1）截面：选择一个可以定义曲线起点的截面。可以选择曲线或边。

（2）对象：选择一个对象以定义曲线的起点。可以选择一下面或点。

2. 终止对象

用于确定桥接曲线操作的第二个对象。“截面、对象“与起始对象的选择相同。

（1）基准：允许为曲线终点选择一个基准，并且曲线与该基准垂直。

（2）矢量：允许选择一个可以定义曲线终点的矢量。

参考曲线形状操作创建示意图如图 5-46 所示。

图 5-45 “桥接曲线”对话框

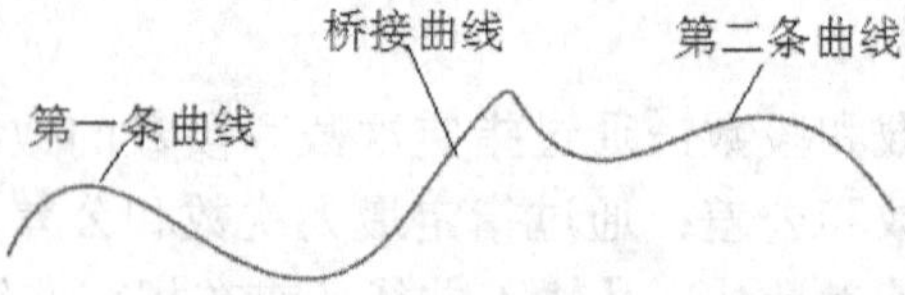

图 5-46 参考曲线形状示意图

3．连接

（1）连续性

① 相切：表示桥接曲线与第一条曲线、第二条曲线在连接点处相切连续，且为三阶样条曲线。

② 曲率：表示桥接曲线与第一条曲线、第二条曲线在连接点处曲率连续，且为五阶或七阶样条曲线。

（2）位置：移动滑尺上的滑块，确定点在曲线的百分比位置。

（3）方向：通过“方向”来确定点在曲线的位置。

4．约束面

用于限制桥接曲线所在面。

5．半径约束

用于限制桥接曲线的半径的类型和大小。

6．形状控制

（1）相切幅值：通过改变桥接曲线与第一条曲线和第二条曲线连接点的切矢量值，来控制桥接曲线的形状。切矢量值的改变是通过“开始”和“结束”滑尺，或直接在“第一曲线”和“第二根曲线”文本框中输入切矢量来实现的。

（2）深度和歪斜度：当选择该控制方式时，“桥接曲线”对话框的变化如图 5-47 所示。

① 深度：是指桥接曲线峰值点的深度，即影响桥接曲线形状的曲率的百分比，其值可拖动下面的滑尺或直接在“深度”文本框中输入百分比实现。

② 歪斜度：是指桥接曲线峰值点的倾斜度，即设定沿桥接曲线从第一条曲线向第二条曲线度量时峰值点位置的百分比。

5.2.4 简化

选择“菜单”→“插入”→“派生曲线”→“简化”命令，或者单击“曲线”选项卡→“更多”库→“派生曲线”库→“简化曲线”图标，打开如图 5-48 所示“简化曲线”对话框。该选项以一条最合适的逼近曲线来简化一组选择曲线（最多可选择 512 条曲线），它将这组曲线简化为圆弧或直线的组合，即将高次方曲线降成二次或一次方曲线。

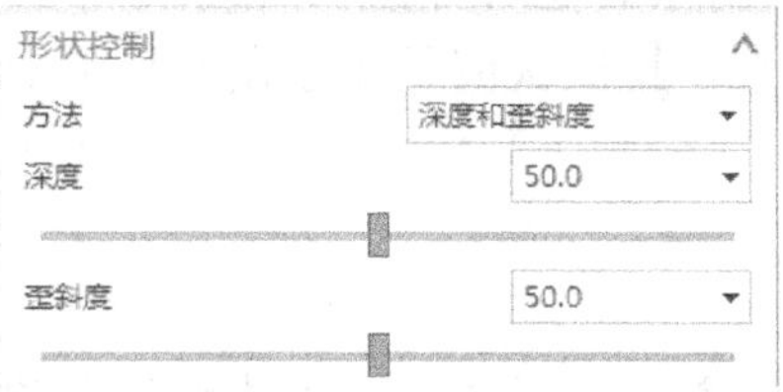

图 5-47 “形状控制”选项

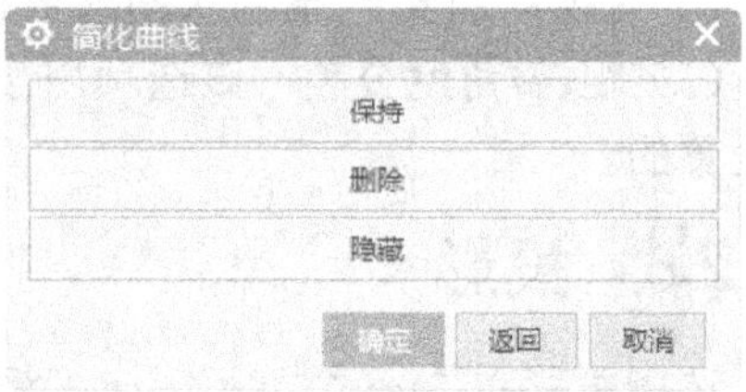

图 5-48 “简化曲线”对话框

在简化选中曲线之前，可以指定原有曲线在转换之后的状态，可以对原有曲线选择下列选项之一。

（1）保持：在生成直线和圆弧之后保留原有曲线。在选中曲线的上面生成曲线。

（2）删除：简化之后删除选中曲线。删除选中曲线之后，不能再恢复。如果选择“撤销”，可以恢复原有曲线但不再被简化。

（3）隐藏：生成简化曲线之后，将选中的原有曲线从屏幕上移除，但并未被删除。

若要选择的多组曲线彼此首尾相连，则可以通过其中的“成链”选项，通过第一条和最后一条曲线来选择期间彼此连接的一组曲线，之后系统对其进行简化操作。

5.2.5 连结

选择“菜单”→“插入”→“派生曲线”→“连结（即将失效）”命令，系统打开如图 5-49 所示“连结曲线”对话框。该选项功能可将一链曲线或边合并到一起以生成一条 B 样条曲线。其结果是与原先的曲线链近似的多项式样条，或者是完全表示原先的曲线链的一般样条。

图 5-49 “连结曲线”对话框

下面介绍其中的部分选项功能。

（1）关联：如果打开该选项，结果样条将与其输入曲线关联，并且当修改这些曲线时会相应更新。

（2）输入曲线：该选项的子选项用于处理原先的曲线。

① 保留：保留输入曲线。新曲线创建于输入曲线之上。

② 隐藏：隐藏输入曲线。此选项不隐藏边。

③ 删除：删除输入曲线。

④ 替换：将第一条输入曲线替换为输出样条，然后删除其他所有输入曲线。

（3）距离/角度公差：该选项用于设置连结曲线的公差，其默认值是在建模预设置对话框中设置的。

5.2.6 投影

选择“菜单”→“插入”→“派生曲线”→“投影”命令，或者单击“曲线”选项卡→“派生曲线”组→“投影曲线”图标，系统打开如图 5-50 所示“投影曲线”对话框。该选项能够将曲线和点投影到片体、面、平面和基准面上。点和曲线可以沿着指定矢量方向、与指定矢量成某一角度的方向、指向特定点的方向或沿着面法线的方向进行投影，如图 5-51。所有投影曲线在孔或面边界处都要进行修剪。

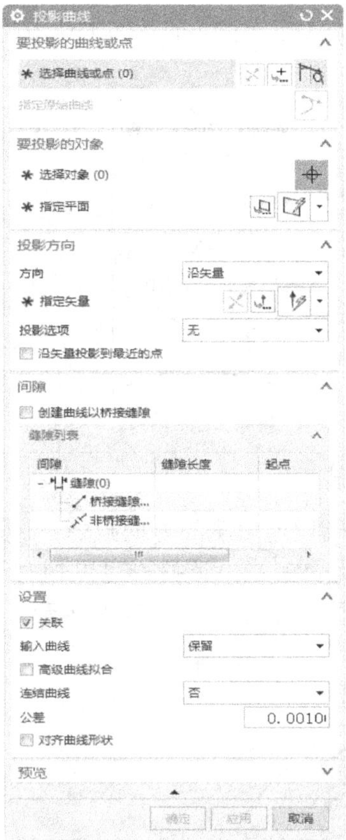

图 5-50 “投影曲线”对话框

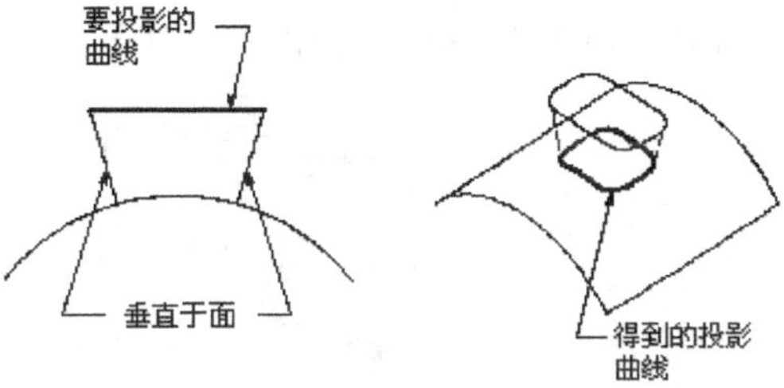

图 5-51 沿面的法向示意图

下面介绍该对话框中部分选项功能。

（1）要投影的曲线或点：用于确定要投影的曲线和点。

（2）指定平面：用于确定投影所在的表面或平面。

（3）方向：该选项用于指定如何定义将对象投影到片体、面和平面上时所使用的方向。

① 沿面的法向：该选项用于沿着面和平面的法向投影对象，如图 5-51 所示。

② 朝向点：该选项可向一个指定点投影对象。对于投影的点，可以在选中点与投影点之间的直线上获得交点，如图 5-52 所示：

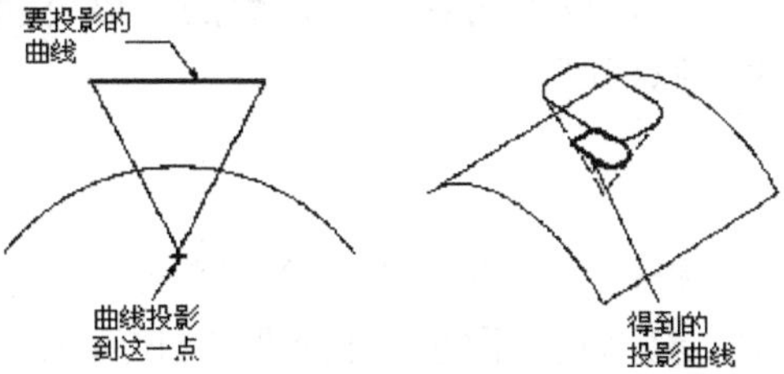

图 5-52 “朝向点”效果示意图

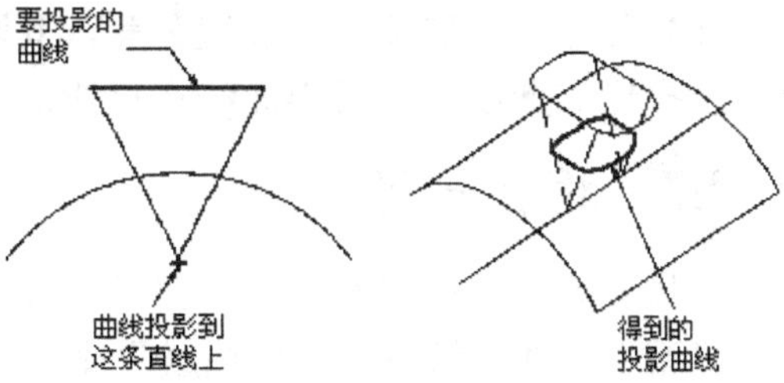

图 5-53 “朝向直线”效果示意图

③ 朝向直线：该选项可沿垂直于一指定直线或基准轴的矢量投影对象。对于投影的点，可以在通过选中点垂直于与指定直线的直线上获得交点，如图 5-53 所示。

④ 沿矢量：该选项可沿指定矢量（该矢量是通过矢量构造器定义的）投影选中对象。可

以在该矢量指示的单个方向上投影曲线，或者在两个方向上（指示的方向和它的反方向）投影，如图 5-54 所示。

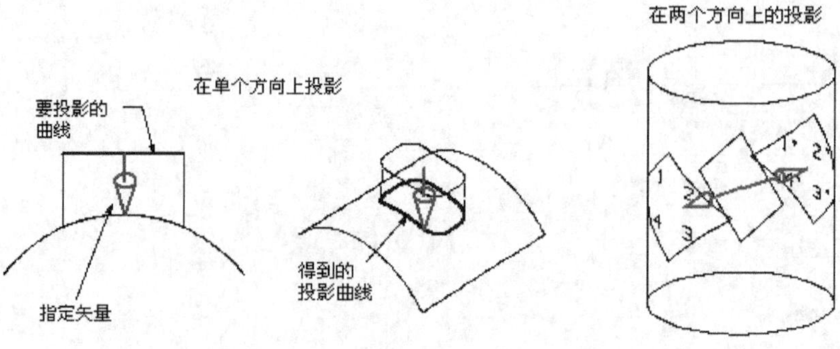

图 5-54 “沿矢量”效果示意图

⑤ 与矢量成角度：该选项可将选中曲线按与指定矢量成指定角度的方向投影，该矢量是使用矢量构造器定义的。根据选择的角度值（向内的角度为负值），该投影可以相对于曲线的近似形心向外或向内的角度生成。对于点的投影，该选项不可用，如图 5-55 所示。

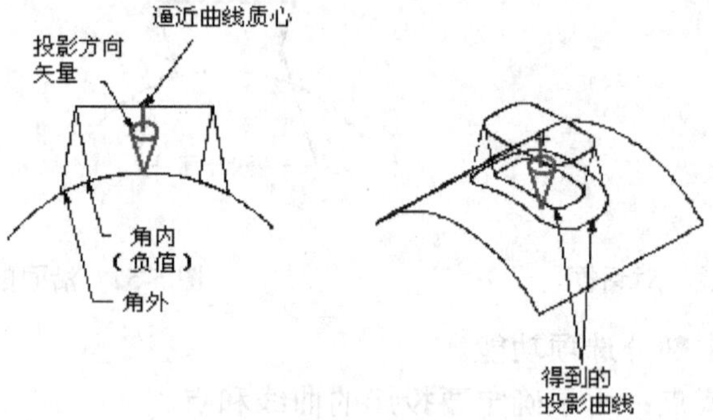

图 5-55 “相对于矢量的角度”效果示意图

（4）关联：表示原曲线保持不变，在投影面上生成与原曲线相关联的投影曲线，只要原曲线发生变化，随之投影曲线也发生变化。

（5）连结曲线：曲线拟合的阶次，可以选择“三次”、“五次”或者“常规”，一般推荐使用三次。

（6）公差：该选项用于设置公差，其默认值是在建模预设置对话框中设置的。该公差值决定所投影的曲线与被投影曲线在投影面上的投影的相似程度。

5.2.7 组合投影

选择“菜单”→“插入”→“派生曲线”→“组合投影”命令，或者单击“曲线”选项卡→“派生曲线”组→“派生曲线”库→“组合投影”图标，系统打开如图 5-56 所示“组合投影”对话框。

该选项可组合两个已有曲线的投影，生成一条新的曲线。需要注意的是，这两个曲线投影必须相交。可以指定新曲线是否与输入曲线关联，以及将对输入曲线做哪些处理，如图 5-57 所示。

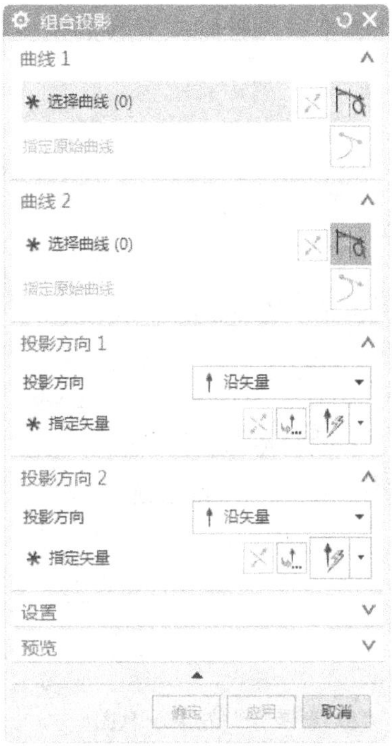

图 5-56 “组合投影”对话框

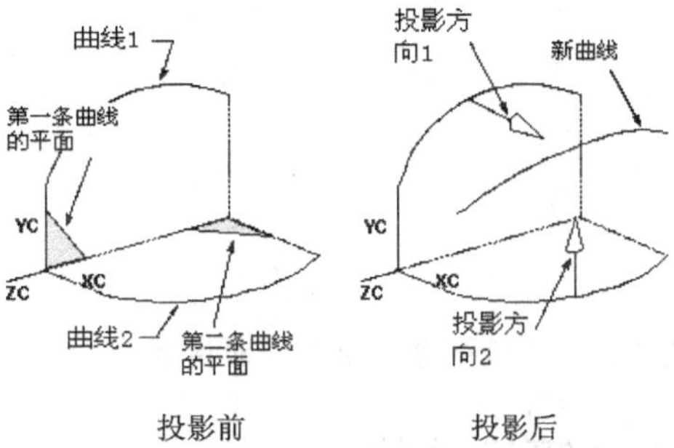

图 5-57 “组合投影”效果示意图

下面介绍上述对话框的选项功能。

（1）曲线 1：可以选择第一组曲线。可用“过滤器”选项帮助选择曲线。

（2）曲线 2：可以选择第二组曲线。默认的投影矢量垂直于该线串。

（3）投影方向 1：能够使用投影矢量选项定义“第一个曲线串”的投影矢量。

（4）投影方向 2：能够使用投影矢量选项定义第二组曲线的投影矢量。

5.2.8 缠绕/展开

选择“菜单”→“插入”→“派生曲线”→“缠绕/展开曲线”命令，或者单击“曲线”选项卡→“派生曲线”组→“派生曲线”库→“缠绕/展开曲线”图标，系统打开如图 5-58 所示“缠绕/展开曲线”对话框。该选项可以将曲线从平面缠绕到圆锥或圆柱面上，或者将曲线从圆锥或圆柱面展开到平面上。输出曲线是 3 次 B 样条，并且与其输入曲线、定义面和定义平面相关。如图 5-59 所示将一样条曲线缠绕到锥面上。

对话框选项功能如下。

（1）类型。

① 缠绕：指定要缠绕曲线。

② 展开：指定要展开曲线。

（2）曲线：选择要缠绕或展开的曲线。仅可以选择曲线、边或面。

（3）面：可选择曲线将缠绕到或从其上展开的圆锥或圆柱面。可选择多个面。

（4）平面：可选择一个与缠绕面相切的基准平面或平面。仅选择基准面或仅选择面。

（5）切割线角度：该选项用于指定“切线”（一条假想直线，位于缠绕面和缠绕平面相遇的公共位置处。它是一条与圆锥或圆柱轴线共面的直线）绕圆锥或圆柱轴线旋转的角度（0° ～ 360° 之间），可以输入数字或表达式。

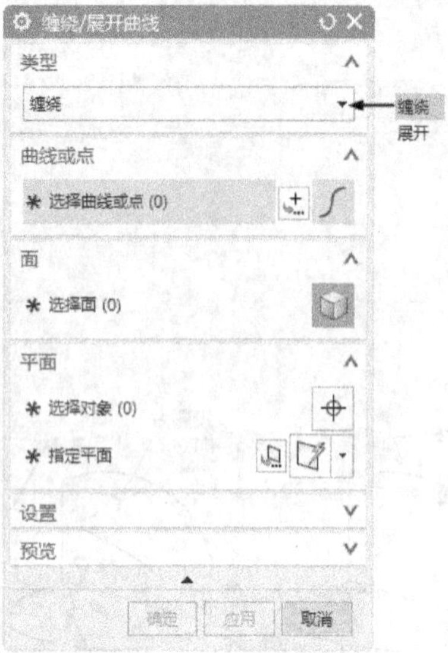

图 5-58　“缠绕/展开曲线”对话框

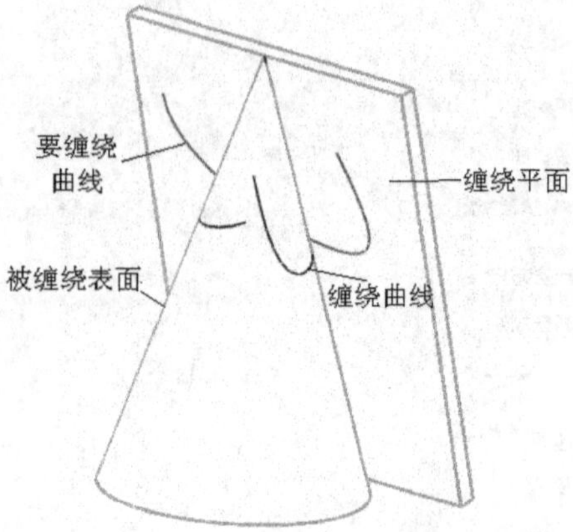

图 5-59　“缠绕/展开”效果示意图

5.2.9　镜像曲线

选择“菜单”→“插入”→“派生曲线”→“镜像”命令，或者单击“曲线”选项卡→“派生曲线”组→“派生曲线”库→“镜像曲线”图标，系统打开如图 5-60 所示的“镜像曲线”对话框，其示意图如图 5-61 所示。

图 5-60　“镜像曲线”对话框

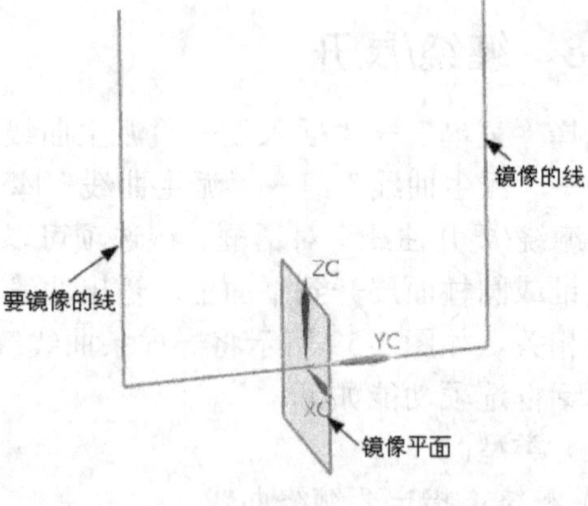

图 5-61　“镜像曲线”效果示意图

（1）曲线：用于确定要镜像的曲线。

（2）镜像平面：用于确定镜像的面和基准平面。

（3）关联：表示原曲线保持不变，在投影面上生成与原曲线相关联的投影曲线，只要原曲线发生变化，随之投影曲线也发生变化。

5.2.10 抽取

选择“菜单”→“插入”→“派生曲线”→“抽取（原有）”命令，打开如图 5-62 所示“抽取曲线”对话框。该选项使用一个或多个已有体的边或面生成几何（线、圆弧、二次曲线和样条），原体不发生变化。大多数抽取曲线是非关联的，但也可选择生成相关的等斜度曲线或阴影外形曲线。

对话框中部分选项功能如下。

（1）边曲线：该选项用来沿一个或多个已有体的边生成曲线。每次选择一条所需的边，或使用菜单选择面上的所有边、体中的所有边、按名称或按成链选取边。选定边的总数显示在“状态”行中，可以使用“返回”取消选择边。所有边都选择完毕后，单击“确定”按钮，生成曲线。

（2）轮廓曲线：该选项用于从轮廓边缘生成曲线。用于生成体的外形（轮廓）曲线（直线，弯曲面在这些直线处从指向视点变为远离视点）。选择所需体后，随即生成轮廓曲线，并提示选择其他体。生成的曲线是近似的，它由建模距离公差控制。工作视图中生成的轮廓曲线与视图相关。

（3）完全在工作视图中：用来生成所有的边曲线，包括工作视图中实体和片体可视边缘的任何轮廓。

（4）阴影轮廓：该选项可产生工作视图中显示的体的与视图相关的曲线外形。但内部详细信息无法生成任何曲线，如图 5-63 所示。

（5）精确轮廓：使用可产生精确效果的 3D 曲线算法在工作视图中创建显示体轮廓的曲线。

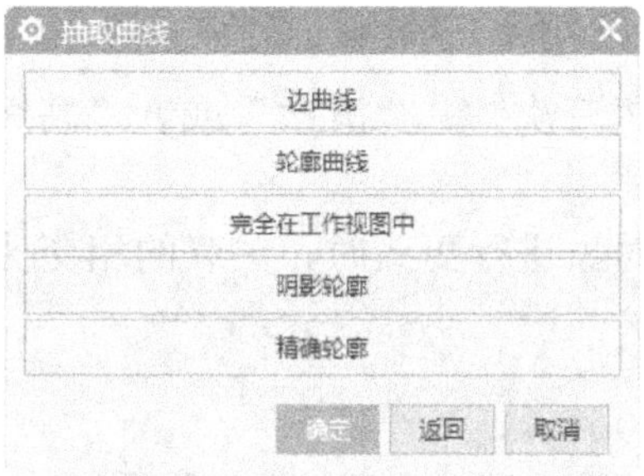

图 5-62 “抽取曲线”对话框

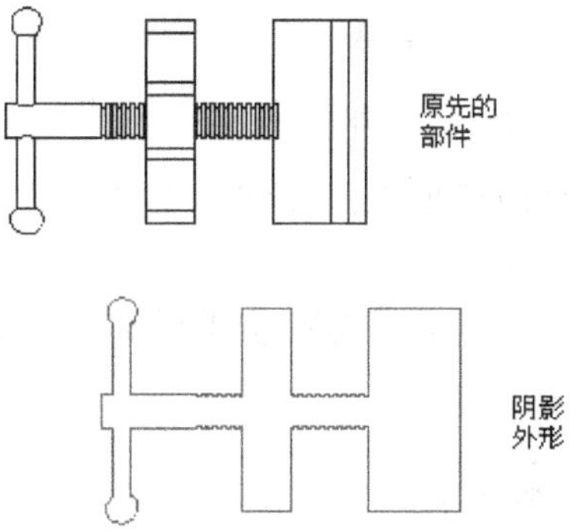

图 5-63 “阴影轮廓”效果示意图

提示：阴影外形曲线与生成这些曲线的体之间不相关，除非是在“图纸”中执行此操作。在那种情况下，如果更改了体，则旧的阴影外形被删除，生成新的阴影外形作为图纸视图更新过程的一部分。

5.2.11 相交

选择“菜单”→“插入”→“派生曲线”→“相交”命令，或者单击“曲线”选项卡→“派生曲线”组→“相交曲线”图标，系统打开如图 5-64 所示“相交曲线”对话框。该选项功能用于在两组对象之间生成相交曲线。相交曲线是关联的，会根据其定义对象的更改而更新。图 5-65 所示为相交曲线的一个示例，其中相交曲线是由片体与包含腔体的长方体相交而得到的，对话框各选项功能如下。

（1）第一组：激活该选项时可选择第一组对象。

（2）第二组：激活该选项时可选择第二组对象。

（3）保持选定：选中该复选框之后，在右侧的选项栏中选择“第一组”或“第二组”，单击“应用”按钮，自动选择已选择的“第一组”或“第二组”对象。

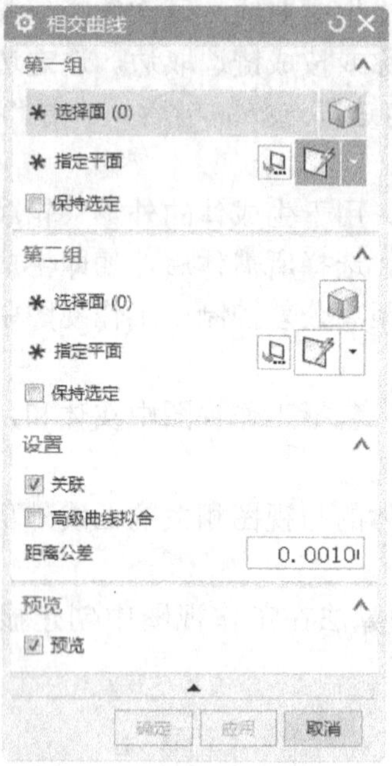

图 5-64 “相交曲线”对话框

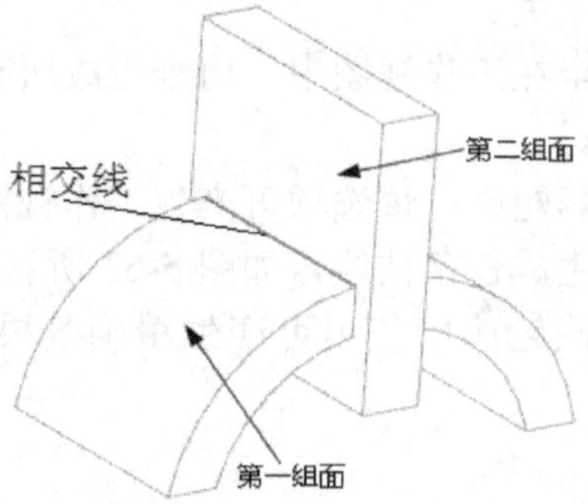

图 5-65 “相交”效果示意图

（4）高级曲线拟合：曲线拟合的阶次，可以选择“三次”、“五次”或者“高级”，一般推荐使用三次。

（5）关联：能够指定相交曲线是否关联。当对源对象进行更改时，关联的相交曲线会自动更新。

5.2.12 截面

选择“菜单”→“插入”→“派生曲线”→“截面”命令，或者单击“曲线”选项卡→“派生曲线”组→“派生曲线”库→“截面曲线”图标，系统打开如图 5-66 所示“截面曲线”对话框。该选项在指定平面与体、面、平面或曲线之间生成相交几何体。平面与曲线之间相交生成一个或多个点，几何体输出可以是相关的。

下面介绍对话框部分选项功能。

1. 选定的平面

该选项用于指定单独平面或基准平面来作为截面。

（1）要剖切的对象：该选择步骤用来选择将被截取的对象。需要时，可以使用“过滤器”选项辅助选择所需对象。可以将过滤器选项设置为任意、体、面、曲线、平面或基准平面。

（2）剖切平面：该选择步骤用来选择已有平面或基准平面，或者使用平面子功能定义临时平面。需要注意的是，如果打开“关联输出”，则平面子功能不可用，此时必须选择已有平面。

2．平行平面

该选项用于设置一组等间距的平行平面作为截面。选择该类型，对话框在可变窗口区会变换成为如图 5-67 所示。

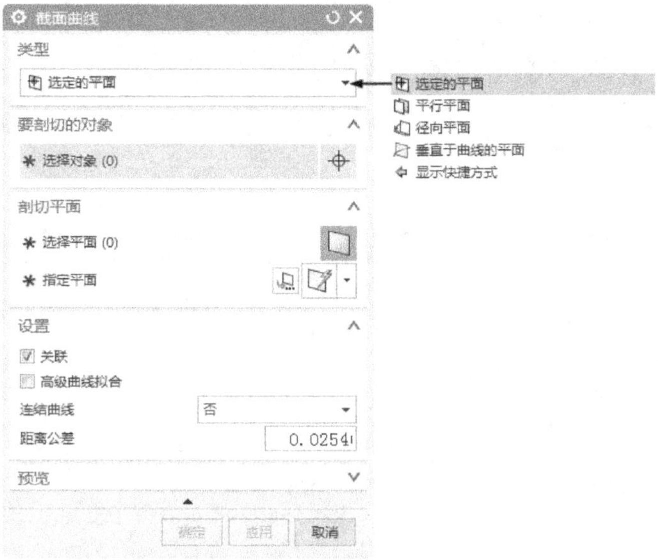

图 5-66　“截面曲线”对话框

图 5-67　选择“平行平面”类型

（1）步进：指定每个临时平行平面之间的相互距离。

（2）起点和终点：是从基本平面测量的，正距离为显示的矢量方向。系统将生成适合指定限制的平面数。这些输入的距离值不必恰好是步长距离的偶数倍。

3．径向平面

该选项从一条普通轴开始以扇形展开生成等角度间隔的平面，以用于选中体、面和曲线的截取。选择该类型，对话框在可变窗口区会变更为如图 5-68 所示。

（1）径向轴：该选项用来定义径向平面绕其所选转轴的矢量。若要指定轴矢量，可使用“矢量方式”或矢量构造器工具。

（2）参考平面上的点：该选项通过使用点方式或点构造器工具，指定径向参考平面上的点。径向参考平面是包含该轴线和点的唯一平面。

（3）起点：表示相对于基平面的角度，径向面由此角度开始。按右手法则确定正方向。限制角不必是步长角度的偶数倍。

（4）终点：表示相对于基础平面的角度，径向面在此角度处结束。

（5）步进：表示径向平面之间所需的夹角。

4．垂直于曲线的平面

该选项用于设定一个或一组与所选定曲线垂直的平面作为截面。选择该类型，对话框在可变窗口区会变更如图 5-69 所示。

图 5-68　选择“径向平面”类型

图 5-69　选择“垂直于曲线的平面”类型

（1）曲线或边：该选择步骤用来选择沿其生成垂直平面的曲线或边。使用“过滤器”选项来辅助对象的选择。可以将过滤器设置为曲线或边、曲线或边。

（2）间距。

① 等弧长：沿曲线路径以等弧长方式间隔平面。必须在“数目”字段中输入截面平面的数目，以及平面相对于曲线全弧长的起始和终止位置的百分比值。

② 等参数：根据曲线的参数化法来间隔平面。必须在“数目”字段中输入截面平面的数目，以及平面相对于曲线参数长度的起始和终止位置的百分比值。

③ 几何级数：根据几何级数比间隔平面。必须在“数目”字段中输入截面平面的数目，还须在“比例”字段中输入数值，以确定起始和终止点之间的平面间隔。

④ 弦公差：根据弦公差间隔平面。选择曲线或边后，定义曲线段使线段上的点距线段端点连线的最大弦距离，等于在“弦公差”字段中输入的弦公差值。

⑤ 增量弧长：以沿曲线路径递增的方式间隔平面。在“弧长”字段中输入值，在曲线上以递增弧长方式定义平面。

5.3 曲线编辑

当曲线创建之后，经常还需要对曲线进行修改和编辑，需要调整曲线的很多细节，本节主要介绍曲线编辑的操作。其操作包括：编辑曲线参数、修剪曲线、修剪拐角、分割曲线、编辑圆角、拉长曲线、曲线长度、光顺样条等操作，其命令功能集中在“菜单”→“编辑”→“曲线”的子菜单和相应的功能区中，如图 5-70 所示。

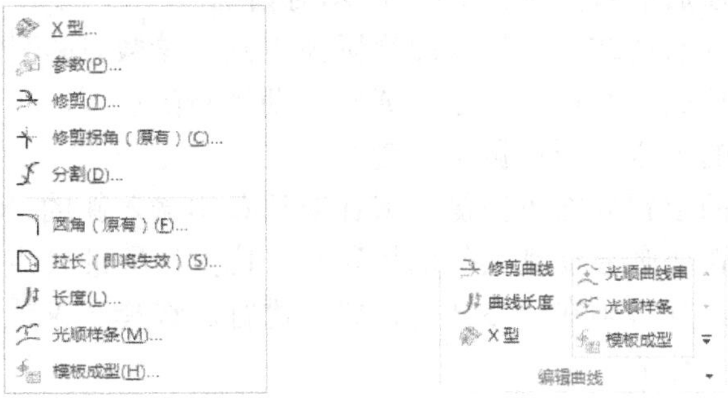

图 5-70　“编辑曲线”子菜单及“编辑曲线”组

5.3.1 编辑曲线参数

选择“菜单”→“编辑”→“曲线”→“参数”命令，或者单击“曲线”选项卡→“更多”库→“编辑曲线”库→“编辑曲线参数”图标，系统打开如图 5-71 所示“编辑曲线参数”对话框。

该选项可编辑大多数类型的曲线。在编辑对话框中设置了相关项后，当选择了不同的对象类型系统会给出相应的提示对话框。

1. 编辑直线

当选择直线对象后会打开如图 5-72 所示对话框。过该对话框设置改变直线的端点或它的参数（长度和角度）编辑它，如要改变直线的端点，进行如下操作。

图 5-71　“编辑曲线参数”对话框

图 5-72　编辑“直线”对话框

（1）选择要修改的直线端点。现在可以从固定的端点像拉橡皮筋一样改变该直线了。

（2）用在对话框上的任意的“点方式”选项指定新的位置。

如要改变直线的参数，进行如下操作。

（1）选择该直线，避免选到它的控制点上。

（2）在对话条中输入长度和/或角度的新值，然后按 Enter 键。

2. 编辑圆弧或圆

当选择圆弧或圆对象后会打开如图 5-73 所示对话框。

通过在对话框中输入新值或拖动滑尺改变圆弧或圆的参数。还可以把圆弧变成它的补弧。不管激活的编辑模式是什么，都可以将圆弧或圆移动到新的位置，可进行如下操作。

（1）选择圆弧或圆的中心（释放鼠标中键）。

（2）光标移动到新的位置并按下左键，或在对话条中输入新的 XC、YC 和 ZC 的位置。

用此方法可以把圆弧或圆移动到其他的控制点，比如线段的端点或其他圆的圆心。

要生成圆弧的补弧，则必须在“参数”模式下进行。选择一条或多条圆弧并在“编辑曲线参数”对话框中选择“补弧”。

图 5-73 “圆弧/圆”对话框

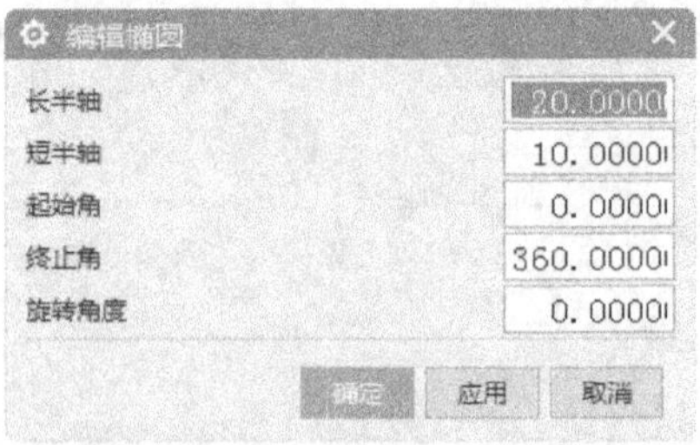

图 5-74 “编辑椭圆”对话框

3. 编辑椭圆

当选择椭圆对象后会打开如图 5-74 所示对话框。该选项用于编辑一个或多个已有的椭圆。该选项和生成椭圆的操作几乎相同。用户最多可选择 128 个椭圆。当选择多个椭圆时，最后选中椭圆的值成为默认值，这就允许通过继承编辑椭圆。

（1）选择要编辑的椭圆。

（2）选择含有需要值的椭圆。

（3）单击“应用”按钮。

所有选择的椭圆都变成相同的。

绝对值用于长半轴和短半轴的值。例如，如果输入 -5 作为长半轴的值，则被解释为+5 。起始角、终止角或旋转角度都可被接受。新的旋转角用于椭圆的初始位置。新的角不加到当前旋转角的值上。

提示：当改变椭圆的任何值时，所有相关联的制图对象都会自动更新。选择“应用”后，选择列表变空并且数值重设为零。“撤消”操作会把椭圆重设回它们的初始状态。

5.3.2 修剪曲线

选择“菜单”→“编辑”→“曲线”→“修剪”命令，或者单击“曲线”选项卡→“编辑曲线”组→“修剪曲线”图标，系统打开如图 5-75 所示“修剪曲线”对话框。该选项可以根据边界实体和选中进行修剪的曲线的分段来调整曲线的端点。可以修剪或延伸直线、圆弧、二次曲线或样条。

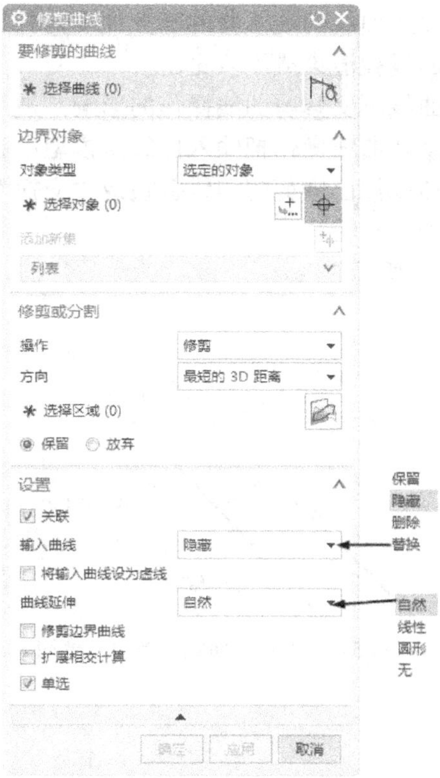

图 5-75 “修剪曲线”对话框

下面介绍“修剪曲线”对话框中部分选项功能。

1．要修剪的曲线

此选项用于选择要修剪的一条或多条曲线（此步骤是必需的）。

2．边界对象

此选项让用户从工作区窗口中选择一串对象作为边界，沿着它修剪曲线。

3．曲线延伸

如果正修剪一个要延伸到它的边界对象的样条，则可以选择延伸的形状，这些选项如下。

（1）自然：从样条的端点沿它的自然路径延伸。

（2）线性：把样条从它的任一端点延伸到边界对象，样条的延伸部分是直线的。

（3）圆形：把样条从它的端点延伸到边界对象，样条的延伸部分是圆弧形的。

（4）无：对任何类型的曲线都不执行延伸。

4．关联

该选项让用户指定输出的已被修剪的曲线是相关联的。关联的修剪导致生成一个 TRIM_CURVE 特征，它是原始曲线的复制的、关联的、被修剪的副本。

原始曲线的线型改为虚线，这样它们对照于被修剪的、关联的副本更容易看得到。如果输入参数改变，则关联的修剪的曲线会自动更新。

5．输入曲线

该选项让用户指定想让输入曲线的被修剪的部分处于何种状态。

（1）隐藏：意味着输入曲线被渲染成不可见。

（2）保留：意味着输入曲线不受修剪曲线操作的影响，被“保持”在它们的初始状态。

（3）删除：意味着通过修剪曲线操作把输入曲线从模型中删除。

（4）替换：意味着输入曲线被已修剪的曲线替换或“交换”。当使用“替换”时，原始曲线的子特征成为已修剪曲线的子特征。

修剪曲线示意图如图 5-76 所示。

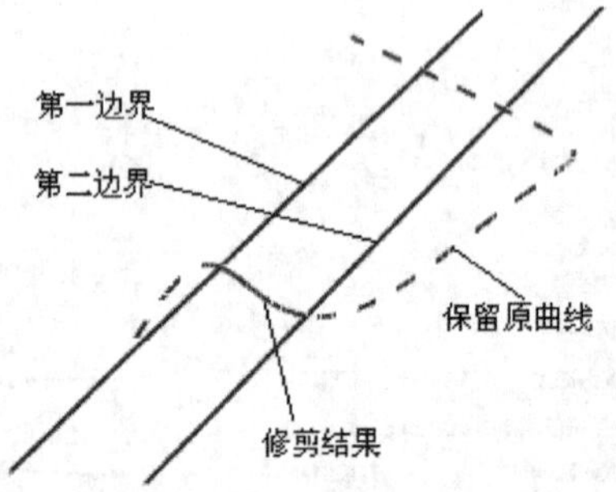

图 5-76 “修剪曲线”效果示意图

5.3.3 修剪拐角

选择“菜单”→“编辑”→“曲线”→“修剪拐角（原有）”命令，打开如图 5-77 所示“修剪”对话框。该选项把两条曲线修剪到它们的交点，从而形成一个拐角。生成的拐角依附于选择的对象，如图 5-78 所示。

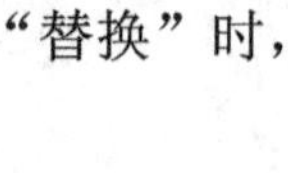

图 5-77 “修剪”对话框

提示：如果选择球只包含一条曲线，则会显示错误信息：无有效的曲线；当修剪样条时，会警告用户样条的定义数据会被删除，可以选择“取消”来退出或“确定”来继续修剪操作。

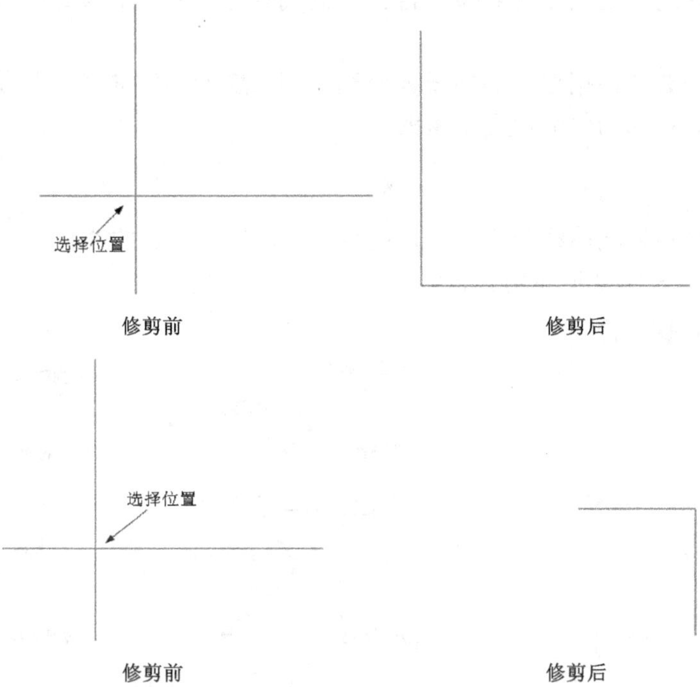

图 5-78　“修剪拐角”效果示意图

5.3.4 分割曲线

选择“菜单”→“编辑”→“曲线”→“分割”命令，或者单击“曲线”选项卡→“更多”库→“编辑曲线”库→“分割曲线”图标，系统打开如图 5-79 所示“分割曲线”对话框。

图 5-79　“分割曲线”对话框

该选项把曲线分割成一组同样的段（即，直线到直线，圆弧到圆弧）。每个生成的段是单独的实体并赋予和原先的曲线相同的线型。新的对象和原先的曲线放在同一层上。分割曲线有以下 5 种不同的方式。

1．等分段

该选项使用曲线长度或特定的曲线参数把曲线分成相等的段。

（1）等参数：该选项是根据曲线参数特征把曲线等分。曲线的参数随各种不同的曲线类型而变化。

（2）等弧长：该选项根据选中的曲线被分割成等长度的单独曲线，各段的长度是通过把实际的曲线长度分成要求的段数计算出来的。

2．按边界对象

该选项使用边界实体把曲线分成几段，边界实体可以是点、曲线、平面和/或面等。选中该选项后，会打开如图 5-80 所示对话框。

图 5-80　选择“按边界对象”类型

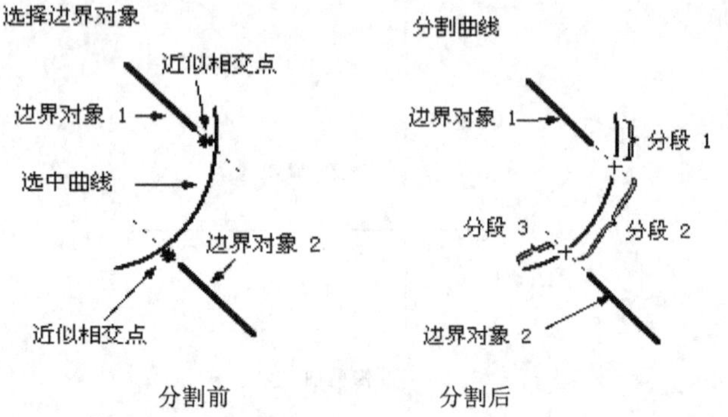

图 5-81　“按边界对象”效果示意图

如图 5-81 为按边界对象分段示意图。

3．弧长段数

该选项是按照各段定义的弧长分割曲线（如图 5-82 所示）。选中该选项后，会打开如图 5-83 所示对话框，要求输入分段弧长值，其后会显示分段数目和剩余部分弧长值（图 5-83）。

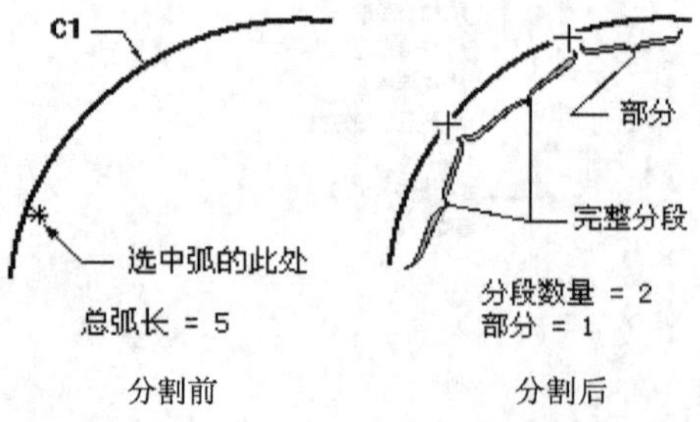

图 5-82　“弧长”分割效果示意图

图 5-83　选择“弧长段数”类型

具体操作时，在靠近要开始分段的端点处选择该曲线。从选择的端点开始，系统沿着曲线测量输入的长度，并生成一段。从分段处的端点开始，系统再次测量长度并生成下一段。

此过程不断重复直到到达曲线的另一个端点。生成的完整分段数目会在对话框中显示出来，此数目取决于曲线的总长和输入的各段长度。曲线剩余部分的长度显示出来，作为部分段。

4. 在结点处

该选项使用选中的结点分割曲线，其中结点是指样条段的端点。选中该选项后会打开如图 5-84 所示对话框，其各选项功能如下。

（1）按结点号：通过输入特定的结点号码分割样条。

（2）选择结点：通过用图形光标在结点附近指定一个位置来选择分割结点。当选择样条时会显示结点。

（3）所有结点：自动选择样条上的所有结点来分割曲线。

图 5-85 给出一个“在结点处”示意图。

图 5-84 选择“在结点处”类型

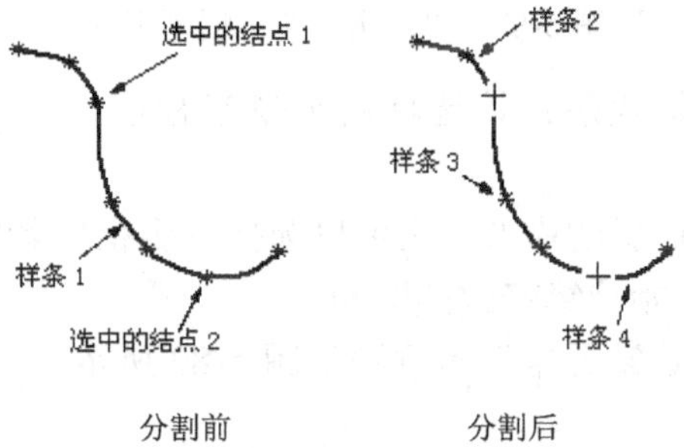

图 5-85 “在结点处”效果示意图

5. 在拐角上

该选项在角上分割样条，其中角是指样条折弯处（即，某样条段的终止方向不同于下一段的起始方向）的节点，如图 5-86 所示。

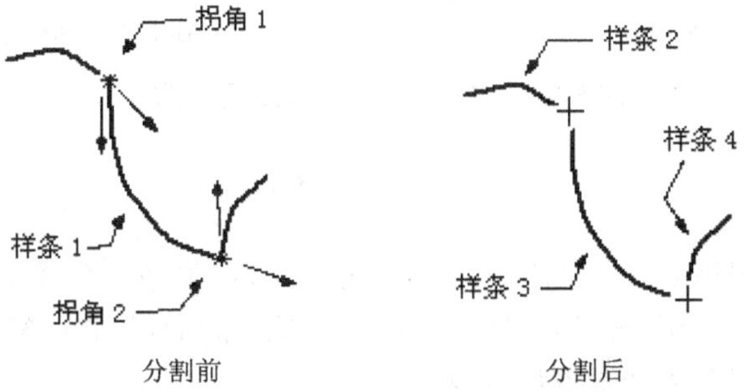

图 5-86 “在拐角上”效果示意图

要在角上分割曲线，首先要选择该样条。所有的角上都显示有星号。用和“在结点处”相同的方式选择角点。如果在选择的曲线上未找到角，则会显示如下错误信息：不能分割——没有角。

5.3.5 编辑圆角

选择“菜单”→“编辑”→“曲线”→“圆角（原有）”命令，打开如图 5-87 所示“编辑圆角”对话框，该对话框选项用于编辑已有的圆角。此选项类似于两个对象圆角的生成方法。在依次选择对象 1、圆角、对象 2 之后会打开如图 5-88 所示对话框。

各选项功能如下。

（1）半径：指定圆角的新的半径值。半径值默认为被选圆角的半径或用户最近指定的半径。

（2）默认半径

① 圆角：当编辑一个圆角，半径值就默认为它的半径。

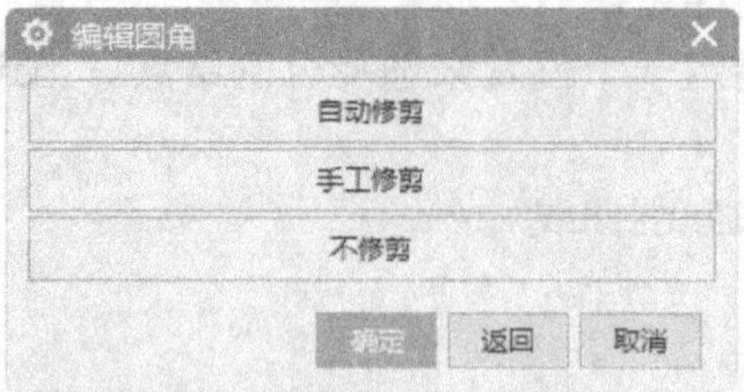

图 5-87 “编辑圆角”对话框（一）

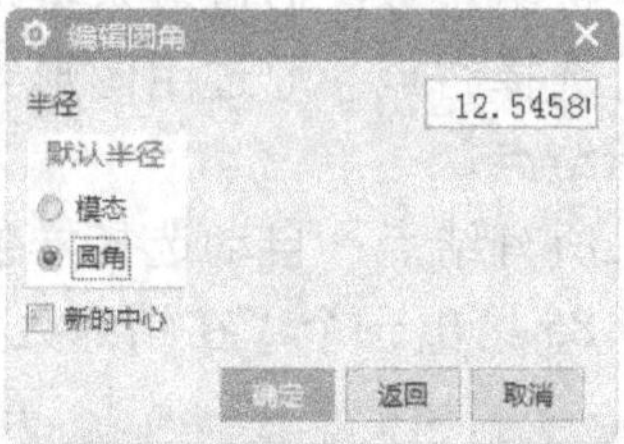

图 5-88 “编辑圆角”对话框（二）

② 模态：该选项用于使半径值保持恒定，直到输入新的半径或半径默认值被更改为“圆角”。

③ 新的中心：让用户选择是否指定新的近似中心点。如果不勾选，当前圆角的圆弧中心用于开始计算修改的圆角。

“编辑圆角”示意图如图 5-89 所示。

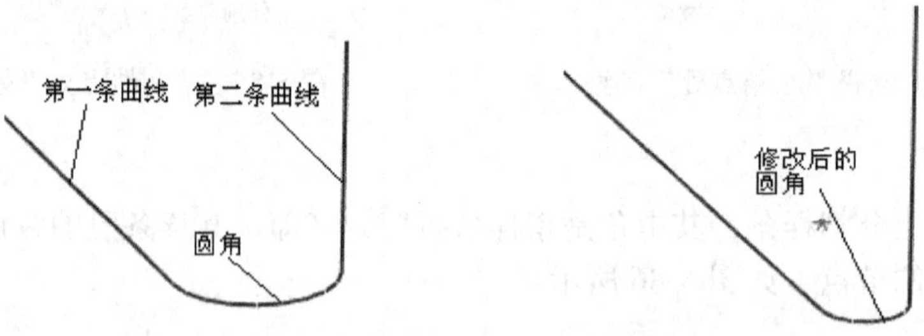

(a)原曲线 (b)编辑圆角后的曲线

图 5-89 “编辑圆角”效果示意图

5.3.6 拉长曲线

选择“菜单”→“编辑”→“曲线”→“拉长（即将失效）”命令，打开如图 5-90 所示“拉长曲线”对话框，该对话框选项用于移动几何对象，同时拉伸或缩短选中的直线。可以移动大多数几何类型，但只能拉伸或缩短直线。

对话框各选项功能如下。

（1）XC 增量、YC 增量和 ZC 增量：该选中要求输入 XC、YC 和 ZC 的增量。按这些增量值移动或拉伸几何体。

（2）重置值：该选项用于将上述增量值重设为零。

（3）点到点：该选项用于显示点对话框让用户定义参考点和目标点。

（4）撤销：该选项用于把几何体改变成先前的状态。

具体操作时可以使用矩形来选择对象，矩形必须包围要平移的对象，以及要拉伸的直线的端点。如果只有对象（直线除外）的一部分在矩形内，则该对象不被选中。图 5-91 为“拉长曲线”示意图。

提示：拉长曲线可用于除了草图、组、组件、体、面和边以外的所有几何类型。

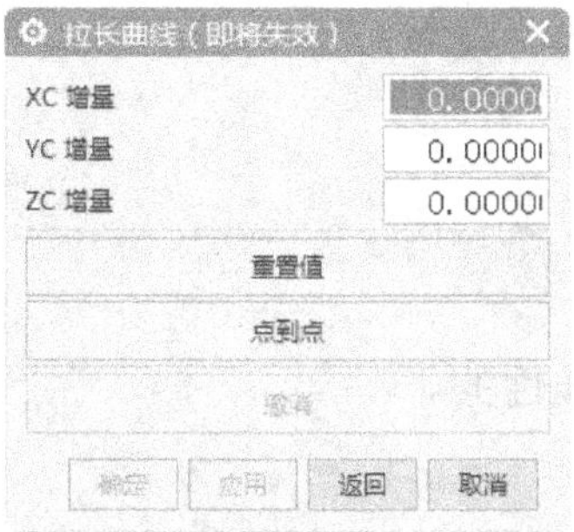

图 5-90　“拉长曲线”对话框

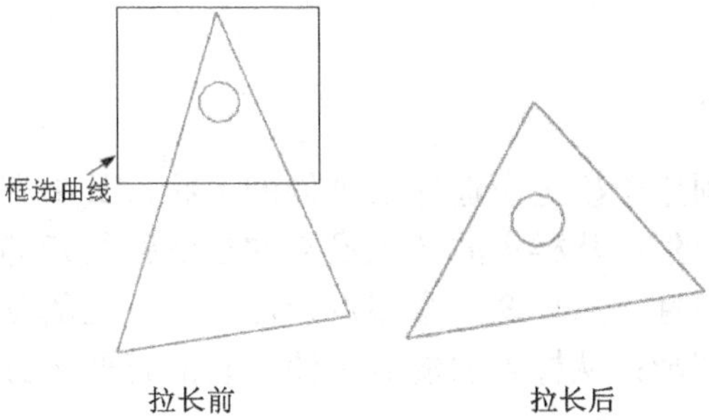

图 5-91　“拉长曲线”效果示意图

5.3.7　曲线长度

选择“菜单”→“编辑”→“曲线”→“长度”命令，或者单击“曲线”选项卡→“编辑曲线”组→“曲线长度”图标，系统打开如图 5-92 所示“曲线长度”对话框，该对话框选项可以通过给定的圆弧增量或总弧长来修剪曲线。

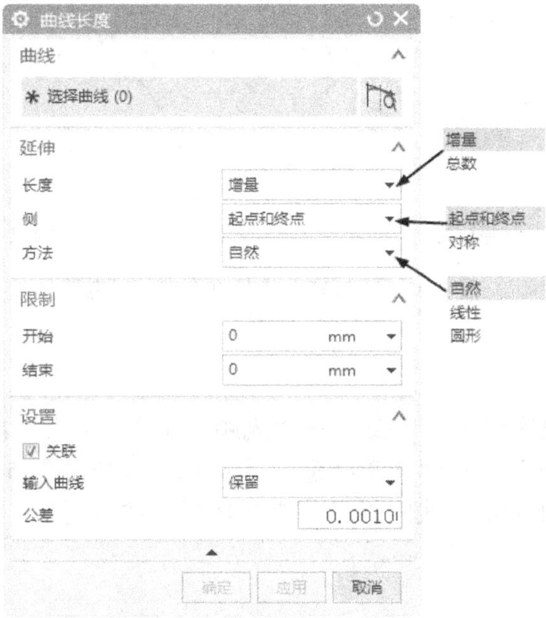

图 5-92　“曲线长度”对话框

部分选项功能如下。

1．侧

（1）起点和终点：从圆弧的起始点和终点修剪或延伸它。

（2）对称：从圆弧的起点和终点修剪和延伸它。

2. 长度

（1）总数：此方式为利用曲线的总弧长来修剪它。总弧长是指沿着曲线的精确路径，从曲线的起点到终点的距离。

（2）增量：此方式为利用给定的弧长增量来修剪曲线。弧长增量是指从初始曲线上修剪的长度。

3. 方法

该选项用于确定所选样条延伸的形状，其中有如下选项。

（1）自然：从样条的端点沿它的自然路径延伸。

（2）线性：从任意一个端点延伸样条，它的延伸部分是线性的。

（3）圆形：从样条的端点延伸，它的延伸部分是圆弧的。

4. 限制

该选项用于输入一个值作为修剪掉的或延伸的圆弧的长度。

（1）开始：起始端修建或延伸的圆弧的长度。

（2）结束：终端修建或延伸的圆弧的长度。

用户既可以输入正值也可以输入负值作为弧长。输入正值时延伸曲线。输入负值则截断曲线，示意图如图 5-93 所示。

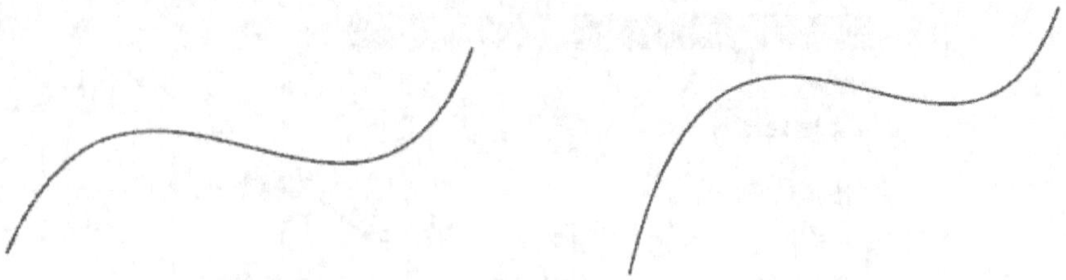

(a)原曲线　　(b)延伸结果

图 5-93　“编辑曲线长度”实例示意图

5.3.8 光顺样条

选择“菜单”→“编辑”→“曲线”→“光顺”命令，或者单击“曲线”选项卡→“编辑曲线”组→“编辑曲线”库→“光顺样条”图标，打开如图 5-94 所示“光顺样条”对话框，该对话框选项用来光顺曲线的斜率，使得 B-样条曲线更加光顺。

部分选项功能如下。

1. 类型

（1）曲率：通过最小化曲率值的大小来光顺曲线。

（2）曲率变化：通过最小化整条曲线的曲率变化来光顺曲线。

2. 约束

该选项用于选择在光顺曲线的时候对于曲线起点和终点的约束，下面介绍 G0、G1、G2、G3。

（1）在 UG 中通常使用的两种连续性是数学连续性（用 Cn 表示，其中 n 是某个整数）

与几何连续性（用 Gn 表示）。连续性是用来描述分段边界处的曲线与曲面的行为。

（2）Gn 表示两个几何对象间的实际连续程度。例如，G0 意味着两个对象相连或两个对象的位置是连续的；G1 意味着两个对象光顺连接，一阶微分连续，或者是相切连续的。G2 意味着两个对象光顺连接，二阶微分连续，或者两个对象的曲率是连续的；G3 意味着两个对象光顺连接，三阶微分连续等。Gn 的连续性是独立于表示（参数化）的。图 5-95 显示的曲率梳状线图示了这些差异。

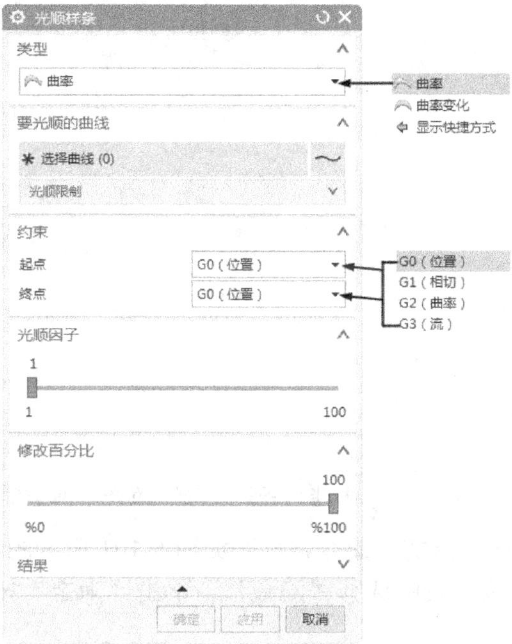

图 5-94 “光顺样条”对话框

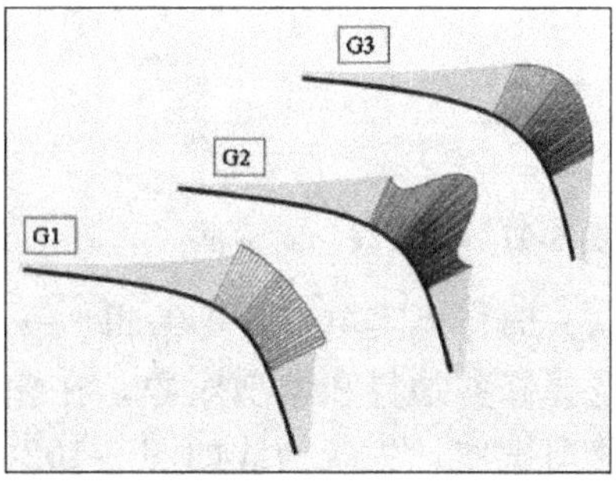

图 5-95 “G1、G2、G3”连续示意图

5.3.9 实例——灯罩曲线

本例绘制灯罩曲线，如图 5-96 所示。

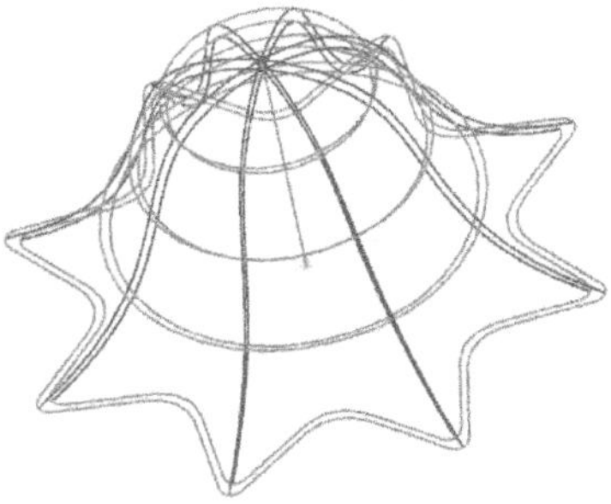

图 5-96 灯罩曲线

绘制步骤

（1）单击“主页”选项卡→“标准”组→“新建”图标，打开“新建”对话框。在模板列表中选择“模型”，输入名称为 dengzhao，单击“确定”按钮，进入建模环境。

（2）单击“曲线”选项卡→“曲线”组→“直线”图标，打开“直线”对话框，如图 5-97 所示。在对话框中“开始”选项下拉菜单中选择“点对话框”按钮，跟随鼠标箭头出现坐标对话框，在坐标对话框中输入（75，0，0），单击回车键，确定线段起始点。在对话框中“结束”选项下拉菜单中选择“点对话框”按钮，在坐标对话框中输入（30，25，0），单击回车键，确定线段终点，单击“应用”按钮，完成线段的创建。

同上，建立起点为（75，0，0）、终点为（30，–25，0）的直线段。生成的曲线段如图 5-98 所示。

（3）选择“菜单”→“编辑”→“移动对象”命令，打开如图 5-99 所示的“移动对象”对话框，选择屏幕中两条曲线为移动对象。在运动下拉列表中选择“角度”，在指定矢量下拉列表中选择“ZC 轴”。单击“点对话框”按钮，在“点”对话框中输入坐标为（0，0，0），单击“确定”按钮。输入“角度”为 45，点选“复制原先的”单选按钮，输入非关联副本数为 7，单击“确定”按钮，生成曲线如图 5-100 所示。

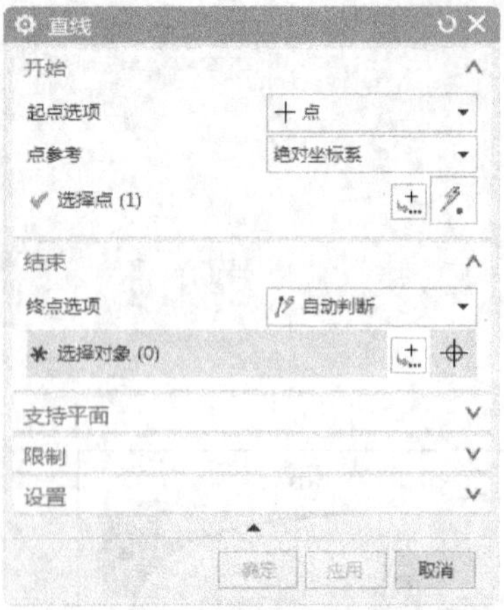

图 5-97 “直线”对话框

图 5-98 模型

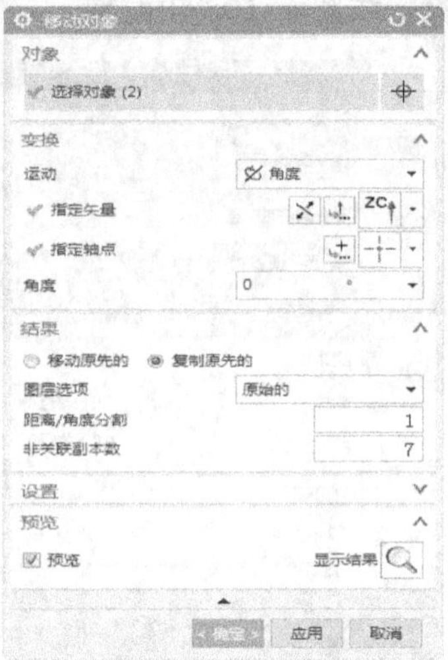

图 5-99 “移动对象”对话框

（4）选择“菜单”→“编辑”→“曲线”→“修剪”命令，打开如图 5-101 所示的曲线。分别选择修剪边界和修剪对象，在输入曲线下拉列表中选择“隐藏”，单击“确定”按钮，完成修剪操作。生成曲线如图 5-102 所示。

图 5-100 曲线

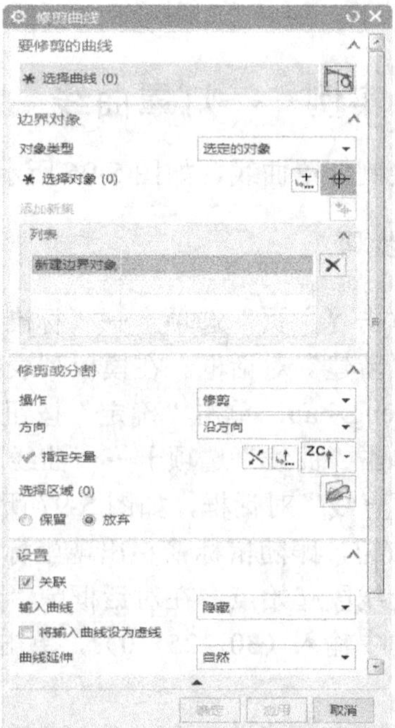

图 5-101 “修剪曲线”对话框

（5）选择“菜单”→“插入”→“曲线”→“基本曲线（原有）”命令，打开“基本曲线”对话框。单击“圆角”按钮，打开如图 5-103 所示的“曲线倒圆”对话框。在“半径”文本框中输入 11，选择的各锐角，注意选择点靠近角外侧一边，如图 5-104 所示，完成对各钝角的倒圆。在“半径”文本框中输入 3，选择各锐角，单击“取消”按钮，关闭对话框。生成图形如图 5-105 所示。

图 5-102　修剪后曲线

（6）选择“菜单”→“插入”→“曲线”→“基本曲线（原有）”命令，打开“基本曲线”对话框。单击“圆”按钮，在“点方式”下拉菜单中选择“点构造器”，打开“点”对话框，输入圆心坐标（0，0，20），单击“确定”按钮，输入圆弧上的点为（45，0，20），单击“确定”按钮，完成圆弧 1 的创建。

图 5-103　“曲线倒圆”对话框

图 5-104　锐角倒圆

图 5-105　曲线

同上，创建圆心分别位于（0，0，40）、（0，0，60），半径分别为 35、25 的圆弧 2 和圆弧 3。生成圆弧如图 5-106 所示。

（7）单击“曲线”选项卡→“曲线”组→“直线”图标，打开“直线”对话框。在对话框中“起点选项”下拉菜单中选择“点”十，跟随鼠标箭头出现坐标对话框，在坐标对话框中输入（0，0，0），单击回车键，确定线段起始点；在对话框中“终点选项”下拉菜单中选择“点”十，在坐标对话框中输入（0，0，70），单击回车键，确定线段终点，单击“确定”按钮，完成线段的创建，如图 5-106 所示。

（8）选择“菜单”→“插入”→“曲线”→“艺术样条”命令，打开如图 5-107 所示的“样条”对话框。选择“通过点”类型，在“参数化”栏中的“次数”改为“3”，在“上边框条”中选择“象限点”按钮，按顺序分别选择星形图形中的一圆角和步骤 6 生成的三个圆弧（注意选择时使各圆弧象限点保持在同一平面内），最后单击“确定”按钮，完成艺术样条 1 的创建，如图 5-108 所示。

（9）选择“菜单”→“编辑”→“移动对象”命令，打开“移动对象”对话框，选择上步创建的样条曲线为移动对象。在运动下拉列表中选择“角度”，在指定矢量下拉列表中选择“ZC 轴”ZC。单击“点对话框”按钮，在“点”对话框中输入坐标为（0，0，0），单击“确定”按钮。输入“角度”为 45，点选“复制原先的”单选按钮，输入非关联副本数为 7，单击“确定”按钮，生成曲线如图 5-109 所示。

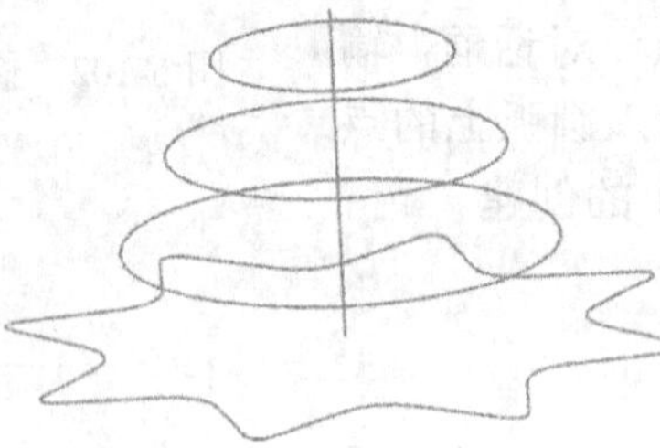

图 5-106　创建直线

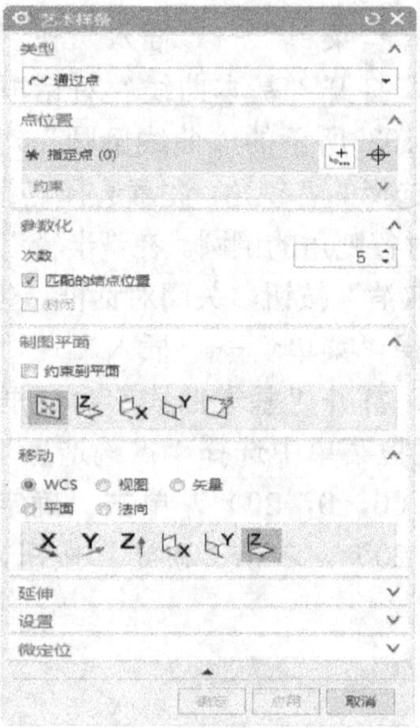

图 5-107　“艺术样条”对话框

图 5-108　艺术样条 1

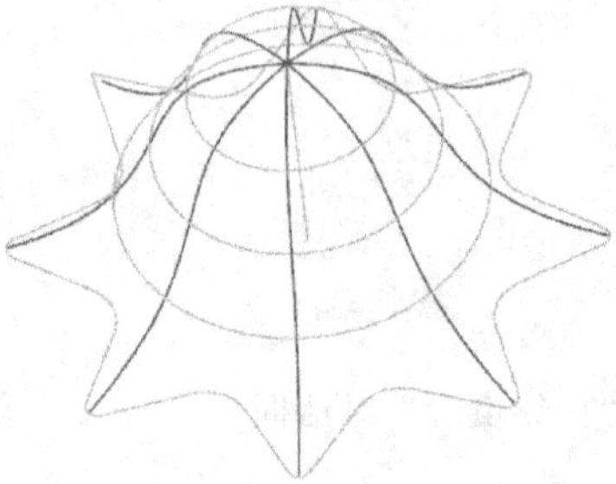

图 5-109　复制样条曲线

（10）选择“菜单”→“编辑”→“变换”命令，打开“变换”对话框。选择屏幕所有曲线，单击“确定”按钮，打开“变换”类型选择对话框，如图 5-110 所示，单击“比例”按钮，打开“点”对话框，输入坐标为（0，0，0），单击“确定”按钮。打开“变换”比例参数对话框，如图 5-111 所示，在“比例”文本框中输入 0.95，单击“确定”按钮。打开“变换”操作对话框，如图 5-112 所示，单击“复制”按钮，完成同比例缩小各曲线的操作，最后单击“取消”按钮，如图 5-113 所示。

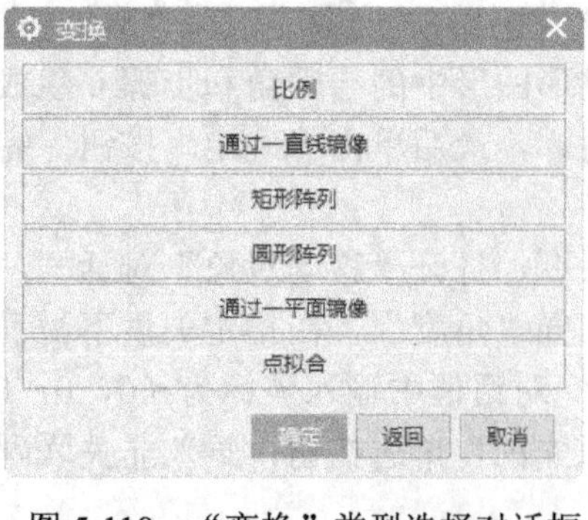

图 5-110　“变换”类型选择对话框

图 5-111　“变换”比例参数对话框

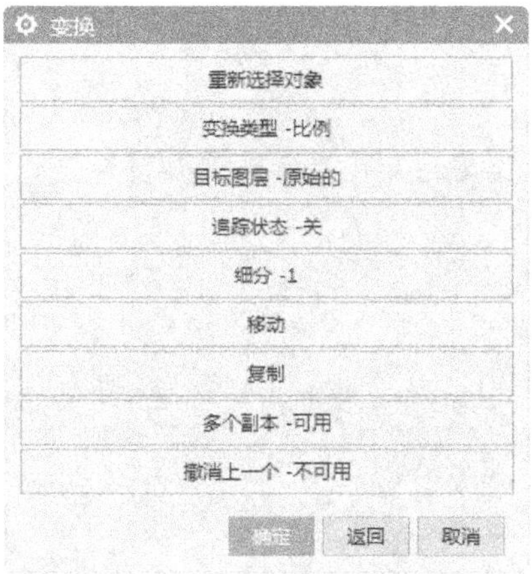

图 5-112　“变换”操作对话框

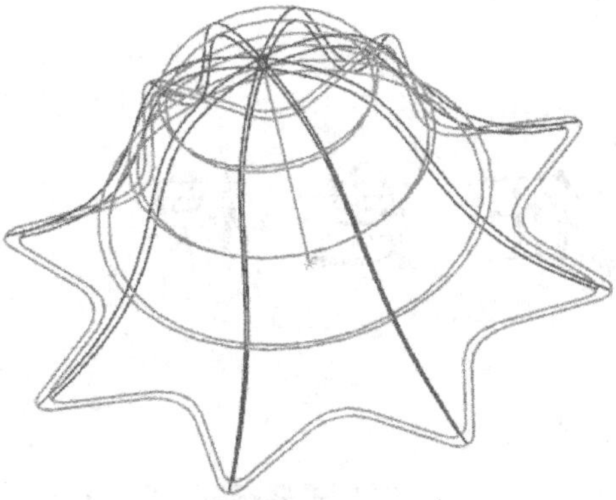

图 5-113　缩小曲线

Chapter

特征建模

6

内容简介

相对于单纯的实体建模和参数化建模，UG 采用的是复合建模方法。该方法是基于特征的实体建模方法，是在参数化建模方法的基础上采用了一种所谓“变量化技术”的设计建模方法，对参数化建模技术进行了改进。

本章主要介绍 UG NX 12.0 中三维建模基础功能的用法。

内容要点

- 基于截面的特征
- 基于特征的特征
- GC 工具箱

案例效果

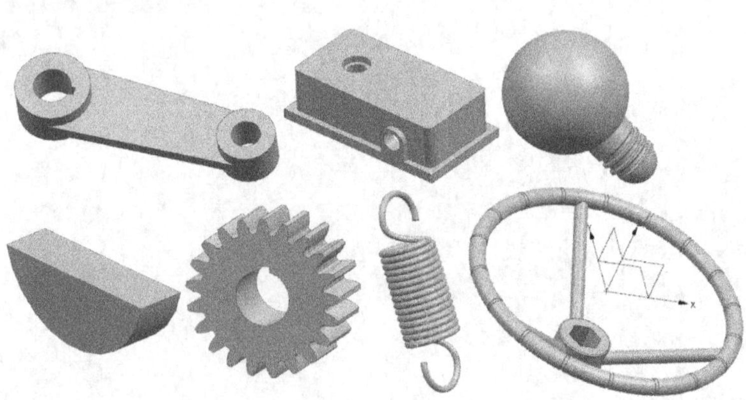

6.1 基于截面的特征

本节先介绍绘制截面，然后通过拉伸、旋转、沿引导线扫掠等创建特征。

6.1.1 拉伸

选择“菜单”→“插入”→“设计特征”→“拉伸”命令，或者单击“主页”选项卡→“特征”组→“设计特征”下拉菜单→“拉伸”图标，打开如图 6-1 所示“拉伸”对话框，通过在指定方向上将截面曲线扫掠一个线性距离来生成体（如图 6-2 所示）。

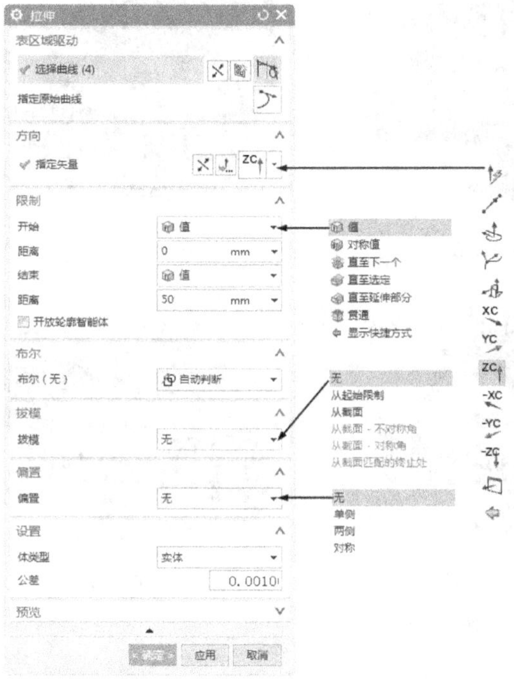

图 6-1 “拉伸”对话框

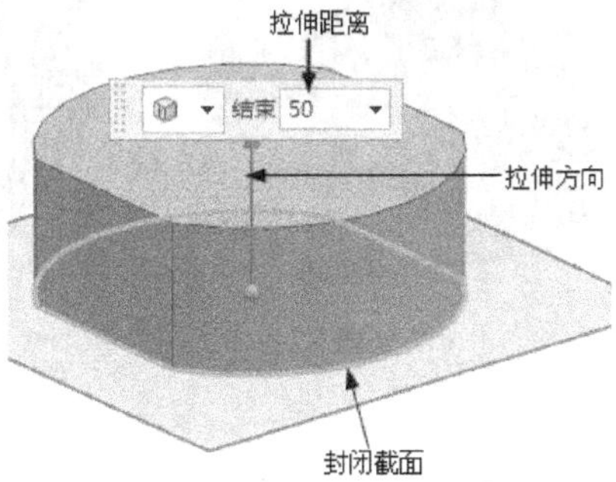

图 6-2 拉伸效果示意图

下面介绍其中各选项功能。

（1）曲线：用于选择被拉伸的曲线，如果选择面则自动进入到草绘模式。

（2）绘制截面：用户可以通过该选项首先绘制拉伸的轮廓，然后进行拉伸。

（3）指定矢量：用户通过该按钮选择拉伸的矢量方向，可以单击旁边的下拉菜单选择矢量列表。

（4）反向：如果在生成拉伸体之后，更改了作为方向轴的几何体，拉伸也会相应更新，以实现匹配。显示的默认方向矢量指向选中几何体平面的法向。如果选择了面或片体，默认方向是沿着选中面端点的面法向。如果选中曲线构成了封闭环，在选中曲线的质心处显示方向矢量。如果选中曲线没有构成封闭环，开放环的端点将以系统颜色显示为星号。

（5）限制：该选项组中有如下选项。

开始/结束：用于沿着方向矢量输入生成几何体的起始位置和结束位置，可以通过动态箭头来调整，其有以下 5 个选项。

① 值：由用户输入拉伸的起始和结束距离的数值，示意图如图 6-3(a)所示。

② 对称值：用于约束生成的几何体关于选取的对象对称，示意图如图 6-3(b)所示。

③ 直至下一个：沿矢量方向拉伸至下一对象，示意图如图 6-3(c)所示。

④ 直至选定：拉伸至选定的表面、基准面或实体，示意图如图 6-3(d)所示。

⑤ 直至延伸部分：允许用户裁剪扫掠体至一选中表面，示意图如图 6-3(e)所示。

⑥ 贯通：允许用户沿拉伸矢量完全通过所有可选实体生成拉伸体，示意图如图 6-3(f)所示。

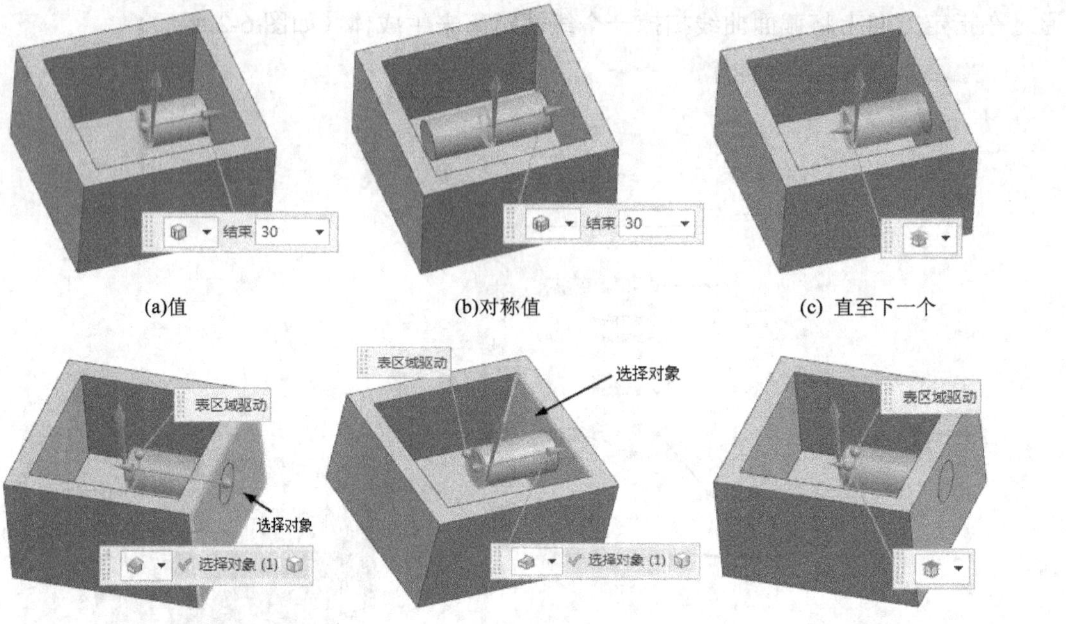

(a)值　(b)对称值　(c) 直至下一个

(d)直至选定对象　(e)直至延伸部分　(f)贯通

图 6-3　极限方式

（6）布尔：该选项用于指定生成的几何体与其他对象的布尔运算，包括：无、相交、合并、减去几种方式。配合起始点位置的选取可以实现多种拉伸效果。

（7）拔模：该选项用于对面进行拔模。正角使得特征的侧面向内拔模（朝向选中曲线的中心），负角使得特征的侧面向外拔模（背离选中曲线的中心），零拔模角则不会用于拔模，有如下选项。

① 从起始限制：允许用户从起始点至结束点创建拔模，如图 6-4(a)所示。

② 从截面：允许用户从起始点至结束点创建的锥角与截面对齐，如图 6-4(b)所示。

③ 从截面-不对称角：允许用户沿截面至起始点和结束点创建不对称锥角，如图 6-4(c)所示。

④ 从截面-对称角：允许用户沿截面至起始点和结束点创建对称锥角，如图 6-4(d)所示。

⑤ 从截面匹配的终止处：允许用户沿轮廓线至起始点和结束点创建锥角，在梁端面处的锥面保持一致，如图 6-4(e)所示。

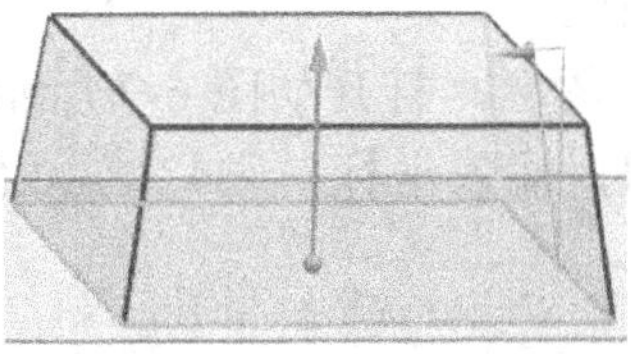

(a)从起始限制

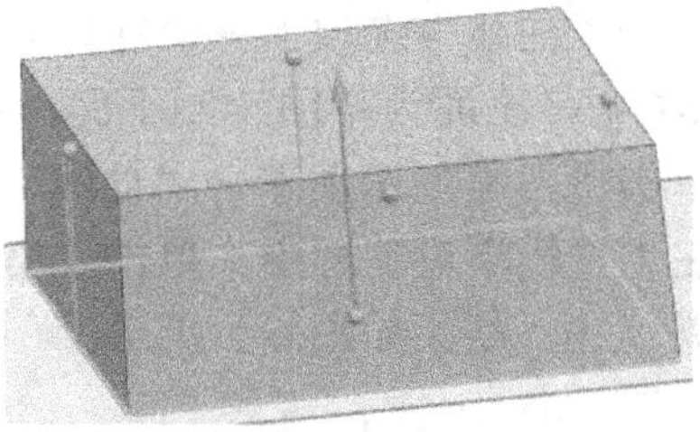

(b)从截面

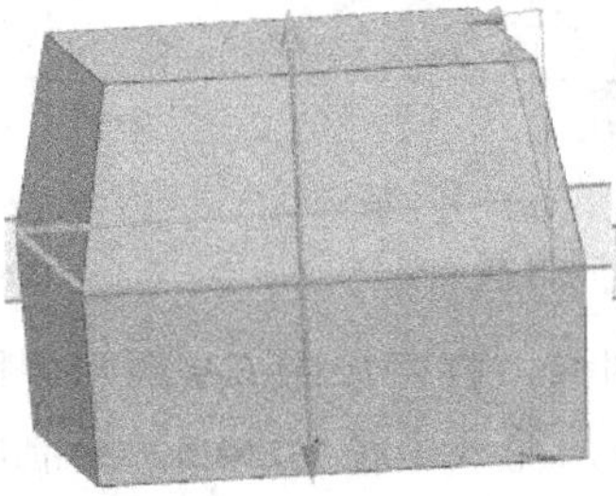

(c)从截面-不对称角

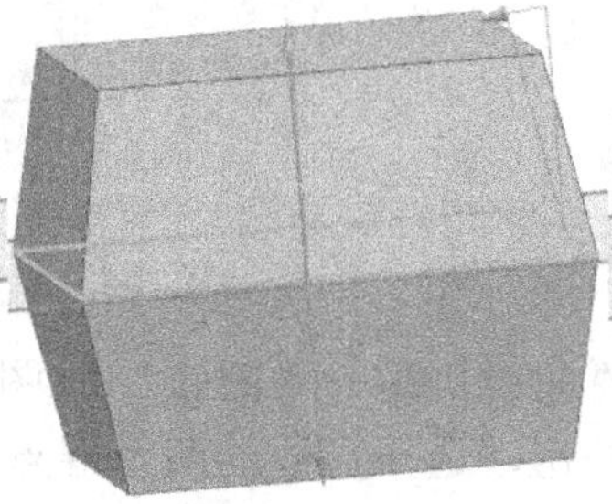

(d) 从截面-对称角

(e)从截面匹配的终止处

图 6-4 拔模

（8）偏置：该选项组可以生成特征，该特征由曲线或边的基本设置偏置一个常数值，有以下选项。

① 单侧：用于生成以单侧偏置实体，如图 6-5(a)所示。

② 两侧：用于生成以双侧偏置实体，如图 6-5(b)所示。

③ 对称：用于生成以对称偏置实体，如图 6-5(c)所示。

（9）预览：选中该复选框后用于预览绘图工作区临时实体的生成状态，以便于用户及时修改和调整。

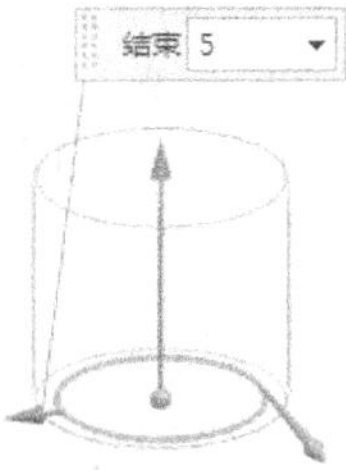

(a)单侧

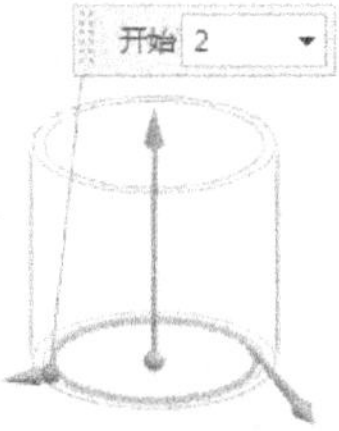

(b)双侧

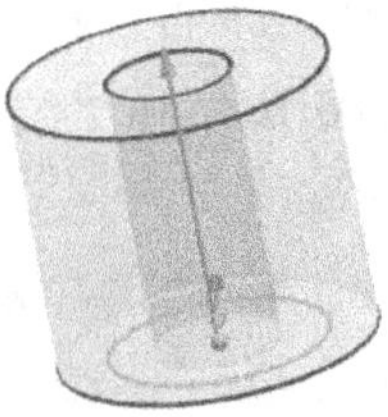

(c)对称

图 6-5 偏置方式

6.1.2 实例——键

本例绘制如图 6-6 所示的键。

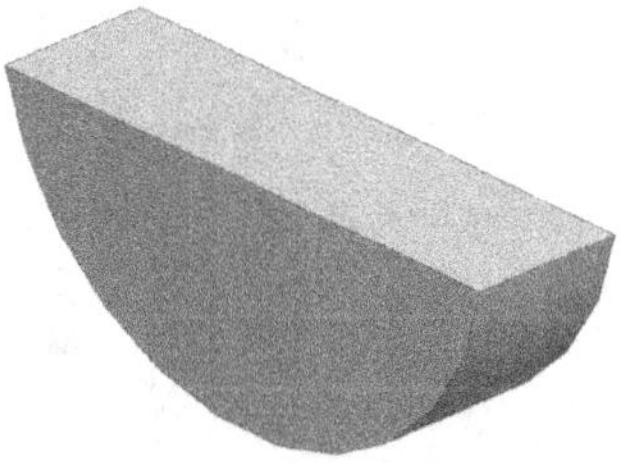

图 6-6 键

绘制步骤

（1）单击“主页”选项卡→“标准”组→“新建”图标，打开“新建”对话框。在模板列表中选择“模型”，输入名称为 jian，单击“确定”按钮，进入建模环境。

（2）单击“曲线”选项卡→“在任务环境中绘制草图”图标，打开“创建草图”对话框。选择 XC-YC 平面为草图绘制平面，单击“确定”按钮。

（3）单击“主页”选项卡→“曲线”组→“直线”图标，打开如图 6-7 所示“直线”对话框，在“直线”对话框中，单击“坐标模式”XY按钮，输入坐标（–24.5，–4.5），长度为 49，角度为 0，结果如图 6-8 所示。

图 6-7　“直线”对话框

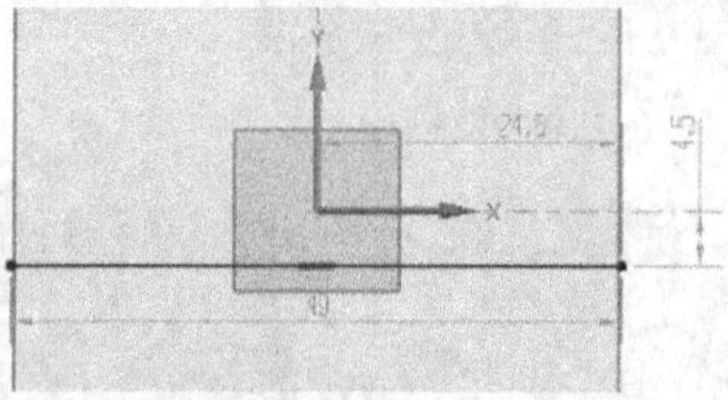

图 6-8　绘制直线

（4）单击“主页”选项卡→“曲线”组→“圆弧”图标，打开如图 6-9 所示“圆弧”对话框，单击“三点定圆弧”按钮，选择直线的两个端点，输入半径为 24.5，绘制成如图 6-10 所示的草图。单击“主页”选项卡→“草图”组→“完成”图标，草图绘制完毕。

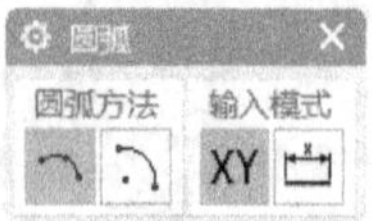

图 6-9　“圆弧”对话框

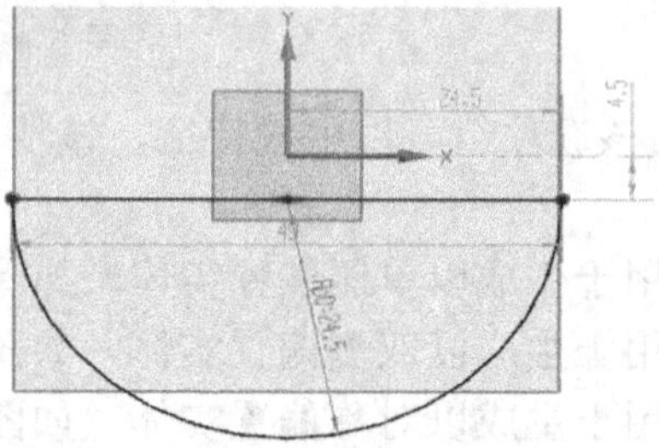

图 6-10　绘制草图

（5）单击“主页”选项卡→“特征”组→“设计特征”下拉菜单→“拉伸”图标，打开如图 6-11 所示的“拉伸”对话框。选择上步绘制的草图为拉伸曲线。选择“ZC 轴”为拉伸方向。在“开始距离”和“结束距离”数值栏中分别输入 0 和 12.5，单击“确定”按钮，结果如图 6-12 所示。

图 6-11　“拉伸”对话框

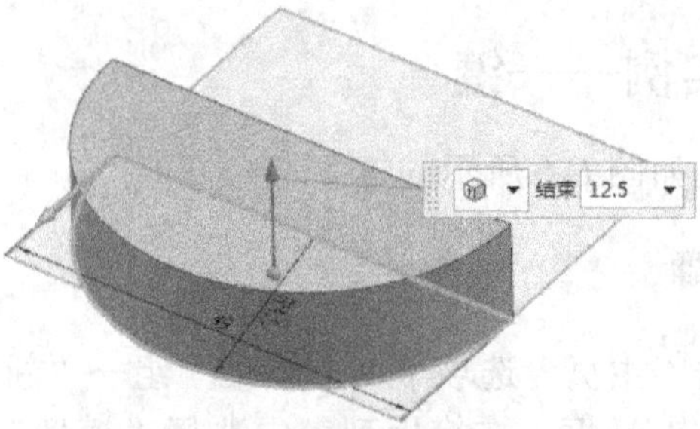

图 6-12　拉伸操作

6.1.3 旋转

选择“菜单”→“插入”→“设计特征”→“旋转”命令，或者单击“主页”选项卡→“特征”组→“设计特征”下拉菜单→“旋转”图标，打开如图 6-13 所示“旋转”对话框，通过绕给定轴以非零角度旋转截面曲线来生成一个特征，如图 6-14 所示。可以从基本横截面开始，并生成圆或部分圆的特征。

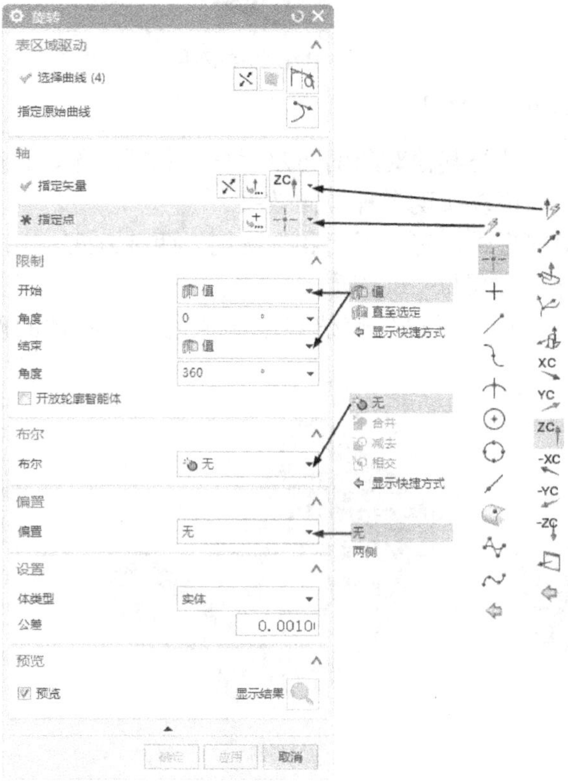

图 6-13 “旋转”对话框

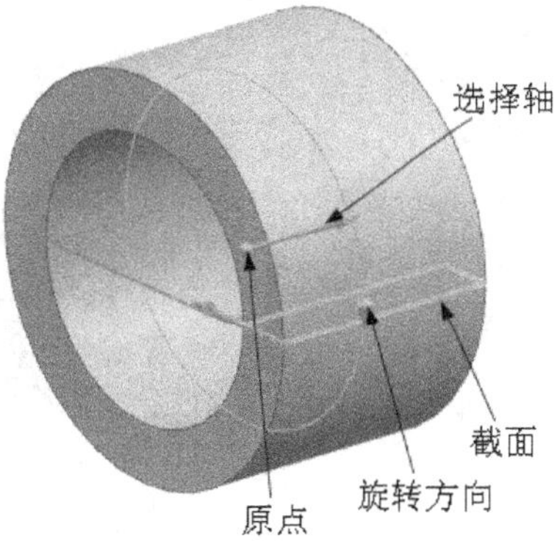

图 6-14 旋转效果示意图

“旋转”对话框中的部分选项说明。

（1）曲线：用于选择旋转的曲线，如果选择面则自动进入到草绘模式。

（2）绘制截面：用户可以通过该选项首先绘制旋转的轮廓，然后进行旋转。

（3）指定矢量：该选项让用户指定旋转轴的矢量方向，也可以通过下拉菜单调出矢量构成选项。

（4）指定点：该选项让用户通过指定旋转轴上的一点，来确定旋转轴的具体位置。

（5）反向：与拉伸中的方向选项类似，其默认方向是生成实体的法线方向。

（6）限制：该选项方式让用户指定旋转的角度，其功能如下。

① 开始/结束：指定旋转的开始/结束角度。总数量不能超过 360°。结束角度大于起始角旋转方向为正方向，否则为反方向，如图 6-15(a)所示。

② 直至选定：该选项让用户把截面集合体旋转到目标实体上的选定面或基准平面，如图 6-15(b)所示。

(a)开始/结束　　(b)直至选定对象

图 6-15　极限

（7）布尔：该选项用于指定生成的几何体与其他对象的布尔运算，包括：无、相交、合并、减去几种方式。配合起始点位置的选取可以实现多种拉伸效果。

（8）偏置：该选项方式让用户指定偏置形式，有“无“和”两侧”两种方式。

① 无：直接以截面曲线生成旋转特征，如图 6-16(a)所示。

② 两侧：指在截面曲线两侧生成旋转特征，以结束值和起始值之差为实体的厚度，如图 6-16(b)所示。

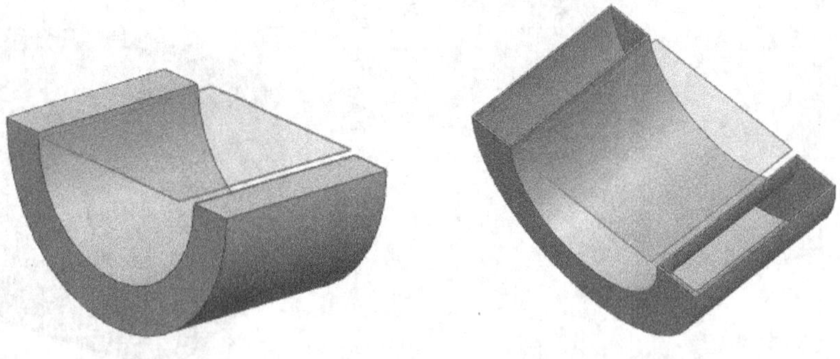

(a)无　　(b)两侧

图 6-16　偏置

6.1.4　实例——碗

采用曲线建立碗的截面轮廓，截面曲线绕旋转轴旋转成形，如图 6-17 所示。

图 6-17　碗

绘制步骤

（1）单击“主页”选项卡→“标准”组→“新建”图标，打开“新建”对话框，如图 6-18 所示，在模型选项卡中选择“模型”模板，文件名为 wan，单击“确定”按钮，进入建模环境。

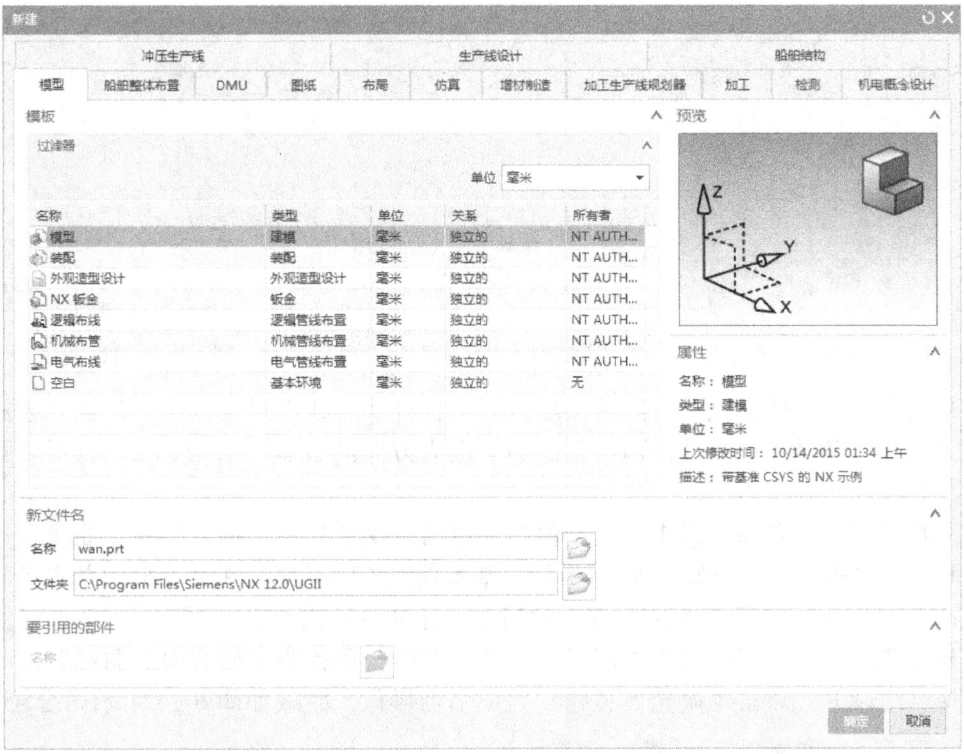

图 6-18　“新建”对话框

（2）创建曲线。单击“曲线”选项卡→“曲线”组→“圆弧/圆”图标，打开如图 6-19 所示“圆弧/圆”对话框。选择“从中心开始的圆弧/圆”类型，根据系统提示定义弧中心点，在如图 6-20 所示坐标输入框中输入坐标值（0，50，0）为圆弧中心点，按回车键，完成中心点的设置，根据系统提示定义圆弧的起点，在“圆弧/圆”对话框里“通过点”的第二项中单击“点对话框”按钮，在坐标输入框中输入（–50，50，0），按回车键，在“圆弧/圆”对话框里“限制”栏中的终止限制角度为 90，单击“应用”按钮生成如图 6-21 所示圆弧 1。按上述操作步骤，创建中心点在（0，50，0），通过点坐标为（–48，50，0），终止限制角度为 90 度的圆弧 2。

（3）创建直线（建立碗底座轮廓）。单击“曲线”选项卡→“曲线”组→“直线”图标，打开如图 6-22 所示“直线”对话框。将鼠标移动到弧线 1 的 A 端点，系统自动捕捉到 A 端点，单击鼠标左键，定义 A 点为直线起点。沿 Y 方向，在长度中输入-2，单击“应用”按钮，完成直线的创建。依照上述方法定义如图 6-21 所示线段 C、D、E，方向分别为 X 方向、Y 方向、X 方向，长度分别为–15、–2、–5。在定义线段 F 时，“起点”选择“线段 E 的左端点”，“方向”选择“沿 YC”，选择终止限制的下拉菜单为“直至选定对象”生成的 F 线段与 E 线段垂直且和弧线 1 相连。

图 6-19 “圆弧/圆”对话框

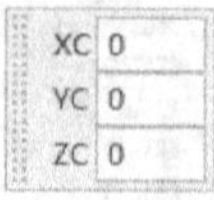

图 6-20 “坐标”对话框

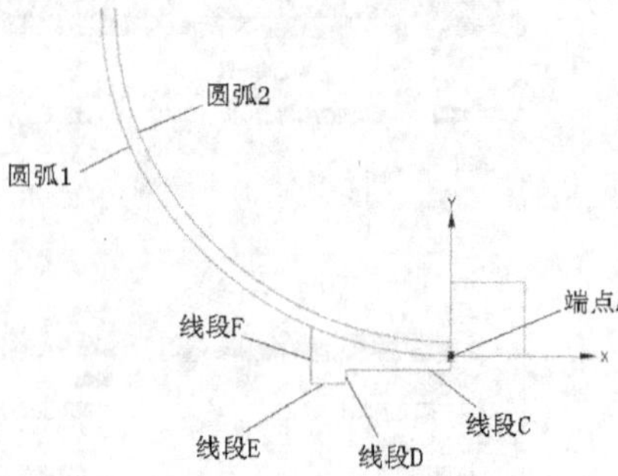

图 6-21 轮廓曲线

（4）创建直线（使圆弧 1 与圆弧 2 连接）。打开“直线”对话框，“起点”选择 A 点，方向沿 Y 向，长度为 2，同理，两圆弧的另一端为方向沿 X 向、长度为 2，将两段圆弧连接在一起，曲线如图 6-21 所示。

（5）修剪操作（删除弧线 1 多余一段）。单击“菜单”→“插入”→“曲线”→“基本曲线（原有）”命令，打开如图 6-23 所示“基本曲线”对话框，在对话框中单击“修剪”图标，打开如图 6-24 所示“修剪曲线”对话框，各选项设置如对话框所示。在选择步骤选项中单击要修剪的对象，用鼠标单击圆弧 1 将被修剪的一段作为“要修剪的曲线”，“边界对象”选择“线段 F”,单击“确定”按钮，完成修剪操作，生成如图 6-25 所示闭合轮廓曲线。

图 6-22 “直线”对话框

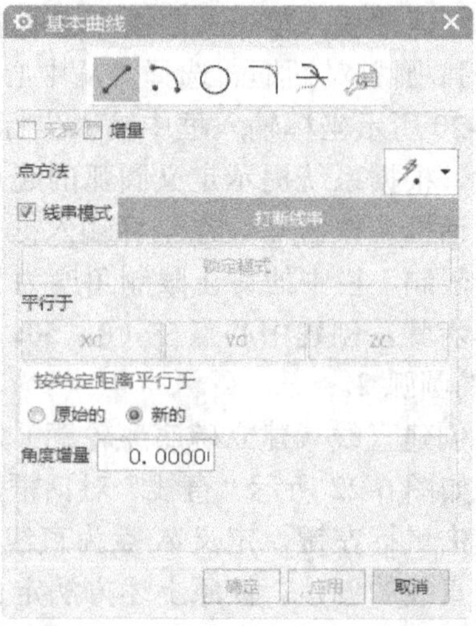

图 6-23 “基本曲线”对话框

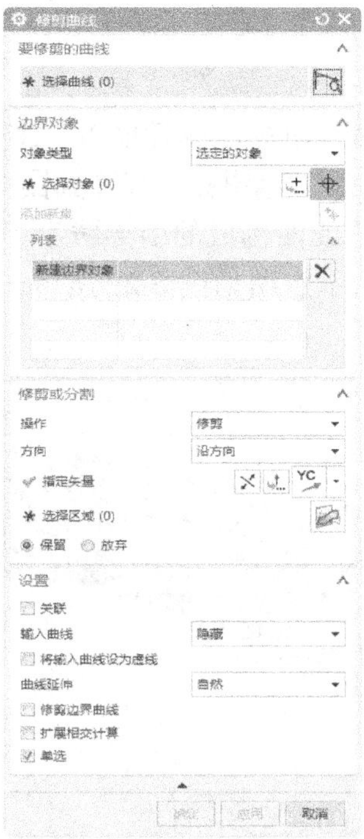

图 6-24 “修剪曲线”对话框

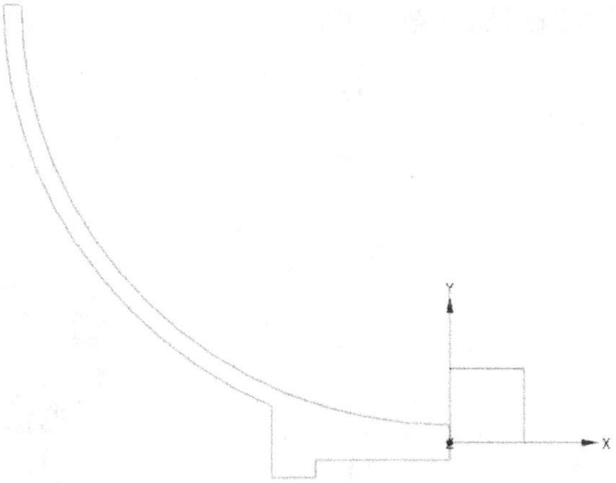

图 6-25 轮廓曲线

（6）旋转成形操作。单击“主页”选项卡→“特征”组→“设计特征”下拉菜单→“旋转”图标，打开如图 6-26 所示“旋转”对话框。根据系统提示选择屏幕中所有曲线，在对话框的“指定矢量”下拉菜单中选择“YC 轴”，单击“点对话框”按钮，打开“点”对话框，输入原点坐标（0,0,0），单击“确定”按钮，返回“旋转”对话框，按对话框各项赋值。单击“确定”按钮，生成如图 6-27 模型。

图 6-26 “旋转”对话框

图 6-27 未倒圆角碗模型

6.1.5 沿引导线扫掠

选择“菜单”→“插入”→“扫掠”→“沿引导线扫掠”命令，或者单击“主页”选项卡→“特征”组→“更多”库→“扫掠”库→“沿引导线扫掠”图标，打开如图 6-28 所示“沿引导线扫掠”对话框，通过沿着由一个或一系列曲线、边或面构成的引导线串（路径）拉伸开放的或封闭的边界草图、曲线、边或面来生成单个体，示意图如图 6-29 所示。

图 6-28 “沿导线扫掠” 对话框

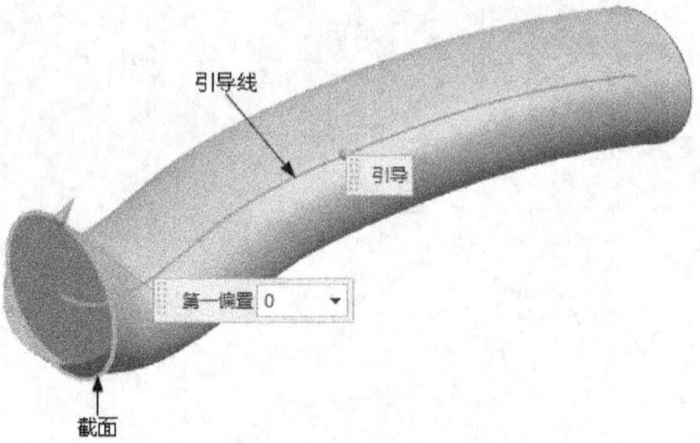

图 6-29 沿导线扫掠示意图

需要注意以下几点。

（1）如果截面对象有多个环，如图 6-30 所示，则引导线串必须由线/圆弧构成。

（2）如果沿着具有封闭的、尖锐拐角的引导线串扫掠，建议把截面线串放置到远离尖锐拐角的位置。

（3）如果引导路径上两条相邻的线以锐角相交，或者如果引导路径中的圆弧半径对于截面曲线来说太小，则不会发生扫掠面操作。换言之，路径必须是光顺的、切向连续的。

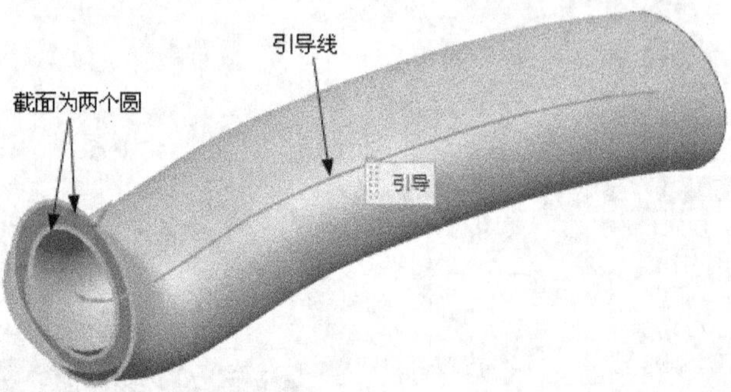

图 6-30 当截面有多个环时

6.1.6 管

选择“菜单”→“插入”→“扫掠”→“管”命令，或者单击“主页”选项卡→“特征”组→“更多”库→“扫掠”库→“管”图标，打开如图 6-31 所示“管”对话框，通过沿着由一个或一系列曲线构成的引导线串（路径）扫掠出简单的管对象，示意图如图 6-32 所示。

图 6-31 “管”对话框

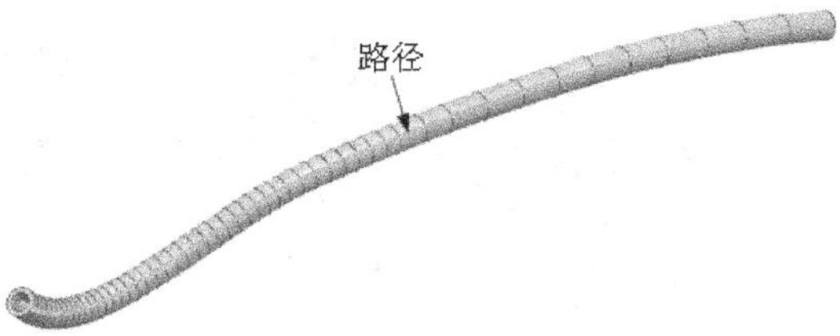

图 6-32 “管”命令效果示意图

“管”对话框中的相关选项如下。

（1）外径/内径：用于输入管道的内外径数值，其中外径不能为零。

（2）输出。

① 单段：只具有一个或两个侧面，此侧面为 B 曲面。如果内直径是零，那么管具有一个侧面，如图 6-33(a)所示。

② 多段：沿着引导线串扫成一系列侧面，这些侧面可以是柱面或环面，如图 6-33(b)所示。

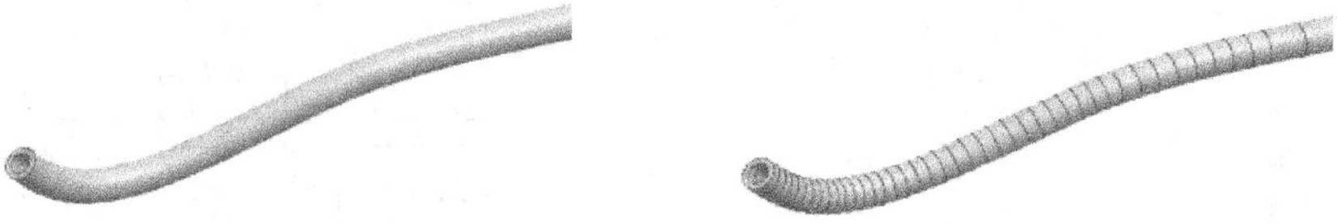

(a)单段 (b)多段

图 6-33 输出效果示意图

6.2 基于特征的特征

本节主要介绍孔、凸台、腔、垫块、键槽、槽、三角形加强筋和螺纹等设计特征。

6.2.1 孔

选择“菜单”→“插入”→“设计特征”→“孔”命令，或者单击“主页”选项卡→“特征”组→“孔”图标，打开如图 6-34 所示“孔”对话框。

“孔”对话框选项介绍如下。

1. 常规孔

（1）简单孔：选中该选项后，让用户以指定的直径、深度和顶锥角生成一个简单的孔，如图 6-35 所示。

（2）沉头：选中该选项后，可变窗口区变换为如图 6-36 所示，让用户以指定的孔直径、孔深度、顶锥角、沉头直径和沉头深度的沉头孔，如图 6-37 所示。

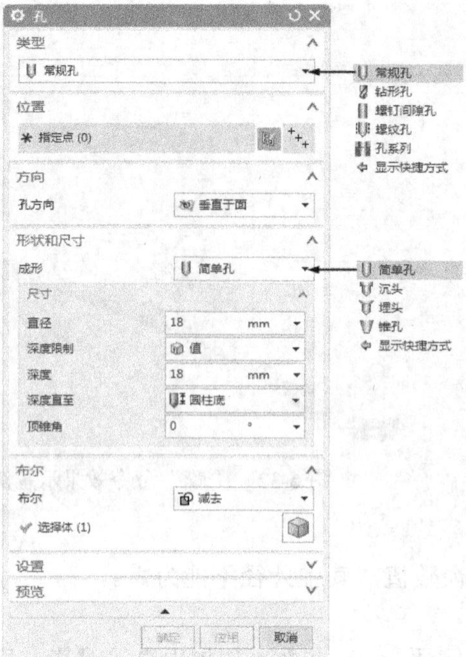

图 6-34 “孔”对话框

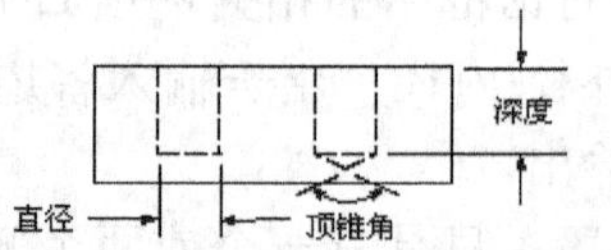

图 6-35 “简单”命令效果示意图

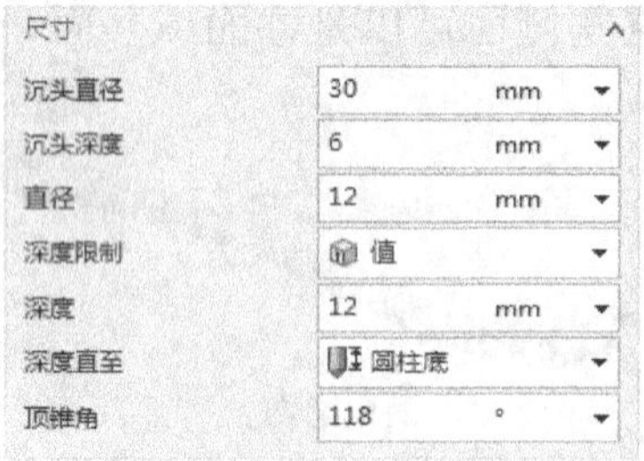

图 6-36 “沉头孔”窗口

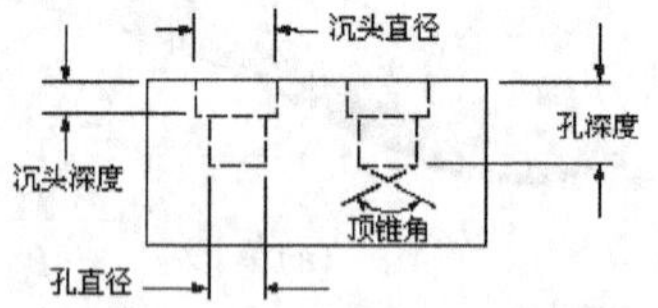

图 6-37 “沉头孔”命令效果示意图

（3）埋头：选中该选项后，可变窗口区变换为如图 6-38 所示，让用户以指定的孔直径、孔深度、顶锥角、埋头直径和埋头角度的埋头孔，如图 6-39 所示。

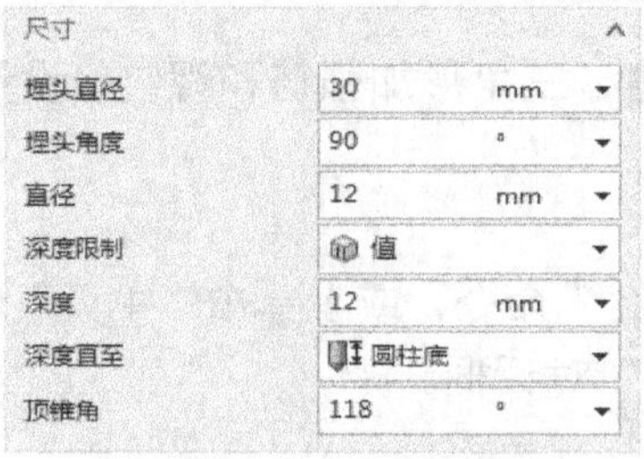

图 6-38 “埋头”窗口

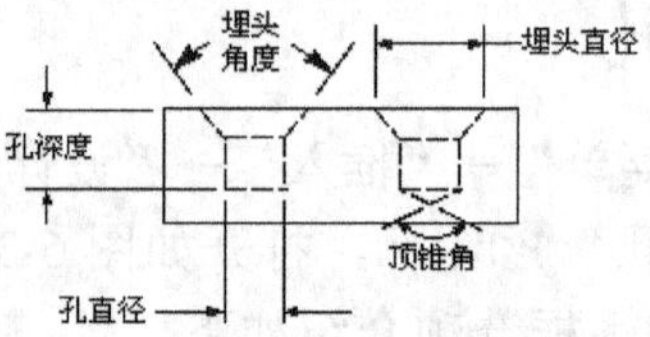

图 6-39 “埋头”命令效果示意图

（4）锥孔：选中该选项后，可变窗口区变换为如图 6-40 所示，让用户以指定的孔直径、锥角和深度的锥形孔。

2．钻形孔

使用 ANSI 或 ISO 标准创建简单钻形孔特征。

3．螺钉间隙孔

创建简单、沉头或埋头通孔，为具体应用而设计。

4．螺纹孔

创建螺纹孔，其尺寸标注由标准、螺纹尺寸和径向进刀定义。

5．孔系列

创建起始、中间和结束孔尺寸一致的多形状、多目标体的对齐孔。

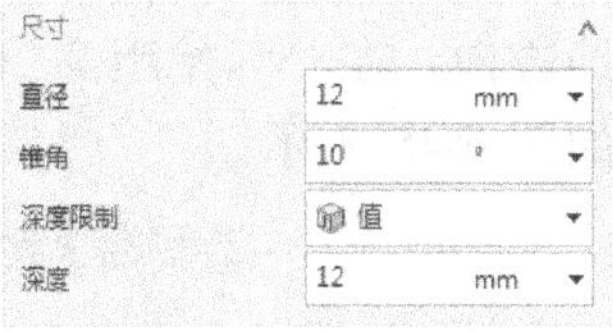

图 6-40　“锥孔”窗口

6.2.2　实例——盘

本例绘制如图 6-41 所示的盘。

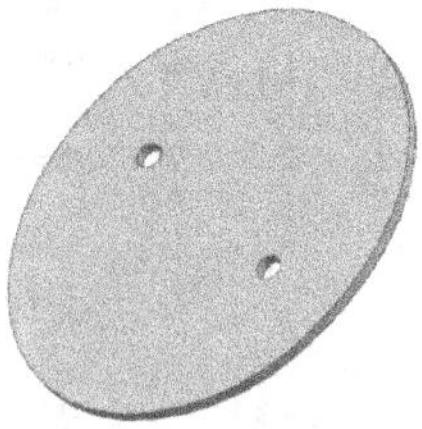

图 6-41　盘

绘制步骤

（1）单击“主页”选项卡→“标准”组→“新建”图标，打开“新建”对话框。在模板列表中选择“模型”，输入名称为 pan，单击“确定”按钮，进入建模环境。

（2）单击“曲线”选项卡→“特征”组→“在任务环境中绘制草图”图标，打开“创建草图”对话框。选择 XC-YC 平面为草图绘制平面，单击“确定”按钮。

（3）单击“主页”选项卡→“曲线”组→“曲线”库→“艺术样条”图标，选择“通过点”类型，取消“封闭”复选框，输入表 6-1 中的点，绘制如图 6-42 所示的样条曲线。

表 6-1　样条 1 坐标点

点	坐　标	点	坐　标
点 1	0，110.9，0	点 2	25，107.2，0
点 3	50，94.9，0	点 4	75，70.3，0
点 5	96.9，0，0		

（4）单击“主页”选项卡→“曲线”组→“曲线”库→“镜像曲线”图标，先将样条曲线沿 X 轴进行镜像，再把所有样条曲线沿 Y 轴进行镜像，如图 6-43 所示。单击“主页”选项卡→“草图”组→“完成”图标，草图绘制完毕。

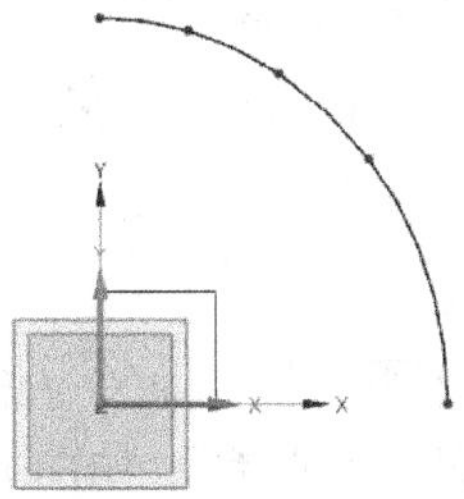

图 6-42　绘制样条曲线

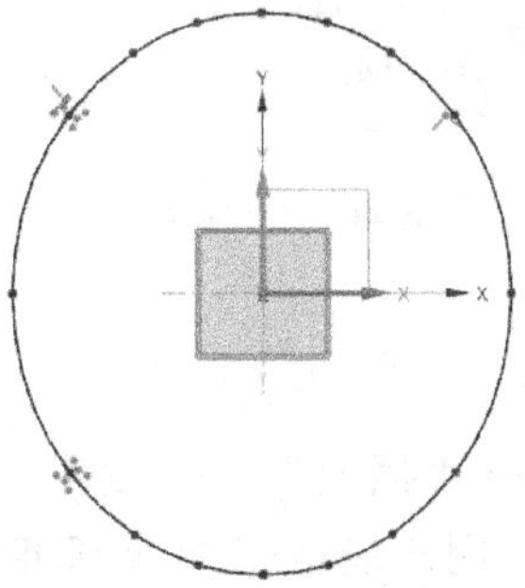

图 6-43　镜像样条曲线

（5）单击“主页”选项卡→“特征”组→“设计特征”下拉菜单→“拉伸”图标，打开如图 6-44 所示的“拉伸”对话框。选择上步绘制的草图为拉伸曲线。选择“ZC 轴”为拉伸方向。在“开始距离”和“结束距离”数值栏中输入 0 和 6.3，单击“确定”按钮，结果如图 6-45 所示。

图 6-44　“拉伸”对话框

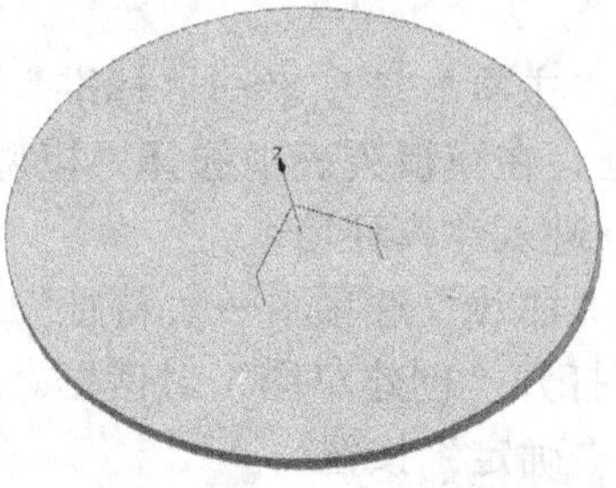

图 6-45　拉伸操作

（6）单击“主页”选项卡→“特征”组→“孔”图标，打开“孔”对话框。选择“常规孔”类型，选择“简单孔”成形。单击“绘制截面”按钮，选择圆柱体的上表面为草图放置面，如图 6-46 所示。输入孔的直径为 8，“深度限制”选择“贯通体”，单击“确定”按钮，完成简单孔的创建，如图 6-47 所示。

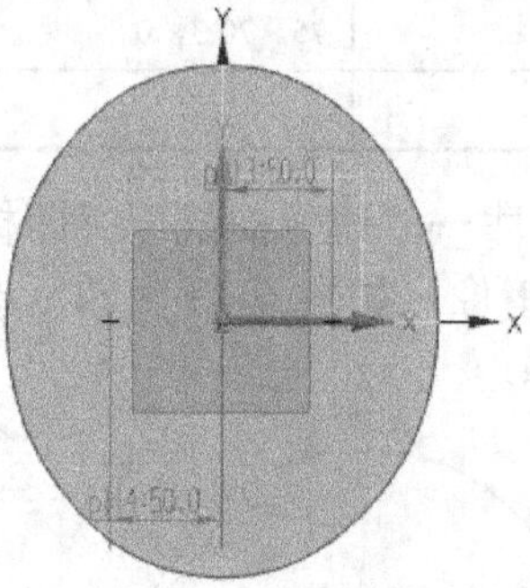

图 6-46　绘制草图

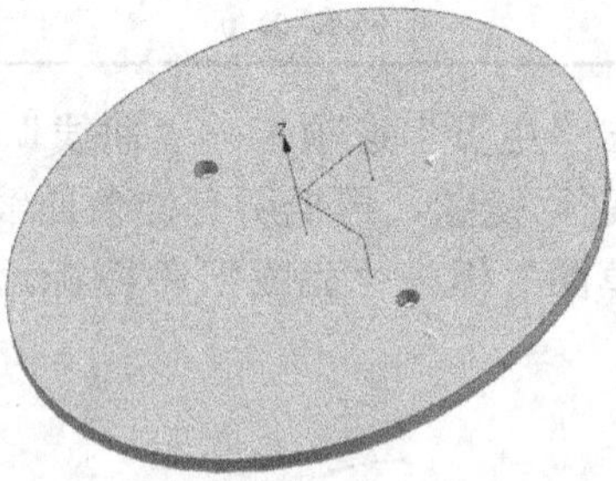

图 6-47　绘制孔

6.2.3 凸台

选择“菜单”→“插入”→“设计特征”→“凸台（原有）”命令，打开如图 6-48 所示“支管”对话框，让用户能在平面或基准面上生成一个简单的凸台，如图 6-49 所示。

图 6-48 “支管”对话框

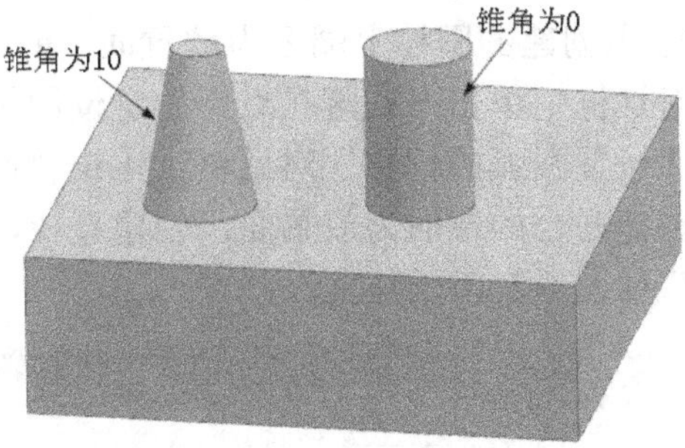

图 6-49 “凸台”操作效果示意图

各选项功能如下。

（1）过滤：通过限制可用的对象类型帮助您选择需要的对象。这些选项是：任意、面和基准平面。

（2）直径：输入凸台直径的值。

（3）高度：输入凸台高度的值。

（4）锥角：输入凸台的柱面壁向内倾斜的角度。该值可正可负。零值产生没有锥度的垂直圆柱壁。

（5）反侧：如果选择了基准面作为放置平面，则此按钮成为可用。单击此按钮使当前方向矢量反向，同时重新生成凸台的预览。

6.2.4 实例——笔芯

笔芯主要由圆柱和凸台组成，创作步骤较为简单，模型如图 6-50 所示。

图 6-50 笔芯

绘制步骤

（1）单击“主页”选项卡→“标准”组→“新建”图标，打开“新建”对话框，在模型选项卡中选择模型模板，文件名为 bixin，单击“确定”按钮，进入建模环境。

（2）单击“主页”选项卡→“特征”组→“更多”库→“设计特征”库→“圆柱”图标，打开如图 6-51 所示“圆柱”对话框。选择“轴、直径和高度”按钮，在指定矢量下拉列表中单击 ZC 轴为圆柱体的创建方向，单击“点对话框”按钮，打开点对话框，输入原点坐标（0,0,0），单击“确定”按钮，返回“圆柱”对话框，在直径和高度选项中分别输入 4 和 145，单击“确定”按钮，生成圆柱体。

（3）选择“菜单”→“插入”→“设计特征”→“凸台（原有）”命令，打开如图 6-52

所示“支管”对话框。在直径、高度和拔模角选项里分别输入 2、4、0，按系统提示选择步骤（2）创建的圆柱上端面为放置面，单击“确定”按钮，生成一凸台并打开“定位”对话框，在对话框中单击“点落在点上”定位图标，进入点到点对话框，选择圆柱体端面圆弧，打开“设置圆弧的位置”对话框，单击“圆弧圆心”按钮，完成凸台的创建。同上步骤在以上述创建凸台的端面为放置面，创建直径、高度和锥角分别是 1、2、0，定位与凸台端面中心，生成如图 6-53 所示模型。

图 6-51　“圆柱”对话框

图 6-52　“支管”对话框

（4）创建球。单击“主页”选项卡→“特征”组→“更多”库→“设计特征”库→“球”图标，打开如图 6-54 所示“球”对话框，以步骤（3）创建的小凸台端面中心为中心点创建球，输入直径为 1，在布尔下拉列表中选择“合并”，生成模型如图 6-50 所示。

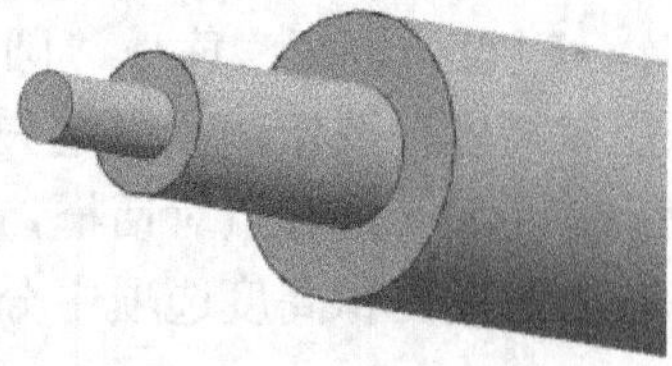

图 6-53　创建凸台

图 6-54　“球”对话框

6.2.5 腔

选择“菜单”→“插入”→“设计特征”→“腔（原有）”命令，打开如图 6-55 所示“腔”对话框，让用户在现有体上生成一个型腔。

“腔”对话框各选项功能如下。

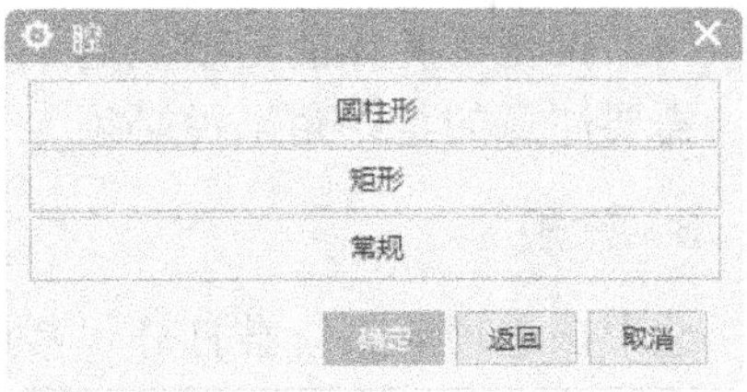

图 6-55 “腔”对话框

1. 圆柱形

选中该选项，在选定放置平面后，系统会打开如图 6-56 所示的“圆柱腔”对话框，该选项让用户定义一个圆形的腔，有一定的深度，有或没有圆角的底面，具有直面或斜面，如图 6-57 所示。

对话框各选项功能如下。

（1）腔直径：输入腔体的直径。

（2）深度：沿指定方向矢量从原点测量的腔体深度。

（3）底面半径：输入腔底边的圆形半径。此值必须等于或大于零。

（4）锥角：应用到腔壁的拔模角，此值必须等于或大于零。

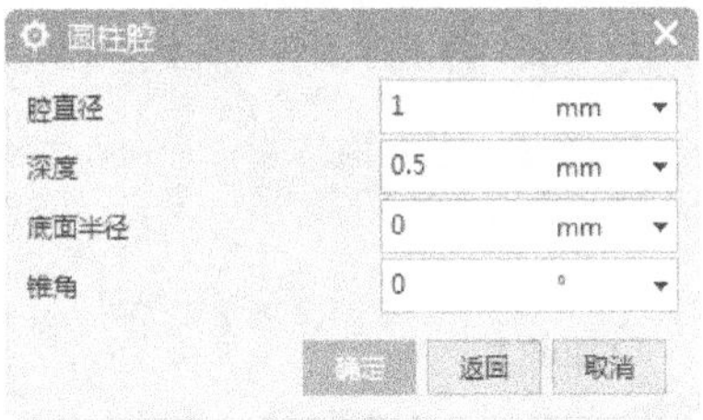

图 6-56 “圆柱腔”对话框

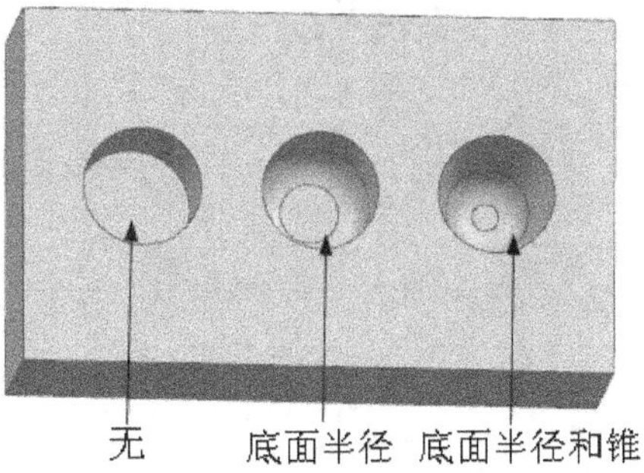

图 6-57 “圆柱形”操作效果示意图

需要注意的是，深度值必须大于底半径。

2. 矩形

选中该选项，在选定放置平面及水平参考面后，系统会打开如图 6-58 所示的“矩形腔”对话框。该选项让用户定义一个矩形的腔，按照指定的长度、宽度和深度，按照拐角处和底面上指定的半径，有直边或锥边（如图 6-59 所示）。

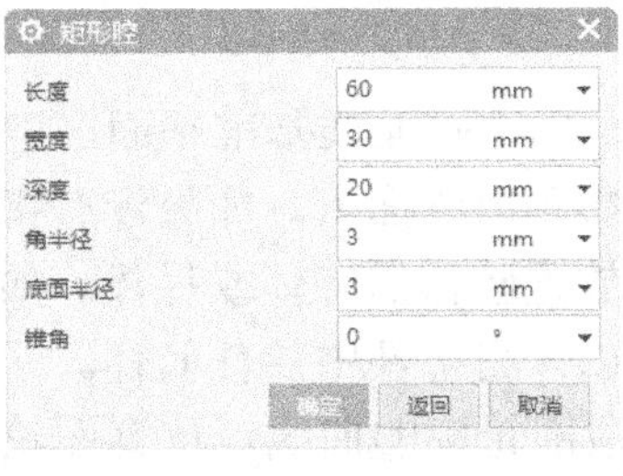

图 6-58 “矩形腔”对话框

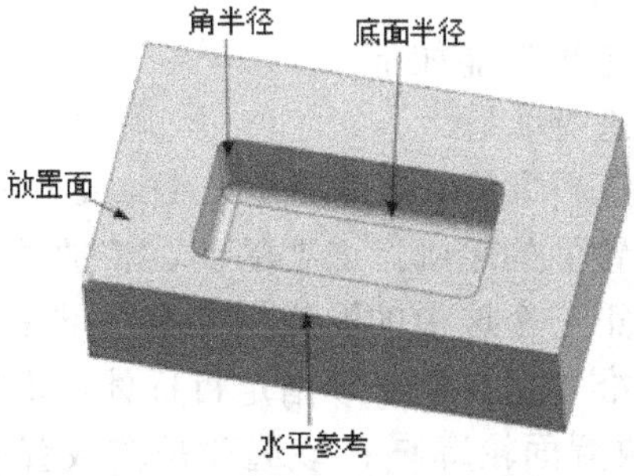

图 6-59 矩形腔”操作效果示意图

对话框各选项功能如下。

（1）长度/宽度/深度：输入腔的长度/宽度/高度值。

（2）角半径：腔竖直边的圆半径（大于或等于零）。

（3）底面半径：腔底边的圆半径（大于或等于零）。

（4）锥角：腔体的四壁以这个角度向内倾斜。该值不能为负。零值导致竖直的壁。

需要注意的是：角半径必须大于或等于底面半径。

3. 常规

选中该选项后系统会打开“常规腔”对话框如图 6-60 所示。

与“圆柱形”和“常规”腔选项相比，该选项所定义的腔体具有更大的灵活性（如图 6-61 所示），以下是“常规腔”特征的一些独有特性。

（1）常规腔的放置面可以是自由形式的面，而不像其他腔选项那样，要严格地一个平面。

（2）腔的底部通过底面进行定义，如果需要的话，底面也可以是自由形式的面。

（3）通过曲线链定义腔顶部或底部的形状。曲线不一定位于选中面上，如果没有位于选中面上，它们将按照选定的方式投影到面上。

图 6-60 “常规腔”对话框

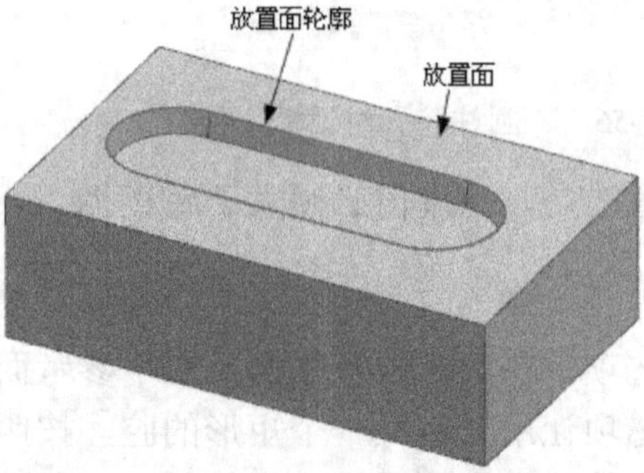

图 6-61 “常规腔”操作效果示意图

部分选项功能如下。

（1）选择步骤

① 放置面：该选项是一个或多个选中的面，或是单个平面或基准平面。腔体的顶面会遵循放置面的轮廓。必要的话，将放置面轮廓曲线投影到放置面上。如果没有指定可选的目标体，第一个选中的面或相关的基准平面会标识出要放置腔体的实体或片体。如果选择了固定的基准平面，则必须指定目标体。面的其余部分可以来自部件中的任何体。

② 放置面轮廓：该选项是在放置面上构成腔体顶部轮廓的曲线。放置面轮廓曲线必须是连续的（即端到端相连）。

③ 底面：该选项是一个或多个选中的面，或是单个平面或基准平面，用于确定腔体的底部。选择底面的步骤是可选的，腔体的底部可以由放置面偏置而来。

④ 底面轮廓曲线：该选项是底面上腔体底部的轮廓线。与放置面轮廓一样，底面轮廓线中的曲线（或边）必须是连续的。

⑤ 目标体：如果希望腔体所在的体与第一个选中放置面所属的体不同，则选择“目标体”。这是一个可选的选择如果没有选择目标体，则将由放置面进行定义。

⑥ 放置面轮廓线投影矢量：如果放置面轮廓曲线已经不在放置面上，则该选项用于指定如何将它们投影到放置面上。

⑦ 底面平移矢量：该选项指定了放置面或选中底面将平移的方向。

⑧ 底面轮廓曲线投影矢量：如果底部轮廓曲线已经不在底面上，则底面轮廓投影矢量指定如何将它们投影到底面上。其他用法与“放置面轮廓投影矢量”类似。

⑨ 放置面上的对齐点：该选项是在放置面轮廓曲线上选择对齐点。

⑩ 底面对齐点：该选项是在底面轮廓曲线上选择对齐点。

（2）轮廓对齐方法：如果选择了放置面轮廓和底面轮廓，则可以指定对齐放置面轮廓曲线和底面轮廓曲线的方式。

（3）放置面半径：该选项定义放置面（腔体顶部）与腔体侧面之间的圆角半径。

① 恒定：用户为放置面半径输入恒定值。

② 规律控制：用户通过为底部轮廓定义规律来控制放置面半径。

（4）底面半径：该选项定义腔体底面（腔体底部）与侧面之间的圆角半径。

（5）角半径：该选项定义放置在腔体拐角处的圆角半径。拐角位于两条轮廓曲线/边之间的运动副处，这两条曲线/边的切线偏差的变化范围要大于角度公差。

（6）附着腔：该选项将腔体缝合到目标片体，或由目标实体减去腔体。如果没有选择该选项，则生成的腔体将成为独立的实体。

6.2.6 实例——臂

本节绘制如图 6-62 所示臂。

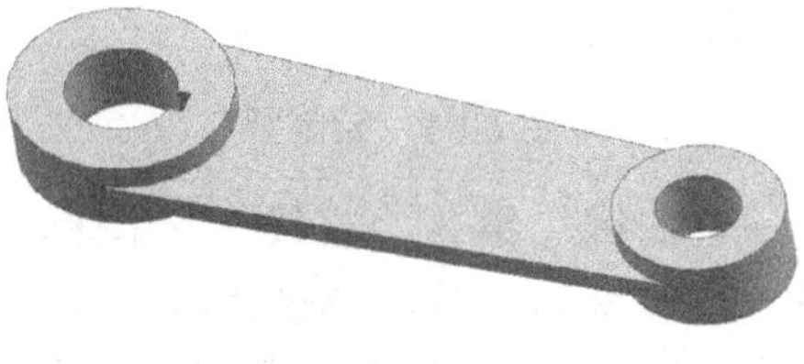

图 6-62 臂

绘制步骤

（1）单击“主页”选项卡→“标准”组→“新建”图标，打开“新建”对话框。在模板列表中选择“模型”，输入名称为 bi，单击“确定”按钮，进入建模环境。

（2）选择“菜单”→“插入”→“设计特征”→“圆柱”命令，或者单击“主页”选项卡→“特征”组→“更多”库→“设计特征”库→“圆柱”图标，打开如图 6-63 所示的“圆柱”对话框。选择“轴、直径和高度”类型，选择“ZC 轴”为圆柱体方向。单击“点对话框”按钮，打开“点”对话框，输入原点坐标为（0,0,0），单击“确定”按钮，返回到“圆柱”对话框。在“直径”和“高度”文本框中分别输入 112.5 和 62.5，单击“应用”按钮。重复“圆柱”命令，在坐标点（300,0,0）处创建直径和高度为 87.5 和 62.5 的圆柱 2，如图 6-64 所示。

（3）创建草图

① 单击“曲线”选项卡→“在任务环境中绘制草图”图标，打开“创建草图”对话框。选择 XC-YC 平面，输入“距离”为 31.25，单击“确定”按钮。

图 6-63　“圆柱”对话框

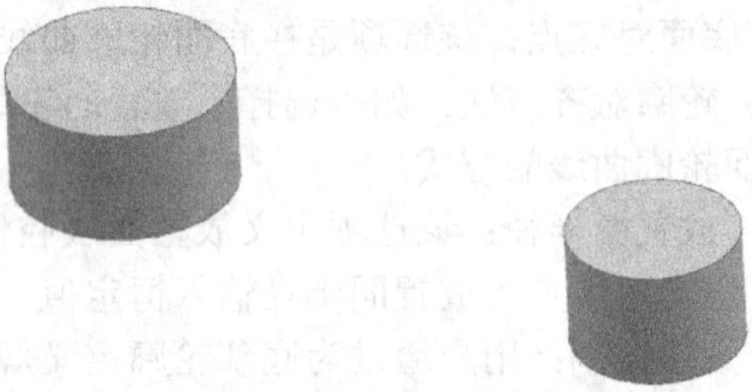

图 6-64　圆柱体

② 单击“主页”选项卡→“曲线”组→“圆”图标，第一个圆输入坐标（0,0），输入直径 112.5；第二个圆输入坐标（300,0），输入直径 87.5，如图 6-65 所示。

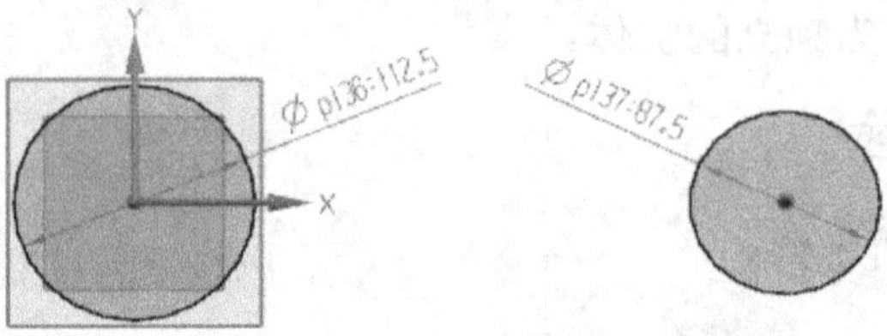

图 6-65　绘制圆

③ 单击“主页”选项卡→“曲线”组→“直线”图标，鼠标先放置在草图的大圆上方的边，当出现“点在曲线上”图标时（或者单击鼠标右键，单击“从列表选择”，在“快速拾取”对话框中选择“点在直线上”），单击鼠标左键；选择另一点时，鼠标放置在小圆上方的边，当出现“相切”图标时，单击鼠标左键，另一条切线按上述所做，结果如图 6-66 所示。

④ 单击“主页”选项卡→“曲线”组→“快速修剪”图标，选择大圆的左边和小圆的右边，结果如图 6-67 所示。单击“完成”图标，草图绘制完毕。

（4）单击“主页”选项卡→“特征”组→“设计特征”下拉菜单→“拉伸”图标，打开如图 6-68 所示的“拉伸”对话框。选择上步绘制的草图为拉伸曲线。选择“ZC 轴”为拉伸方向。在“结束”中选择“对称值”，输入距离为 9.35，在“布尔”中选择“合并”，选择两个圆柱，单击“确定”按钮，结果如图 6-69 所示。

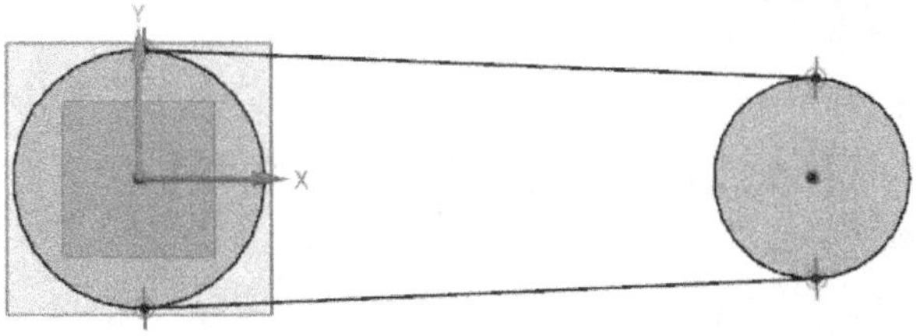

图 6-66　绘制直线

图 6-67　绘制草图

图 6-68　“拉伸”对话框

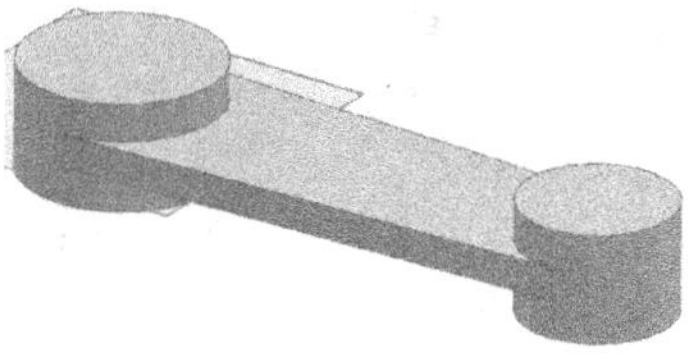

图 6-69　拉伸体

（5）单击“主页”选项卡→“特征”组→“孔”图标，打开如图 6-70 所示的“孔”对话框。选择“常规孔”类型，选择“简单孔”成形。捕捉圆柱体的上表面圆心为孔放置位置，如图 6-71 所示。输入孔的“直径”为 56.3，“深度限制”选择“贯通体”，单击“应用”按钮。

重复上述步骤，捕捉另一个圆柱体的圆心为孔放置位置，输入孔直径为 43.8，单击“确定”按钮，结果如图 6-72 所示。

图 6-70　“孔”对话框

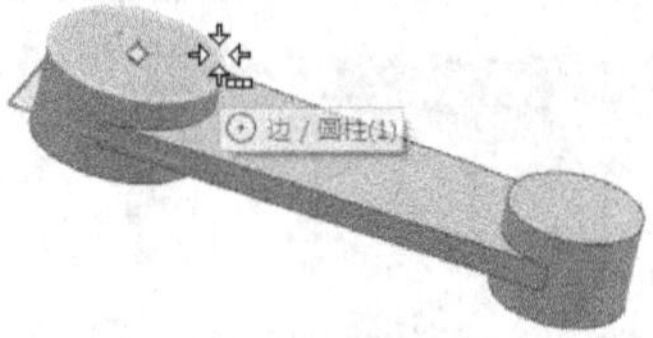

图 6-71　捕捉圆心

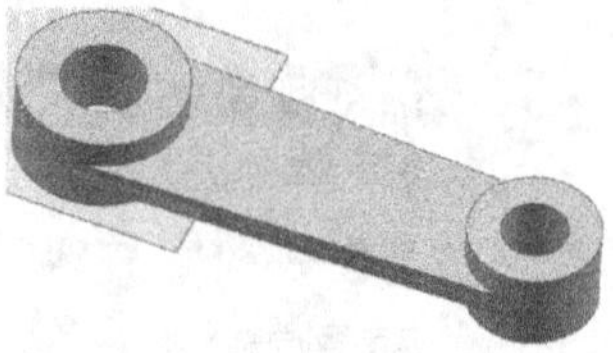

图 6-72　创建孔

（6）单击“主页”选项卡→“特征”组→“基准/点”下拉菜单→“基准平面”图标，打开如图 6-73 所示的“基准平面”对话框。选择“XC-ZC 平面”类型，单击“应用”按钮，创建基准平面 1。选择“YC-ZC 平面”类型，输入距离为 35，单击“确定”按钮，创建基准平面 2，如图 6-74 所示。

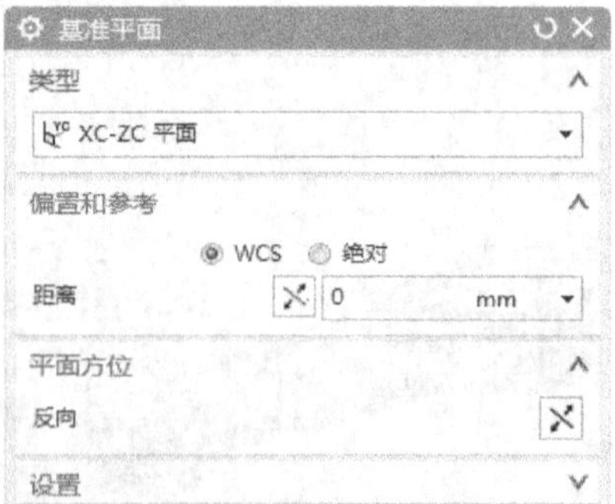

图 6-73　“基准平面”对话框

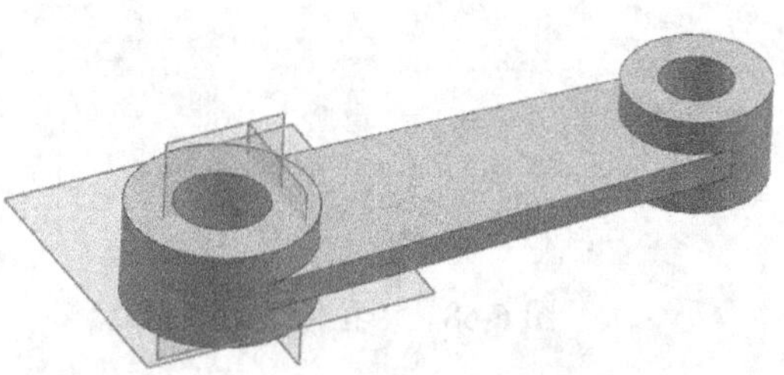

图 6-74　创建基准平面

（7）选择“菜单”→“插入”→“设计特征”→“腔（原有）”命令，打开“腔”类型对话框。单击“矩形”按钮，打开“矩形腔”放置面对话框，选择基准平面 2 为腔放置面，单击“接受默认边”按钮，选择 XC-ZC 平面为水平参考，打开如图 6-75 所示“矩形腔”参数对话框，在“长度”、“宽度”和“深度”选项中分别输入 62.5、12.6 和 8，其他都输入 0，单击“确定”按钮。打开“定位”对话框，选择“垂直”定位方式，选择 XC-YC 平面和短腔中心线，输入距离为 31.25，选择 XC-ZC 平面和腔长中心线输入距离为 0，单击“确定”按钮，生成模型如图 6-76 所示。

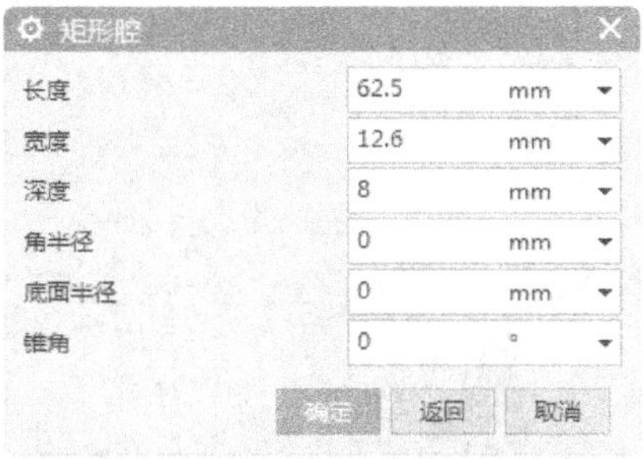

图 6-75　“矩形腔”参数对话框

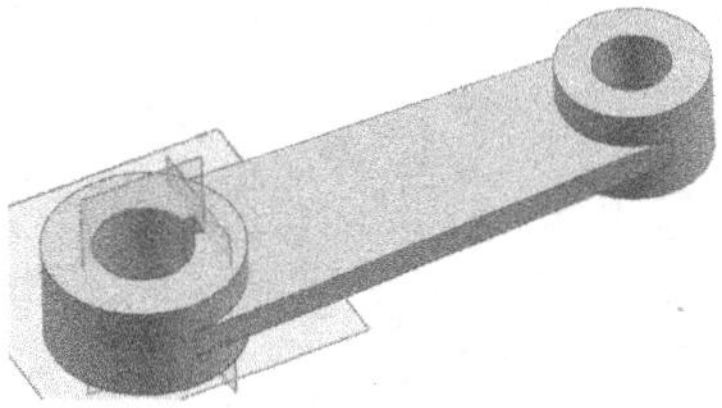

图 6-76　创建腔

6.2.7 垫块

选择“菜单”→“插入”→“设计特征”→“垫块（原有）”命令，打开如图 6-77 所示的“垫块”选项对话框。让用户在已有实体上生成凸台。

对话框各选项功能如下。

（1）矩形：选中该选项，在选定放置平面及水平参考面后，系统打开如图 6-78 所示的“矩形垫块”对话框。让用户定义一个有指定长度、宽度和深度，在拐角处有指定半径，具有直面或斜面的垫块，如图 6-79 所示。

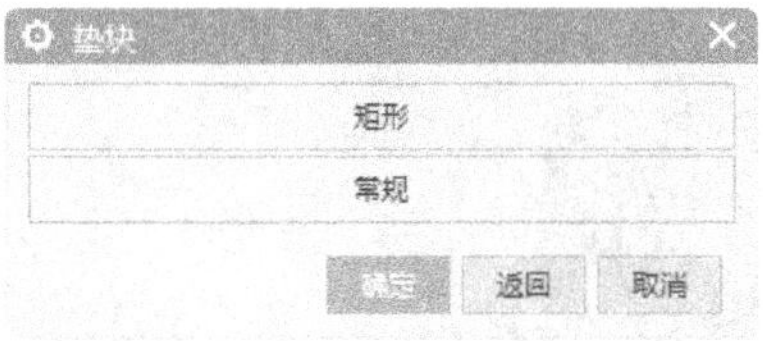

图 6-77　“垫块”选项对话框

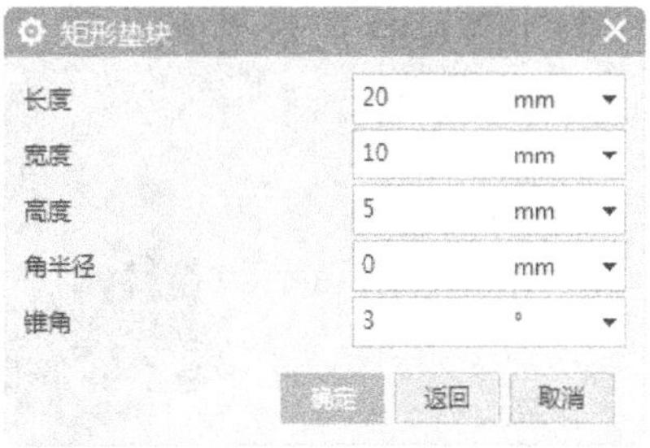

图 6-78　“矩形垫块”参数对话框

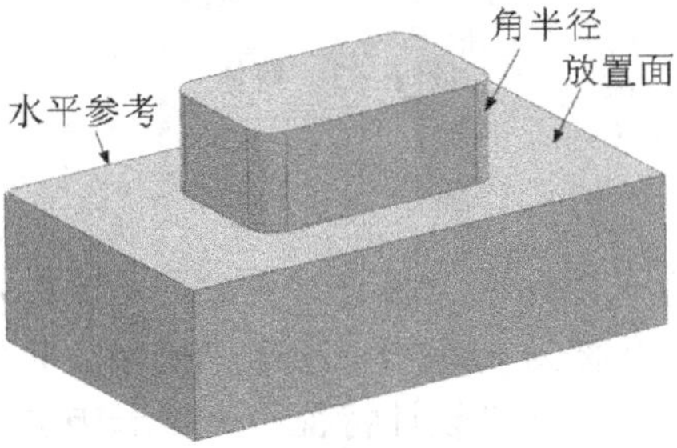

图 6-79　创建矩形垫块示意图

（2）常规：选中该选项后，系统会打开如图 6-80 所示“常规垫块”对话框。与矩形垫块相比，该选项所定义的垫块具有更大的灵活性。该选项各功能与“腔”的“常规”选项类似，此处从略，示意图如图 6-81 所示。

图 6-80 “常规垫块”对话框

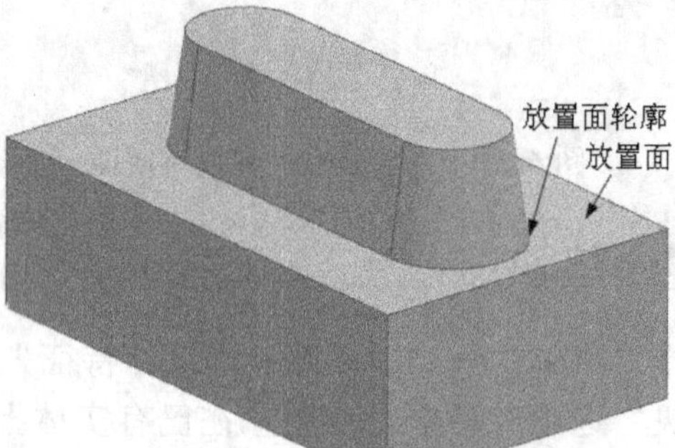

图 6-81 “常规垫块”效果示意图

6.2.8 实例——箱体

本节绘制如图 6-82 所示箱体。

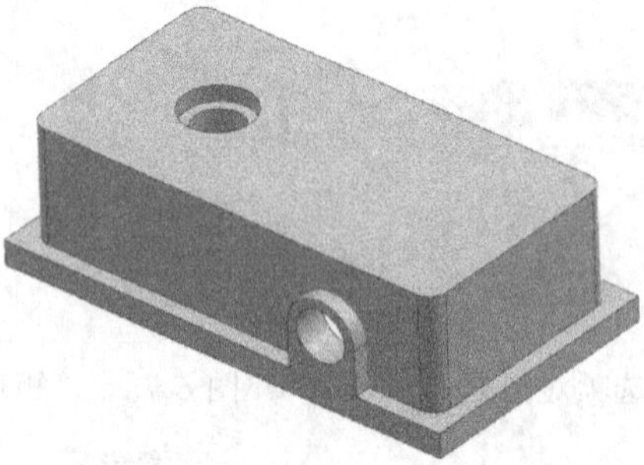

图 6-82 箱体

绘制步骤

（1）单击“主页”选项卡→“标准”组→“新建”图标，打开“新建”对话框。在模板列表中选择“模型”，输入名称为 xiangti，单击“确定”按钮，进入建模环境。

（2）选择“菜单”→“插入”→“设计特征”→“长方体”命令，或者单击“主页”选项卡→“特征”组→“更多”库→“设计特征”库→“长方体”图标，打开如图 6-83 所示的“长方体”对话框。选择“原点和边长”类型。单击“点对话框”按钮，打开“点”对话框，输入原点坐标为（0,0,0），单击“确定”按钮，返回到“长方体”对话框。在“长度”、“宽度”和“高度”文本框中分别输入 563、305 和 30，单击“确定”按钮，生成模型如图 6-84 所示。

图 6-83　“块”对话框

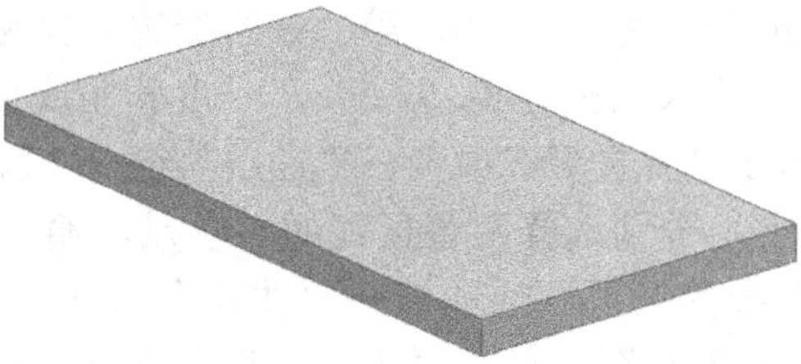

图 6-84　创建长方体

（3）单击“菜单”→“插入”→“设计特征”→“垫块（原有）”命令，打开如图 6-85 所示的“垫块”对话框，单击“矩形”按钮，选择长方体上表面为垫块放置面，选择与 XC 轴平行边为水平参考，打开如图 6-86 所示的“矩形垫块”参数对话框，输入长度、宽度、高度和角半径为 523、265、140 和 20，单击“确定”按钮，打开如图所示的“定位”对话框，采用“垂直”定位方式，分别选择垫块的两边和长方体的两边，距离为 20，单击“确定”按钮，创建垫块如图 6-87 所示。

图 6-85　“垫块”对话框

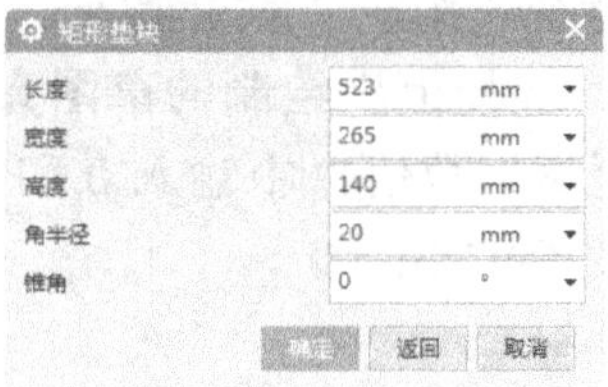

图 6-86　参数对话框

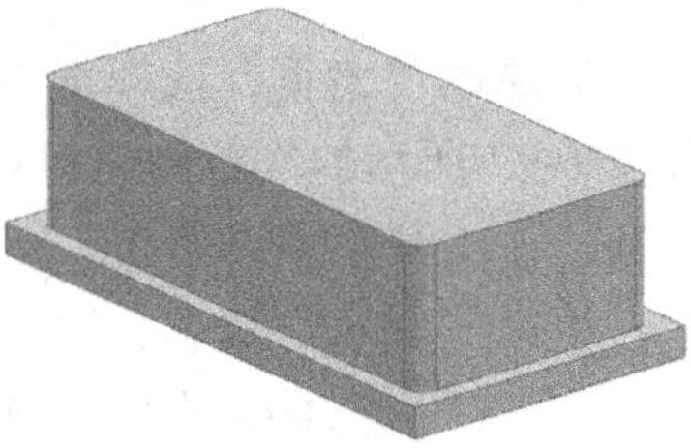

图 6-87　创建垫块

（4）单击“菜单”→“插入”→“设计特征”→“腔（原有）”命令，打开如图 6-88 所示的“腔”对话框，单击“矩形”按钮，选择长方体下表面为腔体放置面，选择与 XC 轴平行边为水平参考，打开如图 6-89 所示的“矩形腔”参数对话框，输入长度、宽度、高度和角半径分别为 483、225、150 和 20，单击“确定”按钮，打开“定位”对话框，采用“垂直”定位方式，分别选择腔的两相邻边和长方体的两相邻边，距离为 40，单击“确定”按钮，创建腔体如图 6-90 所示。

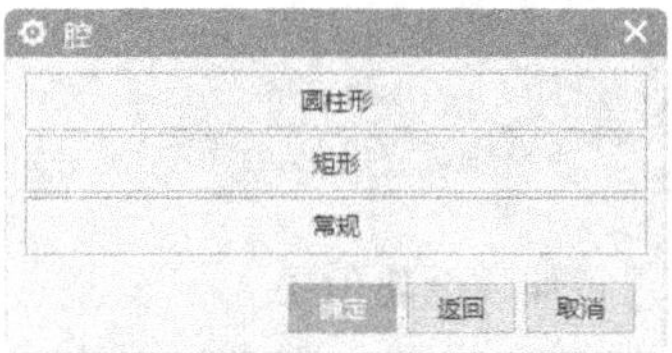

图 6-88　“腔”对话框

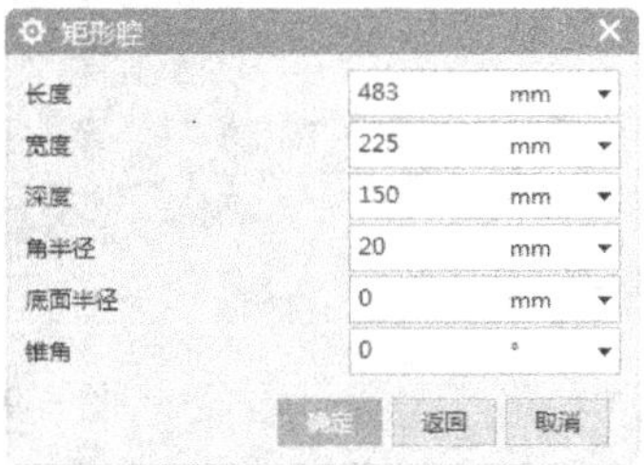

图 6-89 参数对话框

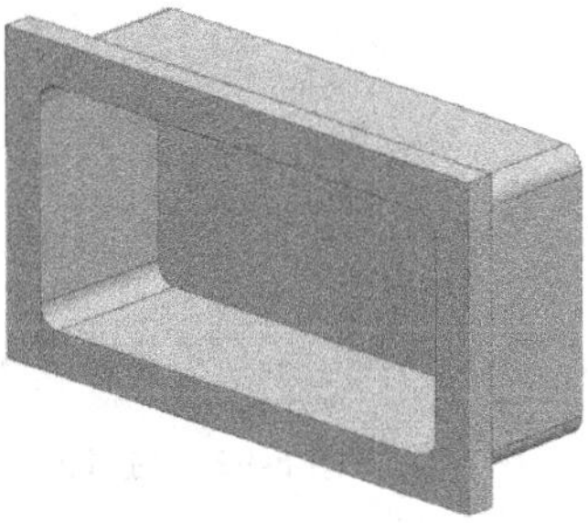

图 6-90　创建腔效果

（5）创建草图

① 单击“曲线”选项卡→“在任务环境中绘制草图”图标，打开“创建草图”对话框。选择上步创建的腔体底面为草图绘制平面，单击“确定”按钮。

② 单击“主页”选项卡→“曲线”组→“直线”图标，第一条直线输入坐标（0,-97.5），长度和角度分别为 155、0；第二条直线输入坐标（0,-207.5），长度和角度分别为 155、0；第三条直线输入坐标（40,-97.5），长度和角度分别为 110、270。

③ 单击“主页”选项卡→“曲线”组→“圆弧”图标，在“圆弧”对话框中选择“三点定圆弧”，分别选择两条直线的右端点，输入半径为 55。

④ 单击“主页”选项卡→“曲线”组→“快速修剪”图标，修剪多余的线，结果如图 6-91 所示的草图。单击“主页”选项卡→“草图”组→“完成”图标，草图绘制完毕。

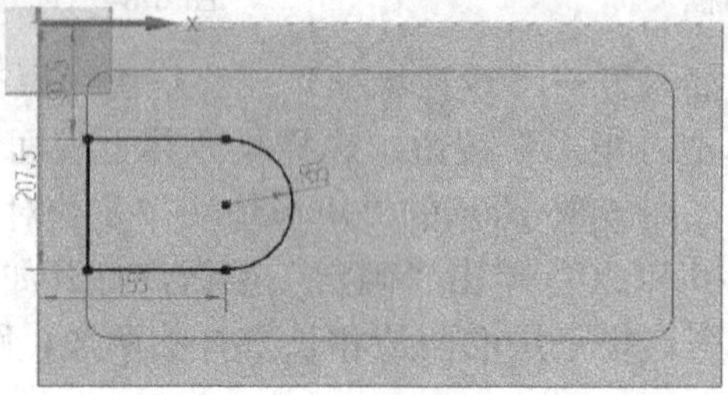

图 6-91　绘制草图

（6）单击“主页”选项卡→“特征”组→“设计特征”下拉菜单→“拉伸”图标，打开如图 6-92 所示的“拉伸”对话框。选择上步绘制的草图为拉伸曲线。选择“-ZC 轴”为拉伸方向。在“开始距离”和“结束距离”数值栏中输入 0 和 30，在布尔下拉列表中选择“合并”，单击“确定”按钮，结果如图 6-93 所示。

图 6-92　“拉伸”对话框

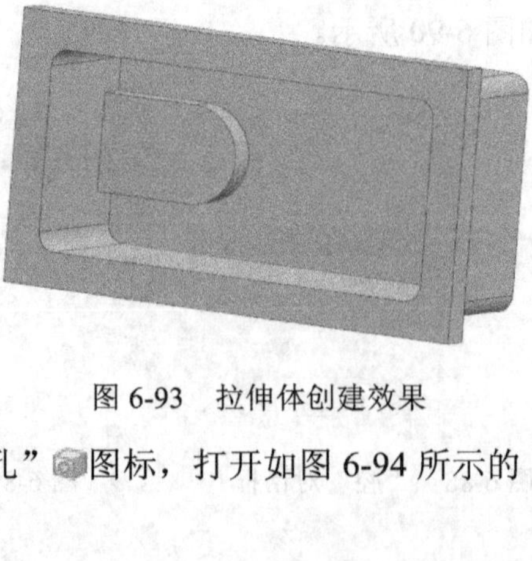

图 6-93　拉伸体创建效果

（7）单击“主页”选项卡→“曲线”组→“孔”图标，打开如图 6-94 所示的“孔”对话框，选择“沉头”成形方式，输入沉头直径、沉头深度、直径、深度和顶锥角分别为 85、20、59、60 和 118。

图 6-94 “孔”对话框

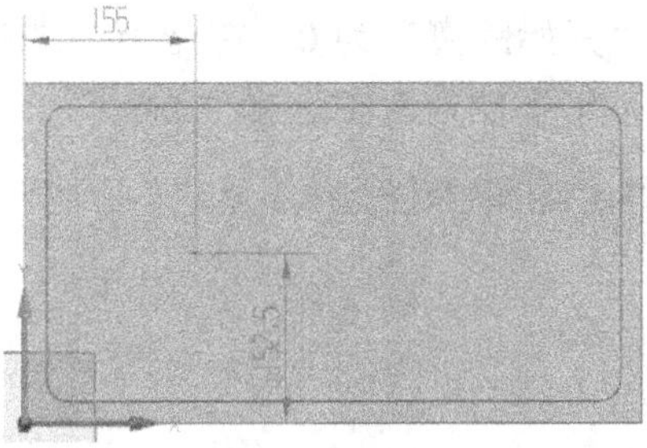

图 6-95 绘制草图

（8）单击“绘制截面”按钮，选择垫块的上表面为孔放置面，在平面上任意绘制一个草图点，然后双击点的尺寸，修改水平和竖直尺寸分别为 155 和 152.5。绘制如图 6-95 所示的点，完成草图绘制返回到“孔”对话框，单击“确定”按钮，完成孔的创建，如图 6-96 所示。

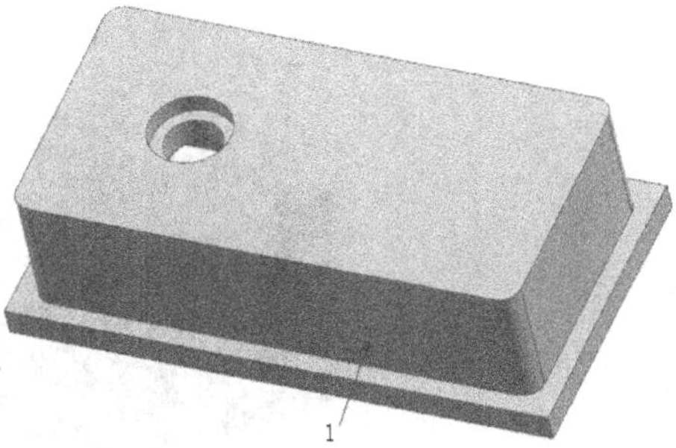

图 6-96 创建孔

（9）创建草图。

① 单击“曲线”选项卡→“在任务环境中绘制草图”，打开“创建草图”对话框。选择图 6-96 中的面 1 为草图绘制平面，单击“确定”按钮。绘制如图 6-97 所示的草图。

② 单击“主页”选项卡→“曲线”组→“直线”图标，第一条直线输入坐标（370,30），长度和角度分别为 55、90；第二条直线输入坐标（456,30），长度和角度分别为 55、0。第三条直线直接选择第一条直线和第二条直线的下端点。

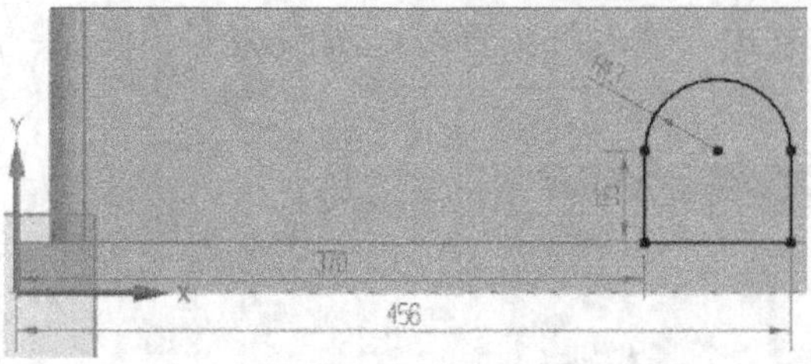

图 6-97　绘制草图

③ 单击“主页”选项卡→“曲线”组→“圆弧”图标，在“圆弧”对话框中选择“三点定圆弧”，分别选择两条直线的上端点，输入半径为 43。单击“主页”选项卡→“草图”组→“完成”图标，草图绘制完毕。

（10）单击“主页”选项卡→“特征”组→“设计特征”下拉菜单→“拉伸”图标，打开如图 6-98 所示的“拉伸”对话框。选择上步绘制的草图为拉伸曲线。选择“-YC 轴”为拉伸方向。输入“开始距离”为 0，在结束中选择“直至延伸部分”，选择如图 6-99 所示的面为结束面，在布尔下拉列表中选择“合并”，单击“确定”按钮，结果如图 6-100 所示。

图 6-98　“拉伸”对话框

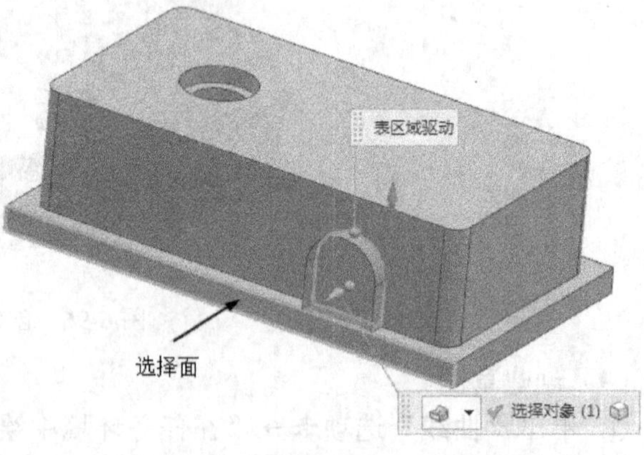

图 6-99　选择面

（11）单击“主页”选项卡→“特征”组→“孔”图标，打开“孔”对话框，选择“简单孔”成形方式，输入直径和深度为 62 和 40，捕捉如图 6-101 所示的圆心为孔放置位置，单击“确定”按钮，完成孔的创建，如图 6-82 所示。

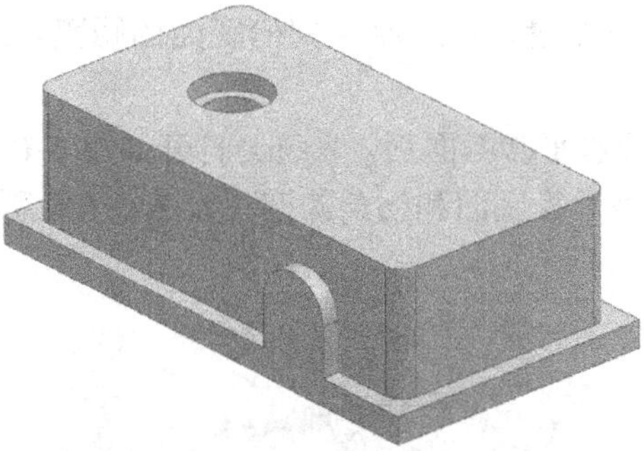

图 6-100　创建拉伸体

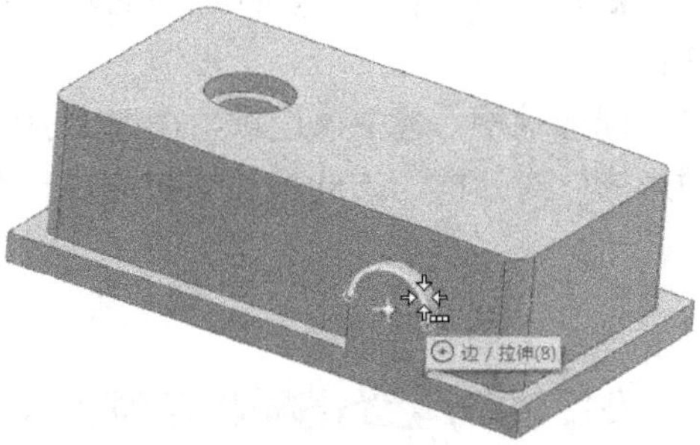

图 6-101　捕捉圆心

6.2.9 键槽

选择“菜单”→“插入”→“设计特征”→“键槽（原有）”命令，打开如图 6-102 所示的“键槽”对话框。该选项让用户生成一个直槽的通道通过实体或通到实体里面。在当前目标实体上自动在菜单栏中选择减去操作。所有槽类型的深度值按垂直于平面放置面的方向测量。

图 6-102　“槽”对话框

“键槽”对话框各选项功能如下。

（1）矩形槽：选中该选项，在选定放置平面及水平参考面后，系统会打开如图 6-103 所示的“矩形槽”对话框。选择该选项让用户沿着底边生成有尖锐边缘的槽，示意图如图 6-104 所示。

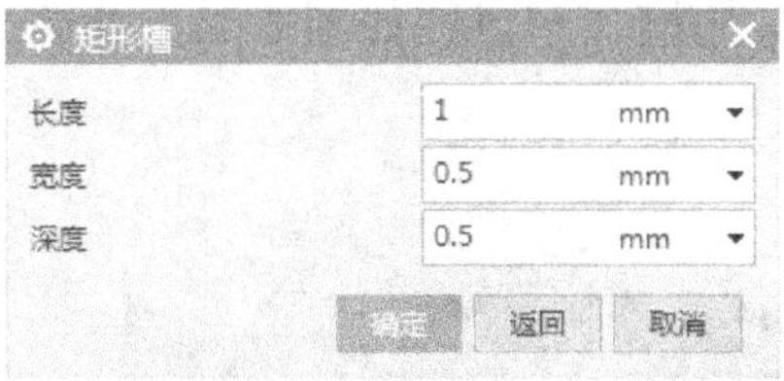

图 6-103　“矩形槽”对话框

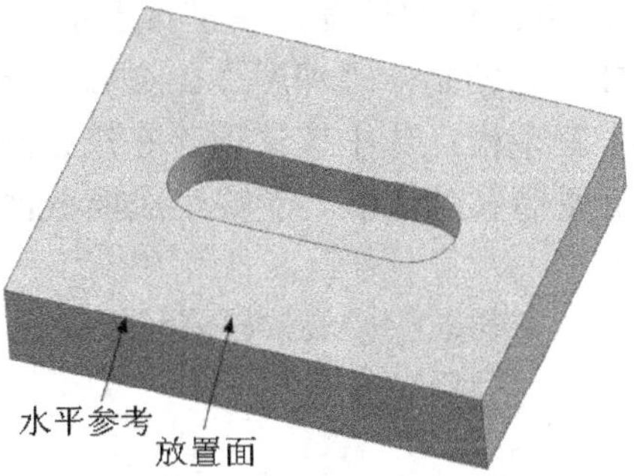

图 6-104　矩形槽效果示意图

① 长度：槽的长度，按照平行于水平参考的方向测量，此值必须是正的。

② 宽度：槽的宽度值。

③ 深度：槽的深度，按照与槽的轴相反的方向测量，是从原点到槽底面的距离，此值必须是正的。

（2）球形端槽：选中该选项，在选定放置平面及水平参考面后，系统会打开如图 6-105 所示的“球形槽”对话框。该选项让用户生成一个有完整半径底面和拐角的槽（如图 6-106 所示）。

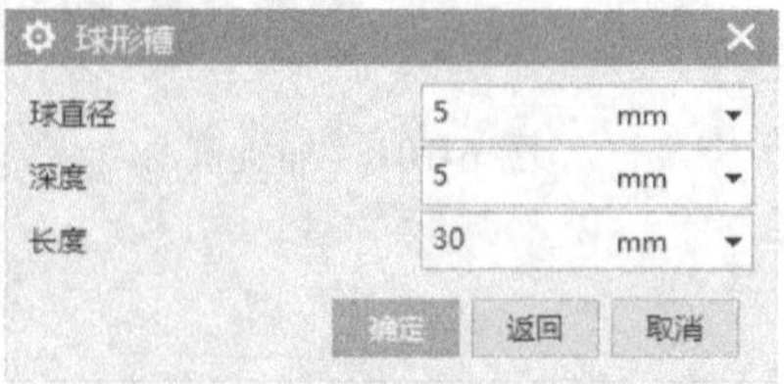

图 6-105 “球形槽”对话框

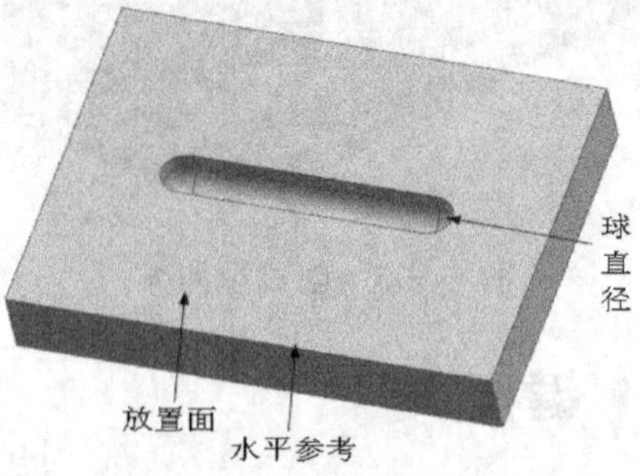

图 6-106 球形槽效果示意图

（3）U 形槽：选中该选项，在选定放置平面及水平参考面后，系统会打开如图 6-107 所示的“U 形键槽”对话框。可以用此选项生成“U”型的槽。这种槽留下圆的转角和底面半径，示意图如图 6-108 所示。

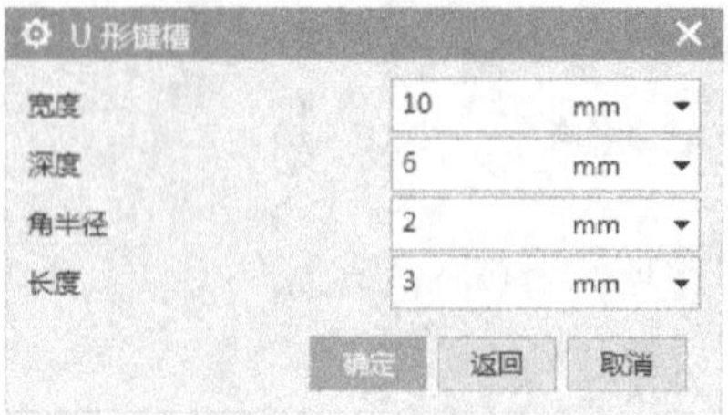

图 6-107 “U 形键槽”对话框

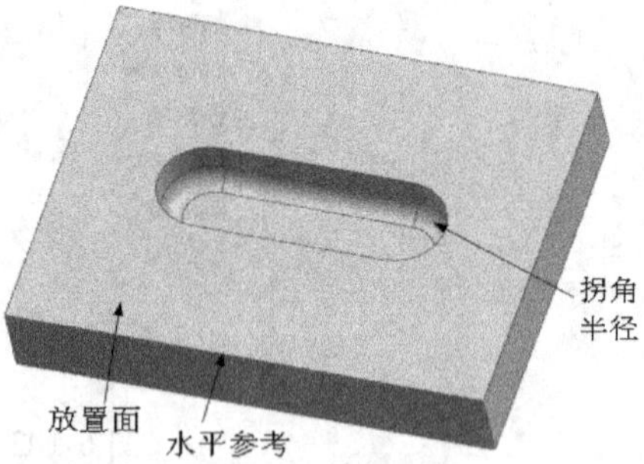

图 6-108 U 形键槽效果示意图

① 宽度：槽的宽度（即切削工具的直径）。

② 深度：槽的深度，在槽轴的反方向测量，也即从原点到槽底的距离，这个值必须为正。

③ 角半径：槽的底面半径（即切削工具边半径）。

④ 长度：槽的长度，在平行于水平参考的方向上测量，这个值必须为正。

需要注意的是：“深度”值必须大于“拐角半径”的值。

（4）T 型槽：选中该选项，在选定放置平面及水平参考面后，系统会打开如图 6-109 所示的“T 型槽”对话框。能够生成横截面为倒 T 字型的槽，示意图如图 6-110 所示。

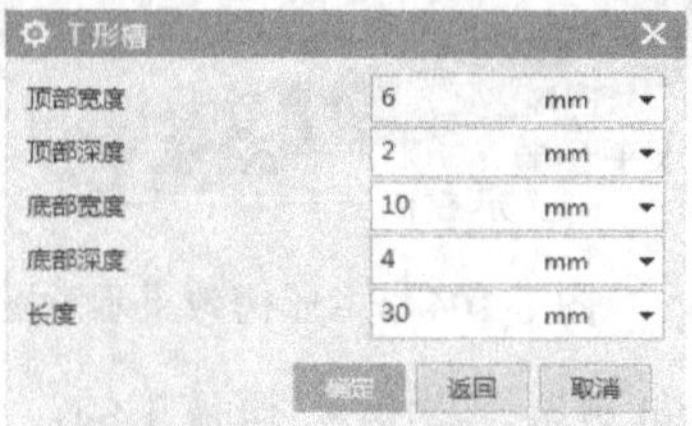

图 6-109 “T 型槽”对话框

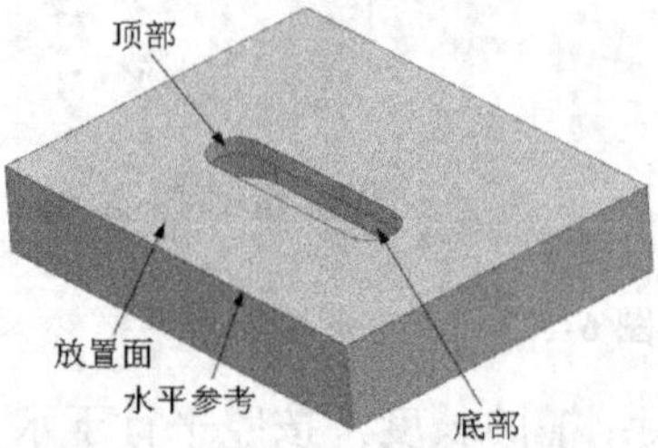

图 6-110 T 形槽效果示意图

① 顶部宽度：槽的较窄的上部宽度。

② 顶部深度：槽顶部的深度，在槽轴的反方向上测量，即从槽原点到底部深度值顶端的距离。

③ 底部宽度：槽的较宽的下部宽度。

④ 底部深度：槽底部的深度，在刀轴的反方向上测量，即从顶部深度值的底部到槽底的距离。

⑤ 长度：槽的长度，在平行于水平参考的方向上测量，这个值必须为正。

提示：底部宽度要大于顶部宽度。

（5）燕尾槽：选中该选项，在选定放置平面及水平参考面后，系统会打开如图 6-111 所示的“燕尾槽”对话框。该选项生成“燕尾”型的槽，这种槽留下尖锐的角和有角度的壁，示意图如图 6-112 所示。

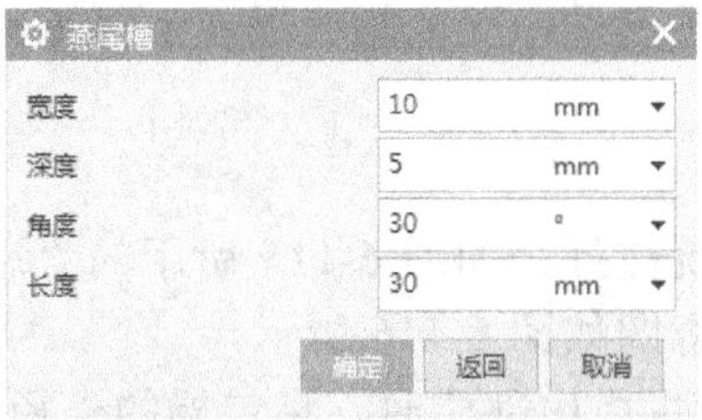

图 6-111　“燕尾槽”对话框

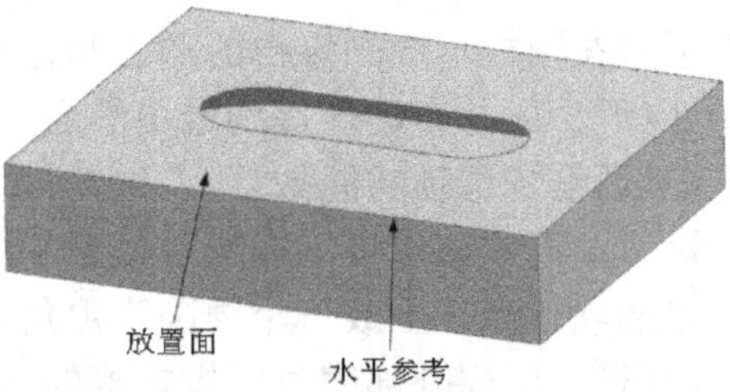

图 6-112　燕尾槽效果示意图

① 宽度：实体表面上槽的开口宽度，在垂直于槽路径的方向上测量，以槽的原点为中心。

② 深度：槽的深度，在刀轴的反方向测量，也即从原点到槽底的距离。

③ 角度：槽底面与侧壁的夹角。

④ 长度：槽的长度，在平行于水平参考的方向上测量，这个值必须为正。

（6）通槽：该复选框让用户生成一个完全通过两个选定面的槽。有时，如果在生成特殊的槽时碰到麻烦，尝试按相反的顺序选择通过面，如图 6-113 所示。槽可能会多次通过选定的面，这依赖于选定面的形状。

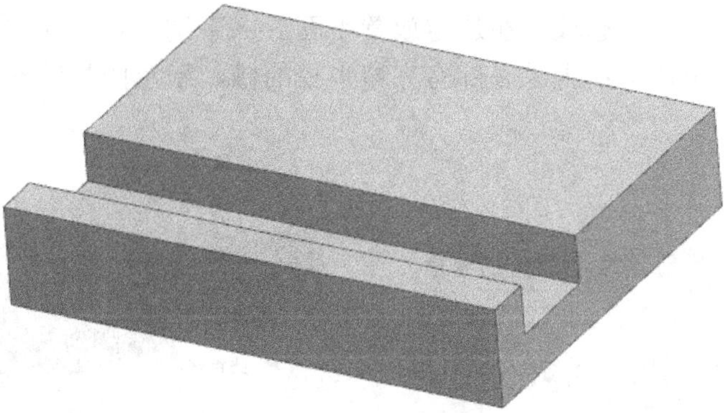

图 6-113　通键效果示意图

6.2.10 槽

选择“菜单”→“插入”→“设计特征”→“槽”命令，或者单击“主页”选项卡→“特征”组→“更多”库→“设计特征”库→“槽”图标，打开如图 6-114 所示的“槽”对话框。

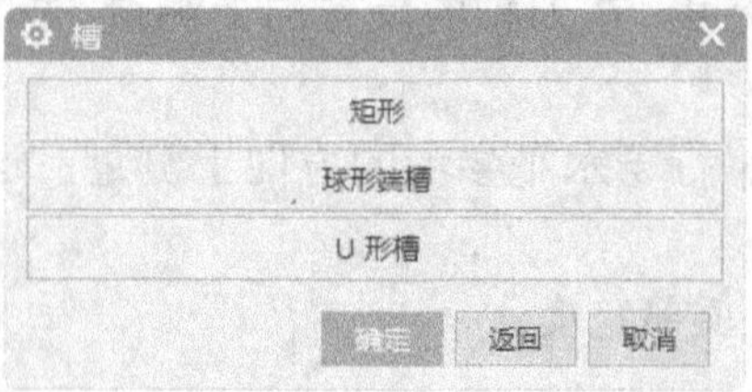

图 6-114 “槽”对话框

该选项让用户在实体上生成一个槽，就好像一个成形刀具在旋转部件上向内（从外部定位面）或向外（从内部定位面）移动，如同车削操作。

该选项只在圆柱形或圆锥形的面上起作用。旋转轴是选中面的轴。槽在选择该面的位置（选择点）附近生成并自动连接到选中的面上。

“槽”对话框各选项功能如下。

（1）矩形：选中该选项，在选定放置平面后，系统会打开如图 6-115 所示的“矩形槽”对话框。该选项让用户生成一个周围为尖角的槽，示意图如图 6-116 所示。

① 槽直径：生成外部槽时，指定槽的内径，而当生成内部槽时，指定槽的外径。

② 宽度：槽的宽度，沿选定面的轴向测量。

图 6-115 “矩形槽”对话框

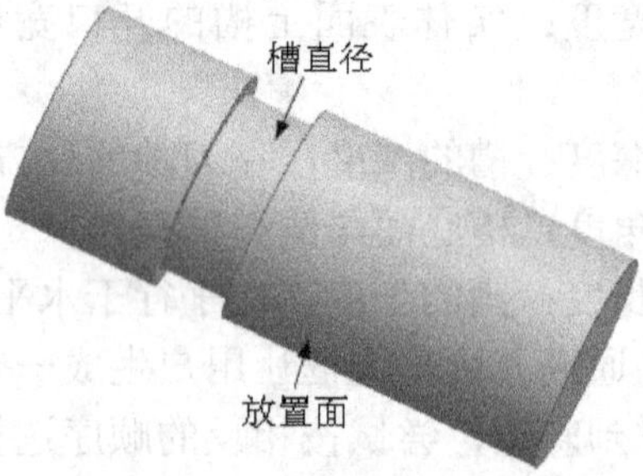

图 6-116 矩形槽效果示意图

（2）球形端槽：选中该选项，在选定放置平面后，系统会打开如图 6-117 所示的“球形端槽”对话框。该选项让用户生成底部有完整半径的槽，示意图如图 6-118 所示。

图 6-117 “球形端槽”对话框

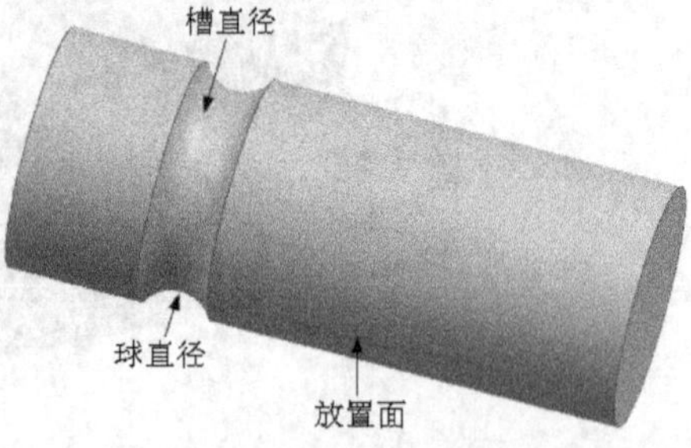

图 6-118 球形端槽效果示意图

① 槽直径：生成外部槽时，指定槽的内径，而当生成内部槽时，指定槽的外径。

② 球直径：槽的宽度。

（3）U 形槽：选中该选项，在选定放置平面后，系统会打开如图 6-119 所示的“U 形槽”对话框。该选项让用户生成在拐角有半径的槽，示意图如图 6-120 所示。

图 6-119 “U 形槽”对话框

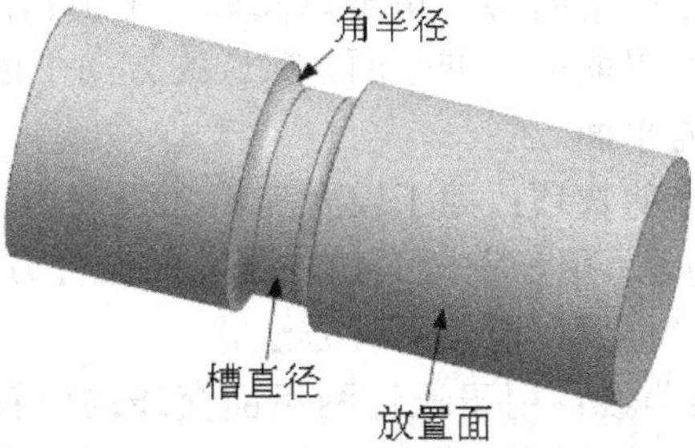

图 6-120 U 形槽效果示意图

① 槽直径：生成外部槽时，指定槽的内部直径，而当生成内部槽时，指定槽的外部直径。

② 宽度：槽的宽度，沿选择面的轴向测量。

③ 角半径：槽的内部圆角半径。

6.2.11 三角形加强筋

选择“菜单”→“插入”→“设计特征”→“三角形加强筋（原有）”命令，打开如图 6-121 所示“三角形加强筋”对话框。用于沿着两个相交面的交线创建一个三角形加强筋特征，如图 6-122 所示。

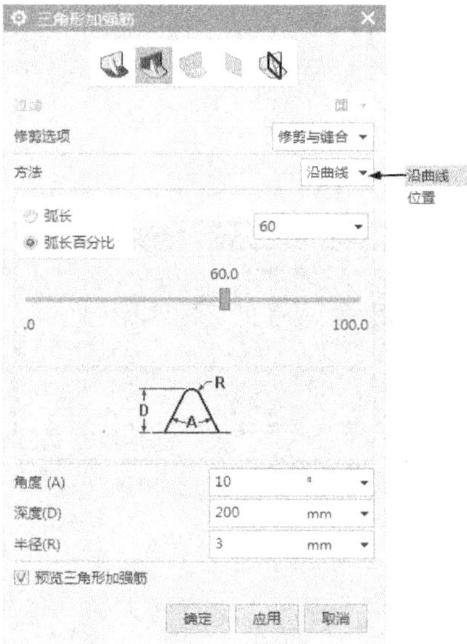

图 6-121 “三角形加强筋”对话框

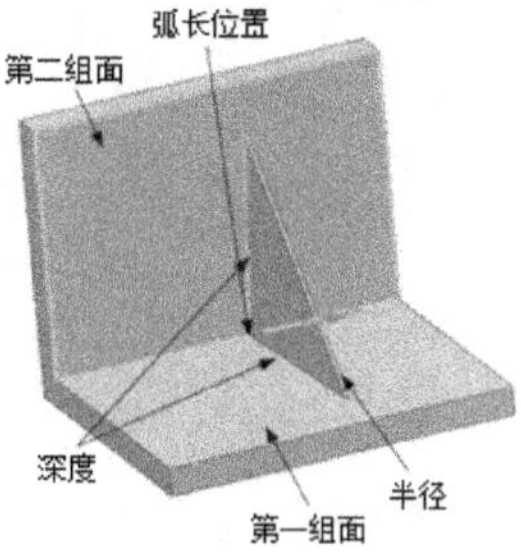

图 6-122 三角形加强筋效果示意图

对话框中的选项功能如下。

（1）第一组：单击该图标，在视图区选择三角形加强筋的第一组放置面。

（2）第二组：单击该图标，在视图区选择三角形加强筋的第二组放置面。

（3）位置曲线：在第二组放置面的选择超过两个曲面时，该按钮被激活，用于选择两组面多条交线中的一条交线作为三角形加强筋的位置曲线。

（4）位置平面：单击该图标，用于指定与工作坐标系或绝对坐标系相关的平行平面或在视图区指定一个已存在的平面位置来定位三角形加强筋。

（5）方位平面：单击该图标，用于指定三角形加强筋的倾斜方向的平面。方向平面可以是已存在平面或基准平面，默认的方向平面是已选两组平面的法向平面。

（6）修剪选项：用于设置三角加强筋的裁剪方式。

（7）方法：用于设置三角加强筋的定位方法，包括“沿曲线”和“位置”定位两种方法。

① 沿曲线：用于通过两组面交线的位置来定位。可通过指定“圆弧长”或“%圆弧长”值来定位。

② 位置：选择该选项，对话框的变化如图 6-123 所示。此时可单击图标来选择定位方式。

图 6-123　位置选项

6.2.12　螺纹

选择“菜单”→“插入”→“设计特征”→“螺纹”命令，或者单击“主页”选项卡→“特征”组→“更多”库→“设计特征”库→“螺纹刀”图标，打开如图 6-124 所示“螺纹切削”对话框。该选项能在具有圆柱面的特征上生成符号螺纹或详细螺纹。这些特征包括孔、圆柱、凸台以及圆周曲线扫掠产生的减去或增添部分。

图 6-124　“螺纹切削”对话框

1. 螺纹类型

（1）符号：该类型螺纹以虚线圆的形式显示在要攻螺纹的一个或几个面上。符号螺纹使用外部螺纹表文件（可以根据特殊螺纹要求来定制这些文件），以确定默认参数。符号螺纹一旦生成就不能复制或阵列，但在生成时可以生成多个复制和可阵列复制，如图 6-125 所示。

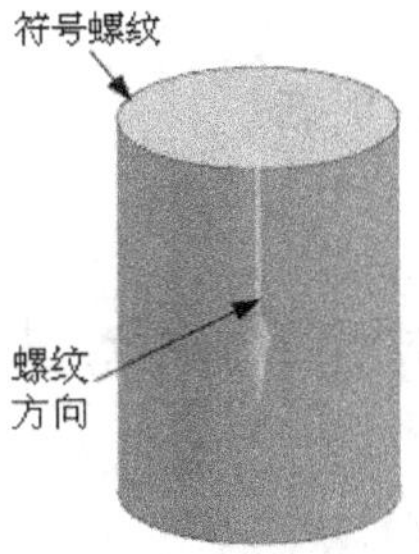

图 6-125　符号螺纹效果示意图

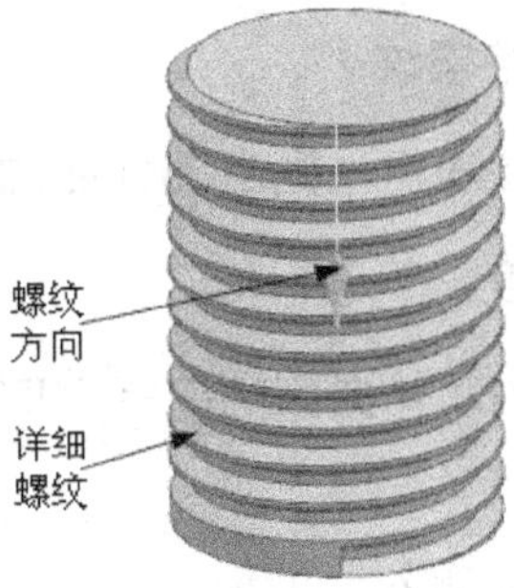

图 6-126　详细螺纹效果示意图

（2）详细：该类型螺纹看起来更实际，如图 6-126 所示，但由于其几何形状及显示的复杂性，生成和更新都需要长得多的时间。详细螺纹使用内嵌的默认参数表，可以在生成后复制或引用。详细螺纹是完全关联的，如果特征被修改，螺纹也相应更新。

2. 大径

为螺纹的最大直径。对于符号螺纹，提供默认值的是查找表。对于符号螺纹，这个直径必须大于圆柱面直径。只有当“手工输入”选项打开时，才能在这个字段中为符号螺纹输入值。

3. 小径

螺纹的最小直径。

4. 螺距

从螺纹上某一点到下一螺纹的相应点之间的距离，平行于轴测量。

5. 角度

螺纹的两个面之间的夹角，在通过螺纹轴的平面内测量。

6. 标注

引用为符号螺纹提供默认值的螺纹表条目。当“螺纹类型”是“详细”，或者对于符号螺纹而言“手工输入”选项可选时，该选项不出现。

7. 螺纹钻尺寸

轴尺寸出现于外部符号螺纹；丝锥尺寸出现于内部符号螺纹。

8. 方法

该选项用于定义螺纹加工方法，如切削、轧制、研磨和铣削。选择可以由用户在用户默认值中定义，也可以不同于这些例子。该选项只出现于“符号”螺纹类型。

9. 螺纹头数

该选项用于指定是要生成单头螺纹还是多头螺纹。

10．锥形

勾选此复选框，则符号螺纹带锥度。

11．完整螺纹

勾选此复选框，则当圆柱面的长度改变时，符号螺纹将更新。

12．长度

从选中的起始面到螺纹终端的距离，平行于轴测量。对于符号螺纹，提供默认值的是查找表。

13．手工输入

该选项为某些选项输入值，否则这些值要由查找表提供。勾选此复选框，“从表格中选择”选项不能用。

14．从表中选择

对于符号螺纹，该选项可以从查找表中选择标准螺纹表条目。

15．旋转

用于指定螺纹应该是“右旋”的（顺时针）还是“左旋”的（反时针），示意图如图 6-127 所示。

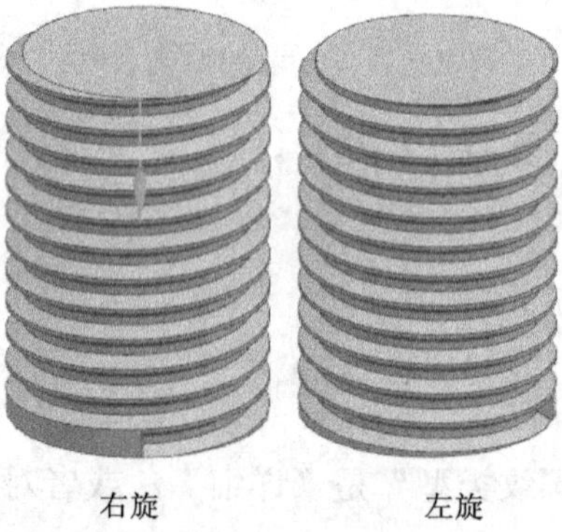

右旋　　左旋

图 6-127　旋转效果示意图

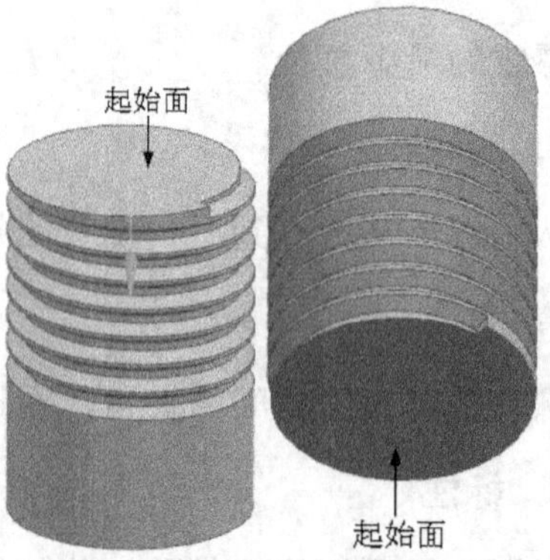

图 6-128　选择起始面

16．选择起始

该选项通过选择实体上的一个平面或基准面来为符号螺纹或详细螺纹指定新的起始位置，示意图如图 6-128 所示。单击此按钮，打开如图 6-129 所示“螺纹切削”选择对话框，在视图中选择起始面，打开如图 6-130 所示的“螺纹切削”对话框。

（1）螺纹轴反向：能指定相对于起始面攻螺纹的方向。

（2）延伸通过起点：使系统生成详细螺纹直至起始面以外。

（3）不延伸：使系统从起始面起生成螺纹。

图 6-129 “螺纹切削”选择对话框

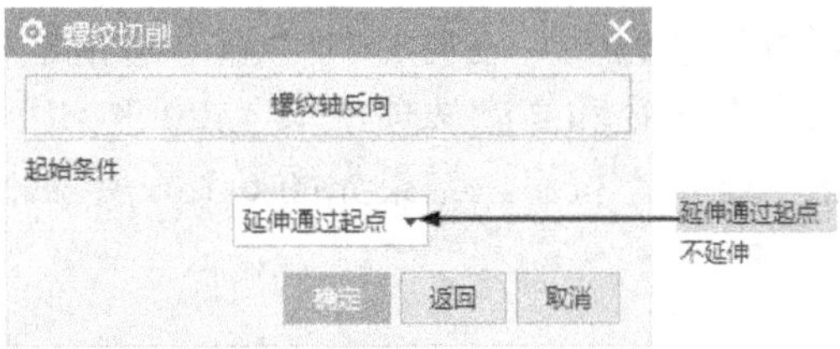

图 6-130 “螺纹切削”对话框

6.2.13 实例——灯泡

灯泡主体是由球和圆柱体构成，灯泡下部分由螺纹操作生成螺旋接口，模型如图 6-131 所示。

绘制步骤

图 6-131 灯泡

（1）单击“主页”选项卡→“标准”组→“新建”图标，打开“新建”对话框，在“模型”选项卡中选择“模型”模板，文件名为 dengpao，单击“确定”按钮，进入建模环境。

（2）选择“菜单”→“插入”→“设计特征”→“球”命令，或者单击“主页”选项卡→“特征”组→“更多”库→“设计特征”库→“球”图标，打开如图 6-132 所示“球”对话框。选择“中心点和直径”，在直径选项中输入 50，单击“点对话框”按钮，打开点对话框，如图 6-133 所示，输入（0，0，0），单击“确定”按钮，完成球的创建，如图 6-134 所示。

图 6-132 “球”对话框

图 6-133 “点”对话框

（3）选择“菜单”→“插入”→“设计特征”→“圆柱”命令，或者单击“主页”选项卡→“特征”组→“更多”库→“设计特征”库→“圆柱”图标，打开如图 6-135 所示的“圆柱”对话框，选择“轴、直径和高度”类型，选择 ZC 轴为生成圆柱体矢量方向，单击“点对话框”按钮，在打开的“点”对话框中输入（0，0，–40）为圆柱原点，单击“确定”按钮，在直径和高度选项中输入 20 和 40，在布尔下拉列表中选择“合并”，再选择球体。单击“确定”按钮，结果如图 6-136 所示。

图 6-134　“球

图 6-135　“圆柱”对话框

（4）同步骤（2），创建直径 18，球心位于（0，0，–40），完成创建和求和操作。生成如图 6-137 所示模型。

（5）选择“菜单”→“插入”→“设计特征”→“螺纹”命令，或者单击“主页”选项卡→“特征”组→“更多”库→“设计特征”库→“螺纹刀”图标，打开“螺纹切削”对话框如图 6-138 所示。在螺纹类型选项中选择“详细”，选择模型中间的圆柱，打开如图 6-139 所示对话框，按系统提示选择螺纹起始面，选择圆柱底面，打开“选择起始”对话框如图 6-140 所示，接受系统默认方向，单击“确定”按钮，激活对话框中各选项，在长度和螺距选项中分别输入 14 和 4，接受系统默认的其他各选项值，单击“确定”按钮，完成螺纹的创建。

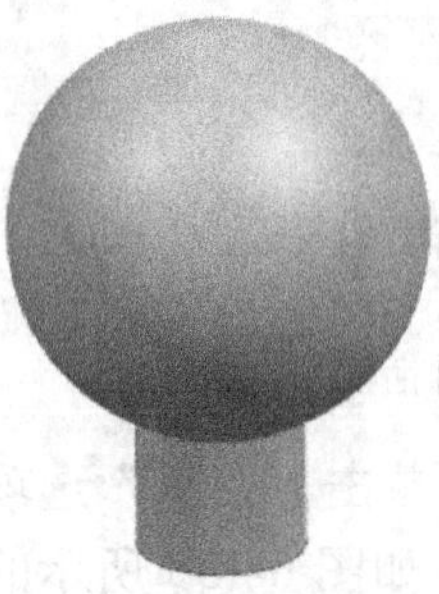

图 6-136　创建圆柱

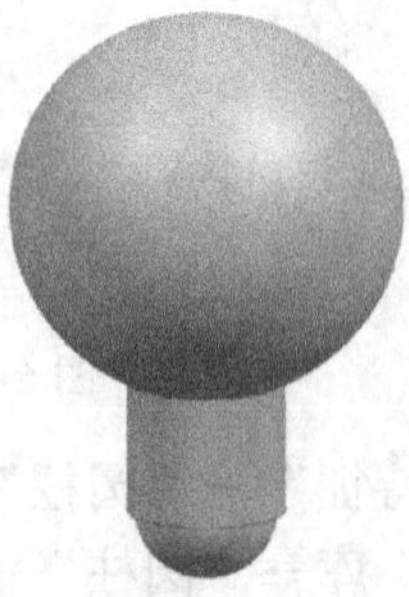

图 6-137　模型

图 6-138　“螺纹切削”对话框

图 6-139 “选择对象”对话框

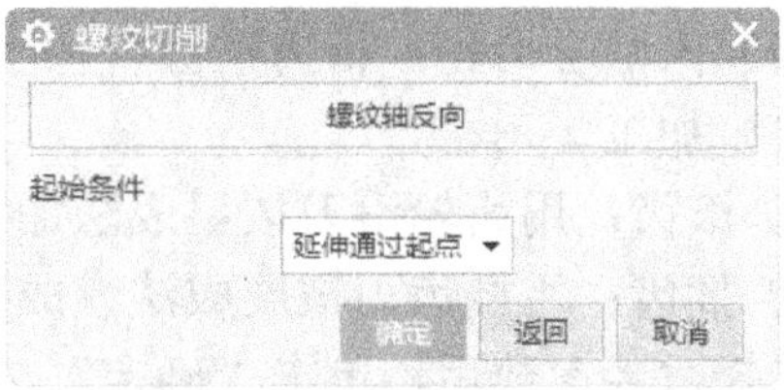

图 6-140 “选择起始”对话框

6.3 GC 工具箱

本节是 UG12.0 新增功能，通过本节的学习可以更快地创建齿轮和弹簧等标准零件。

6.3.1 齿轮建模

选择“菜单”→“GC 工具箱”→“齿轮建模”下拉菜单，如图 6-141 所示。选择“圆柱齿轮”打开“渐开线圆柱齿轮建模”对话框，如图 6-142 所示。

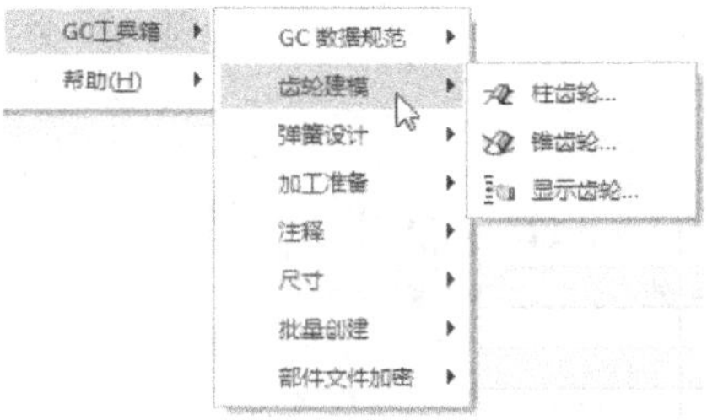

图 6-141 齿轮建模”下拉菜单

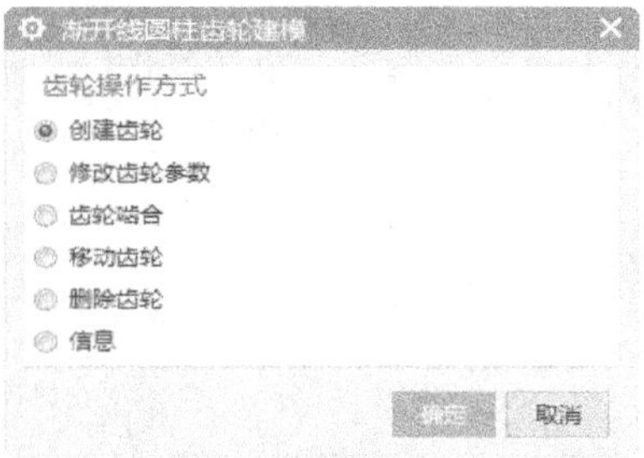

图 6-142 “渐开线圆柱齿轮建模”对话框

1. 创建齿轮

创建新的齿轮。选择该选项，单击“确定”按钮，打开如图 6-143 所示“渐开线圆柱齿轮类型”对话框。

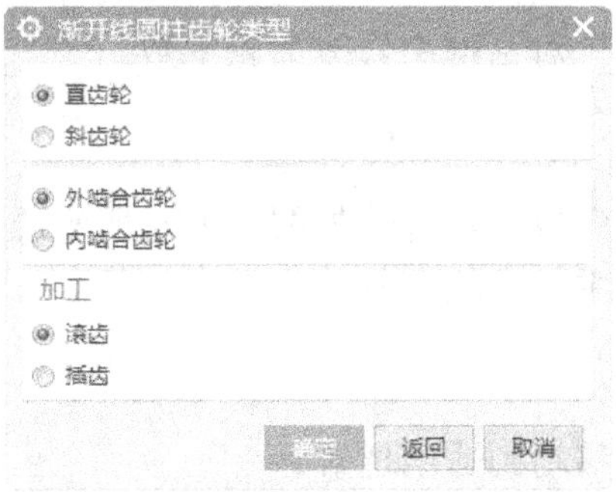

图 6-143 “渐开线圆柱齿轮类型”对话框

（1）直齿轮：指轮齿平行于齿轮轴线的齿轮。

（2）斜齿轮：指轮齿与轴线成一角度的齿轮。

（3）外啮合齿轮：指齿顶圆直径大于齿根圆直径的齿轮。

（4）内啮合齿轮：指齿顶圆直径小于齿根圆直径的齿轮。

（5）加工。

① 滚齿：用齿轮滚刀按展成法加工齿轮的齿面。

② 插齿：用插齿刀按展成法或成形法加工内、外齿轮或齿条等的齿面。

选择适当参数后，单击“确定”按钮，打开如图 6-144 所示的“渐开线圆柱齿轮参数”对话框。

（6）标准齿轮：根据标准的模数、齿宽以及压力角创建的齿轮为标准齿轮。

（7）变位齿轮：选择此选项卡，如图 6-145 所示。改变刀具和轮坯的相对位置来切制的齿轮为变位齿轮。

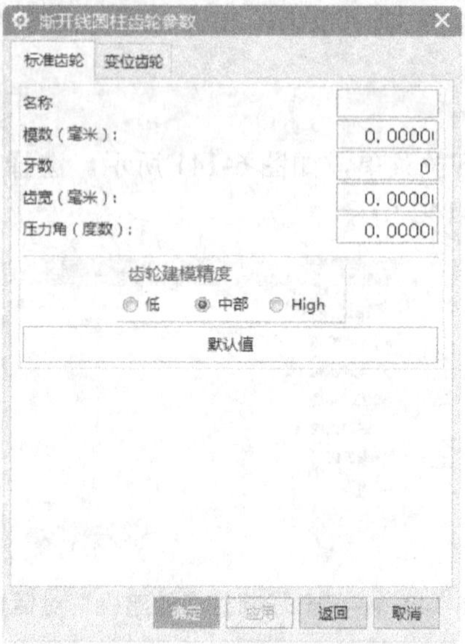

图 6-144 “渐开线圆柱齿轮参数”对话框

图 6-145 “渐开线圆柱齿轮参数”对话框

2. 修改齿轮参数

选择此选项，单击“确定”按钮，打开“选择齿轮进行操作”对话框，选择要修改的齿轮，在“渐开线圆柱齿轮参数”对话框中修改齿轮参数。

3. 齿轮啮合

选择此选项，单击“确定”按钮，打开如图 6-146 所示的“选择齿轮啮合”对话框，选择要啮合的齿轮，分别设置为主动齿轮和从动齿轮。

4. 移动齿轮

选择要移动的齿轮，将其移动到适当位置。

5. 删除齿轮

删除视图中不要的齿轮。

6. 信息

显示选择的齿轮的信息。

图 6-146 “选择齿轮啮合”对话框

6.3.2 实例——圆柱齿轮

首先利用 GC 工具箱中的圆柱齿轮命令创建圆柱齿轮的主体，然后绘制轴孔草图，利用拉伸命令来创建轴孔，如图 6-147 所示。

绘制步骤

图 6-147 圆柱齿轮

（1）选择“菜单”→“文件”→“新建”命令，或者单击“主页”选项卡→“标准”组→“新建”图标，打开“新建”对话框，在模型选项卡中选择适当的模板，文件名为 yuanzhuchilun，单击“确定”按钮，进入建模环境。

（2）创建齿轮基体。

① 选择“菜单”→“GC 工具箱”→“齿轮建模”→“柱齿轮”命令，打开如图 6-148 所示的“渐开线圆柱齿轮建模”对话框。

② 选择“创建齿轮”单选按钮，单击“确定”按钮，打开如图 6-149 所示的“渐开线圆柱齿轮类型”对话框。选择“直齿轮”，“外啮合齿轮”和“滚齿”单选按钮，单击“确定”按钮。打开如图 6-150 所示的“渐开线圆柱齿轮参数”对话框。在“标准齿轮”选项卡中输入模数、牙数、齿宽和压力角分别为 3、21、24 和 20，单击“确定”按钮，打开如图 6-151 所示的“矢量”对话框。在矢量类型下拉列表中选择“ZC 轴”，单击“确定”按钮，打开如图 6-152 所示的“点”对话框。输入坐标点为（0,0,0），单击“确定”按钮，生成圆柱齿轮如图 6-153 所示。

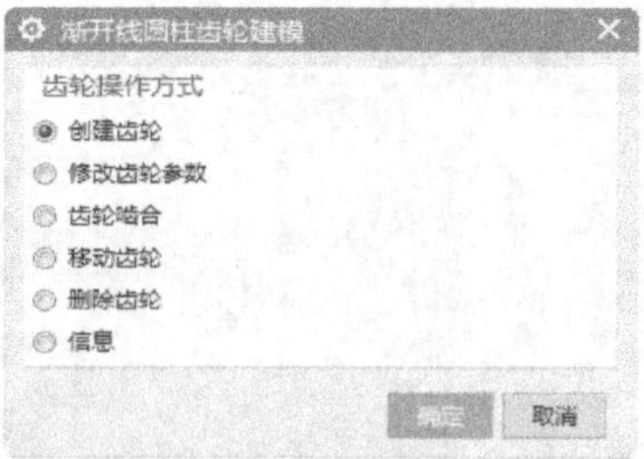

图 6-148 “渐开线圆柱齿轮建模”对话框

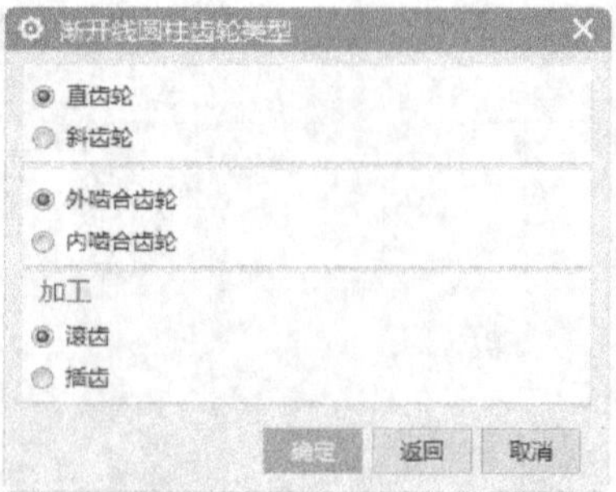

图 6-149 “渐开线圆柱齿轮类型”对话框

图 6-150 “渐开线圆柱齿轮参数”对话框

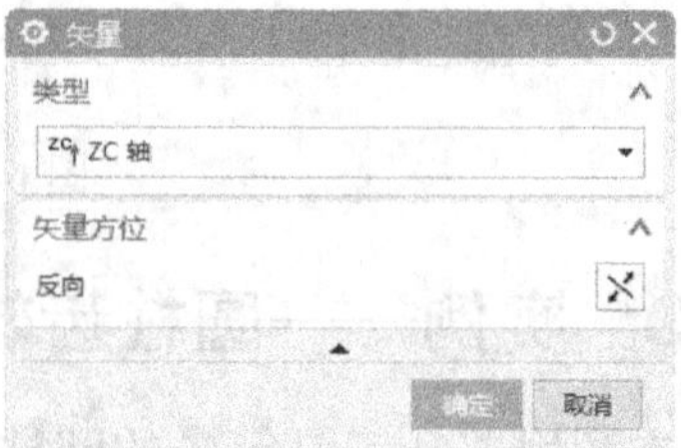

图 6-151 “矢量”对话框

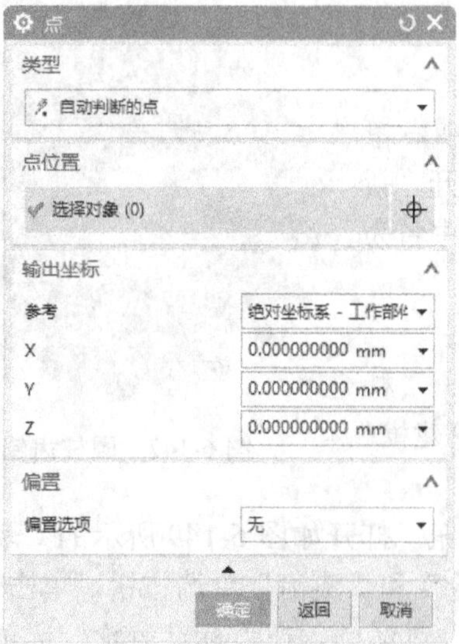

图 6-152 “点”对话框

图 6-153 创建圆柱直齿轮

（3）绘制草图。

① 选择“菜单”→“插入”→“在任务环境中绘制草图”命令，或者单击“曲线”选项

卡→“在任务环境中绘制草图”图标，选择圆柱齿轮的外表面为工作平面绘制草图，进入草图绘制界面。

② 单击“主页”选项卡→“曲线”组→“圆”图标，在“圆”对话框中选择“圆心和直径定圆”输入坐标（0，0），输入直径 24。

③ 单击“主页”选项卡→“曲线”组→“直线”图标，输入坐标（-3,14），长度和角度分别为 6 和 0 绘制直线 1；再选择直线 1 的左端点，长度和角度分别为 10 和 270；另一条直线选择直线 1 的右端点，长度和角度分别为 10 和 270。

④ 单击“主页”选项卡→“曲线”组→“快速修剪”图标，去除边后绘制的草图如图 6-154 所示。单击“主页”选项卡→“草图”组→“完成”图标，草图绘制完毕。

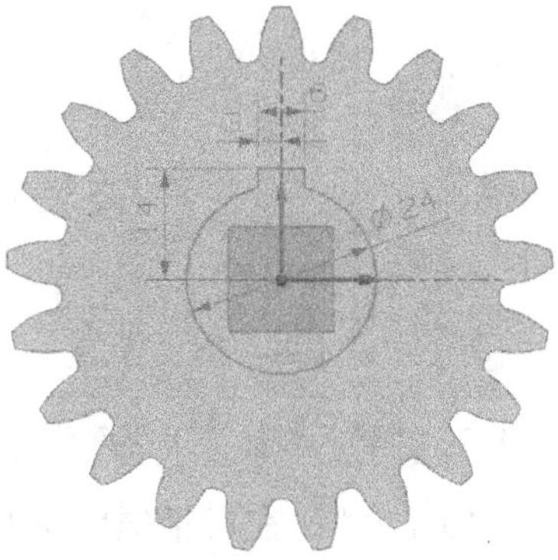

图 6-154　绘制草图

（4）选择“菜单”→“插入”→“设计特征”→“拉伸”命令，或者单击“主页”选项卡→“特征”组→“设计特征”下拉菜单→“拉伸”图标，打开如图 6-155 所示“拉伸”对话框。选择上步绘制的草图为拉伸曲线，在指定矢量下拉列表中选择“-ZC 轴”为拉伸方向，结束选择“贯通”，在布尔下拉列表中选择“减去”，单击“确定”按钮，生成如图 6-156 所示圆柱齿轮。

图 6-155　“拉伸”对话框

图 6-156　创建轴孔

6.3.3 弹簧设计

选择“菜单”→“GC 工具箱”→“弹簧设计”下拉菜单，如图 6-157 所示。选择一种创建方式打开弹簧的创建步骤对话框，如图 6-158 所示。

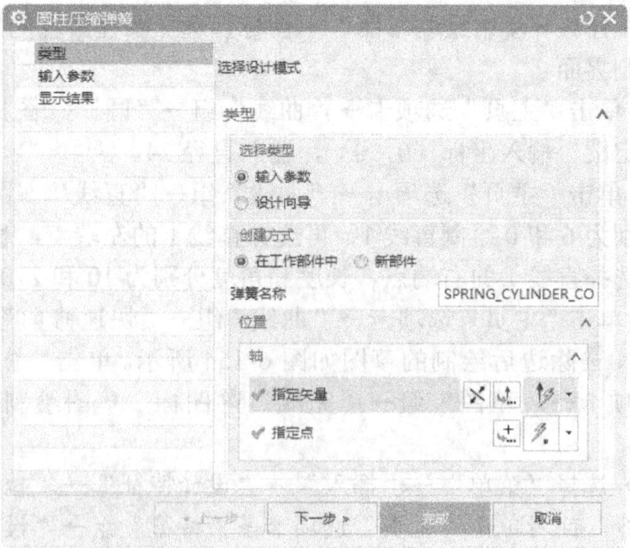

图 6-157 “弹簧设计”下拉菜单　　图 6-158 “圆柱压缩弹簧”对话框

（1）类型：在对话框中选择类型、创建方式和轴的位置。

（2）输入参数：输入弹簧的各个参数，如图 6-159 所示。

（3）显示结果：显示设计好的弹簧的各个参数。

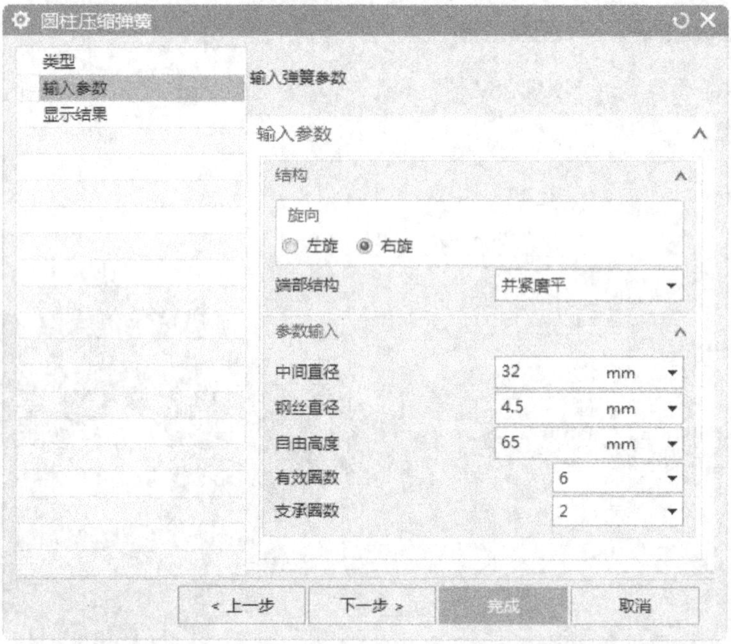

图 6-159 “圆柱压缩弹簧”对话框

6.3.4 实例——圆柱拉伸弹簧

利用 GC 工具箱中的圆柱拉伸弹簧命令，在相应的对话框中输入弹簧参数，直接创建弹簧，如图 6-160 所示。

绘制步骤

（1）选择“菜单”→“文件”→“新建”命令，或者单击“主页”选项卡→“标准”组→“新建”图标，打开“新建”对话框，在模型选项卡中选择适当的模板，文件名为 tanhuang，单击“确定”按钮，进入建模环境。

（2）选择“菜单”→“GC 工具箱”→“弹簧设计”→“圆柱拉伸弹簧”命令，打开如图 6-161 所示的“圆柱拉伸弹簧”对话框。

图 6-160　圆柱拉伸弹簧

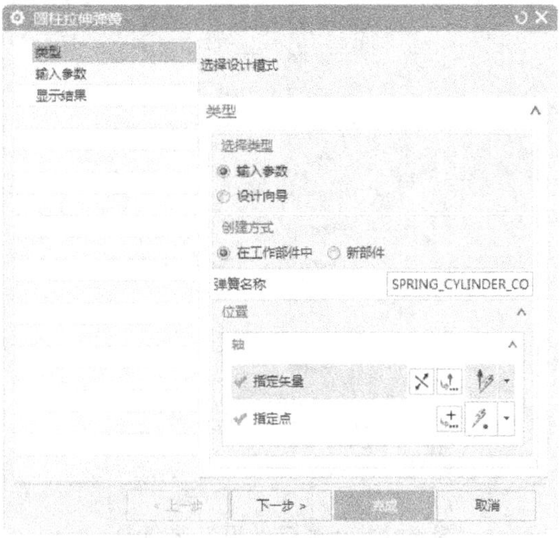

图 6-161　“圆柱拉伸弹簧”对话框

（3）选择“选择类型”为“输入参数”，选择创建方式为“在工作部件中”，其余默认，单击“下一步”按钮。

（4）打开“输入参数”选项卡，如图 6-162 所示。在对话框选择选项为“右旋”，选择端部结构为“圆钩环”，输入中间直径为 30，材料直径为 4，有效圈数为 12.5。单击“下一步”按钮。

图 6-162　“输入参数”选项卡

（5）打开“显示结果”选项卡，如图 6-163 所示。显示弹簧的各个参数，单击“完成”按钮，完成弹簧的创建，如图 6-164 所示。

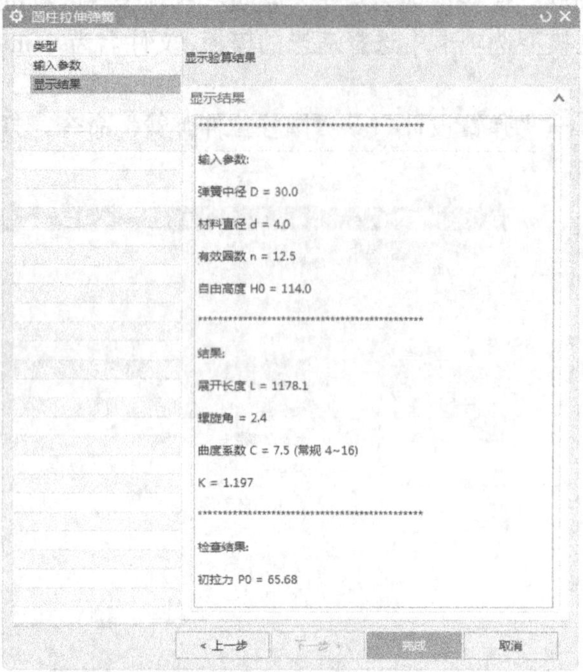

图 6-163 “显示结果”选项卡

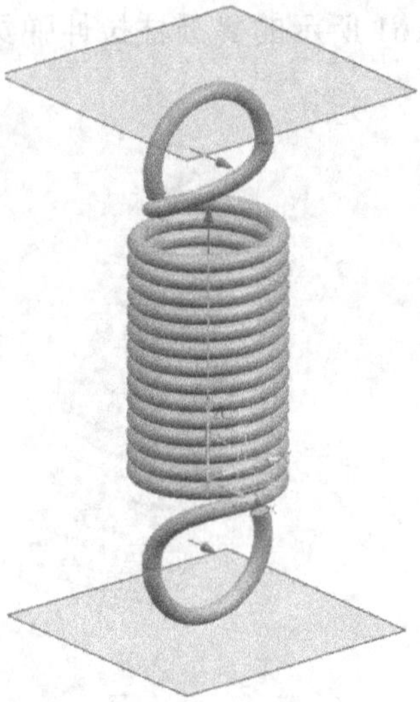

图 6-164 圆柱拉伸弹簧

6.4 综合实例——方向盘

方向盘模型采用基本曲线绘制模型大致轮廓，然后通过软管等操作生成模型，如图 6-165 所示。

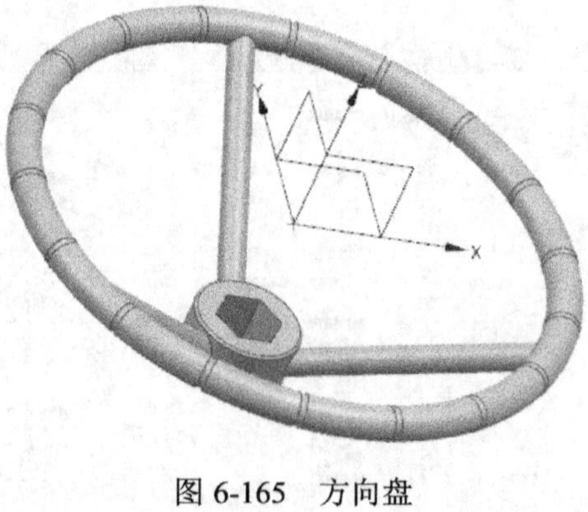

图 6-165 方向盘

绘制步骤

（1）选择“菜单”→“文件”→“新建”命令，打开“新建”对话框，在“模型”选项卡中选择“模型”模板，文件名为 fangxiangpan，单击“确定”按钮，进入建模环境。

（2）选择“菜单”→“插入”→“曲线”→“基本曲线（原有）”命令，打开如图 6-166 所示“基本曲线”对话框，单击对话框中“圆”，在点方法下拉菜单中单击“点构造器”，屏幕中打开“点”对话框，根据系统提示输入圆中心坐标，输入（0，0，0），单击“确定”按钮，系统提示输入圆上一点坐标，输入（200，0，0），单击“确定”按钮，完成圆 1 的创建。同上步骤创建圆心在（0，0，-120），圆上一点坐标为（20，0，-120）的圆 2，如图 6-167 所示。

图 6-166 “基准曲线”对话框

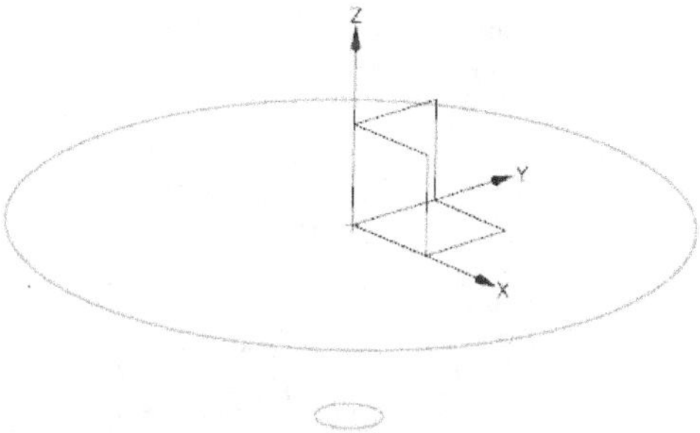

图 6-167 绘制曲线

（3）选择“菜单”→“插入”→“曲线”→“基本曲线（原有）”命令，打开如图 6-168 所示基本曲线对话框，单击对话框中“直线”，在点方式下拉菜单中单击“象限点”，依次选择圆 1 和圆 2 的第一象限点，单击“取消”按钮，完成直线的创建。生成曲线模型如图 6-169 所示。

图 6-168 “基本曲线”对话框

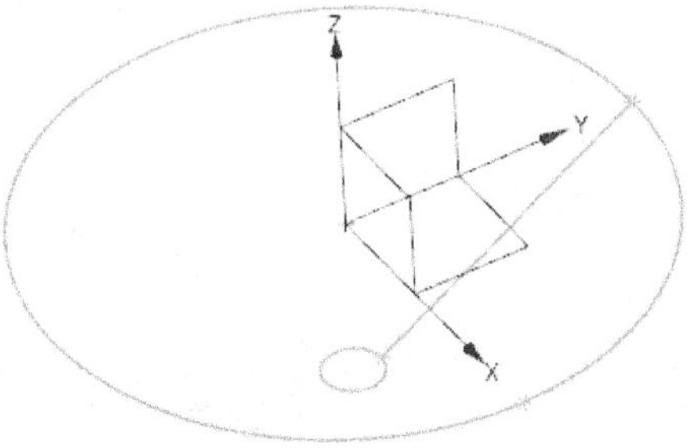

图 6-169 曲线模型

（4）选择“菜单”→“插入”→“设计特征”→“圆柱”命令，或者单击“主页”选项卡→“特征”组→“更多”库→“设计特征”库→“圆柱”图标，打开如图 6-170 所示对话框。选择“轴、直径和高度”按钮，选择“ZC”为圆柱的指定矢量，单击“点对话框”按钮，打开“点”对话框为圆柱定位，输入（0，0，–130），单击“确定”按钮，在直径和高度选项中分别输入 80、40，连续单击“确定”按钮，完成圆柱的创建，如图 6-171 所示。

图 6-170 “圆柱”对话框

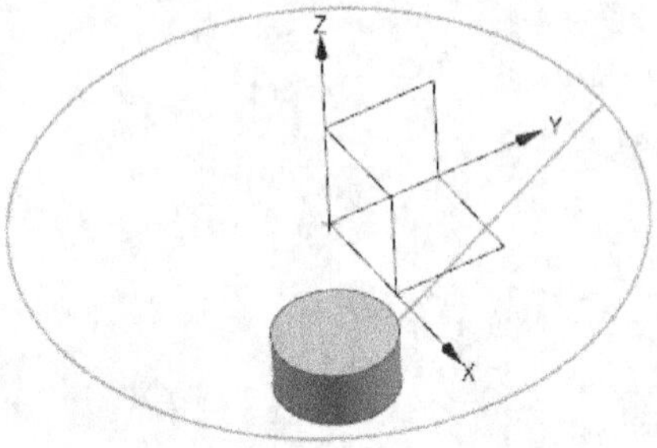

图 6-171 创建圆柱

（5）选择“菜单”→“插入”→“扫掠”→“管”命令，或者单击“主页”选项卡→“特征”组→“更多”库→“扫掠”库→“管”图标，打开如图 6-172 所示“管”对话框。在对话框中的“外径”和“内径”选项中分别输入 25、0，“输出”选项选择“单段”，选择圆 1 为软管导引线，单击“确定”按钮，完成软管 1 的创建。同上步骤在参数外径和内径分别输入 20、0，选择直线为软管导引线，创建软管 2。生成模型如图 6-173 所示。

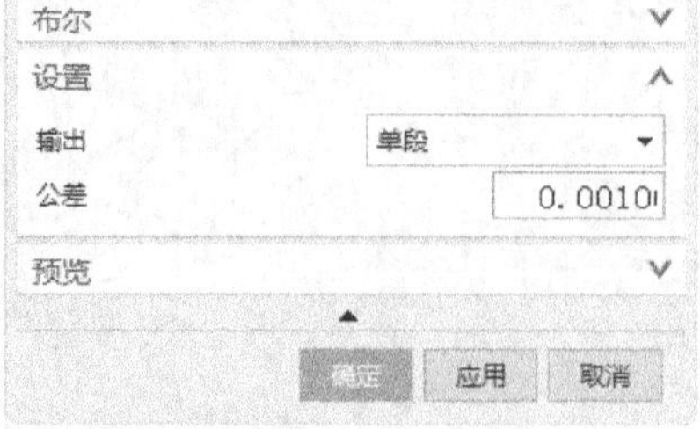

图 6-172 “管”对话框

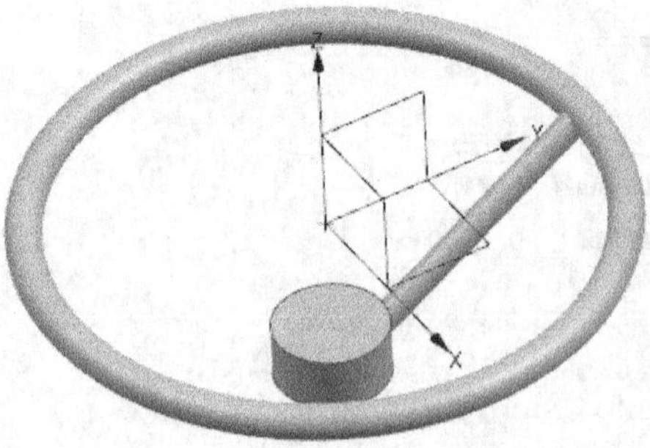

图 6-173 创建管

（6）选择“菜单”→“编辑”→“移动对象”命令，或者单击“工具”选项卡→“实用工具”组→“移动对象”图标，打开“移动对象”对话框如图 6-174 所示，选择直线软管，“运动”选择“角度”，“指定矢量”选择“ZC”，指定轴点单击“点对话框”按钮，在打开的“点”对话框中输入坐标（0,0,0），如图 6-175 所示；角度为 120；在“结果”栏中选择“复制原先的”，非关联副本数输入 2，单击“确定”按钮。生成模型如图 6-176 所示。

图 6-174　“移动对象”对话框

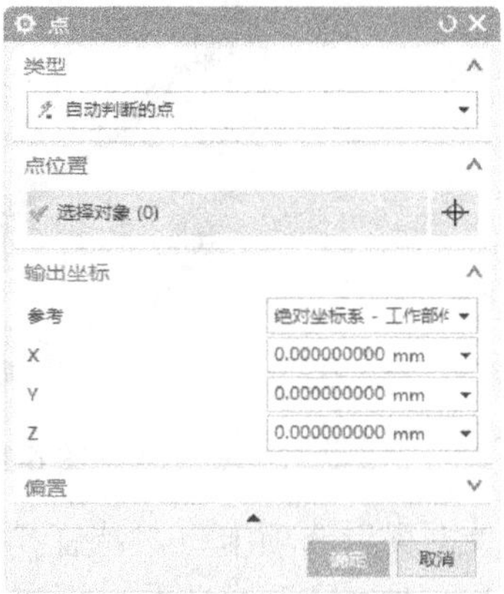

图 6-175　“点”对话框

（7）单击“主页”选项卡→“特征”组→“组合”下拉菜单→“合并”图标，打开如图 6-176 所示“合并”对话框。对图 6-177 中五个实体模型进行布尔合并操作。

图 6-176　“合并”对话框

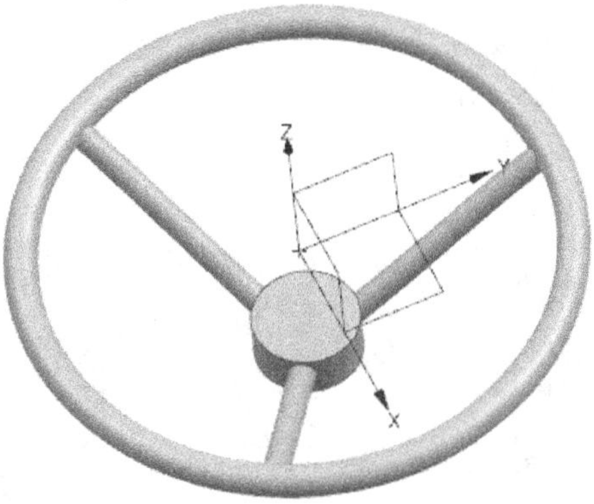

图 6-177　模型

（8）选择“菜单”→“插入”→“曲线”→“多边形（原有）”命令，打开如图 6-178 所示“多边形”对话框，在“边数”中输入 6，单击“确定”按钮，打开“多边形创建方式”对话框，单击“外接圆半径”按钮，打开“多边形”对话框如图 6-179 所示，在对话框中圆半径和方位角分别输入 25 和 0，单击“确定”按钮，打开“点”对话框确定六边形的中心，以圆柱体上端面圆心为六边形中心，单击“取消”按钮，完成六边形的创建，如图 6-180 所示。

图 6-178　“多边形”对话框

图 6-179　“多边形”参数对话框

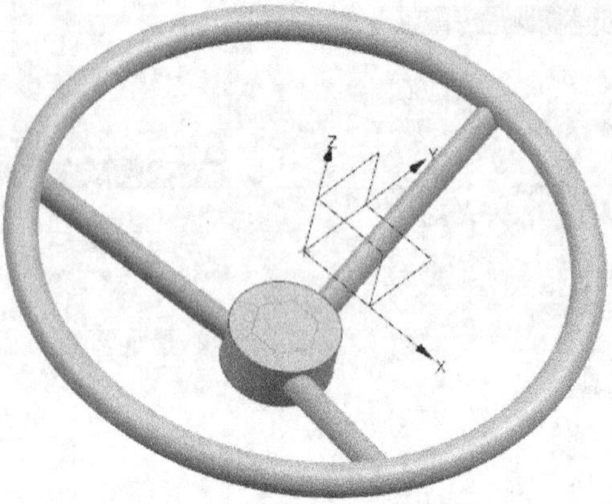

图 6-180　绘制多边形

（9）单击“主页”选项卡→“特征”组→“设计特征”下拉菜单→“拉伸”图标，打开如图 6-181 所示“拉伸”对话框。指定矢量为“ZC”在“限制”选项中“开始距离”中输入 0，“结束距离”中输入-40，选择屏幕中的六边形曲线，单击“确定”按钮，完成拉伸操作，如图 6-182 所示。

图 6-181　“拉伸”对话框

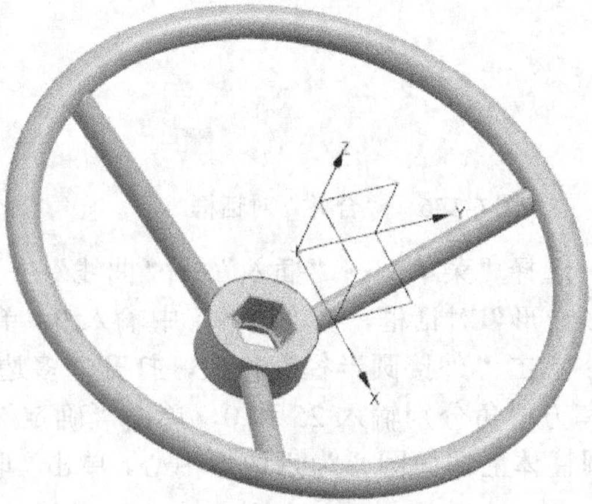

图 6-182　模型

（10）单击“主页”选项卡→“特征”组→“边倒圆”图标，打开如图 6-183 所示的“边倒圆”对话框，对圆柱上下两端圆弧进行倒圆，倒圆半径为 2，如图 6-184 所示。

图 6-183 “边倒圆”对话框

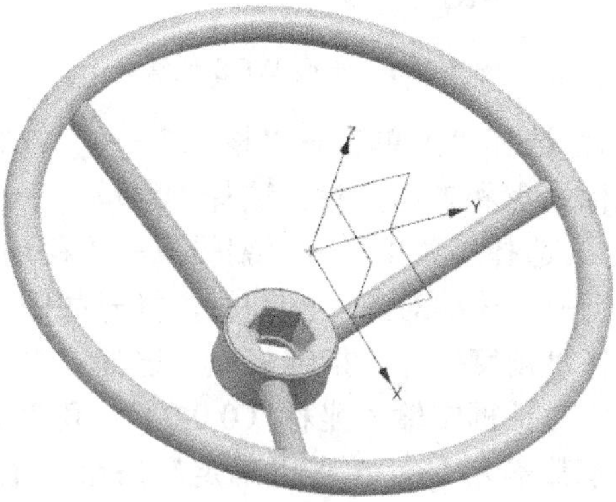

图 6-184 模型

（11）调整坐标系。

① 选择“菜单”→“格式”→“WCS”→“显示”命令。

② 选择“菜单”→“格式”→“WCS”→“旋转”命令，绕+ZC 轴，旋转角度为 10。单击“曲线”选项卡→“曲线”组→“直线”图标，“起点”选择坐标原点，“终点选项”选择“YC”，距离为 300。

③ 选择“菜单”→“格式”→“WCS”→“动态”，按住鼠标右键，向左移动鼠标选择“静态线框”，选择将坐标系移动到上一步所做直线与圆 1 的交点上（在菜单右边捕捉点处可选择“相交”，如图 6-185 所示），移动完成后，按住鼠标右键，向上移动鼠标选择“带边着色”，再选择“菜单”→“格式”→“WCS”→“旋转”命令，绕+YC 轴旋转 90 度。如图 6-186 所示。

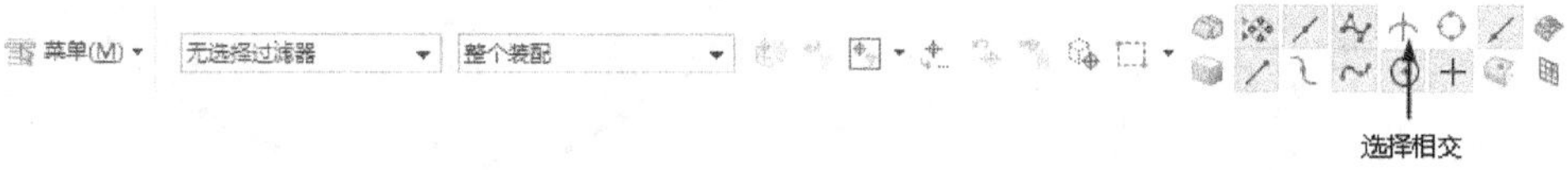

图 6-185 选择相交

（12）选择“菜单”→“插入”→“曲线”→“基本曲线（原有）”命令，打开基本曲线对话框，单击对话框中“圆○”，在点方法下拉菜单中单击“点构造器”，屏幕中打开“点”对话框，“参考”选择“WCS”，根据系统提示输入圆心坐标，输入（0，0，0），单击“确定”按钮，系统提示输入圆上一点坐标，输入（14，0，0），单击“确定”按钮，完成圆 3 的创建，如图 6-187 所示。

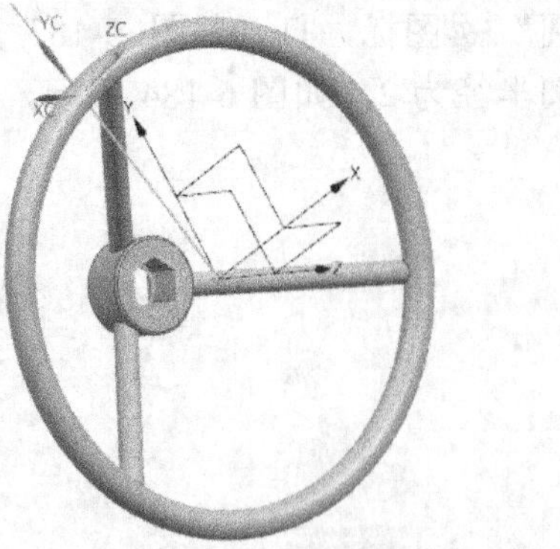

图 6-186　变换 WCS 位置

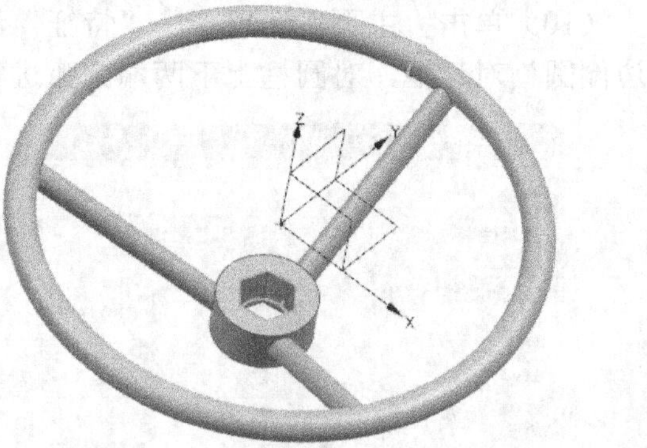

图 6-187　绘制圆

（13）选择“菜单”→“格式”→“WCS”→“WCS 设置为绝对”命令，将坐标系调整回原坐标原点和方向矢量，选择“菜单”→“格式”→“WCS”→“显示”命令，取消显示。

（14）选择“菜单”→“编辑”→“移动对象”命令，或者单击“工具”选项卡→“实用工具”组→“移动对象”图标，打开如图 6-188 所示“移动对象”对话框，选择圆 3，“运动”选择“角度”，“指定矢量”选择“ZC”，指定轴点单击“点对话框”按钮，在打开的“点”对话框中输入坐标（0,0,0）；角度为 20；在“结果”栏中选择“复制原先的”，非关联副本数输入 18，单击“确定”按钮。生成模型如图 6-189 所示。

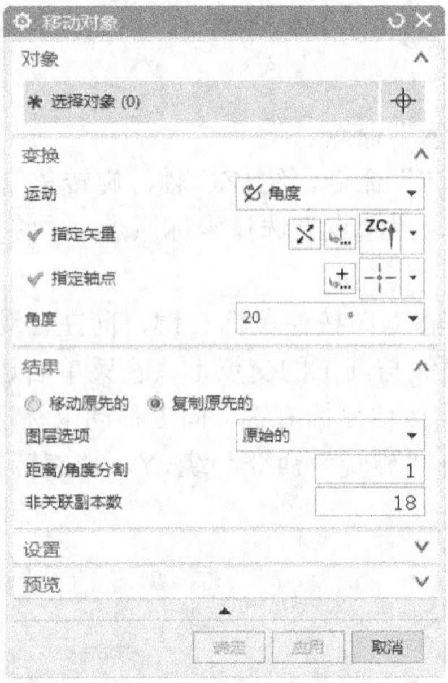

图 6-188　“移动对象”对话框

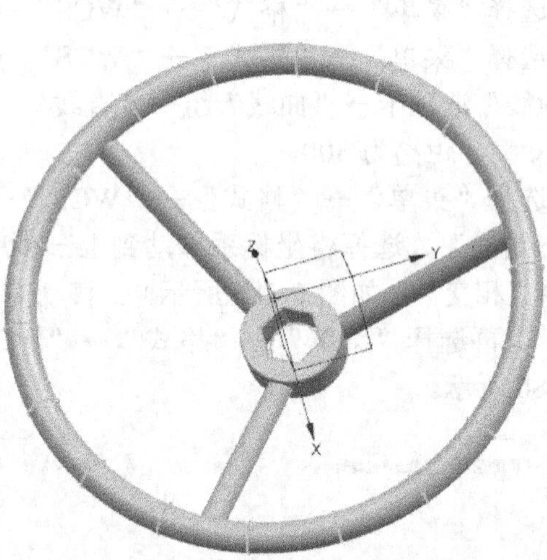

图 6-189　方向盘

（15）选择“菜单”→“插入”→“扫掠”→“管”命令，或者单击“主页”选项卡→“特征”组→“更多”库→“扫掠”库→“管”图标，打开“管”对话框。在“管”对话框里外径和内径选项分别输入 6，0，“输出”选择“单段”，布尔选择“减去”，单个选择圆 3，单击“应用”按钮，其余圆 3 副本也按照上述方法完成软管 3 的创建，结果如图 6-190 所示。

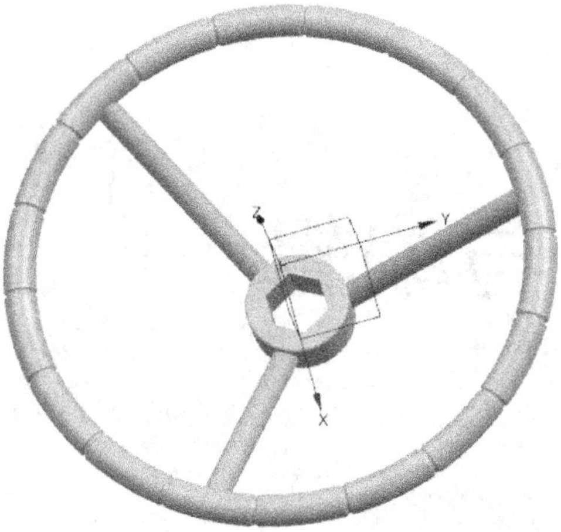

图 6-190　结果

Chapter

特征操作与编辑

7

内容简介

实体建模后，发现有的特征建模不符合要求，可以通过特征编辑对特征不满意的地方进行编辑。

特征操作是在特征建模基础上的进一步细化。其中大部分命令也可以在菜单中找到，UG NX 12.0 只是将其分散在很多子菜单中，例如，“菜单”→“插入”→“关联复制”和“菜单”→“插入”→“修剪”，以及“菜单”→“插入”→“细节特征”等子菜单。

内容要点

- 细节特征
- 偏置/缩放特征
- 修剪
- 关联复制特征
- 特征编辑

案例效果

7.1 细节特征

本节主要介绍细节特征子菜单中的特征。

7.1.1 边倒圆

选择“菜单”→“插入”→“细节特征”→“边倒圆”命令，或者单击“主页”选项卡→“特征”组→“边倒圆”图标，打开如图 7-1 所示的“边倒圆”对话框。该选项能通过对选定的边进行倒圆来修改一个实体，示意图如图 7-2 所示。

图 7-1 “边倒圆”对话框

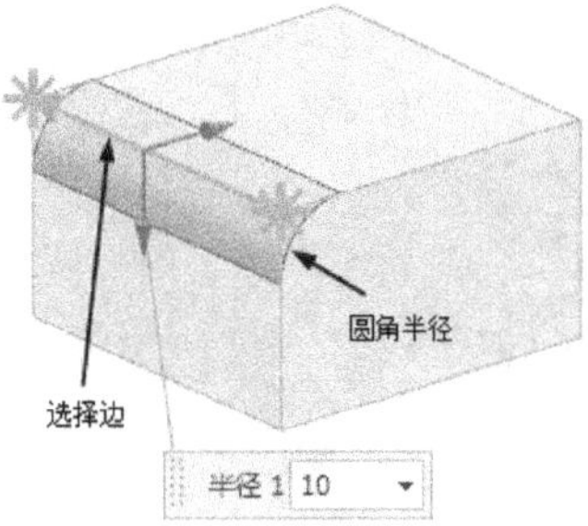

图 7-2 边倒圆效果示意图

加工圆角时，用一个圆球沿着要倒圆角的边（圆角半径）滚动，并保持紧贴相交于该边的两个面。球将圆角层除去。球将在两个面的内部或外部滚动，这取决于是要生成圆角还是要生成倒过圆角的边。

对话框各选项圆角示意图，对话框各选项功能如下。

（1）边：选择要倒圆角的边，在打开的浮动对话栏中输入想要的半径值（它必须是正值）即可。圆角沿着选定的边生成。

（2）变半径：通过沿着选中的边缘指定多个点并输入每一个点上的半径，可以生成一个可变半径圆角，对话框如图 7-3 所示；从而生成了一个半径沿着其边缘变化的圆角，示意图如图 7-4 所示。

选择倒角的边，可以通过弧长取点，如图 7-5 所示。每一处边倒角系统都设置了对应的表达式，用户可以通过它进行倒角半径的调整。当在可变窗口区选取某点进行编辑时（右击即可通过“移除”来删除点），在工作绘图区系统显示对应点，可以动态调整。

（3）拐角倒角：该选项可以生成一个拐角圆角，业内称为球状圆角。该选项用于指定所有圆角的偏置值（这些圆角一起形成拐角），从而能控制拐角的形状。拐角的用意是作为非类型表面钣金冲压的一种辅助，并不意味着要用于生成曲率连续的面。

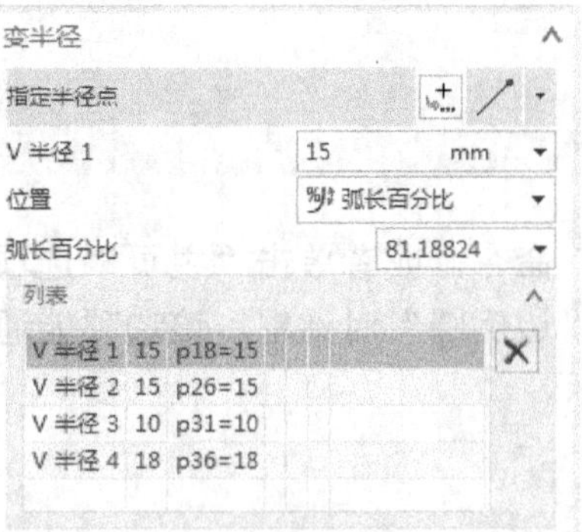

图 7-3 “变半径”对话框

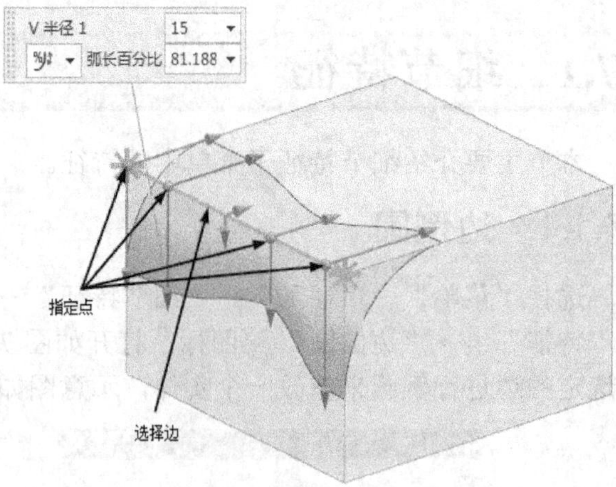

图 7-4 变半径效果示意图

（4）拐角突然停止：该选项通过添加终止倒角点，来限制边上的倒角范围，示意图如图 7-6 所示。

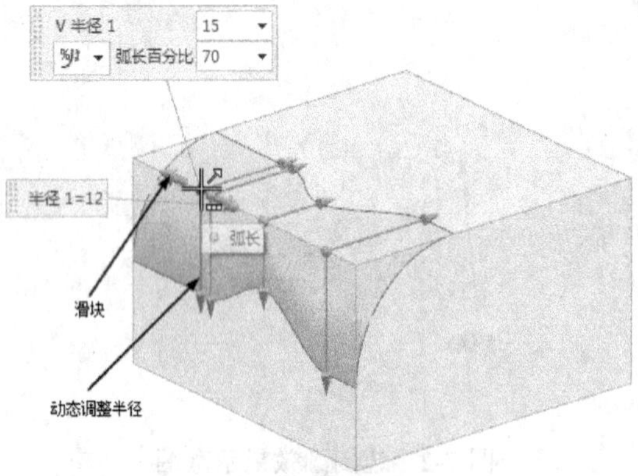

图 7-5 调整点效果示意图

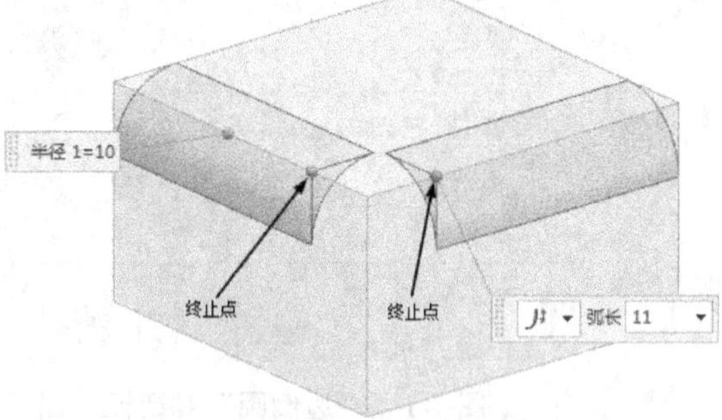

图 7-6 拐角突然停止效果示意图

（5）溢出：在生成边缘圆角时控制溢出的处理方法。

① 跨光顺边滚边：该选项允许用户倒角遇到另一表面时，实现光滑倒角过渡，如图 7-7 所示。

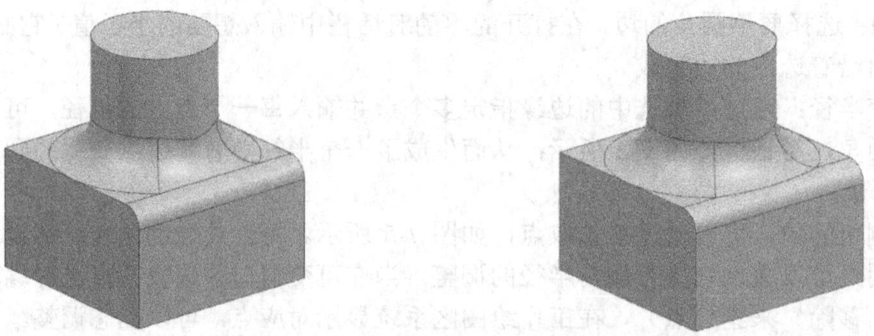

(a)不勾选“跨光顺边滚边”复选框结果　(b)勾选“跨光顺边滚边”复选框结果

图 7-7 “跨光顺边滚边”效果示意图

② 沿边滚动：该选项即以前版本中的允许陡峭边缘溢出，在溢出区域保留尖锐的边缘，如图 7-8 所示。

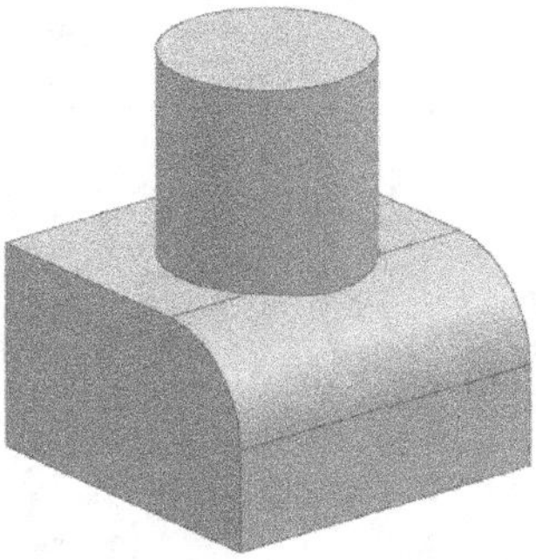
(a)不勾选“沿边滚动”复选框结果

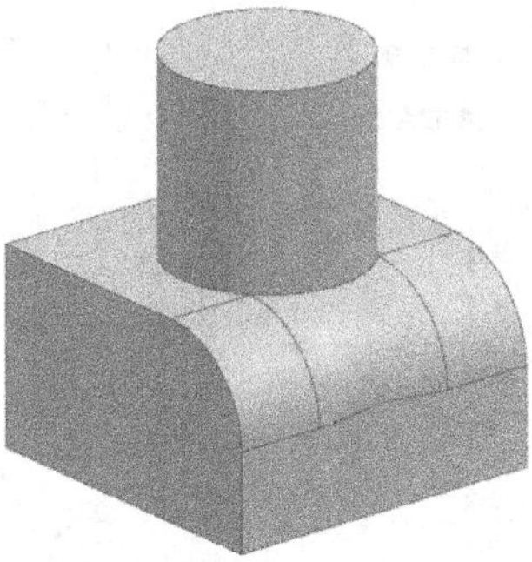
(b)勾选“沿边滚动”复选框结果

图 7-8 “沿边滚动”效果示意图

③ 修剪圆角：该选项允许用户在倒角过程中与定义倒角边的面保持相切，并移除阻碍的边。

（6）设置。

① 修补混合凸度拐角：该选项即以前版本中的柔化圆角顶点选项，允许 Y 形圆角。当相对凸面的邻近边上的两个圆角相交三次或更多次时，边缘顶点和圆角的默认外形将从一个圆角滚动到另一个圆角上，Y 形顶点圆角提供在顶点处可选的圆角形状。

② 移除自相交：由于圆角的创建精度等原因从而导致了自相交面，该选项允许系统自动利用多边形曲面来替换自相交曲面。

7.1.2 实例——笔前端盖

主体由圆柱组成，在圆柱进行孔操作生成内腔，最后通过沿引导线扫描完成笔夹的创建，生成模型如图 7-9 所示。

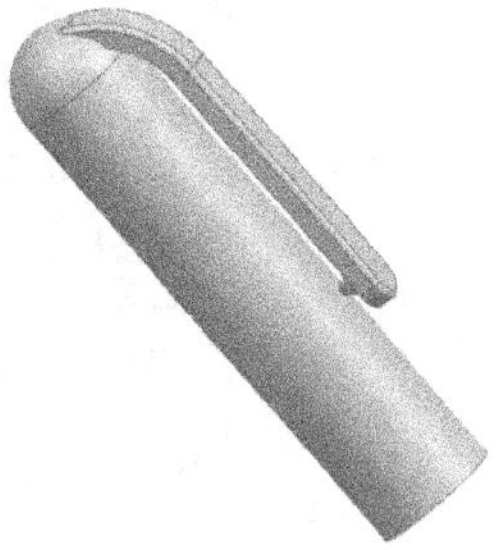
图 7-9 笔前端盖

绘制步骤

（1）单击“主页”选项卡→“标准”组→“新建”图标，打开文件新建对话框，在“模型”选项卡中选择“模型”模板，文件名为 biqianduangai，单击“确定”按钮，进入建模环境。

（2）选择“菜单”→“插入”→“设计特征”→“圆柱”命令，或者单击“主页”选项卡→“特征”组→“更多”库→“设计特征”库→“圆柱”图标，打开如图 7-10 所示“圆柱”对话框。选择“轴、直径和高度”类型，在指定矢量下拉列表中单击 ZC 轴为圆柱的创建方向，单击“点对话框”按钮，在“点”对话框中输入坐标（0,0,0），在直径和高度选项中分别输入 11 和 50，单击“确定”按钮生成圆柱。

（3）选择“菜单”→“插入”→“细节特征”→“边倒圆”命令，或者单击“主页”选项卡→“特征”组→“边倒圆”图标，打开如图 7-11 所示“边倒圆”对话框。在屏幕中选择圆柱体一端圆弧边，输入半径为 5.5，单击“确定”按钮，生成如图 7-12 所示模型。

图 7-10 “圆柱”对话框

图 7-11 “边倒圆”对话框

（4）选择“菜单”→“插入”→“设计特征”→“孔”命令，或者单击“主页”选项卡→“特征”组→“孔”图标，打开“孔”对话框如图 7-13 所示，在“类型”中选择“常规孔”，“指定点”选择圆柱下端面的圆心，“成形”选择“简单孔”，直径、深度和顶锥角参数项分别输入 9、40、120，单击“确定”按钮，完成简单孔的创建。

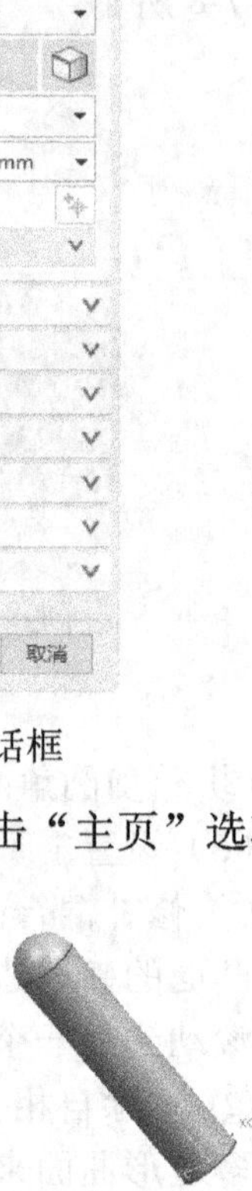

图 7-12 模型

（5）单击“主页”选项卡→“曲线”组→“基准/点”下拉菜单→“基准平面”图标，打开如图 7-14 所示“基准平面”对话框。单击“XC-YC 平面”，单击“应用”按钮，完成基准平面 1 的创建。同上分别单击“YC-ZC 平面”，单击“应用”按钮，完成基准平面 2 的创建。单击“XC-ZC 平面”，单击“确定”按钮，完成基准平面 3 的创建。

图 7-13 “孔”对话框

图 7-14 “基准平面”对话框

（6）创建草图 1。单击“曲线”选项卡→“在任务环境中绘制草图”图标，打开“创建草图”对话框，如图 7-15 所示，选择屏幕中的基准平面“XC-ZC”，单击“确定”按钮，进入草图绘制阶段。单击“主页”选项卡→“曲线”组→“圆弧”图标，打开如图 7-16 所示对话框，单击对话框中“中心和端点定圆弧”图标，在点坐标对话框中输入（0，-40），单击回车键，半径和扫掠角度分别为 8.5 和 90，并将圆弧结束端半径与 XC 轴方向平行的位置，连续单击鼠标左键完成圆弧的创建。单击“主页”选项卡→“曲线”组→“直线”图标，选择圆弧结束端点，长度和角度分别为 25 和 90，完成草图 1 的创建，生成草图如图 7-17 所示。单击“主页”选项卡→“草图”组→“完成”图标，返回建模模块。

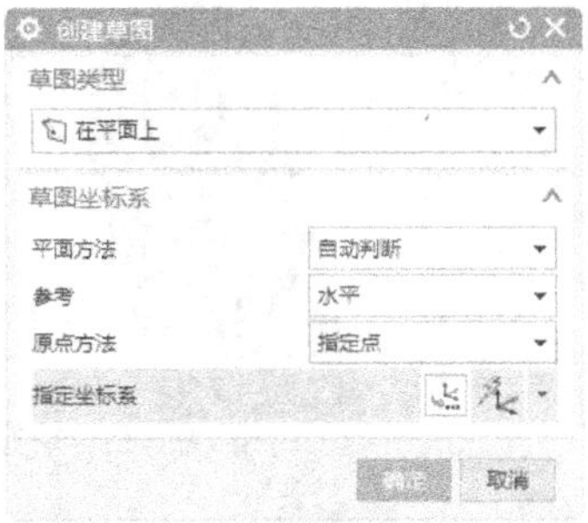

图 7-15 “创建草图”对话框

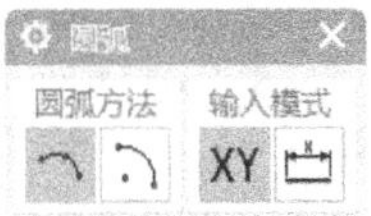

图 7-16 “圆弧”对话框

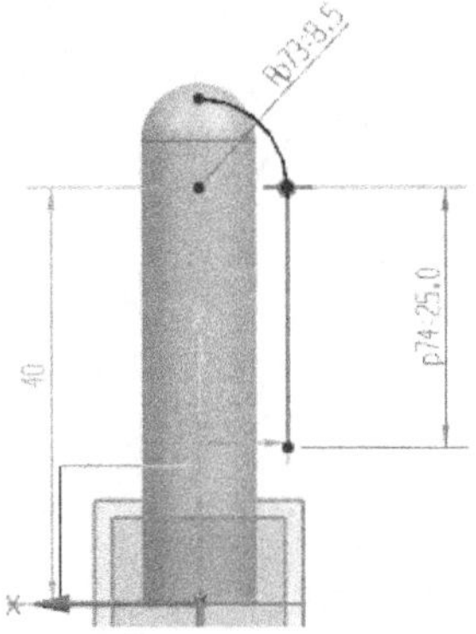

图 7-17 草图 1

（7）单击“曲线”选项卡→“在任务环境中绘制草图”图标，打开“创建草图”对话框，选择屏幕中的基准平面“YC-ZC”，单击“确定”按钮，进入草图绘制阶段。单击“主页”选项卡→“曲线”组→“矩形”图标，打开如图 7-18 所示“矩形”对话框，单击对话框中“按 2 点”按钮，在点坐标对话框中输入（-2，49.5），单击回车键，在宽度和高度对话框中输入（4，2），单击鼠标左键完成矩形的创建。生成草图 2 如图 7-19 所示。单击“主页”选项卡→“草图”组→“完成”图标，返回建模模块。

图 7-18 “矩形”对话框

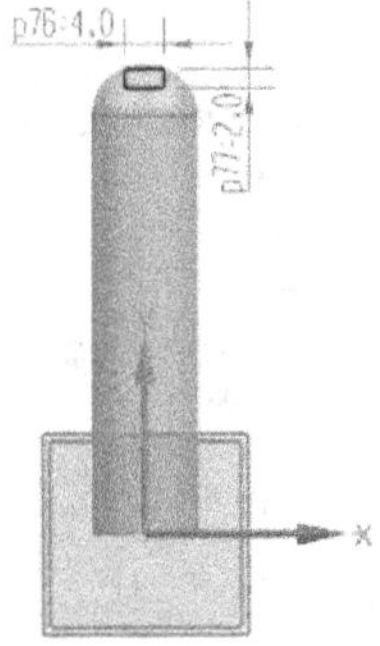

图 7-19 草图 2

（8）选择“菜单”→“编辑”→“显示和隐藏”→“隐藏”命令，在“类选择”对话框中单击“类型过滤器”按钮，打开“按类型选择”对话框，单击“基准”，返回“类选择”对话框，单击“全选”按钮，单击“确定”按钮。

（9）在“工作区”按住鼠标右键选择“带有淡化边的线框”图标，模型以如图 7-20 所示线框显示。选择“菜单”→“插入”→“扫掠”→“沿引导线扫掠”命令，或者单击“主页”选项卡→“特征”组→“更多”库→“扫掠”库→“沿引导线扫掠”图标，打开如图 7-21 所示“沿引导线扫掠”对话框。“截面”选择草图 2 创建的矩形，“引导”选择草图 1 创建的曲线，在“第一偏置”和“第二偏置”分别输入零，“布尔”选择“合并”，单击“确定”按钮，在“工作区”按住鼠标右键选择“带边着色”图标，生成如图 7-22 所示模型。

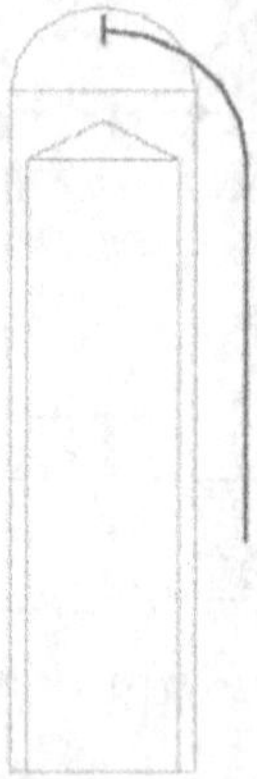

图 7-20　模型

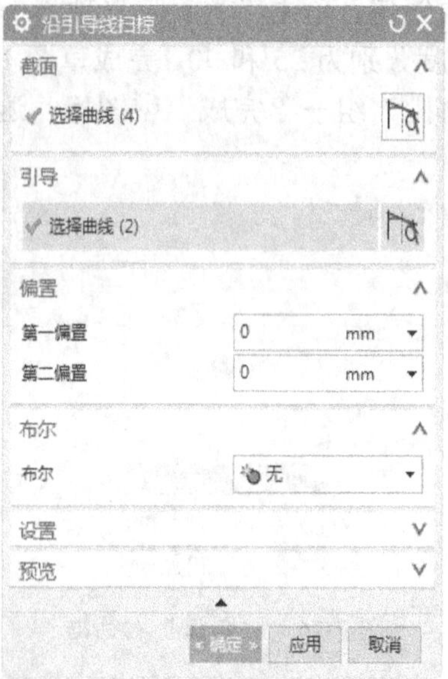

图 7-21　“沿引导线扫掠”对话框

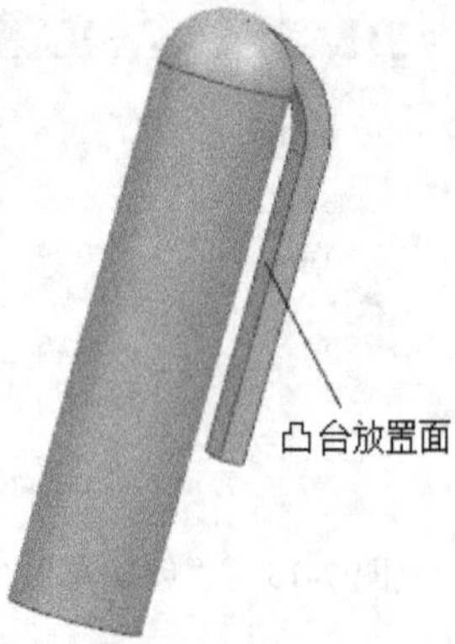

图 7-22　模型

（10）选择“菜单”→“插入”→“设计特征”→“凸台（原有）”命令，打开如图 7-23 所示“支管”对话框。在直径、高度和锥角中分别输入 3、1.8、30，按系统提示选择如图 7-22 所示平面为放置面，单击“确定”按钮，生成一凸台并打开“定位”对话框，选择“垂直的”定位方式，按系统提示依次选择图 7-24 所示目标 1，输入 3，目标 2，输入 2，单击“确定”按钮，完成凸台的创建。

图 7-23　“支管”对话框

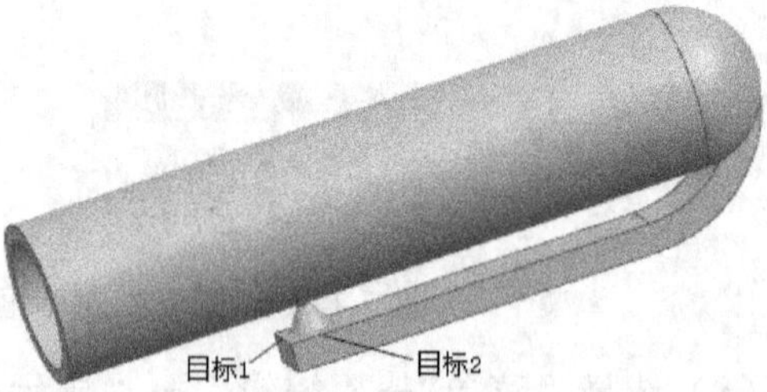

图 7-24　模型

（11）单击“主页”选项卡→“特征”组→“边倒圆”图标，边倒圆如图 7-25 所示，倒圆 1 和倒圆 2 的半径分别为 2 和 0.5，生成模型如图 7-26 所示。

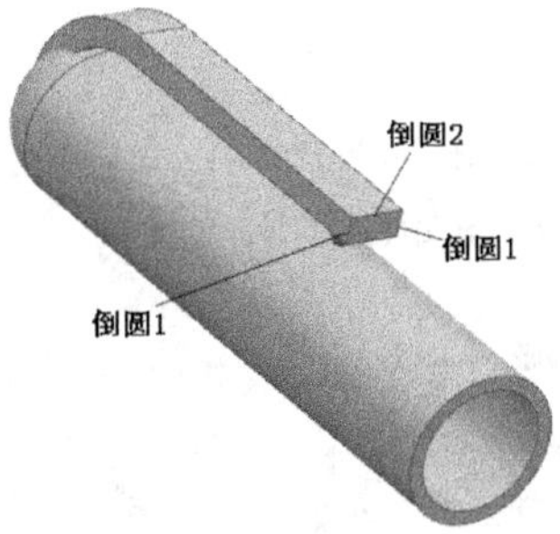

图 7-25　边倒圆

图 7-26　笔前端盖

7.1.3 面倒圆

选择“菜单”→“插入”→“细节特征”→“面倒圆”命令，或者单击“主页”选项卡→“特征”组→“更多”库→“详细特征”库→“面倒圆”图标，打开如图 7-27 所示的“面倒圆”对话框。此选项让用户通过可选圆角面的修剪生成一个相切于指定面组的圆角。

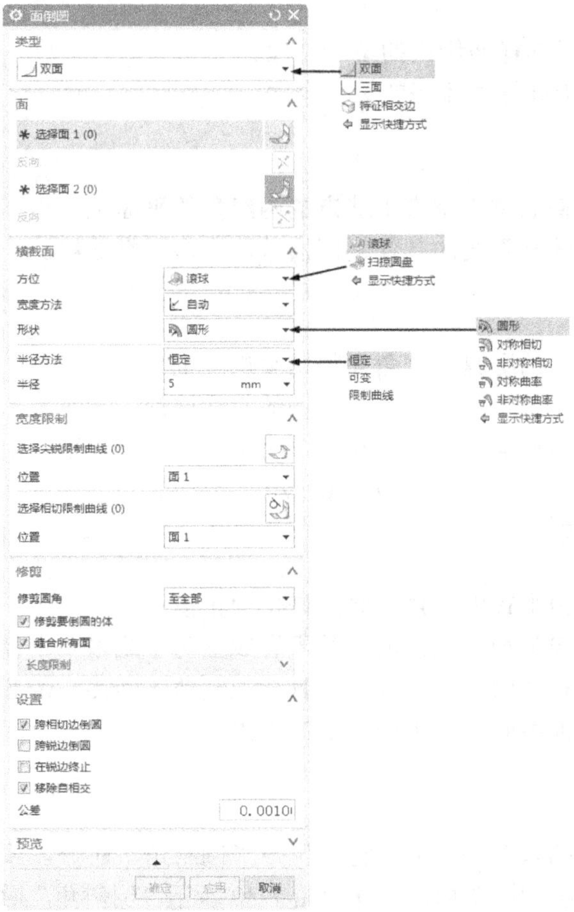

图 7-27　“面倒圆”对话框

对话框部分选项功能如下。

1．类型

（1）双面：选择两个面和半径来创建圆角，示意图如图 7-28 所示。

（2）三面：选择两个面和中间面来完成倒圆角，示意图如图 7-29 所示。

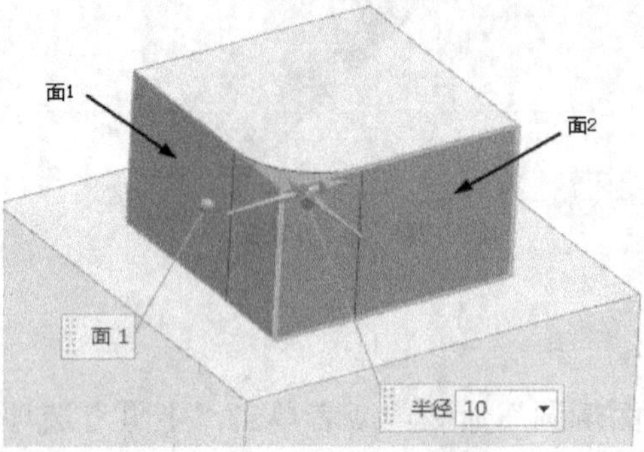

图 7-28　双面倒圆角

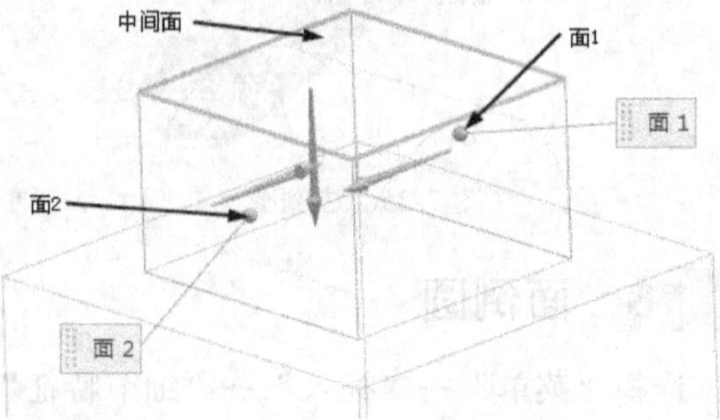

图 7-29　三面倒圆角

2．面

（1）选择面 1：用于选择面倒圆的第一个面。

（2）选择面 2：用于选择面倒圆的第二个面。

3．方位

（1）滚球：它的横截面位于垂直于选定的两组面的平面上。

（2）扫掠圆盘：和滚球不同的是在倒圆横截面中多了脊曲线。

4．形状

（1）圆形：用定义好的圆盘于倒角面相切来进行倒角。

（2）对称相切：横截面是与面对称且相切的二次曲线。

（3）非对称相切：横截面为锥形，与面非对称且相切。其形状由指定的偏置（恒定或可变）和指定的 Rho（恒定、可变或自动计算得出）定义。

5．半径方法

（1）恒定：对于恒定半径的圆角，只允许使用正值。

（2）可变：根据规律类型和规律值，基于脊线上两个或多个个体点改变圆角半径。

（3）限制曲线：半径由限制曲线定义，且该限制曲线始终与倒圆保持接触，并且始终与选定曲线或边相切。该曲线必须位于一个定义面内。

7.1.4　倒斜角

选择“菜单”→“插入”→“细节特征”→“倒斜角”命令，或者单击“主页”选项卡→“特征”组→“倒斜角”图标，打开如图 7-30 所示“倒斜角”对话框。该选项通过定义所需的倒角尺寸在实体的边上形成斜角。倒角功能的操作与圆角功能非常相似。

对话框各选项功能如下。

（1）对称：该选项让用户生成一个简单的倒角，它沿着两个面的偏置是相同的。必须输入一个正的偏置值，示意图如图 7-31 所示。

图 7-30 “倒斜角”对话框

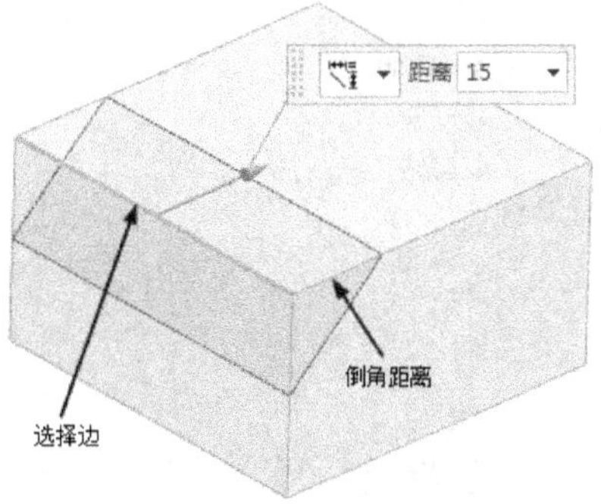

图 7-31 对称效果示意图

（2）非对称：用于与倒角边邻接的两个面分别采用不同偏置值来创建倒角，必须输入“距离 1”值和“距离 2”值。这些偏置是从选择的边沿着面测量的。这两个值都必须是正的，如图 7-32 所示。在生成倒角以后，如果倒角的偏置与想要的方向相反，可以选择“反向”。

（3）偏置和角度：该选项可以用一个角度来定义简单的倒角。需要输入“距离”值和“角度”值，如图 7-33 所示。

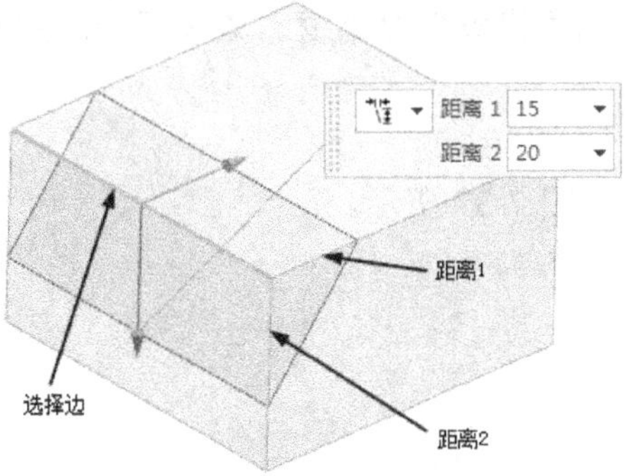

图 7-32 “非对称”效果示意图

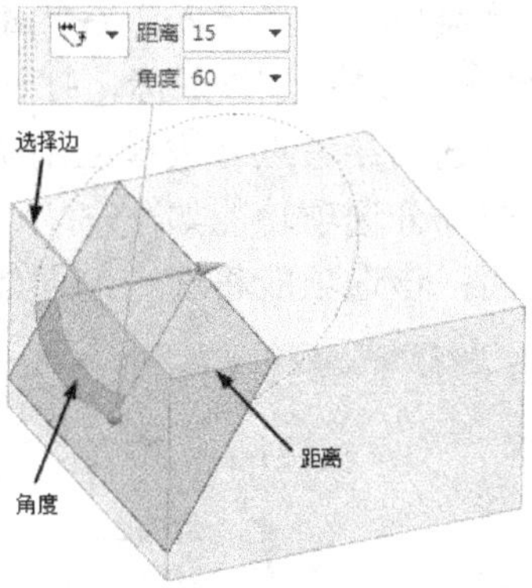

图 7-33 偏置和角度效果示意图

7.1.5 球形拐角

选择“菜单”→“插入”→“细节特征”→“球形拐角”命令，打开如图 7-34 所示的“球形拐角”对话框。该对话框用于通过选择三个面创建一个球形角落相切曲面。三个面可以是曲面，也可不需要相互接触，生成的曲面分别与三个曲面相切，示意图如图 7-35 所示。

（1）选择步骤。

① 选择面作为壁 1：用于设置球形拐角的第一个相切曲面。

② 选择面作为壁 2：用于设置球形拐角的第二个相切曲面。

③ 选择面作为壁 3：用于设置球形拐角的第三个相切曲面。

④ 反向：使球形拐角曲面的法向反向。

（2）半径：用于设置球形拐角的半径值。

图 7-34　“球形拐角”对话框

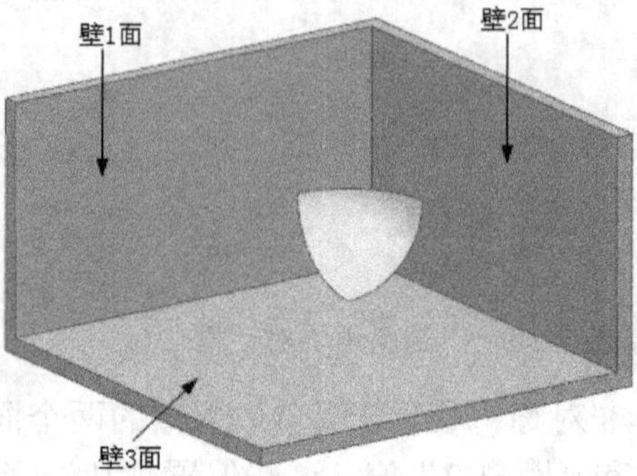

图 7-35　球形拐角效果示意图

7.1.6　拔模

选择“菜单”→“插入”→“细节特征”→“拔模”命令，或者单击“主页”选项卡→“特征”组→“拔模”图标，打开如图 7-36 所示“拔模”对话框。该选项让用户相对于指定矢量和可选的参考点将拔模应用于面或边。

对话框部分选项功能如下。

（1）面：该选项能将选中的面倾斜，示意图如图 7-37 所示。

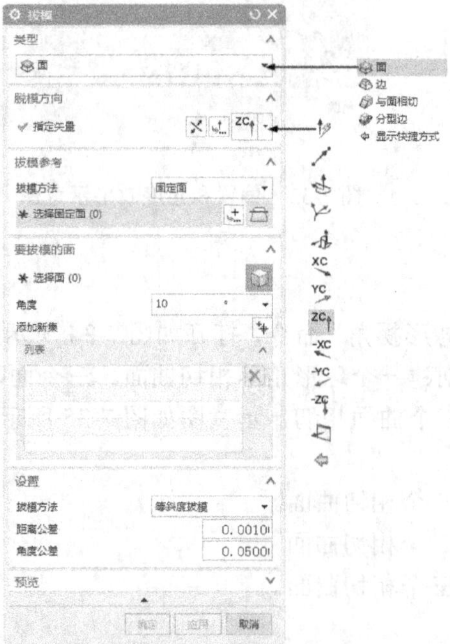

图 7-36　“拔模”对话框

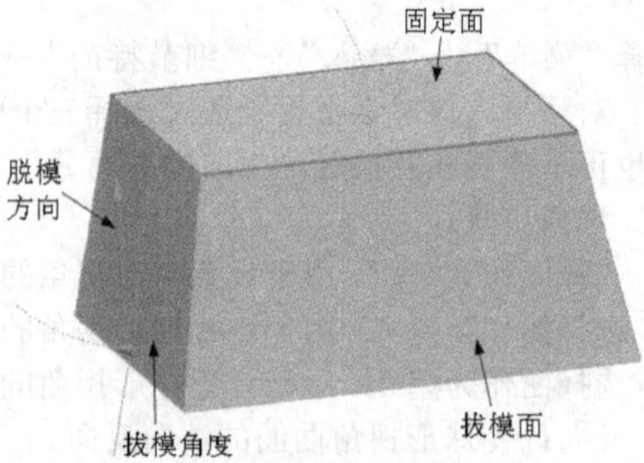

图 7-37　面效果示意图

① 脱模方向：定义拔模方向矢量。

② 固定面：定义拔模时不改变的平面。

③ 要拔模的面：选择拔模操作所涉及的各个面。

④ 角度：定义拔模的角度。

⑤ 距离公差：更改拔模操作的“距离公差”，默认值从建模预设置中取得。

⑥ 角度公差：更改拔模操作的“角度公差”，默认值从建模预设置中取得。

需要注意的是：用同样的固定面和方向矢量来拔模内部面和外部面，则内部面拔模和外部面拔模是相反的。

（2）边：能沿一组选中的边，按指定的角度拔模。该选项能沿选中的一组边按指定的角度和参考点拔模，对话框如图 7-38 所示，示意图如图 7-39 所示。

图 7-38　选择“边”类型

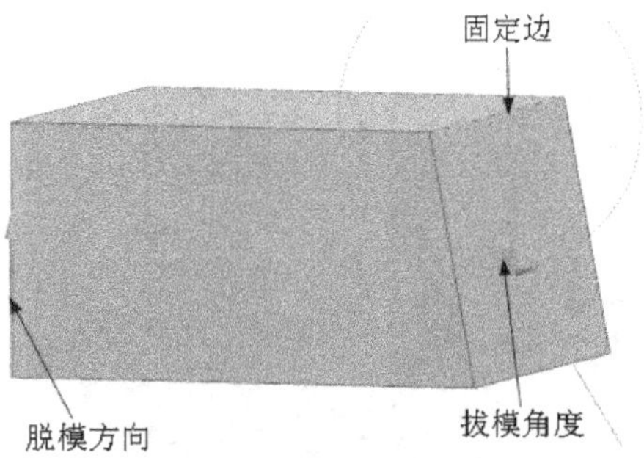

图 7-39　边效果示意图

如果选择的边是平滑的，则被拔模的面是在拔模方向矢量所指一侧的面。

（3）与面相切：能以给定的拔模角拔模，开模方向与所选面相切。该选项按指定的拔模角进行拔模，拔模与选中的面相切，对话框如图 7-40 所示。用此角度来决定用作参考对象的等斜度曲线。然后就在离开方向矢量的一侧生成拔模面，示意图如图 7-41 所示。

该拔模类型对于模铸件和浇注件特别有用，可以弥补任何拔模的不足。

（4）分型边：能沿一组选中的边，用指定的多个角度和一个参考点拔模，对话框如图 7-42 所示。该选项能沿选中的一组边用指定的角度和一个固定面生成拔模。分隔线拔模生成垂直于参考方向和边的扫掠面，如图 7-43 所示。在这种类型拔模中，改变了面但不改变分隔线。当处理模铸塑料部件时这是一个常用的操作。

图 7-40　选择“与面相切”类型

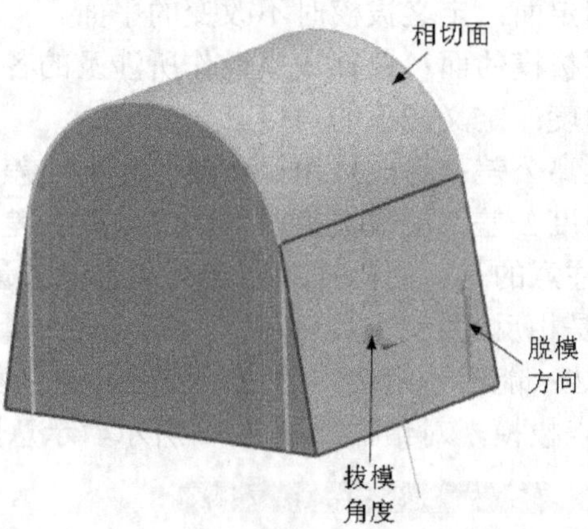

图 7-41　与面相切效果示意图

图 7-42　选择“分型边”类型

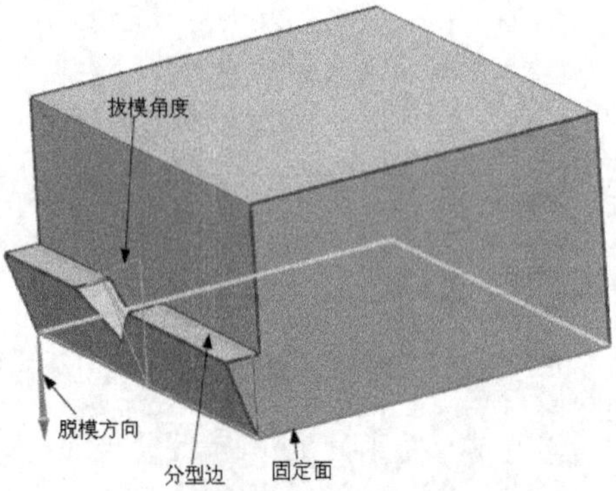

图 7-43　分型边效果示意图

7.1.7　实例——锅盖

本例主体是由圆锥和圆柱构成的，通过抽壳和拔模操作完成锅盖主体，生成如图 7-44 所示模型。

图 7-44　锅盖

绘制步骤

（1）单击“主页”选项卡→“标准”组→“新建”

图标，打开文件新建对话框，在“模型”选项卡中选择“模型”模板，文件名为 guogai，单击“确定”按钮，进入建模环境。

（2）选择“菜单”→“插入”→“设计特征”→“圆柱”命令，或者单击“主页”选项卡→“特征”组→“更多”库→“设计特征”库→“圆柱”图标，打开如图 7-45 所示的“圆柱”对话框，在对话框中选择“轴、直径和高度”类型，选择“ZC 轴”为指定矢量，并在直径和高度中输入 121 和 5.5，单击“点对话框”按钮，在打开的“点”对话框中输入（0，0，0）为圆柱体原点，如图 7-46 所示，连续单击“确定”按钮，完成圆柱体的创建，如图 7-47 所示。

图 7-45 “圆柱”对话框

图 7-46 “点”对话框

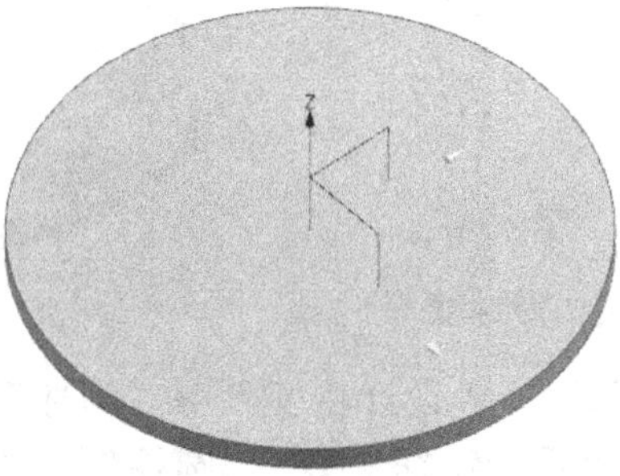

图 7-47 圆柱

（3）选择“菜单”→“插入”→“设计特征”→“圆锥”命令，或者单击“主页”选项卡→“特征”组→“更多”库→“设计特征”库→“圆锥”图标，打开“圆锥”对话框，如图 7-48 所示。选择“底部直径，高度，半角”类型，选择“ZC 轴”为指定矢量，在底部直径、高度和半角中分别输入 98、15 和 60，单击“点对话框”按钮，打开如图 7-49 所示的“点”对话框，再输入（0，0，5.5）为凸台原点，单击“确定”按钮，“布尔”选择“合并”，完成圆锥的创建，如图 7-50 所示。

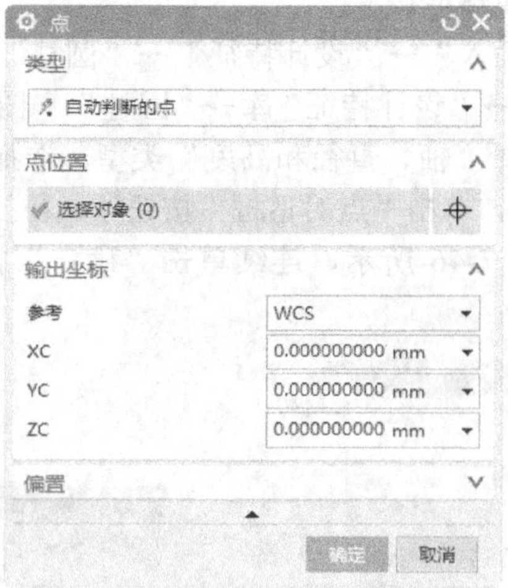

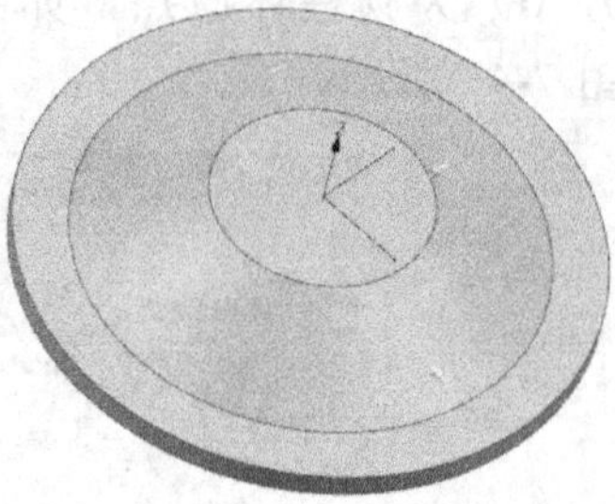

图 7-48 “圆锥”对话框　　　图 7-49 “点”对话框　　　图 7-50 创建圆锥

（4）选择“菜单”→“插入”→“偏置/缩放”→“抽壳”命令，或者单击“主页”选项卡→“特征”组→“抽壳”图标，打开如图 7-51 所示“抽壳”对话框。选择“移除面，然后抽壳”类型，在厚度中输入 1，选择锅盖底面为去除面，单击“确定”按钮，完成抽壳操作，如图 7-52 所示。

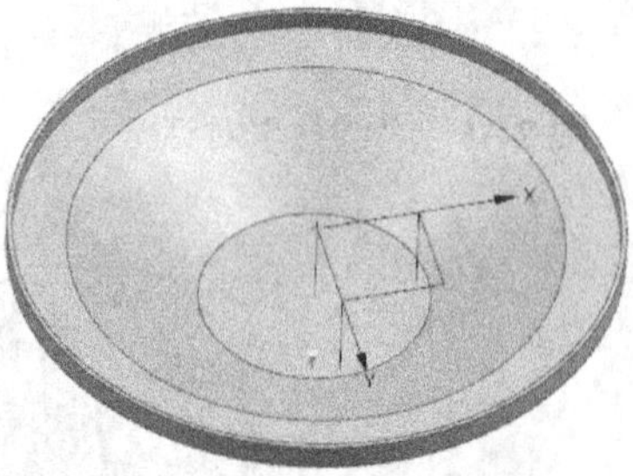

图 7-51 “抽壳”对话框　　　图 7-52 模型

（5）选择“菜单”→“插入”→“设计特征”→“圆柱”命令，或者单击“主页”选项卡→“特征”组→“更多”库→“设计特征”库→“圆柱”图标，打开如图 7-53 所示的“圆柱”对话框，在对话框中选择“轴、直径和高度”类型，选择“ZC 轴”为指定矢量，并在直径和高度中输入 123 和 1.5，单击“点对话框”按钮，设置（0，0，5.5）为圆柱体的原点。单击“应用”按钮，完成圆柱体 1 的创建。同上步骤创建直径 101，高度 1.5，位于（0，0，5.5）位置的圆柱体 2，并与圆柱体 1 做布尔求差操作。单击“确定”按钮，生成如图 7-54 所示模型。

（6）选择“菜单”→“插入”→“设计特征”→“圆柱”命令，或者单击“主页”选项卡→“特征”组→“更多”库→“设计特征”库→“圆柱”图标，打开如图 7-55 所示的“圆柱”对话框，在对话框中选择“轴、直径和高度”类型，选择“ZC 轴”为指定矢量，并在直径和高度中输入 40 和 2，单击“点对话框”按钮，设置（0，0，20.5）为圆柱体原点，单击“应用”按钮，完成圆柱体 1 的创建。同上步骤创建一直径和高度分别是 15 和 5，位于（0，0，22.5）处的圆柱体 2，并与圆柱体 1 做布尔合并操作，如图 7-56 所示。

图 7-53 “圆柱”对话框

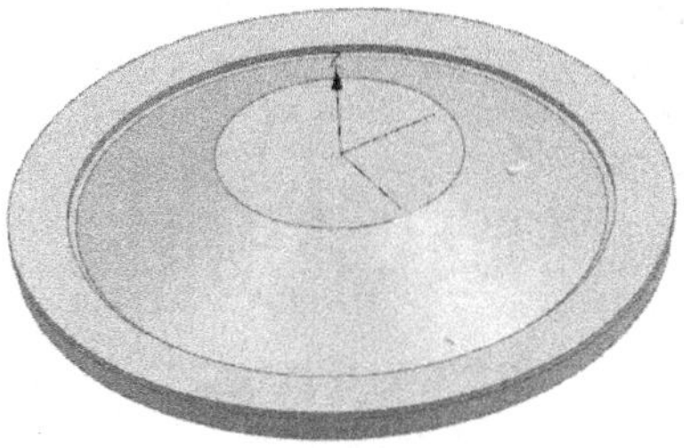

图 7-54 模型

图 7-55 “圆柱”对话框

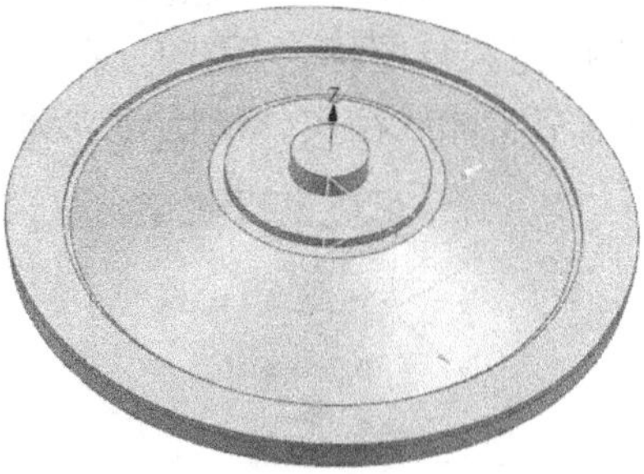

图 7-56 创建圆柱

（7）选择“菜单”→“插入”→“设计特征”→“圆柱”命令，或者单击“主页”选项卡→“特征”组→“更多”库→“设计特征”库→“圆柱”图标，打开“圆柱”对话框。选择“轴、直径和高度”类型，选择“ZC 轴”为指定矢量，在直径和高度中分别输入 25 和 8，单击“点对话框”按钮，输入（0，0，27.5）为凸台原点，单击“确定”按钮，并与上一步所做圆柱体做布尔合并操作，完成圆柱的创建。

（8）创建拔模。单击“主页”选项卡→“特征”组→“拔模”图标，打开如图 7-57 所示的“拔模”对话框，选择“面”类型，“指定矢量”选择“ZC”，选择圆柱面为要拔模的面，选择步骤（7）所创建的圆柱底面为固定面，输入角度为 16 度，单击“确定”按钮。生成模型如图 7-58 所示。

图 7-57　“拔模”对话框

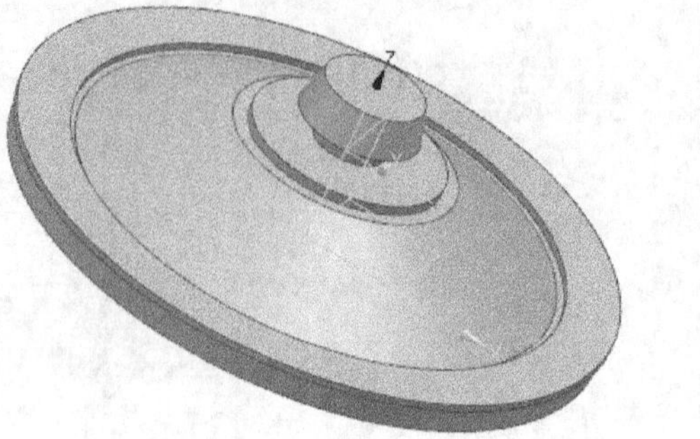

图 7-58　创建圆锥

7.2　偏置/缩放特征

本节主要介绍偏置/缩放特征子菜单中的特征。

7.2.1　抽壳

选择“菜单”→“插入”→“偏置/缩放”→“抽壳”命令，或者单击“主页”选项卡→“特征”组→“抽壳”图标，系统打开“抽壳”对话框，如图 7-59 所示。利用该对话框可以进行抽壳来挖空实体或在实体周围建立薄壳。

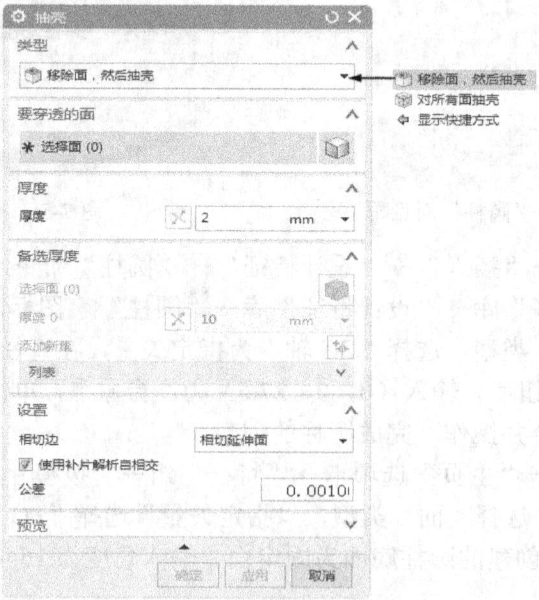

图 7-59　“抽壳”对话框

类型选项说明如下。

（1）移除面，然后抽壳：选择该方法后，所选目标面在抽壳操作后将被移除。

如果进行等厚度的抽壳，则在选好要抽壳的面和设置好默认厚度后，直接单击“确定”或“应用”按钮完成抽壳。

如果进行变厚度的抽壳，则在选好要抽壳的面后，在备选厚度栏中单击选择面，选择要设定的变厚度抽壳的表面并在“厚度 0”文本框中输入可变厚度值，则该表面抽壳后的厚度为新设定的可变厚度，示意图如图 7-60 所示。

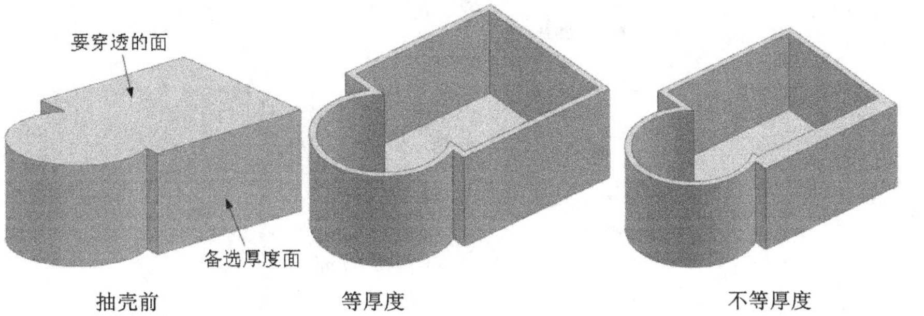

图 7-60 “移除面，然后抽壳”效果示意图

（2）对所有面抽壳：选择该方法后，需要选择一个实体，系统将按照设置的厚度进行抽壳，抽壳后原实体变成一个空心实体。

如果厚度为正数则空心实体的外表面为原实体的表面，如果厚度为负数则空心实体的内表面为原实体的表面。

在备选厚度栏中单击选择面也可以设置变厚度，设置方法与面抽壳类型相同，如图 7-61 所示。

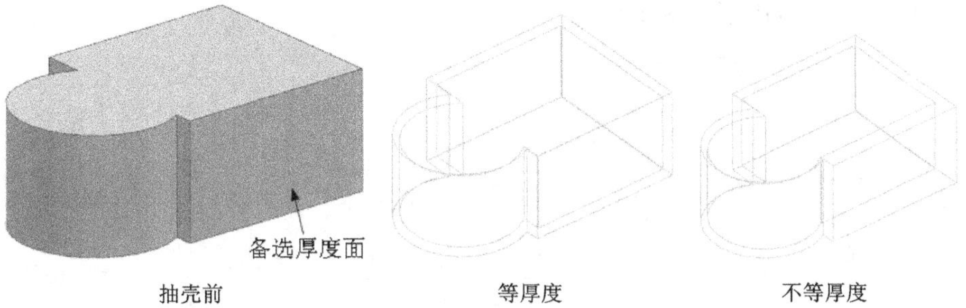

图 7-61 对所有面抽壳效果示意图

7.2.2 实例——笔后端盖

主体由圆柱体加凸台组成，然后对实体模型进行抽壳和创建螺纹等操作，生成模型如图 7-62 所示。

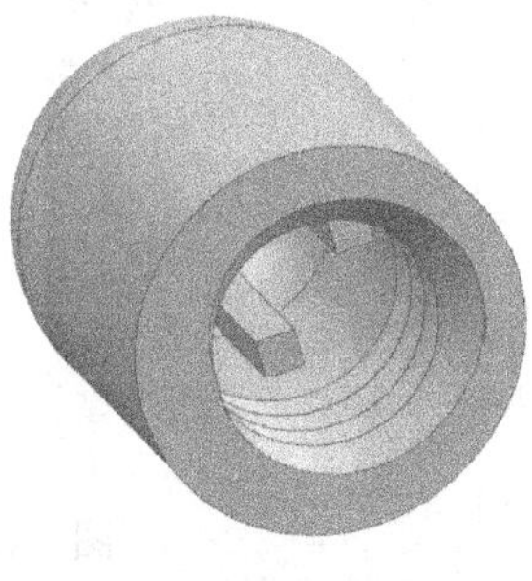

图 7-62 笔后端盖

绘制步骤

（1）单击“主页”选项卡→“标准”组→“新建”图标，打开“新建”对话框，在“模型”选项卡中选择模型模板，文件

名为 bihouduangai，单击“确定”按钮，进入建模环境。

（2）选择“菜单”→“插入”→“设计特征”→“圆柱”命令，或者单击“主页”选项卡→“特征”组→“更多”库→“设计特征”库→“圆柱”图标，打开如图 7-63 所示“圆柱”对话框。选择“轴、直径和高度”按钮，在指定矢量下拉列表中单击 ZC 轴为圆柱体的创建方向，在直径和高度中分别输入 10 和 15，单击“点对话框”按钮，输入（0,0,0）以原点为中心生成圆柱体，单击“确定”按钮。

图 7-63 “圆柱”对话框

（3）单击“主页”选项卡→“特征”组→“边倒圆”图标，打开如图 7-64 所示“边倒圆”对话框。在屏幕中选择圆柱体一端圆弧边，并在对话框半径选项中输入 5，单击“确定”按钮，生成如图 7-65 所示模型。

图 7-64 “边倒圆”对话框

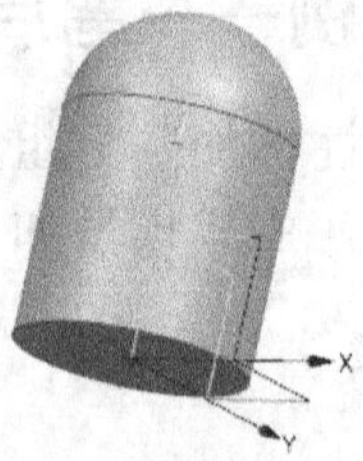

图 7-65 模型

（4）单击“主页”选项卡→“特征”组→“抽壳”图标，打开抽壳对话框如图 7-66 所示。选择“移除面，然后抽壳”类型，用鼠标选择平端面作为移除面，并在厚度选项中输入 2，单击“确定”按钮，完成抽壳操作。

图 7-66 “抽壳”对话框

（5）单击“主页”选项卡→“特征”组→“更多”库→“设计特征”库→“螺纹刀”图标，打开如图 7-67 所示的“螺纹切削”对话框。在对话框中螺纹类型选项中选择“详细”，用鼠标选择抽壳的内表面，激活对话框中各选项，将长度改为 5，其余接受系统默认的各值，单击“确定”按钮，完成螺纹的创建，生成模型如图 7-68 所示。

图 7-67 “螺纹切削”对话框

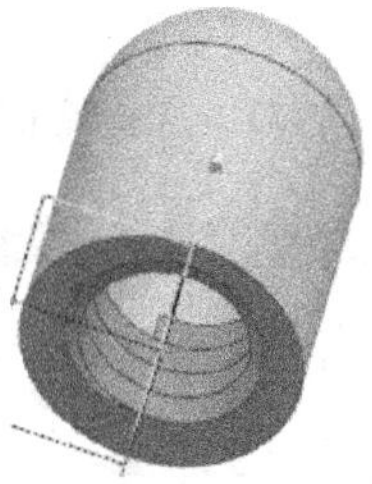

图 7-68 创建螺纹

（6）单击“主页”选项卡→“曲线”组→“基准/点”下拉菜单→“基准平面”图标，打开如图 7-69 所示“基准平面”对话框。选择“XC-YC 平面”类型，单击“应用”按钮，完成基本基准平面 1 的创建。同上步骤选择“YC-ZC 平面”类型，单击“应用”按钮，完成基准平面 2 的创建。选择“XC-ZC 平面”类型，距离为 0.5，单击“确定”按钮，完成基准平面 3 的创建。

图 7-69 “基准平面”对话框

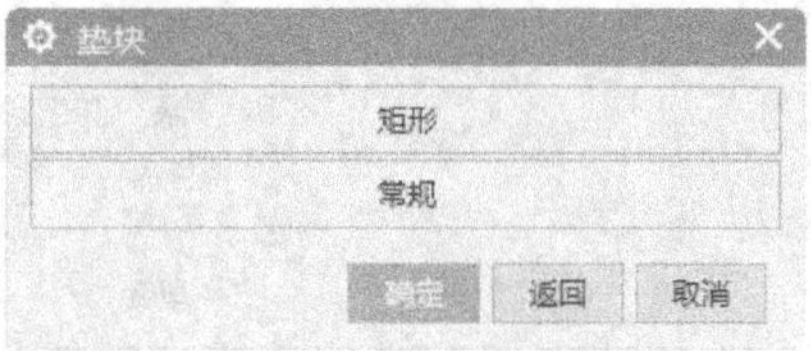

图 7-70 “垫块”对话框

（7）选择“菜单”→“插入”→“设计特征”→“垫块（原有）”命令，打开如图 7-70 所示“垫块”对话框，单击“矩形”按钮，打开矩形垫块放置面选择对话框，选择基准平面 3，打开如图 7-71 所示选择特征边对话框，其矢量方向指向原点即可，单击“接受默认边”按钮（反之，则单击“翻转默认侧”按钮），完成特征边选择后进入水平参考选择对话框，选择基准平面 1，打开矩形垫块参数对话框，如图 7-72 所示，在长度、宽度和高度中分别输入 2、5 和 1，单击“确定”按钮，打开如图 7-73 所示“定位”对话框，单击垂直定位图标，选择基准平面 1 为目标边 1，垫块短中心线为工具边 1，输入距离参数 9，选择基准平面 2 为目标边 2，垫块长中心线为工具边 2，输入距离参数 3，单击“确定”按钮，完成垫块的创建。生成如图 7-74 所示垫块。

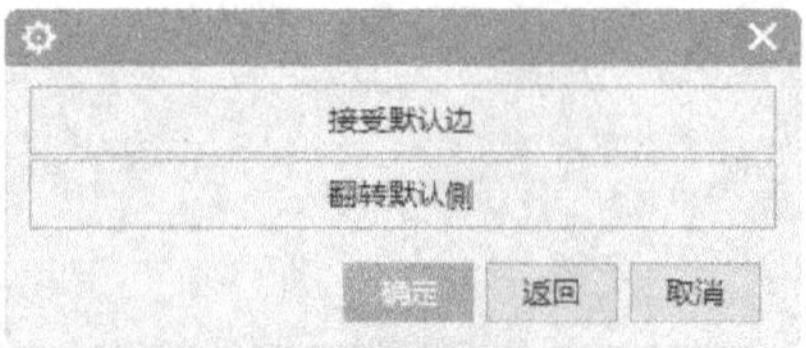

图 7-71 选择特征边

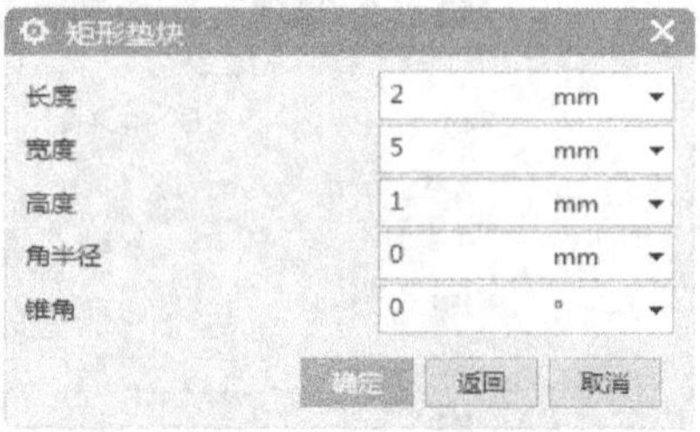

图 7-72 “矩形垫块”参数对话框

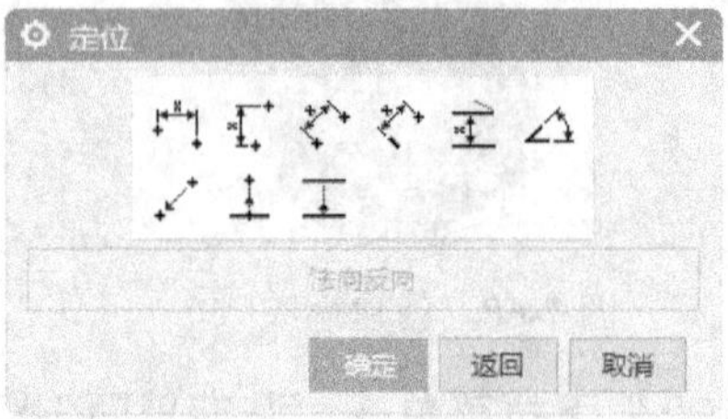

图 7-73 “定位”对话框

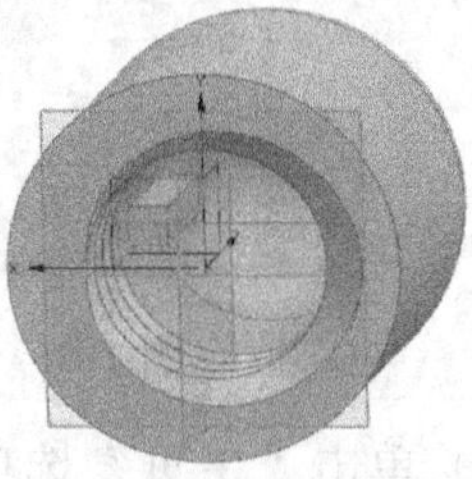

图 7-74 垫块

（8）单击“主页”选项卡→“特征”组→“阵列特征”图标，打开如图 7-75 所示“阵列特征”对话框，选择步骤（7）创建的垫块为要阵列的特征，在“布局”下拉列表中选择“圆形”，指定矢量为“ZC”，单击“点对话框”按钮，输入圆形阵列原点（0，0，0），单击“确定”按钮，在“间距”下拉列表中选择“数量和间隔”，在数量和节距角中分别输入4和90，单击“确定”按钮。

（9）选择“菜单”→“编辑”→“显示和隐藏”→“隐藏”命令，在“类选择”对话框中单击“类型过滤器”，进入“按类型选择”对话框，选择“基准”选项，然后单击“确定”按钮，返回到“类选择”对话框后，单击“全选”按钮，最后单击“确定”按钮。笔后端盖模型如图7-76所示。

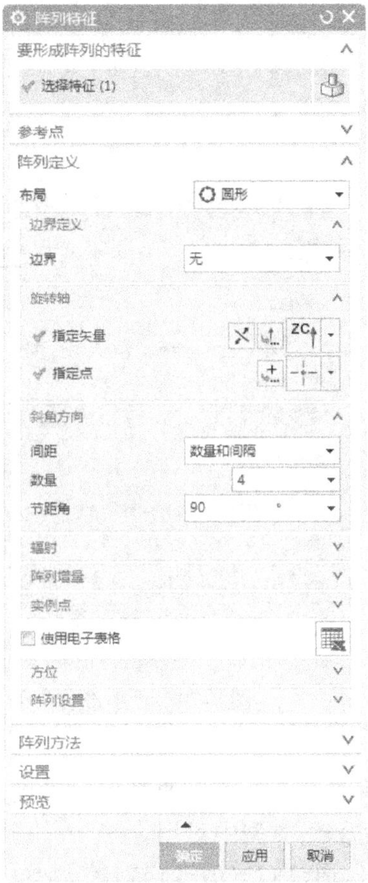

图7-75　“阵列特征”对话框

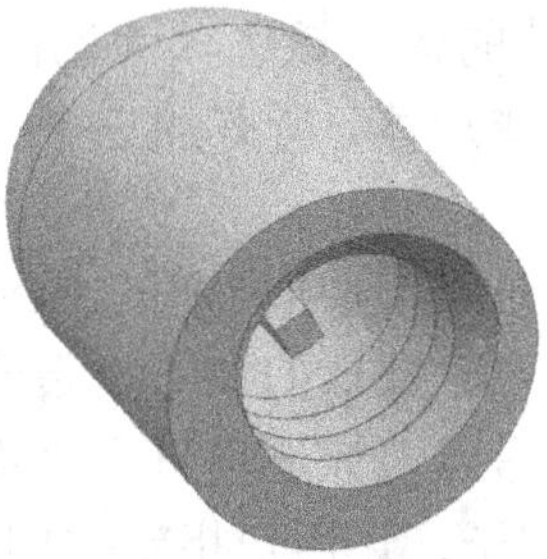

图7-76　笔后端盖模型

7.2.3 偏置面

选择“菜单”→“插入”→“偏置/缩放”→“偏置面”命令，或者单击“主页”选项卡→“特征”组→“更多”库→“偏置/缩放”库→“偏置面”图标，系统打开如图7-77所示“偏置面”对话框。可以使用此选项沿面的法向偏置一个或多个面、体的特征。其操作后示意图如图7-78所示。

其偏置距离可以为正或为负，而体的拓扑不改变。正的偏置距离沿垂直于面而指向远离实体方向的矢量测量。

图7-77　“偏置面”对话框

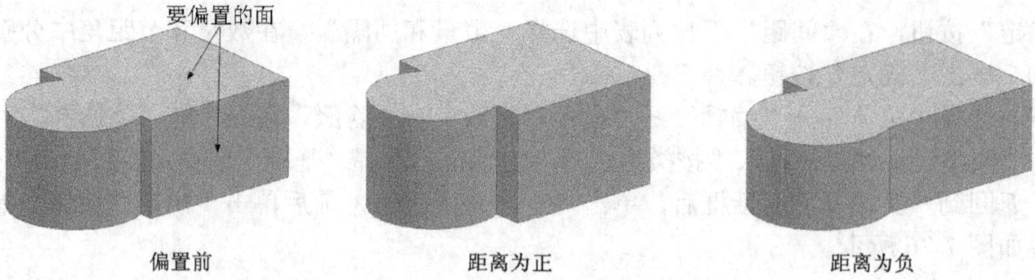

图 7-78　偏置面效果示意图

7.2.4 缩放体

选择“菜单”→“插入”→“偏置/缩放”→“缩放体”命令，或者单击“主页”选项卡→“特征”组→“更多”库→“偏置/缩放”库→“缩放体”图标，打开如图 7-79 所示的“缩放体”对话框。该选项按比例缩放实体和片体。可以使用均匀、轴对称或通用的比例方式，此操作完全关联。需要注意的是：比例操作应用于几何体而不用于组成该体的独立特征。其操作后示意图如图 7-80 所示。

图 7-79　“缩放体”对话框

对话框部分选项功能如下。

（1）均匀：在所有方向上均匀地按比例缩放。

① 要缩放的体：该选项为比例操作选择一个或多个实体或片体。所有的三个“类型”方法都要求此步骤。

② 缩放点：该选项指定一个参考点，比例操作以它为中心。默认的参考点是当前工作坐标系的原点，可以通过使用“点方式”子功能指定另一个参考点。该选项只在“均匀”和“轴对称”类型中可用。

③ 比例因子：让用户指定比例因子（乘数），通过它来改变当前的大小。

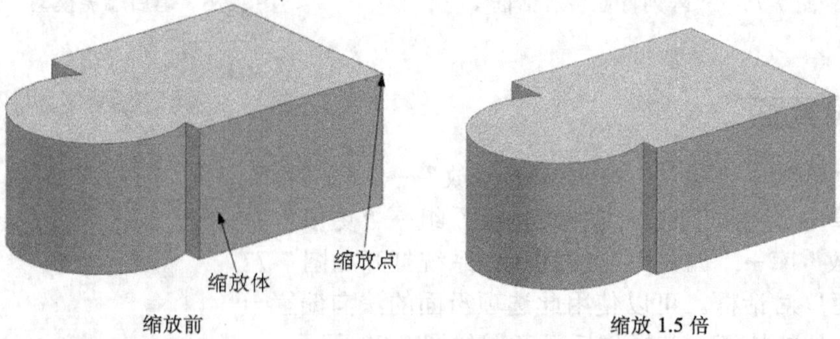

图 7-80　均匀缩放示意图

（2）轴对称：以指定的比例因子（或乘数）沿指定的轴对称缩放。包括沿指定的轴指定一个比例因子并指定另一个比例因子用在另外两个轴方向，对话框如图 7-81 所示。

缩放轴：该选项为比例操作指定一个参考轴。只可用在“轴对称”方法。默认值是工作坐标系的 Z 轴。可以通过使用“矢量方法”子功能来改变它。

轴对称缩放示意图如图 7-82 所示。

图 7-81 “轴对称”类型

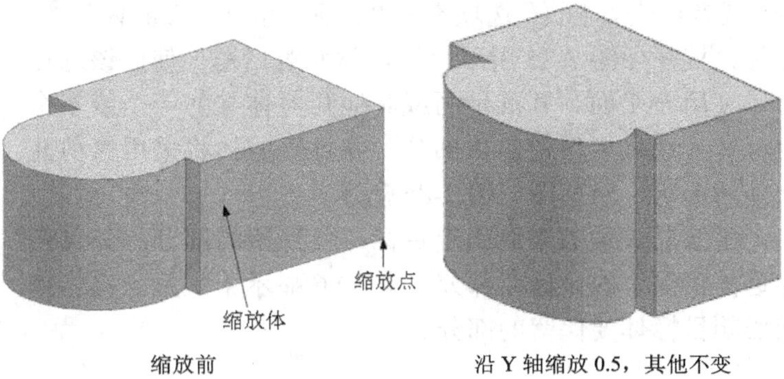

图 7-82 轴对称缩放示意图

（3）不均匀：在所有的 X、Y、Z 三个方向上以不同的比例因子缩放，对话框如图 7-83 所示，示意图如图 7-84 所示。

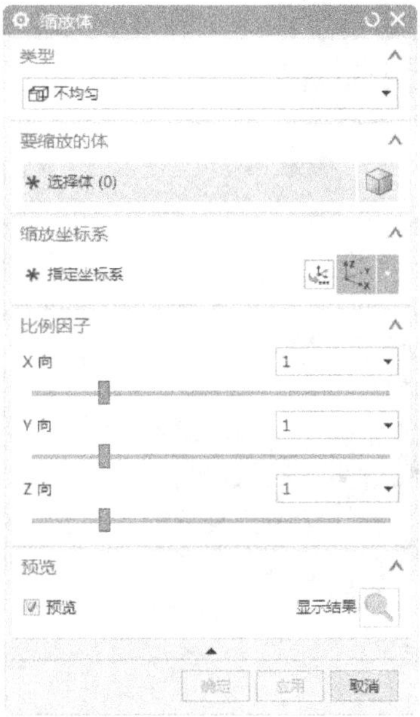

图 7-83 “缩放体”对话框

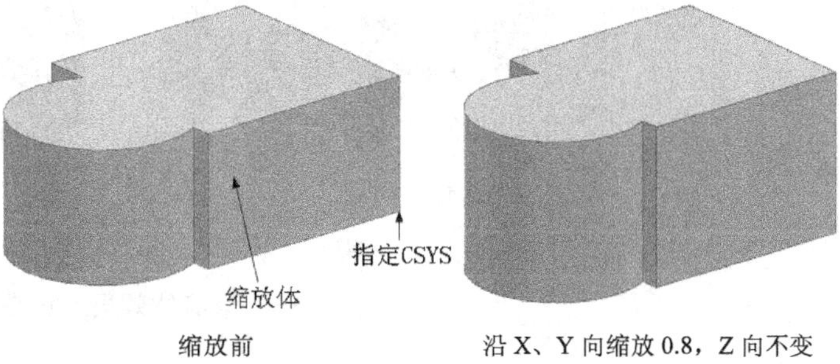

图 7-84 常规缩放示意图

缩放坐标系：让用户指定一个参考坐标系。选择该步骤会启用“坐标系方法”按钮，可以单击此按钮打开“坐标系构造器”，可以用它来指定一个参考坐标系。

7.3 修剪

本节主要介绍修剪特征子菜单中的特征，这些特征主要对实体或面进行修剪、拆分和分割。

7.3.1 修剪体

选择“菜单”→“插入”→“修剪”→“修剪体”命令，或者单击“主页”选项卡→“特征”组→“修剪体”图标，打开如图 7-85 所示“修剪体”对话框。使用该选项可以使用一个面、基准平面或其他几何体修剪一个或多个目标体。选择要保留的体部分，并且修剪体将采用修剪几何体的形状，示意图如图 7-86 所示。

图 7-85　“修剪体”对话框

由法向矢量的方向确定目标体要保留的部分。矢量指向远离将保留的目标体部分。图 7-86 显示了矢量方向将如何影响目标体要保留的部分。

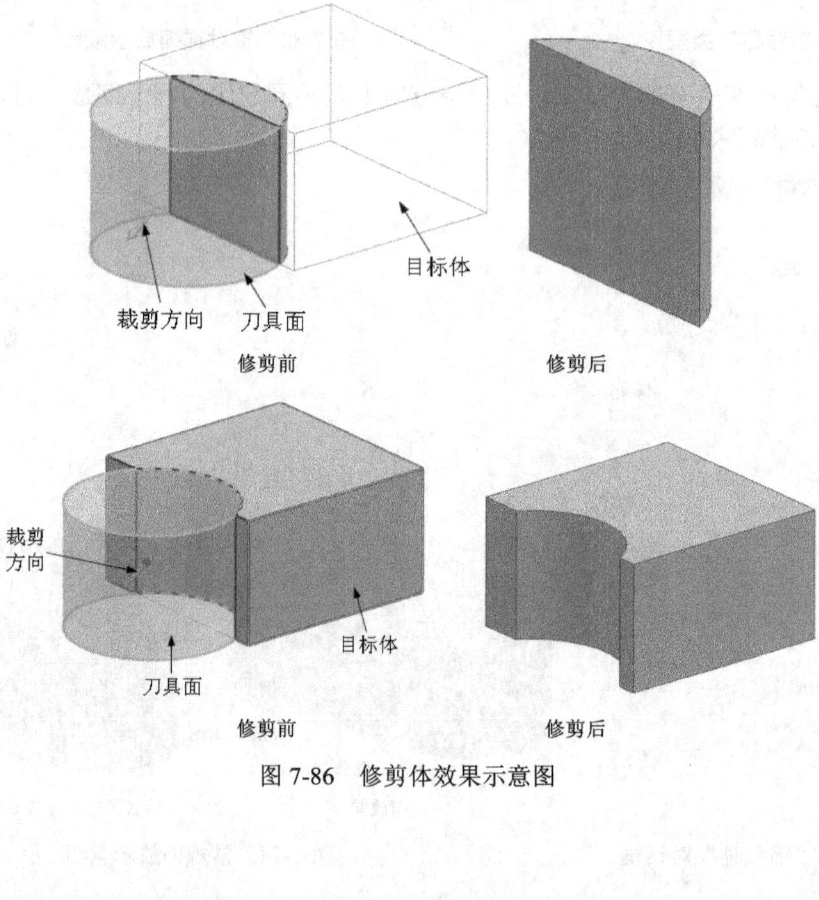

图 7-86　修剪体效果示意图

7.3.2 实例——茶杯

本例首先创建圆柱，然后对圆柱进行抽壳操作，生成杯体，然后创建椭圆曲线并通过沿曲线扫描操作创作杯手柄，生成模型如图 7-87 所示。

绘制步骤

图 7-87　茶杯

（1）选择“菜单”→“文件”→“新建”命令，或者单击“主页”选项卡→“标准”组→“新建”图标，打开“新建”对话框，在“模型”选项卡中选择“模型”模板，文件名为“chabei”，单击“确定”按钮，进入建模环境。

（2）选择“菜单”→“插入”→“设计特征”→“圆柱”命令，或者单击“主页”选项卡→“特征”组→“更多”库→“设计特征”库→“圆柱”图标，打开如图 7-88 所示的“圆柱”对话框，在对话框中选择“轴、直径和高度”类型，选择“ZC 轴”为生成圆柱矢量方向，单击“点对话框”按钮，在点对话框中输入（0，0，0）为圆柱原点，在直径和高度中输入 80 和 75，单击“应用”按钮完成圆柱 1 的创建。

同上创建一个直径和高度分别是 60 和 5，位于（0，0，–5）的圆柱 2，如图 7-89 所示。

图 7-88　“圆柱”对话框

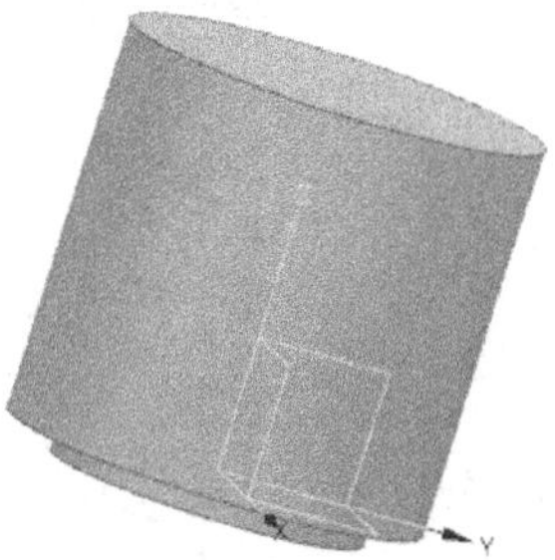

图 7-89　圆柱体

（3）选择“菜单”→“插入”→“偏置/缩放”→“抽壳”命令，或者单击“主页”选项卡→“特征”组→“抽壳”图标，打开“抽壳”对话框，如图 7-90 所示。选择“移除面，然后抽壳”类型，在“厚度”选项中输入 5，选择如图 7-91 所示的最上面圆柱体的顶端面为移除面，单击“确定”按钮，完成抽壳操作，如图 7-92 所示。

（4）选择“菜单”→“插入”→“设计特征”→“孔”命令，或者单击“主页”选项卡→“特征”组→“孔”图标，打开如图 7-93 所示“孔”对话框。在直径、深度和顶锥角中分别输入 50、5 和 0，捕捉如图 7-94 所示的圆柱底面圆弧圆心为孔放置位置，单击“确定”按钮，生成如图 7-95 所示模型。

图 7-90 “抽壳”对话框

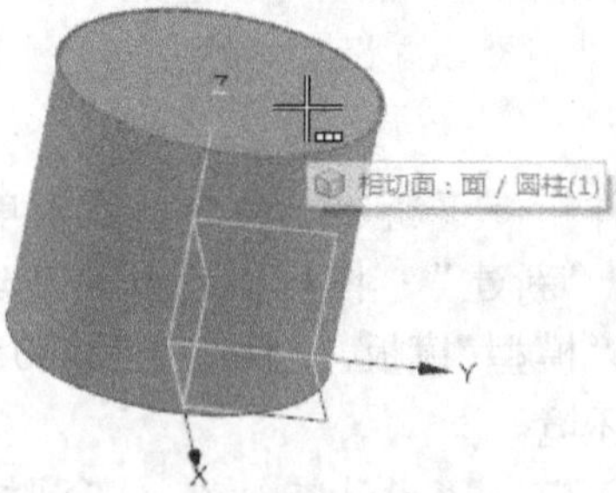

图 7-91 选择移除面

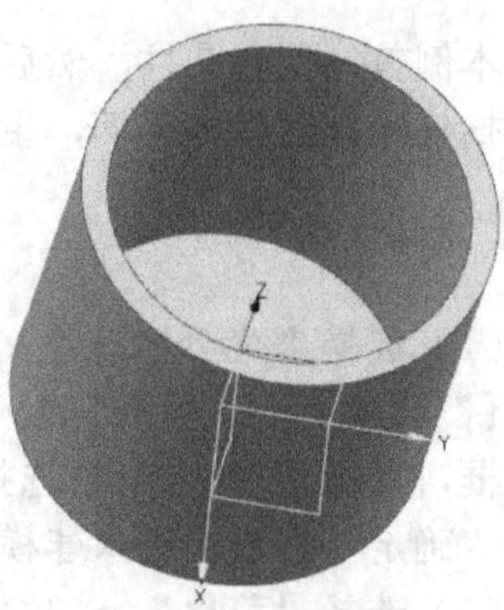

图 7-92 抽壳处理

图 7-93 “孔”对话框

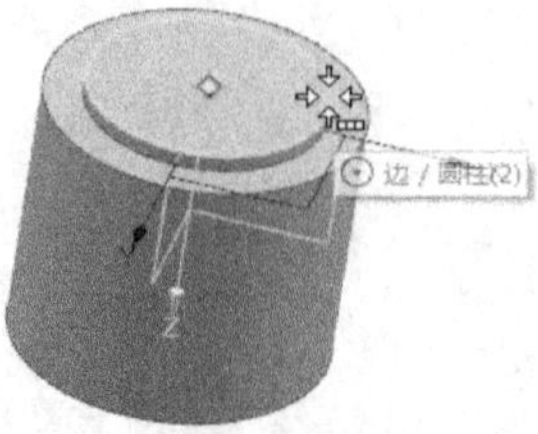

图 7-94 捕捉圆心

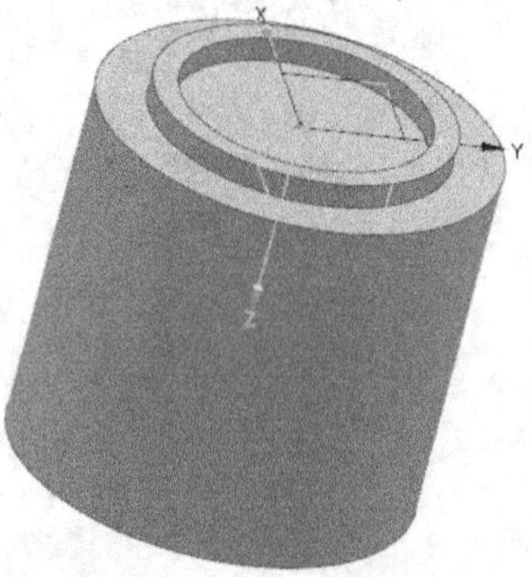

图 7-95 创建孔

（5）选择“菜单”→“格式”→“WCS”→“显示”命令，选择“菜单”→“格式”→“WCS”→“旋转”命令，打开如图 7-96 所示的“旋转 WCS 绕…”对话框，选择“+XC 轴：YC→ZC”选项，单击“确定”按钮，坐标绕 XC 轴旋转 90 度，如图 7-97 所示。

（6）选择“菜单”→“插入”→“曲线”→“艺术样条”命令，或者单击“曲线”选项卡→“曲线”组→“艺术样条”图标，打开如图 7-98 所示的“艺术样条”对话框。选择“通过点”类型，在次数中输入 3，单击“点对话框”按钮，打开“点”对话框，参考为“绝对坐标系-工作部件”，坐标依次为（0，–32，63）、（0，–52，67）、（0，–65，61）、（0，–70，52）、（0，–49，18）、（0，–32，9）。单击“确定”按钮，生成如图 7-99 所示样条曲线。

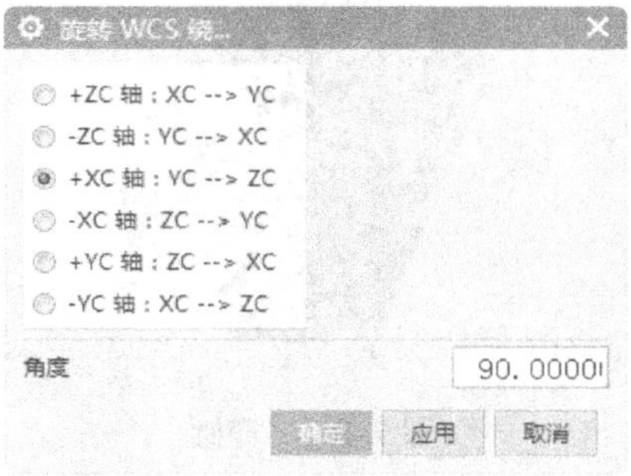

图 7-96　“旋转 WCS 绕...”对话框

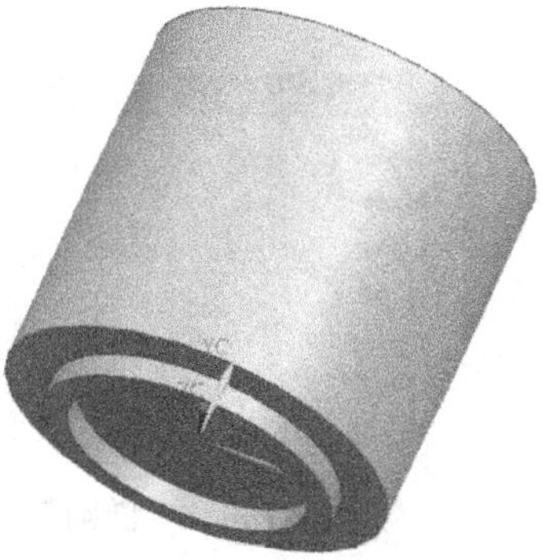

图 7-97　杯身模型

图 7-98　“艺术样条”对话框

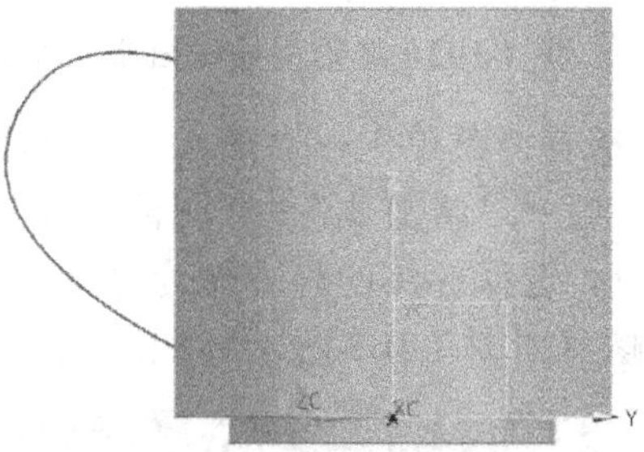

图 7-99　样条曲线

（7）选择“菜单”→“格式”→“WCS”→“原点”命令，按住鼠标右键选择“带有淡化边的线框”图标，然后选择样条曲线上端点，再按住鼠标右键选择“带边着色”图标。

（8）选择“菜单”→“插入”→“曲线”→“椭圆（原有）”命令，打开“点”对话框，输入（0，0，0）为椭圆原点，单击“确定”按钮，打开如图 7-100 所示的“椭圆”对话框，在长半轴和短半轴中分别输入 9 和 4.5，单击“确定”按钮生成椭圆，如图 7-101 所示。

（9）选择“菜单”→“插入”→“扫掠”→“沿引导线扫掠”命令，或者单击“主页”选项卡→“特征”组→“更多”库→“扫掠”库→“沿引导线扫掠”图标，打开如图 7-102 所示的“沿引导线扫掠”对话框，选择椭圆为截面，选择样条曲线为引导线，单击“确定”按钮生成如图 7-103 所示杯把。

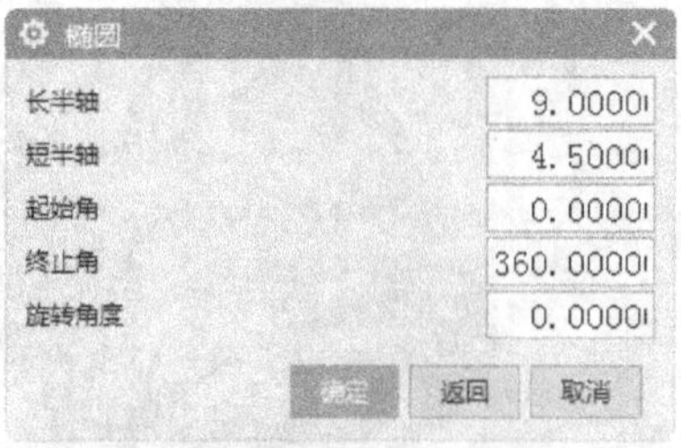

图 7-100 “椭圆”对话框

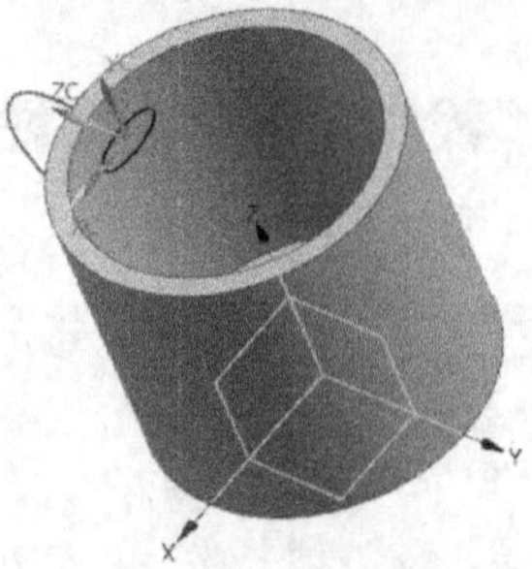

图 7-101 椭圆

图 7-102 “沿引导线扫掠”对话框

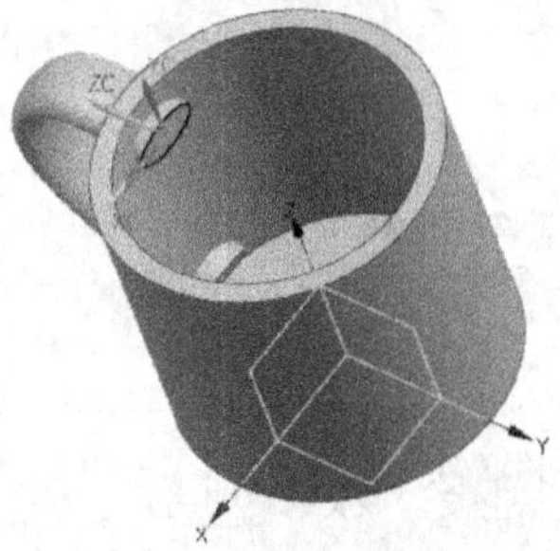

图 7-103 创建杯把

（10）选择“菜单”→“插入”→“修剪”→“修剪体”命令，或者单击“主页”选项卡→“特征”组→“修剪体”图标，打开如图 7-104 所示的“修剪体”对话框，选择杯体内的手柄部分，选择杯体的外表面为修剪工具，并单击“反向”按钮，调整修剪方向，单击“确定”按钮修剪如图 7-105 所示杯把。

图 7-104 “修剪体”对话框

图 7-105 杯把

（11）选择“菜单”→“插入”→“细节特征”→“边倒圆”命令，或者单击“主页”选项卡→“特征”组→“边倒圆”图标，打开如图 7-106 所示的“边倒圆”对话框，为杯口边、杯底边、柄和杯身接触处倒圆，倒圆半径为 1，结果如图 7-107 所示。

图 7-106　“边倒圆”对话框

图 7-107　杯

7.3.3 拆分体

选择“菜单”→“插入”→“修剪”→“拆分体”命令，或者单击“主页”选项卡→“特征”组→“更多”库→“修剪”库→“拆分体”图标，打开如图 7-108 所示的“拆分体”对话框。此选项使用面、基准平面或其他几何体分割一个或多个目标体。操作过程类似于“修剪体”。其操作后示意图如图 7-109 所示。

该操作从通过分割生成的体上删除所有参数。

图 7-108　“拆分体”对话框

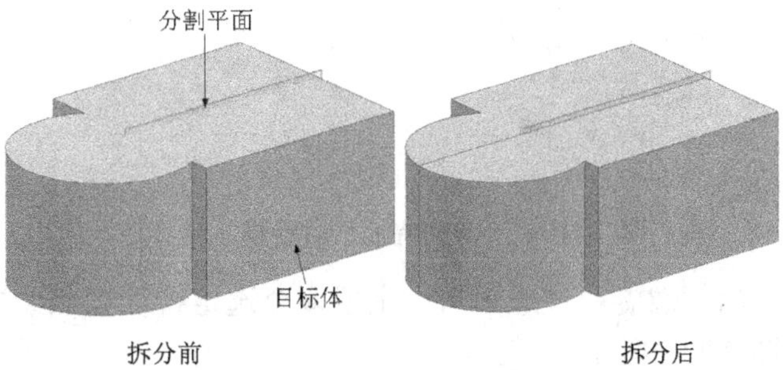

图 7-109　拆分体效果示意图

7.4 关联复制特征

本节主要介绍关联复制特征子菜单中的特征，这些特征主要是对特征进行复制。

7.4.1 阵列特征

选择“菜单”→“插入”→“关联复制”→“阵列特征”命令，或者单击“主页”选项卡→“特征”组→“阵列特征”图标，打开如图 7-110 所示的“阵列特征”对话框。该选项从已有特征生成阵列。

对话框部分选项功能如下。

（1）线性：该选项从一个或多个选定特征生成图样的线性阵列。线性阵列既可以是二维的（在 XC 和 YC 方向上，即 2 行特征），也可以是一维的（在 XC 或 YC 方向上，即一行特征）。其操作后示意图如图 7-111 所示。

（2）圆形：该选项从一个或多个选定特征生成圆形图样的阵列，示意图如图 7-112 所示。

（3）多边形：该选项从一个或多个选定特征按照绘制好的多边形生成图样的阵列。

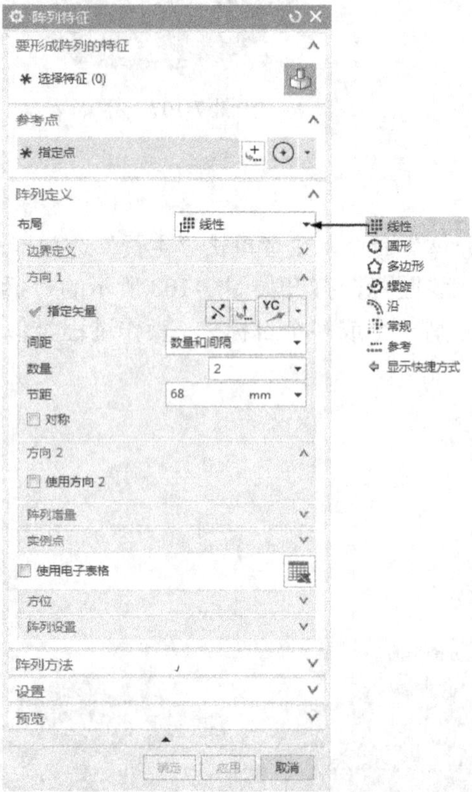

图 7-110 “阵列特征”对话框

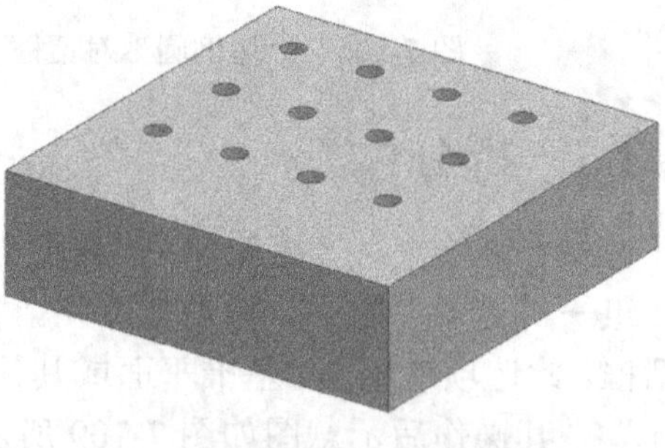

图 7-111 线性阵列效果示意图

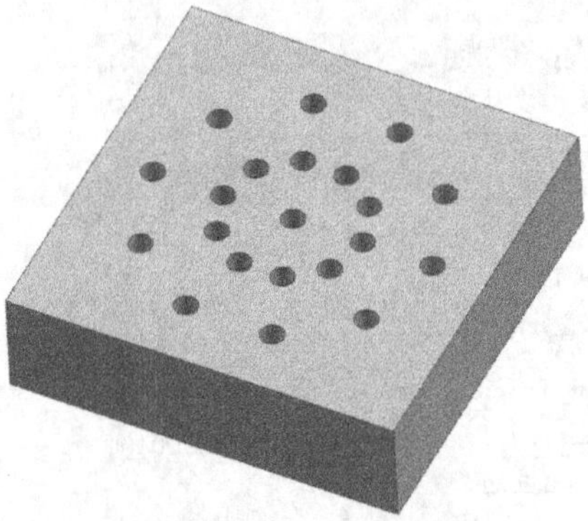

图 7-112 圆形阵列效果示意图

（4）螺旋：该选项从一个或多个选定特征按照绘制好的螺旋线生成图样的阵列，示意图如图 7-113 所示。

（5）沿：该选项从一个或多个选定特征按照绘制好的曲线生成图样的阵列，示意图如图 7-114 所示。

（6）常规：该选项从一个或多个选定特征在指定点处生成图样，示意图如图 7-115 所示。

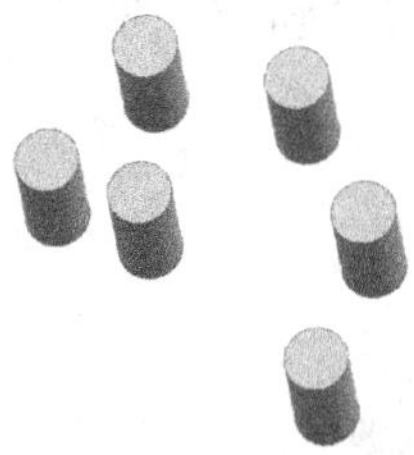

图 7-113　螺旋阵列效果示意图

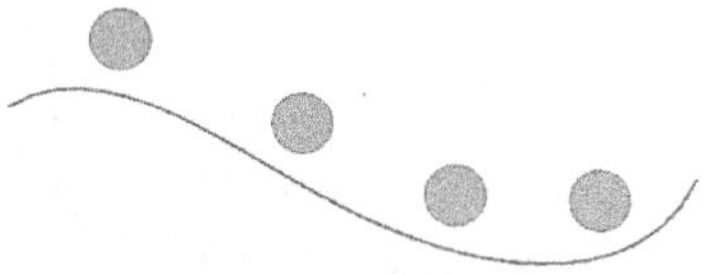

图 7-114　沿阵列效果示意图

图 7-115　常规阵列效果示意图

7.4.2 实例——挡板

本节绘制如图 7-116 所示挡板。

绘制步骤

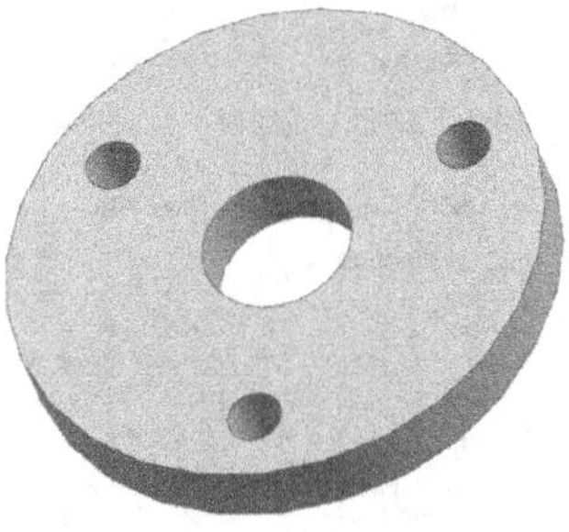

图 7-116　挡板

（1）单击“主页”选项卡→“标准”组→“新建”图标，打开“新建”对话框。在模板列表中选择“模型”，输入名称为 dangban，单击“确定”按钮，进入建模环境。

（2）选择“菜单”→“插入”→“设计特征”→“圆柱”命令，或单击“主页”选项卡→“特征”组→“更多”库→“设计特征”库→“圆柱”图标，打开如图 7-117 所示的“圆柱”对话框。选择“轴、直径和高度”类型，选择“ZC 轴”为圆柱体方向。单击“点对话框”按钮，打开“点”对话框，输入原点坐标为（0,0,0），单击“确定”按钮，返回到“圆柱”对话框。在“直径”和“高度”文本框中分别输入 200 和 25，单击“确定”按钮，生成模型如图 7-118 所示。

图 7-117　“圆柱”对话框

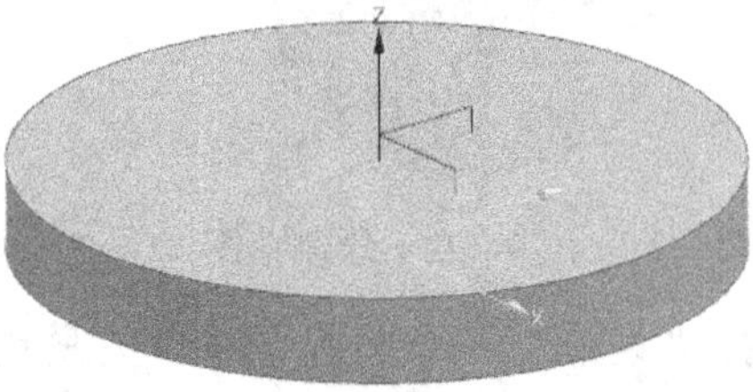

图 7-118　圆柱体

（3）选择“菜单”→“插入”→“设计特征”→“孔”命令，或者单击“主页”选项卡→“特征”组→“孔”图标，打开如图 7-119 所示的“孔”对话框。选择“常规孔”类型，在“形状和尺寸”选项组的“成形”下拉列表中选择“简单孔”。捕捉圆柱体的上表面圆心为孔放置位置，如图 7-120 所示。输入孔的直径为 56.3，贯通体，单击“确定”按钮，完成简单孔的创建，如图 7-121 所示。

图 7-119 “孔”对话框

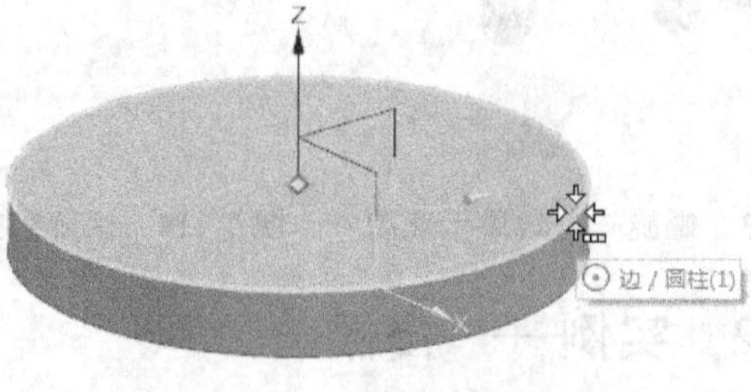

图 7-120 捕捉圆心位置

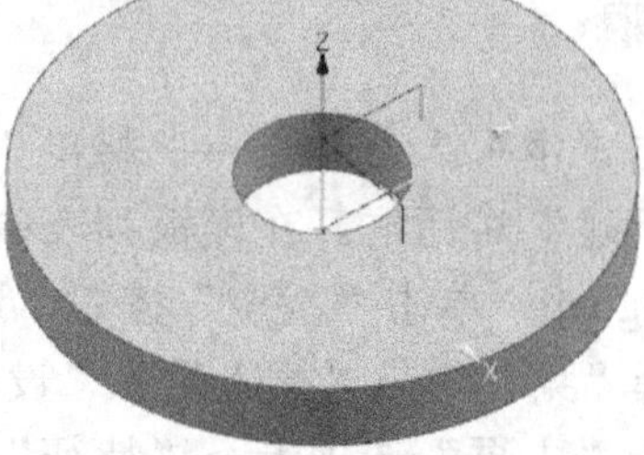

图 7-121 创建孔

（4）选择“菜单”→“插入”→“设计特征”→“孔”命令，或者单击“主页”选项卡→“特征”组→“孔”图标，打开如图 7-119 所示的“孔”对话框。选择“常规孔”类型，在“形状和尺寸”选项组的“成形”下拉列表中选择“简单孔”。单击“绘制截面”按钮，选择圆柱体的上表面为草图放置面，绘制如图 7-122 所示的草图。输入孔的直径，深度限制为 20.3，贯通体，单击“确定”按钮，完成简单孔的创建，如图 7-123 所示。

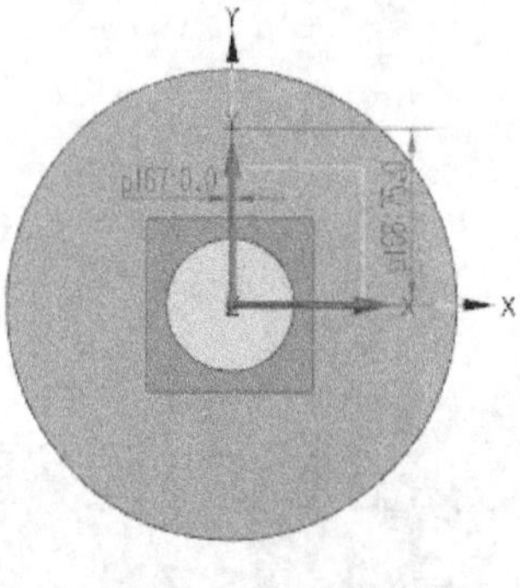

图 7-122 绘制草图

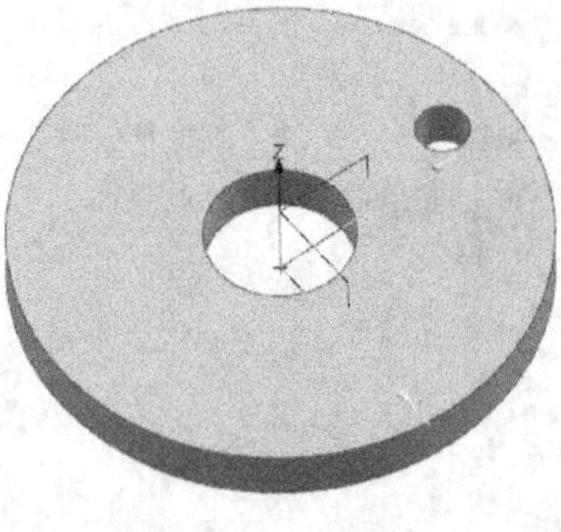

图 7-123 绘制孔

（5）选择“菜单”→“插入”→“关联复制”→“阵列特征”命令，或单击“主页”选项卡→“特征”组→“阵列特征”图标，打开如图 7-124 所示的“阵列特征”对话框。选择上步创建的孔为要阵列的特征，布局选择“圆形”类型。选择“ZC 轴”为旋转轴，指定坐标原点为基点。输入数量为 3，节距角为 120，单击“确定”按钮，如图 7-125 所示。

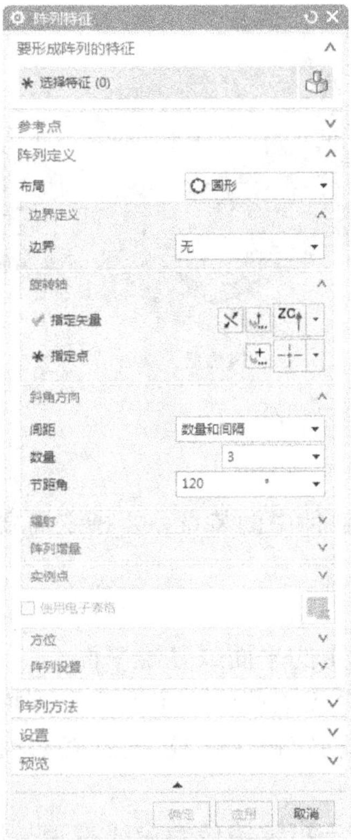

图 7-124 “阵列特征”对话框

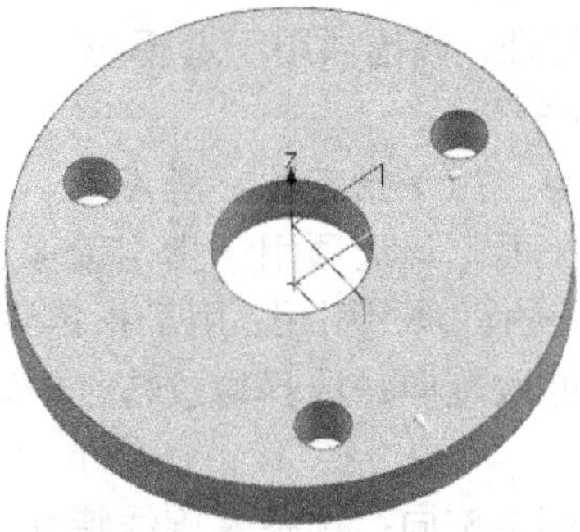

图 7-125 阵列孔

7.4.3 镜像特征

选择“菜单”→“插入”→“关联复制”→“镜像特征”命令，或者单击“主页”选项卡→“特征”组→“更多”库→“关联复制”库→“镜像特征”图标，打开如图 7-126 所示的“镜像特征”对话框，通过基准平面或平面镜像选定特征的方法来生成对称的模型，镜像特征可以在体内镜像特征，示意图如图 7-127 所示。

图 7-126 “镜像特征”对话框

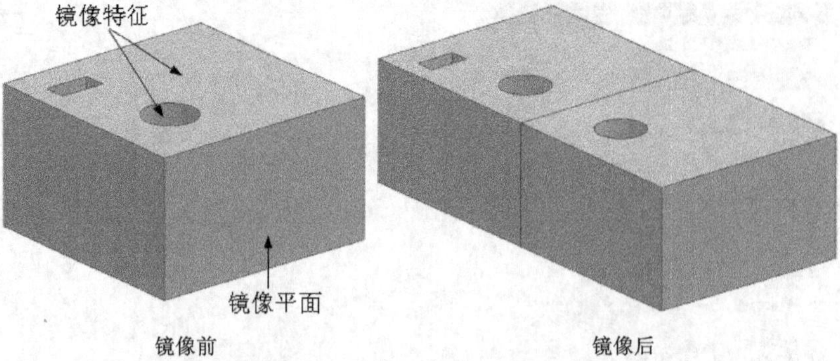

图 7-127　镜像特征效果示意图

部分选项功能如下。

（1）选择特征：该选项用于选择想要进行镜像的部件中的特征。要指定需要镜像的特征，它在列表中高亮显示。

（2）指定点：用于指定源参考点。

（3）镜像平面：该选项用于指定镜像选定特征所用的平面或基准平面。

（4）源特征的可重用引用：用于指定镜像特征是否应该使用一个或多个源特征的父引用。

（5）保持螺纹旋向：选择螺纹特征时可用。用于指定镜像螺纹是否与源特征具有相同的旋向。

（6）保持螺旋旋向：选择螺旋线特征时可用。用于指定镜像螺旋线是否与源特征具有相同的旋向。

7.4.4　实例——哑铃

本节绘制如图 7-128 所示哑铃。

绘制步骤

图 7-128　哑铃

（1）单击“主页”选项卡→“标准”组→“新建”图标，打开“新建”对话框。在模板列表中选择“模型”，输入名称为 yaling1，单击“确定”按钮，进入建模环境。

（2）选择“菜单”→“插入”→“设计特征”→“球”命令，或者单击“主页”选项卡→“特征”组→“更多”库→“设计特征”库→“球”图标，打开如图 7-129 所示的“球”对话框。选择“中心点和直径”类型，输入直径为 100，单击“点对话框”按钮，打开“点”对话框，输入原点坐标为（0,0,0），单击“确定”按钮，返回到“球”对话框。单击“确定”按钮，生成模型。

（3）单击“曲线”选项卡→“在任务环境中绘制草图”图标，打开“创建草图”对话框。选择 XC-YC 平面为草图绘制平面，单击“确定”按钮。选择“菜单”→“插入”→“曲线”→“多边形”命令，绘制半径为 20，旋转为 30 的外接圆六边形，选择“菜单”→“插入”→“曲线”→“圆角”命令，对六边形进行圆角处理，圆角半径为 5，如图 7-130 所示。单击“主页”选项卡→“草图”组→“完成”图标，草图绘制完毕。

图 7-129 “球”对话框

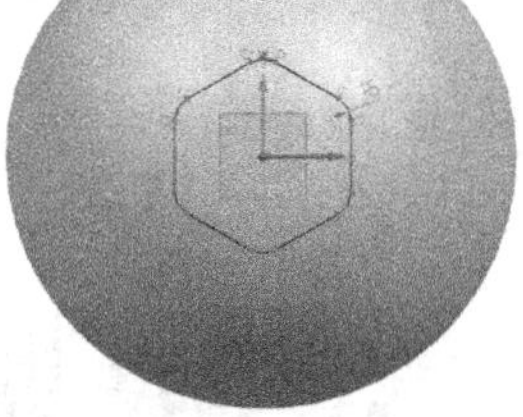

图 7-130 绘制草图

（4）选择“菜单”→“插入”→“设计特征”→“拉伸”命令，或者单击“主页”选项卡→“特征”组→“设计特征”下拉菜单→“拉伸”图标，打开如图 7-131 所示的“拉伸”对话框。在工作区按住鼠标右键选择“带有淡化边的线框”图标，选择上步绘制的草图为拉伸曲线。选择“ZC 轴”为拉伸方向。在“开始距离”和“结束距离”数值栏中输入 0 和 200，在布尔下拉列表中选择“合并”，单击“确定”按钮，再按住鼠标右键选择“带边着色”图标，结果如图 7-132 所示。

（5）选择“菜单”→“插入”→“关联复制”→“镜像特征”命令，或者单击“主页”选项卡→“特征”组→“更多”库→“关联复制”库→“镜像特征”图标，打开如图 7-133 所示的“镜像特征”对话框。在视图中选择球特征为要镜像的特征，在指定平面下拉列表中选择“XC-YC”平面，输入距离为 100，单击“确定”按钮，结果如图 7-128 所示。

图 7-131 “拉伸”对话框

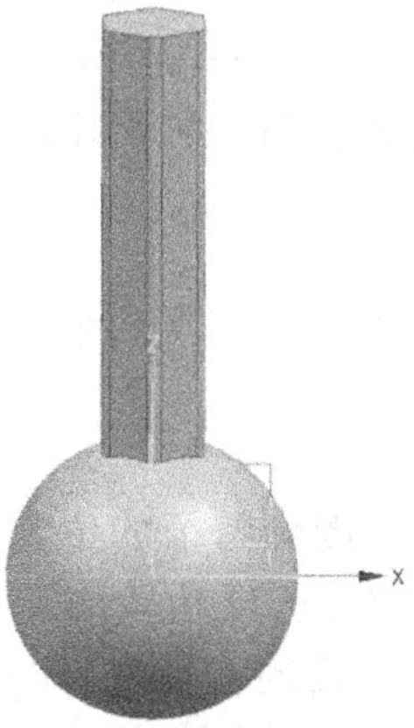

图 7-132 拉伸体

图 7-133 “镜像特征”对话框

7.4.5 镜像几何体

选择“菜单”→“插入”→“关联复制”→“镜像几何体”命令，或者单击“主页”选项卡→“特征”组→“更多”库→“关联复制”库→“镜像几何体”图标，打开如图 7-134 所示的“镜像几何体”对话框。用于以基准平面来镜像所选的实体，镜像后的实体或片体和原实体或片体相关联，但本身没有可编辑的特征参数，示意图如图 7-135 所示。

图 7-134 “镜像几何体”对话框

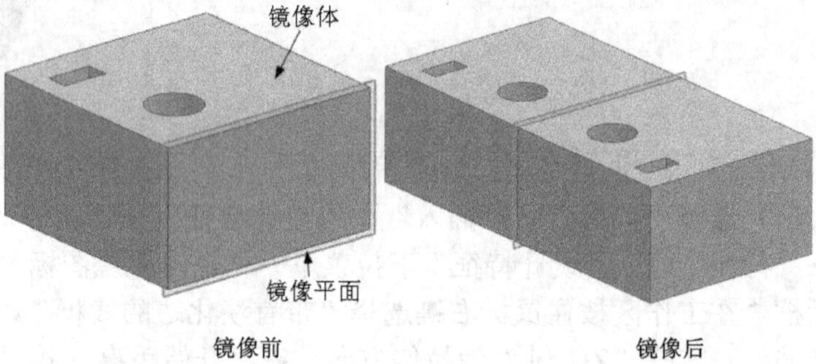

图 7-135 镜像几何体效果示意图

7.5 特征编辑

特征编辑主要是完成特征创建以后，对特征不满意的地方进行编辑的过程。用户可以重新调整尺寸、位置、先后顺序等，在多数情况下，保留与其他对象建立起来的关联性，以满足新的设计要求。

7.5.1 编辑特征参数

选择“菜单”→“编辑”→“特征”→“编辑参数”命令，打开如图 7-136 所示的“编辑参数”对话框。该选项可以在生成特征或自由形式特征的方式和参数值的基础上，编辑特征或曲面特征。用户的交互作用由所选择的生成特征或自由形式特征类型决定。

当选择“编辑参数”，并选择了一个要编辑的特征时，根据所选择的特征，在打开的对话框上显示的选项可能会改变，下面介绍几种常用对话框选项。

1. 特征对话框

列出选中特征的参数名和参数值，并可在其中输入新值。所有特征都出现在此选项。

2. 重新附着

重新定义特征的特征参考，可以改变特征的位置或方向。可以重新附着的特征才出现此选项。其对话框如图 7-137 所示，部分选项功能如下。

（1）指定目标放置面：给被编辑的特征选择一个新的附着面。

（2）指定参考方向：用于为正在编辑的特征选择新的参考方向。

图 7-136 “编辑参数”对话框

图 7-137 “重新附着”对话框

（3）重新定义定位尺寸：选择定位尺寸并能重新定义它的位置。

（4）指定第一个贯通面：重新定义被编辑的特征的第一个通过面/裁剪面。

（5）指定第二个贯通面：重新定义被编辑的特征的第二个通过面/裁剪面。

（6）指定工具放置面：重新定义用户特征（UDF）的工具面。

（7）方向参考：用它可以选择想定义一个新的水平特征参考还是竖直特征参考（缺省始终是为已有参考设置的）。

（8）反向：将特征的参考方向反向。

（9）反侧：将特征重新附着于基准平面时，用它可以将特征的法向反向。

（10）指定原点：将重新附着的特征移动到指定原点，可以快速重新定位它。

（11）删除定位尺寸：删除选择的定位尺寸。如果特征没有任何定位尺寸，该选项就变灰。

7.5.2 实例——通气器

首先绘制二维草图轮廓，以作为旋转体设计特征的旋转截面线串，并旋转完成通气器主体的绘制。在实体上绘制孔并添加圆角和倒角特征，结果如图 7-138 所示。

绘制步骤

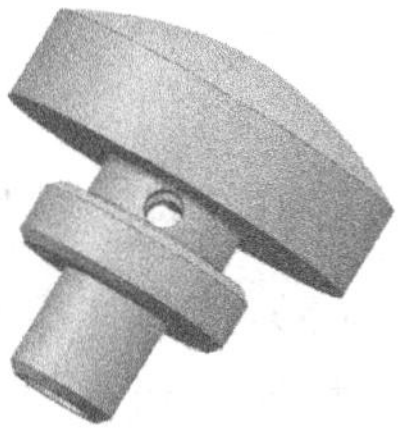

图 7-138 通气孔

（1）单击“主页”选项卡→“标准”组→“新建”图标，打开“新建”对话框，在“模型”选项卡中选择模型模板，文件名为 tongqiqi，单击“确定”按钮，进入建模环境。

（2）单击“曲线”选项卡→“在任务环境中绘制草图”图标，打开“创建草图”对话框，使 XC-YC 平面作为草图平面。单击“确定”按钮，完成草图平面的设定。

（3）单击“主页”选项卡→“曲线”组→“轮廓”图标，打开“轮廓”对话框，选取“直线”类型，绘制草图轮廓。将光标置于坐标原点处，单击鼠标左键，系统自动捕捉坐标原点作为绘制直线起始点，长度为 6、角度为 0 绘制第 1 条直线；第 2 条直线长度为 12、角度为 90；第 3 条直线长度为 6、角度为 0；第 4 条直线长度为 7、角度为 90；第 5 条直线长度为 4、角度为 180；第 6 条直线长度为 5、角度为 90；第 7 条直线长度为 12、角度为 0；第 8

条直线长度为 10、角度为 90；单击“主页”选项卡→“曲线”组→“直线”⁄图标，选择原点，长度为 40、角度为 90，绘制第 9 条直线；单击“主页”选项卡→“曲线”组→“圆弧”图标，选择“三点定圆弧”，分别选择第 8 条直线和第 9 条直线的上端点，半径为 40，绘制如图 7-139 所示的草图。单击“主页”选项卡→“草图”组→“完成”图标，退出绘制草图界面。

（4）选择“菜单”→“插入”→“设计特征”→“旋转”命令，或者单击“主页”选项卡→“特征”组→“设计特征”下拉菜单→“旋转”图标，打开“旋转”对话框，如图 7-140 所示。选择上一步所绘制的草图为截面，选择 YC 轴作为旋转体截面线串的旋转轴，单击“点对话框”按钮，打开“点”对话框，输入原点坐标为（0,0,0），单击“确定”按钮，在对话框中输入截面线串旋转的开始角度“0”和结束角度“360”。单击“确定”按钮关闭对话框，生成旋转体，如图 7-141 所示。

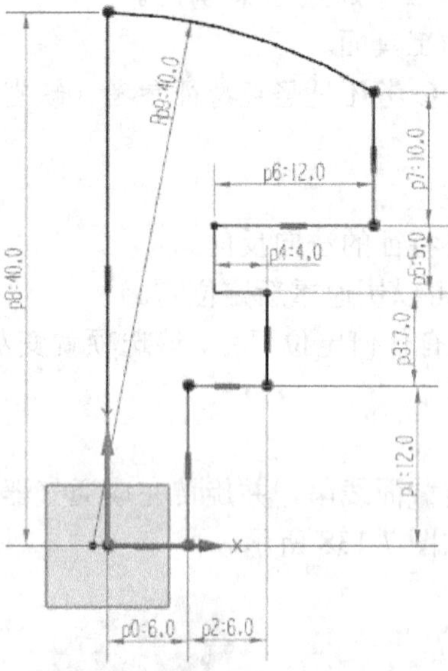

图 7-139　完成的草图轮廓

图 7-140　“旋转”对话框

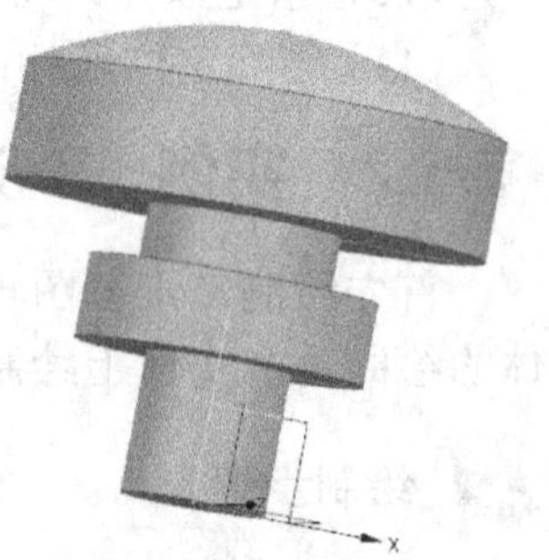
图 7-141　旋转体

（5）选择“菜单”→“插入”→“设计特征”→“孔”命令，或者单击“主页”选项卡→“特征”组→“孔”图标，打开如图 7-142 所示“孔”对话框，在对话框中选择“简单孔”成形，深度限制选择“值”，输入孔直径“8”、深度“30”、顶锥角“120”，捕捉底面圆心作为孔的放置面。单击“确定”按钮，生成的孔如图 7-143 所示。

（6）选择“菜单”→“插入”→“基准/点”→“基准平面”命令，或者单击“主页”选项卡→“特征”组→“基准/点”下拉菜单→“基准平面”图标，打开“基准平面”对话框，如图 7-144 所示。选择 XC-YC 为基准平面，创建基准平面 1。选择对话框中的“相切”类型，子类型选择“成一角度”，用鼠标选择基准平面 1 和圆柱侧面，生成一个与所选基准面垂直并与所选圆柱面相切的基准平面 2，如图 7-145 所示。单击“确定”按钮，退出基准平面对话框。

图 7-142　“孔”对话框

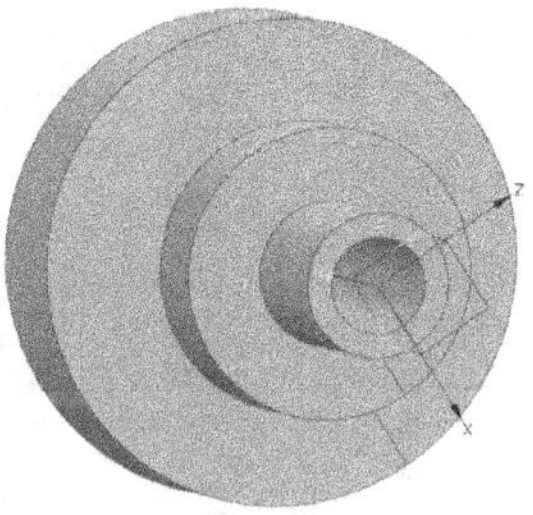

图 7-143　生成的孔

图 7-144　“基准平面”对话框

（7）选择“菜单”→“插入”→“设计特征”→“孔”命令，或者单击“主页”选项卡→“特征”组→“孔”图标，打开如图 7-146 所示的“孔”对话框，选择基准平面 2，单击“绘制截面”按钮，打开“创建草图”对话框，单击“确定”按钮，在打开的“草图点”对话框中单击“点对话框”按钮，打开“点”对话框，参考选择“绝对坐标系-工作部件”，输入点的坐标为（0，21.5，0），单击“确定”按钮，关闭“草图点”对话框，单击“主页”选项卡→“草图”组→“完成”图标，退出绘制草图界面。返回“孔”对话框，成形选择“简单孔”，直径输入 4，深度限制选择“贯通体”。单击“确定”按钮，结果如图 7-147 所示。

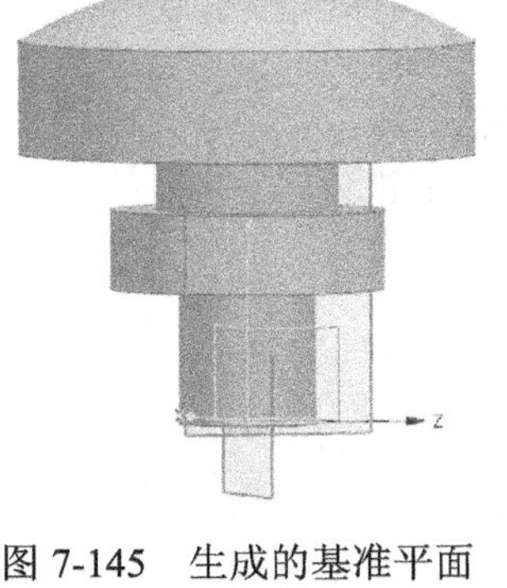

图 7-145　生成的基准平面

图 7-146　“孔”对话框

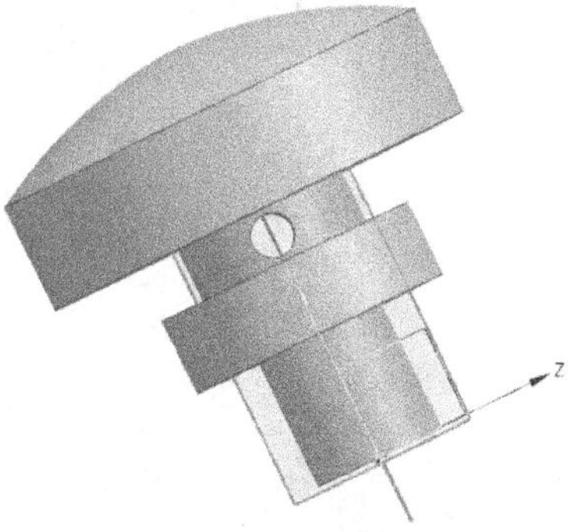

图 7-147　生成通孔

（8）选择“菜单”→“编辑”→“特征”→“编辑参数”命令，打开“编辑参数”对话框，如图 7-148 所示，选择简单孔（6），单击“确定”按钮，在打开的“孔”对话框中修改直径为 3，如图 7-149 所示，连续单击“确定”按钮。

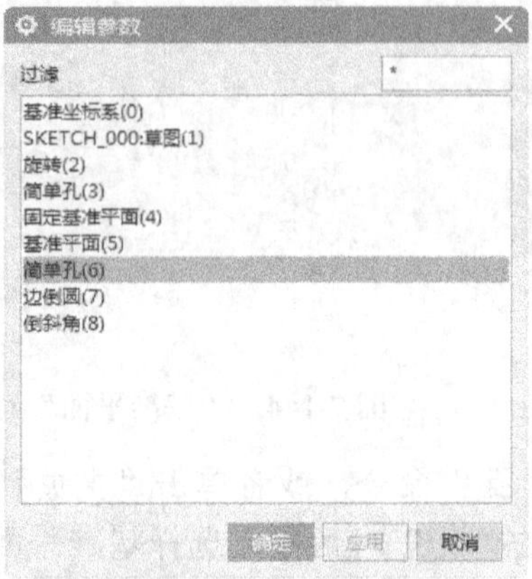

图 7-148 “编辑参数”对话框

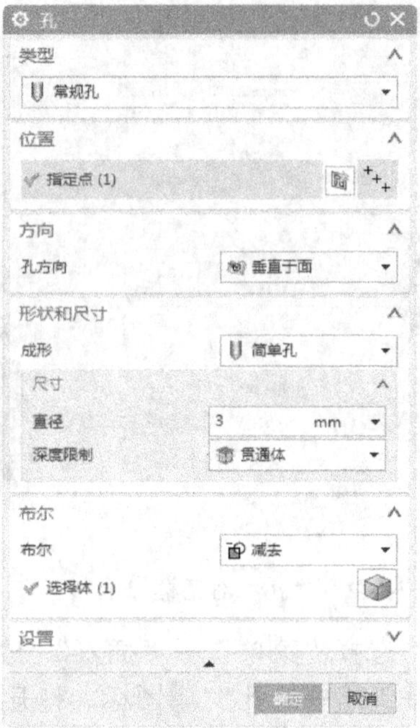

图 7-149 设置孔的直径

（9）选择“菜单”→“插入”→“细节特征”→“边倒圆”命令，或者单击“主页”选项卡→“特征”组→“边倒圆”图标，打开“边倒圆”对话框，如图 7-150 所示。在打开的文本框中输入圆角半径 0.5，选择如图 7-151 所示的两条边，单击“确定”按钮，为旋转体生成两个边圆角特征。

图 7-150 “边倒圆”对话框

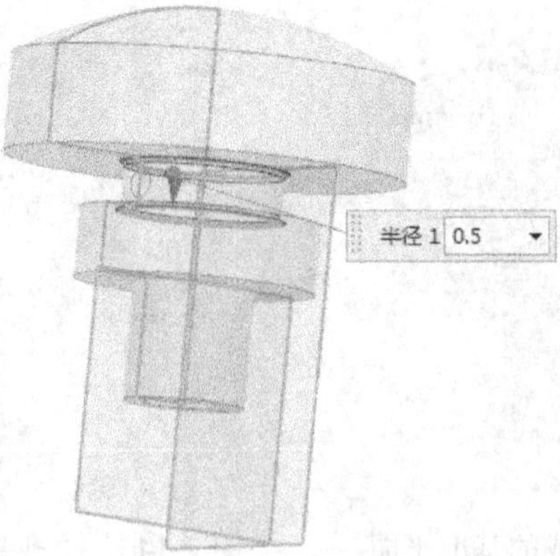

图 7-151 选择倒角边

（10）选择“菜单”→“插入”→“细节特征”→“倒斜角”命令，或者单击“主页”选项卡→“特征”组→“倒斜角”图标，打开“倒斜角”对话框，如图 7-152 所示。选择“对称”横截面，用鼠标选择如图 7-153 所示的三条倒角边。将倒角距离值设为 1，单击“确定”按钮，生成三个倒角特征，如图 7-154 所示。

图 7-152 “倒斜角”对话框

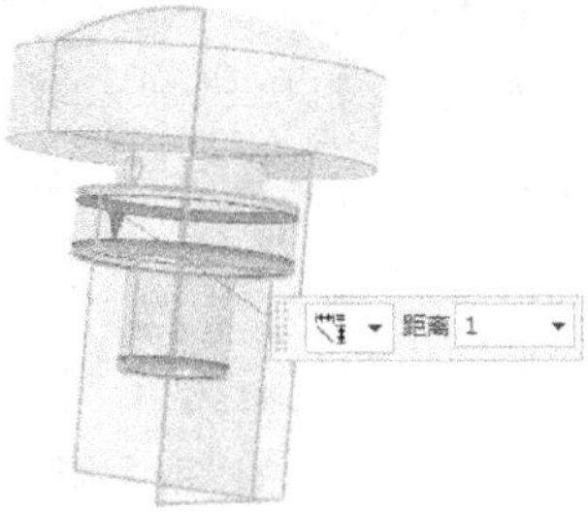

图 7-153 选择三条倒角边

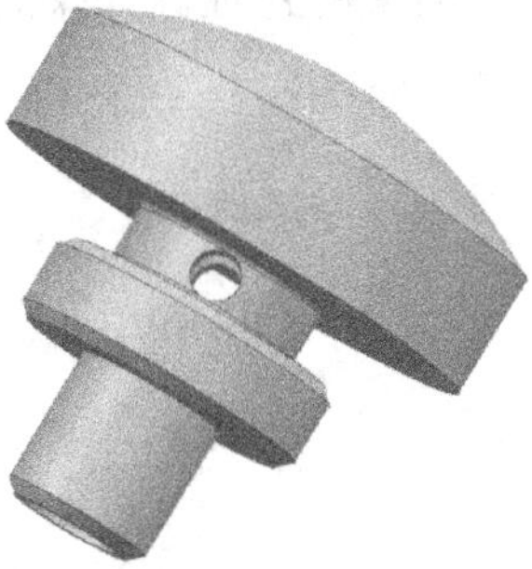

图 7-154 模型

7.5.3 编辑位置

选择“菜单”→“编辑”→“特征”→“编辑位置”命令；另外，也可以在左侧“资源工具条”的“部件导航器”相应对象上右击鼠标，在打开的快捷菜单中来编辑定位（见图 7-155），打开如图 7-156 所示“编辑位置”对话框。该选项允许通过编辑特征的定位尺寸来移动特征。可以编辑尺寸值、增加尺寸或删除尺寸。

对话框部分选项介绍如下。

（1）添加尺寸：用它可以给特征增加定位尺寸。

（2）编辑尺寸值：允许通过改变选中的定位尺寸的特征值，来移动特征。

（3）删除尺寸：用它可以从特征中删除选中的定位尺寸。

需要注意的是：增加定位尺寸时，当前编辑对象的尺寸不能依赖于创建时间晚于它的特征体。例如，在图 7-157 中，特征按其生成的顺序编号，如果想定位特征 #2，不能使用任何来自特征 #3 的物体作标注尺寸几何体。

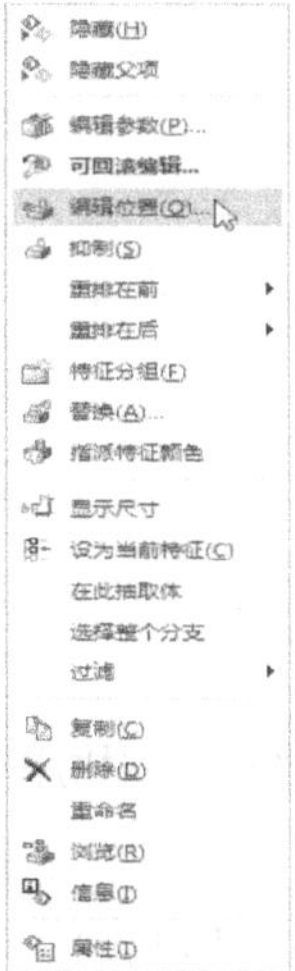

图 7-155 快捷菜单中的“编辑位置”

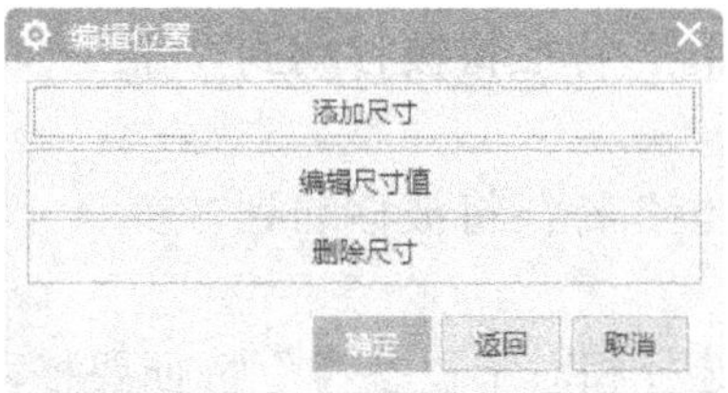

图 7-156 “编辑位置”对话框

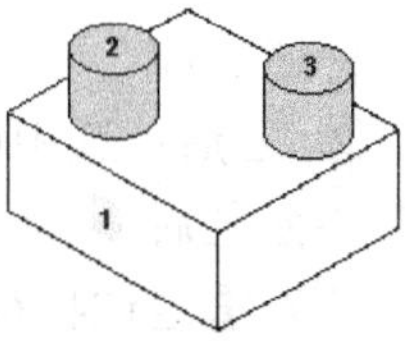

图 7-157 特征顺序示意图

7.5.4 移动特征

选择“菜单”→“编辑”→“特征”→“移动”命令，打开如图 7-158 所示“移动特征”对话框。该选项可以把无关联的特征移到需要的位置。不能用此选项来移动位置已经用定位尺寸约束的特征。如果想移动这样的特征，需要使用“编辑定位尺寸”选项。

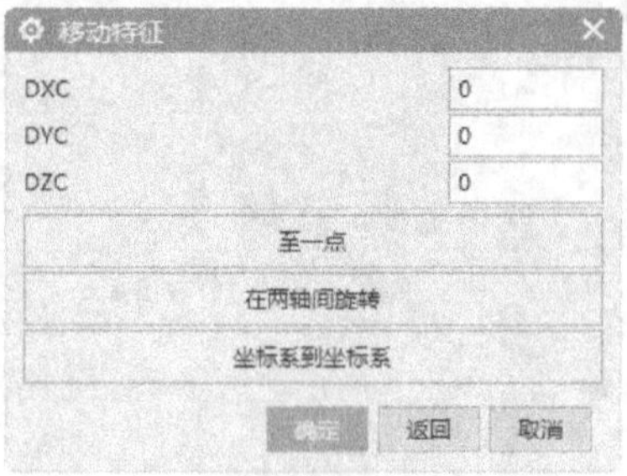

图 7-158 “移动特征”对话框

对话框部分选项功能如下。

（1）DXC、DYC、DZC：用矩形（XC 增量、YC 增量、ZC 增量）坐标指定距离和方向，可以移动一个特征。该特征相对于工作坐标系作移动。

（2）至一点：用它可以将特征从参考点移动到目标点。

（3）在两轴间旋转：通过在参考轴和目标轴之间旋转特征，来移动特征。

（4）坐标系到坐标系：将特征从参考坐标系中的位置重定位到目标坐标系中。

7.5.5 特征重排序

选择“菜单”→“编辑”→“特征”→“重排序”命令，打开如图 7-159 所示“特征重排序”对话框。该选项允许改变将特征应用于体的次序。在选定参考特征之前或之后可对所需要的特征重排序。

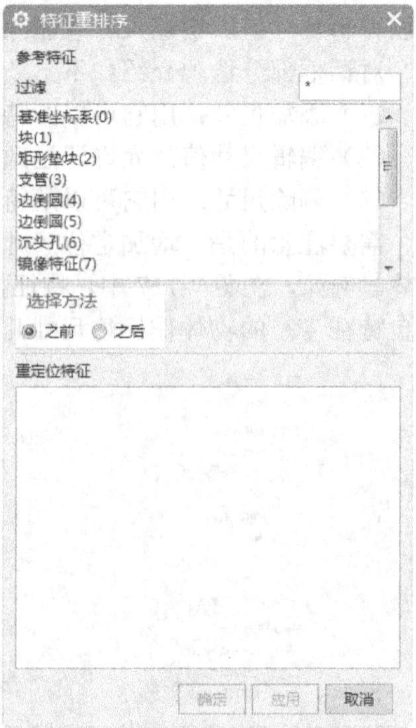

图 7-159 “特征重排序”对话框

对话框部分选项功能如下。

（1）参考特征：列出部件中出现的特征。所有特征连同其圆括号中的时间标记一起出现于列表框中。

（2）选择方法：该选项用来指定如何重排序“重定位”特征，允许选择相对“参考”特征来放置“重定位”特征的位置。

① 之前：选中的“重定位”特征将被移动到“参考”特征之前。

② 之后：选中的“重定位”特征将被移动到“参考”特征之后。

（3）重定位特征：允许选择相对于“参考”特征要移动的“重定位”特征。

7.5.6 抑制特征和取消抑制特征

（1）选择“菜单”→“编辑”→“特征”→“抑制”命令，打开如图 7-160 所示的“抑制特征”对话框。该选项允许临时从目标体及显示中删除一个或多个特征，当抑制有关联的特征时，关联的特征也被抑制。

实际上，抑制的特征依然存在于数据库里，只是将其从模型中删除了。因为特征依然存在，所以可以用“取消抑制特征”调用它们。如果不想让对话框中“选中的特征”列表里包括任何依附，可以不勾选“列出相关对象”（如果选中的特征有许多依附的话，这样操作可显著地减少执行时间）。

（2）选择“菜单”→“编辑”→“特征”→“取消抑制”命令，则该选项可调用先前抑制的特征。如果“编辑时延迟更新”是激活的，则不可用。

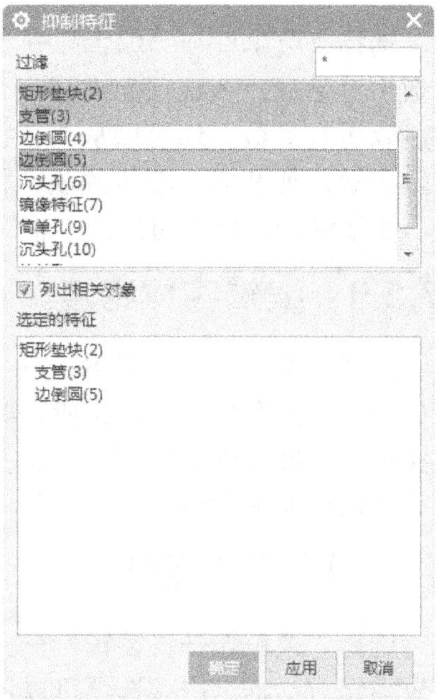

图 7-160 “抑制特征”对话框

7.5.7 由表达式抑制

选择“菜单”→“编辑”→“特征”→“由表达式抑制”命令，打开如图 7-161 所示的“由表达式抑制”对话框。该选项可利用表达式编辑器用表达式来抑制特征，此表达式编辑器提供一个可用于编辑的抑制表达式列表。如果“编辑时延迟更新”是激活的，则不可用。

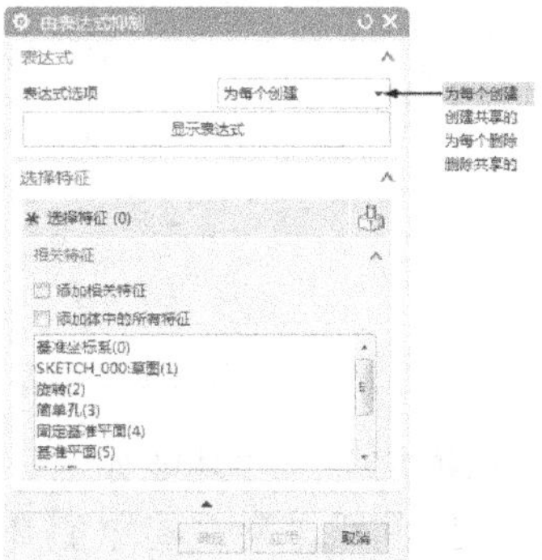

图 7-161 “由表达式抑制”对话框

对话框部分选项功能如下。

（1）为每个创建：允许为每一个选中的特征生成单个的抑制表达式。对话框显示所有特征，可以是被抑制的，或者是被释放的，以及无抑制表达式的特征。如果选中的特征被抑制，则其新的抑制表达式的值为 0，否则为 1。按升序自动生成抑制表达式（即 p22、p23、p24…）。

（2）创建共享的：允许生成被所有选中特征共有的单个抑制表达式。对话框显示所有特征，可以是被抑制的，或者是被释放的，以及无抑制表达式的特征。所有选中的特征必须具有相同的状态，或者是被抑制的或者是被释放的。如果它们是被抑制的，则其抑制表达式的值为 0，否则为 1。当编辑表达式时，如果任何特征被抑制或被释放，则其他有相同表达式的特征也被抑制或被释放

（3）为每个删除：允许删除选中特征的抑制表达式。对话框显示抑制表达式的所有特征。

（4）删除共享的：允许删除选中特征的共有的抑制表达式。对话框显示包含共有的抑制表达式的所有特征。如果选择特征，则对话框高亮显示共有该相同表达式的其他特征。

7.5.8 移除参数

选择“菜单”→“编辑”→“特征”→“移除参数”命令，打开如图 7-162 所示“移除参数”对话框。该选项允许从一个或多个实体和片体中删除所有参数。还可以从与特征相关联的曲线和点删除参数，使其成为非相关联。如果“编辑时延迟更新”是激活的，则不可用。

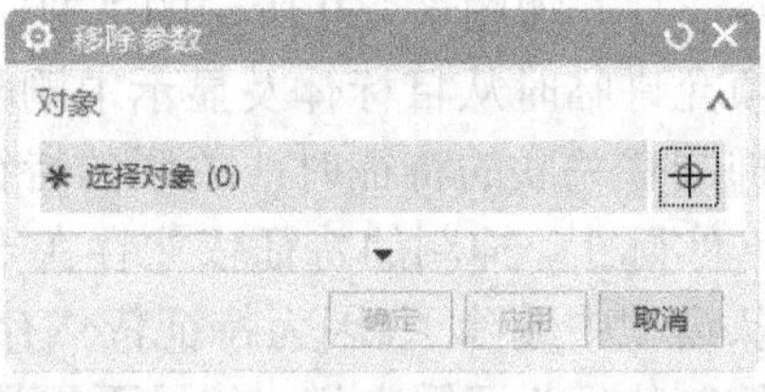

图 7-162 “移除参数”对话框

7.5.9 编辑实体密度

选择“菜单”→“编辑”→“特征”→“实体密度”命令，打开如图 7-163 所示的“指派实体密度”对话框。该选项可以改变一个或多个已有实体的密度和/或密度单位。改变密度单位，让系统重新计算新单位的当前密度值，如果需要也可以改变密度值。

7.5.10 特征重播

选择“菜单”→“编辑”→“特征”→“特征重播”命令，打开如图 7-164 所示的“特征重播”对话框。用该选项可以逐个特征地查看模型是如何生成的。

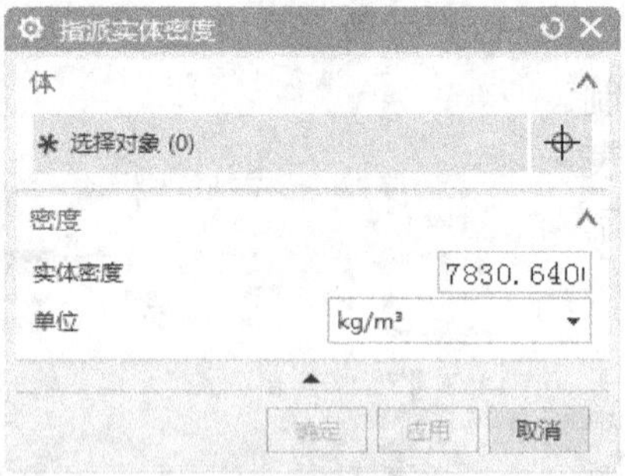

图 7-163 “指派实体密度”对话框

图 7-164 “特征重播”对话框

对话框部分选项功能如下。

（1）时间戳记数：指定要开始特征重播的时间戳编号。可以在框中输入一个数字，或者移动滑块。

（2）步骤之间的秒数：指定特征重播每个步骤之间暂停的秒数。

7.6 综合实例

7.6.1 笔筒

本例主体由圆柱体加凸台组成，然后对实体模型进行抽壳和创建螺纹等操作，生成模型如图 7-165 所示。

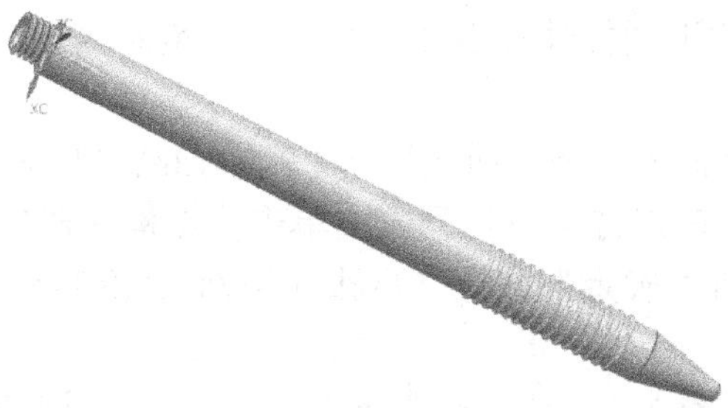

图 7-165　笔筒

绘制步骤

（1）单击“文件”选项卡→“新建”图标，打开“新建”对话框，在“模型”选项卡中选择模型模板，文件名为 bitong，单击“确定”按钮，进入建模环境。

（2）选择“菜单”→“插入”→“设计特征”→“圆柱”命令，或单击“主页”选项卡→“特征”组→“更多”库→“设计特征”库→“圆柱”图标，打开如图 7-166 所示圆柱对话框。选择“轴、直径和高度”类型，在指定矢量下拉列表中选择 ZC 轴为圆柱体的创建方向，单击“点对话框”按钮，打开“点”对话框，输入原点坐标为（0,0,0），单击“确定”按钮，返回到“圆柱”对话框。在直径和高度选项中分别输入 10 和 120，单击“确定”按钮，生成圆柱体。

图 7-166　“圆柱”对话框

图 7-167　“支管”对话框

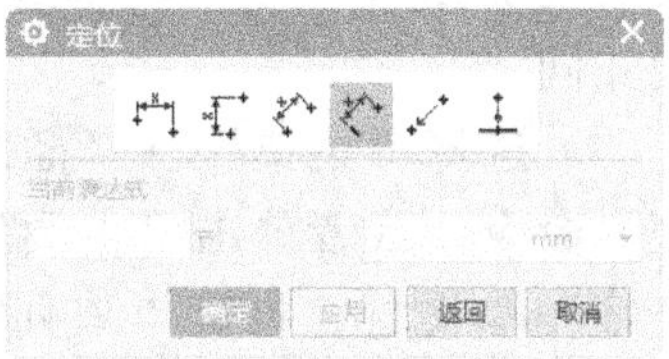

图 7-168　“定位”对话框

（3）选择“菜单”→“插入”→“设计特征”→“凸台（原有）”命令，打开如图 7-167 所示“支管”对话框。在直径、高度和锥角选项里分别输入 8、6 和 0，按系统提示选择圆柱底面为放置面，单击“确定”按钮，生成一凸台并打开“定位”对话框，如图 7-168 所示，在对话框中单击“点落在点上”按钮，打开“点落在点上”对话框。选择圆柱底面圆弧边为目标对象，打开“设置圆弧的位置”对话框。单击“圆弧中心”按钮，生成的凸台定位于圆柱体底面圆弧中心。同

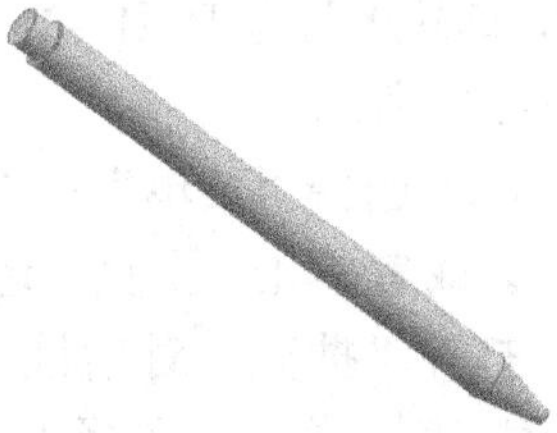

图 7-169　模型

上创建一带拔模角凸台，位于圆柱体顶端面，直径、高度和锥角分别是 10、15 和 12.5。创建模型如图 7-169 所示。

（4）选择“菜单”→“插入”→“曲线”→“基本曲线（原有）”命令，打开如图 7-170 所示“基本曲线”对话框。在点方法下拉列表中单击“点构造器”按钮，打开“点”对话框，输入坐标（0,0,115），单击“确定”按钮，再输入坐标（5,0,115），单击“确定”按钮，最后单击“取消”按钮。

（5）选择“菜单”→“插入”→“扫掠”→“管”命令，或者单击“主页”选项卡→“特征”组→“更多”库→“扫掠”库→“管”图标，打开如图 7-171 所示“管”对话框。在对话框里“外径”和“内径”选项分别输入 1、0，“输出”选项选择“单段”。单击“确定”按钮。选择步骤（4）创建的圆弧为软管导引线，单击“确定”按钮，生成如图 7-172 所示软管。

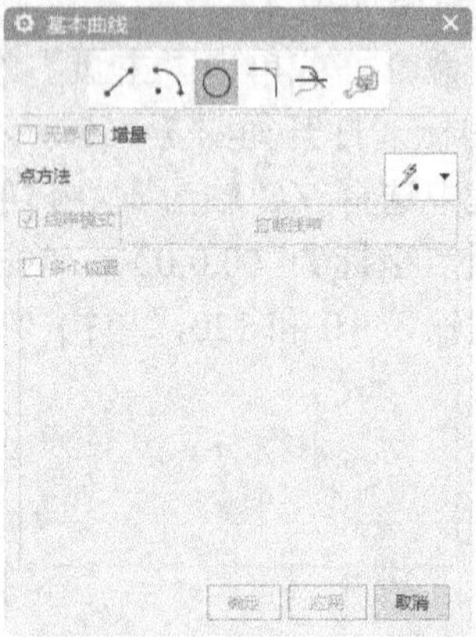

图 7-170 “基本曲线”对话框

图 7-171 “管”对话框

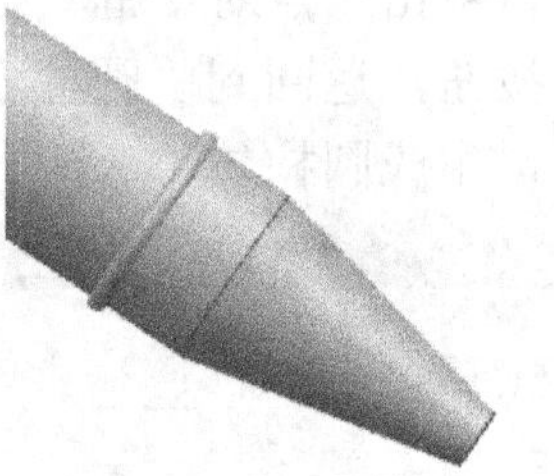

图 7-172 模型

（6）选择“菜单”→“格式”→“WCS”→“显示”命令，再选择“菜单”→“格式”→“WCS”→“旋转”命令，动态调整坐标系，绕+XC 轴旋转 90°，使 YC 轴与笔筒轴向方向相同。

（7）选择“菜单”→“插入”→“关联复制”→“阵列特征”命令，或者单击“主页”选项卡→“特征”组→“阵列特征”图标，打开“阵列特征”对话框，如图 7-173 所示，选择步骤（5）所创建的软管为要阵列的特征，在布局下拉列表中选择“线性”，指定矢量选择“YC 轴”，输入数量和节距分别为 15 和–2，单击“确定”按钮。生成的模型如图 7-174 所示。

图 7-173 “阵列特征”对话框

（8）选择“菜单”→“插入”→“偏置/缩放”→“抽壳”命令，或者单击“主页”选项卡→“特征”组→“抽壳”图标，打开“抽壳”对话框，如图 7-175 所示。选择“移除面，然后抽壳”类型，选择上下两端面，并在对话框中厚度选项中输入 0.8，单击“确定”按钮，完成抽壳操作。

（9）单击“主页”选项卡→“特征”组→“更多”库→

“设计特征”库→“螺纹刀”图标，打开如图 7-176 所示的“螺纹切削”对话框。在对话框的螺纹类型选项中选择“详细”，用鼠标选择无拔模角凸台，激活对话框中各选项，接受系统默认的各值，单击“确定”按钮，完成螺纹的创建，如图 7-177 所示。

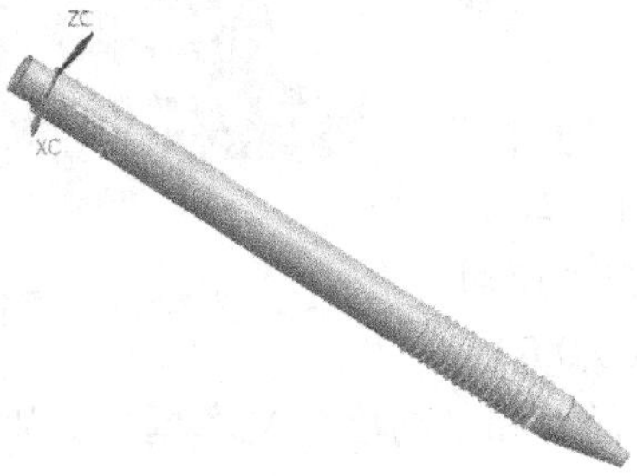

图 7-174　模型

图 7-175　“抽壳”对话框

图 7-176　“螺纹切削”对话框

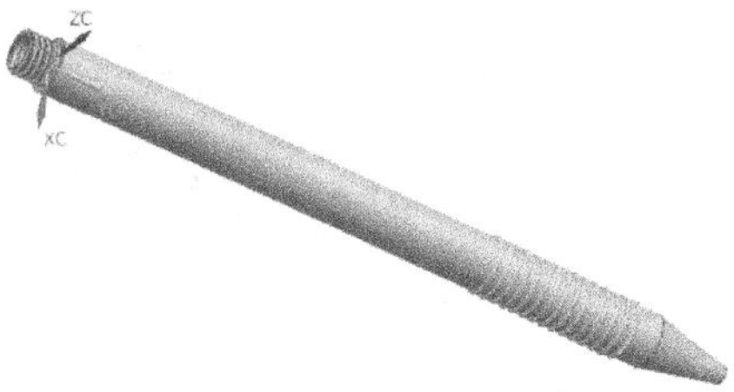

图 7-177　绘制螺纹

（10）选择“菜单”→“插入”→“细节特征”→“边倒圆”命令，或者单击“主页”选项卡→“特征”组→“边倒圆”图标，在如图 11-178 所示部位倒圆角，生成的模型如图 7-179 所示。

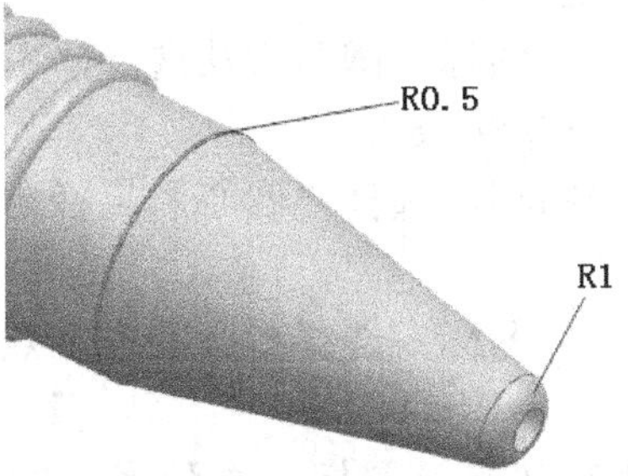

图 7-178　模型

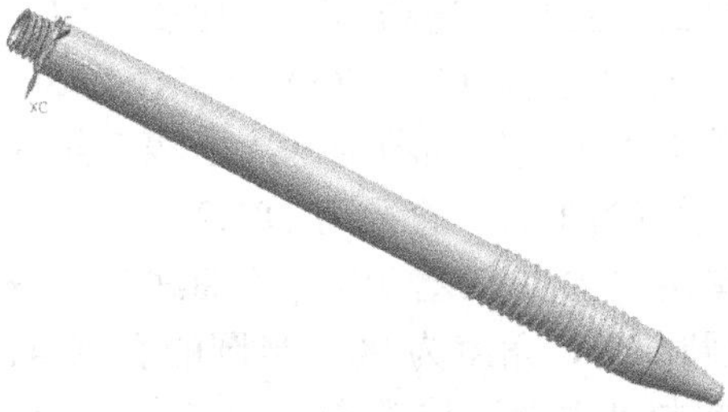

图 7-179　笔筒

7.6.2 阀体

本节绘制如图 7-180 所示阀体。

图 7-180 阀体

绘制步骤

（1）单击“主页”选项卡→“标准”组→“新建”图标，打开“新建”对话框。在模板列表中选择“模型”，输入名称为 fati，单击“确定”按钮，进入建模环境。

（2）选择“菜单”→“插入”→“设计特征”→“圆柱”命令，打开如图 7-181 所示的“圆柱”对话框。选择“轴、直径和高度”类型，选择“ZC 轴”为圆柱方向。单击“点对话框”按钮，打开“点”对话框，输入原点坐标为（0,0,0），单击“确定”按钮，返回到“圆柱”对话框。在“直径”和“高度”文本框中分别输入 281.2 和 255，单击“确定”按钮，如图 7-182 所示。

图 7-181 “圆柱”对话框

图 7-182 绘制圆柱体

（3）创建草图。

① 单击“曲线”选项卡→“在任务环境中绘制草图”图标，打开“创建草图”对话框。选择 XC-YC 平面为草图绘制平面，单击“确定”按钮。

② 单击“主页”选项卡→“曲线”组→“圆弧”图标，圆弧方法选择“中心和端点定圆弧”，输入坐标（0，175），半径为 50，扫掠角为 0 到 180。

③ 单击“主页”选项卡→“曲线”组→“圆”图标，选择“圆心和直径定圆”的圆方法，以原点为中心，直径为 281.2。

④ 单击“主页”选项卡→“曲线”组→“直线”图标，选择半圆的左端点，长度越过下方大圆即可，角度为 90，半圆的右端点同理。

⑤ 单击“主页”选项卡→“曲线”组→“快速修剪”图标，去除多余的线，绘制如图 7-183 所示的草图。单击“主页”选项卡→“草图”组→“完成”图标，草图绘制完毕。

（4）选择“菜单”→“插入”→“设计特征”→“拉伸”命令，或者单击“主页”选项卡→“特征”组→“设计特征”下拉菜单→“拉伸”图标，打开如图 7-184 所示的“拉伸”对话框。选择上步绘制的草图为拉伸曲线。选择“ZC 轴”为拉伸方向。在“开始距离”和“结束距离”数值栏中输入 0 和 31.3，在布尔下拉列表中选择“合并”，单击“确定”按钮，结果如图 7-185 所示。

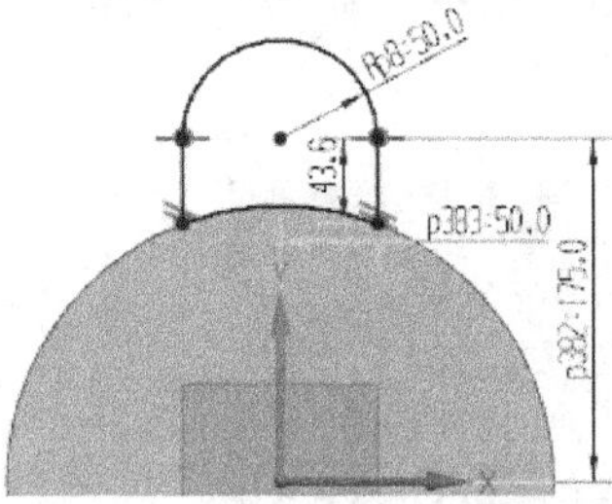

图 7-183　绘制草图

图 7-184　“拉伸”对话框

图 7-185　拉伸体

（5）选择“菜单”→“插入”→“设计特征”→“孔”命令，或者单击“主页”选项卡→“特征”组→“孔”图标，打开如图 7-186 所示的“孔”对话框。选择“常规孔”类型，选择“简单孔”成形。捕捉拉伸体的上表面圆心为孔放置位置，如图 7-187 所示。输入孔的直径为 43，深度限制选择“贯通体”，单击“确定”按钮，完成简单孔的创建。

图 7-186　“孔”对话框

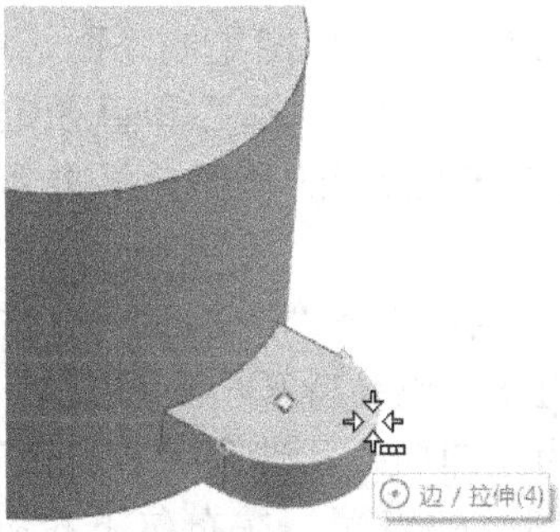

图 7-187　捕捉圆心

（6）选择“菜单”→“插入”→“关联复制”→“阵列特征”命令，或者单击“主页”选项卡→“特征”组→“阵列特征”图标，打开“阵列特征”对话框。选择拉伸体和孔特征为要阵列的特征，布局选择“圆形”类型。选择“ZC 轴”为旋转轴，单击“点对话框”按钮，打开“点”对话框，输入原点坐标为（0,0,0），单击“确定”按钮。间距选择“数量和间隔”，输入数量为 3，节距角为 120，单击“确定”按钮，如图 7-188 所示。

（7）选择“菜单”→“插入”→“基准/点”→“基准平面”命令，或者单击“主页”选项卡→“特征”组→“基准/点”下拉菜单→“基准平面”图标，打开“基准平面”对话框。选择“XC-ZC 平面”类型，输入距离为 145，单击“应用”按钮，创建基准平面 1。选择“XC-ZC 平面”类型，输入距离为–159.4，单击“确定”按钮，创建基准平面 2。

（8）单击“曲线”选项卡→“在任务环境中绘制草图”图标，打开“创建草图”对话框。选择基准平面 1 为草图绘制平面，单击“确定”按钮。单击“主页”选项卡→“曲线”组→“圆”图标，选择“圆心和直径定圆”的圆方法，输入坐标（0，–142.2），直径为 100，绘制如图 7-189 所示的草图。单击“主页”选项卡→“草图”组→“完成”图标，草图绘制完毕。

图 7-188　阵列特征

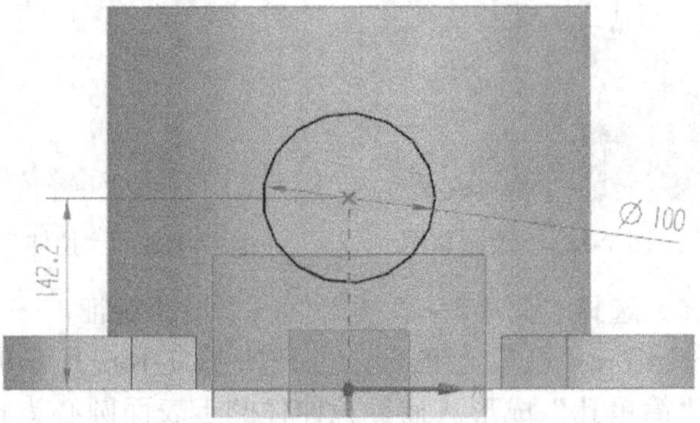

图 7-189　绘制草图

（9）选择“菜单”→“插入”→“设计特征”→“拉伸”命令，或者单击“主页”选项卡→“特征”组→“设计特征”下拉菜单→“拉伸”图标，打开如图 7-190 所示的“拉伸”对话框。选择上步绘制的草图为拉伸曲线。选择“-YC 轴”为拉伸方向。在“结束”中选择“直至选定”，在视图中选择圆柱外表面，在布尔下拉列表中选择“合并”，单击“确定”按钮，结果如图 7-191 所示。

（10）单击“曲线”选项卡→“在任务环境中绘制草图”图标，打开“创建草图”对话框。选择基准平面 2 为草图绘制平面，单击“确定”按钮。单击“主页”选项卡→“曲线”组→“圆”图标，选择“圆心和直径定圆”的圆方法，输入坐标（0，–112.5），直径为 200，绘制如图 7-192 所示的草图。单击“主页”选项卡→“草图”组→“完成”图标，草图绘制完毕。

（11）选择“菜单”→“插入”→“设计特征”→“拉伸”命令，或者单击“主页”选项卡→“特征”组→“设计特征”下拉菜单→“拉伸”图标，打开“拉伸”对话框。选择上步绘制的草图为拉伸曲线。选择“YC 轴”为拉伸方向。在“结束”中选择“直至选定”，在视图中选择圆柱外表面，在布尔下拉列表中选择“合并”，单击“确定”按钮，结果如图 7-193 所示。

图 7-190 “拉伸”对话框

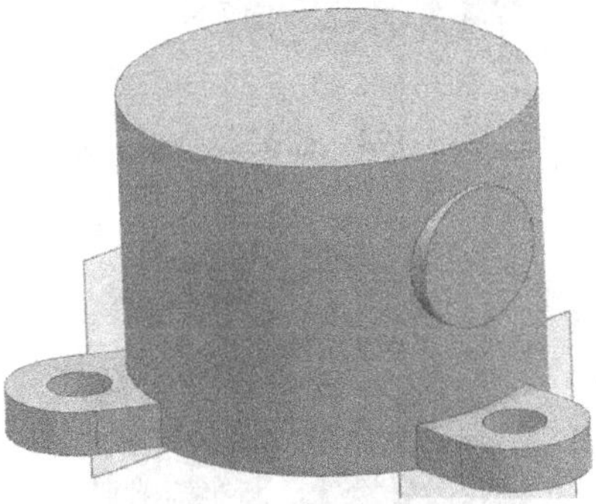

图 7-191 拉伸操作

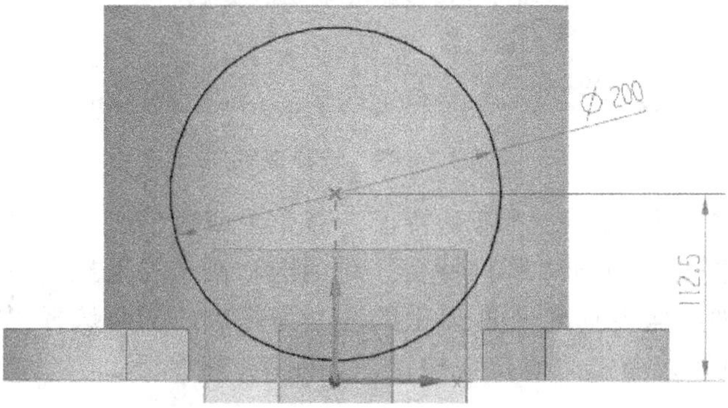

图 7-192 绘制草图

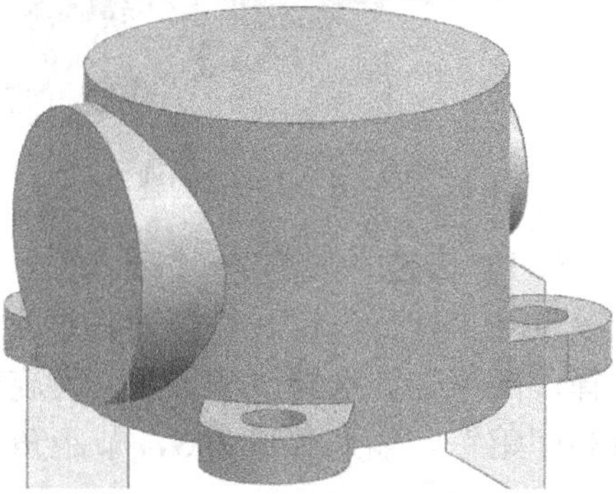

图 7-193 绘制草图

（12）选择“菜单”→“插入”→“设计特征”→“孔”命令，或者单击“主页”选项卡→“特征”组→“孔”图标，打开“孔”对话框。选择“常规孔”类型，选择“简单孔”成形，捕捉圆柱体的上表面圆心为孔放置位置，如图 7-194 所示。输入孔的直径为 193.8，深度限制选择“贯通体”，单击“确定”按钮，完成简单孔的创建。

重复上述步骤，捕捉如图 7-195 所示的圆心为孔放置，选择“沉头”成形，创建沉头直径、沉头深度、直径、深度和顶锥角为 100、25、56.2、256.3 和 120 的孔，结果如图 7-196 所示。

（13）选择“菜单”→“插入”→“设计特征”→“孔”命令，或者单击“主页”选项卡→“特征”组→“孔”图标，打开“孔”对话框。选择“常规孔”类型，选择“简单孔”

成形。单击“绘制截面”按钮，选择基准平面 2 为草图放置面，单击“确定”按钮，在打开的“草图点”对话框中单击“点对话框”按钮，打开“点”对话框，输入坐标为（0，–159.4，187.5），如图 7-197 所示，单击“确定”按钮。输入孔的直径、深度分别为 20 和 37.5，单击“确定”按钮，完成简单孔的创建。

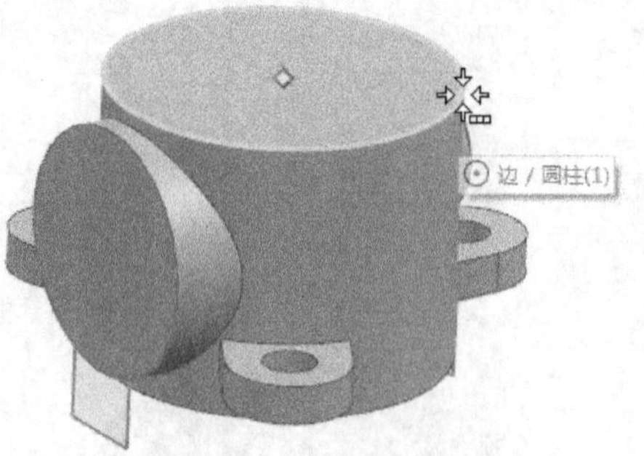

图 7-194　捕捉圆心 1

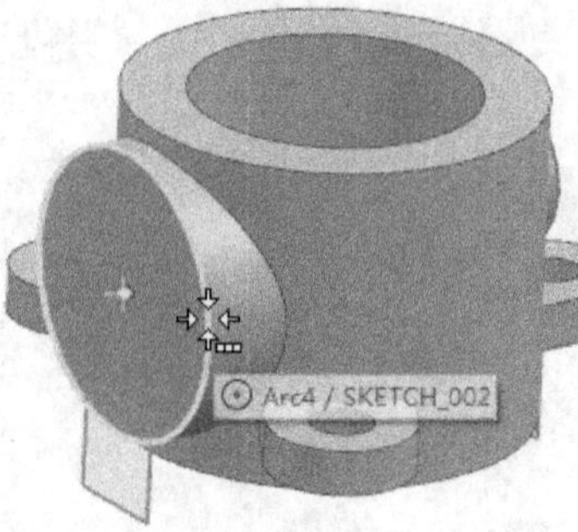

图 7-195　捕捉圆心 2

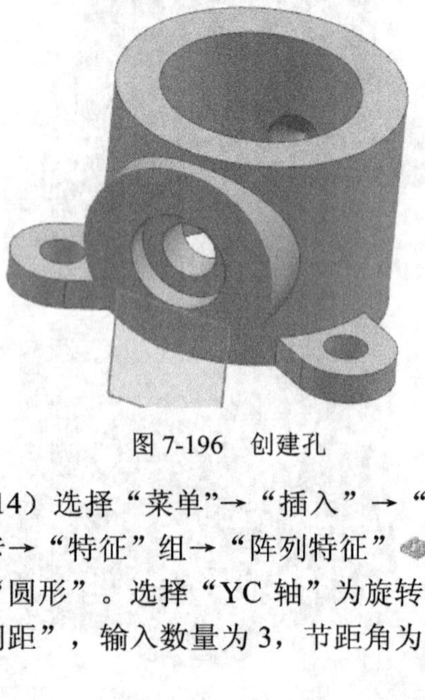

图 7-196　创建孔

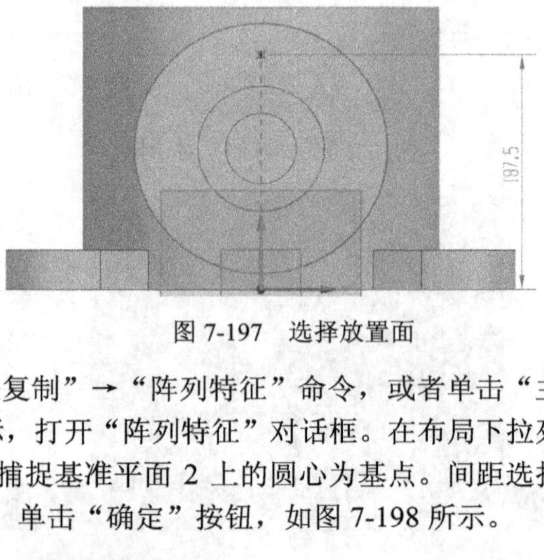

图 7-197　选择放置面

（14）选择“菜单”→“插入”→“关联复制”→“阵列特征”命令，或者单击“主页”选项卡→“特征”组→“阵列特征”图标，打开“阵列特征”对话框。在布局下拉列表中选择“圆形”。选择“YC 轴”为旋转轴，捕捉基准平面 2 上的圆心为基点。间距选择“数量和间距”，输入数量为 3，节距角为 120，单击“确定”按钮，如图 7-198 所示。

图 7-198　阵列孔

Chapter

曲 面 功 能

8

内容简介

UG 不仅提供了基本的特征建模模块，同时提供了强大的自由曲面特征建模及相应的编辑和操作功能。UG 提供了 20 多种自由曲面造型的创建方式，用户可以利用他们完成各种复杂曲面和非规则实体的创建，以及相关的编辑工作。强大的自由曲面功能是 UG 众多模块功能中的亮点之一。

本章将具体介绍 UG 曲面相关功能的操作方法与技巧。

内容要点

- 自由曲面
- 曲面操作
- 曲面编辑

案例效果

8.1　自由曲面创建

本节主要介绍最基本的曲面命令，即通过点和曲线构建曲面。再进一步介绍由曲面创建曲面的命令功能，掌握最基本的曲面造型方法。

8.1.1　通过点生成曲面

由点生成的曲面是非参数化的，即生成的曲面与原始构造点不关联，当构造点编辑后，曲面不会发生更新变化，但绝大多数命令所构造的曲面都具有参数化的特征。通过点构建的曲面可全部用来构建曲面的点。

选择“菜单”→“插入”→“曲面”→“通过点”命令，系统打开如图 8-1 所示的“通过点”对话框。

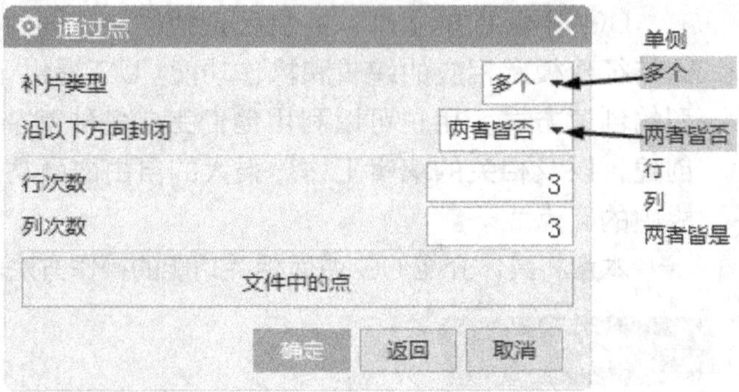

图 8-1　“通过点”对话框

对话框各选项功能如下。

（1）补片类型

样条曲线可以由单段或者多段曲线构成，片体也可以由单个补片或者多个补片构成。

① 单侧：所建立的片体只包含单一的补片。单个补片的片体是由一个曲面参数方程来表达的。

② 多个：所建立的片体是一系列单补片的阵列。多个补片的片体是由两个以上的曲面参数方程来表达的。一般采用多个补片的方法构建较精密片体。

（2）沿以下方向封闭

设置一个多个补片片体是否封闭及它的封闭方式，4 个选项如下。

① 两者皆否：片体以指定的点开始和结束，列方向与行方向都不封闭。

② 行：点的第一列变成最后一列。

③ 列：点的第一行变成最后一行。

④ 两者皆是：指的是在行方向和列方向上都封闭。如果选择在两个方向上都封闭，生成的将是实体。

（3）行次数和列次数

① 行次数：定义了片体 U 方向阶数。

② 列次数：大致垂直于片体行的纵向曲线方向 V 方向的阶数。

（4）文件中的点

可以通过选择包含点的文件来定义这些点。

完成“通过点”对话设置后，系统会打开选取点信息的对话框，如图 8-2 所示的“过点”对话框，用户可利用该对话框选取定义点。

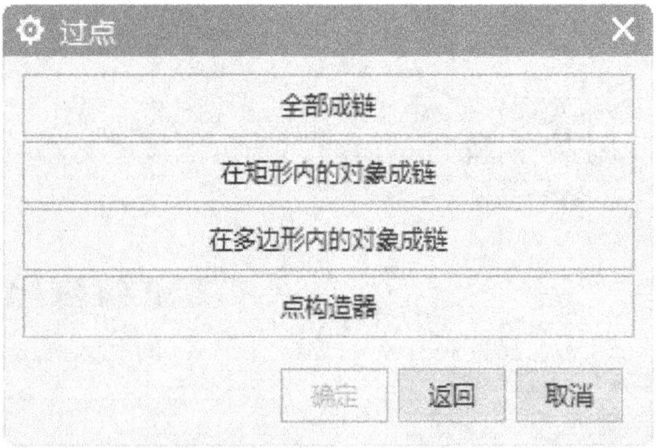

图 8-2　“过点”对话框

对话框各选项功能如下。

（1）全部成链

全部成链用于链接窗口中已存在的定义点，单击后会打开如图 8-3 所示的对话框，它用来定义起点和终点，自动快速获取起点与终点之间链接的点。

图 8-3　“指定点”对话框

（2）在矩形内的对象成链

通过拖动鼠标形成矩形方框来选取所要定义的点，矩形方框内所包含的所有点将被链接。

（3）在多边形内的对象成链

通过鼠标定义多边形框来选取定义点，多边形框内的所有点将被链接。

（4）点构造器

通过点构造器来选取定义点的位置，会打开如图 8-4 所示的对话框，需要一点一点的选取，所要选取的点都要点击到。每指定一列点后，系统都会打开如图 8-5 所示的对话框，提示是否确定当前所定义的点。

如要创建包括如图 8-6 所示的定义点，通过“通过点”对话框设置为默认值，选取“全部成链”的选点方式。选点只需选取起点和终点，选好的第一行如图 8-7 所示。

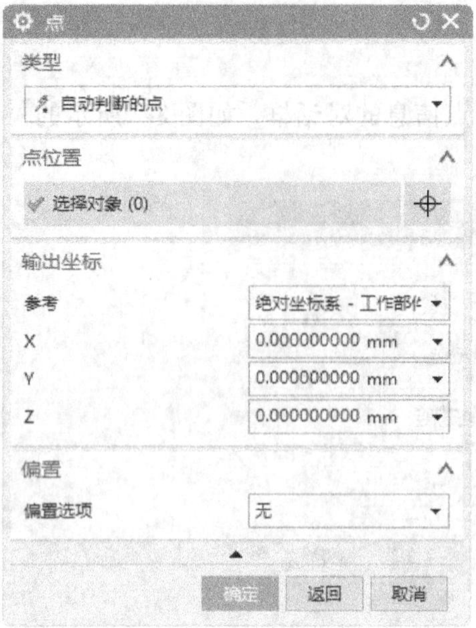

图 8-4 “点”对话框

图 8-5 “指定点”对话框

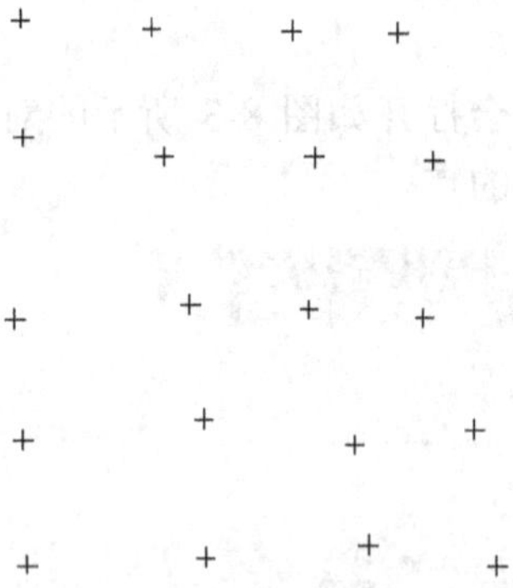

图 8-6 点

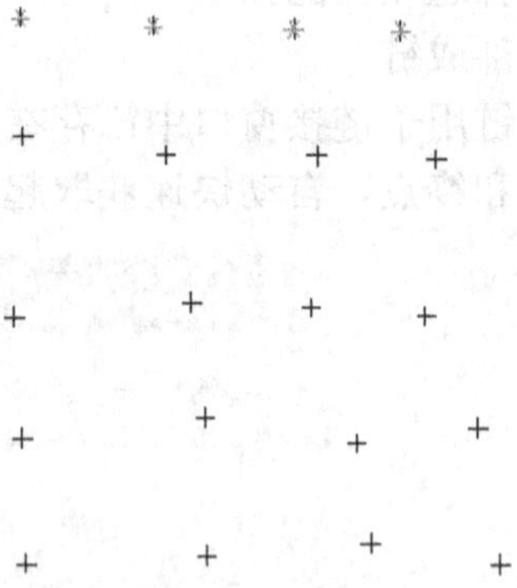

图 8-7 选择第一行的点

当第四行选好时如图 8-8 所示，系统会打开“过点”对话框，点选“指定另一行”，然后确定第五行的起点和终点后如图 8-9 所示，再次打开“过点”对话框，这时选取“所有指定的点”，多补片片体如图 8-10 所示。

图 8-8 选择第四行点

图 8-9 选取第五行点

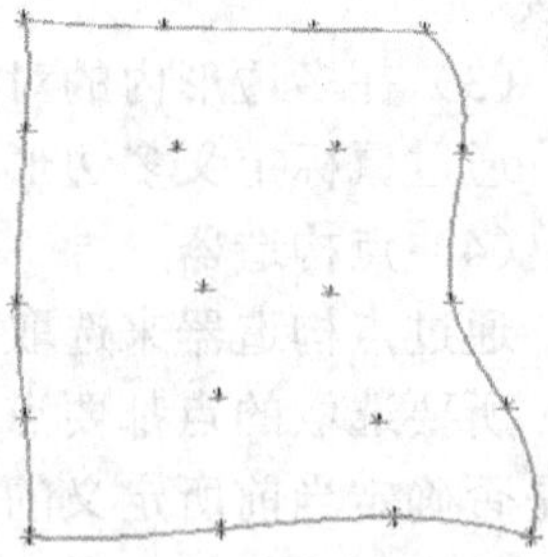

图 8-10 多补片片体

8.1.2 拟合曲面

选择“菜单”→“插入”→“曲面”→“拟合曲面”命令，或者单击“曲面”选项卡→“曲面”组→“更多”库→“曲面”库→“拟合曲面”图标，系统会打开如图 8-11 所示“拟合曲面”对话框。

首先需要创建一些数据点，接着选取点，再按鼠标右键，将这些数据点组成一个组才能进行对象的选取（注意组的名称只支持英文），如图 8-12 所示，然后调节各个参数，最后生成所需要的曲面或平面。

图 8-11 “拟合曲面”对话框

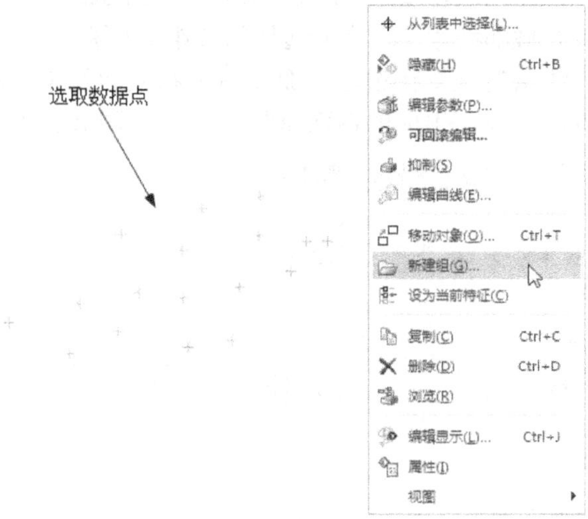

图 8-12 “新建组”示意图

对话框相关选项功能如下。

（1）类型：用户可根据需求拟合自由曲面、拟合平面、拟合球、拟合圆柱和拟合圆锥共 5 种类型。

（2）目标：当此图标激活时，让用户选择对象。

（3）拟合方向：拟合方向指定投影方向与方位。有 4 种用于指定拟合方向的方法。

① 最适合：如果您的目标基本上是矩形，具有可识别的长度和宽度方向以及或多或少的平面性，请选择此项。拟合方向和 U/Y 方位会自动确定。

② 矢量：如果您的目标基本上是矩形，具有可识别的长度和宽度方向，但曲率很大，请选择此项。

③ 方位：如果您的目标具有复杂的形状或为旋转对称，请选择此选项。使用方位操控器和矢量对话框指定拟合方向和大致的 U/V 方位。

④ 坐标系：如果您的目标具有复杂的形状或为旋转对称，并且需要使方位与现有几何体关联，请选择此选项。使用坐标系选项和坐标系对话框指定拟合方向和大致的 U/V 方位。

（4）边界：通过指定四个新边界点来延长或限制拟合曲面的边界。

（5）参数化：改变 U/V 向的次数和补片数从而调节曲面。

① 次数：指定拟合曲面在 U 向和 V 向的次数。

② 补片数：指定 U 及 V 向的曲面补片数。

（6）光顺因子：拖动滑块可直接影响曲面的平滑度。曲面越平滑，与目标的偏差越大。

（7）结果：UG 根据用户所生成的曲面计算最大误差和平均误差。

8.1.3 直纹

选择“菜单”→“插入”→“曲面”→“直纹”命令，或者单击“曲面”选项卡→“曲面”组→“直纹”图标，系统打开如图 8-13 所示“直纹”对话框。

截面线串可以由单个或多个对象组成。每个对象可以是曲线、实边或实面。也可以选择曲线的点或端点作为两个截面线串中的第一个。

（1）截面线串 1：单击选择第一组截面曲线。

（2）截面线串 2：单击选择第二组截面曲线。

要注意的是，在选取截面线串 1 和截面线串 2 时，两组的方向要一致，如果两组截面线串的方向相反，生成的曲面是扭曲的，如图 8-14 所示。

图 8-13 “直纹”对话框

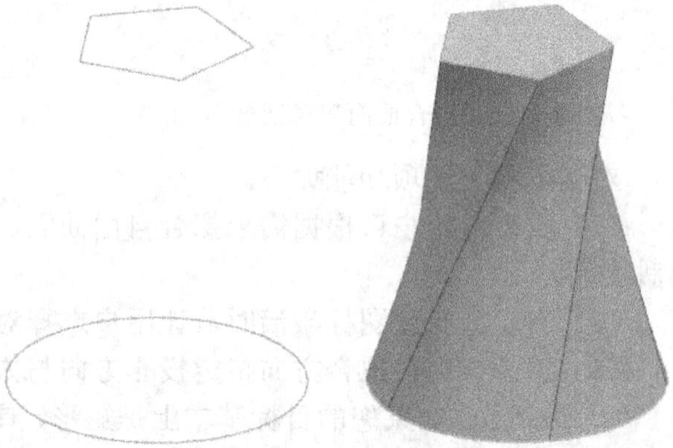

图 8-14 “直纹”效果示意图

（3）对齐：通过直纹面来构建片体，需要在两组截面线上确定对应点后用直线将对应点连接起来，这样一个曲面就形成了。因此，选取不同的调整方式，将改变截面线串上对应点分布的情况，从而调整了构建的片体，在选取线串后，可以进行调整方式的设置，调整方式包括“参数”和“根据点”两种方式。

① 参数：在构建曲面特征时，两条截面曲线上所对应的点是根据截面曲线的参数方程进行计算的。所以两组截面曲线对应的直线部分，是根据等距离来划分连接点的；两组截面曲线对应的曲线部分，是根据等角度来划分连接点的。

选用“参数”方式并选取图 8-15 中所显示的截面曲线来构建曲面，首先设置栅格线，栅格线主要用于曲面的显示，栅格线也称为等参数曲线，选择“菜单”→“首选项”→“建模”命令，系统打开“建模首选项”对话框，把栅格线中的“U 向计数”和“V 向计数”设置为 6，这样构建的曲面将会显示出网格线。选取线串后，调整方式设置为“参数”，单击“确定”或“应用”按钮，生成的片体如图 8-16 所示，直线部分是根据等弧长来划分连接点的，而曲线部分是根据等角度来划分连接点的。

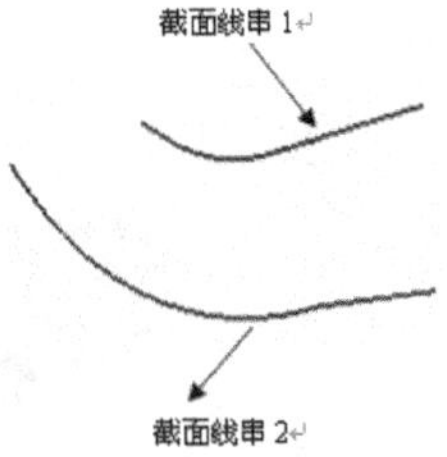

图 8-15 截面线串

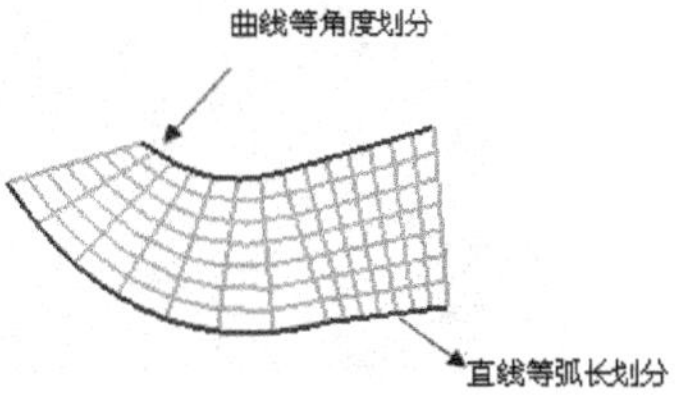

8-16 “参数”调整方式构建曲面

如果选取的截面对象都为封闭曲线，生成的结果是实体，如图 8-17 所示。

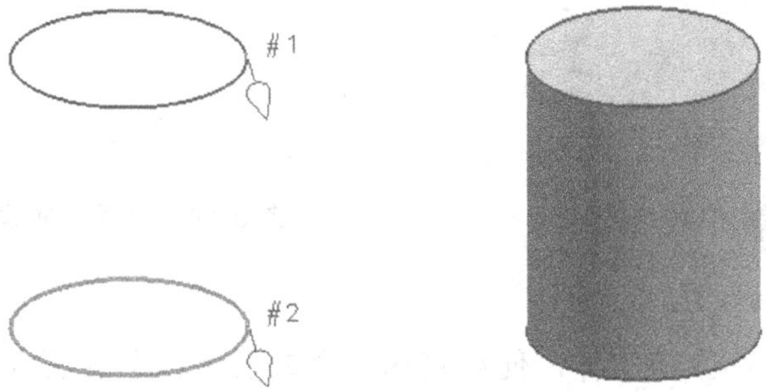

图 8-17 生成的实体

② 根据点：在两组截面线串上选取对应的点（同一点允许重复选取）作为强制的对应点，选取的顺序决定着片体的路径走向。一般在截面线串中含有角点时选择应用“根据点”方式。

8.1.4 通过曲线组

选择“菜单”→“插入”→“网格曲面”→“通过曲线组”命令，或者单击“曲面”选项卡→“曲面”组→“通过曲线组”图标，系统打开如图 8-18 所示“通过曲线组”对话框。

该选项让用户通过同一方向上的一组曲线轮廓线生成一个体，如图 8-19 所示。这些曲线轮廓称为截面线串。用户选择的截面线串定义体的行。截面线串可以由单个对象或多个对象组成。每个对象可以是曲线、实边或实面。

对话框相关选项功能如下。

1. 截面

选取曲线或点：选取截面线串时，一定要注意选取次序，而且每选取一条截面线，都要单击鼠标中键一次，直到所选取线串出现在“截面线串列表框”中为止，也可对该列表框中的所选截面线串进行删除、上移、下移等操作，以改变选取次序。

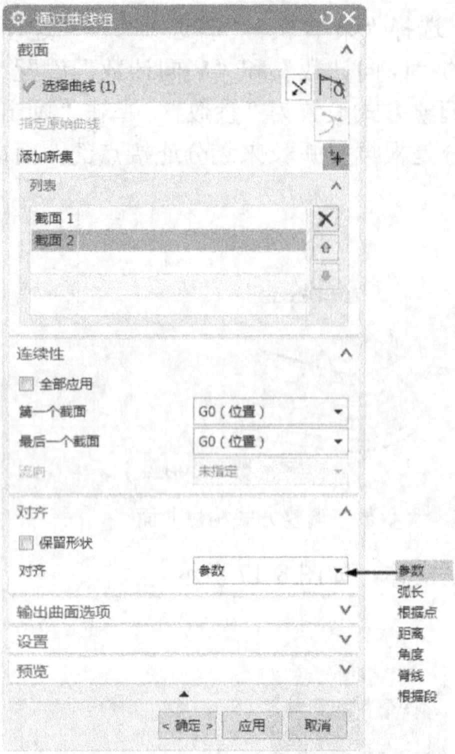

图 8-18 “通过曲线组”对话框

图 8-19 “通过曲线组”构造实体示意图

2. 连续性

（1）第一个截面：约束该实体，使得它和一个或多个选定的面或片体在第一个截面线串处相切或曲率连续。

（2）最后一个截面：约束该实体，使得它和一个或多个选定的面或片体在最后一个截面线串处相切或曲率连续。

3. 对齐

让用户控制选定的截面线串之间的对准。

（1）参数：沿定义曲线将等参数曲线要通过的点以相等的参数间隔隔开。使用每条曲线的整个长度。

（2）弧长：沿定义曲线将等参数曲线要通过的点以相等的弧长间隔隔开。使用每条曲线的整个长度。

（3）根据点：将不同外形的截面线串间的点对齐。

（4）距离：在指定方向上将点沿每条曲线以相等的距离隔开。

（5）角度：在指定轴线周围将点沿每条曲线以相等的角度隔开。

（6）脊线：将点放置在选定曲线与垂直于输入曲线的平面的相交处。得到体的宽度取决于这条脊线曲线的限制。

4. 补片类型

让用户生成一个包含单个面片或多个面片的体。面片是片体的一部分。使用越多的面片来生成片体，用户则可以对片体的曲率进行越多的局部控制。当生成片体时，最好是将用于定义片体的面片数目降到最小。限制面片的数目可改善后续程序的性能，并产生一个更光滑的片体。

5．V向封闭

对于多个片体来说，封闭沿行（U 方向）的体状态取决于选定截面线串的封闭状态。如果所选的线串全部封闭，则产生的体将在 U 方向上封闭。勾选此复选框，片体沿列（V 方向）封闭。

8.1.5 通过曲线网格

选择“菜单”→“插入”→“网格曲面”→“通过曲线网格”命令，或者单击“曲面”选项卡→“曲面”组→“通过曲线网格”图标，系统会打开如图 8-20 所示“通过曲线网格”对话框。

该选项让用户从沿着两个不同方向的一组现有的曲线轮廓（称为线串）上生成体，如图 8-21 所示。生成的曲线网格体是双三次多项式的。这意味着它在 U 向和 V 向的次数都是三次的（次数为 3）。该选项只在主线串对和交叉线串对不相交时才有意义。如果线串不相交，生成的体会通过主线串或交叉线串，或两者均分。

图 8-20 “通过曲线网格”对话框

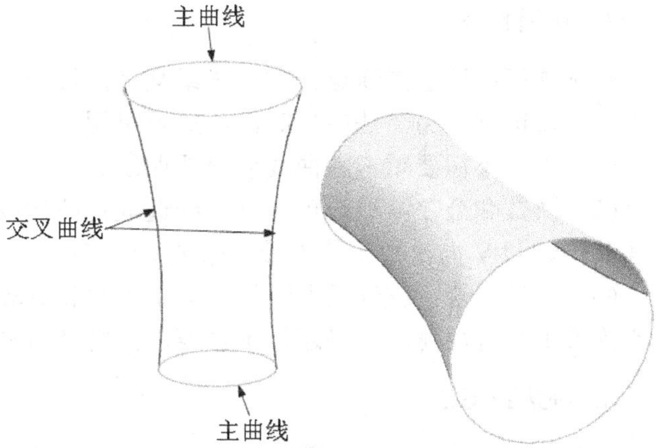

图 8-21 “通过曲线网格”构造曲面示意图

对话框相关选项功能如下。

1．第一主线串

让用户约束该实体，使得它和一个或多个选定的面或片体在第一主线串处相切或曲率连续。

2．最后主线串

让用户约束该实体，使得它和一个或多个选定的面或片体在最后一条主线串处相切或曲率连续。

3．第一交叉线串

让用户约束该实体，使得它和一个或多个选定的面或片体在第一交叉线串处相切或曲率连续。

4．最后交叉线串

让用户约束该实体，使得它和一个或多个选定的面或片体在最后一条交叉线串处相切或曲率连续。

5．着重

让用户决定哪一组控制线串对曲线网格体的形状最有影响。

（1）两者皆是：主线串和交叉线串（即横向线串）有同样效果。

（2）主线串：主线串更有影响。

（3）交叉线串：交叉线串更有影响。

6．构造

（1）法向：使用标准过程建立曲线网格曲面。

（2）样条点：让用户通过为输入曲线使用点和这些点处的斜率值来生成体。对于此选项，选择的曲线必须是有相同数目定义点的单根 B 曲线。

这些曲线通过它们的定义点临时地重新参数化（保留所有用户定义的斜率值）。然后这些临时的曲线用于生成体。这有助于用更少的补片生成更简单的体。

（3）简单：建立尽可能简单的曲线网格曲面。

7．重新构建

该选项可以通过重新定义主曲线或交叉曲线的次数和节点数来帮助用户构建光滑曲面。仅当“构造选项”为“法向”时，该选项可用。

（1）无：不需要重构主曲线或交叉曲线。

（2）次数和公差：该选项通过手动选取主曲线或交叉曲线来替换原来曲线，并为生成的曲面其指定 U/V 向次数。节点数会依据 G0、G1、G2 的公差值按需求插入。

（3）自动拟合：该选项通过指定最小次数和分段数来重构曲面，系统会自动尝试是利用最小次数来重构曲面，如果还达不到要求，则会再利用分段数来重构曲面。

8．G0/G1/G2

该数值用来限制生成的曲面与初始曲线间的公差。G0 默认值为位置公差；G1 默认值为相切公差；G2 默认值为曲率公差。

8.1.6 截面曲面

选择“菜单”→“插入”→“扫掠”→“截面”命令，或者单击“曲面”选项卡→“曲面”组→“截面曲面”图标，系统会打开如图 8-22 所示“截面曲面”对话框。

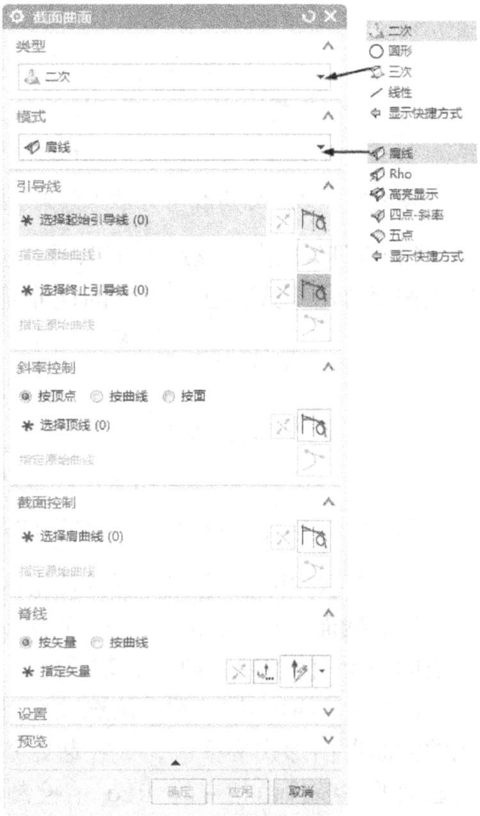

图 8-22 “截面曲面”对话框

该选项通过使用二次构造技巧定义的截面来构造体。截面自由形式特征作为位于预先描述平面内的截面曲线的无限族，开始和终止并且通过某些选定控制曲线。另外，系统从控制曲线直接获取二次端点切矢，并且使用连续的二维二次外形参数沿体改变截面的整个外形。

为符合工业标准并且便于数据传递，“截面”选项产生带有 B 曲面的体作为输出。

对话框部分选项功能如下。

（1）类型：可选择二次曲线、圆形、三次和线性。

（2）模式：根据选择的类型所列出的各个模态。若类型为“二次”，其模式包括肩、Rho、高亮显示、四点-斜率和五点；若类型为“圆形”，其模式包括三点、两点-半径、两点-斜率、半径-角度-圆弧、中心半径和相切-半径等；若类型为“三次”，其模式包括两个斜率和圆角-桥接。

（3）引导线：指定起始和结束位置，在某些情况下，指定剖切曲面的内部形状。

（4）斜率控制：控制来自起始边或终止边的任一者或两者、单一顶线或者起始面或终止面的剖切曲面的形状。

（5）截面控制：控制在剖切曲面中定义截面的方式。根据选择的类型，这些选项可以在曲线、边或面选择到规律定义之间变化。

（6）脊线：控制已计算剖切平面的方位。

（7）设置：用于控制 U 方向上的截面形状，设置重建和公差选项，以及创建顶线。

选项部分组合功能如下。

（1）二次曲线-肩线-按顶线：可以使用这个选项生成起始于第一条选定曲线、通过一条称为肩曲线的内部曲线并且终止于第 3 条选定曲线的截面自由形式特征。每个端点的斜率由选定顶线定义，如图 8-23 所示。

（2）二次-肩线-按曲线：该选项可以生成起始于第一条选定曲线、通过一条内部曲线（称为肩曲线）并且终止于第 3 条曲线的截面自由形式特征。切矢在起始点和终止点由两个不相关的切矢控制曲线定义，如图 8-24 所示。

（3）二次-肩线-按面：可以使用这个选项生成截面自由形式特征，该特征在分别位于两个体上的两条曲线间形成光顺的圆角。体起始于第一条选定曲线，与第一个选定体相切，终止于第二条曲线，与第二个体相切，并且通过肩曲线，如图 8-25 所示。

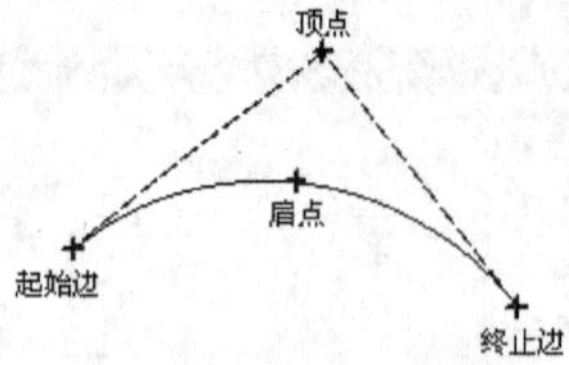

图 8-23 “二次-肩线-按顶线”效果示意图

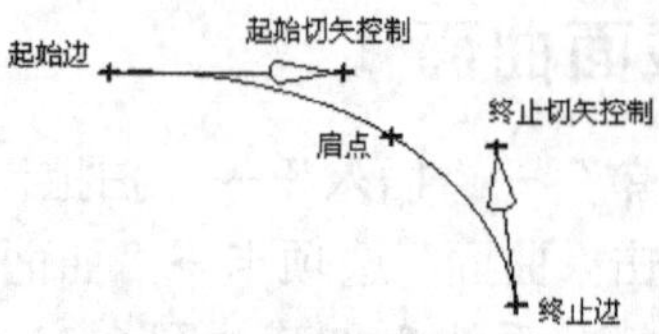

图 8-24 “二次-肩线-按曲线”效果示意图

（4）圆形-三点：该选项可以通过选择起始边曲线、内部曲线、终止边曲线和脊线曲线来生成截面自由形式特征。片体的截面是圆弧，如图 8-26 所示。

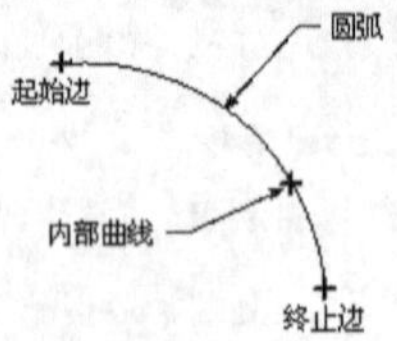

图 8-25 “二次-肩线-按面”效果示意图

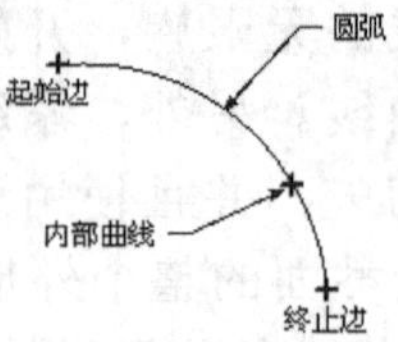

图 8-26 “圆形-三点”效果示意图

（5）二次-Rho-按顶线：可以使用这个选项来生成起始于第一条选定曲线并且终止于第二条曲线的截面自由形式特征。每个端点的切矢由选定的顶线定义，每个二次截面的完整性由相应的 Rho 值控制，如图 8-27 所示。

（6）二次-Rho-按曲线：该选项可以生成起始于第一条选定边曲线并且终止于第二条边曲线的截面自由形式特征。切矢在起始点和终止点由两个不相关的切矢控制曲线定义，每个二次截面的完整性由相应的 Rho 值控制，如图 8-28 所示。

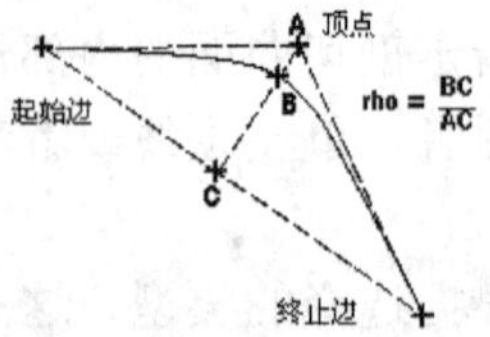

图 8-27 “二次-Rho-按顶线”效果示意图

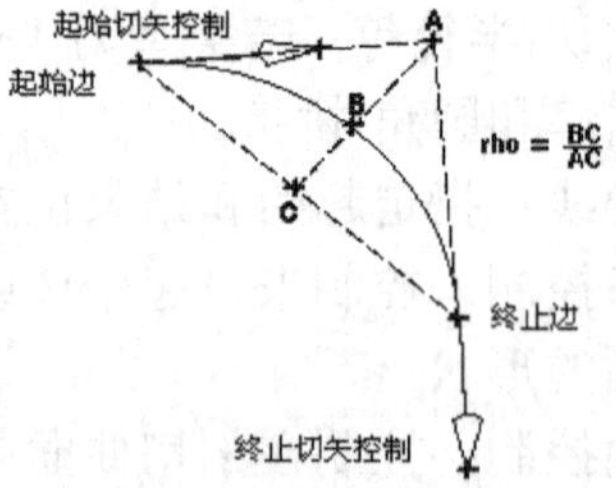

图 8-28 “二次-Rho-按曲线”效果示意图

（7）二次-Rho-按面：可以使用这个选项生成截面自由形式特征，该特征在分别位于两个体上的两条曲线间形成光顺的圆角。每个二次截面的完整性由相应的 rho 值控制，如图 8-29 所示。

（8）圆形-两点-半径：该选项生成带有指定半径圆弧截面的体。对于脊线方向，从第一条选定曲线到第二条选定曲线以逆时针方向生成体。半径必须至少是每个截面的起始边与终止边之间距离的一半，如图 8-30 所示。

（9）二次-高亮显示-按顶线：该选项可以生成带有起始于第一条选定曲线并终止于第二条曲线，而且与指定直线相切的二次截面的体。每个端点的切矢由选定顶线定义，如图 8-31 所示。

（10）二次-高亮显示-按曲线：该选项可以生成带有起始于第一条选定边曲线并终止于第二条边曲线，而且与指定直线相切的二次截面的体。切矢在起始点和终止点由两个不相关的切矢控制曲线定义，如图 8-32 所示。

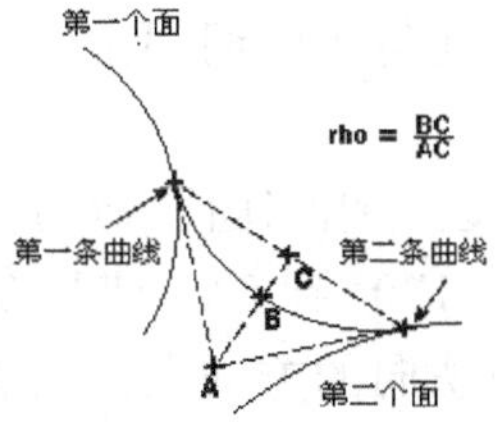

图 8-29　“二次-Rho-按面”效果示意图

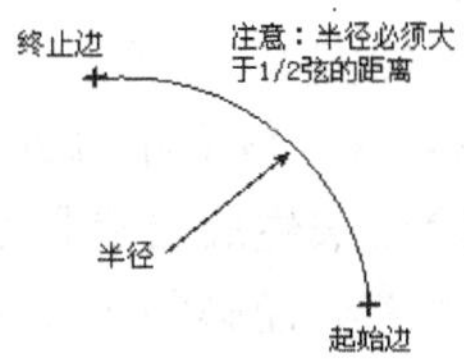

图 8-30　“圆形-两点-半径”效果示意图

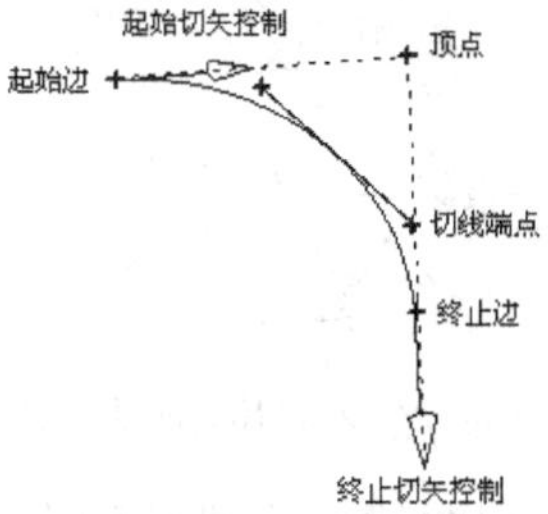

图 8-31　“二次-高亮显示-按顶线”效果示意图

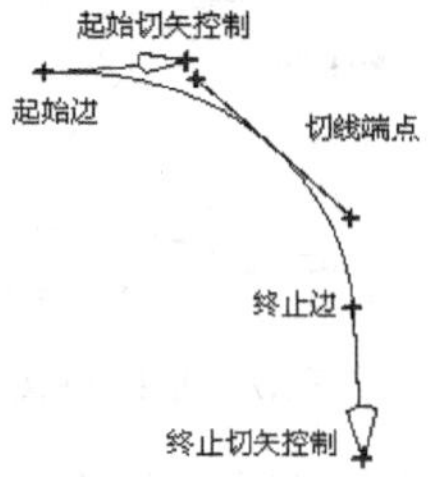

图 8-32　“二次-高亮显示-按曲线”效果示意图

（11）二次-高亮显示-按面：可以使用这个选项生成带有在分别位于两个体上的两条曲线之间构成光顺圆角并与指定直线相切的二次截面的体，如图 8-33 所示。

（12）圆形-两点-斜率：该选项可以生成起始于第一条选定边曲线，并且终止于第二条边曲线的截面自由形式特征。切矢在起始处由选定的控制曲线决定。片体的截面是圆弧，如图 8-34 所示。

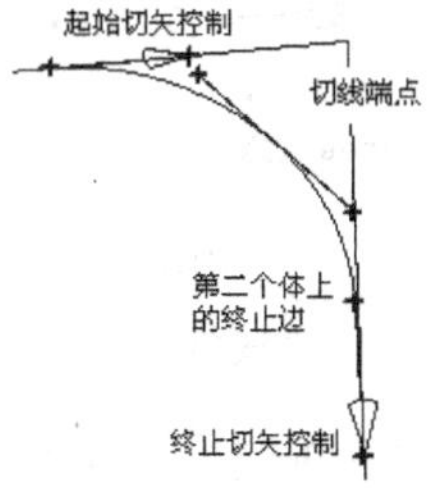

图 8-33　“二次-高亮显示-按面”效果示意图

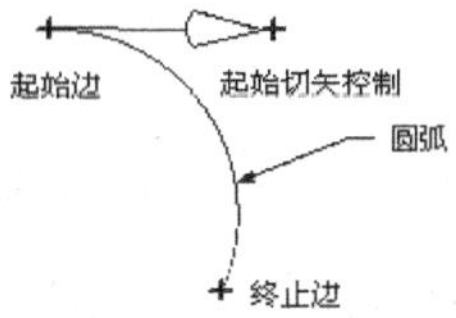

图 8-34　“圆形-两点-斜率”效果示意图

（13）二次-四点-斜率：该选项可以生成起始于第一条选定曲线、通过两条内部曲线并且终止于第四条曲线的截面自由形式特征。也选择定义起始切矢的切矢控制曲线，如图 8-35 所示。

（14）三次-两个斜率：该选项生成带有截面的 S 形的体，该截面在两条选定边曲线之间构成光顺的三次圆角。切矢在起始点和终止点由两个不相关的切矢控制曲线定义，如图 8-36 所示。

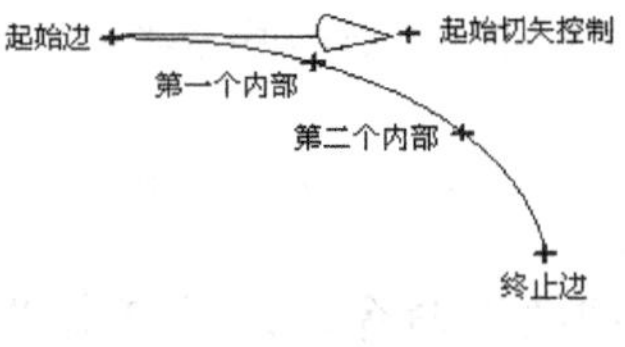

图 8-35　“二次-四点-斜率”效果示意图

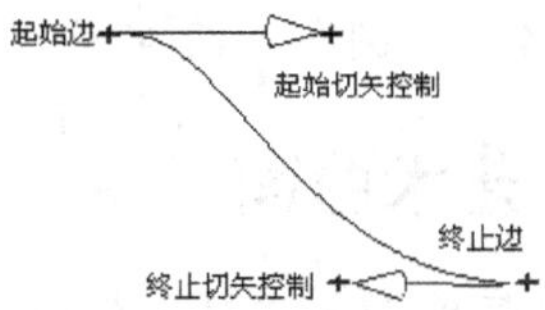

图 8-36　“三次-两个斜率”效果示意图

（15）三次-圆角-桥接：该选项生成一个体，该体带有在位于两组面上的两条曲线之间构成桥接的截面，如图 8-37 所示。

（16）圆形-半径-角度-圆弧：该选项可以通过在选定边、相切面、体的曲率半径和体的张角上定义起始点来生成带有圆弧截面的体。角度可以从–170° 到 0°，或从 0° 到 170° 变化，但是禁止通过零。半径必须大于零。曲面的默认位置在面法向的方向上，或者可以将曲面反向到相切面的反方向，如图 8-38 所示。

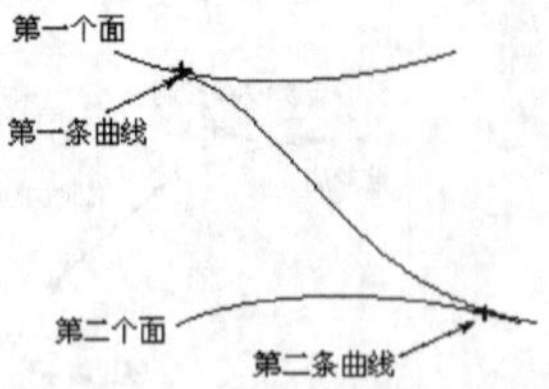

图 8-37 “三次-圆角-桥接”效果示意图

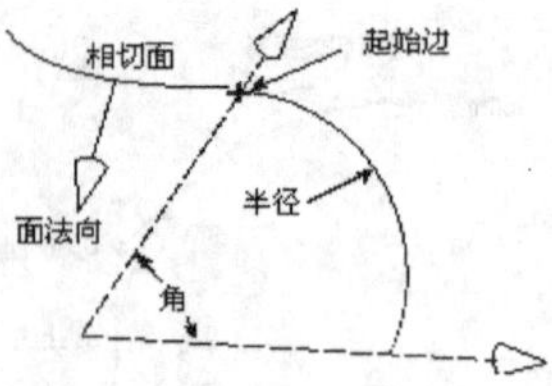

图 8-38 “圆形-半径-角度-圆弧”效果示意图

（17）二次-五点：该选项可以使用 5 条已有曲线作为控制曲线来生成截面自由形式特征。体起始于第一条选定曲线，通过 3 条选定的内部控制曲线，并且终止于第 5 条选定的曲线。而且提示选择脊线曲线。5 条控制曲线必须完全不同，但是脊线曲线可以为先前选定的控制曲线，如图 8-39 所示。

（18）线性：该选项可以生成与一个或多个面相切的线性截面曲面。选择其相切面、起始曲面和脊线来生成这个曲面，如图 8-40 所示。

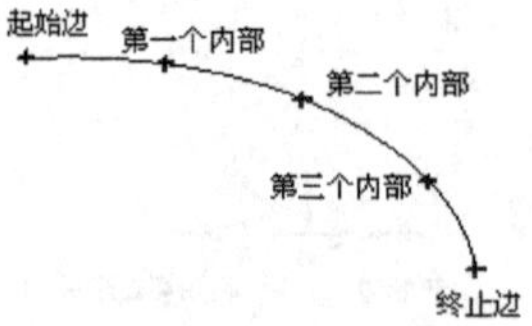

图 8-39 “二次-五点”效果示意图

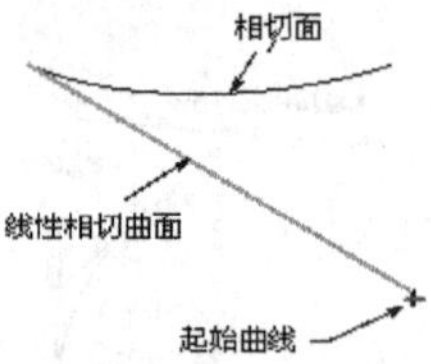

图 8-40 “线性”效果示意图

（19）圆形-相切-半径：该选项可以生成与面相切的圆弧截面曲面。通过选择其相切面、起始曲线和脊线并定义曲面的半径来生成这个曲面，如图 8-41 所示。

（20）圆形-中心半径：可以使用这个选项生成整圆截面曲面。选择引导线串、可选方向线串和脊线来生成圆截面曲面；然后定义曲面的半径，如图 8-42 所示。

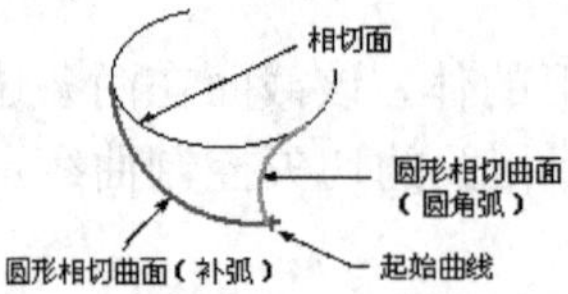

图 8-41 “圆形-相切-半径”效果示意图

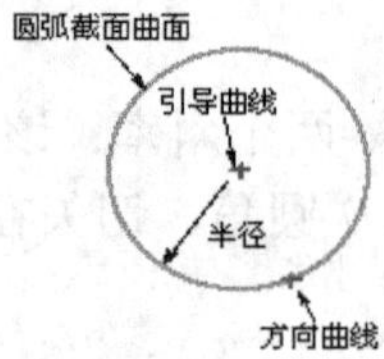

图 8-42 “圆形-中心半径”效果示意图

8.1.7 艺术曲面

选择“菜单”→“插入”→“网格曲面”→“艺术曲面”命令，或者单击“曲面”选项卡→“曲面”组“艺术曲面”图标，系统打开如图 8-43 所示的“艺术曲面”对话框。

对话框各选项功能如下。

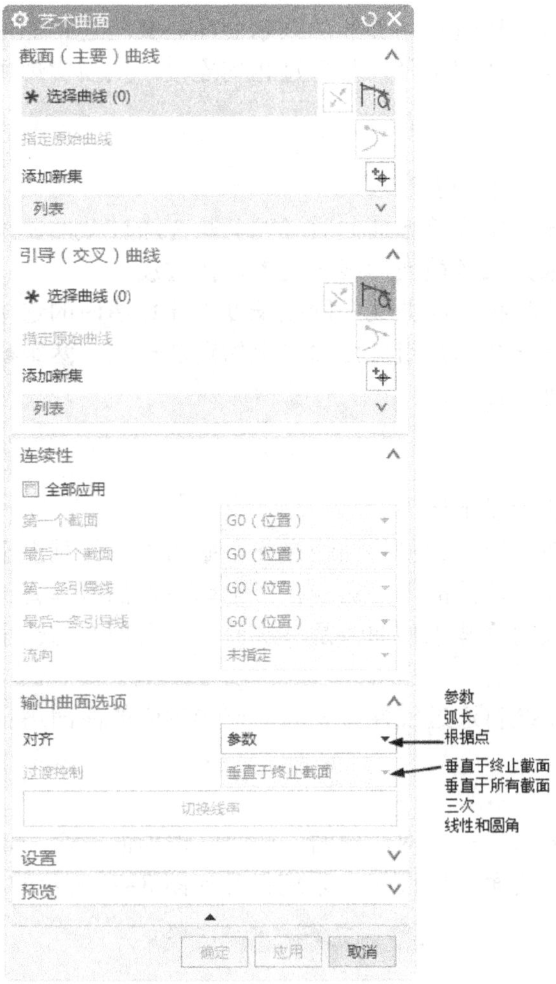

图 8-43　“艺术曲面”对话框

1．截面（主要）曲线

每选择一组曲线可以通过单击鼠标中键完成选择，如果方向相反可以单击该面板中的“反向”按钮。

2．引导（交叉）曲线

在选择交叉线串的过程中，如果选择的交叉曲线方向与已经选择的交叉线串的曲线方向相反，可以通过单击“反向”按钮将交叉曲线的方向反向。如果选择多组引导曲线，那么该面板的“列表”中能够将所有选择的曲线都通过列表方式表示出来。

3．连续性

可以设定的连续性过渡方式如下。

（1）GO（位置）方式，通过点连接方式和其他部分相连接。

（2）G1（相切）方式，通过该曲线的艺术曲面与其相连接的曲面通过相切方式进行连接。

（3）G2（曲率）方式，通过相应曲线的艺术曲面与其相连接的曲面通过曲率方式逆行连接，在公共边上具有相同的曲率半径，且通过相切连接，从而实现曲面的光滑过渡。

4．对齐

在该列表中包括以下 3 个列表选项。

（1）参数：截面曲线在生成艺术曲面时（尤其是在通过截面曲线生成艺术曲面时），系统将根据所设置的参数来完成各截面曲线之间的连接过渡。

（2）弧长：截面曲线将根据各曲线的圆弧长度来计算曲面的连接过渡方式。

（3）根据点：可以在连接的几组截面曲线上指定若干点，两组截面曲线之间的曲面连接关系将会根据这些点来进行计算。

5．过渡控制

在该列表框中主要包括以下选项。

（1）垂直于终止截面：连接的平移曲线在终止截面处，将垂直于此处截面。

（2）垂直于所有截面：连接的平移曲线在每个截面处都将垂直于此处截面。

（3）三次：系统构造的这些平移曲线是三次曲线，所构造的艺术曲面即通过截面曲线组合这些平移曲线来连接和过渡。

（4）线性和圆角：系统将通过线性方式并对连接生成的曲面进行倒角。

8.1.8 N 边曲面

选择“菜单”→“插入”→“网格曲面”→“N 边曲面”命令，或者单击“曲面”选项卡→“曲面”组→“N 边曲面”图标，系统打开如图 8-44 所示的“N 边曲面”对话框。

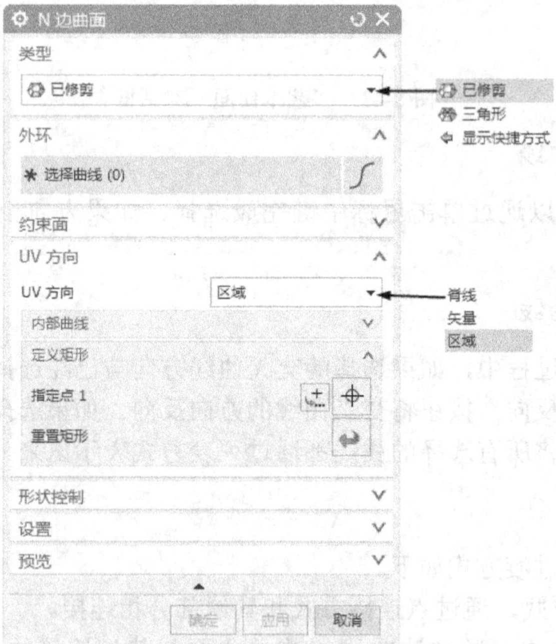

图 8-44 “N 边曲面”对话框

（1）类型

① 已修剪。

在封闭的边界上生成一张曲面，它覆盖被选定曲面封闭环内的整个区域。

② 三角形。

在已经选择的封闭曲线串中，构建一张由多个三角补片组成的曲面，其中的三角补片相交于一点。

（2）约束面

用于选择面以将相切及曲率约束添加到新曲面中。选择约束面以自动将曲面的位置、切线及曲率同该面相匹配。

（3）UV 方向

用于指定构建新曲面的方向。如果不指定 UV 方向，则 NX 会自动生成曲面。

① 脊线：使用脊线定义新曲面的 V 方向。新曲面的 U 方向等参数线朝向垂直于选定脊线的方向。

② 矢量：使用矢量定义新曲面的 V 方向。

③ 区域：用于创建连接边界曲线的新曲面。

（4）形状控制

用于控制新曲面的连续性与平面度。

8.1.9 延伸曲面

选择“菜单”→“插入”→“弯边曲面”→“延伸”命令，或者单击“曲面”选项卡→“曲面”组→“更多”库→“弯边曲面”库→“延伸曲面”图标，系统打开如图 8-45 所示“延伸曲面”对话框。

图 8-45 “延伸曲面”对话框

该选项让用户从现有的基片体上生成切向延伸片体、曲面法向延伸片体、角度控制的延伸片体或圆弧控制的延伸片体。

对话框部分选项功能如下。

（1）边

选择要延伸的边后，选择延伸方法并输入延伸的长度或百分比延伸曲面，示意图如图 8-46 所示。

① 相切：该选项让用户生成相切于面、边或拐角的体。切向延伸通常是相邻于现有基面的边或拐角而生成，这是一种扩展基面的方法。这两个体在相应的点处拥有公共的切面，因而，它们之间的过渡是平滑的。

② 圆弧：该选项让用户从光顺曲面的边上生成一个圆弧的延伸。该延伸遵循沿着选定边的曲率半径。

要生成圆弧的边界延伸，选定的基曲线必须是面的未裁剪边。延伸的曲面边的长度不能大于任何由原始曲面边的曲率确定半径区域整圆的长度。

（2）拐角

选择要延伸的曲面，在%U 和%V 处输入拐角长度，示意图如图 8-47 所示。

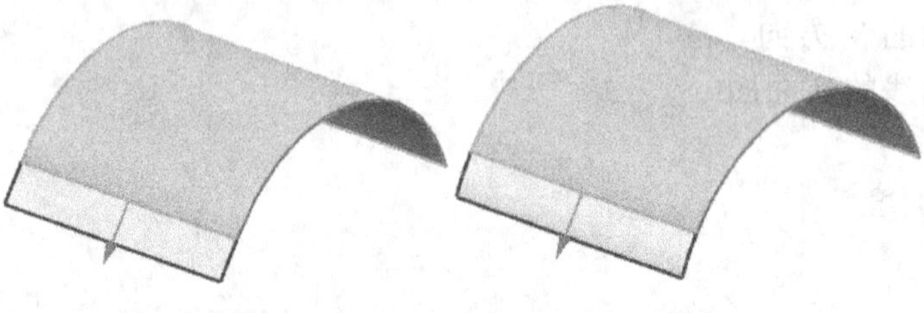

图 8-46　延伸方法

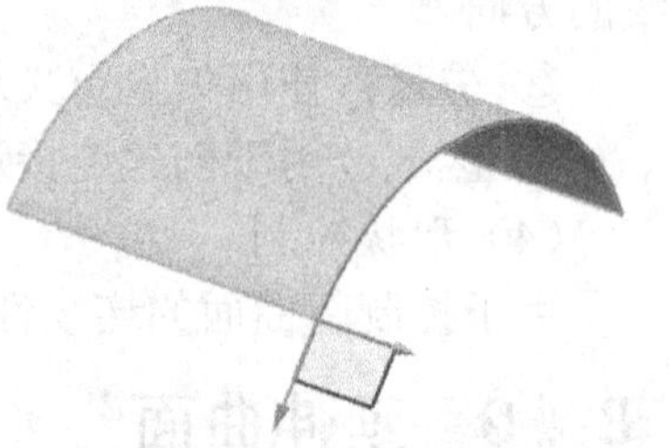

图 8-47　拐角示意图

8.1.10　规律延伸

选择“菜单”→“插入”→“弯边曲面”→“规律延伸”命令，或者单击“曲面”选项卡→“曲面”组→“规律延伸”图标，打开如图 8-48 所示“规律延伸”对话框。

图 8-48　“规律延伸”对话框

部分选项功能如下。

（1）类型

① 面：指定使用一个或多个面来为延伸曲面组成一个参考坐标系。参考坐标系建立在“基本曲线串”的中点上，示意图如图 8-49 所示。

② 矢量：指定在沿着基本曲线线串的每个点处计算和使用一个坐标系来定义延伸曲面。此坐标系的方向是这样确定的：使 0º 角平行于矢量方向，使 90º 轴垂直于由 0º 轴和基本轮廓切线矢量定义的平面。此参考平面的计算是在“基本轮廓”的中点上进行的，示意图如图 8-50 所示。

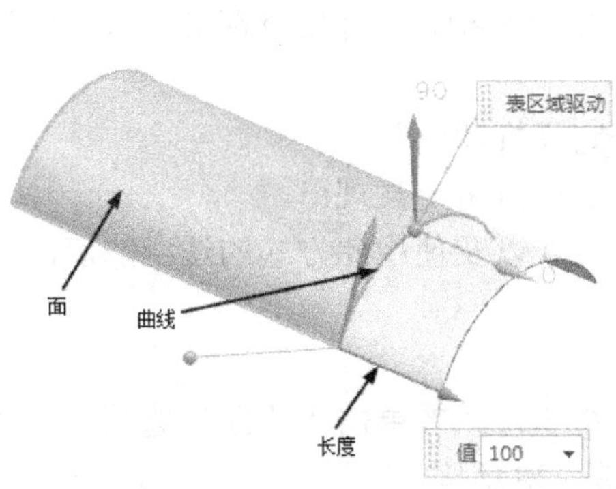

角度为 0

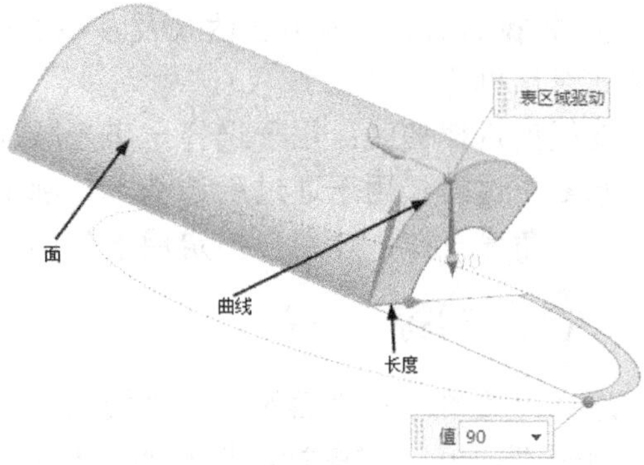

角度为 90

图 8-49　面规律延伸示意图

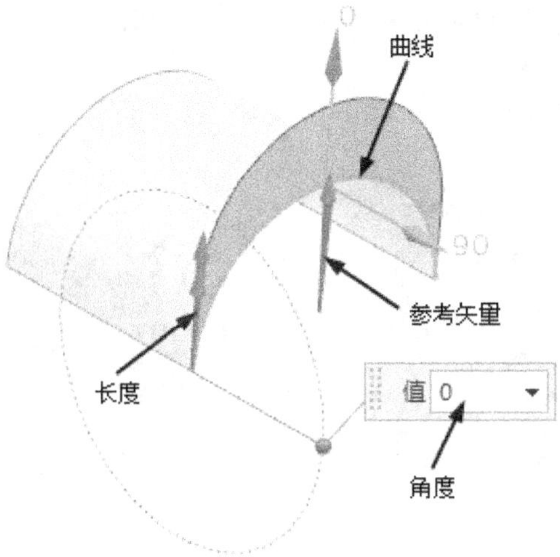

图 8-50　矢量规律延伸示意图

（2）曲线：让用户选择一条基本曲线或边界线串，系统用它在它的基边上定义曲面轮廓。

（3）面：让用户选择一个或多个面来定义用于构造延伸曲面的参考方向。

（4）参考矢量（选择“矢量”类型，即可出现）：让用户通过使用标准的“矢量方式”或“矢量构造器”指定一个矢量，用它来定义构造延伸曲面时所用的参考方向。

（5）脊线：（可选的）指定可选的脊线线串会改变系统确定局部坐标系方向的方法，这样，垂直于脊线线串的平面决定了测量“角度”所在的平面。

（6）长度规律类型：让用户指定用于延伸长度的规律方式以及使用此方式的适当值。

① 恒定：使用恒定的规则（规律），当系统计算延伸曲面时，它沿着基本曲线线串移动，截面曲线的长度保持恒定的值。

② 线性：使用线性的规则（规律），当系统计算延伸曲面时，它沿着基本曲线线串移动，截面曲线的长度从基本曲线线串起始点的起始值到基本曲线线串终点的终止值呈线性变化。

③ 三次：使用三次的规则（规律），当系统计算延伸曲面时，它沿着基本曲线线串移动，截面曲线的长度从基本曲线线串起始点的起始值到基本曲线线串终点的终止值呈非线性变化。

④ 根据方程：可使用表达式及参数表达式变量来定义规律。所有变量都必须在之前使用表达式对话框定义过。

⑤根据规律曲线：用于选择一串光顺连接曲线来定义规律函数。

⑥多重过渡：用于通过所选基本轮廓上的多个节点或点来定义规律。

（7）角度规律：让用户指定用于延伸角度的规律方式以及使用此方式的适当的值。

8.1.11 扫掠

选择“菜单”→“插入”→“扫掠”→“扫掠”命令，或者单击“曲面”选项卡→“曲面”组→“扫掠”图标，打开如图 8-51 所示“扫掠”对话框。

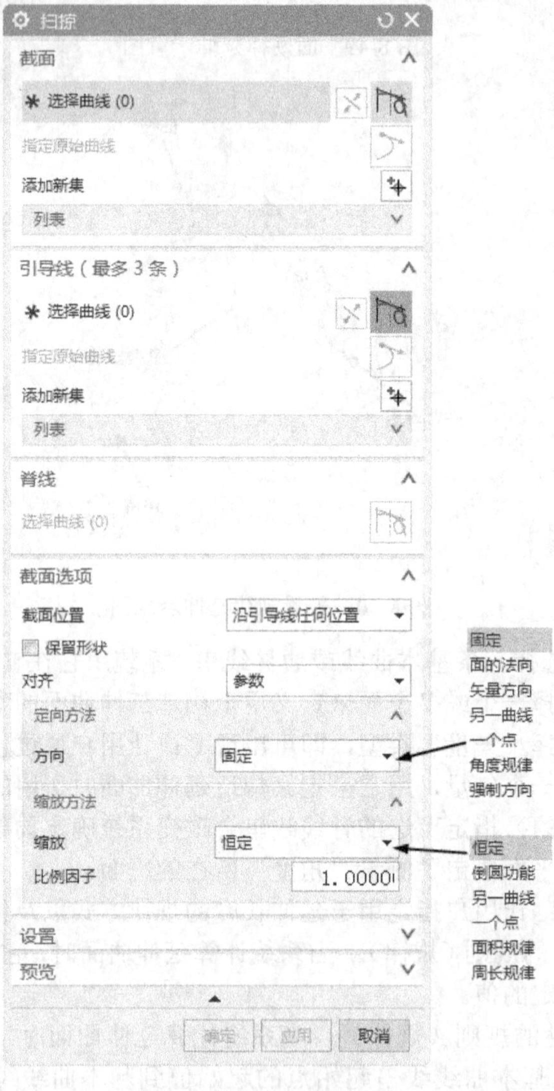

图 8-51　“扫掠”对话框

该选项可以用来构造扫掠体，如图 8-52 所示。用预先描述的方式沿一条空间路径移动的曲线轮廓线将扫掠体定义为扫掠外形轮廓。移动曲线轮廓线称为截面线串。该路径称为引导线串，因为它引导运动。

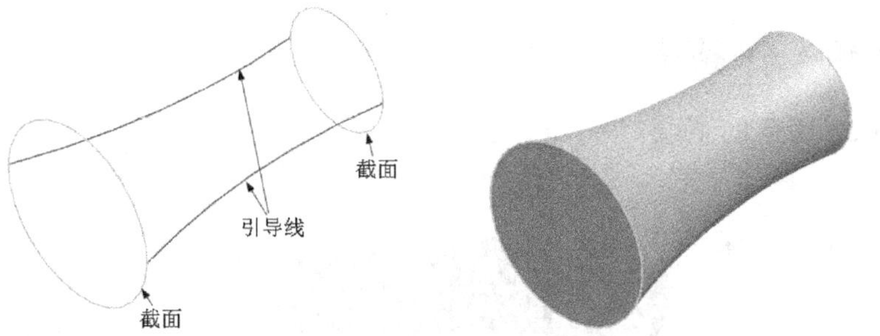

图 8-52 “扫掠”效果示意图

引导线串在扫掠方向上控制着扫掠体的方向和比例。引导线串可以由单个或多个分段组成。每个分段可以是曲线、实体边或实体面。每条引导线串的所有对象必须光顺而且连续。必须提供一条、两条或三条引导线串。截面线串不必光顺，而且每条截面线串内的对象数量可以不同。可以输入从 1 到最大数量为 150 的任何数量的截面线串。

如果所有选定的引导线串形成封闭循环，则第一条截面线串可以作为最后一条截面线串重新选定。

前面对话框部分选项功能如下。

1. 定向方法

（1）固定：在截面线串沿着引导线串移动时，它保持固定的方向，并且结果是简单平行的或平移的扫掠。

（2）面的法向：局部坐标系的第二个轴和沿引导线串的各个点处的某基面的法向矢量一致。这样来约束截面线串和基面的联系。

（3）矢量方向：局部坐标系的第二个轴和用户在整个引导线串上指定的矢量一致。

（4）另一曲线：通过连接引导线串上的相应点和另一条曲线来获得局部坐标系的第二个轴（就好像在它们之间建立了一个直纹的片体）。

（5）一个点：和“另一曲线”相似，不同之处在于获得第二个轴的方法是通过引导线串和点之间的三面直纹片体的等价物。

（6）强制方向：在沿着引导线串扫掠截面线串时，让用户把截面的方向固定在一个矢量方向。

2. 缩放方法

（1）恒定：让用户输入一个比例因子，它沿着整个引导线串保持不变。

（2）倒圆功能：在指定的起始比例因子和终止比例因子之间允许线性的或三次的比例，那些起始比例因子和终止比例因子对应于引导线串的起点和终点。

（3）另一曲线：类似于方向控制中的“另一曲线”，但是此处在任意给定点的比例是以引导线串和其他的曲线或实边之间的划线长度为基础的。

（4）一个点：和“另一曲线”相同，但是，是使用点而不是曲线。选择此种形式比例控制的同时，还可以使用同一个点作方向控制（在构造三面扫掠时）。

（5）面积规律：让用户使用规律子功能控制扫掠体的交叉截面面积。

（6）周长规律：类似于“面积规律”，不同的是，用户控制扫掠体的交叉截面的周长，而不是它的面积。

8.1.12 实例——茶壶 1

创建如图 8-53 所示的茶壶。

图 8-53 茶壶

绘制步骤

1．新建文件

单击“主页”选项卡的“新建”按钮，打开“新建”对话框，在“模板”列表框中选择“模型”，输入“ChaHu”，单击 确定 按钮，进入 UG 建模环境。

2．旋转坐标

（1）选择“菜单（M）”→“格式（R）”→“WCS”→“旋转（R）”，打开“旋转 WCS 绕...”对话框，如图 8-54 所示。

（2）选中 +XC 轴：YC --> ZC 选项，旋转角度 90°，单击 确定 按钮。

3．绘制草图

（1）选择“菜单（M）”→“插入（S）”→“基准/点（D）”→“基准平面（D）...”或单击“主页”选项卡“特征”面组上的“基准平面”按钮，选择 XC-YC 作为基准平面，然后单击 <确定> 按钮。

（2）选择“菜单（M）”→“插入（S）”→“草图（H）...”，或者单击“主页”选项卡“直接草图”面组上的“草图”按钮，选择创建基准平面，进入草图绘制界面。

（3）单击“主页”选项卡“直接草图”面组上的“轮廓”按钮，打开“轮廓”绘图工具栏，按照如图 8-55 所示，从原点绘制直线 12、23、弧 34，直线 45、弧 56、直线 61。注意弧 56 与直线 45 是相切关系。

4．设置约束

（1）单击“主页”选项卡“直接草图”面组上的“几何约束”按钮，在“几何约束”对话框中单击“共线”按钮，在草图中选择如图 8-55 所示的直线 12 为要约束的对象，再选择 Y 轴为要约束到的对象。

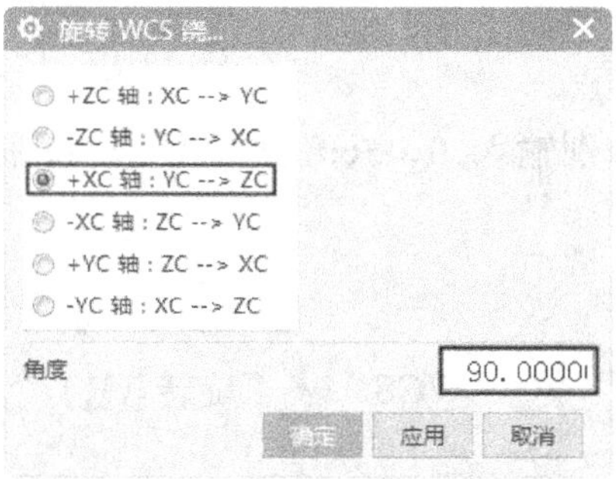

图 8-54 “旋转 WCS 绕...”对话框

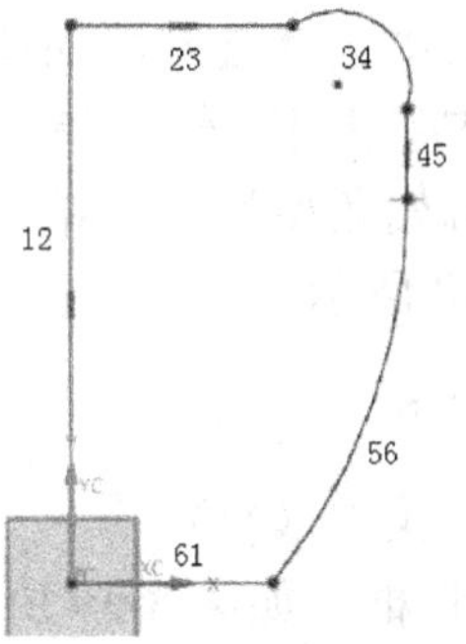

图 8-55 绘制草图

（2）在“几何约束”对话框中单击“共线”按钮，在草图中选择直线 61 为要约束的对象，再选择 X 轴为要约束到的对象。

（3）在“几何约束”对话框中单击“点在曲线上”按钮，在草图中选择圆弧 56 的圆心为要约束的对象，再选择 Y 轴为要约束到的对象。

5. 标注尺寸

单击“主页”选项卡“直接草图”面组上的“快速尺寸”按钮和“径向尺寸”按钮，分别标注线段 12、线段 23、线段 61，3 个尺寸 P0、P1、P5，以及直线 45 的位置尺寸 P2、P3，然后再进行修改，分别输入 200、90、60、30、150，然后标注弧 34 的半径 P9=140，最后生成如图 8-56 所示的草图。

6. 旋转草图

（1）选择“菜单（M）”→“插入（S）”→“设计特征（E）”→“旋转（R）...”，或者单击“主页”选项卡“特征”面组上的“旋转”按钮，打开“旋转”对话框，如图 8-57 所示。

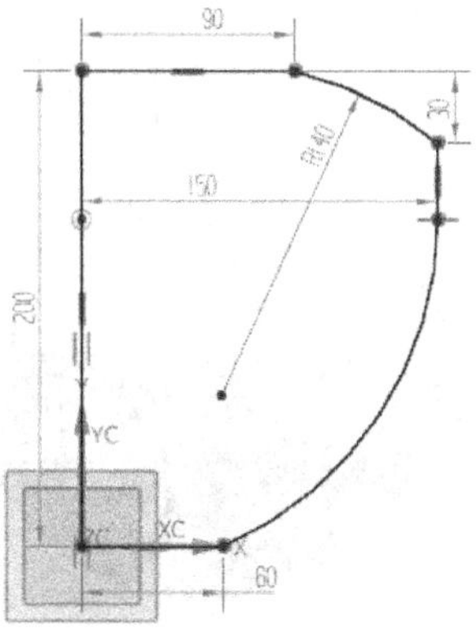

图 8-56 添加尺寸约束

图 8-57 “旋转”对话框

（2）在窗口中选择绘制好的草图为旋转曲线。

（3）指定矢量为 YC 轴，指定点为坐标原点。

（4）在“开始角度”、“结束角度”栏分别输入 0、360，单击确定按钮，完成回转体特征，如图 8-58 所示。

7．旋转坐标

（1）选择“菜单（M）”→“格式（R）”→“WCS”→“旋转（R）”，打开“旋转 WCS 绕...”对话框，如图 8-59 所示。

（2）选中 -XC 轴 : ZC --> YC 选项，在角度文本框中输入旋转角度为 90，单击确定按钮，将坐标系转为如图 8-60 所示。

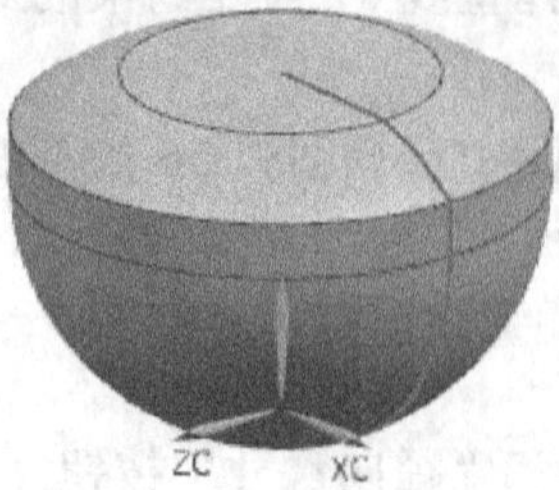

图 8-58　旋转生成的实体

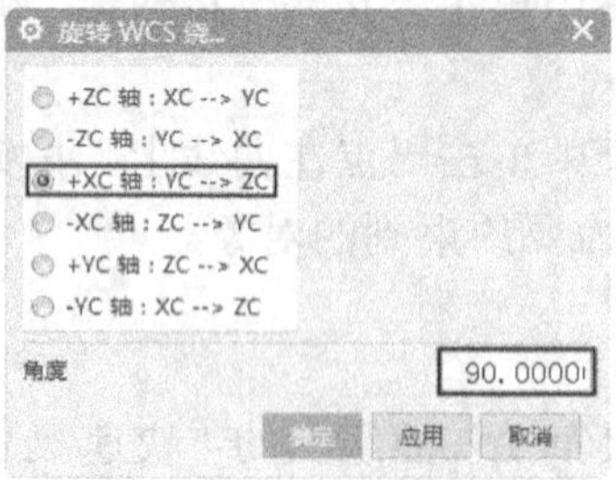

图 8-59　“旋转 WCS 绕...”对话框

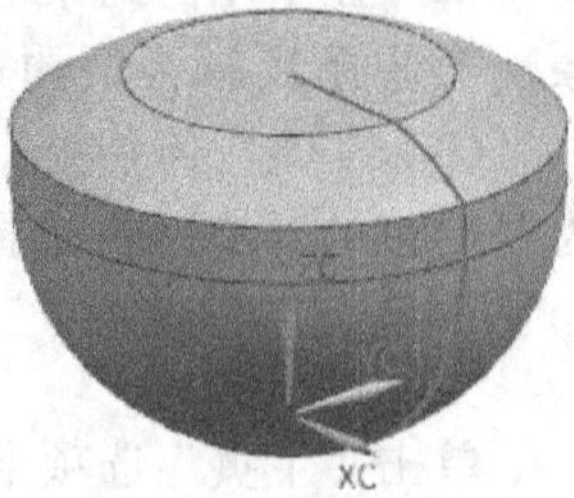

图 8-60　坐标的旋转

8．创建圆柱体

（1）选择“菜单（M）”→“插入（S）”→“设计特征（E）”→“圆柱（C）...”，或者单击“主页”选项卡“特征”面组上的“圆柱”按钮，打开“圆柱”对话框，如图 8-61 所示。

（2）在“圆柱”对话框中的“类型”下拉列表中选择“轴、直径和高度”类型。

（3）指定矢量为 ZC 轴，在“直径”、“高度”文本框中分别输入 180、8。

（4）在“布尔”下拉列表中选择“合并”。

（5）单击“点对话框”按钮，打开“点”对话框，输入点坐标为（0,0,200），单击确定按钮。完成圆柱的绘制如图 8-62 所示。

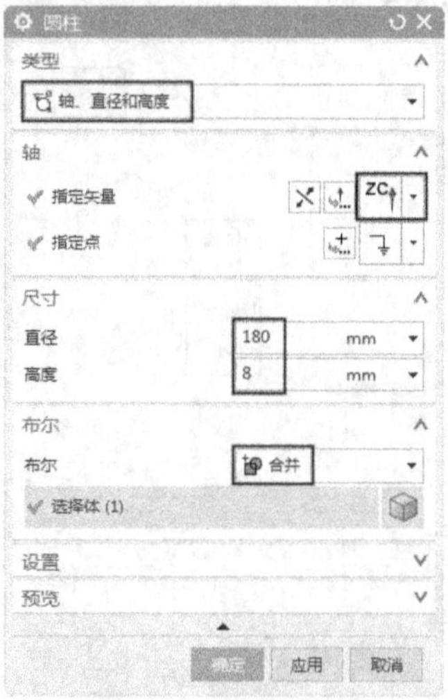

图 8-61　“圆柱”对话框

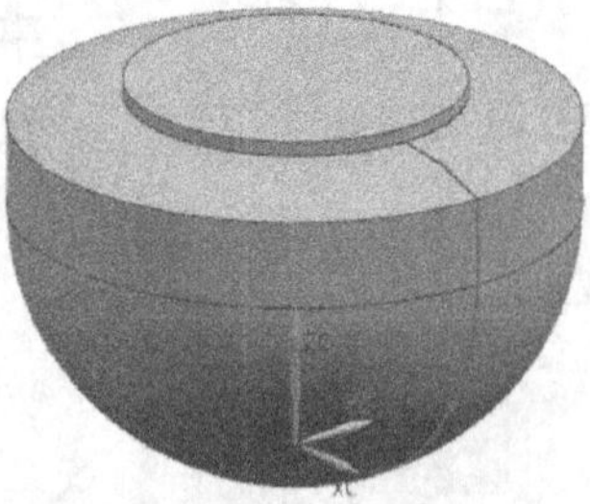

图 8-62　模型

9．创建圆柱体

（1）选择“菜单（M）”→“插入（S）”→“设计特征（E）”→“圆柱（C）...”，或者单击“主页”选项卡“特征”面组上的“圆柱”按钮，打开“圆柱”对话框，如图 8-63 所示。

（2）在“圆柱”对话框中的“类型”下拉列表中选择“轴、直径和高度”类型。

（3）指定矢量为-ZC 轴，在“直径”、“高度”文本框中分别输入 120、10。

（4）指定点为坐标原点，在“布尔”下拉列表中选择“合并”，单击按钮，结果如图 8-64 所示。

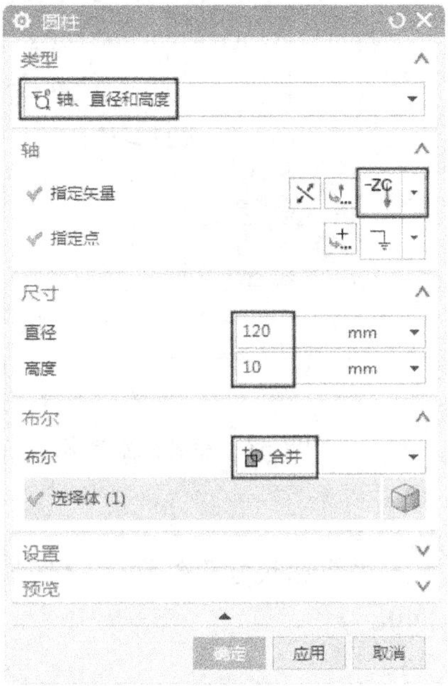

图 8-63 “圆柱”对话框

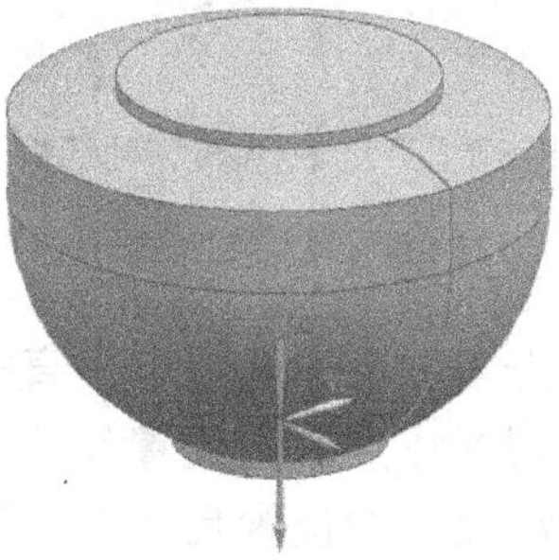

图 8-64 模型

10．绘制草图

（1）选择“菜单（M）”→“插入（S）”→“草图（H）...”，或者单击“主页”选项卡“直接草图”面组上的“草图”按钮，打开“创建草图”对话框。选择 XC－ZC 基准平面作为基准平面，进入草图绘制环境。

（2）选择“菜单（M）”→“插入（S）”→“草图曲线（S）”→“投影曲线（J）...”，打开“投影曲线”对话框，如图 8-65 所示。单击如图 8-66 所示的边线，最后单击按钮。

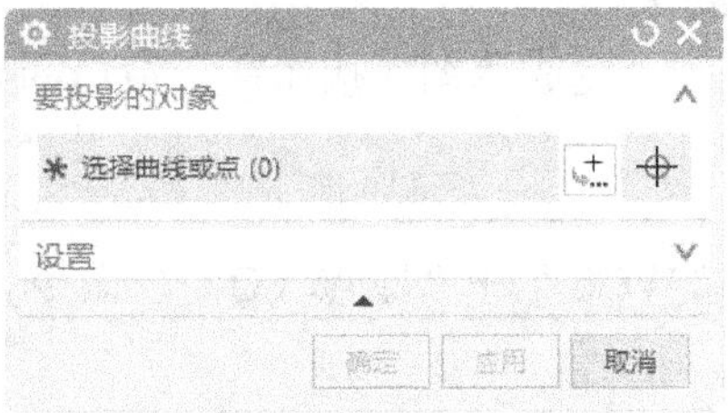

图 8-65 “投影曲线”对话框

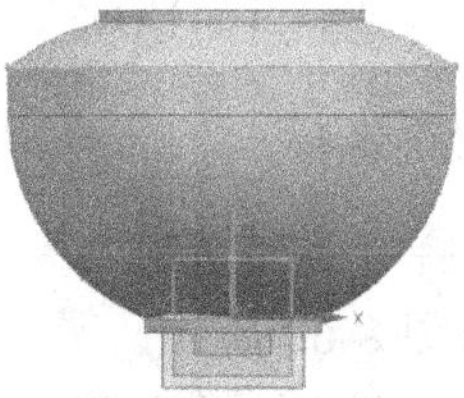

图 8-66 选择边线

（3）选择“菜单（M）”→“插入（S）”→“草图曲线（S）”→“艺术样条（D）”，打开“艺术样条”对话框，如图 8-67 所示。绘制如图 8-68 所示的艺术样条曲线，单击 < 确定 > 按钮。

图 8-67 “艺术样条”对话框

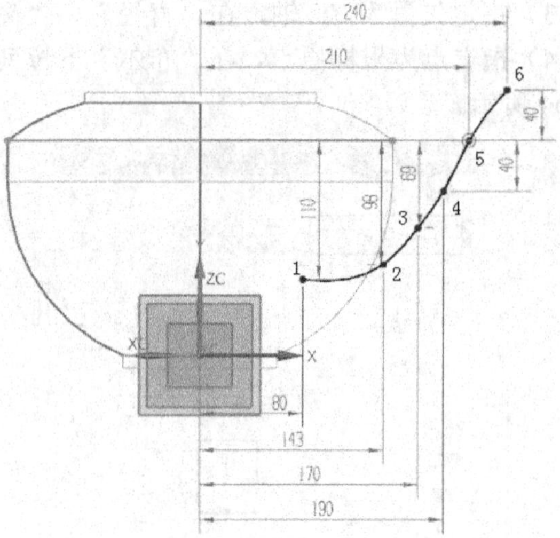

图 8-68 绘制艺术样条

11. 标注草图

（1）单击“主页”选项卡“直接草图”面组上的“快速尺寸”按钮，增加尺寸标注。

（2）分别标注点 6 的位置尺寸并修改为 240、40。

（3）标注点 1 的位置尺寸并修改为 110、80。

（4）标注点 2 的位置尺寸并修改为 143、98。

（5）标注点 3 的位置尺寸并修改为 170、68。

（6）标注点 4 的位置尺寸并修改为 190、40。

（7）标注点 5 的位置尺寸并修改为 210。

12. 约束草图

（1）单击“主页”选项卡“直接草图”面组上的“几何约束” 按钮，在“几何约束”对话框中单击“点在曲线上”按钮，在图形中先选择点 5 为要约束的对象，再选择投影边线为要约束到的对象，显然符合约束条件，完成约束。

（2）单击“主页”选项卡“直接草图”面组上的“完成草图”按钮，窗口回到建模界面。

13. 创建坐标

（1）选择“菜单（M）”→“格式（R）”→“WCS”→“原点（O）”命令，单击“点”对话框，如图 8-69 所示。

（2）选择“端点”类型，再单击上一步生成的曲线端点，将坐标系移至曲线的端点处，如图 8-70 所示。

图 8-69 “点”对话框

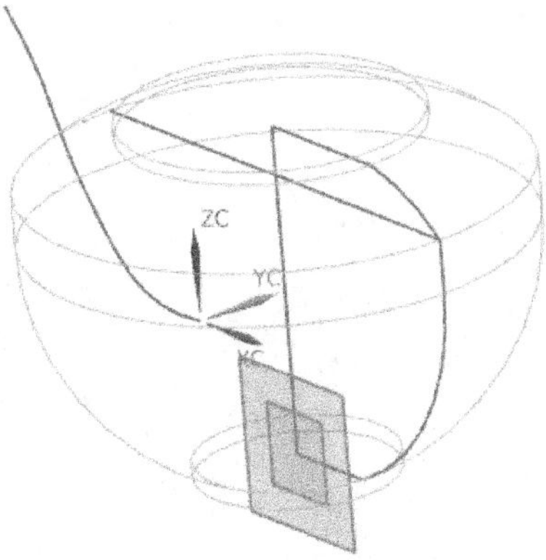

图 8-70 坐标的移动

14．旋转坐标

（1）选择“菜单（M）”→“格式（R）”→“WCS”→“旋转（R）”命令，打开“旋转 WCS 绕...”对话框，如图 8-71 所示。

（2）选择 -YC 轴：XC --> ZC 选项，在旋转角度文本框中输入 60，单击确定按钮，将坐标系转换成如图 8-72 所示。

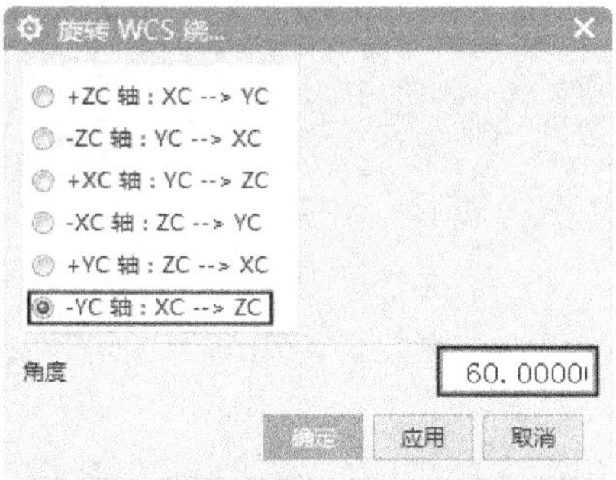

图 8-71 “旋转 WCS 绕...”对话框

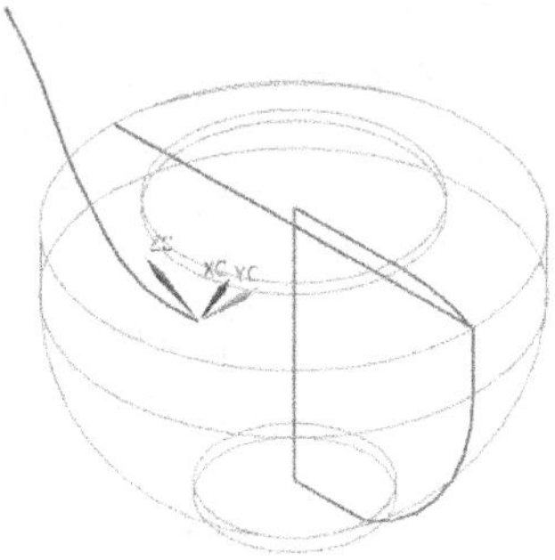

图 8-72 坐标旋转后的位置

15．绘制圆1

（1）选择“菜单（M）”→“插入（S）”→“曲线（C）”→“基本曲线（原有）（B）...”，打开“基本曲线”对话框，如图 8-73 所示。

（2）单击“基本曲线”对话框中的○按钮，在点方法中单击“点构造器”按钮，打开“点”对话框，如图 8-74 所示。

（3）在“点”对话框中输入坐标（0，0，0），单击确定按钮，然后在“点”对话框中输入（35，0，0），如图 8-75 所示，最后单击确定按钮，完成圆形截面 1 的操作，如图 8-76 所示。

16．创建坐标

（1）选择“菜单（M）”→“格式（R）”→“WCS”→“原点（O）”命令，打开“点”对话框。

图 8-73 “基本曲线”对话框

图 8-74 “点”对话框

图 8-75 “点”对话框

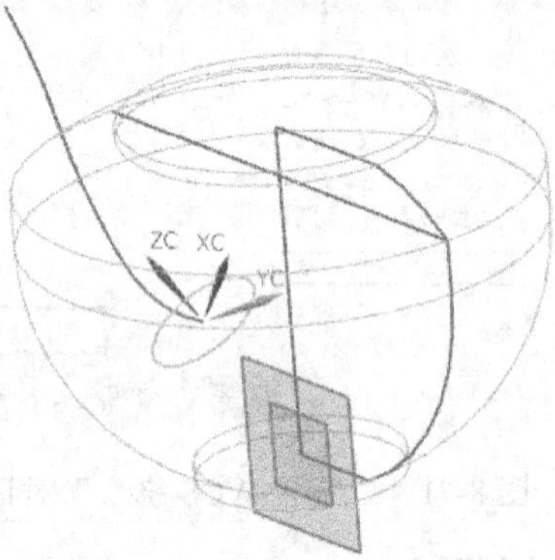

图 8-76 绘制截面圆

（2）选择曲线的点 6 作为原点位置，单击 确定 按钮，如图 8-77 所示。

17．创建圆2

（1）选择“菜单（M）”→“插入（S）”→“曲线（C）”→“基本曲线（原有）（B）…，打开“基本曲线”对话框。

（2）单击○按钮，在“点方法”中单击“点构造器”按钮，打开“点”对话框。在此对话框中输入坐标（0，0，0），单击 确定 按钮。

（3）在“点”对话框中输入（10，0，0），最后单击 确定 按钮，完成圆形截面 2 的操作，如图 8-78 所示。

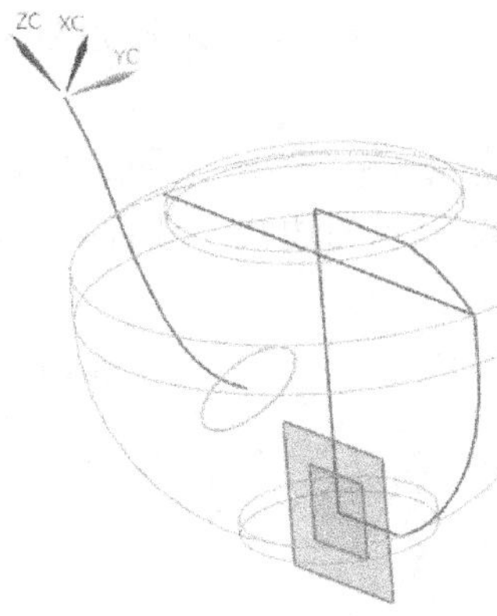

图 8-77 坐标移动

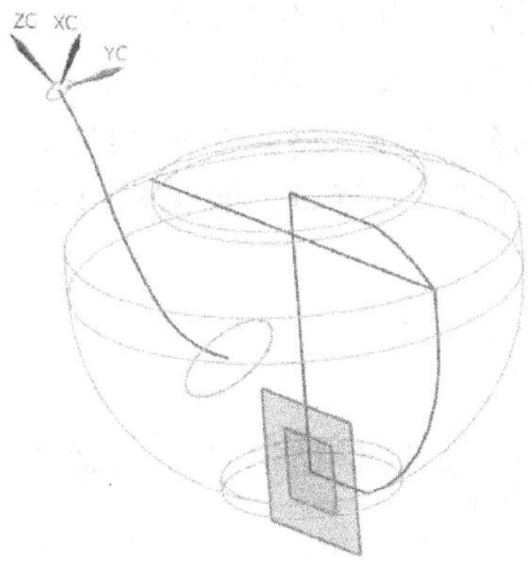

图 8-78 绘制截面圆

18. 创建壶嘴

（1）选择“菜单（M）”→“插入（S）”→“扫掠（W）”→“扫掠（S）...”，打开“扫掠”对话框，如图 8-79 所示。

（2）单击样条曲线为引导线，选择大圆为截面 1，小圆为截面 2，分别单击鼠标中键。

（3）在“对齐”的调整下拉列表中选择“参数”，在“定向方法”的下拉列表中选择“固定”，在“缩放方法”下拉列表中选择“恒定”，设置比例因子为 1.00。扫掠后的实体如图 8-80 所示。

图 8-79 “扫掠”对话框

图 8-80 生成的实体

19. 绘制草图

（1）选择“菜单（M）”→“插入（S）”→“草图（H）...”，或者单击“主页”选项卡“直接草图”面组上的“草图”按钮，打开“创建草图”对话框。选择如图 8-80 所示的面作为基准平面，然后单击 按钮，出现草图绘制区。

（2）选择“菜单（M）”→“插入（S）”→“草图曲线（S）”→“投影曲线（J）...”，打开“投影曲线”对话框，如图 8-81 所示。单击如图 8-82 所示的边线，最后单击 按钮。

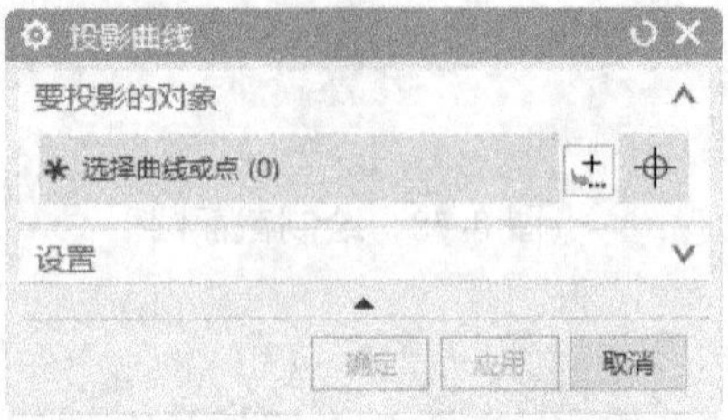

图 8-81　“投影曲线”对话框

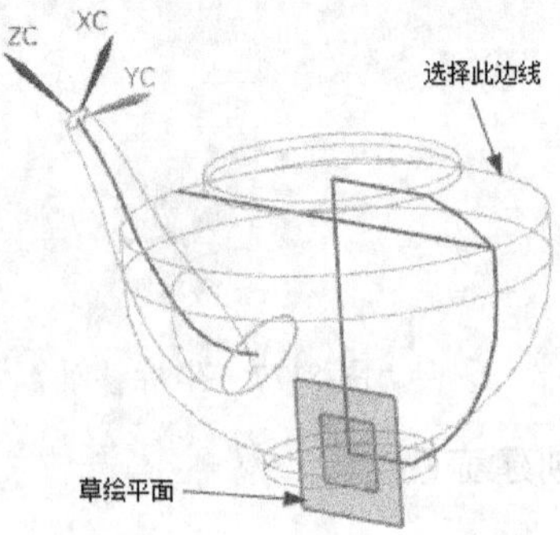

图 8-82　选择边线

（3）选择“菜单（M）”→“插入（S）”→“草图曲线（S）”→“艺术样条（D）”，打开“艺术样条”对话框，如图 8-83 所示。按照如图 8-84 所示依次选择点，然后在对话框中单击 按钮，绘制如图 8-85 所示的样条曲线。

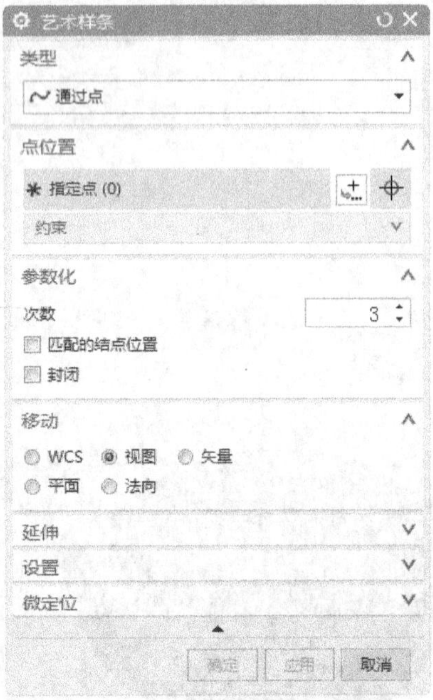

图 8-83　“艺术样条”对话框

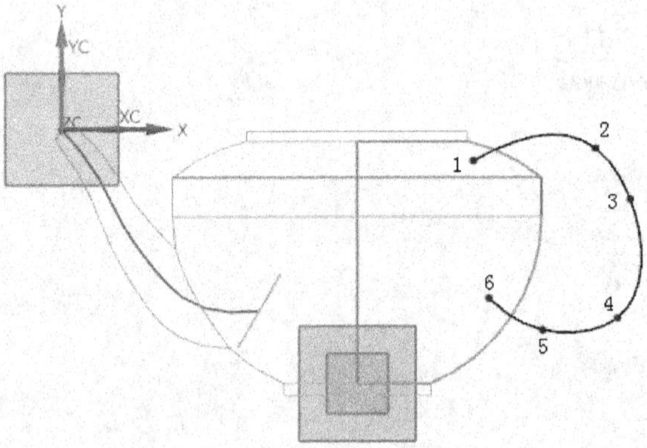

图 8-84　选择点

20. 标注尺寸

（1）单击“主页”选项卡“直接草图”面组上的“快速尺寸”按钮，标注尺寸。

（2）分别标注点 2 的位置尺寸修改成 9。

（3）标注点 3 的位置尺寸分别修改成 200、11。

（4）标注点 4 的位置尺寸分别修改成 160、115。

（5）标注点 5 的位置尺寸修改成 94，生成引导线。

（6）单击“主页”选项卡“直接草图”面组上的“完成草图”按钮，窗口回到建模界面。

21. 创建坐标

（1）选择“菜单（M）”→“格式（R）”→“WCS”→“原点（O）”命令，打开“点”对话框。

（2）按如图 8-86 单击样条曲线上的点，将坐标移至该点处，结果如图 8-86 所示。

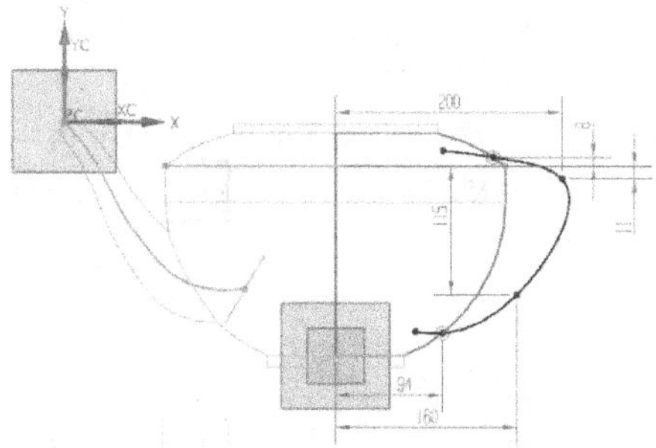

图 8-85　绘制样条曲线

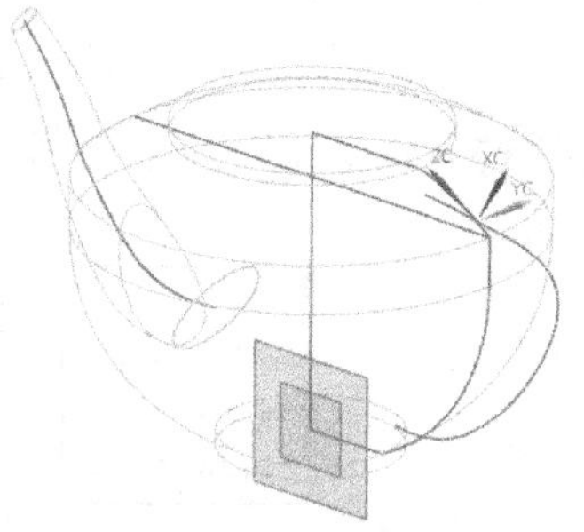

图 8-86　原点的移动

22. 旋转坐标

（1）选择“菜单（M）”→“格式（R）”→“WCS”→“旋转（R）”命令，打开“旋转 WCS 绕....”对话框，如图 8-87 所示。

（2）选中 -YC 轴 : XC --> ZC 选项，旋转的角度为 30，单击 确定 按钮，将坐标系转成如图 8-88 所示。

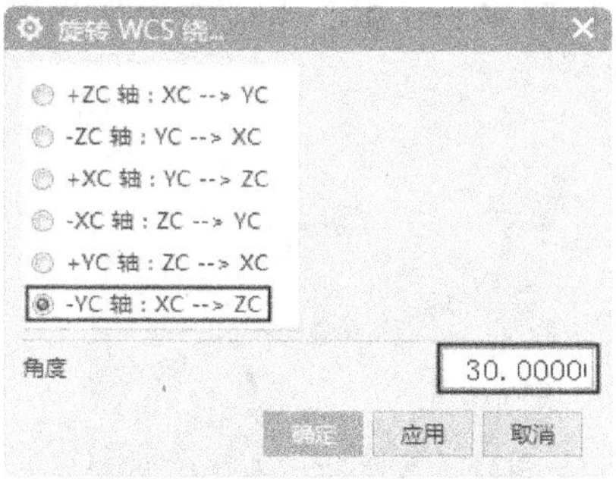

图 8-87　“旋转 WCS 绕...”对话框

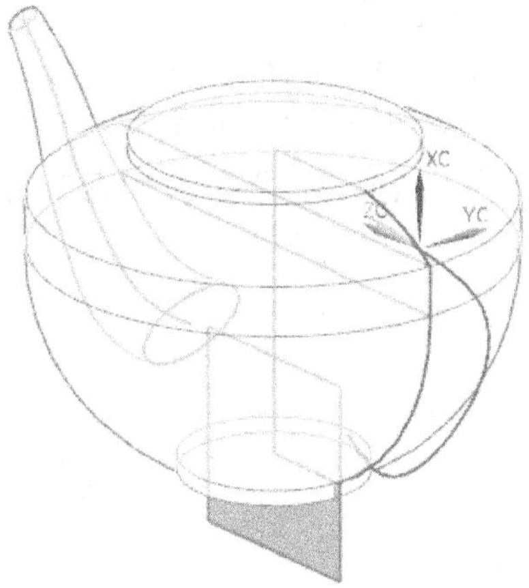

图 8-88　坐标旋转

23. 绘制椭圆

（1）选择“菜单（M）”→“插入（S）”→“草图曲线（S）”→“椭圆（E）...”，打开“椭圆”对话框，单击“点对话框”按钮，打开“点”对话框，如图 8-89 所示。

（2）在对话框中输入坐标（0，0，0），单击 确定 按钮，即指定椭圆的中心。

（3）返回到“椭圆”对话框，如图 8-90 所示。在“大半径”、“小半径”、“角度”栏内分别输入 25、12、90，生成的椭圆如图 8-91 所示。

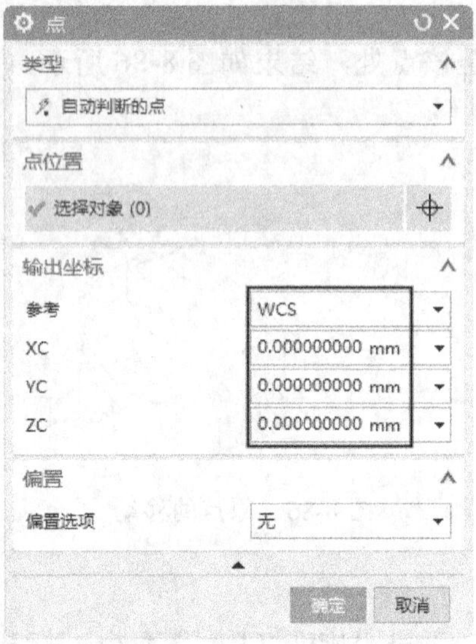

图 8-89 “点”对话框

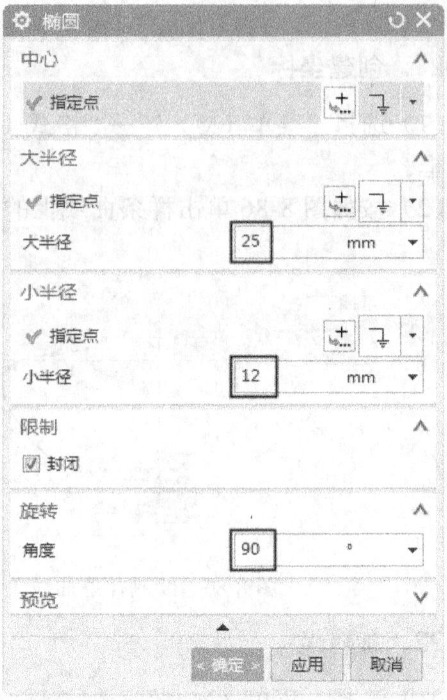

图 8-90 “椭圆”对话框

24．创建壶把

（1）选择“菜单（M）”→“插入（S）”→“扫掠（W）”→“扫掠（S）...”，打开“扫掠”对话框。

（2）单击样条曲线为引导线，选择椭圆为截面。

（3）在“对齐”的调整下拉列表中选择“参数”，在“定向方法”的下拉列表中选择“固定”，在“缩放方法”下拉列表中选择“恒定”，设置比例因子为 1.00。生成的实体如图 8-92 所示。

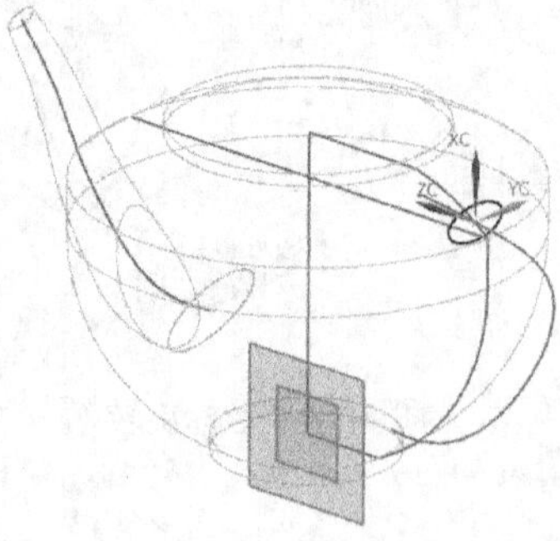

图 8-91 生成椭圆

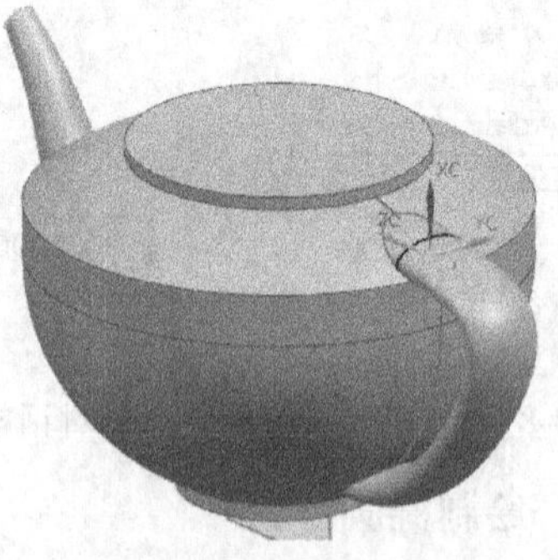

图 8-92 扫掠生成实体

8.2 曲面操作

8.2.1 偏置曲面

选择“菜单”→“插入”→“偏置/缩放”→“偏置曲面”命令，或者单击“曲面”选项卡→“曲面操作”组→“偏置曲面”图标，系统打开如图 8-93 所示“偏置曲面”对话框，示意图如图 8-94 所示。

图 8-93 “偏置曲面”对话框

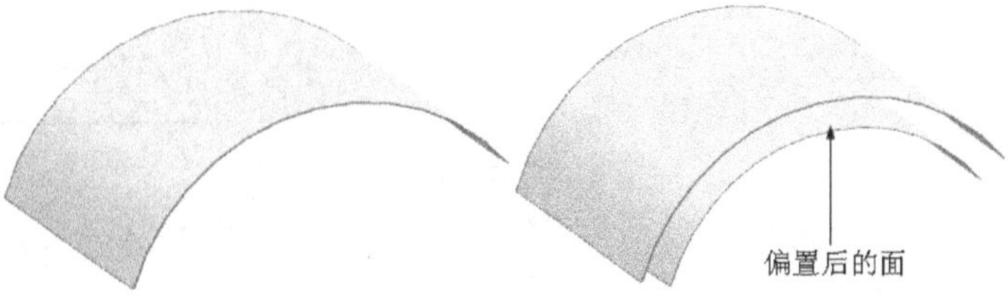

图 8-94 “偏置曲面”效果示意图

该选项可以从一个或更多已有的面生成偏置曲面。

系统用沿选定面的法向偏置点的方法，来生成正确的偏置曲面。指定的距离称为偏置距离，并且已有面称为基面。可以选择任何类型的面作为基面。如果选择多个面进行偏置，则产生多个偏置体。

8.2.2 大致偏置

选择“菜单”→“插入”→“偏置/缩放”→“大致偏置（原有）”命令，系统打开如图 8-95 所示“大致偏置”对话框。

该选项让用户使用大的偏置距离从一组列面或片体生成一个没有自相交、尖锐边界或拐角的偏置片体。该选项让用户从一系列面或片体上生成一个大的粗略偏置，用于当“偏置面”和“偏置曲面”功能不能实现时。

对话框部分选项功能如下。

1. 选择步骤

（1）偏置面/片体：选择要偏置的面或片体。如果选择多个面，则不会使它们相互重叠。相邻面之间的缝隙应该在指定的建模距离公差范围内。但是，此功能不检查重叠或缝隙，如果碰到了，则会忽略缝隙，如果存在重叠，则会偏置顶面。

（2）偏置坐标系：让用户为偏置选择或建立一个坐标系，其中 Z 方向指明偏置方向，X 方向指明步进或截取方向，Y 方向指明步距方向。默认的坐标系为当前的工作坐标系。

图 8-95 “大致偏置”对话框

2. 偏置距离

让用户指定偏置的距离。此字段值和“偏置偏差”中指定的值一同起作用。如果希望偏置背离指定的偏置方向，则可以为偏置距离输入一个负值。

3. 偏置偏差

让用户指定偏置的偏差。用户输入的值表示允许的偏置距离范围。该值和“偏置距离”值一同起作用。例如，如果偏置距离是 10 且偏差是 1，则允许的偏置距离在 9 和 11 之间。通常偏差值应该远大于建模距离公差。

4. 步距

让用户指定步进距离。

5. 曲面生成方法

让用户指定系统建立粗略偏置曲面时使用的方法。

（1）云点：系统使用和“由点云构面”选项中的方法相同的方法建立曲面。选择此方法则启用“曲面控制”选项，它让用户指定曲面的片数。

（2）通过曲线组：系统使用和“通过曲线”选项中的方法相同的方法建立曲面。

（3）粗略拟合：当其他方法生成曲面无效时（例如有自相交面或者低质量），系统利用该选项创建一低精度曲面。

6. 曲面控制

让用户决定使用多少补片来建立片体。此选项只用于“云点”曲面生成方法。

（1）系统定义：在建立新的片体时，系统自动添加计算数目的 U 向补片来给出最佳结果。

（2）用户定义：启用“U 向补片数”字段，该字段让用户指定在建立片体时，允许使用多少 U 向补片，该值必须至少为 1。

7. 修剪边界

（1）不修剪：片体以近似矩形图案生成，并且不修剪。

（2）修剪：片体根据偏置中使用的曲面边界修剪。

（3）边界曲线：片体不被修剪，但是片体上会生成一条曲线，它对应于在使用“修剪”选项时发生修剪的边界。

8.2.3 修剪片体

选择“菜单”→“插入”→“修剪”→“修剪片体”命令，或者单击“曲面”选项卡→“曲面操作”组→“修剪片体”图标，系统会打开如图 8-96 所示“修剪片体”对话框，该选项用于生成相关的修剪片体，如图 8-97 所示。

图 8-96 “修剪片体”对话框

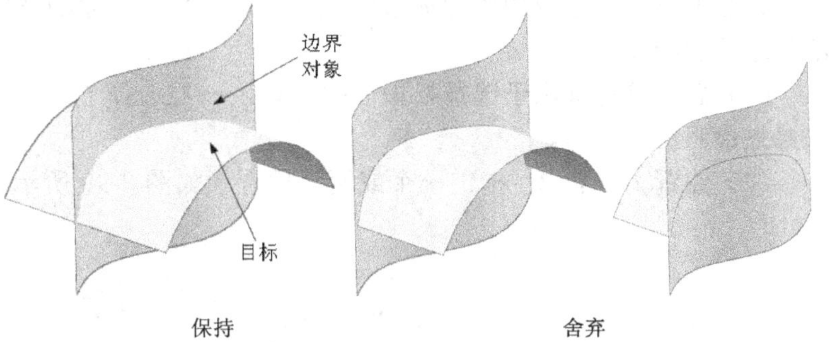

图 8-97 “修剪片体”效果示意图

部分选项功能如下。

（1）目标：选择目标曲面体。

（2）边界：选择修剪的工具对象，该对象可以是面、边、曲线和基准平面。

（3）允许目标体边作为工具对象：帮助将目标片体的边作为修剪对象过滤掉。

（4）投影方向：可以定义要做标记的曲面/边的投影方向。可以在“垂直于面”、“垂直于曲线平面”和“沿矢量”间选择。

（5）区域：可以定义在修剪曲面时选定的区域是保留还是舍弃。在选定目标曲面体、投影方式和修剪对象后，可以选择目前选择的区域是否“保持”或“放弃”。

每个选择用来定义保留或舍弃区域的点在空间中固定。如果移动目标曲面体，则点不移动。为防止意外结果，如果移动为“修剪边界”选择步骤选定的曲面或对象，则应该重新定义区域。

8.2.4 加厚

选择“菜单”→“插入”→“偏置/缩放”→“加厚”命令，或者单击“曲面”选项卡→“曲面操作”组→“更多”库→“偏置/缩放”库→“加厚”图标，系统打开如图 8-98 所示“加厚”对话框。

图 8-98 “加厚”对话框

该选项可以偏置或加厚片体来生成实体，在片体的面的法向应用偏置，如图 8-98 所示，部分选项功能如下。

（1）面：该选项用于选择要加厚的片体。一旦选择了片体，就会出现法向于片体的箭头矢量来指明法向方向。

（2）偏置 1/偏置 2：指定一个或两个偏置（如图 8-99 所示偏置对实体的影响）。

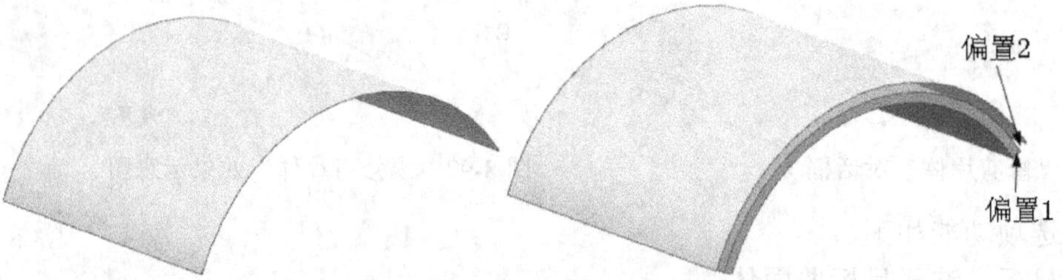

图 8-99 “加厚”效果示意图

（3）Check-Mate：如果出现加厚片体错误，则此按钮可用。单击此按钮会识别导致加厚片体操作失败可能的面。

8.2.5 实例——茶壶 2

继续创建如图 8-53 所示的茶壶。

绘制步骤

1．合并

选择“菜单（M）”→“插入（S）”→“组合（B）”→“合并（U）…”或单击“主页”选项卡“特征”面组上的“合并”按钮，打开“合并”对话框，将图中实体进行合并操作。

2．创建倒圆角

（1）选择“菜单（M）”→“插入（S）”→“细节特征（L）”→“边倒圆（E）…”，单击“主页”选项卡“特征”面组上的“边倒圆”按钮，弹出“边倒圆”对话框，如图 8-100 所示。

（2）在图形区单击如图 8-101 所示的粗线边缘，然后输入半径为 10，单击< 确定 >按钮，结果如图 8-102 所示。

图 8-100　“边倒圆”对话框

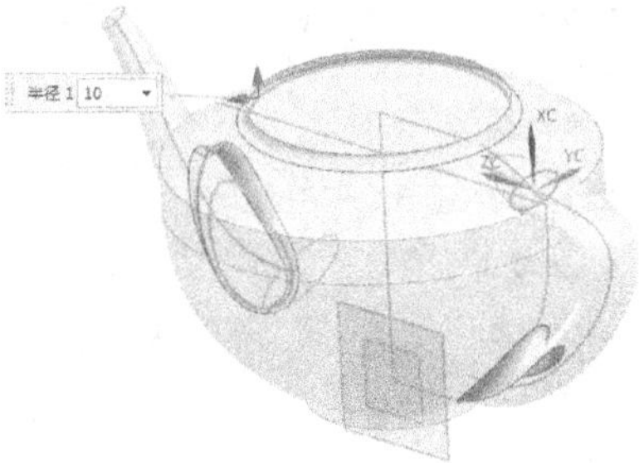

图 8-101　选择边

3．抽壳处理

（1）选择“菜单（M）”→“插入（S）”→“偏置/缩放（L）”→“抽壳（H）…”，或者单击“主页”选项卡“特征”面组上的“抽壳”按钮，打开“抽壳”对话框，如图 8-103 所示。

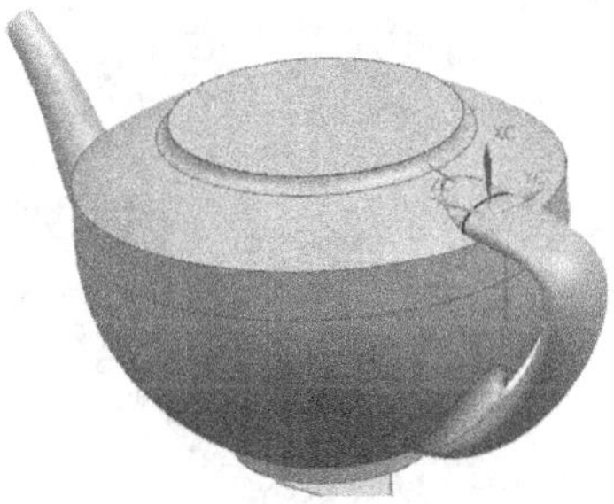

图 8-102　生成倒圆

图 8-103　“抽壳”对话框

（2）选择“移除面，然后抽壳”类型，在图形中选择抽壳的平面，如图 8-104 所示，在“抽壳”的对话框中输入“厚度”为 5，单击 确定 按钮，完成抽壳操作，如图 8-105 所示。

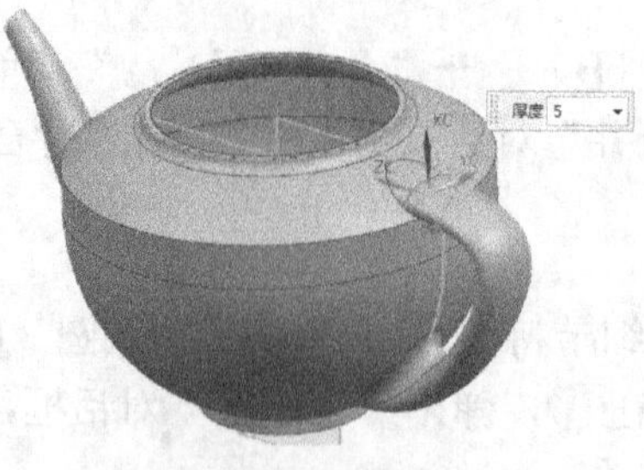

图 8-104　选择外壳平面

图 8-105　生成的壳体

4．创建相交曲线

（1）单击“曲线”选项卡“派生曲线”组中的“相交曲线”按钮，弹出如图 8-106 所示的“相交曲线”对话框，在图形中选取第一组面，如图 8-107 所示。

图 8-106　“相交曲线”对话框

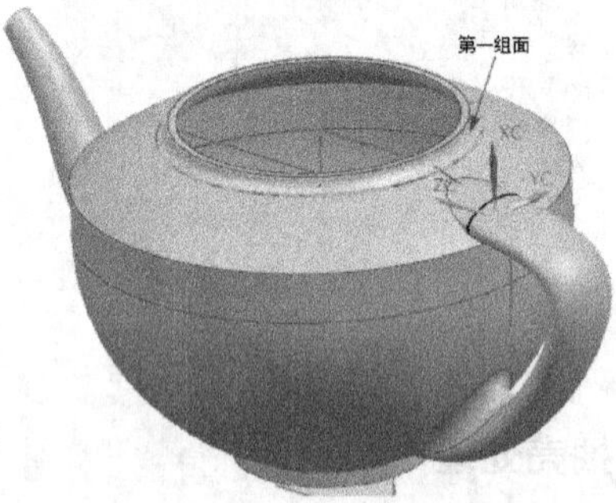

图 8-107　选择第一组面

（2）在图形中选取第二组面，如图 8-108 所示，在“相交曲线”对话框中单击“确定”按钮，最后完成相交曲线操作，如图 8-109 所示。

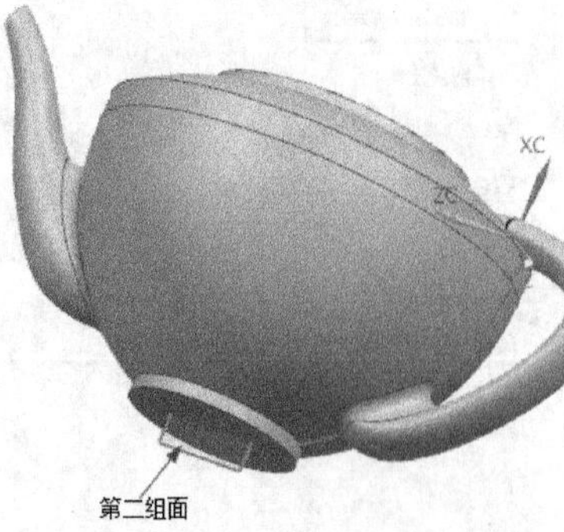

图 8-108　选择第二组面

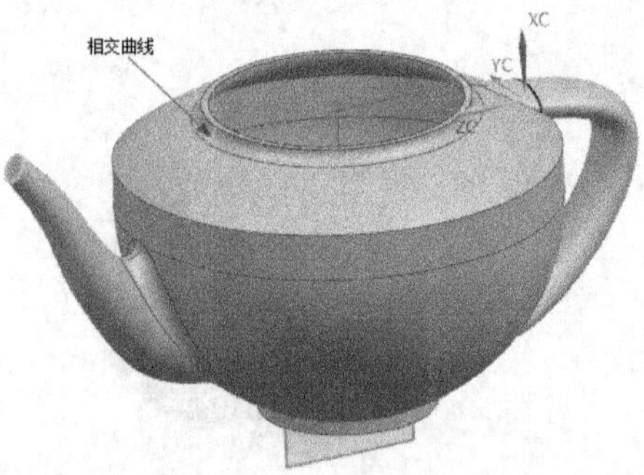

图 8-109　生成相交曲线

5．移动坐标系

（1）选择“菜单（M）”→“格式（R）”→“WCS”→“原点（O）…”命令。弹出“点”对话框，选择“圆弧中心/椭圆中心/球心”类型，如图 8-110 所示。选择图 8-109 上的圆弧，将坐标系移至其圆心处，结果如图 8-111 所示。

图 8-110 “点”对话框

图 8-111 坐标的移动

（2）选择“菜单（M）”→“格式（R）”→“WCS”→“旋转（R）…”命令，弹出“旋转 WCS 绕…”对话框，如图 8-112 所示。选中 +XC 轴：YC --> ZC ，在角度文本框中输入 90，单击确定按钮，将坐标系转为如图 8-113 所示。

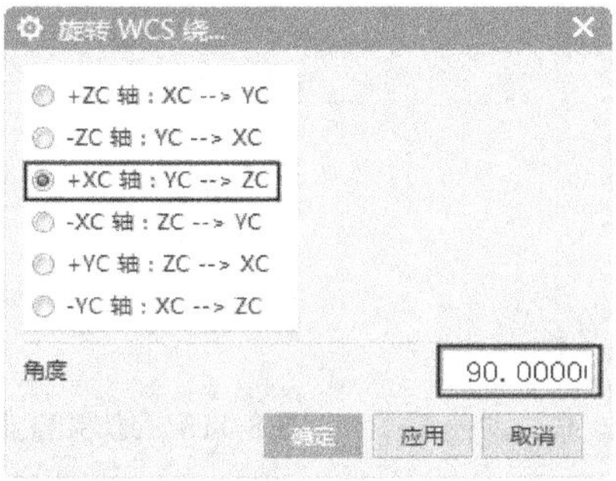

图 8-112 “旋转 WCS 绕…”对话框

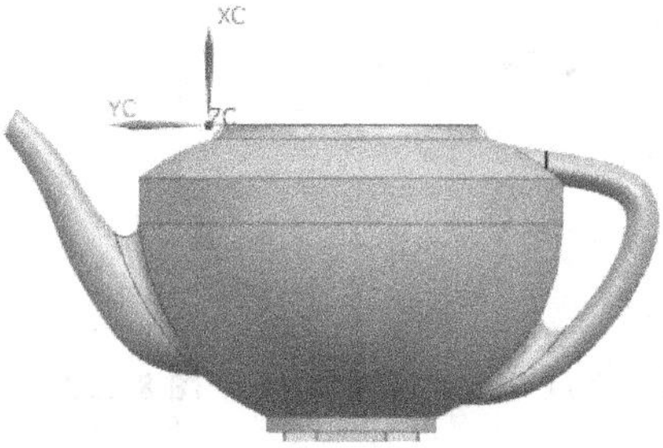

图 8-113 坐标旋转

6．创建圆弧

（1）选择“菜单（M）”→“插入（S）”→“曲线（C）”→“基本曲线（原有）（B）…”命令，弹出“基本曲线”对话框，单击对话框中的“圆弧”按钮，如图 8-114 所示。在“创建方法”中单击“中心点，起点，终点”，在“点方法”中单击“点构造器”按钮，弹出“点”对话框，如图 8-115 所示。在此对话框中输入（0，0，0），以原点为中心绘制圆弧，单击确定按钮。

（2）在“点”对话框中输入（–15，0，0）如图 8-116 所示，单击确定按钮，系统提示单击弧的终点，然后在“点”对话框中输入（0，–15，0），如图 8-117 所示，最后单击确定按钮，完成弧的绘制，如图 8-118 所示。

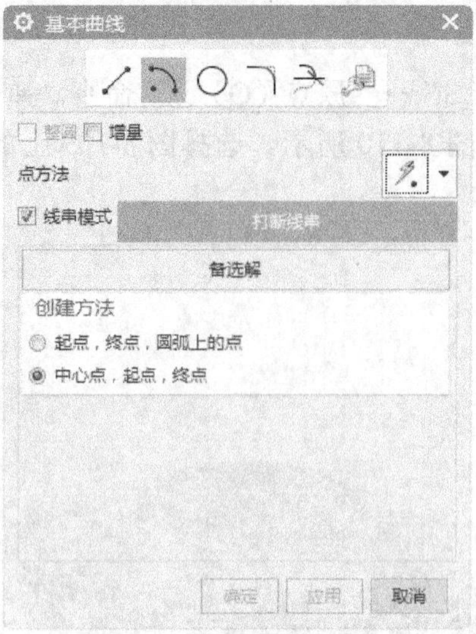

图 8-114 “基本曲线”对话框

图 8-115 “点”对话框（一）

图 8-116 “点”对话框（二）

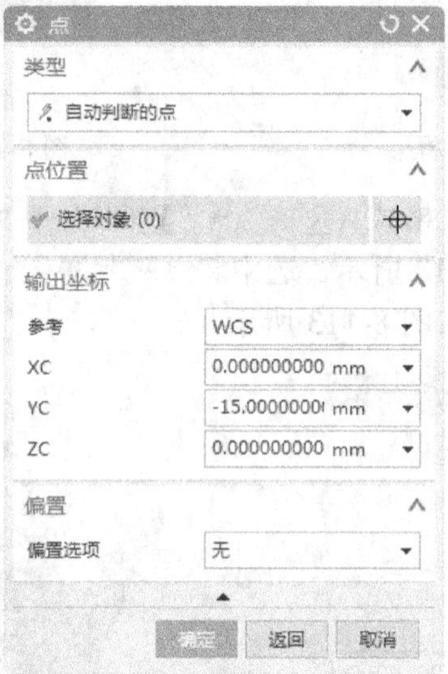

图 8-117 “点”对话框（三）

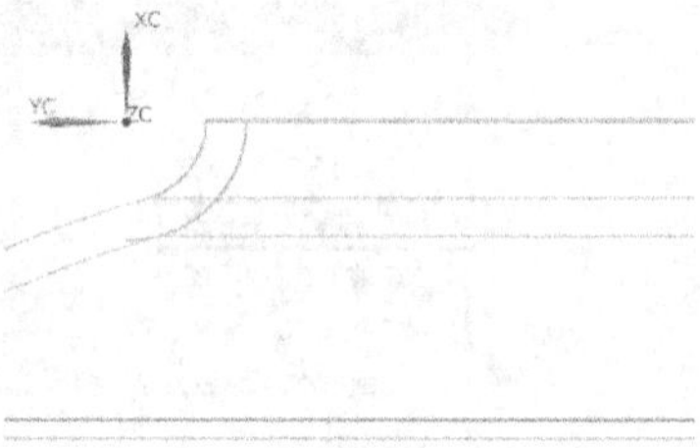

图 8-118 绘制圆弧

7．绘制草图

（1）单击“主页”选项卡“直接草图”组中的“草图”按钮，弹出“创建草图”对话框，以 XC→YC 基准平面作为基准平面，单击“确定”按钮，进入草图绘制环境，绘制如图 8-119 的草图。

（2）单击“主页”选项卡“直接草图”组中“快速修剪”按钮，选择剪切的边，如图 8-120 所示，修剪掉多余的曲线，完成草图的绘制，如图 8-121 所示。单击“主页”选项卡“直接草图”组中的“完成草图”按钮。

8．移动坐标系

选择“菜单（M）”→“格式（R）”→“WCS”→“原点（O）”命令，弹出“点”对话框。选择“弧/圆/球中心”类型，单击茶壶上面的圆，将坐标系移至其圆心处，结果如图 8-122 所示。

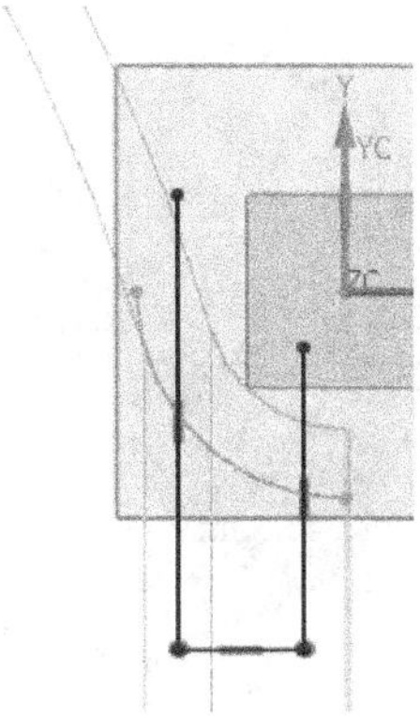

图 8-119　绘制草图（一）

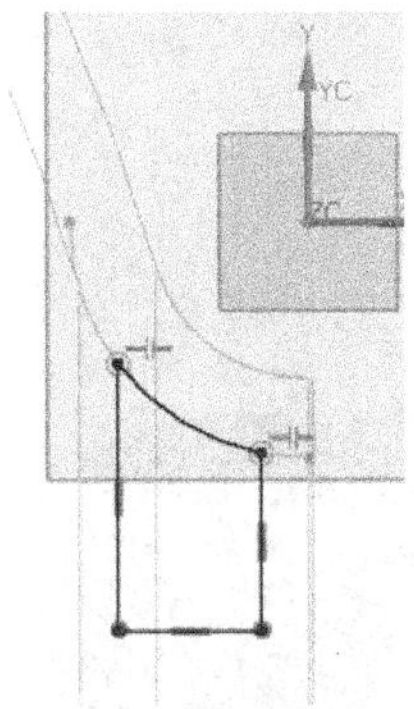

图 8-120　选择剪切的边

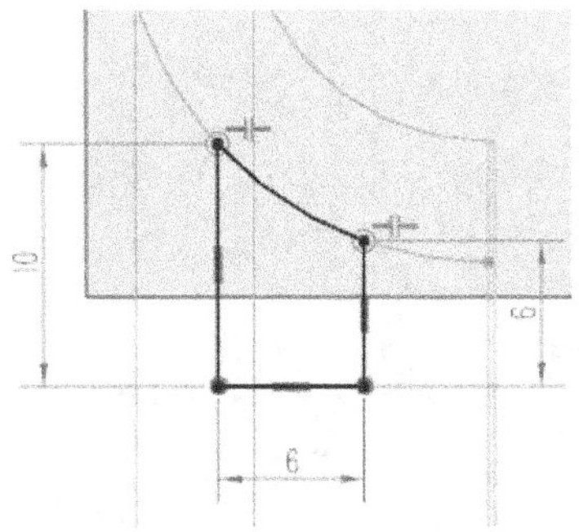

图 8-121　绘制草图（二）

9．创建旋转体

（1）单击“主页”选项卡“特征”面组中的“旋转”按钮，弹出“旋转”对话框，如图 8-123 所示。

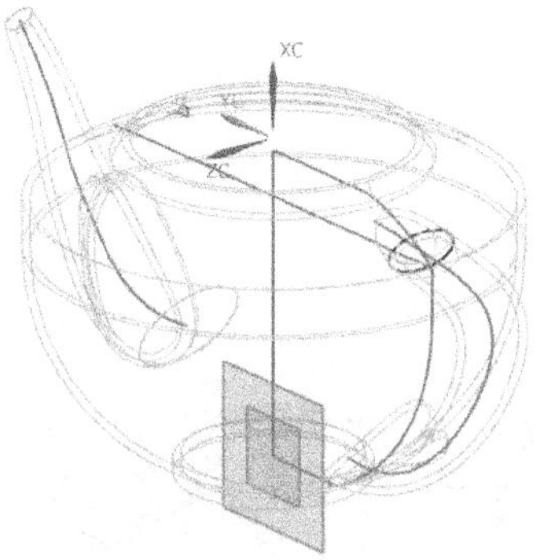

图 8-122　坐标系的移动

图 8-123　“旋转”对话框

（2）依次单击草图中所绘的全部曲线，如图 8-124 所示，选择 XC 轴为旋转轴，然后单击“确定”按钮，生成旋转体，如图 8-125 所示。

10．创建草图

选择“菜单（M）”→“插入（S）”→“草图（H）...”，或者单击“主页”选项卡“直接草图”面组上的“草图”按钮，出现草图绘制界面。根据系统提示，在图形中单击 XC-YC 基准平面，然后单击 确定 按钮，出现草图绘制区，绘制如图 8-126 所示的草图。

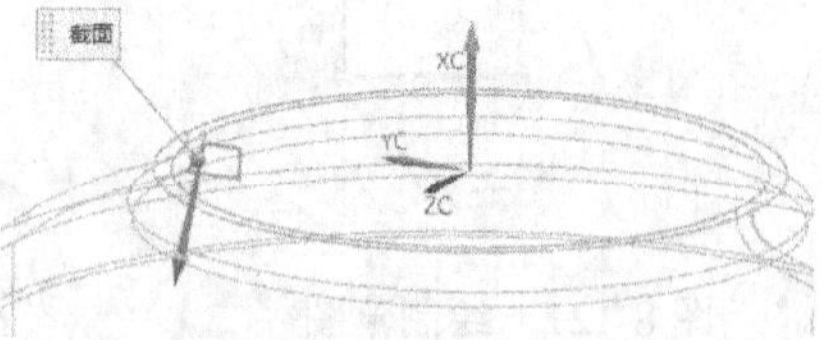

图 8-124　选择曲线

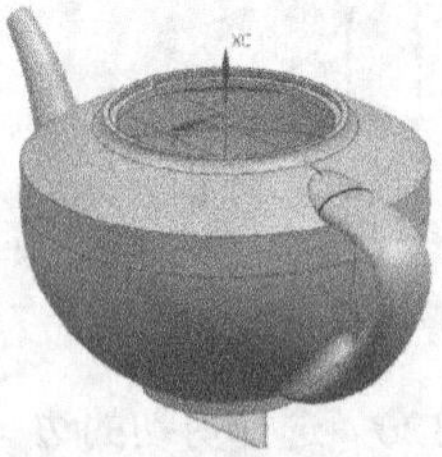

图 8-125　生成的旋转体

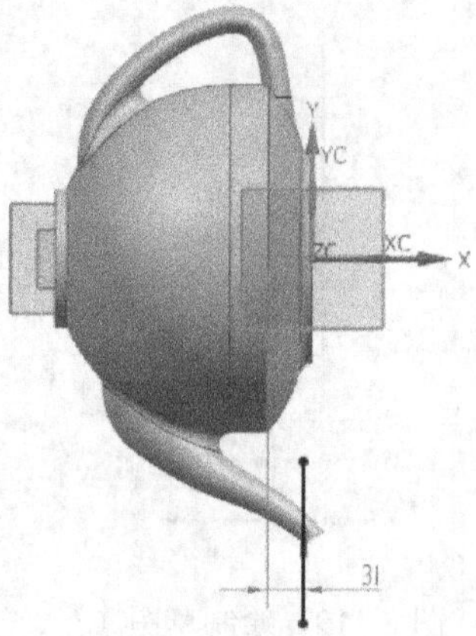

图 8-126　生成的草图

11. 创建拉伸

（1）选择“菜单（M）”→“插入（S）”→“设计特征（E）”→“拉伸（X）...”，或者单击“主页”选项卡“特征”面组上的“拉伸”按钮，打开“拉伸”对话框，如图 8-127 所示。

（2）在图形中选择刚绘制的直线，在“拉伸”对话框中输入起始距离和结束距离，单击<确定>按钮，如图 8-128 所示。

图 8-127　“拉伸”对话框

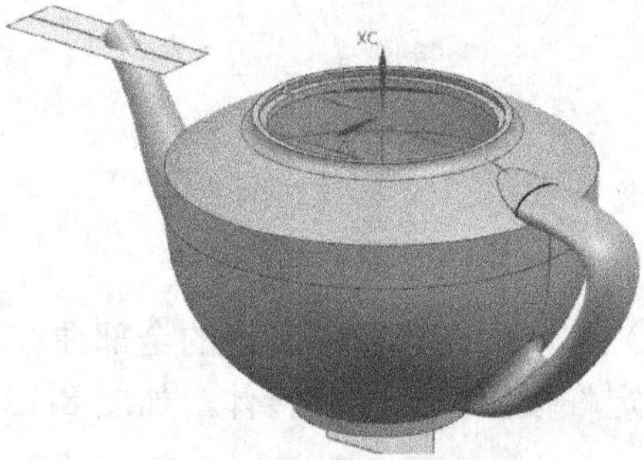

图 8-128　选择拉伸曲面

12. 修剪体

（1）选择“菜单（M）”→“插入（S）”→“修剪（T）”→“修剪体（T）”或单击

“主页”选项卡“特征”面组上的“修剪体”按钮，打开“修剪体”对话框，如图 8-129 所示。

（2）在图形区域内单击壶体作为目标体，如图 8-130 所示。

图 8-129 “修剪体”对话框

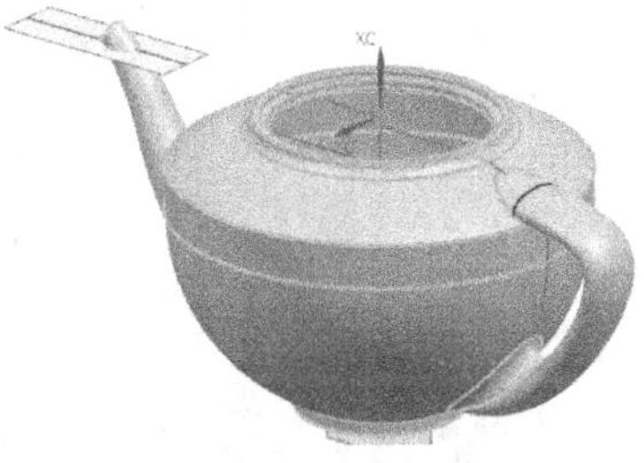

图 8-130 选择修剪目标

（3）在工具选项下拉菜单中选择“面或平面”，选择上步绘制的拉伸体上表面，注意单击按钮调节裁剪体的方向，如图 8-131 所示，修剪以后的实体如图 8-132 所示。

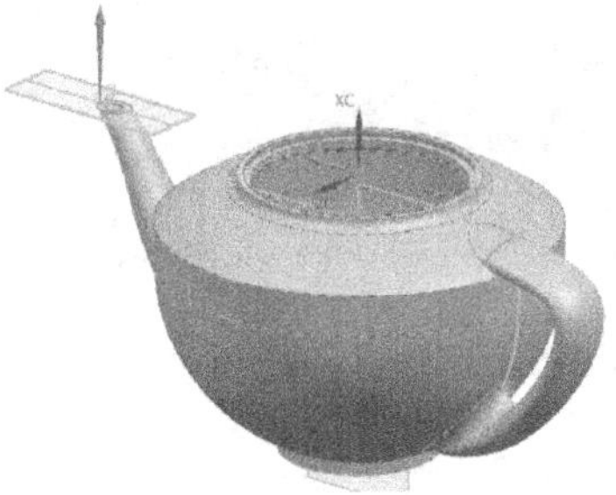

图 8-131 修剪体方向矢量

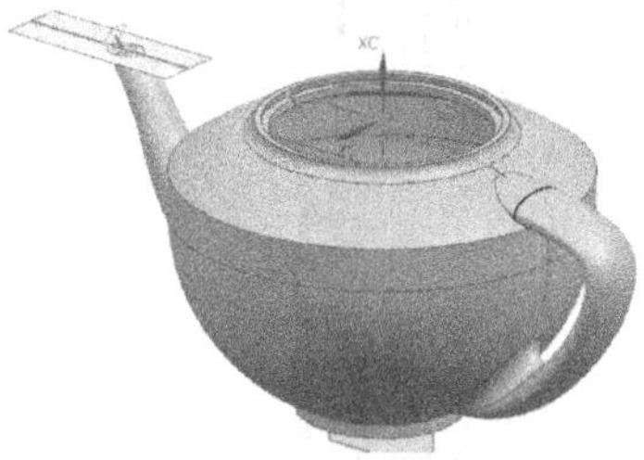

图 8-132 修剪以后的实体

13. 隐藏曲线

（1）选择“菜单（M）”→“编辑（E）”→“显示和隐藏（H）”→“隐藏（H）”命令，打开“类选择”对话框，如图 8-133 所示。

（2）单击“类型过虑器”按钮，打开如图 8-134 所示的“按类型选择”对话框。

（3）在“根据类型选择”对话框中单击要隐藏的“曲线”、“草图”和“片体”，如图 8-134 所示，隐藏后的图形如图 8-135 所示。

14. 倒圆角

（1）单击“主页”选项卡特征”面组中的“边倒圆”按钮，弹出“边倒圆”对话框，如图 8-136 所示，在图形区域单击如图 8-137 所示的粗线边缘，在“半径 1”中输入尺寸值为 2，单击“确定”按钮，完成倒圆角如图 8-138 所示。

（2）单击“主页”选项卡“特征”面组中的“边倒圆”按钮，弹出“边倒圆”对话框，在图形区域单击如图 8-139 所示的粗线边缘，在“半径 1”中输入尺寸值为 10，单击“确定”按钮，完成倒圆角如图 8-140 所示。

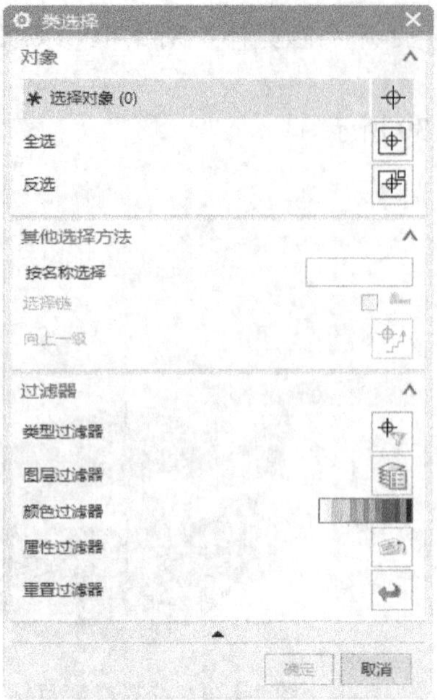

图 8-133　“类选择”对话框

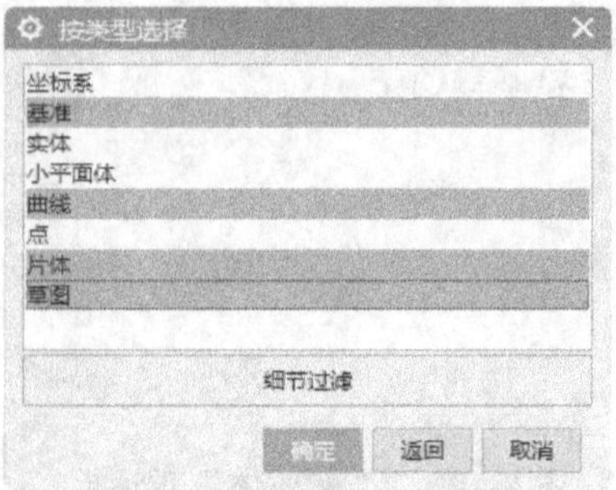

图 8-134　“按类型选择”对话框

图 8-135　选择隐藏曲线

图 8-136　“边倒圆”对话框

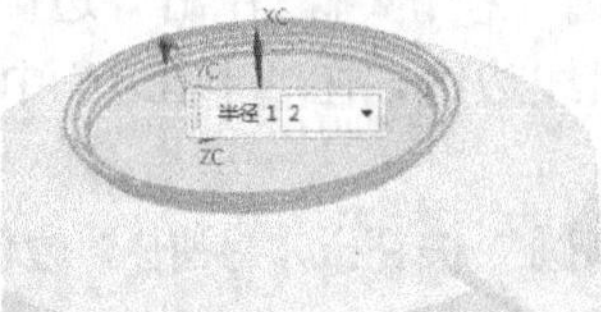

图 8-137　选择圆角边

图 8-138　倒圆角

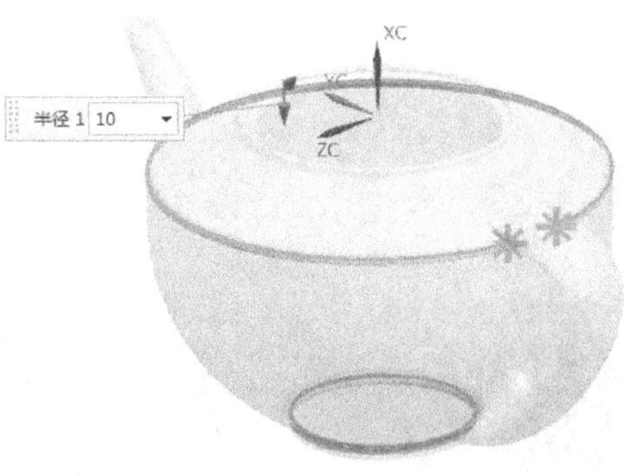

图 8-139　选择圆角边

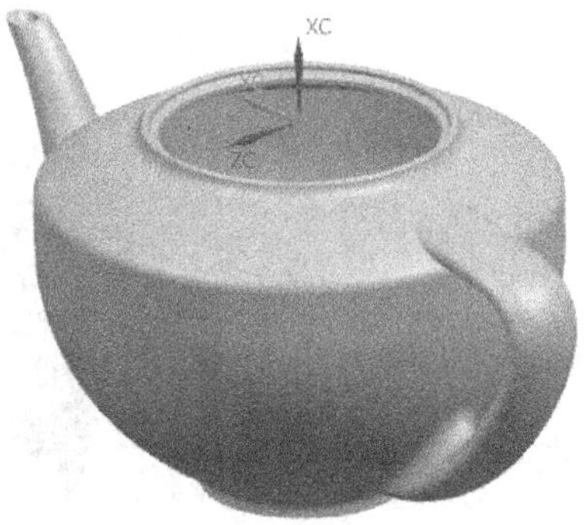

图 8-140　生成倒圆角

15．绘制草图

（1）选择“菜单（<u>M</u>）”→“插入（<u>S</u>）”→“在任务环境中绘制草图（<u>V</u>）”命令，弹出“创建草图”对话框。选择 YC－XC 作为基准平面，单击“确定”按钮，进入草图绘制区。

（2）在壶底绘制如图 8-141 所示的草图。

（3）单击“主页”选项卡“直接草图”组中的“完成草图”按钮，退出草图。

16．创建旋转体

（1）单击“主页”选项卡“特征”面组上的“旋转”按钮，弹出“旋转”对话框，如图 8-142 所示。

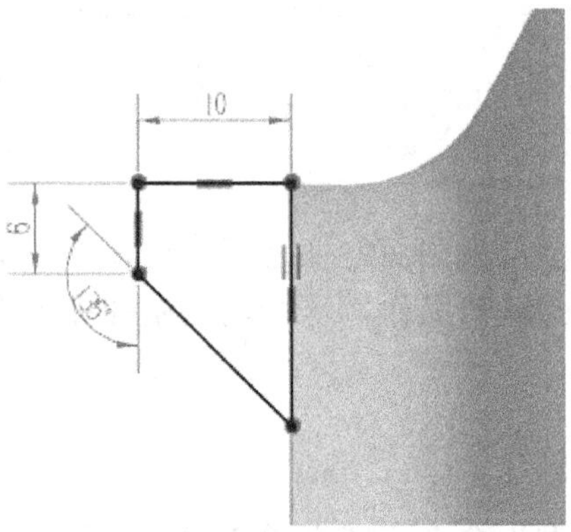

图 8-141　绘制草图

图 8-142　“旋转”对话框

（2）在图形中依次选择上步草图中所绘的全部曲线，选择 XC 轴为旋转轴，单击“确定”按钮，生成的旋转体如图 8-143 所示。

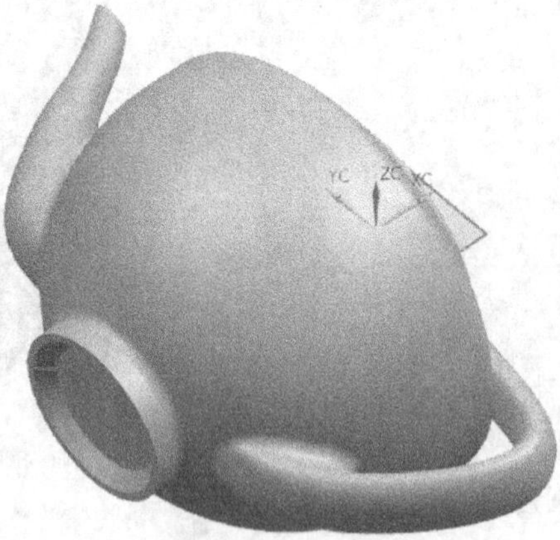

图 8-143　加固底座

17．倒圆角

（1）单击“主页”选项卡“特征”组中的“边倒圆”按钮，弹出“边倒圆”对话框。

（2）在图形区域单击如图 8-144 所示的粗线边缘，在“半径 1”中输入相应的尺寸值为 3，单击“确定”按钮，完成倒圆角如图 8-145 所示。

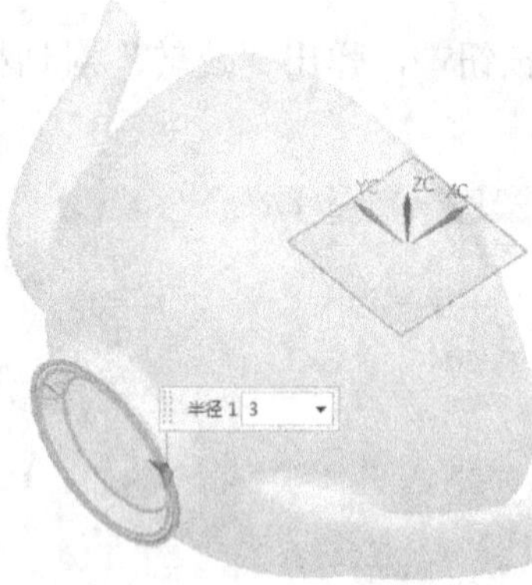

图 8-144　选择圆角曲线

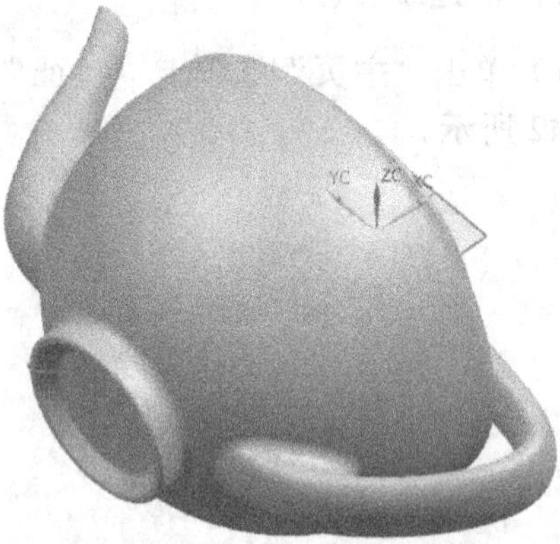

图 8-145　生成圆角

8.3　自由曲面编辑

通过对自由曲面创建的学习，在用户创建一个自由曲面特征之后，还需要对其进行相关的编辑工作，以下主要讲述部分常用的自由曲面的编辑操作，这些功能是曲面造型后期修整的常用技术。

8.3.1　X 型

选择“菜单”→“编辑”→“曲面”→“X 型”命令，或者单击“曲面”选项卡→“编辑曲面”组→“X 型”图标，打开如图 8-146 所示“X 型”对话框提示用户选取需要编辑的曲面。

X 型可以移动片体的极点。这在曲面外观形状的交互设计中，如消费品或汽车车身，非常有用。当要修改曲面形状以改善其外观或使其符合一些标准时，就要移动极点。可以沿法向矢量拖动极点至曲面或与其相切的平面上。拖动行，保留在边处的曲率或切向。

图 8-146 “X 型”对话框

选项部分功能说明如下。

（1）单选：选择要编辑的单个或多个曲面或曲线。

（2）极点选择：选择要操控的极点和多义线。有任意、极点、行三种可供选择。

（3）参数化：改变 U/V 向的次数和补片数从而调节曲面。

（4）方法：用户可根据需要应用移动、旋转、比例和平面化编辑曲面。

① 移动：在指定方向移动极点和多义线。

② 旋转：将极点和多义线旋转到指定矢量。

③ 比例：使用主轴和平面缩放选定极点。

④ 平面化：显示位于投影平面的操控器，可用于定义平面位置和方向。标准旋转和拖动手柄可用。

（5）边界约束：用户可以调节 U 最小值（或最大值）和 V 最小值（或最大值）来约束曲面的边界。

（6）设置：用户可以设置提取方法和提取公差值，恢复父面选项，可以恢复曲面到编辑之前的状态。

（7）微定位：指定使用微调选项时动作的速率。

① 比率：通过使用微小移动来移动极点，从而允许对曲线进行精细调整。

② 步长值：设置一个值，以按该值移动、旋转或缩放选定的极点。

8.3.2 扩大

选择“菜单”→“编辑”→“曲面”→“扩大”命令，或者单击“曲面”选项卡→“编辑曲面”组→“扩大”图标，打开如图 8-147 所示的“扩大”对话框，该选项让用户改变未修剪片体的大小，方法是生成一个新的特征，该特征和原始的、覆盖的未修剪面相关。

用户可以根据给定的百分率改变 ENLARGE（扩大）特征的每个未修剪边。

当使用片体生成模型时，将片体生成得过大是一个良好的习惯，以消除后续实体建模的问题。如果用户没有把这些原始片体建造的足够大，则用户如果不使用“等参数修剪/分割”功能就不能增加它们的大小。然而，“等参数修剪”是不相关的，并且在使用时会打断片体的参数化。“扩大”选项让用户生成一个新片体，它既和原始的未修剪面相关，又允许用户改变各个未修剪边的尺寸。

对话框部分选项功能如下。

（1）全部：让用户把所有的“U/V 最小/最大”滑尺作为一个组来控制。当此开关为开时，移动任一单个的滑尺，所有的滑尺会同时移动并保持它们之间已有的百分率。若关闭“所有的”开关，用户可以对滑尺和各个未修剪的边进行单独控制。

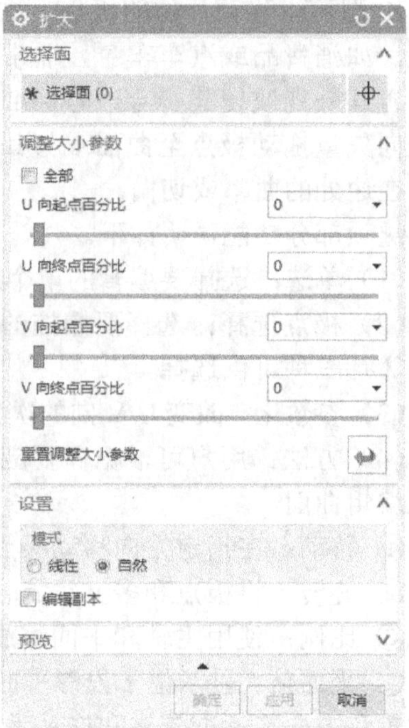

图 8-147 “扩大”对话框

（2）U 向起点百分比/U 向终点百分比/V 向起点百分比/V 向终点百分比：使用滑尺或它们各自的数据输入字段来改变扩大片体的未修剪边的大小。在数据输入字段中输入的值或拖动滑尺达到的值是原始尺寸的百分比。可以在数据输入字段中输入数值或表达式。

（3）重置调整大小参数：把所有的滑尺重设回它们的初始位置。

（4）模式。

① 线性：在一个方向上线性地延伸扩大片体的边。使用“线性的类型”可以扩大特征的大小，但不能减小它。

② 自然：沿着边的自然曲线延伸扩大片体的边。如果用“自然的类型”来设置扩大特征的大小，则既可以增大也可以减小它的大小。

8.3.3 更改次数

选择“菜单”→“编辑”→“曲面”→“次数”命令，打开“更改次数”对话框如图 8-148 所示。

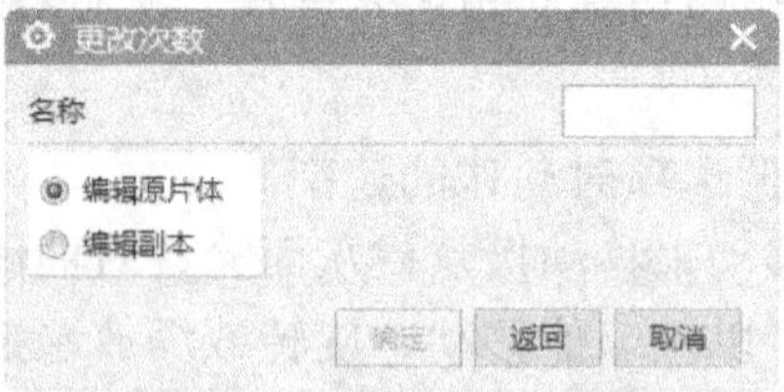

图 8-148 “更改次数”对话框

该选项可以改变体的次数。但只能增加带有底层多面片曲面的体的次数。也只能增加所生成“封闭”体的次数。

增加体的次数不会改变它的形状，却能增加其自由度。这可增加对编辑体可用的极点数。

降低体的次数会降低试图保持体的全形和特征的次数。降低次数的公式（算法）是这样设计的，如果增加次数随后又降低，那么所生成的体将与开始时的一样。这样做的结果是，降低次数有时会导致体的形状发生剧烈改变。如果对这种改变不满意，可以放弃并恢复到以前的体。何时发生这种改变是可以预知的，因此完全可以避免。

通常，除非原先体的控制多边形与更低次数体的控制多边形类似，因为低次数体的拐点（曲率的反向）少，否则都要发生剧烈改变。

8.3.4 更改刚度

改变刚度命令是改变曲面 U 和 V 方向参数线的次数，曲面的形状有所变化。

选择“菜单”→“编辑”→“曲面”→“刚度”命令，打开如图 8-149 所示的“更改刚度”对话框。该对话框中选项的含义和前面的一样，不再介绍。

图 8-149 “更改刚度”对话框

在视图区选择要进行操作的曲面后，弹出“确认”对话框，提示用户该操作将会移除特征参数，是否继续在菜单中选择，单击“确定”按钮，弹出“更改刚度”参数输入对话框。

使用改变刚度功能，增加曲面次数，曲面的极点不变，补片减少，曲面更接近它的控制多边形，反之则相反。封闭曲面不能改变刚度。

8.3.5 法向反向

法向反向命令是用于创建曲面的反法向特征。

选择“菜单”→“编辑”→“曲面”→“法向反向”命令，或者单击“曲面”选项卡→“编辑曲面”组→“更多”库→“偏置”库→“法向反向”图标，打开如图 8-150 所示的“法向反向”对话框。

图 8-150 “法向反向”对话框

使用法向反向功能，创建曲面的反法向特征。改变曲面的法线方向。改变法线方向，可以解决因表面法线方向不一致造成的表面着色问题和使用曲面修剪操作时因表面法线方向不一致而引起的更新故障。

8.4 综合实例——油烟机腔

本例绘制如图 8-151 所示的油烟机腔。

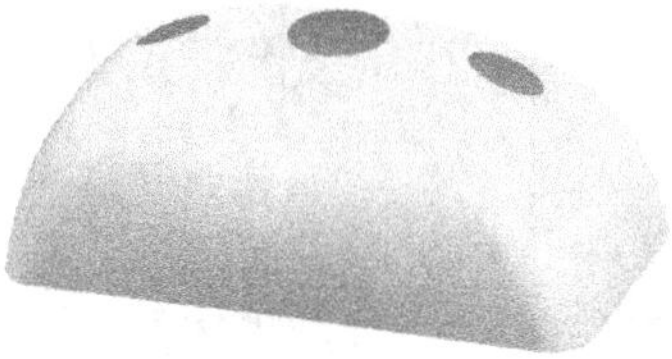

图 8-151 油烟机腔

绘制步骤

（1）单击“主页”选项卡→“标准”组→“新建”图标，打开“新建”对话框。在模板列表中选择“模型”，输入名称为 youyanjiqiangti，单击“确定”按钮，进入建模环境。

（2）单击“曲线”选项卡→“在任务环境中绘制草图”图标，打开“创建草图”对话框。选择 XC-YC 平面为草图绘制平面，单击“确定”按钮。单击“主页”选项卡→“曲线”组→“直线”图标，起点为（0，120），长度和角度分别为 300 和 0，绘制直线 1；直线 2 起点为直线 1 终点，长度和角度分别为 300 和 270；直线 3 起点为直线 2 的终点，长度和角度分别为 300 和 180。绘制如图 8-152 所示的草图。单击“主页”选项卡→“草图”组→“完成”图标，草图绘制完毕。

（3）单击“曲线”选项卡→“在任务环境中绘制草图”图标，打开“创建草图”对话框。选择 XC-YC 平面，输入距离为 200，单击“确定”按钮。单击“主页”选项卡→“曲线”组→“圆弧”图标，选择“中心和端点定圆弧”，圆心选择原点，半径为 50，扫掠角度从 0 到 180，绘制如图 8-153 所示的草图。单击“主页”选项卡→“草图”组→“完成”图标，草图绘制完毕。

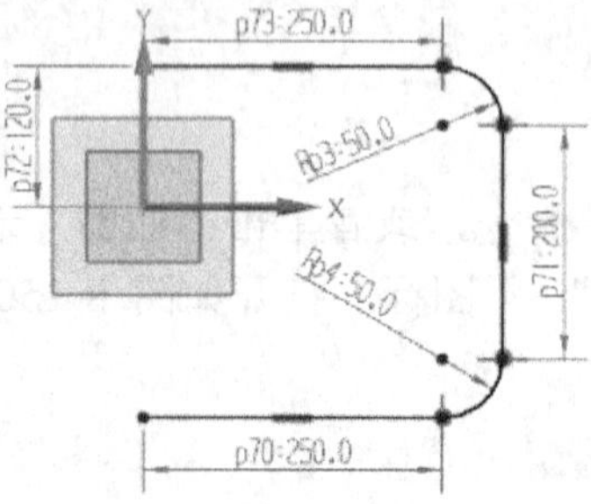

图 8-152　绘制草图 1

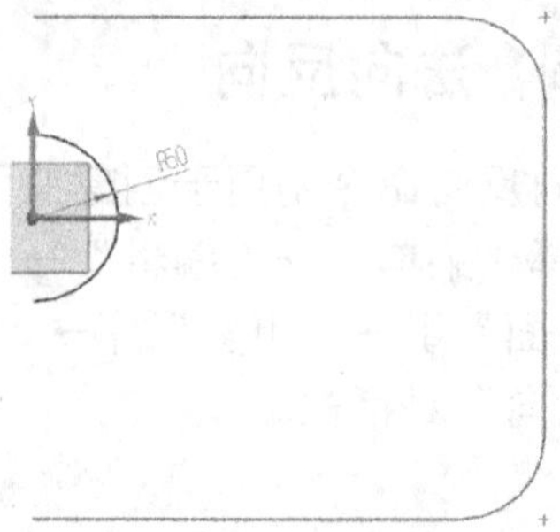

图 8-153　绘制草图 2

（4）单击“曲线”选项卡→“在任务环境中绘制草图”图标，打开“创建草图”对话框。选择 YC-ZC 平面为草图绘制平面，单击“确定”按钮。单击“主页”选项卡→“曲线”组→“曲线”库→“艺术样条”图标，类型选择“根据极点”，先选择下方草图的右端点，再单击“点构造器”按钮，打开“点”对话框，输入中间点坐标为（0，103，124），单击“确定”按钮，再选择上方草图的右端点，绘制如图 8-154 所示的样条曲线。单击“主页”选项卡→“草图”组→“完成”图标，草图绘制完毕。

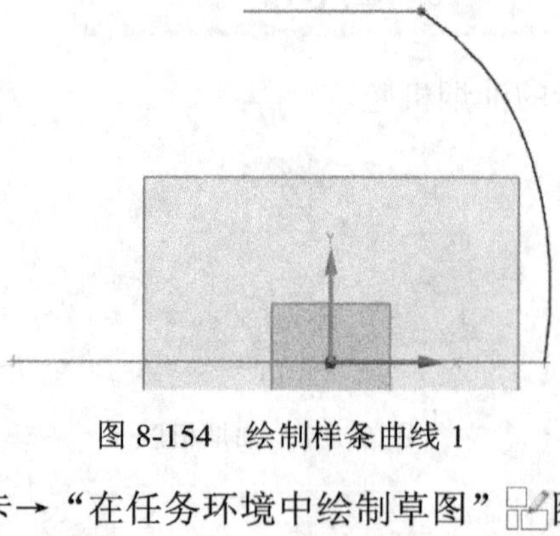

图 8-154　绘制样条曲线 1

（5）单击“曲线”选项卡→“在任务环境中绘制草图”图标，打开“创建草图”对话框。选择 YC-ZC 平面为草图绘制平面，单击“确定”按钮。绘制方法按步骤（4），中间点坐标为（0，−144，138），绘制如图 8-155 所示的样条曲线。单击“主页”选项卡→“草图”组→“完成”图标，草图绘制完毕。

（6）单击“曲线”选项卡→“在任务环境中绘制草图”图标，打开“创建草图”对话框。选择 XC-ZC 平面为草图绘制平面，单击“确定”按钮。绘制方法按步骤（4），中间点坐标为（273，0，105）和（192，0，165），绘制如图 8-156 所示的样条曲线。单击“主页”选项卡→“草图”组→“完成”图标，草图绘制完毕。

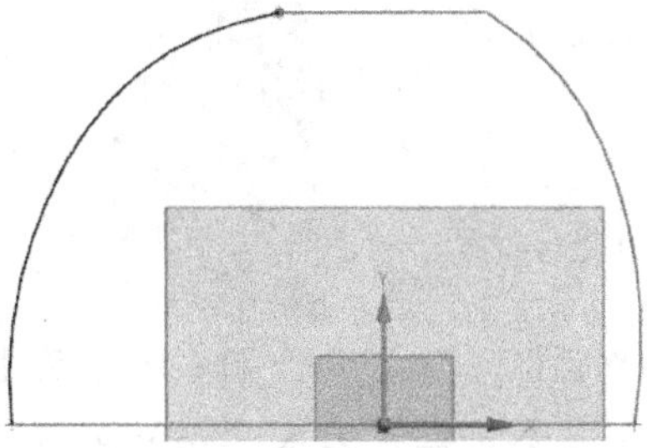

图 8-155　绘制样条曲线 2

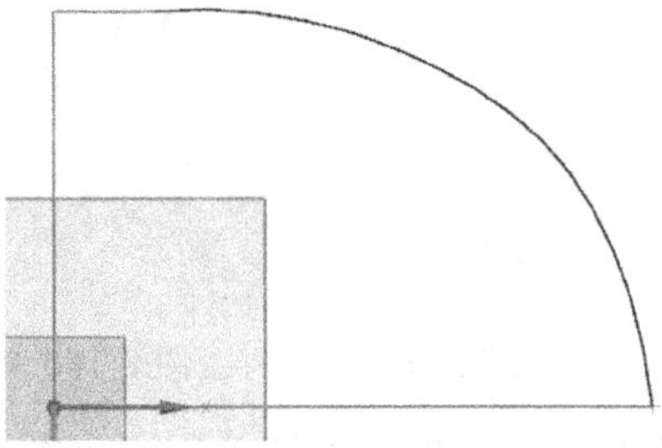

图 8-156　绘制样条曲线 3

（7）选择“菜单”→“插入”→“扫掠”→“扫掠”命令，或者单击“曲面”选项卡→“曲面”组→“扫掠”图标，打开如图 8-157 所示的“扫掠”对话框，在视图中选择如图 8-158 所示的截面曲线（选取完半圆曲线后需单击“添加新集”再选择下面的曲线，引导线同理）和引导线，单击“确定”按钮，结果如图 8-159 所示。

图 8-157　“扫掠”对话框

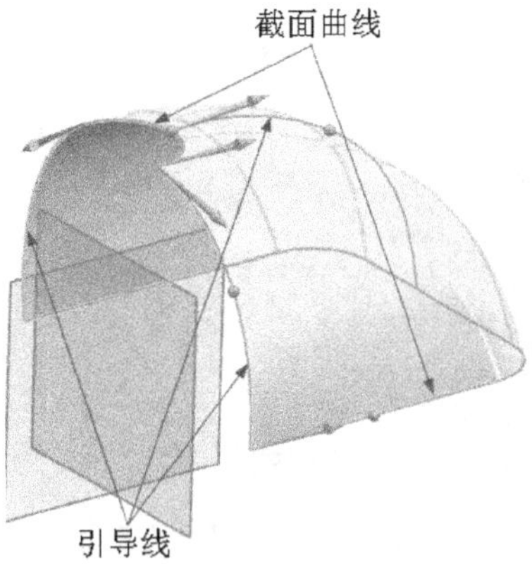

图 8-158　选择截面曲线和引导线

（8）选择“菜单”→“插入”→“基准/点”→“基准轴”命令，或者单击“主页”选项卡→“特征”组→“基准/点”下拉菜单→“基准轴”图标，打开如图 8-160 所示的“基准轴”对话框，选择“两点”类型，选择图 8-159 中的两点，单击“确定”按钮，结果如图 8-161 所示。

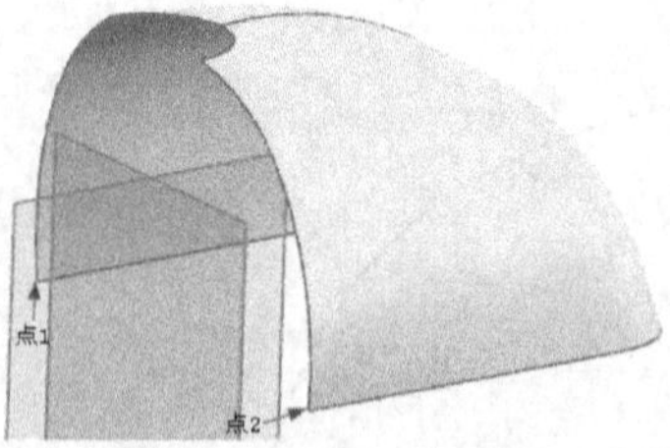

图 8-159 扫掠曲面

图 8-160 “基准轴”对话框

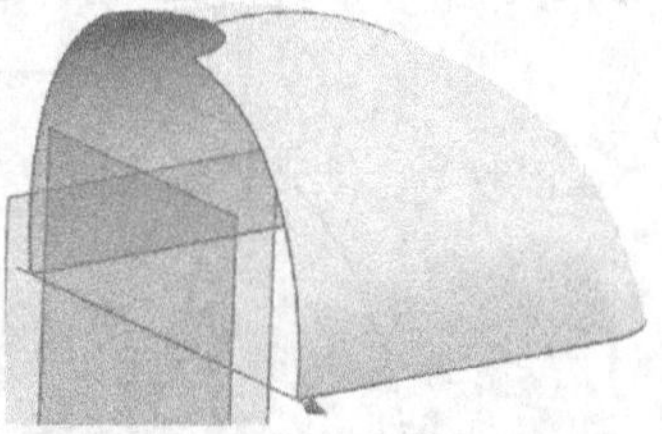

图 8-161 创建基准轴

（9）选择“菜单”→“插入”→“基准/点”→“基准平面”命令，或单击“主页”选项卡→“特征”组→“基准/点下拉菜单”→“基准平面”□图标，打开如图 8-162 所示的“基准平面”对话框，选择“成一角度”类型，选择 YC-ZC 平面为平面参考，选择上一步创建的基准轴为通过轴，输入角度值为-60，单击“确定”按钮，结果如图 8-163 所示。

图 8-162 “基准平面”对话框

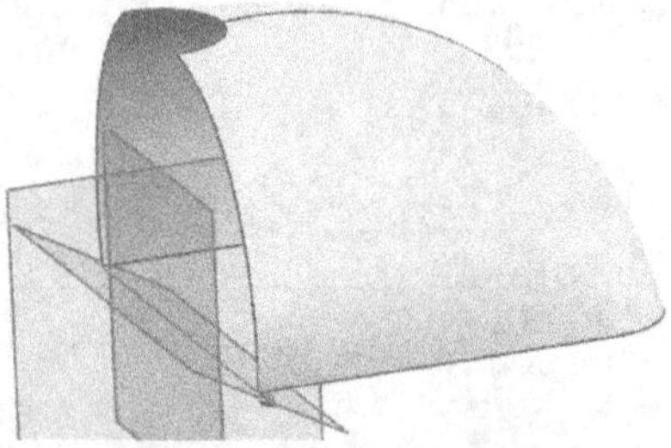

图 8-163 创建基准平面

（10）单击“曲线”选项卡→“在任务环境中绘制草图”图标，打开“创建草图”对话框。选择上一步创建的基准平面为草图绘制平面，单击“确定”按钮。单击“主页”选项卡→“曲线”组→“曲线”库→“椭圆”图标，单击“点对话框”按钮，打开“点”对话框，输入中心点坐标为（60，0，0），单击“确定”按钮，绘制大半径为 40，小半径为 30 的椭圆，如图 8-164 所示。单击“主页”选项卡→“草图”组→“完成”图标，草图绘制完毕。

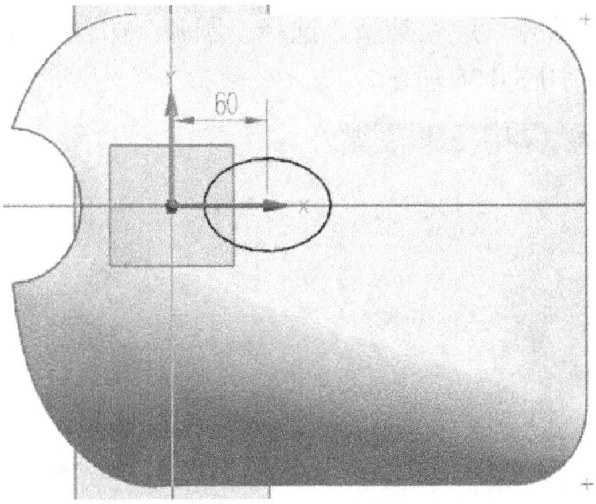

图 8-164　绘制草图

（11）选择“菜单”→“插入”→“设计特征”→“拉伸”命令，或者单击“主页”选项卡→“特征”组→“设计特征”下拉菜单→“拉伸”图标，打开如图 8-165 所示的“拉伸”对话框。选择上一步绘制的草图为拉伸曲线。选择“面/平面法向”为拉伸方向。在“开始距离”和“结束距离”数值栏中输入 0 和 300，在布尔下拉列表中选择“减去”，单击“确定”按钮，结果如图 8-166 所示。

图 8-165　“拉伸”对话框

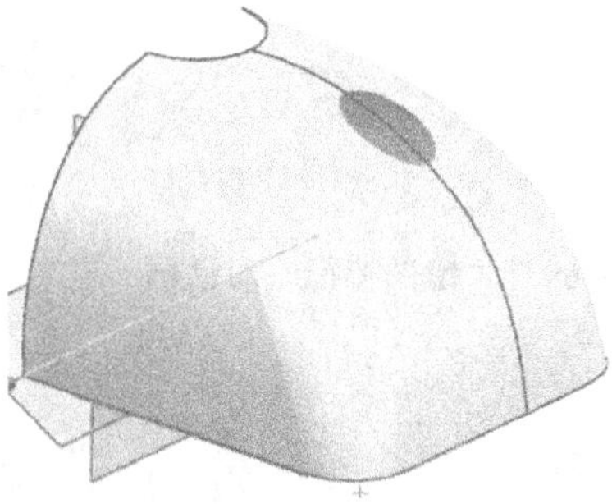

图 8-166　切除孔

（12）选择“菜单”→“插入”→“弯边曲面”→“延伸”命令，或者单击“曲面”选项卡→“曲面”组→“更多”库→“弯边曲面”库→“延伸曲面”图标，打开如图 8-167 所示的“延伸曲面”对话框，选择“边”类型，选择“圆弧”方法，输入长度为 30，选择曲面，单击“确定”按钮，结果如图 8-168 所示。

图 8-167 “延伸曲面”对话框

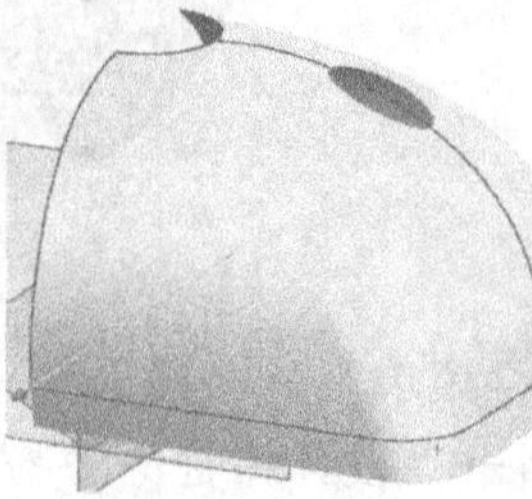

图 8-168 延伸曲面

（13）选择“菜单”→“插入”→“关联复制”→“镜像特征”命令，或者单击“主页”选项卡→“特征”组→“镜像特征”图标，打开如图 8-169 所示的“镜像特征”对话框。在特征列表中选择前面创建的所有特征。平面选择“新平面”，在指定平面下拉列表中选择“YC-ZC”平面为镜像面，单击“确定”按钮，结果如图 8-170 所示。

（14）单击“曲面”选项卡→“曲面操作”组→“缝合”图标，打开如图 8-171 所示的“缝合”对话框，选择“片体”类型，将视图中的所有曲面进行缝合操作。

图 8-169 “镜像特征”对话框

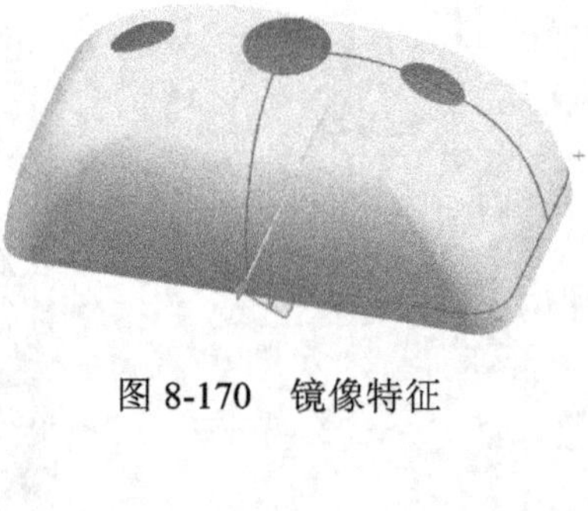

图 8-170 镜像特征

图 8-171 “缝合”对话框

Chapter

钣金设计

9

内容简介

UG NX 钣金设计模块提供了一个直接操作钣金零件设计的集中环境。由于钣金件具有广泛用途，UG NX 12.0 中文版提供了钣金设计模块，专用于钣金的设计工作。将 UG 软件应用到钣金零件的设计制造中，可以使钣金零件的设计非常快捷，制造装配效率得以显著提高。

本章将介绍 UG 钣金功能相关知识。

内容要点

- 钣金基本特征
- 钣金高级特征
- 综合实例

案例效果

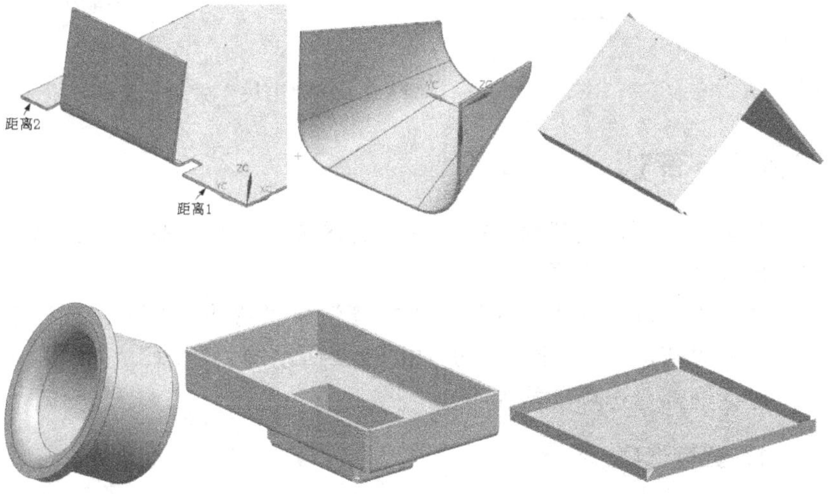

9.1　钣金基本特征

NX 钣金包括基本的钣金特征，如：弯边、垫板、凸凹、钣金角条件、轮廓弯边，以及改进生产力的自动折弯缺口。在钣金设计中系统也提供了通用的典型建模特征（如孔、槽）和其他基本编辑方法（如拷贝、粘贴和镜像）。

9.1.1　突出块

突出块命令可以使用封闭轮廓创建任意形状的扁平特征。

突出块是在钣金零件上创建平板特征，可以使用该命令来创建基本特征或者在已有钣金零件的表面添加材料。

选择“菜单”→“插入”→“突出块”命令，或者单击“主页”选项卡→“基本”组→“突出块”图标，打开如图 9-1 所示的“突出块”对话框。

图 9-1　“突出块”对话框

对话框部分选项功能如下。

（1）表区域驱动。

① 曲线：用来指定使用已有的草图来创建平板特征。

② 绘制截面：可以在参考平面上绘制草图来创建平板特征。

（2）厚度：输入突出块的厚度，示意图如图 9-2 所示。

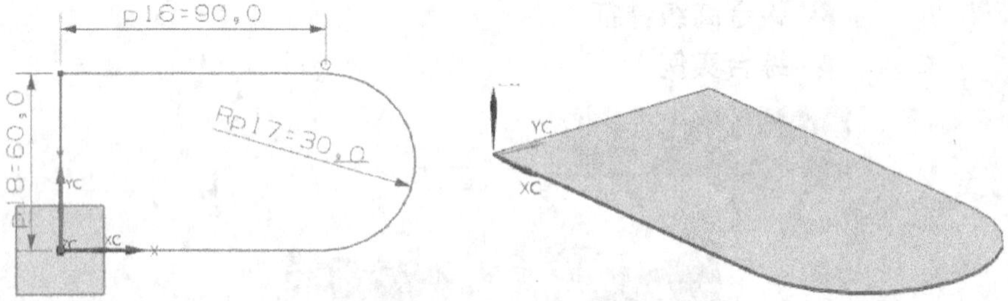

图 9-2　“突出块”效果示意图

9.1.2　弯边

弯边特征可以创建简单折弯和弯边区域。弯边包括圆柱区域（即通常所说的折弯区域）和矩形区域（即网格区域）。

选择“菜单”→“插入”→“折弯”→“弯边”命令，或者单击“主页”选项卡→“折弯”组→“弯边”图标，打开如图 9-3 所示的“弯边”对话框。

对话框部分选项功能如下。

1．宽度选项

用来设置定义弯边宽度的测量方式。宽度选项包括完整宽度、在中心、在终点、从两端和从端点五种方式，示意图如图 9-4 所示。

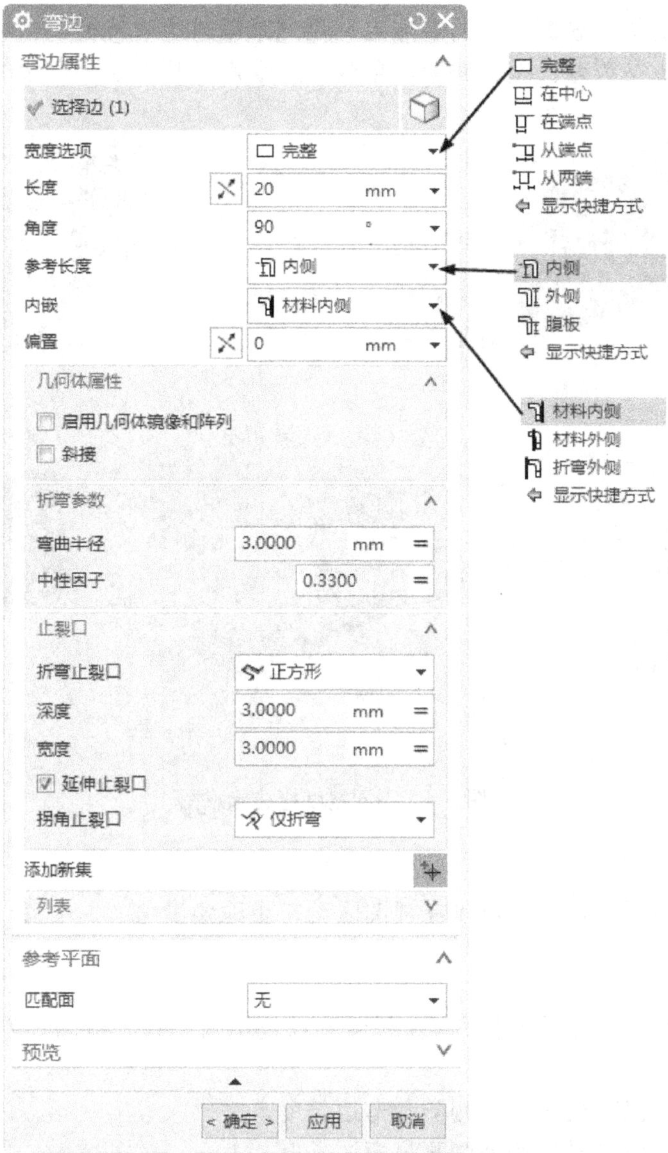

图 9-3 “弯边”对话框

（1）完整：指沿着所选择折弯边的边长来创建弯边特征，当选择该选项创建弯边特征时，弯边的主要参数有长度、偏置和角度。

（2）在中心：指在所选择的折弯边中部创建弯边特征，可以编辑弯边宽度值和使弯边居中，默认宽度是所选择折弯边长的三分之一，当选择该选项创建弯边特征时，弯边的主要参数有长度、偏置、角度和宽度（两宽度相等）。

（3）在端点：指从所选择的端点开始创建弯边特征，当选择该选项创建弯边特征时，弯边的主要参数有长度、偏置、角度和宽度。

（4）从两端：指从所选择折弯边的两端定义距离来创建弯边特征，默认宽度是所选择折弯边长的三分之一，当选择该选项创建弯边特征时，弯边的主要参数有长度、偏置、角度、距离 1 和距离 2。

（5）从端点：指从所选折弯边的端点定义距离来创建弯边特征，当选择该选项创建弯边特征时，弯边的主要参数有长度、偏置、角度、从端点（从端点到弯边的距离）和宽度。

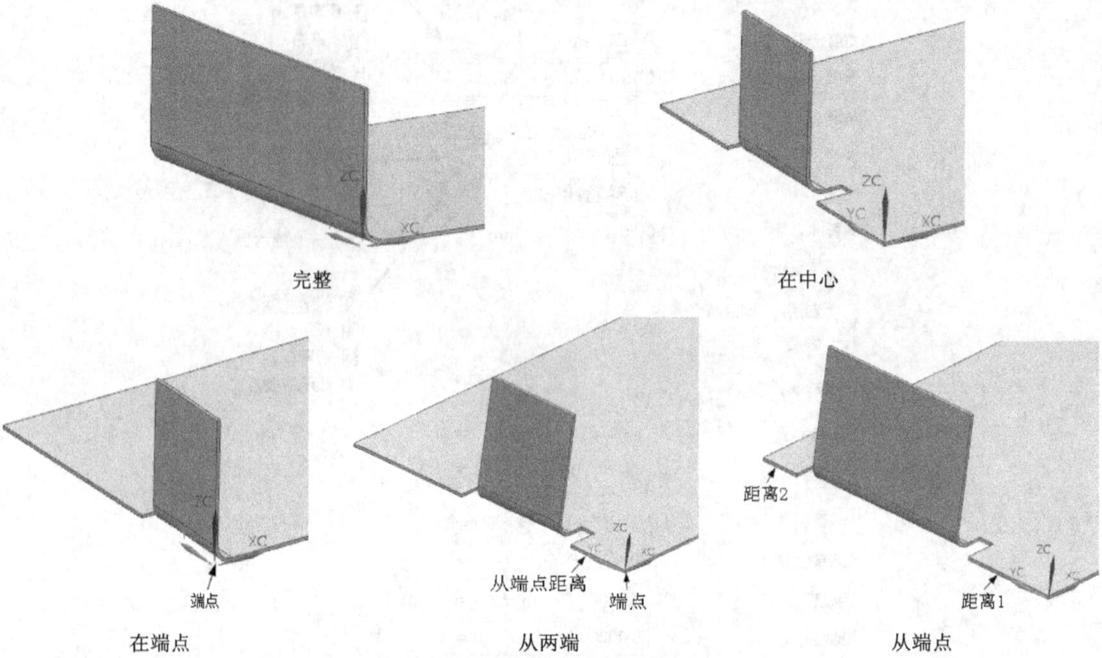

图 9-4　不同宽度弯边示意图

2．角度

创建弯边特征的折弯角度，可以在视图区动态更改角度值。

3．参考长度

用来设置定义弯边长度的度量方式，长度选项包括内侧和外侧两种方式，示意图如图 9-5 所示。

（1）内侧：指从已有材料的内侧测量弯边长度。

（2）外侧：指从已有材料的外侧测量弯边长度。

（3）腹板：指从已有材料的折弯处测量弯边长度。

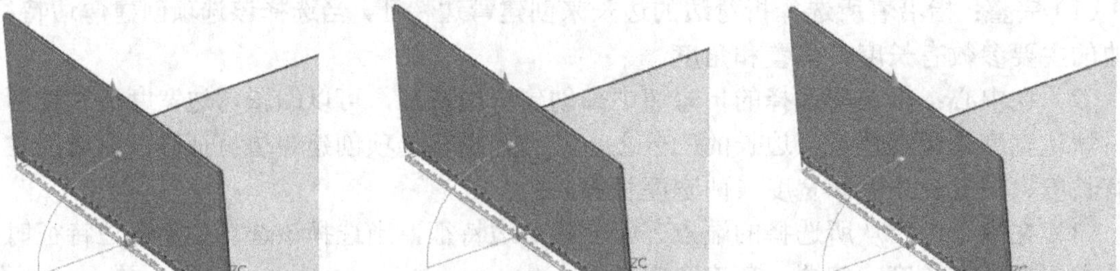

图 9-5　参考长度弯边示意图

4．内嵌

用来表示弯边嵌入基础零件的距离。嵌入类型包括材料内侧、材料外侧和折弯外侧三种，示意图如图 9-6 所示。

（1）材料内侧：指弯边嵌入到基本材料的里面，这样突出块区域的外侧表面与所选的折弯边平齐。

（2）材料外侧：指弯边嵌入到基本材料的里面，这样突出块区域的内侧侧表面与所选的折弯边平齐。

（3）折弯外侧：指材料添加到所选中的折弯边上形成弯边。

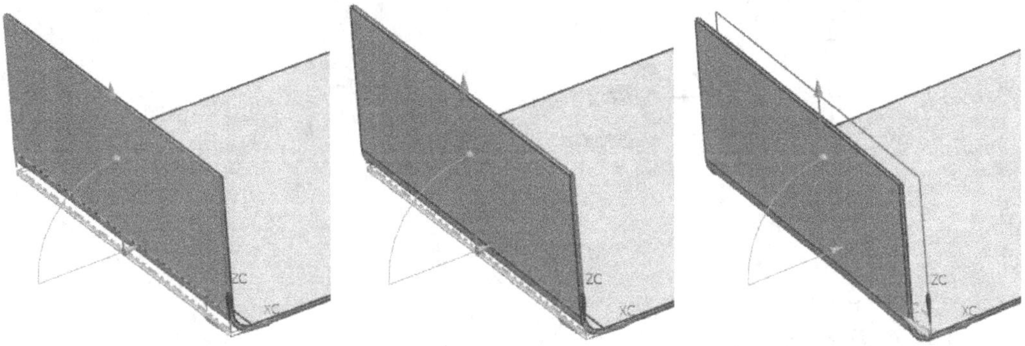

材料内侧　　材料外侧　　折弯外侧

图 9-6　内嵌弯边示意图

5．止裂口

（1）折弯止裂口：用来定义是否折弯止裂口到零件的边。

（2）拐角止裂口：定义是否要创建的弯边特征所邻接的特征采用拐角止裂口。

① 仅折弯：指仅对邻接特征的折弯部分应用拐角缺口。

② 折弯/面：指对邻接特征的折弯部分和平板部分应用拐角止裂口。

③ 折弯/面链：指对邻接特征的所有折弯部分和平板部分应用拐角缺口。

9.1.3 轮廓弯边

轮廓弯边命令通过拉伸表示弯边截面轮廓来创建弯边特征。可以使用轮廓弯边命令创建新零件的基本特征或者在现有的钣金零件上添加轮廓弯边特征，可以创建任意角度的多个折弯特征。

选择“菜单”→“插入”→“折弯”→“轮廓弯边”命令，或者单击“主页”选项卡→“折弯”组→“轮廓弯边”图标，打开如图 9-7 所示“轮廓弯边”对话框。

对话框部分选项功能如下。

（1）类型-底数：可以使用基部轮廓弯边命令创建新零件的基本特征。

（2）宽度选项：包括有限范围和对称范围选项，示意图如图 9-8 所示。

① 有限：指创建有限宽度的轮廓弯边的方法。

② 对称：指用二分之一的轮廓弯边宽度值来定义轮廓两侧距离，定义轮廓弯边宽度，创建轮廓弯边的方法。

（3）斜接：可以设置轮廓弯边端（两侧）包括开始端和结束端选项的斜接选项和参数。

① 斜接角：设置轮廓弯边开始端和结束端的斜接角度。

② 使用法向开孔法进行斜接：定义是否采用法向切槽方式斜接。

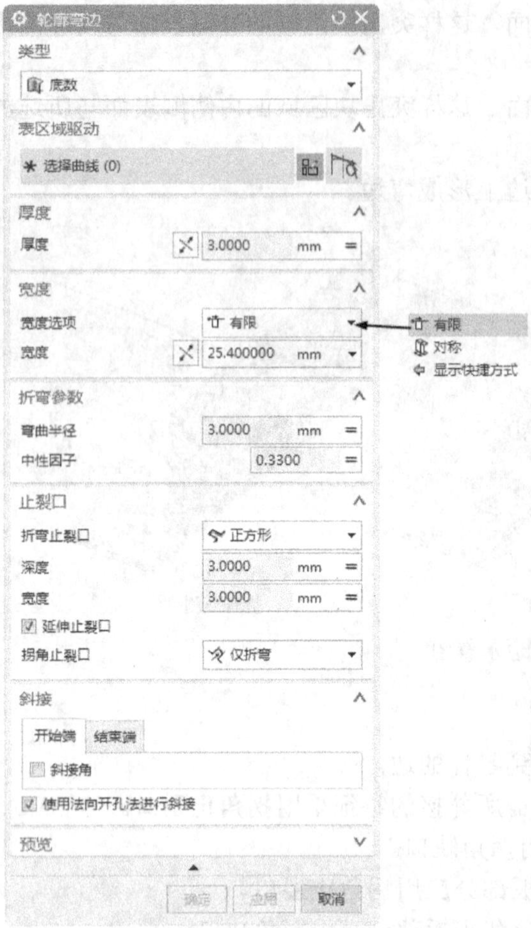

图 9-7 “轮廓弯边”对话框

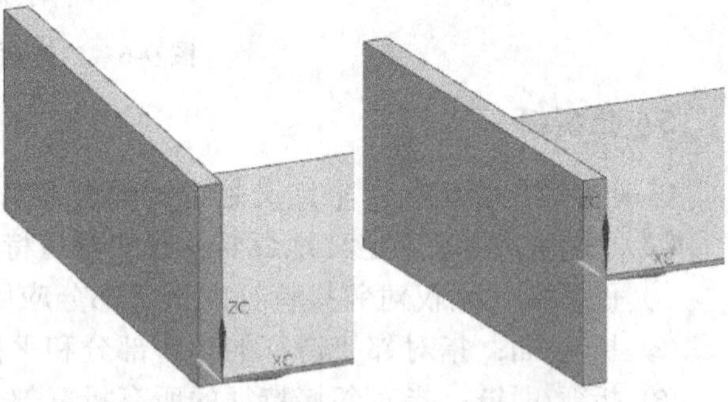

有限　　　　对称

图 9-8 “宽度选项”效果示意图

9.1.4 放样弯边

放样弯边功能提供了在平行参考面上的轮廓或草图之间过渡连接的功能。可以使用放样弯边命令创建新零件的基本特征。

选择“菜单”→“插入”→“折弯”→“放样弯边”命令，或者单击“主页”选项卡→“折弯”组→“更多”库→“折弯”库→“放样弯边”图标，打开如图 9-9 所示“放样弯边”对话框，示意图如图 9-10 所示。

对话框部分选项功能如下。

（1）类型-底数：可以使用基部放样弯边选项创建新零件的基本特征。

（2）选择曲线：用来指定使用已有的轮廓作为放样弯边特征的起始轮廓来创建放样弯边特征。

（3）绘制起始截面：在参考平面上绘制轮廓草图作为放样弯边特征的起始轮廓来创建基部放样弯边特征。

（4）指定点：用来指定放样弯边起始轮廓的顶点。

图 9-9 “放样弯边”对话框

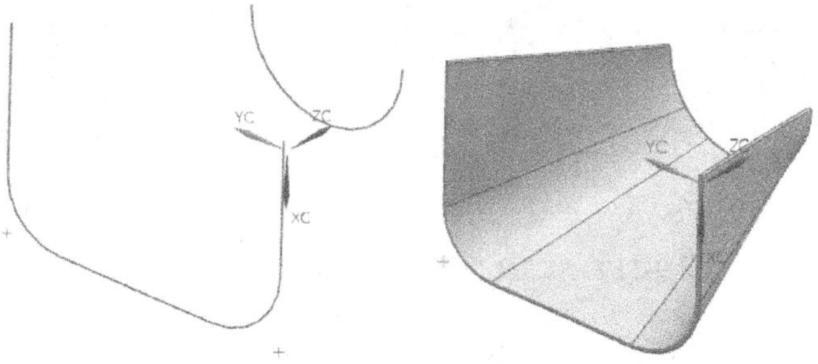

草图　　　　放样弯边

图 9-10 “放样弯边”效果示意图

9.1.5 二次折弯特征

二次折弯功能可以在钣金零件平面上创建两个 90 度的折弯，并添加材料到折弯特征。二次折弯功能的轮廓线必须是一条直线，并且位于放置平面上。

选择“菜单”→“插入”→“折弯”→“二次折弯”命令，或者单击“主页”选项卡→“折弯”组→“更多”库→“折弯”库→“二次折弯”图标，打开如图 9-11 所示“二次折弯”对话框。

对话框部分选项功能如下。

（1）高度：创建二次折弯特征时可以在视图区中动态更改高度值。

（2）参考高度：包括内部和外部两种选项，如图 9-12 所示。

① 内侧：指定义选择放置面到二次折弯特征最近表面的高度。

② 外侧：指定义选择放置面到二次折弯特征最远表面的高度。

（3）内嵌：包括材料内侧、材料外侧和折弯外侧三种选项，示意图如图 9-13 所示。

① 材料内侧：指凸凹特征垂直于放置面的部分在轮廓面内侧。

② 材料外侧：指凸凹特征垂直于放置面的部分在轮廓面外侧。

③ 折弯外侧：指凸凹特征垂直于放置面的部分和折弯部分都在轮廓面外侧。

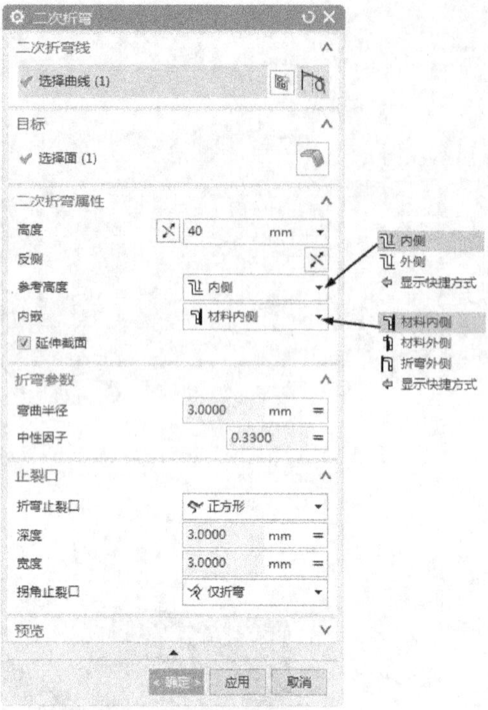

图 9-11 “二次折弯”对话框

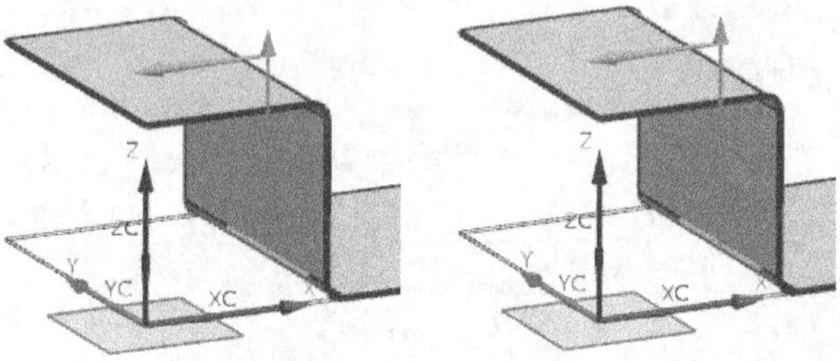

内侧　　外侧

图 9-12 参考高度效果示意图

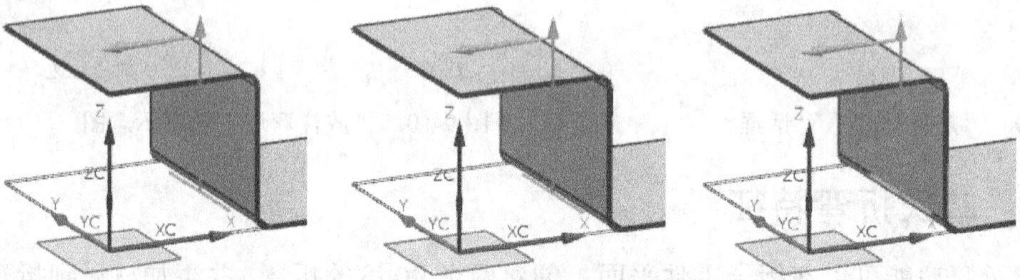

材料内侧　　材料外侧　　折弯外侧

图 9-13 “内嵌”效果示意图

（4）延伸截面：选择该复选框，定义是否延伸直线轮廓到零件的边。

9.1.6 折弯

折弯命令可以在钣金零件的平面区域上创建折弯特征。

选择“菜单”→“插入”→“折弯”→“折弯”命令，或者单击“主页”选项卡→“折弯”组→“更多”库→“折弯”库→“折弯”图标，打开如图 9-14 所示“折弯”对话框。对话框部分选项功能如下。

（1）内嵌：包括外模线轮廓，折弯中心线轮廓、内模线轮廓、材料内侧和材料外侧五种。

① 外模线轮廓：指轮廓在展开状态时廓线表示平面静止区域和圆柱折弯区域之间连接的直线。

② 折弯中心线轮廓：指轮廓线表示折弯中心线，在展开状态时折弯区域均匀分布在轮廓线两侧。

③ 内模线轮廓：指轮廓线表示在展开状态时的平面区域和圆柱折弯区域之间连接的直线。

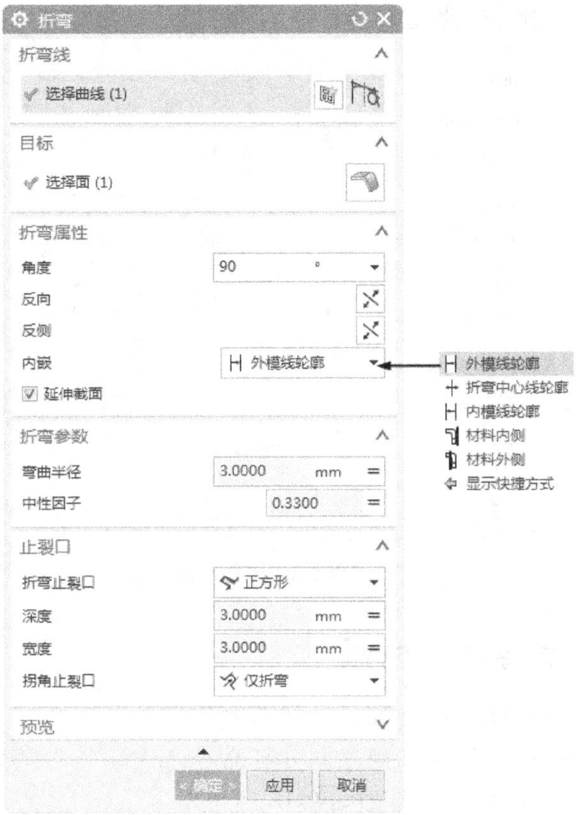

图 9-14 “折弯”对话框

④ 材料内侧：指在成形状态下轮廓线在平面区域外侧平面内。

⑤ 材料外侧：指在成形状态下轮廓线在平面区域内侧平面内。

（2）延伸截面：定义是否延伸截面到零件的边。

9.1.7 法向开孔

法向开孔是指用一组连续的曲线作为裁剪的轮廓线，沿着钣金零件体表面的法向进行裁剪。

选择“菜单”→“插入”→“切割”→“法向开孔”命令，或者单击“主页”选项卡→“特征”组→“法向开孔”图标，打开如图 9-15 所示“法向开孔”对话框。

对话框部分选项功能如下。

（1）切割方法：主要包括厚度、中位面和最近的面三种方法。

① 厚度：指在钣金零件体放置面沿着厚度方向进行裁剪。

② 中位面：是在钣金零件体的放置面的中间面向钣金零件体的两侧进行裁剪。

（2）限制：包括值、所处范围、直至下一个和贯通全部四种类型。

① 值：是指沿着法向，穿过至少指定一个厚度的深度尺寸的裁剪。

② 所处范围：指沿着法向从开始面穿过钣金零件的厚度，延伸到指定结束面的裁剪。

③ 直至下一个：指沿着法向穿过钣金零件的厚度，延伸到最近面的裁剪。

④ 贯通：指沿着法向，穿过钣金零件所有面的裁剪。

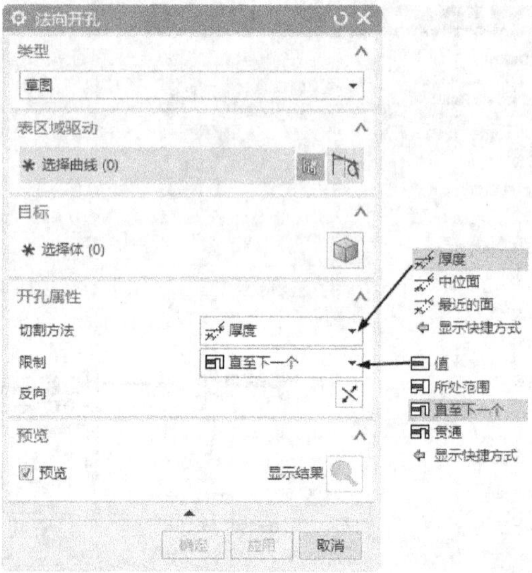

图 9-15 “法向开孔”对话框

9.1.8 实例——消毒柜顶后板

首先利用轮廓弯边命令创建钣金基体，然后利用弯边命令在实体上创建弯边，最后利用法向开孔命令在钣金件上创建孔。箱体顶后板的效果如图 9-16 所示。

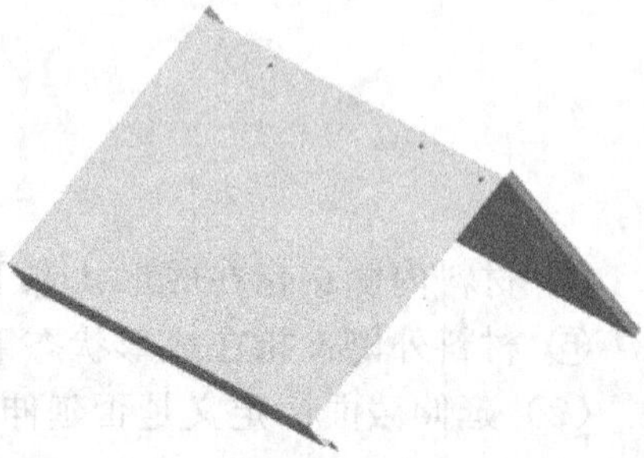

图 9-16 箱体顶后板的效果图

绘制步骤

1．新建文件夹

选择“菜单”→“文件”→“新建”命令，或者单击“主页”选项卡→“标准”组→“新建”图标，打开“新建”对话框，如图 9-17 所示。在“模板”中选择“NX 钣金”，在“名称”文本框中输入“dinghouban”，在“文件夹”文本框中输入非中文保存路径名，单击“确定”按钮，进入 UG NX 12.0 钣金设计环境。

2．钣金预设置

单击“菜单”→“首选项”→“钣金”命令，打开如图 9-18 所示的“钣金首选项”对话框。设置“全局参数”列表框中的“材料厚度”为 0.6，“弯曲半径”为 0.6，“让位槽深度”和“让位槽宽度”都为 0，选中“折弯定义方法”选项卡“方法”下拉列表中选择“公式”，在“公式”下拉列表中选择“折弯许用半径”。单击“确定”按钮，完成 NX 钣金预设置。

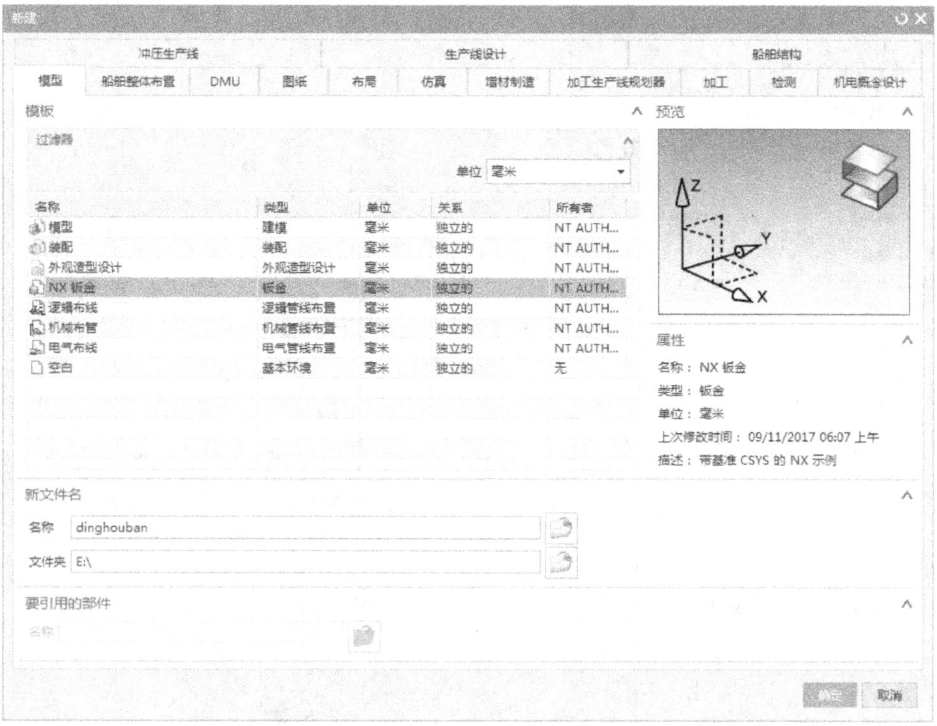

图 9-17 “新建”对话框

图 9-18 “钣金首选项”对话框

3. 创建轮廓弯边特征

（1）选择“菜单”→“插入”→“折弯”→“轮廓弯边”命令，或者单击“主页”选项卡→“折弯”组→“轮廓弯边”图标，打开如图 9-19 所示 “轮廓弯边”对话框。设置“宽度选项”为“有限”，“宽度”为 300，“折弯止裂口”和“拐角止裂口”都为“无”。

（2）单击“表区域驱动”列表框中的图标，打开如图 9-20 所示的“创建草图”对话框。

（3）在“创建草图”对话框中，平面方法选择“创建平面”，选择“XC-YC”为草图绘制面，设置“水平”面为参考平面，单击“确定”按钮，进入草图绘制环境，绘制如图 9-21 所示的草图。单击“主页”选项卡→“草图”组→“完成”图标，草图绘制完毕。

（4）视图区预览所创建的轮廓弯边特征，如图 9-22 所示。

图 9-19 “轮廓弯边”对话框

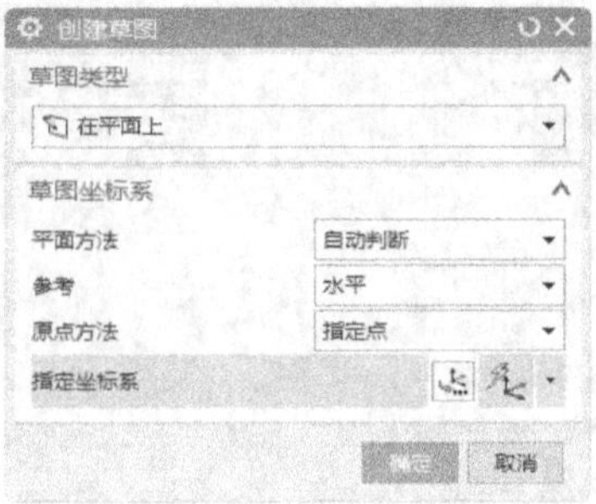

图 9-20 “创建草图”对话框

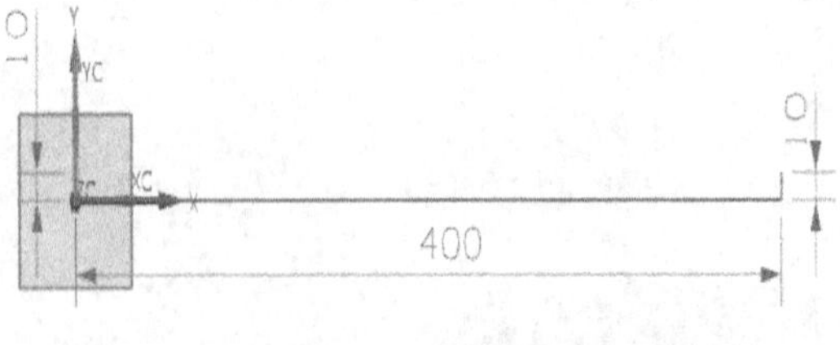

图 9-21 绘制草图

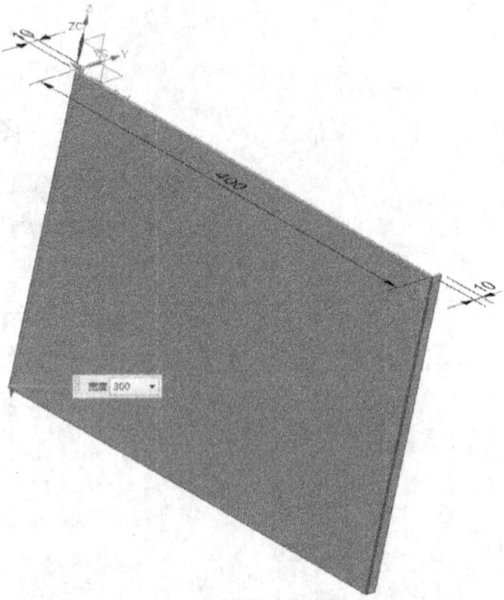

图 9-22 预览所创建的轮廓弯边特征

（5）在“轮廓弯边”对话框中，单击“确定”按钮，创建轮廓弯边特征，如图 9-23 所示。

图 9-23 创建轮廓弯边特征

4. 创建弯边特征

（1）选择“菜单”→“插入”→“折弯”→“弯边”命令，或者单击“主页”选项卡→“折弯”组→“弯边”图标，打开如图 9-24 所示“弯边”对话框。设置“宽度选项”为完整，“长度”为 10，“角度”为 90，参考长度为“外侧”，“内嵌”为“材料外侧”，在“止裂口”列表框中的“折弯止裂口”和“拐角止裂口”下拉列表框中选择“⊘无”。

（2）选择弯边，同时在视图区预览显示所创建的弯边，如图 9-25 所示。

图 9-24 “弯边”对话框

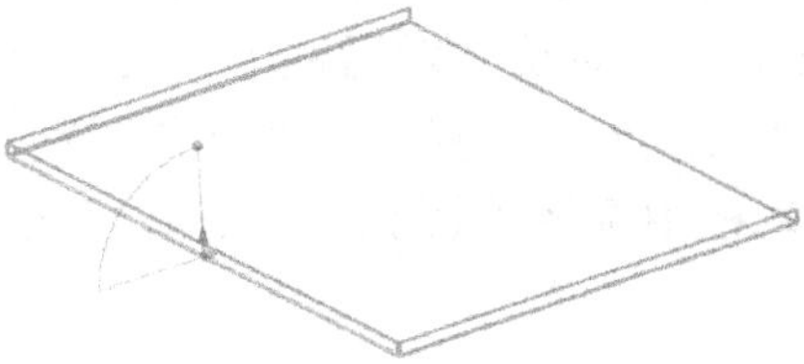

图 9-25 选择弯边

（3）在“弯边”对话框中，单击“应用”按钮，创建弯边特征 1，如图 9-26 所示。

（4）选择弯边，同时在视图区预览显示所创建的弯边，如图 9-27 所示。在“弯边”对话框中，设置“宽度选项”为□完整，“长度”为 15，“角度”为 90，参考长度为“外侧”，“内嵌”为“材料外侧”，在“折弯止裂口”和“拐角止裂口”下拉列表框中选择“⊘无”。

图 9-26 创建弯边特征 1

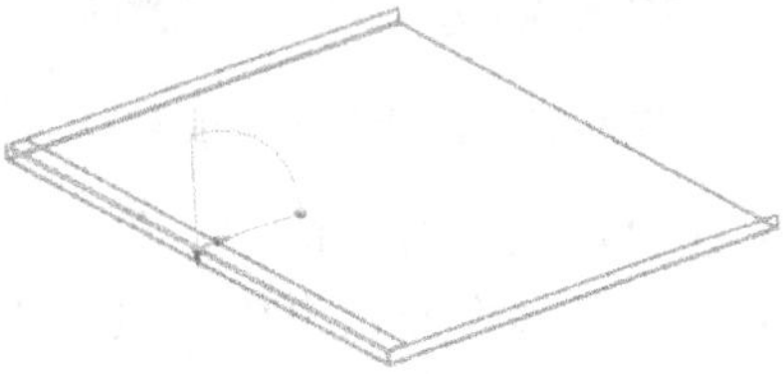

图 9-27 选择弯边

（5）在“弯边”对话框中，单击“应用”按钮，创建弯边特征 2，如图 9-28 所示。

（6）选择弯边，同时在视图区预览显示所创建的弯边，如图 9-29 所示。设置“宽度选项”为□完整，“长度”为 300，“角度”为 90，参考长度为“外侧”，“内嵌”为“材料外侧”，在“折弯止裂口”和“拐角止裂口”下拉列表框中选择“⊘无”。

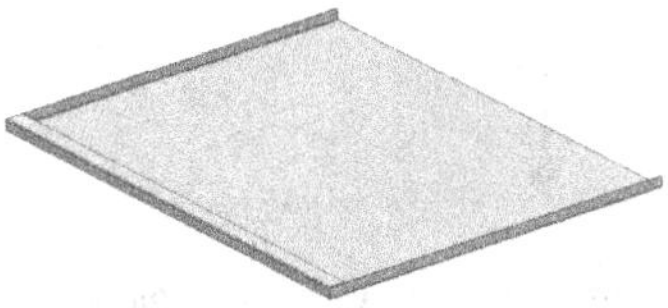

图 9-28 创建弯边特征 2

图 9-29 选择弯边

（7）在“弯边”对话框中，单击“应用”按钮，创建弯边特征 3，如图 9-30 所示。

（8）在“弯边”对话框中，设置“宽度选项”为□完整，“长度”为 40，“角度”为 90，参考长度为“外侧”，“内嵌”为“材料外侧”，在“折弯止裂口”和“拐角止裂口”下拉列表框中选择“⊘无”。选择弯边，同时在视图区预览显示所创建的弯边，如图 9-31 所示。

图 9-30　创建弯边特征 3

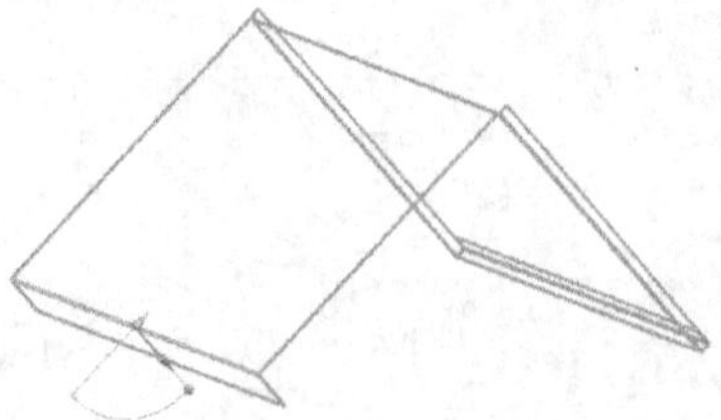

图 9-31　预览显示所创建的弯边

（9）在“弯边”对话框中，单击“应用”按钮，创建弯边特征 4，如图 9-32 所示。

（10）在“弯边”对话框中，设置“宽度选项”为□完整，“长度”为 8，“角度”为 90，参考长度为“外侧”，“内嵌”为“材料外侧”，在“折弯止裂口”和“拐角止裂口”下拉列表框中选择“⊘无”。选择弯边，同时在视图区预览显示所创建的弯边，如图 9-33 所示。

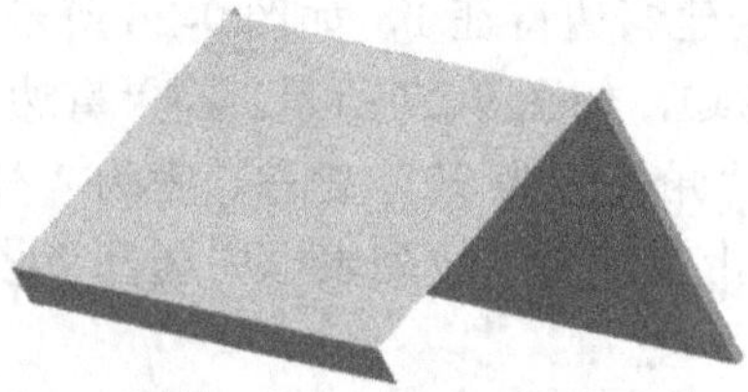

图 9-32　创建弯边特征 4

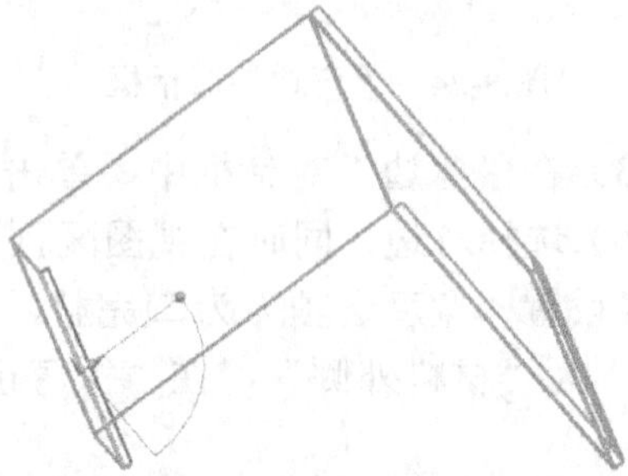

图 9-33　预览显示所创建的弯边

（11）在“弯边”对话框中，单击“应用”按钮，创建弯边特征 5，如图 9-34 所示。

（12）在“弯边”对话框中，设置“宽度选项”为□完整，“长度”为 20，“角度”为 90，参考长度为“外侧”，“内嵌”为“材料外侧”，在“折弯止裂口”和“拐角止裂口”下拉列表框中选择“⊘无”。选择弯边，同时在视图区预览显示所创建的弯边，如图 9-35 所示。

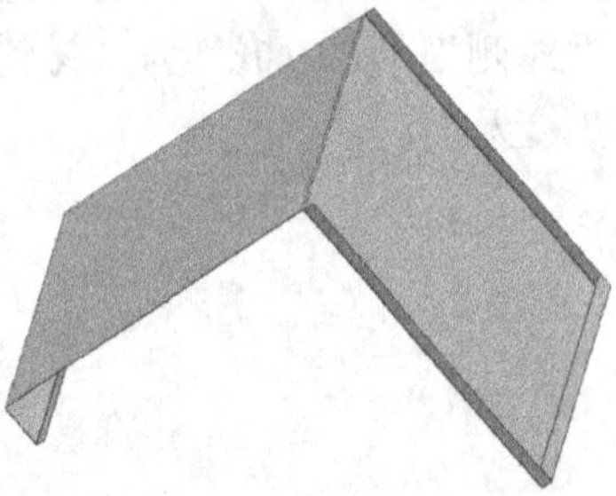

图 9-34　创建弯边特征 5

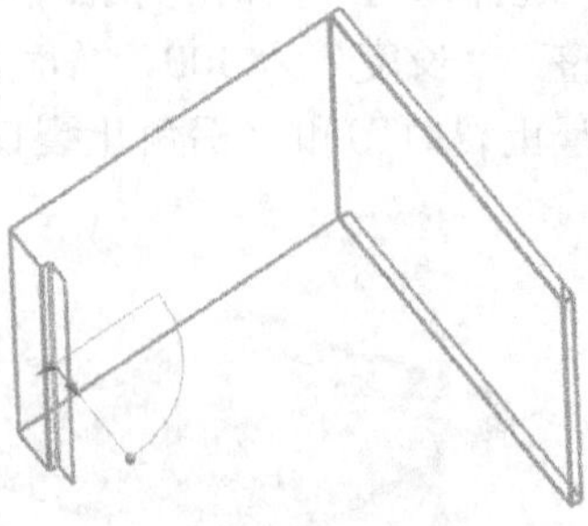

图 9-35　预览显示所创建的弯边

（13）在“弯边”对话框中，单击“确定”按钮，创建弯边特征 6，如图 9-36 所示。

5．创建法向开孔特征

（1）选择“菜单”→“插入”→“切割”→“法向开孔”命令，或者单击“主页”选项卡→“特征”组→“法向开孔”图标，打开如图 9-37 所示“法向开孔”对话框。

图 9-36　创建弯边特征 6

图 9-37　“法向开孔”对话框

（2）在“法向开孔”对话框中，单击“绘制截面”按钮，打开“创建草图”对话框，在视图区选择草图工作平面，如图 9-38 所示。

（3）在“创建草图”对话框中，单击“确定”按钮，进入草图设计环境，单击“主页”选项卡→“曲线”组→“圆”○图标，选择“圆心和直径定圆”，输入坐标为（20，–12），直径为 5，接着输入坐标为（80，–12），直径为 5，绘制如图 9-39 所示的草图，单击“主页”选项卡→“曲线”组→“直线”╱图标，输入起点坐标（200，10），长度和角度分别为 360 和 270，单击“主页”选项卡→“曲线”组→“曲线”库→“镜像曲线”图标，选择两个小圆，中心线为所创建的直线，单击“确定”按钮。单击“主页”选项卡→“草图”组→“完成”图标，草图绘制完毕。

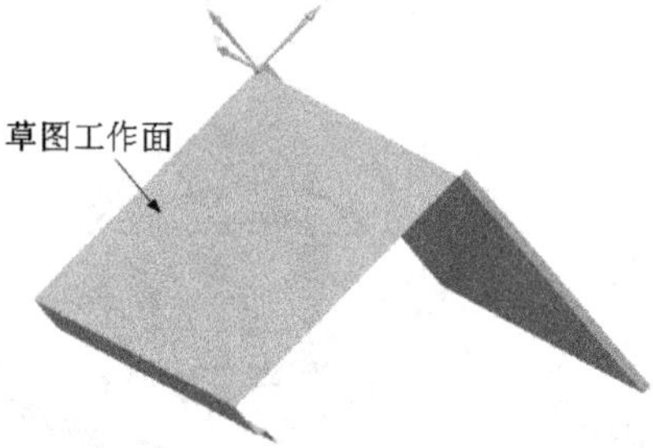

图 9-38　选择草图工作平面

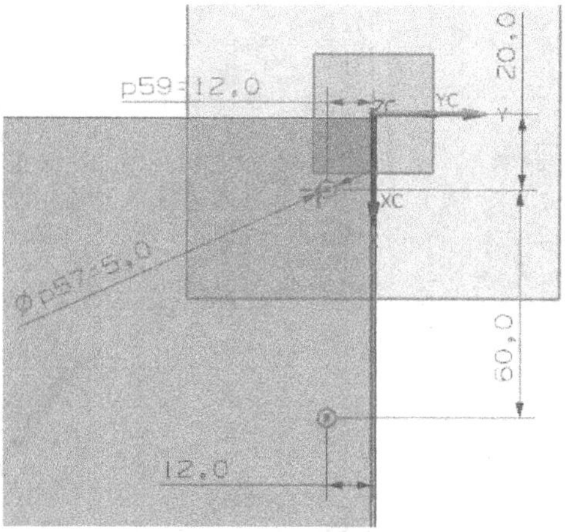

图 9-39　绘制草图

（4）视图区预览所创建的法向开孔特征，如图 9-40 所示。

（5）在“法向开孔”对话框中，输入深度为 5，单击“确定”按钮，创建法向开孔特征，如图 9-41 所示。

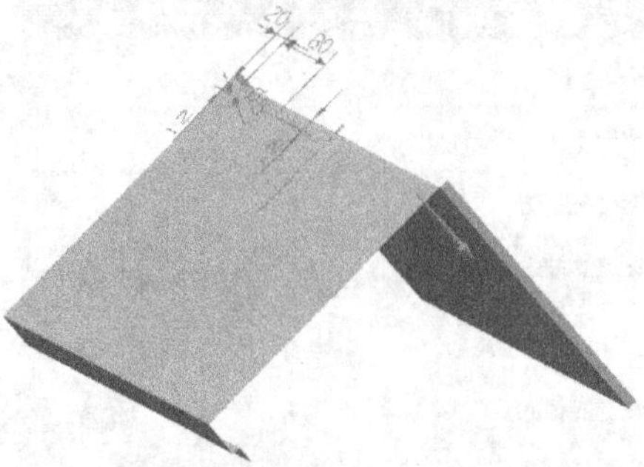

图 9-40　预览所创建的法向开孔特征

图 9-41　创建法向开孔特征

9.1.9　凹坑

凹坑是指用一组连续的曲线作为成形面的轮廓线，沿着钣金零件体表面的法向成形，同时在轮廓线上建立成形钣金部件的过程，它和冲压开孔有一定的相似之处，主要不同的是浅成形不裁剪由轮廓线生成的平面。

选择“菜单”→“插入”→“冲孔”→“凹坑”命令，或者单击“主页”选项卡→“冲孔”组→“凹坑”图标，打开如图 9-42 所示“凹坑”对话框。

与二次折弯功能的对应部分参数含义相同，这里不再详述。参考示意图和侧壁示意图分别如图 9-43 和图 9-44 所示。

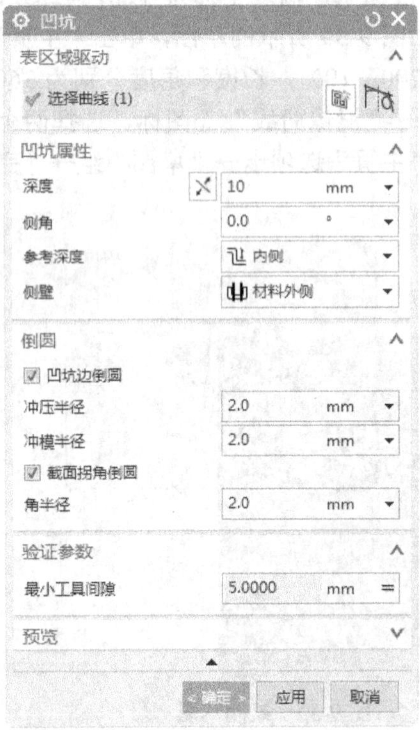

图 9-42　“凹坑”对话框

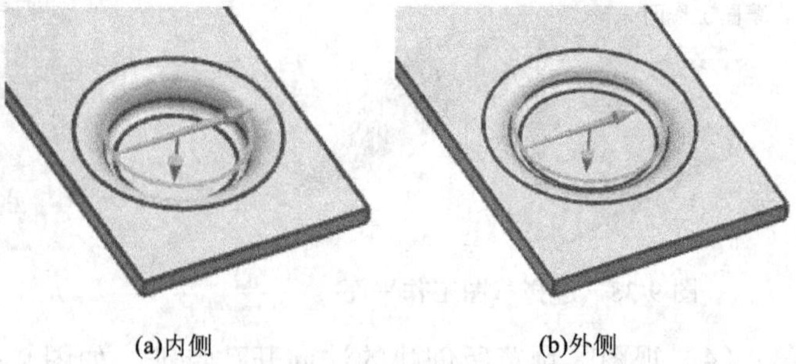

(a)内侧　(b)外侧

图 9-43　“参考深度”效果示意图

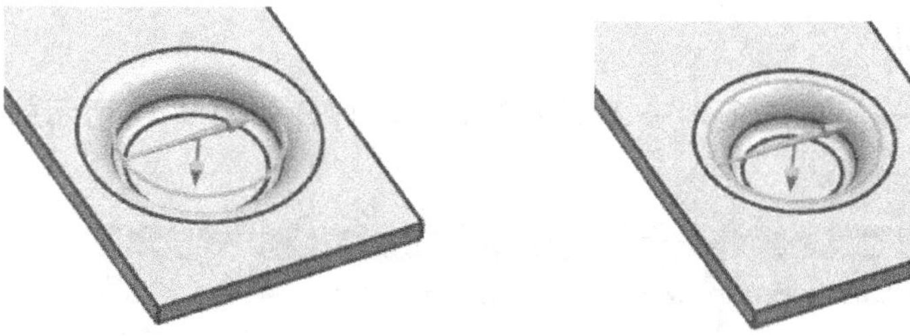

(a)材料内侧　　　　(b)材料外侧

图 9-44　“侧壁”效果示意图

9.1.10　实例——花盆

首先利用突出块命令创建基本钣金件，然后利用凹坑命令创建盆，最后利用法向开孔命令在钣金件上添加孔。盆栽置放架效果图如图 9-45 所示。

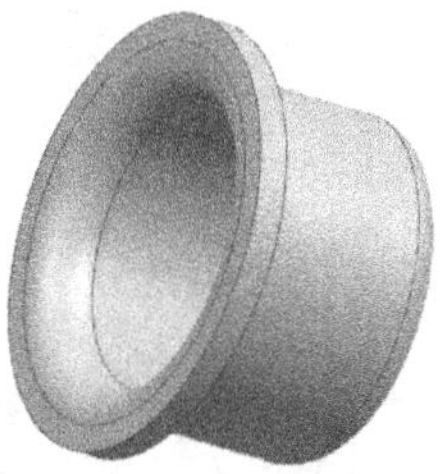

图 9-45　盆栽置放架效果图

绘制步骤

1．新建文件

选择“菜单”→“文件”→“新建”命令，或者单击“主页”选项卡→“标准”组→“新建”图标，打开“新建”对话框，如图 9-46 所示。在模板中选择“NX 钣金”，在“名称”文本框中输入“penzaizhifangjia”，在“文件夹”文本框中输入非中文保存路径名，单击“确定”按钮，进入 UG NX 12.0 钣金设计环境。

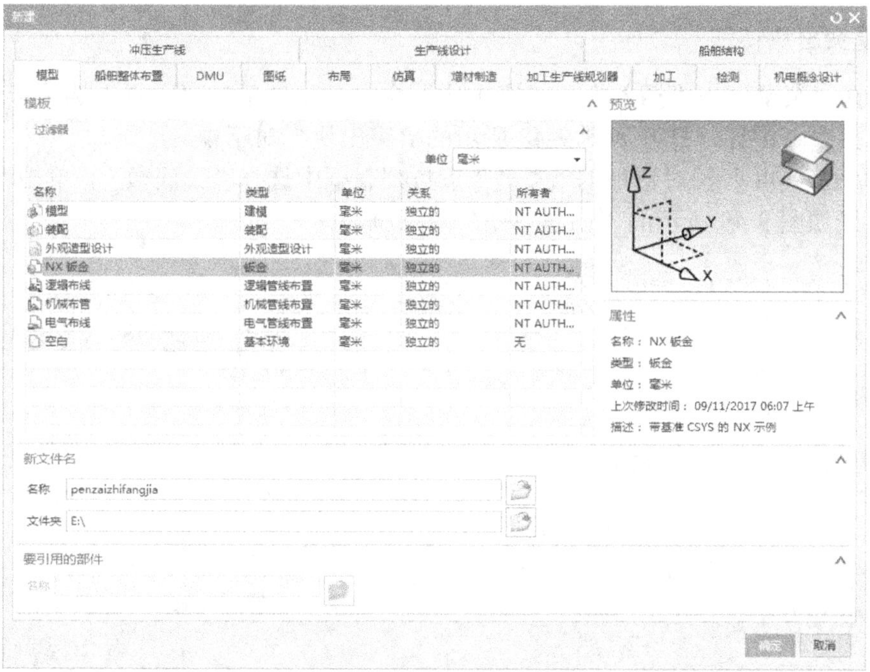

图 9-46　“新建”对话框

2. 钣金参数预设置

（1）单击“菜单”→“首选项”→“钣金”命令，打开如图 9-47 所示的“钣金首选项”对话框。

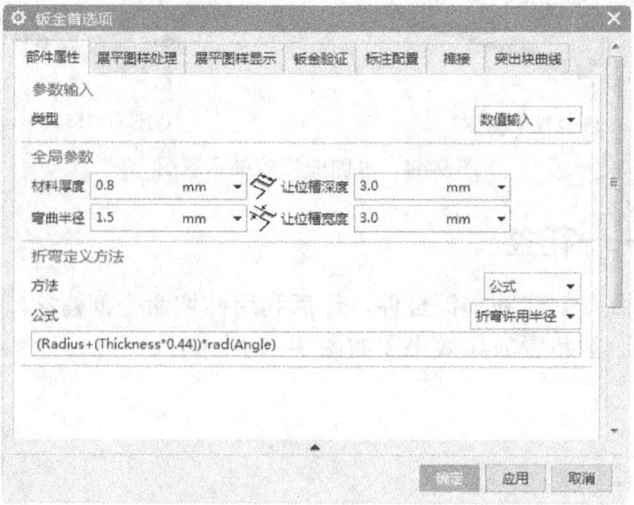

图 9-47 “钣金首选项”对话框

（2）在如图 9-47 所示的对话框中，设置“全局参数”列表框中的“材料厚度”为 0.8，“弯曲半径”为 1.5，选中“折弯定义方法”选项卡“方法”下拉列表中选择“公式”，在“公式”下拉列表中选择“折弯许用半径”。

（3）在如图 9-47 所示的对话框中，单击“确定”按钮，完成 NX 钣金预设置。

3. 创建突出块特征

（1）选择“菜单”→“插入”→“突出块”命令，或者单击“主页”选项卡→“基本”组→“突出块”图标，打开如图 9-48 所示的“突出块”对话框。

（2）在如图 9-48 所示对话框的“类型”下拉列表框中选择“底数”，单击“绘制截面”按钮，打开如图 9-49 所示的“创建草图”对话框。

图 9-48 “突出块”对话框

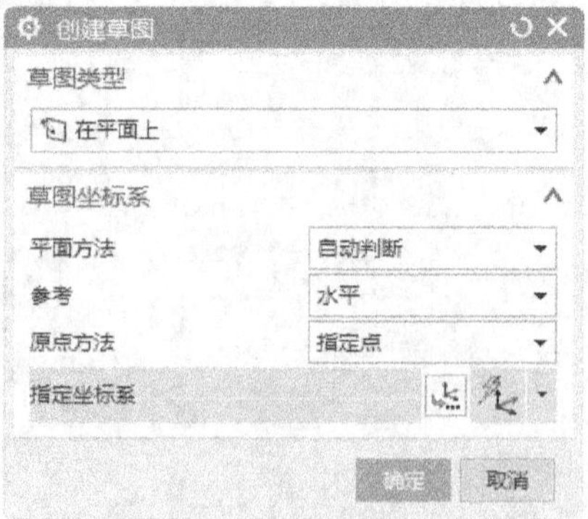

图 9-49 “创建草图”对话框

（3）在如图 9-49 所示的对话框中，选择 XC-YC 平面为草图绘制面，设置“水平”面为参考平面，单击“确定”按钮，进入草图绘制环境，单击“主页”选项卡→“曲线”组→“圆”○图标，以原点为中心，直径为 240，绘制如图 9-50 所示的草图。

（4）单击“主页”选项卡→“草图”组→“完成”图标，草图绘制完毕，视图区预览显示如图 9-51 所示的钣金件。

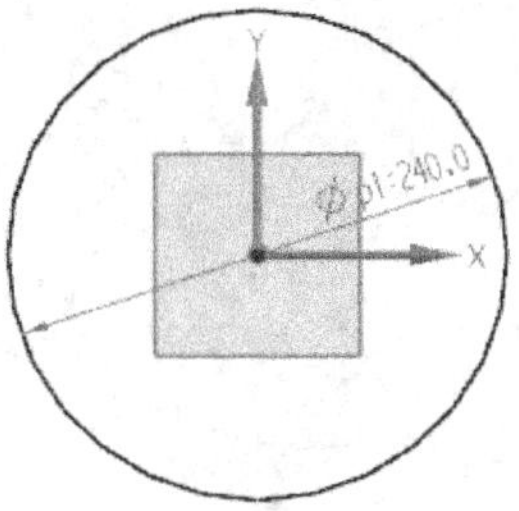

图 9-50　绘制草图

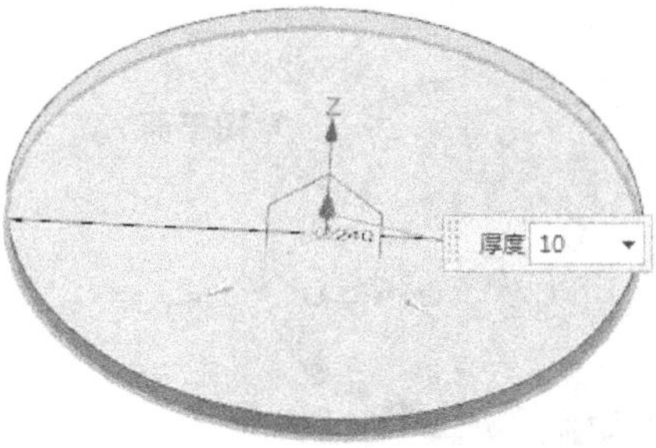

图 9-51　预览所创建的突出块特征

（5）在如图 9-48 所示对话框中，输入厚度为 10，单击“确定”按钮，创建突出块特征，如图 9-52 所示。若厚度无法更改，可单击＝按钮，选择“使用局部值”，再修改厚度为 20。

4．创建凹坑特征

（1）选择“菜单”→“插入”→“冲孔”→“凹坑”命令，或者单击“主页”选项卡→“冲孔”库→“凹坑”图标，打开如图 9-53 所示的“凹坑”对话框。

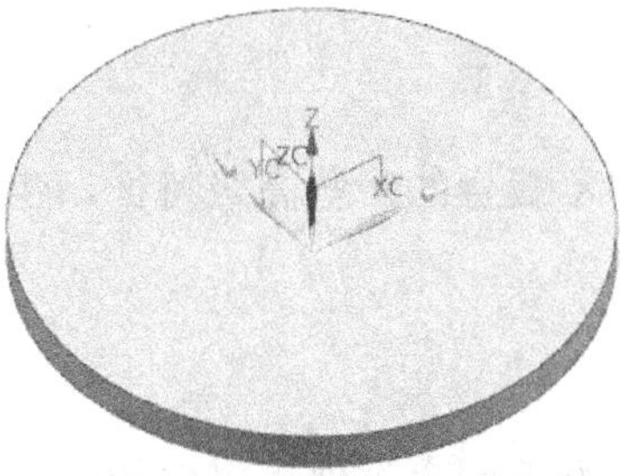

图 9-52　创建突出块特征

图 9-53　“凹坑”对话框

（2）在如图 9-53 所示对话框中，单击“绘制截面”按钮，打开如图 9-49 所示的“创建草图”对话框。

（3）在视图区选择如图 9-54 所示的平面为草图工作平面，单击“确定”按钮，进入草图绘制环境，单击“主页”选项卡→“曲线”组→“圆”○图标，以原点为中心，直径为 200，绘制如图 9-55 所示的草图。

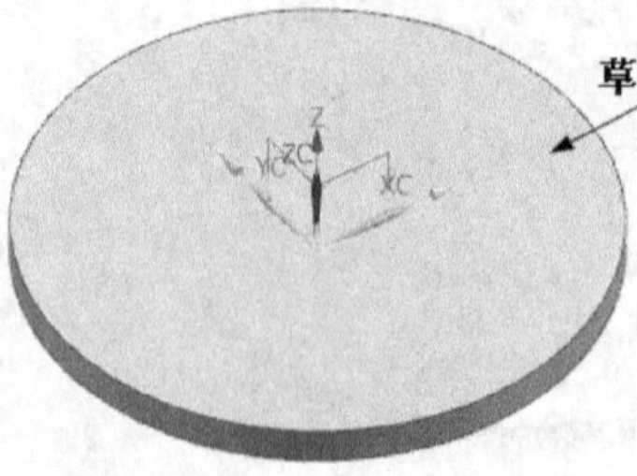

图 9-54　选择草图工作平面

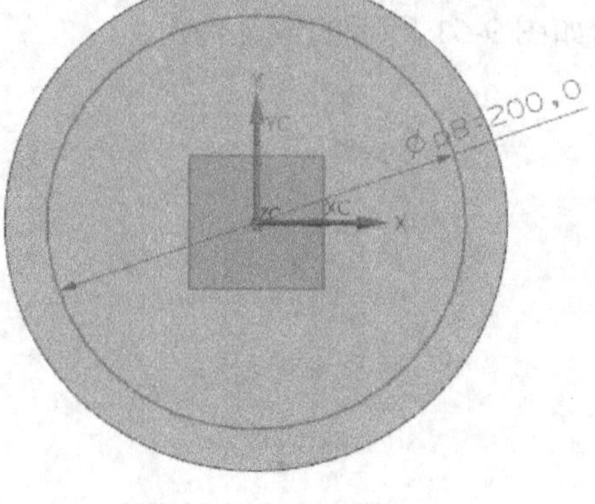

图 9-55　绘制草图

（4）单击“主页”选项卡→“草图”组→“完成”图标，草图绘制完毕，视图区预览显示如图 9-56 所示的钣金件。

（5）在如图 9-53 所示对话框中，设置“深度”为 150，“侧角”为 0，“参考深度”为“内侧”，“侧壁”为“材料内侧”。勾选“凹坑边倒圆”复选框，取消“截面拐角倒圆”，设置“冲压半径”和“冲模半径”分别为 2 和 12。单击“确定”按钮，创建凹坑特征，如图 9-57 所示。

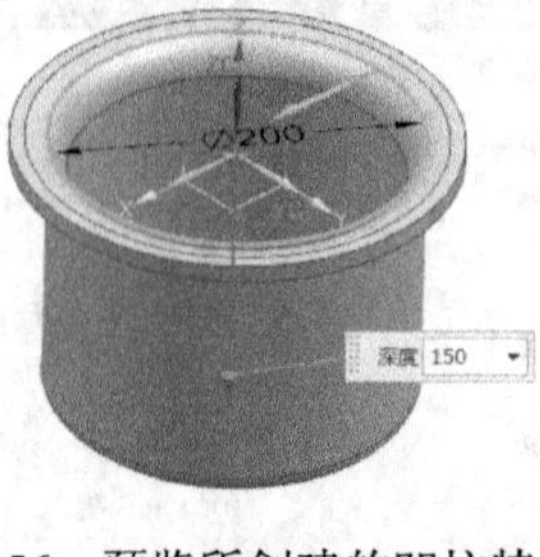

图 9-56　预览所创建的凹坑特征

图 9-57　创建凹坑特征

9.2　钣金高级特征

在上一节讲述 NX 钣金的基础上，本节将继续讲述 NX 钣金的一些高级特征，包括冲压开孔、筋、封闭拐角、转换为钣金件、伸直等特征。

9.2.1　冲压开孔

冲压开孔是指用一组连续的曲线作为裁剪的轮廓线，沿着钣金零件体表面的法向进行裁剪，同时在轮廓线上建立弯边的过程。

选择“菜单”→“插入”→“冲孔”→“冲压开孔”命令，或者单击“主页”选项卡→“冲孔”组→“冲压开孔”图标，打开如图 9-58 所示“冲压开孔”对话框。

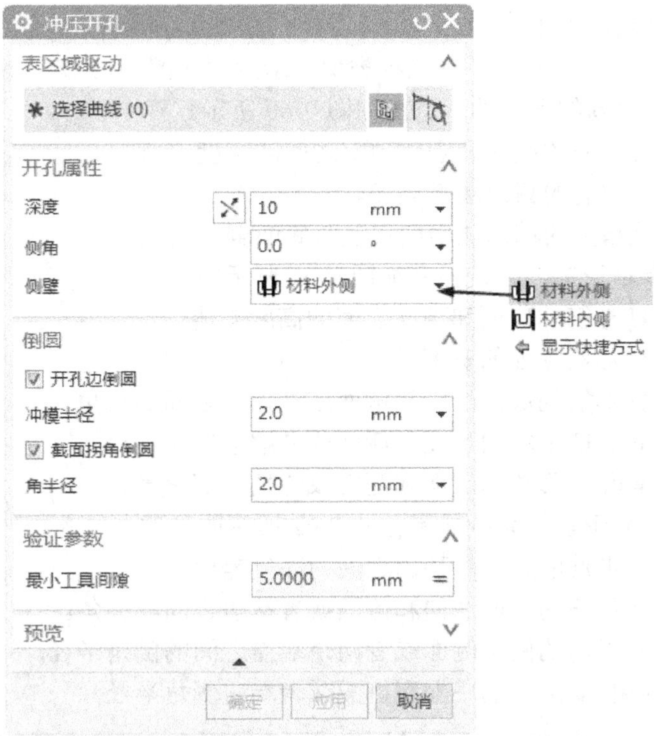

图 9-58　“冲压开孔”对话框

对话框部分选项功能如下。

（1）深度：指钣金零件放置面到弯边底部的距离。

（2）侧角：指弯边在钣金零件放置面法向倾斜的角度。

（3）侧壁，示意图如图 9-59 所示。

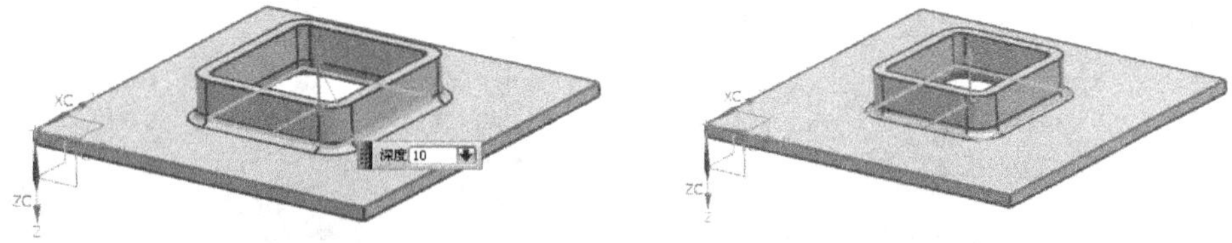

(a)材料内侧　　(b)材料外侧

图 9-59　侧壁效果示意图

① 材料内侧：指冲压开孔特征所生成的弯边位于轮廓线内部。

② 材料外侧：指冲压开孔特征所生成的弯边位于轮廓线外部。

（4）冲模半径：指钣金零件放置面转向折弯部分内侧圆柱面的半径大小。

（5）角半径：指折弯部分内侧圆柱面的半径大小。

9.2.2 筋

筋功能提供了在钣金零件表面的引导线上添加加强筋的功能。

选择“菜单”→“插入”→“冲孔”→“加强筋”命令，或者“主页”选项卡→“冲孔”组→“筋”图标，打开如图 9-60 所示“筋”对话框。

对话框部分选项功能如下。

横截面：包括圆形、U 形和 V 形三种类型，示意图如图 9-63 所示。

（1）圆形：创建“圆的筋”的示意图如图 9-60 所示。

① 深度：是指圆的筋的底面和圆弧顶部之间的高度差值。

② 半径：是指圆的筋的截面圆弧半径。

③ 冲模半径：是指圆的筋的侧面或端盖与底面倒角半径。

（2）U 形：选择 U 形筋，系统显示如图 9-61 所示的参数。

① 深度：是指 U 形筋的底面和顶面之间的高度差值。

② 宽度：是指 U 形筋顶面的宽度。

③ 角度：是指 U 形筋的底面法向和侧面或者端盖之间的夹角。

④ 冲模半径：是指 U 形筋的顶面和侧面或者端盖倒角半径。

⑤ 冲压半径：是指 U 形筋的底面和侧面或者端盖倒角半径。

（3）V 形：选择 V 形筋，系统显示如图 9-62 所示的参数。

① 深度：是指 V 形筋的底面和顶面之间的高度差值。

② 角度：是指 V 形筋的底面法向和侧面或者端盖之间的夹角。

③ 半径：是指 V 形筋的两个侧面或者两个端盖之间的倒角半径。

④ 冲模半径：是指 V 形筋的底面和侧面或者端盖倒角半径。

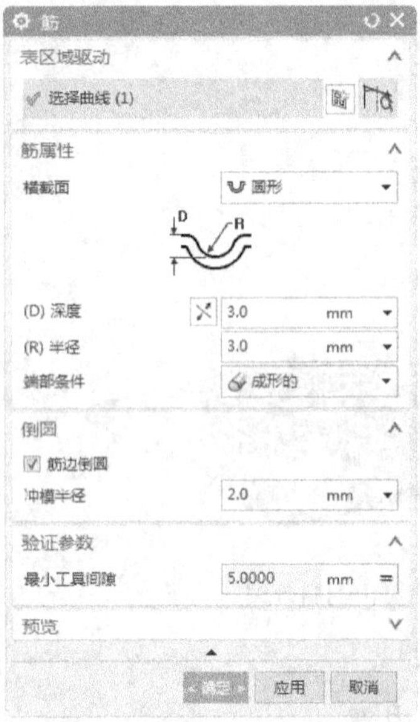

图 9-60 “筋”对话框

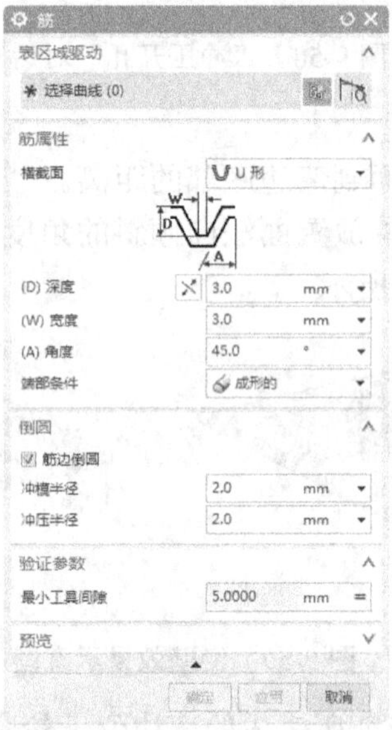

图 9-61 U 形筋参数

图 9-62 V 形筋的参数

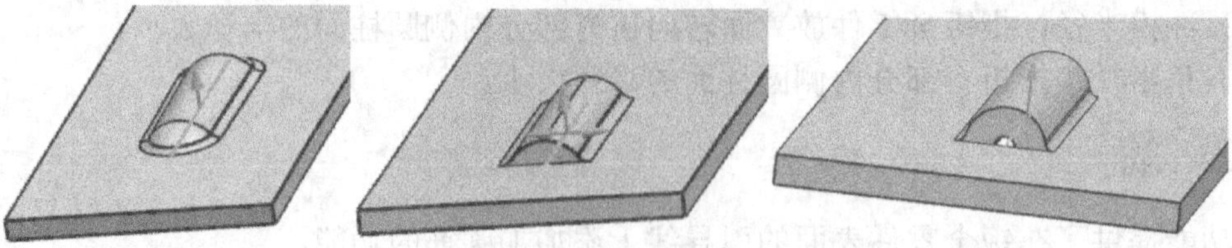

圆形筋　　U 形筋　　V 形筋

图 9-63 “筋”效果示意图

9.2.3 百叶窗

百叶窗功能提供了在钣金零件平面上创建通风窗的功能。

选择“菜单”→“插入”→“冲孔”→“百叶窗”命令，或者单击“主页”选项卡→“冲孔”组→“百叶窗”图标，打开如图 9-64 所示的“百叶窗”对话框。

图 9-64 “百叶窗”对话框

对话框部分选项功能如下。

1. 切割线

（1）曲线：用来指定使用已有的单一直线作为百叶窗特征的轮廓线来创建百叶窗特征。

（2）绘制截面：选择零件平面作为参考平面绘制直线草图作为百叶窗特征的轮廓线来创建切开端百叶窗特征。

2. 百叶窗属性

（1）深度：百叶窗特征最外侧点距钣金零件表面（百叶窗特征一侧）的距离。

（2）宽度：百叶窗特征在钣金零件表面投影轮廓的宽度。

（3）百叶窗形状：包括成形的百叶窗和冲裁的百叶窗两种类型选项。

3. 百叶窗边倒圆

勾选此选项，此时凹模半径输入框有效，可以根据需求设置凹模半径。

9.2.4 倒角

倒角就是对钣金件进行圆角或者倒角处理。

选择“菜单”→“插入”→“拐角”→“倒角”命令，或者单击“主页”选项卡→“拐角”组→“倒角”图标，打开如图 9-65 所示“倒角”对话框。

图 9-65 “倒角”对话框

对话框部分选项功能如下。

（1）方法：有“圆角”和“倒斜角”两种。

（2）半径/距离：指倒圆的外半径或者倒角的偏置尺寸。

9.2.5 撕边

撕边是指在钣金实体上，沿着草绘直线或者钣金零件体已有边缘创建开口或缝隙。

选择“菜单”→“插入”→“转换”→“撕边”命令，或者单击“主页”选项卡→“基本”组→“转换”库→“撕边”图标，打开如图 9-66 所示“撕边”对话框。

对话框部分选项功能如下。

（1）选择边：指定使用已有的边缘来创建撕边特征。

（2）曲线：用于指定已有的边缘来创建撕边特征。

（3）绘制截面：可以在钣金零件放置面上绘制边缘草图，来创建撕边特征。

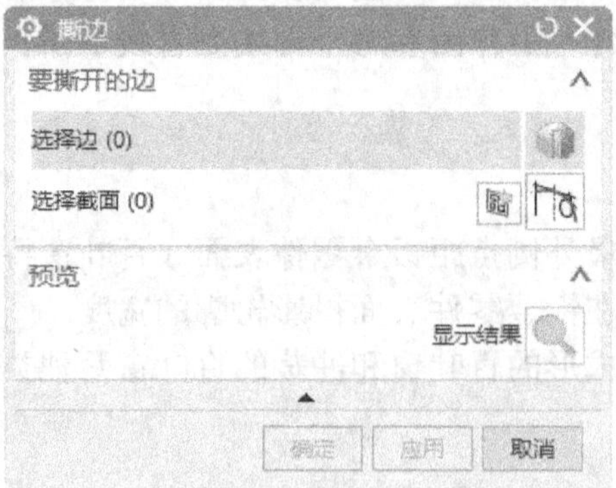

图 9-66 “撕边”对话框

9.2.6 转换为钣金

转换到钣金件是指把非钣金件转换为钣金件，但钣金件必须是等厚度的。

选择“菜单”→“插入”→“转换”→“转换为钣金”命令，或者单击“主页”选项卡

→“基本”组→“转换”库→“转换为钣金件”图标，打开如图 9-67 所示“转换为钣金”对话框。

图 9-67 “转换为钣金”对话框

对话框部分选项功能如下。

（1）全局转换：指定选择钣金零件平面作为固定位置来创建转换为钣金件特征。

（2）选择边：用于创建边缘裂口所要选择的边缘。

（3）选择截面：用于指定已有的边缘来创建“转换到钣金件”特征。

（4）绘制截面：选择零件平面作为参考平面绘制直线草图作为转换为钣金件特征的边缘来创建转换为钣金件特征。

9.2.7 封闭拐角

封闭拐角是指在钣金件基础面和以其两相邻的两个具有相同参数的弯曲面，在基础面同侧所形成的拐角处，创建一定形状拐角的过程。

选择“菜单”→“插入”→“拐角”→“封闭拐角”命令，或者单击“主页”选项卡→“拐角”组→“封闭拐角”图标，打开如图 9-68 所示“封闭拐角”对话框。

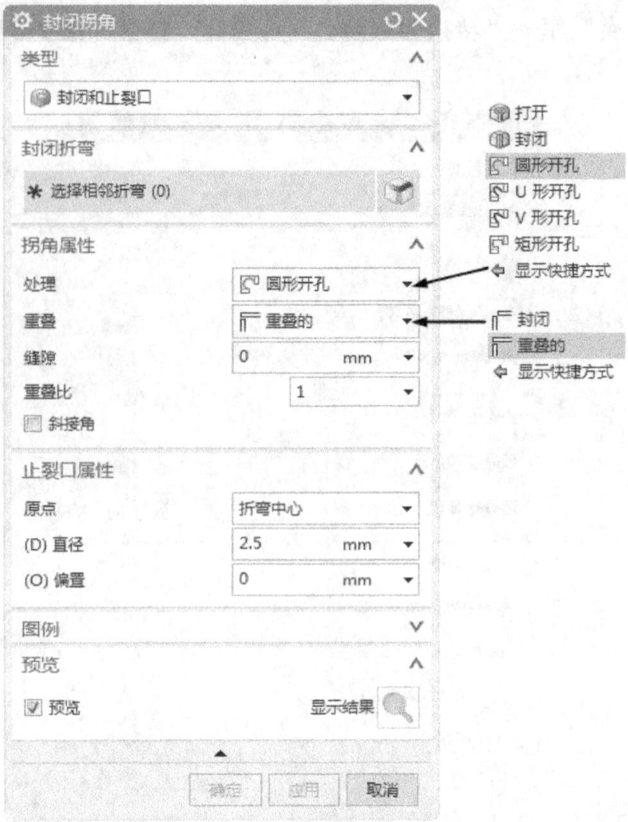

图 9-68 “封闭拐角”对话框

对话框部分选项功能如下。

（1）处理：包括“打开”、“封闭的、“圆形开孔”、“U 形开孔”、“V 形开孔”和“矩形开孔”6 种类型，示意图如图 9-69 所示。

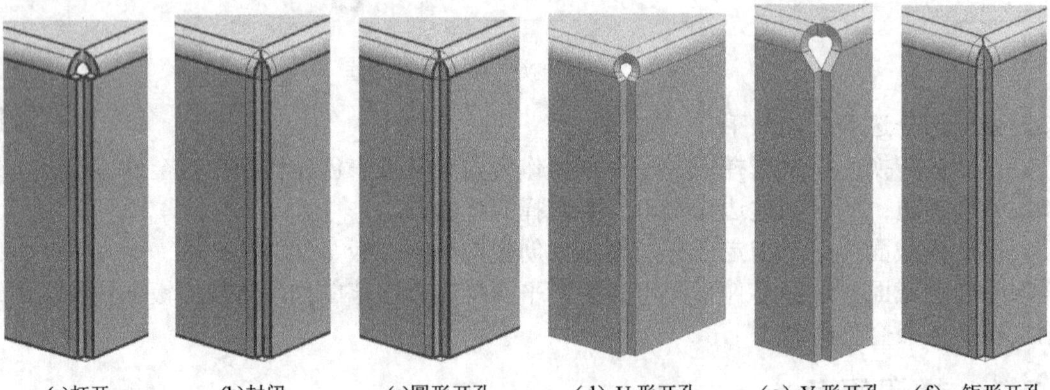

(a)打开　(b)封闭　(c)圆形开孔　(d) U 形开孔　(e) V 形开孔　(f) 矩形开孔

图 9-69 6 种封闭拐角类型示意图

（2）重叠：有“封闭”和“重叠的”两种方式，示意图如图 9-70 所示。

① 封闭：指对应弯边的内侧边重合。

② 重叠的：指一条弯边叠加在另一条弯边的上面。

（3）缝隙：指两弯边封闭或者重叠时铰链之间的最小距离。

图 9-70　重叠效果示意图

9.2.8 实例——投影机底盒

首先绘制草图通过拉伸创建基体，然后利用腔命令创建壳，利用撕边命令和转换为钣金件创建下半部分，最后创建弯边和封闭拐角完成上半部分。投影机底盒效果图如图 9-71 所示。

图 9-71　投影机底盒

绘制步骤

1．新建文件

选择“菜单”→“文件”→“新建”命令，或者单击“主页”选项卡→“标准”组→“新建”图标，打开“新建”对话框。在模板列表中选择“NX 钣金”，输入名称为“touyingjidihe”，单击“确定”按钮，进入 UG NX 12.0 钣金环境。

2．钣金参数设置

单击“菜单”→“首选项”→“钣金”命令，打开如图 9-72 所示的“钣金首选项”对话框。设置“全局参数”列表框中的“材料厚度”为 5，“弯曲半径”为 5，“让位槽深度”为 3，“让位槽宽度”为 3，在“折弯定义方法”选项卡“方法”下拉列表中选择“公式”，在“公式”下拉列表中选择“折弯许用半径”，单击“确定”按钮。

3．绘制草图

（1）选择“菜单”→“插入”→“在任务环境中绘制草图”命令，或者单击“曲线”选项卡→“在任务环境中绘制草图”图标，打开“创建草图”对话框。

（2）在对话框中，平面方法选择“自动判断”，设置“水平”面为参考平面，单击“确定”按钮，进入草图绘制环境，单击“主页”选项卡→“曲线”组→“矩形”图标，选择“按 2 点”矩形方法，选择原点，宽度和高度分别为 160 和 90。绘制如图 9-73 所示的草图。

（3）单击“主页”选项卡→“草图”组→“完成”图标，草图绘制完毕。

图 9-72　“钣金首选项”对话框

4．创建拉伸特征

（1）选择“菜单”→“插入”→“设计特征→“拉伸”命令，或者单击“主页”选项卡→“特征”组→“更多”库→“设计特征”库→“拉伸”图标，打开如图 9-74 所示的“拉伸”对话框。

图 9-73　绘制草图

图 9-74　“拉伸”对话框

（2）在视图区选择如图 9-73 所示绘制的草图曲线。指定矢量为 ZC 轴，在“距离”文本框中输入 50，单击“确定”按钮，创建拉伸特征，如图 9-75 所示。

5．创建腔特征

（1）选择“菜单”→“插入”→“设计特征”→“腔（原有）”命令，打开如图 9-76 所示的“腔”对话框。

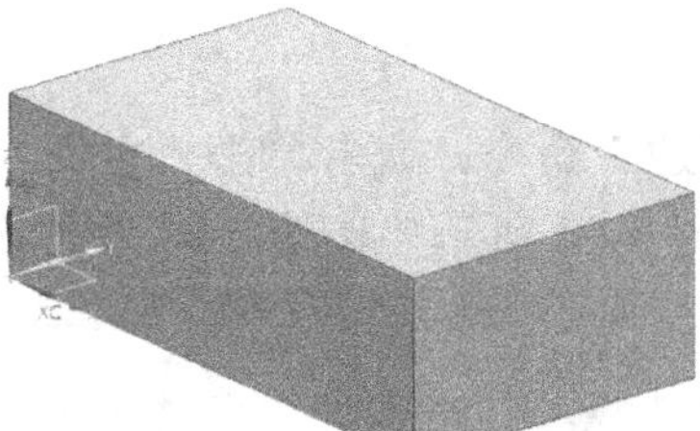

图 9-75　创建拉伸特征

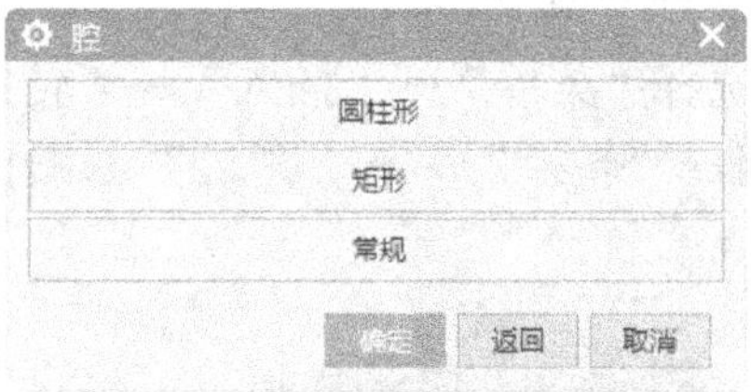

图 9-76　“腔”对话框

（2）单击“矩形”按钮，打开如图 9-77 所示的“矩形腔”对话框。在视图区选择放置面，如图 9-78 所示。

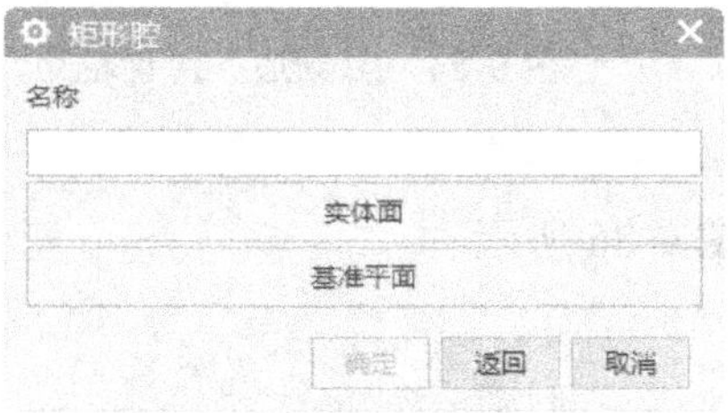

图 9-77　“矩形腔”对话框

图 9-78　选择放置面

（3）打开如图 9-79 所示的“水平参考”对话框。在视图区选择参考平面，如图 9-80 所示。

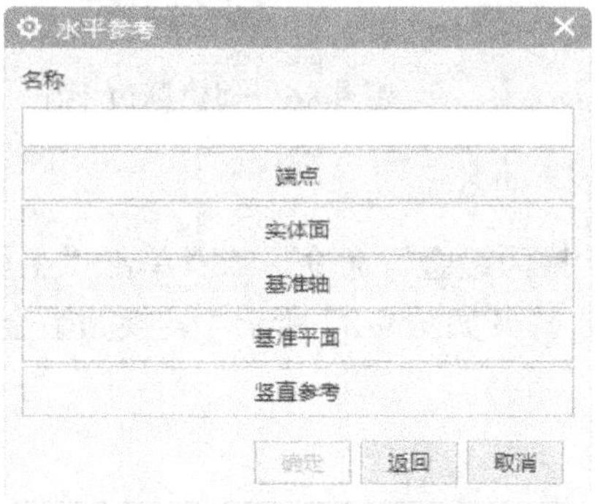

图 9-79　“水平参考”对话框

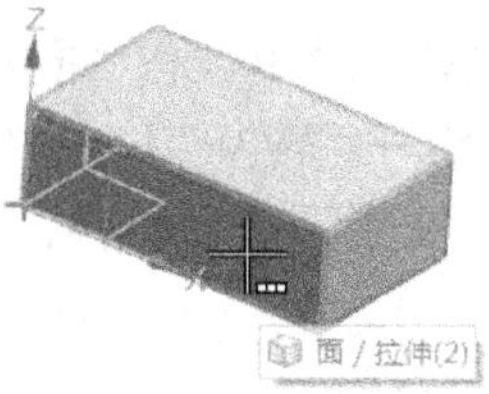

图 9-80　选择参考平面

（4）打开如图 9-81 所示的“矩形腔”参数输入对话框。在“长度”、“宽度”和“深度”文本框中分别输入 150、80 和 45，单击“确定”按钮。

（5）打开如图 9-82 所示的定位对话框，选择“垂直”定位，分别选择拉伸体的边线和腔体边线，输入距离为 5。单击“确定”按钮，创建矩形腔，如图 9-83 所示。

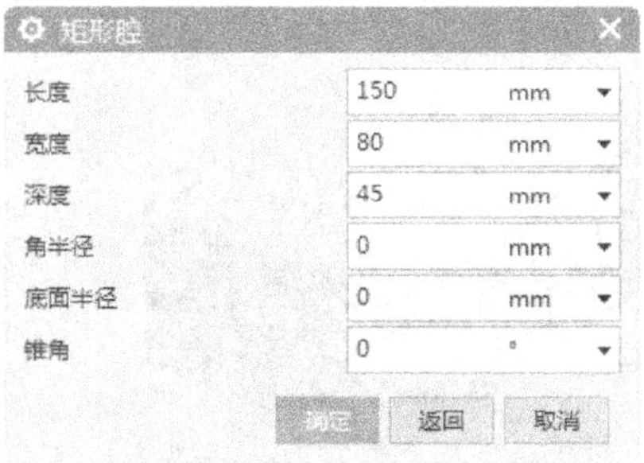

图 9-81　“矩形腔”参数输入对话框

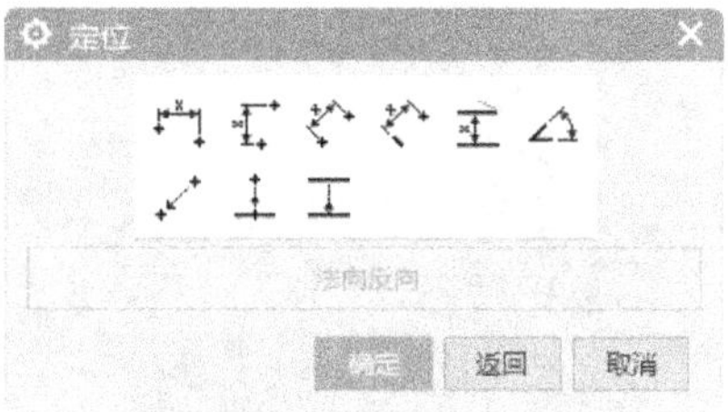

图 9-82　定位对话框

6．创建撕边特征

（1）选择“菜单”→“插入”→“转换”→ “撕边”命令，或者单击“主页”选项卡→“基本”组→“转换”库→“撕边”图标，打开如图 9-84 所示“撕边”对话框。

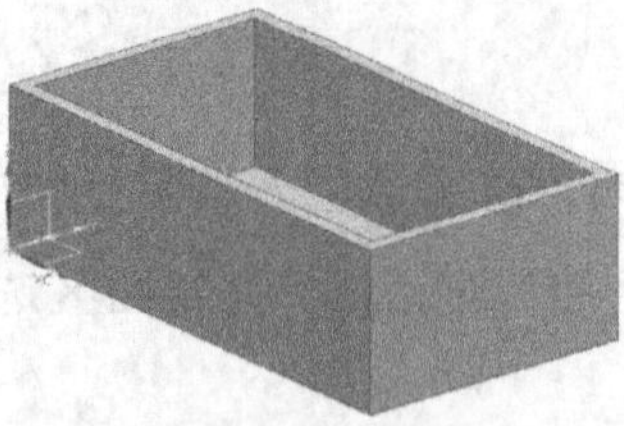

图 9-83　创建矩形腔体

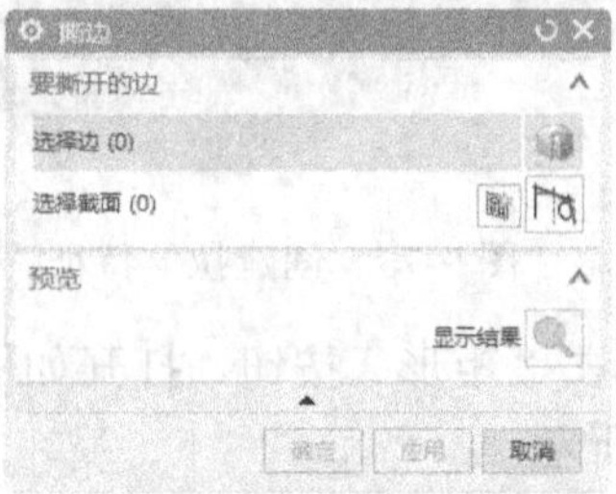

图 9-84　“撕边”对话框

（2）在视图区选择边，如图 9-85 所示。

（3）单击“确定”按钮，创建撕边特征，如图 9-86 所示。

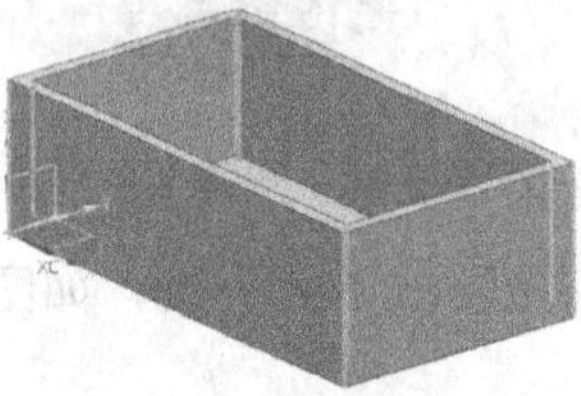

图 9-85　选择边

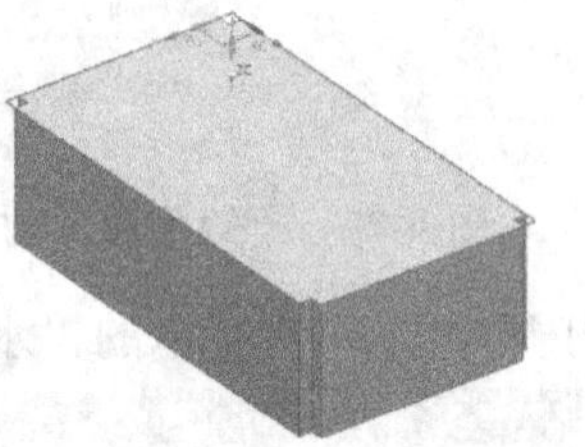

图 9-86　创建撕边特征

7．创建转换为钣金特征

（1）选择“菜单”→“插入”→“转换”→“转换为钣金”命令，或者单击“主页”选项卡→“基本”组→“转换”库→“转换为钣金”图标，打开如图 9-87 所示“转换为钣金”对话框。

（2）在视图区选择转换面，如图 9-88 所示。

图 9-87　“转换为钣金”对话框

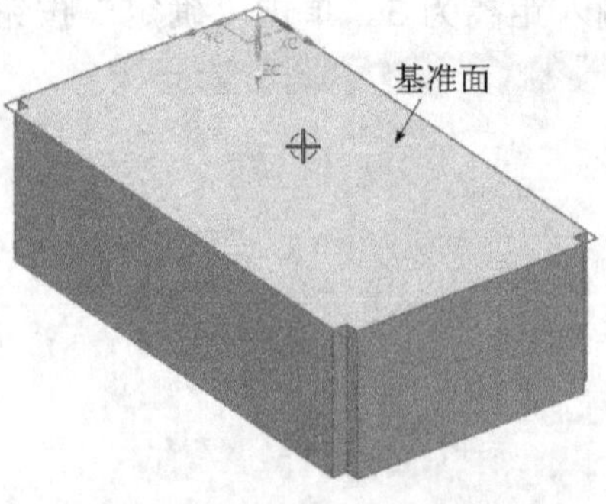

图 9-88　在视图区选择转换面

（3）单击“确定”按钮，将实体转换为钣金，如图 9-89 所示。

8．创建突出块特征

（1）选择“菜单”→“插入”→“突出块”命令，或者单击“主页”选项卡→“基本”组→“突出块”图标，打开如图 9-90 所示的“突出块”对话框。

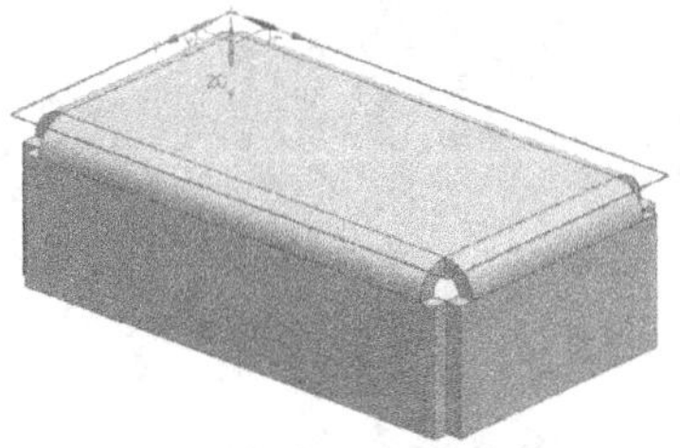

图 9-89　将实体转换为钣金

图 9-90　“突出块”对话框

（2）在“类型”下拉列表框中选择“底数”，单击“绘制截面”图标，打开“创建草图”对话框。选择如图 9-91 所示的面 1 为草图工作平面，单击“确定”按钮，进入草图绘制环境，单击“主页”选项卡→“曲线”组→“矩形”图标，选择“按 2 点”矩形方法，输入坐标（-70，-40），宽度和高度分别为 300 和 170，绘制如图 9-92 所示的草图。单击“主页”选项卡→“草图”组→“完成”图标，草图绘制完毕。

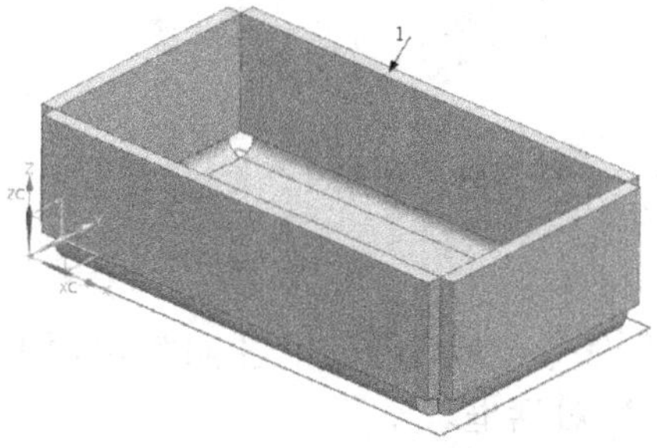

图 9-91　选择草图工作平面

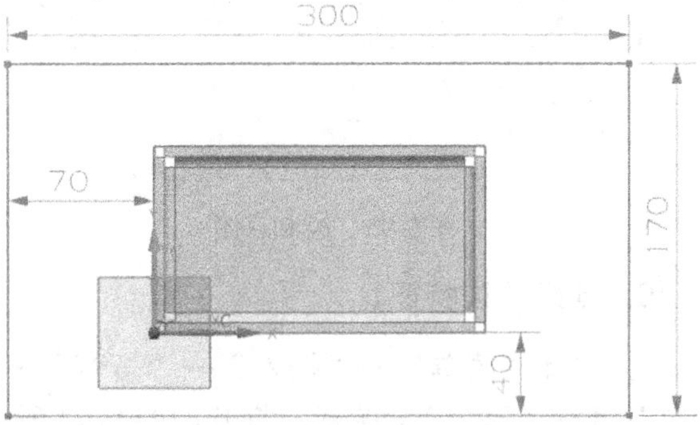

图 9-92　绘制草图

（3）输入厚度为 5，单击“确定”按钮，创建突出块特征。

9．创建法向开孔特征

（1）选择“菜单”→“插入”→“切割”→“法向开孔”命令，或者单击“主页”选项卡→“特征”组→“法向开孔”图标，打开如图 9-93 所示“法向开孔”对话框。

（2）单击“绘制截面”图标，打开“创建草图”对话框，在视图区选择面 2 为草图工作平面，如图 9-94 所示，进入草图绘制环境，单击“主页”选项卡→“曲线”组→“矩形”

图标，选择“按 2 点”矩形方法，输入坐标（5，5），宽度和高度分别为 150 和 80，绘制如图 9-95 所示的草图。单击“主页”选项卡→“草图”组→“完成”图标，草图绘制完毕。

图 9-93　“法向开孔”对话框

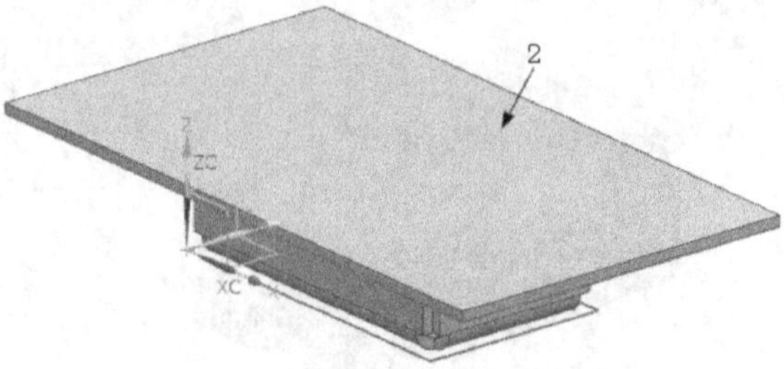

图 9-94　选择草图工作平面

（3）设置“切割方法”为“厚度”，“限制”为“直至下一个”，单击“确定”按钮，创建法向开孔特征，如图 9-96 所示。

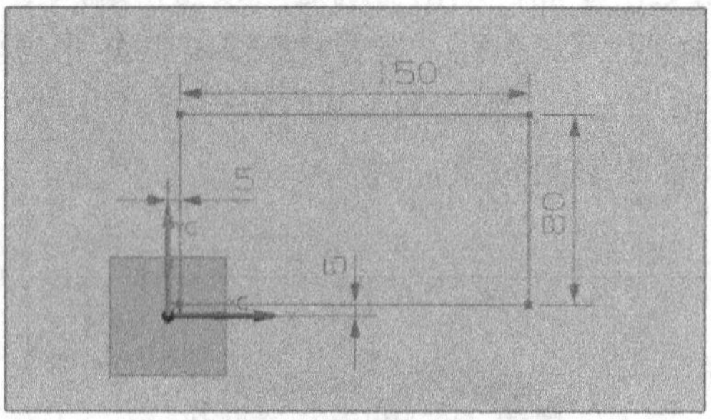

图 9-95　绘制草图

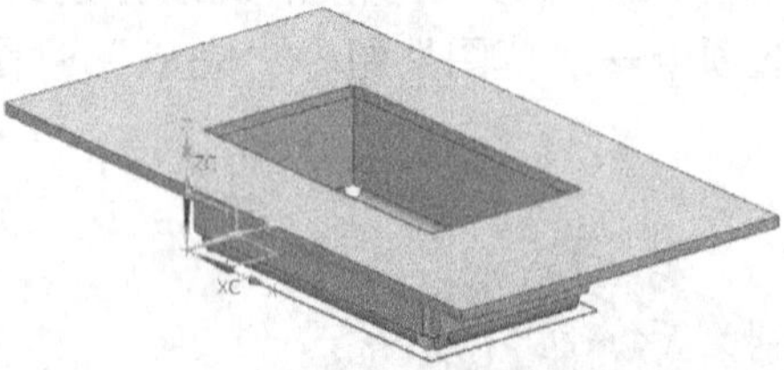

图 9-96　法向开孔

10. 创建弯边特征1

（1）选择“菜单”→“插入”→“折弯”→“弯边”命令，或者单击“主页”选项卡→“折弯”组→“弯边”图标，打开如图 9-97 所示“弯边”对话框。

（2）设置“宽度选项”为“完整”，“长度”为 50，“角度”为 90，参考长度为“内侧”，“内嵌”为“折弯外侧”，在“止裂口”列表框的“折弯止裂口”下拉列表框中选择“无”。

（3）选择如图 9-98 所示的弯边。单击“确定”按钮，创建弯边特征 1，如图 9-99 所示。

（4）重复上述步骤，在突出块的其他 3 个边上创建相同参数的弯边，结果如图 9-100 所示。

11. 创建封闭拐角特征

（1）选择“菜单”→“插入”→“拐角”→“封闭拐角”命令，或者单击“主页”选项卡→“拐角”组→“封闭拐角”图标，打开如图 9-101 所示的“封闭拐角”对话框。

图 9-97 “弯边”对话框

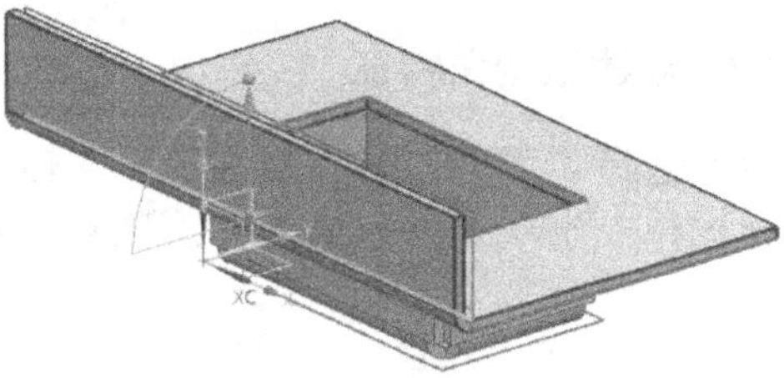

图 9-98 选择边

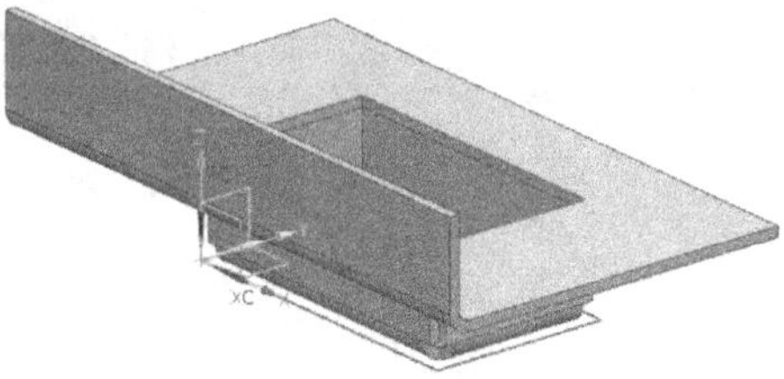

图 9-99 创建弯边特征 1

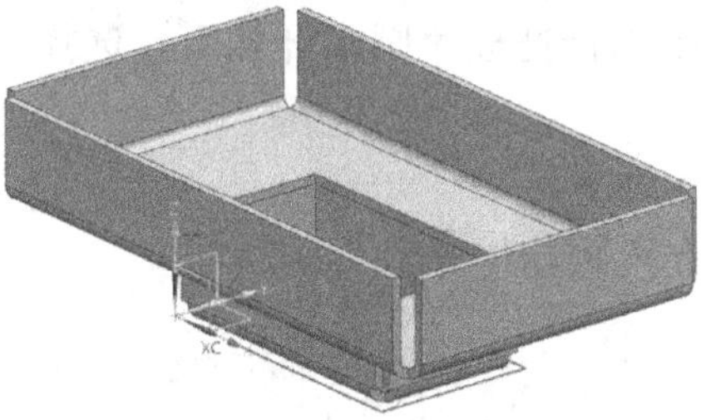

图 9-100 创建弯

图 9-101 “封闭拐角”对话框

（2）在类型中选择“封闭和止裂口”，在拐角属性中选择处理“封闭”，选择重叠“封闭”，输入缝隙为 0.1。

（3）在视图区选择两个相邻折弯，如图 9-102 所示。

（4）单击“确定”按钮，创建封闭拐角 1，如图 9-103 所示。

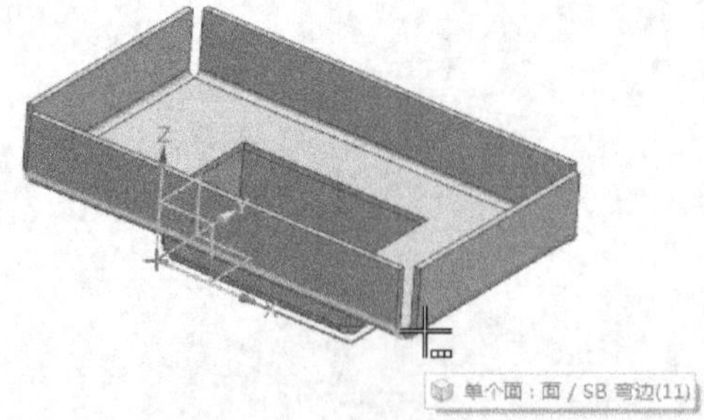

图 9-102　选择相邻弯边

图 9-103　创建封闭拐角 1

（5）同上步骤，创建相同参数的其他 3 个封闭拐角，如图 9-104 所示。

12．创建钣金角特征

（1）选择“菜单”→“插入”→“拐角”→“封闭拐角”命令，或者单击“主页”选项卡→“拐角”组→“封闭拐角”图标，打开如图 9-105 所示的“封闭拐角”对话框。

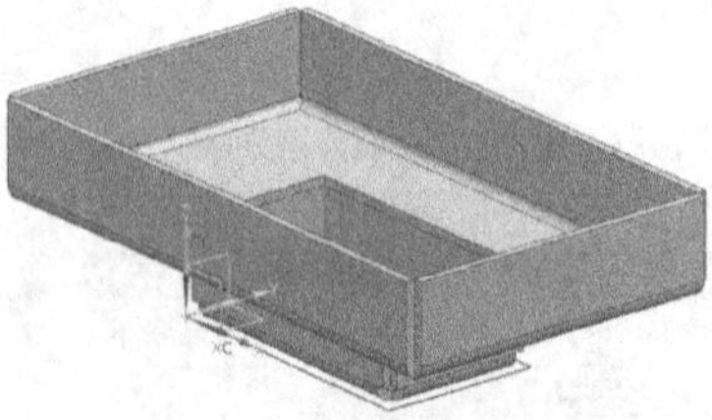

图 9-104　创建封闭拐角

图 9-105　“封闭拐角”对话框

（2）在类型中选择“止裂口”，在拐角属性中选择处理“圆形开孔”，选择止裂口特征原点为“拐角点”，输入直径为 5。

（3）在视图区选择两个相邻折弯，如图 9-106 所示。

（4）单击“确定”按钮，创建止裂口 1，如图 9-107 所示。

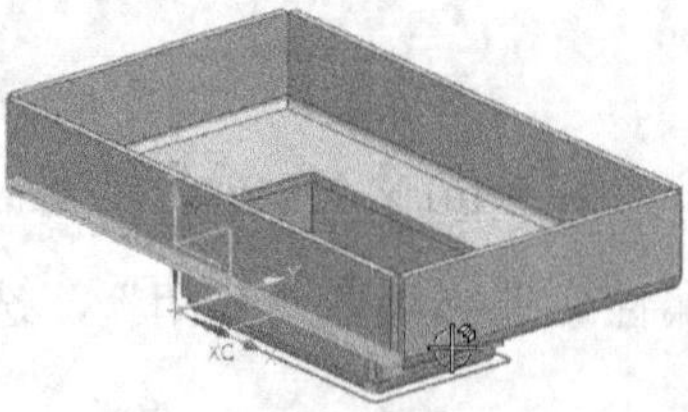

图 9-106　选择相邻折弯

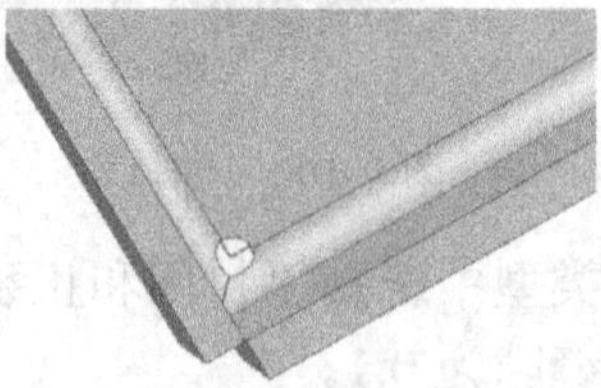

图 9-107　创建止裂口

（5）同上步骤，创建相同参数的其他 3 个止裂口，如图 9-108 所示。

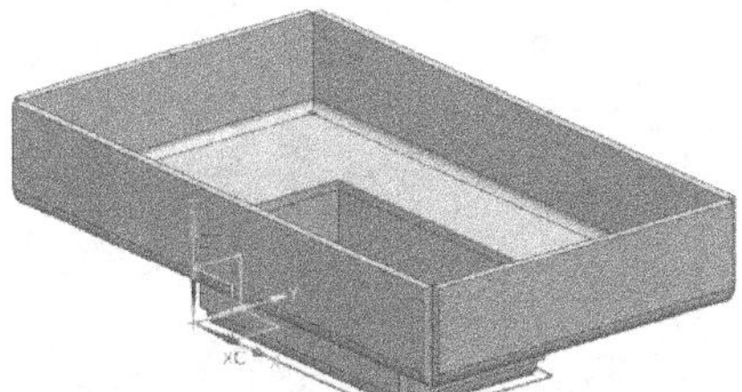

图 9-108　创建止裂口

9.2.9　伸直

伸直命令可以伸直钣金零件的折弯特征，然后在折弯区域创建裁剪和孔等特征。

选择“菜单”→“插入”→“成形”→“伸直”命令，或者单击“主页”选项卡→“成形”组→“伸直”图标，打开如图 9-109 所示“伸直”对话框。

图 9-109　“伸直”对话框

1．固定面或边

用于指定选择钣金零件平面或者边缘作为固定位置来创建取消折弯特征。

2．折弯

用于选择将要执行取消折弯操作的折弯区域，可以选择一个或多个折弯区域圆柱面（内侧和外侧均可），选择折弯面后，折弯区域将高亮显示，示意图如图 9-110 所示。

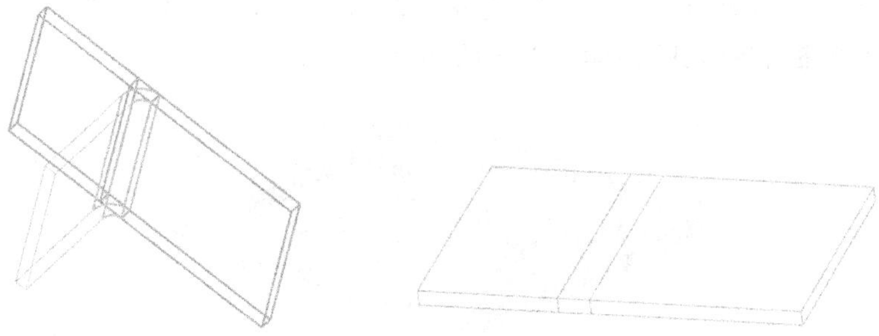

伸直前　　伸直后

图 9-110　伸直示意图

9.2.10　重新折弯

在伸直的钣金零件上添加裁剪和孔等特征后可以执行重新折弯命令。

选择“菜单”→“插入”→“成形”→“重新折弯”命令，或者单击“主页”选项卡→“成形”组→“重新折弯”图标，打开如图 9-111 所示“重新折弯”对话框。

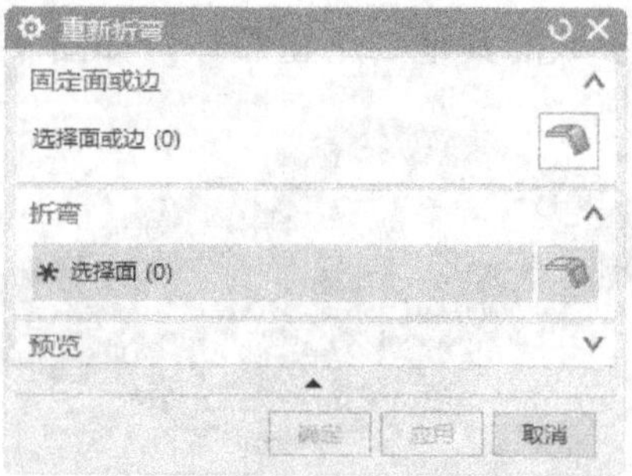

图 9-111 “重新折弯”对话框

重新折弯面用于选择已经执行取消折弯操作折弯面，执行重新折弯操作，可以选择一个或多个取消折弯特征，执行重新折弯操作，所选择的取消折弯特征将高亮显示。

重新折弯特征示意图如图 9-112 所示。

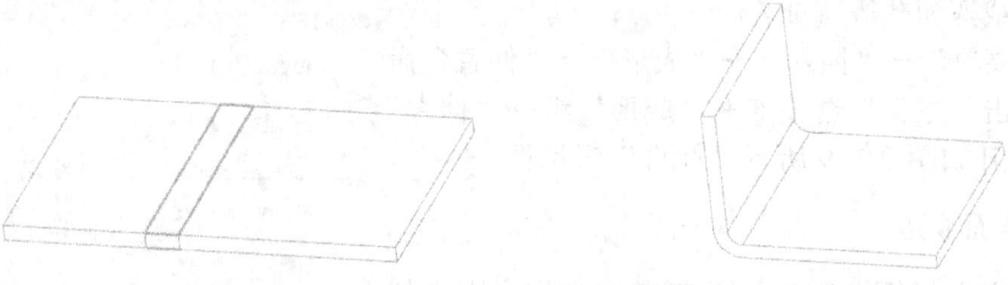

图 9-112 重新折弯特征示意图

9.3 综合实例——消毒柜左侧板

首先利用拉伸命令创建基本实体，利用腔命令创建腔，再利用撕边命令在实体的四边创建撕边通过转换成钣金命令将其转换成钣金件，最后利用伸直命令伸直并利用法向开孔命令修剪弯边，箱体左侧板的效果图如图 9-113 所示。

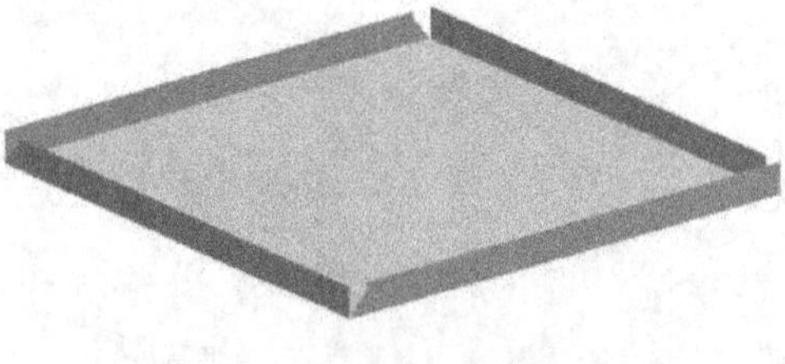

图 9-113 箱体左侧板的效果图

绘制步骤

1. 新建文件

选择“菜单”→“文件”→“新建”命令，或者单击“主页”选项卡→“标准”组→“新建”图标，打开“新建”对话框。在模板列表中选择“NX 钣金”，在“名称”文本框中输入“zuoceban”，在“文件夹”文本框中输入非中文保存路径，单击“确定”按钮，进入 UG NX 12.0 钣金设计环境。

2. 钣金预设置

选择“菜单”→“首选项”→“钣金”命令，打开如图 9-114 所示的“钣金首选项”对话框。设置“全局参数”列表框中的“材料厚度”为 0.6，“弯曲半径”为 0.3，“让位槽深度”和“让位槽宽度”都为 0，选中“折弯定义方法”选项卡“方法”下拉列表中选择“公式”，在“公式”下拉列表中选择“折弯许用半径”。单击“确定”按钮，完成 NX 钣金预设置。

图 9-114 “钣金首选项”对话框

3. 绘制草图

（1）选择“菜单”→“插入”→“在任务环境中绘制草图”命令，或者单击“曲线”选项卡→“在任务环境中绘制草图”图标，打开如图 9-115 所示的“创建草图”对话框。

（2）在“创建草图”对话框中，选择“XC-YC”平面为草图绘制面，设置“水平”面为参考平面，单击“确定”按钮，进入草图绘制环境，单击“主页”选项卡→“曲线”组→“矩形”图标，选择“按 2 点”矩形方法，选择原点，宽度和高度分别为 310 和 301.2，绘制如图 9-116 所示的草图。单击“主页”选项卡→“草图”组→“完成”图标，草图绘制完毕。

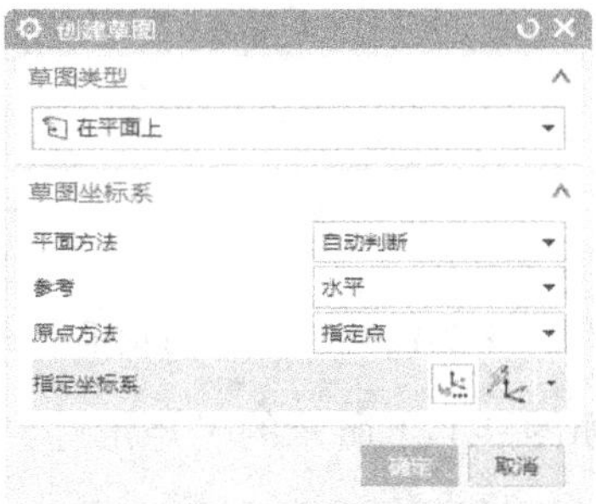

图 9-115 “创建草图”对话框

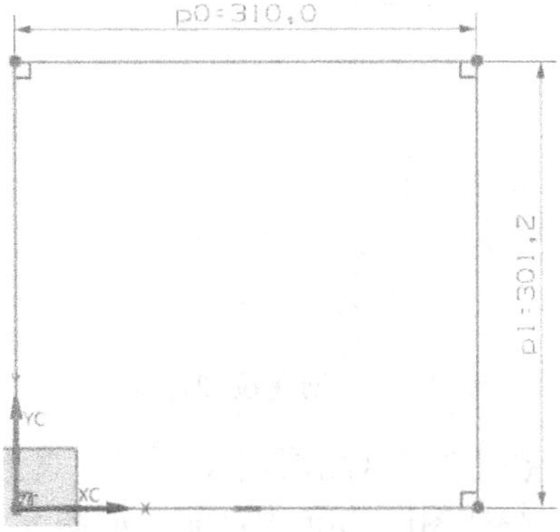

图 9-116 绘制草图

4．创建拉伸特征

（1）选择“菜单”→“插入”→“切割”→“拉伸”命令，或者单击“主页”选项卡→“特征”组→“更多”库→“设计特征”库→“拉伸”图标，打开如图 9-117 所示的“拉伸”对话框。

（2）在视图区选择如图 9-116 所示绘制的草图曲线。在“拉伸”对话框的结束“距离”文本框中输入 20，指定矢量选择“ZC 轴”，同时在视图区预览所创建的拉伸特征，如图 9-118 所示。

图 9-117 “拉伸”对话框

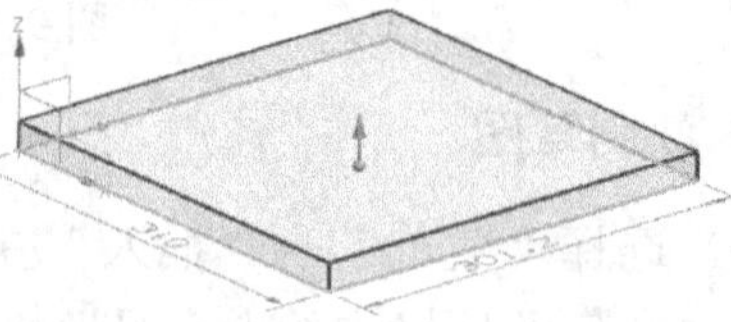

图 9-118 预览所创建的拉伸特征

（3）在“拉伸”对话框中，单击“确定”按钮，创建拉伸特征，如图 9-119 所示。

5．创建腔体特征

（1）选择“菜单”→“插入”→“设计特征”→“腔（原有）”命令，打开如图 9-120 所示的“腔”对话框。

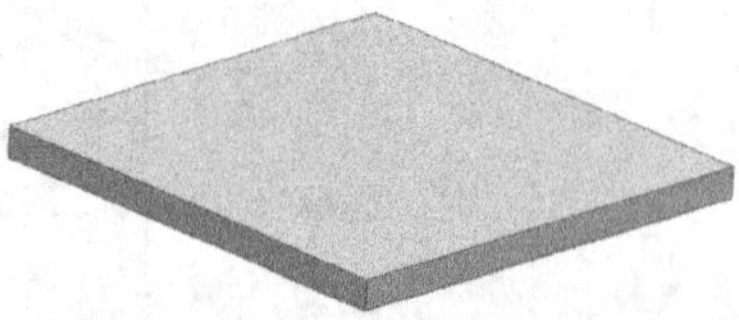

图 9-119 创建拉伸特征

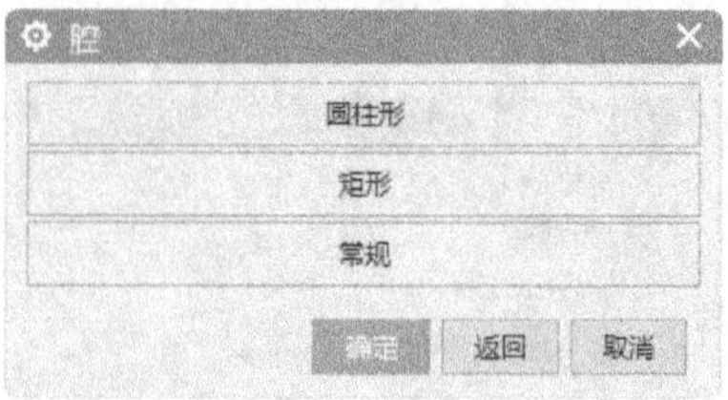

图 9-120 “腔”对话框

（2）在“腔”对话框中，单击“矩形”按钮，打开如图 9-121 所示的“矩形腔”对话框。

（3）在视图区选择放置面，如图 9-122 所示。

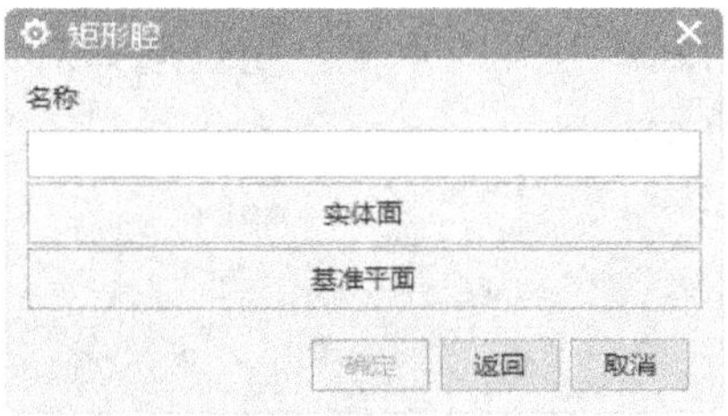

图 9-121　“矩形腔”对话框

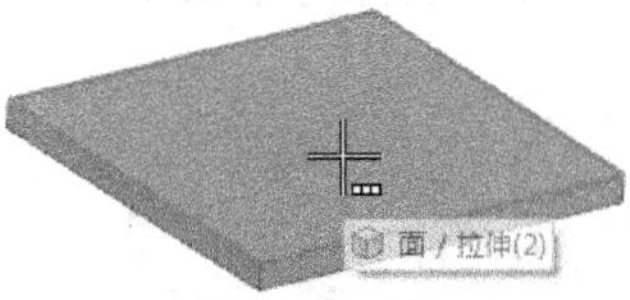

图 9-122　选择放置面

（4）打开如图 9-123 所示的“水平参考”对话框。

（5）在视图区选择参考平面，如图 9-124 所示。

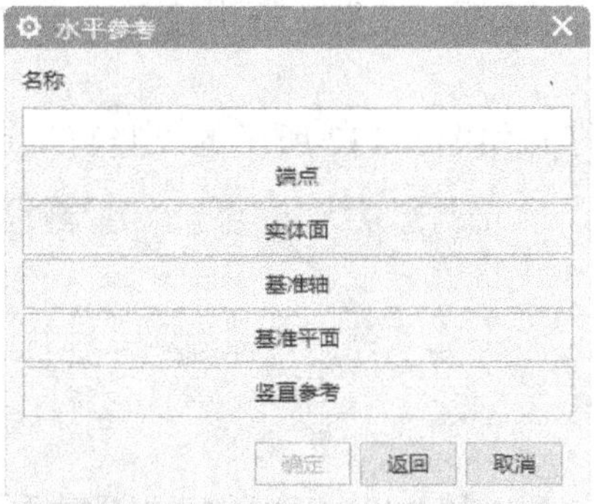

图 9-123　“水平参考”对话框

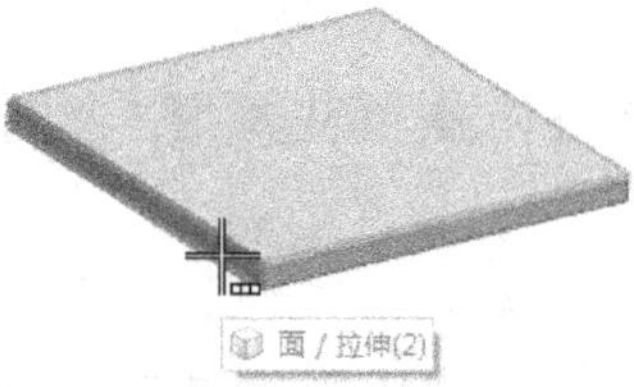

图 9-124　选择参考平面

（6）打开如图 9-125 所示的“矩形腔”参数输入对话框。在“长度”、“宽度”和“深度”文本框中分别输入 308.8、300 和 19.4，单击“确定”按钮。

（7）打开如图 9-126 所示的“定位”对话框。

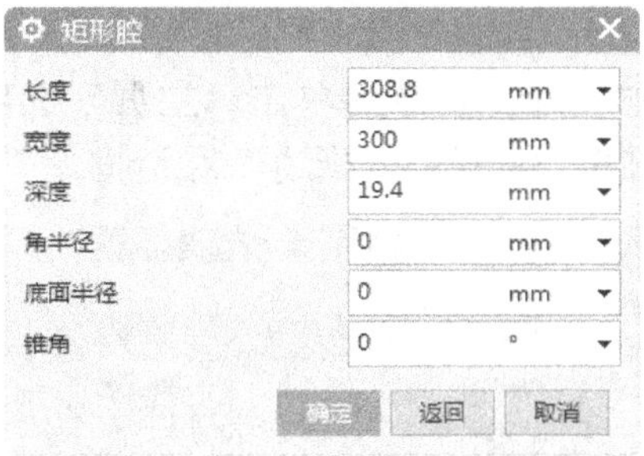

图 9-125　“矩形腔”参数输入对话框

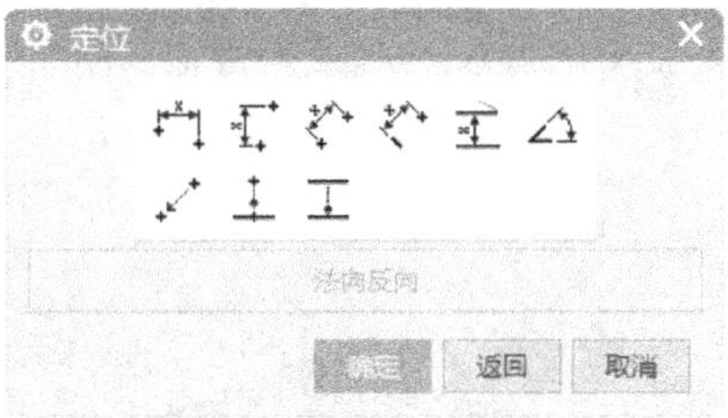

图 9-126　“定位”对话框

（8）在视图区预览显示矩形腔的中心线，如图 9-127 所示。

（9）在“定位”对话框中，单击图标，同时打开如图 9-128 所示的“水平”定位选择对话框。

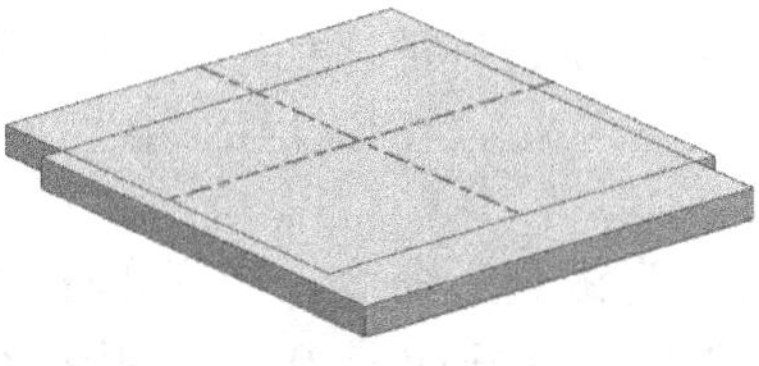

图 9-127　预览显示矩形腔的中心线

图 9-128　“水平”定位选择对话框

（10）在视图区选择定位边 1，如图 9-129 所示。打开“水平”定位选择对话框。

（11）在视图区选择定位边 2，如图 9-130 所示。

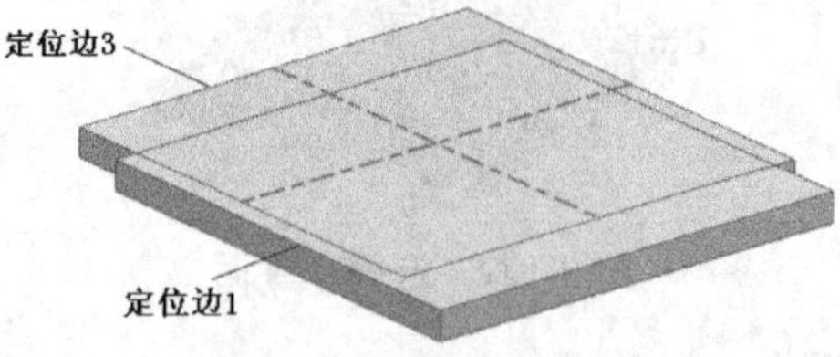

图 9-129　选择定位边 1

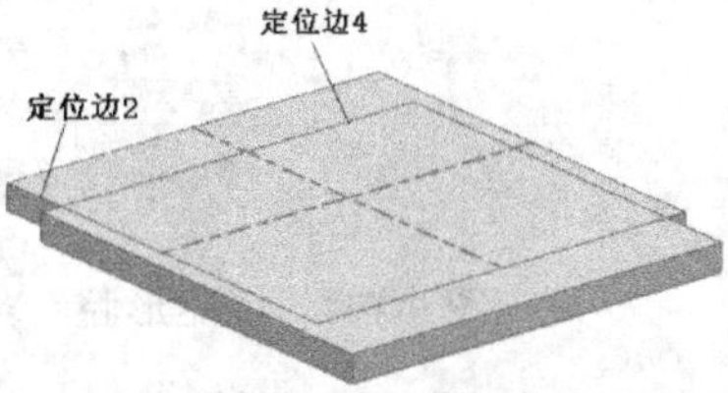

图 9-130　选择定位边 2

（12）打开如图 9-131 所示的“创建表达式”对话框。在文本框中输入-0.6，单击“确定”按钮。

（13）在“定位”对话框中，单击图标，打开如图 9-132 所示的“竖直”选择对话框。

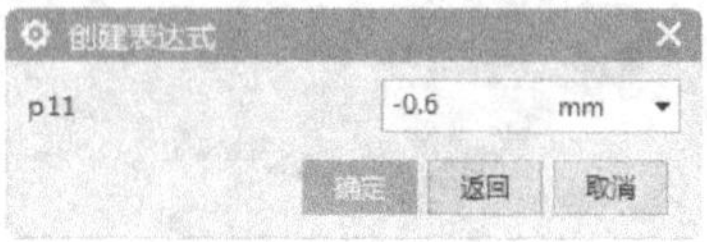

图 9-131　“创建表达式”对话框

图 9-132　“竖直”选择对话框

（14）在视图区选择如图 9-129 所示的定位边 3 和如图 9-130 所示的定位边 4。打开“创建表达式”对话框。在文本框中输入–0.6，连续单击“确定”按钮。创建矩形腔，如图 9-133 所示。

6. 创建撕边特征

（1）选择“菜单”→“插入”→“转换”→“撕边”命令，或者单击“主页”选项卡→“基本”组→“转换”库→“撕边”图标，打开如图 9-134 所示“撕边”对话框。

图 9-133　创建矩形腔

图 9-134　“撕边”对话框

（2）在视图区选择边（里侧的边），如图 9-135 所示。

（3）在“撕边”对话框中，单击“确定”按钮，创建撕边特征，如图 9-136 所示。

7. 创建转换成钣金特征

（1）选择“菜单”→“插入”→“转换”→“转换为钣金”命令，或者单击“主页”选项卡→“基本”组→“转换”库→“转换为钣金”图标，打开如图 9-137 所示“转换为钣金”对话框。

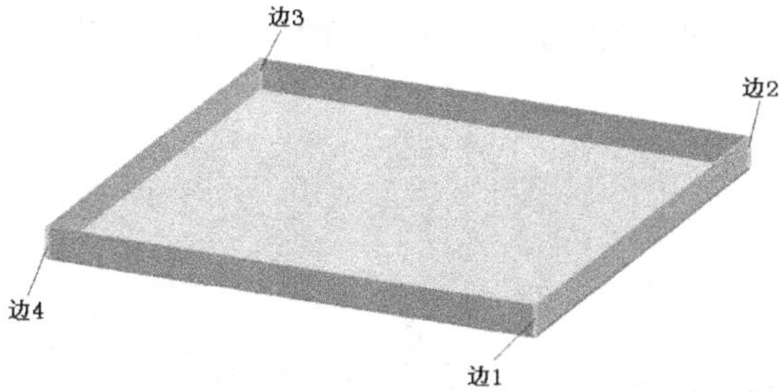

图 9-135　选择边

图 9-136　创建撕边特征

（2）在视图区选择转换面，如图 9-138 所示。

（3）在“转换为钣金”对话框中，单击“确定”按钮，将实体转换为钣金，如图 9-139 所示。

图 9-137　“转换为钣金”对话框

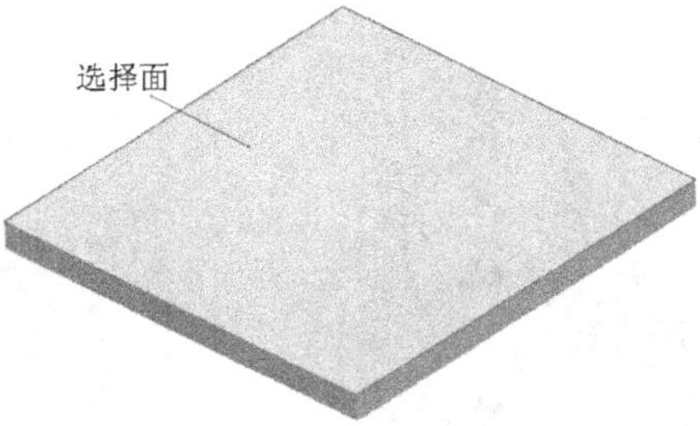

图 9-138　在视图区

图 9-139　将实体转换为钣金

8. 伸直

（1）选择“菜单”→“插入”→“成形”→“伸直”命令，或者单击“主页”选项卡→“成形”库→“伸直”图标，打开如图 9-140 所示“伸直”对话框。

（2）在视图区选择固定面，如图 9-141 所示。

（3）在视图区选择折弯，如图 9-142 所示。

（4）在“伸直”对话框中，单击“确定”按钮，创建伸直特征，如图 9-143 所示。

9. 绘制草图

（1）选择“菜单”→“插入”→“在任务环境中绘制草图”命令，或者单击“曲线”选项卡→“在任务环境中绘制草图”图标，平面方法选择“现有平面”，选择草图工作平面，如图 9-144 所示。

图 9-140　“伸直”对话框

图 9-141　选择固定面

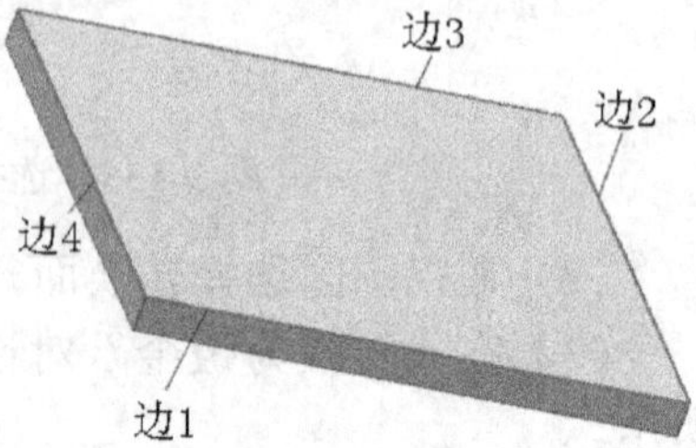

图 9-142　选择折弯

图 9-143　创建伸直特征

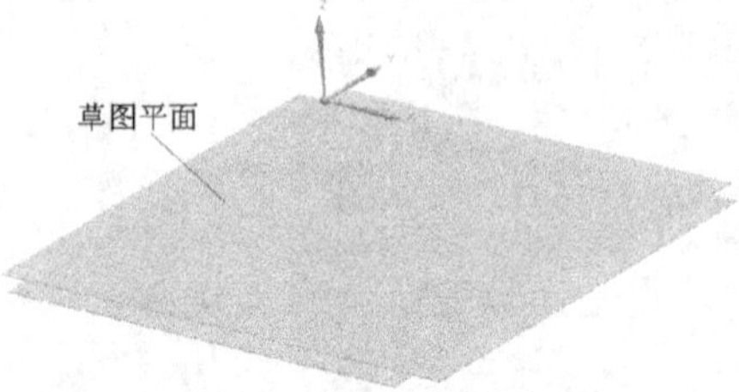

图 9-144　选择草图工作平面

（2）进入草图绘制环境，绘制如图 9-145 所示的草图。单击“主页”选项卡→“草图”组→“完成”图标，草图绘制完毕。

图 9-145　绘制草图

10．创建法向开孔特征

（1）选择“菜单”→“插入”→“切割”→“法向开孔”命令，或者单击“主页”选项卡→“特征”组→“法向开孔”图标，打开如图 9-146 所示的“法向开孔”对话框。

（2）在视图区选择上步创建的草图，如图 9-147 所示。

（3）在“法向开孔”对话框，切割方法选择“厚度”，限制选择“直至下一个”，单击“确定”按钮，如图 9-148 所示。

图 9-146　“法向开孔”对话框

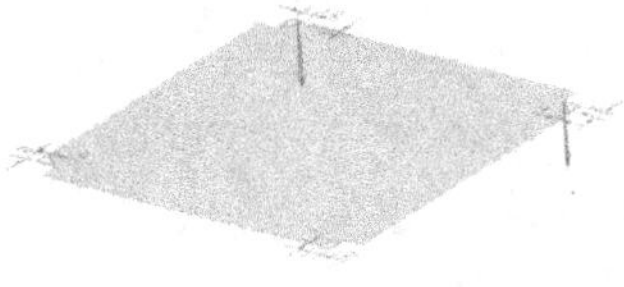

图 9-147　选择放置面

11．创建重新折弯特征

（1）选择“菜单”→“插入”→“成形”→“重新折弯”命令，或者单击“主页”选项卡→“成形”库→“重新折弯”图标，打开如图 9-149 所示“重新折弯”对话框。

图 9-148　裁剪其他弯边

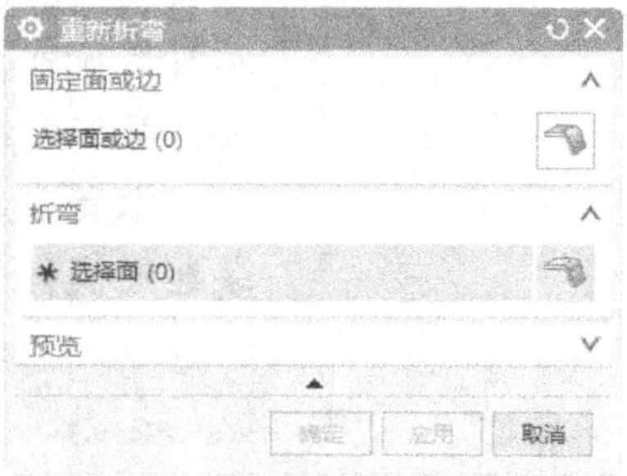

图 9-149　“重新折弯”对话框

（2）在视图区选择折弯，如图 9-150 所示。

（3）在“重新折弯”对话框中，单击“确定”按钮，创建重新折弯特征，如图 9-151 所示。

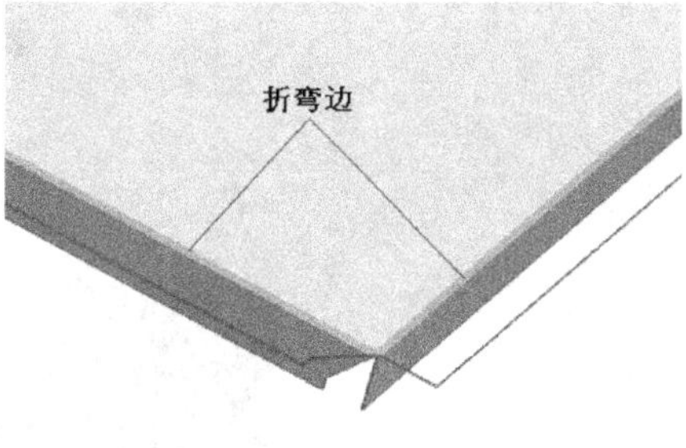

图 9-150　选择折弯

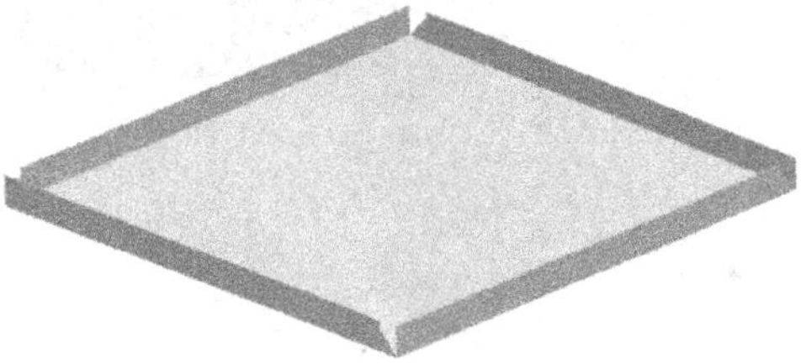

图 9-151　创建重新折弯特征

Chapter

装配建模

10

内容简介

UG 的装配模块不仅能快速组合零部件成为产品，而且在装配中，可以参考其他部件进行部件关联设计，可以对装配模型进行间隙分析、重量管理等相关操作。在完成装配模型后，还可以建立爆炸视图，并将其导入到装配工程图中。同时，可以在装配工程图中生成装配明细表，并能对轴测图进行局部剖切。

本章主要讲解装配过程的基础知识和常用模块及方法，让用户对装配建模有进一步的认识。

内容要点

- 装配概述
- 总装配导航器
- 自底向上装配
- 自顶向下装配
- 装配爆炸图

案例效果

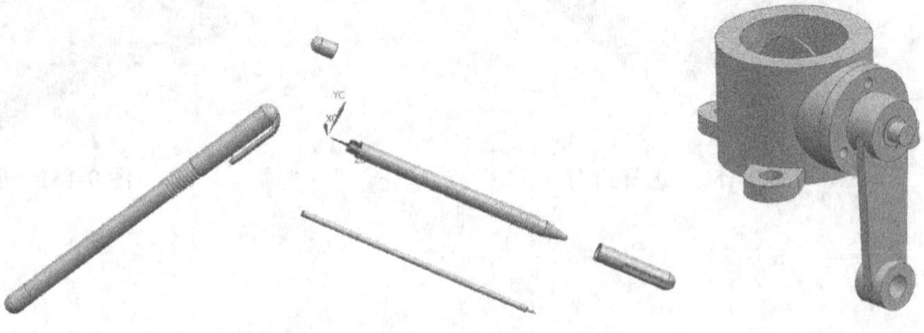

10.1 装配概述

在装配前先介绍装配的相关术语和概念。

10.1.1 相关术语和概念

以下主要介绍装配中的常用术语。

（1）装配：是指在装配过程中建立部件之间的连接功能，由装配部件和子装配组成。

（2）装配部件：由零件和子装配构成的部件。在 UG 中允许在任何一个 prt 文件中添加部件构成装配，因此任何一个 prt 文件都可以作为装配部件，UG 中零件和部件不必严格区分。需要注意的是：当存储一个装配时，各部件的实际几何数据并不是储存在装配部件文件中，而是储存在相应的部件（即零件文件）中。

（3）子装配：是在高一级装配中被用作组件的装配，子装配也拥有自己的组件。子装配是一个相对概念，任何一个装配可在更高级的装配中作为子装配。

（4）组建对象：是一个从装配部件链接到部件主模型的指针实体。一个组件对象纪录的信息有：部件名称、层、颜色、线型、线宽、引用集和配对条件等。

（5）组建部件：也就是装配里组件对象所指的部件文件。组件部件可以是单个部件（即零件），也可以是子装配。需要注意的是：组件部件是装配体引用而不是复制到装配体中的。

（6）单个零件：是指在装配外存在的零件几何模型，它可以添加到一个装配中去，但它本身不能含有下级组件。

（7）主模型：利用 Master Model 功能来创建的装配模型，它是由单个零件组成的装配组件。是供 UG 模块共同引用的部件模型。同一主模型，可同时被工程图、装配、加工、机构分析和有限元分析等模块引用，当主模型修改时，相关引用自动更新。

（8）自顶向下装配：在装配级中创建与其他部件相关的部件模型，是在装配部件的顶级向下生成子装配和部件（即零件）的装配方法。

（9）自底向上装配：先创建部件几何模型，再组合成子装配，最后生成装配部件的装配方法。

（10）混合装配：是将自顶向下装配和自底向上装配结合在一起的装配方法。例如，先创建几个主要部件模型，再将其装配到一起，然后在装配中设计其他部件，即为混合装配。

10.1.2 引用集

在装配中，各部件含有草图、基准平面和其他辅助图形对象，如果在装配中列出显示所有对象不但容易混淆图形，而且还会占用大量内存，不利于装配工作的进行。通过引用集命令能够限制加载于装配图中装配部件的不必要信息量。

引用集是用户在零部件中定义的部分几何对象，它代表相应的零部件参与装配。引用集可以包含下列数据对象：零部件名称、原点、方向、几何体、坐标系、基准轴、基准平面和属性等。创建完引用集后，就可以单独装配到部件中。一个零部件可以有多个引用集。

选择“菜单”→“格式”→“引用集”命令，系统打开如图 10-1 所示“引用集”对话框。部分选项功能如下。

（1）添加新的引用集：可以创建新的引用集。输入引用集的名称，并选取对象。

（2）删除：已创建的引用集项目中可以选择性的删除，删除引用集只不过是在目录中被删除而已。

（3）设为当前的：把对话框中选取的引用集设定为当前的引用集。

（4）属性：编辑引用集的名称和属性。

（5）信息：显示工作部件的全部引用集的名称和属性、个数等信息。

图 10-1 “引用集”对话框

10.2 装配导航器

装配导航器也叫装配导航工具，它提供了一个装配结构的图形显示界面，也被称为“树形表”。如图 10-2 所示，掌握了装配导航器才能灵活运用装配的功能。

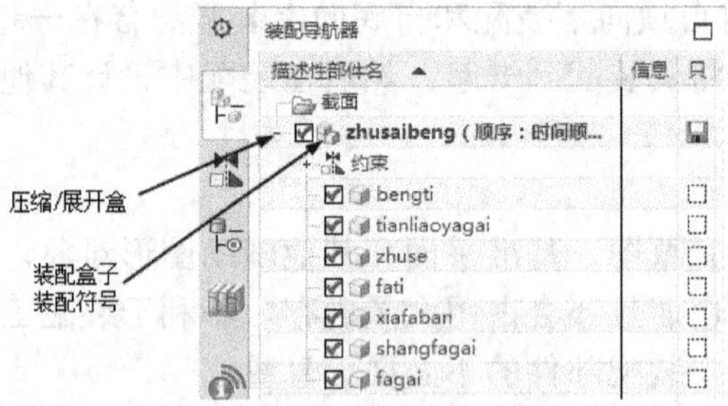

图 10-2 “树形表”示意图

10.2.1 功能概述

1. 节点显示

采用装配树形结构显示，非常清楚地表达了各个组件之间的装配关系。

2. 装配导航器图标

装配结构树中用不同的图标来表示装配中子装配和组件的不同。同时，各零部件不同的装载状态也用不同的图标表示。

（1）：表示装配或子装配。

① 如果图标是黄色，则此装配在工作部件内。

② 如果是黑色实线图标，则此装配不在工作部件内。

③如果是灰色虚线图标，则此装配已被关闭。

（2）：表示装配结构树组件。

① 如果图标是黄色，则此组件在工作部件内。

② 如果是黑色实线图标，则此组件不在工作部件内。

③ 如果是灰色虚线图标，则此组件已被关闭。

3. 检查盒

检查盒提供了快速确定部件工作状态的方法，允许用户用一个非常简单的方法装载并显示部件。部件工作状态用检查盒指示器表示。

（1）□：表示当前组件或子装配处于关闭状态。

（2）☑：表示当前组件或子装配处于隐藏状态，此时检查框显灰色。

（3）☑：表示当前组件或子装配处于显示状态，此时检查框显红色。

4. 打开菜单选项

如果将光标移动到装配树的一个节点或选择若干个节点并单击右键，则打开快捷菜单，其中提供了很多便捷命令，以方便用户操作，如图 10-3 所示。

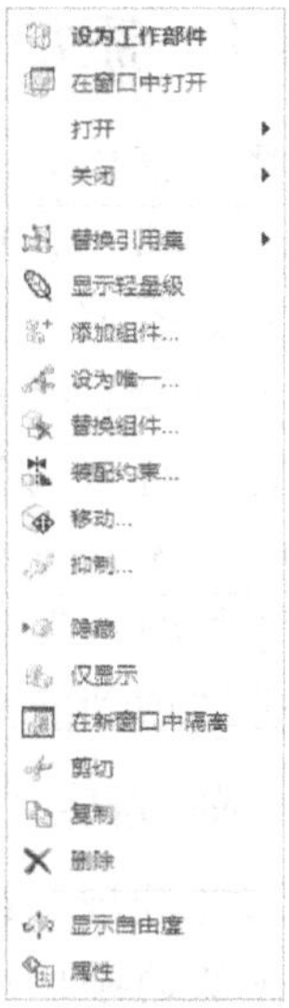

图 10-3　打开的快捷菜单

10.2.2 预览面板和依附性面板

“预览”面板是装配导航器的一个扩展区域，显示装载或未装载的组件。此功能在处理大装配时，有助于用户根据需要打开组件，更好地掌握其装配性能。

“依附性”面板是装配导航器和部件导航器的一个特殊扩展。装配导航器的依附性面板允许查看部件或装配内选定对象的依附性，包括配对约束和 WAVE 依附性，可以用它来分析修改计划对部件或装配的潜在影响。

10.3 自底向上装配

自底向上装配的设计方法是常用的装配方法，即先设计装配中的部件，再将部件添加到装配中，由底向上逐级进行装配。

选择“菜单”→“装配”→“组件”下拉菜单，如图 10-4 所示。

采用自底向上的装配方法，选择添加已存组件的方式有两种，一般来说，第一个部件采用绝对坐标定位方式添加，其余部件采用配对定位的方法添加。

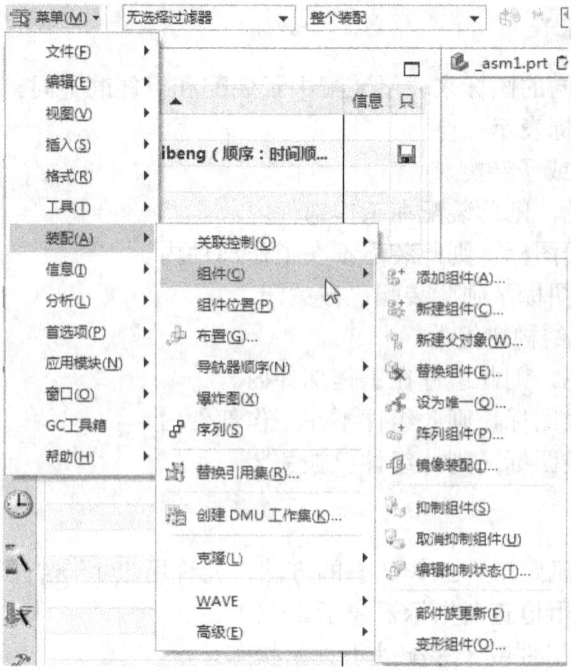

图 10-4　“组件”子菜单命令

10.3.1　添加已经存在的部件

选择“菜单”→“装配”→“组件”→“添加组件”命令，或者单击“装配”选项卡→“组件”组→“添加”图标，打开如图 10-5 所示“添加组件”对话框。如果要进行装配的部件还没有打开，可以选择“打开”按钮，从磁盘目录选择；已经打开的部件名字会出现在“已加载的部件”列表框中，可以从中直接选择。单击“确定”按钮，返回如图 10-5 所示“添加组件”对话框。

图 10-5　“添加组件”对话框

部分选项功能如下。

1．保持选定

勾选此选项，维护部件的选择，这样就可以在下一个添加操作中快速添加相同的部分。

2．组件名

可以为组件重新命名，默认组件的零件名。

3．引用集

用于改变引用集。默认引用集是模型，表示只包含整个实体的引用集。用户可以通过该下拉列表框选择所需的引用集。

4．图层选项

该选项用于指定部件放置的目标层。

（1）工作的：该选项用于将指定部件放置到装配图的工作层中。

（2）原始的：该选项用于将部件放置到部件原来的层中。

（3）按指定的：该选项用于将部件放置到指定的层中。选择该选项，在其下端的指定“层”文本框中输入需要的层号即可。

5．位置

（1）装配位置：装配中组件的目标坐标系。该下拉列表框中提供了“对齐”、“绝对坐标系-工作部件”、“绝对坐标系-显示部件”和“工作坐标系”4 种装配位置。

① 对齐：通过选择位置来定义坐标系。

② 绝对坐标系-工作部件：将组件放置于当前工作部件的绝对原点。

③ 绝对坐标系-显示部件：将组件放置于显示装配的绝对原点。

④ 工作坐标系：将组件放置于工作坐标系。

（2）组件锚点：坐标系用于定位装配中组件的组件，可以通过在组件内创建产品接口来定义其他组件系统。

10.3.2 组件的装配约束

1．移动组件

选择“菜单”→“装配”→“组件位置”→“移动组件”命令，或者单击“装配”选项卡→“组件位置”组→“移动组件”图标，打开如图 10-6 所示的“移动组件”对话框。

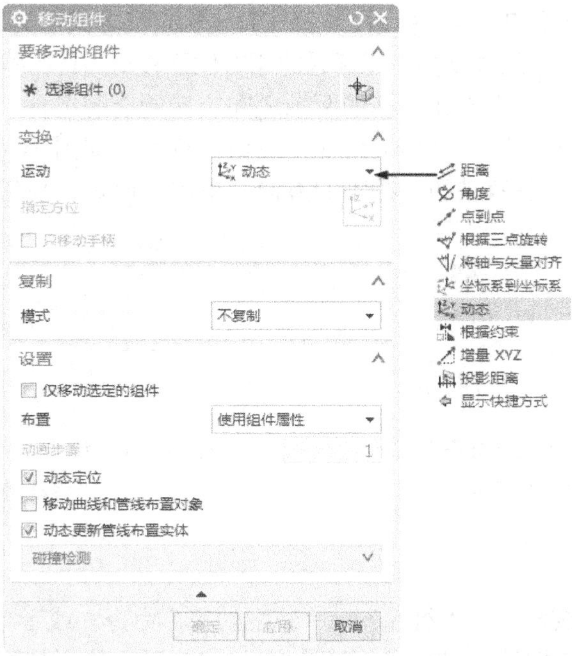

图 10-6 “移动组件”对话框

（1）点到点：用于采用点到点的方式移动组件。在“运动”下拉列表框中选择“点对点”，然后选择两个点，系统便会根据这两点构成的矢量和两点间的距离，沿着其矢量方向移动组件。

（2）增量 XYZ：用于平移所选组件。在“运动”下拉列表框中选择“增量 XYZ”，“移动组件”对话框将变为如图 10-7 所示。该对话框用于沿 X、Y 和 Z 坐标轴方向移动一个距离。如果输入的值为正，则沿坐标轴正向移动；反之，则沿负向移动。

（3）角度：用于绕轴和点旋转组件。在“运动”下拉列表框中选择“角度”时，“移动组件”对话框将变为如图 10-8 所示。选择旋转轴，然后选择旋转点，在“角度”文本框中输入要旋转的角度值，单击“确定”按钮即可。

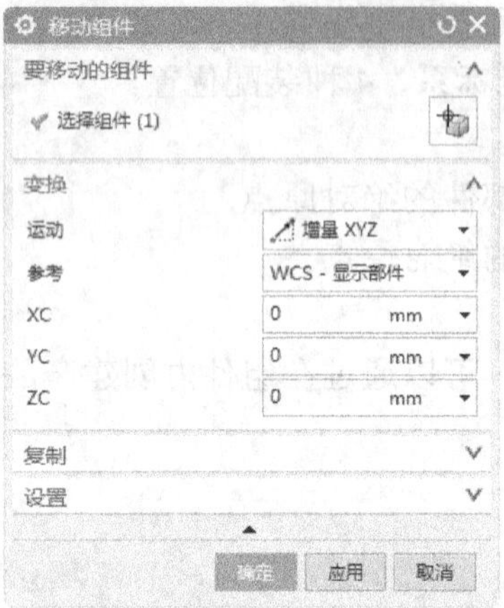

图 10-7　选择“增量 XYZ”时的“移动组件”对话框

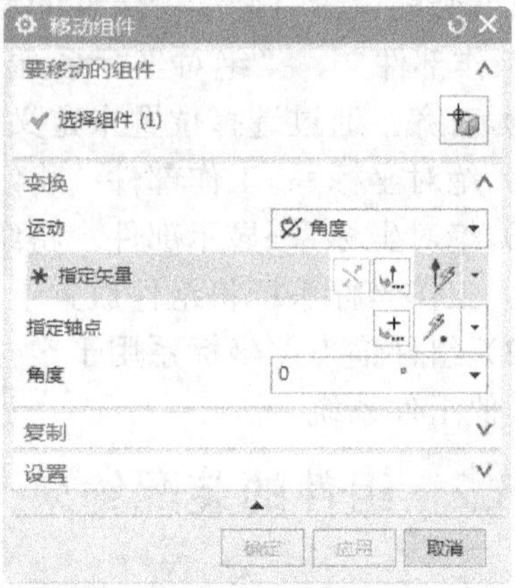

图 10-8　选择“角度”时的“移动组件”对话框

（4）坐标系到坐标系：用于采用移动坐标方式重新定位所选组件。在“运动”下拉列表框中选择“坐标系到坐标系”时，“移动组件”对话框将变为如图 10-9 所示。首先选择要定位的组件，然后指定参考坐标系和目标坐标系。选择一种坐标定义方式定义参考坐标系和目标坐标系后，单击“确定”按钮，则组件从参考坐标系的相对位置移动到目标坐标系中的对应位置。

（5）将轴与矢量对齐：用于在选择的两轴之间旋转所选的组件。在“运动”下拉列表框中选择“将轴与矢量对齐”时，“移动组件”对话框将变为如图 10-10 所示。选择要定位的组件，然后指定参考点、参考轴和目标轴的方向，单击“确定”按钮即可。

图 10-9　选择“坐标系到坐标系”时的“移动组件”对话框

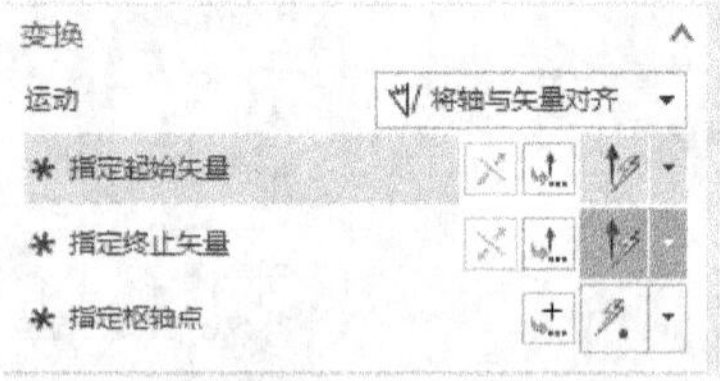

图 10-10　选择“将轴与矢量对齐”时的“移动组件”对话框

2．装配约束

选择“菜单”→“装配”→“组件”→“装配约束”命令，或者单击“装配”功能区“组件位置”组中的“装配约束”按钮，打开如图 10-11 所示的“装配约束”对话框。该对话框用于通过配对约束确定组件在装配中的相对位置。

（1）接触对齐：用于约束两个对象，使其彼此接触或对齐，如图 10-12 所示。

① 接触：定义两个同类对象相一致。

② 对齐：对齐匹配对象。

③ 自动判断中心/轴：使圆锥、圆柱和圆环面的轴线重合。

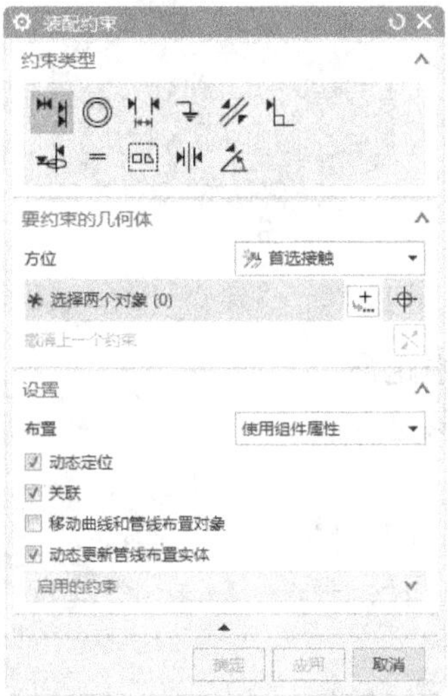

图 10-11　“装配约束”对话框

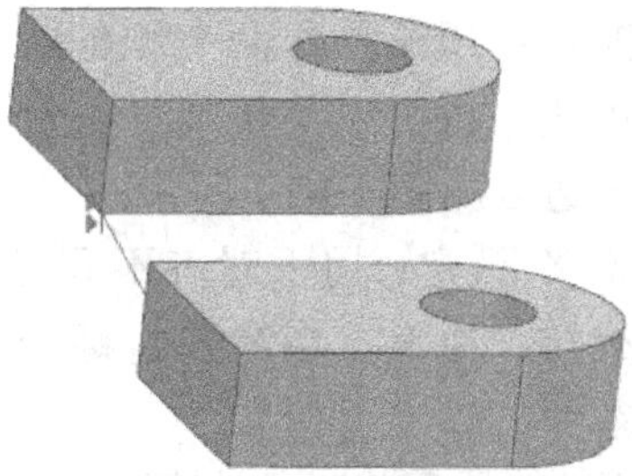

图 10-12　“接触对齐”效果示意图

（2）角度：用于在两个对象之间定义角度尺寸，约束相配组件到正确的方位上，如图 10-13 所示。角度约束可以在两个具有方向矢量的对象间产生，角度是两个方向矢量间的夹角。这种约束允许配对不同类型的对象。

（3）平行：用于约束两个对象的方向矢量彼此平行，如图 10-14 所示。

（4）垂直：用于约束两个对象的方向矢量彼此垂直，如图 10-15 所示。

（5）◎同心：用于将相配组件中的一个对象定位到基础组件中的一个对象的中心上，其中一个对象必须是圆柱或轴对称实体，如图 10-16 所示。

（6）中心：用于约束两个对象的中心对齐。

- 1 对 2：用于将相配组件中的一个对象定位到基础组件中的两个对象的对称中心上。
- 2 对 1：用于将相配组件中的两个对象定位到基础组件中的一个对象上，并与其对称。
- 2 对 2：用于将相配组件中的两个对象与基础组件中的两个对象呈对称布置。

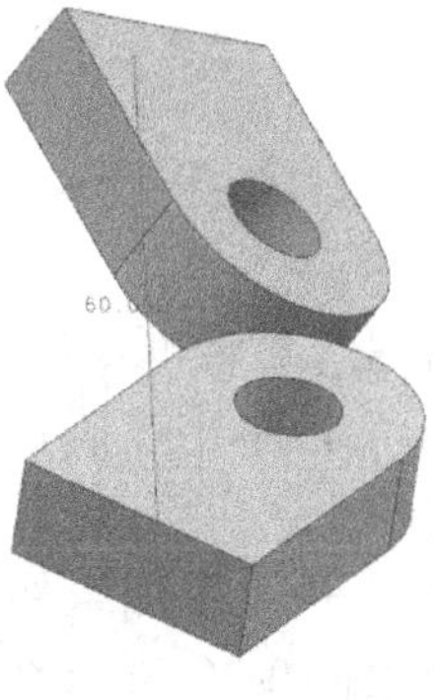

图 10-13　“角度”效果示意图

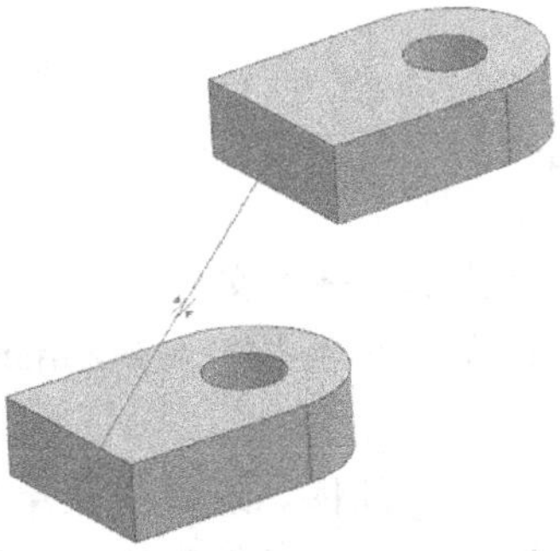

图 10-14　“平行”效果示意图

提示：相配组件是指需要添加约束进行定位的组件，基础组件是指位置固定的组件。

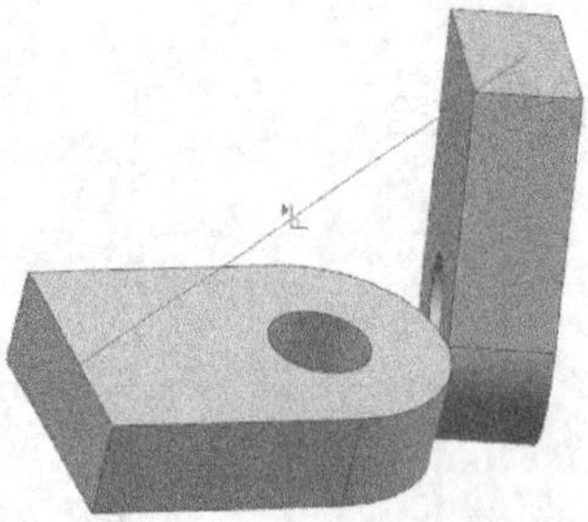

图 10-15 “垂直”效果示意图

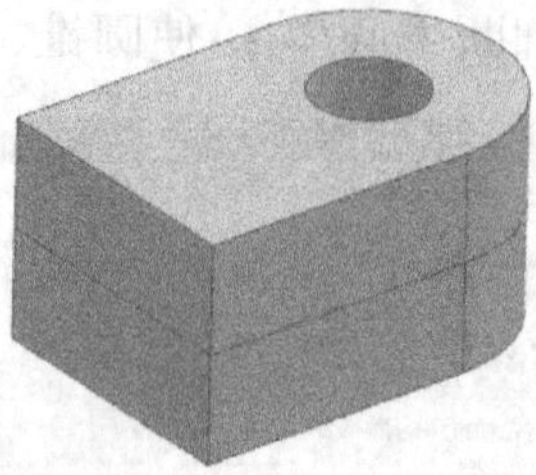

图 10-16 “同心”效果示意图

（7）距离：用于指定两个相配对象间的最小三维距离。距离可以是正值，也可以是负值，正负号确定相配对象是在目标对象的哪一边，如图 10-17 所示。

（8）对齐/锁定：用于对齐不同对象中的两个轴，同时防止绕公共轴旋转。通常，当需要将螺栓完全约束在孔中时，这将作为约束条件之一。

（9）胶合：用于将对象约束到一起以使它们作为刚体移动。

（10）═适合窗口：用于约束半径相同的两个对象，例如圆边或椭圆边，圆柱面或球面。如果半径变为不相等，则该约束无效。

（11）固定：用于将对象固定在其当前位置。

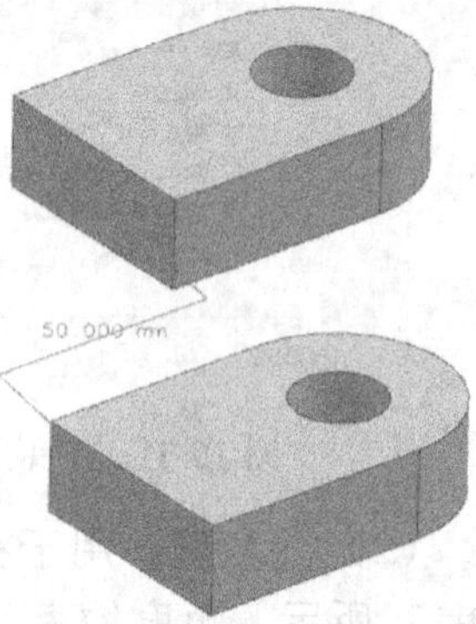

图 10-17 “距离”效果示意图

10.3.3 实例——笔装配

主要介绍对笔的各部件进行装配，中心配对，面配对等，模型如图 10-18 所示。

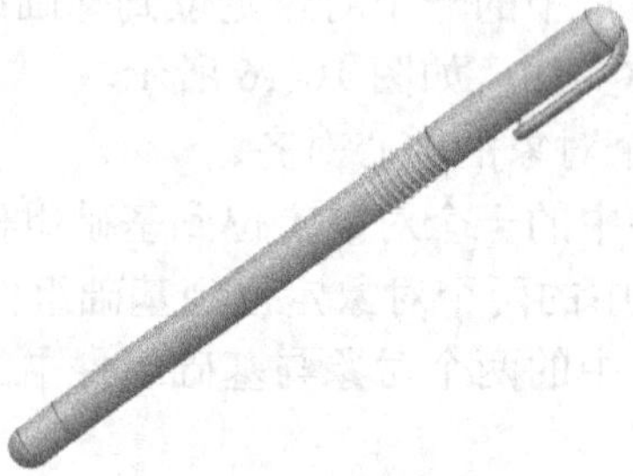

图 10-18 笔装配模型

绘制步骤

（1）选择“菜单”→“文件”→“新建”命令，打开“新建”对话框，如图 10-19 所示。选择装配模型，在文件名中输入 bizhuangpei，单位选择“毫米”，单击“确定”按钮，进入 UG 装配界面。

（2）加载 bitong 部件。选择“菜单”→“装配”→“组件”→“添加组件”命令，或者单击“装配”选项卡→“组件”组→“添加”图标，打开如图 10-20 所示“添加组件“对话框，单击对话框中“打开”按钮，加载 bitong 部件。完成选择部件后，单击“确定”按钮，打开如图 10-21 所示组件预览图框。单击“OK”按钮，在“装配位置”选项卡选择“绝对坐标系-工作部件”，单击“确定”按钮，完成 bitong 组件的加载。

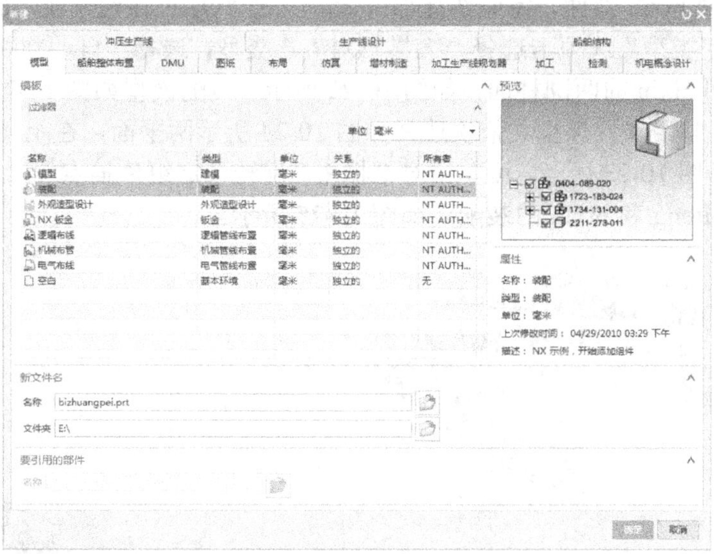

图 10-19 “新建”对话框

图 10-20 “添加组件”对话框

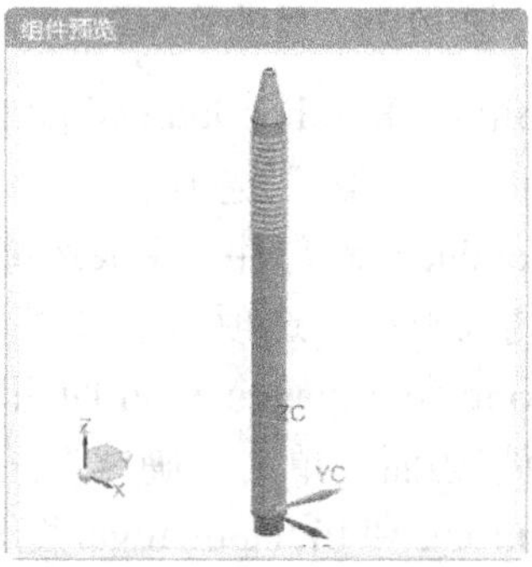

图 10-21 组件预览

（3）为 bitong 和 bixin 配对，选择“菜单”→“装配”→“组件”→“添加组件”命令，或者单击“装配”选项卡→“组件”组→“添加”图标，打开“添加组件”对话框，单击“打开”按钮，加载 bixin 部件。完成选择部件后，单击“OK”按钮，在“放置”选项卡选择“约束”，在“约束类型”选项卡选择“接触对齐”类型，选择“自动判断中心/轴” 方位，依次选择 bitong 和 bixin 的两圆柱面，如图 10-22 所示，装配模型如图 10-23 所示，使两装配关系反向。选择“距离”类型，依次选择如图 10-24 所示两平面，在距离表达式中输入-2，如果装配模型不是图 10-23 所示，可单击对话框中“反转选定组件描点的 Z 向”，单击“确定”按钮，完成 bitong 和 bixin 的装配，如图 10-25 所示。

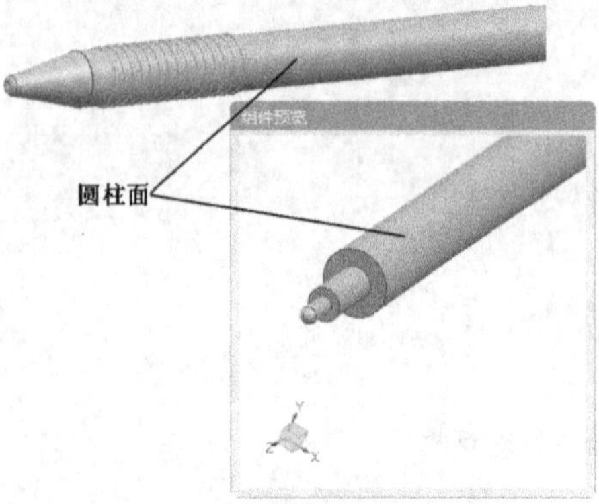

图 10-22　配对示意图（一）

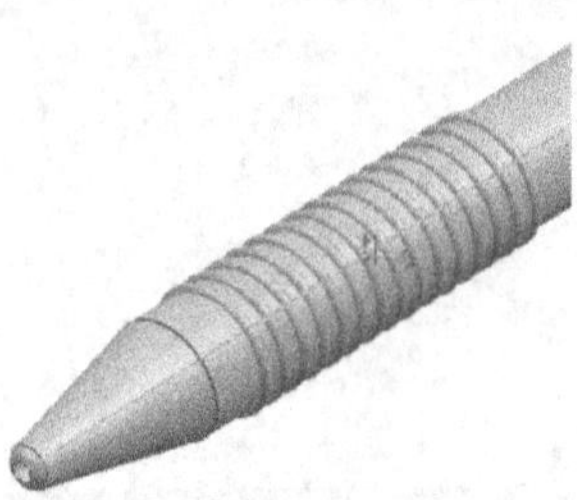

图 10-23　配对示意图（二）

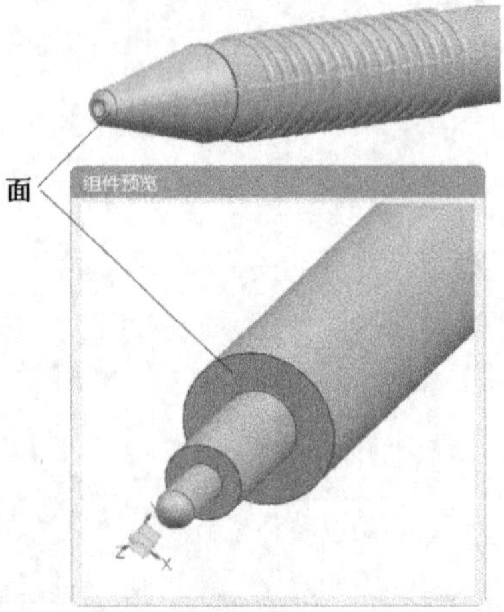

图 10-24　配对示意图（三）

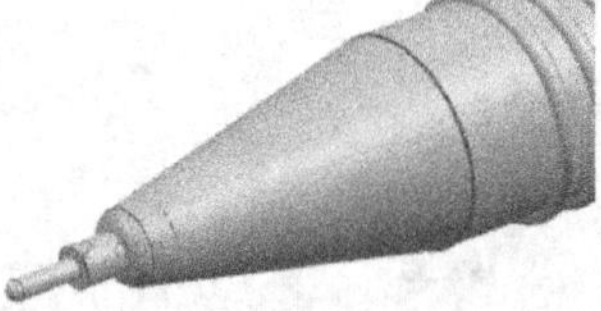

图 10-25　装配模型

（4）为 bitong 和 bihouduangai 配对，选择“菜单”→“装配”→“组件”→“添加组件”命令，或者单击“装配”选项卡→“组件”组→“添加”图标，单击对话框中“打开”按钮，加载 bihouduangai 部件。完成选择部件后，单击“OK”按钮，在“放置”选项卡选择“约束”，在“约束类型”选项卡选择“接触对齐”类型，选择“自动判断中心/轴” 方位，依次选择 bitong 和 biqianduangai 的两圆柱面，如图 10-26 所示，方位选择“接触”，选择图 10-27 所示两接触面。单击“确定”按钮，生成如图 10-28 所示模型。

（5）为 bitong 和 biqianduangai 配对，选择“菜单”→“装配”→“组件”→“添加组件”命令，或者单击“装配”选项卡→“组件”组→“添加”图标，单击对话框中“打开”按钮，加载 biqianduangai 部件。完成选择部件后，单击“OK”按钮，在“放置”选项卡选择“约束”，在“约束类型”选项卡选择“接触对齐”类型，选择“自动判断中心/轴”方位，依次选择 bitong 和 bihouduangai 两圆柱面，如图 10-29 所示，选择“距离”类型，选择图 10-30 所示两面，输入距离为 30，单击“确定”按钮。生成模型如图 10-18 所示。

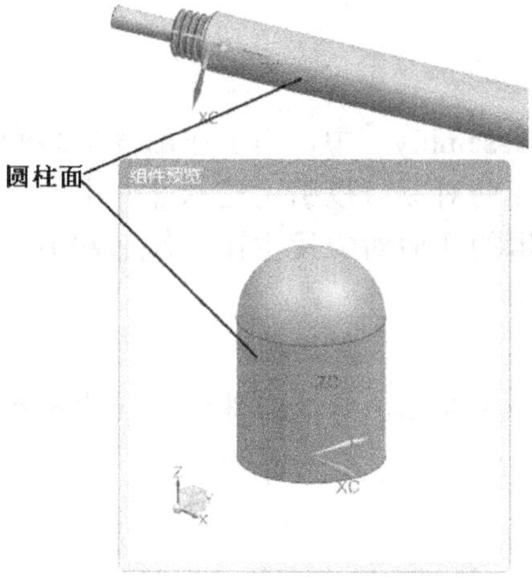

图 10-26　配对示意图（四）

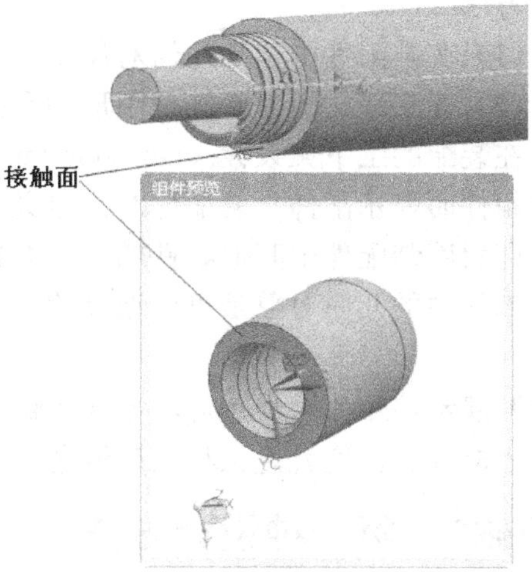

图 10-27　配对示意图（五）

图 10-28　装配模型

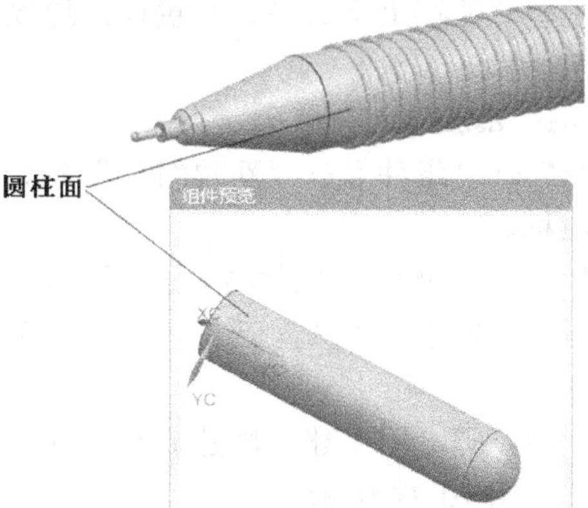

图 10-29　配对示意图（六）

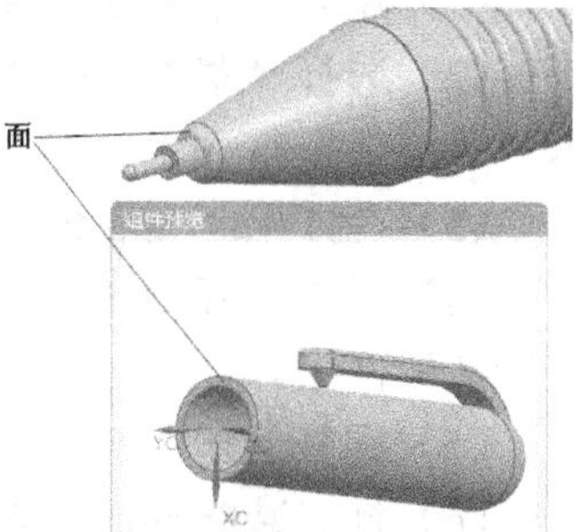

图 10-30　配对示意图（七）

10.4　自顶向下装配

自顶向下装配的方法是指在上下文设计（working in context）中进行装配。上下文设计是指在一个部件中定义几何对象时引用其他部件的几何对象。

例如，在一个组件中定义孔时，需要引用其他组件中的几何对象进行定位。当工作部件是尚未设计完成的组件而显示部件是装配件时，上下文设计非常有用。

自顶向下装配的方法有以下两种。

方法一：

（1）先建立装配结构，此时没有任何的几何对象。

（2）使其中一个组件成为工作部件。

（3）在该组件中建立几何对象。

（4）依次使其余组件成为工作部件并建立几何对象，注意，可以引用显示部件中的几何对象。

方法二：

（1）在装配件中建立几何对象。

（2）建立新的组件，并把图形加到新组件中。

在装配的上下文设计（Designing in Context of an Assembly）中，当工作部件是装配中的一个组件而显示部件是装配件时，定义工作部件中的几何对象可以引用显示部件中的几何对象，即引用装配件中其他组件的几何对象。建立和编辑的几何对象发生在工作部件中，但是显示部件中的几何对象是可以选择的。

提示：组件中的几何对象只是被装配件引用而不是复制，修改组件的几何模型后装配件会自动改变，这就是主模型的概念。

10.4.1 第一种设计方法

该方法首先建立装配结构即装配关系，但不建立任何几何模型，然后使其中的组件成为工作部件，并在其中建立几何模型，即在上下文中进行设计，边设计边装配。

其详细设计过程如下。

（1）建立一个新装配件，如：_asm1.prt。

（2）选择“菜单”→“装配”→“组件”→“新建组件”命令，或者单击“装配”选项卡→“组件”组→“新建”图标。

（3）在打开的“新组件文件”对话框中输入新组件的路径和名称，如：P1，单击“确定”按钮。

（4）系统打开如图 10-31 所示“新建组件”对话框，单击“确定”按钮，新组件即可被装到装配件中。

（5）重复上述（2）至（5）的步骤，用上述方法建立新组件 P2。

（6）打开装配导航器查看，如图 10-32 所示。

图 10-31 “建新组件”对话框

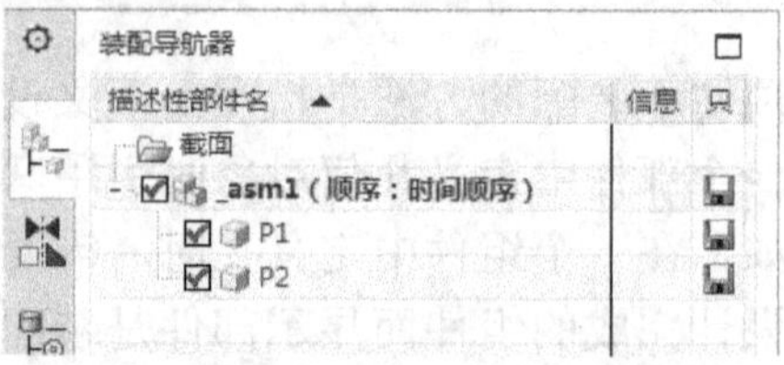

图 10-32 装配导航器

（7）以下要在新的组件中建立几何模型，先选择 P1 成为工作部件，建立实体。

（8）然后使得 P2 为工作部件，建立实体。

（9）使装配件_asm1.prt 成为工作部件。

（10）选择“菜单”→“装配”→“组件位置”→“装配约束”命令，给组件 P1 和 P2 建立装配约束。

10.4.2 第二种设计方法

该方法首先在装配件中建立几何模型，然后建立组件即建立装配关系，并将几何模型添加到组件中。

其详细设计过程如下。

（1）打开一个包含几何体的装配件或者在装配件中建立一个几何体。

（2）选择“菜单”→“装配”→“组件”→“新建组件”命令，打开“新组件文件”对话框，在装配件中选择需要添加的几何模型，单击“确定”按钮，在选择部件对话框中，选择新组件的路径，并输入名字，单击“确定”按钮。

（3）打开如图 10-33 所示对话框，勾选“删除原对象”按钮，则几何模型添加到组件后删除装配件中的几何模型，单击“确定”按钮，新组件就装到装配件中了，并添加了几何模型。

图 10-33 “新建组件”对话框

（4）重复上面的（2）至（3）步，直至完成自顶向下装配设计为止。

10.5 装配爆炸图

爆炸图是在装配环境下把组成装配的组件拆分开来，更好地表达整个装配的组成状况，便于观察每个组件的一种方法。爆炸图是一个已经命名的视图，一个模型中可以有多个爆炸图。UG 默认的爆炸图名为 Explosion，后加数字后缀。用户也可根据需要指定爆炸图名称。选择“菜单”→“装配”→“爆炸图”命令，打开如图 10-34 所示下拉菜单。选择“菜单”→“信息”→“装配”→“爆炸”命令可以查询爆炸信息。

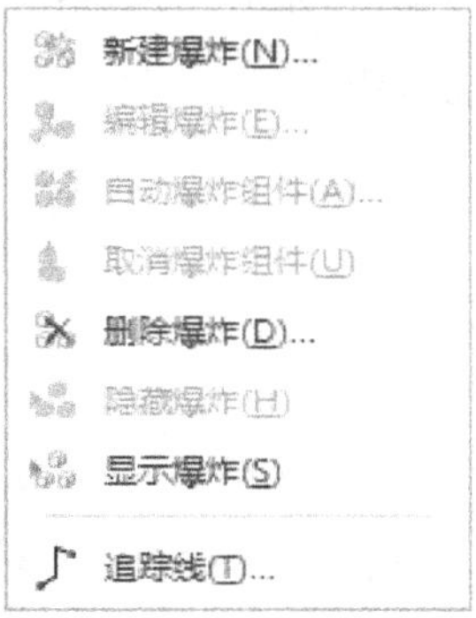

图 10-34 “爆炸图”下拉菜单

10.5.1 爆炸图的建立

选择“菜单”→“装配”→“爆炸图”→“新建爆炸”命令，或者单击“装配”选项卡→“爆炸图”组→“新建爆炸”图标，打开如图 10-35 所示“新建爆炸”对话框。在该对话框中输入爆炸视图的名称，或者接受默认名，单击“确定”按钮建立一个新的爆炸视图。

10.5.2 自动爆炸视图

选择“菜单”→“装配”→“爆炸图”→“自动爆炸组件”命令，或者单击“装配”选项卡→“爆炸图”组→“自动爆炸组件”图标，系统打开“类选择”对话框，选择需要爆炸的组件，完成以后打开如图 10-36 所示“自动爆炸组件”对话框。

图 10-35 “新建爆炸”对话框

图 10-36 “自动爆炸组件”对话框

对话框距离选项，该选项用于设置自动爆炸组件之间的距离。

10.5.3 编辑爆炸视图

选择“菜单”→“装配”→“爆炸图”→“编辑爆炸”命令，或者单击“装配”选项卡→“爆炸图”组→“编辑爆炸”图标，系统打开如图 10-37 所示“编辑爆炸”对话框。选择需要编辑的组件，然后选择需要的编辑方式，再选择点选择类型，确定组件的定位方式。然后可以直接用鼠标选取屏幕中的位置，移动组件位置。

（1）取消爆炸组件：选择“菜单”→“装配”→“爆炸图”→“取消爆炸组件”命令，或者单击“装配”选项卡→“爆炸图”组→“取消爆炸组件”图标，系统打开“类选择”对话框，选择需要复位的组件后，单击“确定”按钮，即可使已爆炸的组件回到原来的位置。

（2）删除爆炸组件：选择“菜单”→“装配”→“爆炸图”→“删除爆炸”命令，或者单击“装配”选项卡→“爆炸图”组→“删除爆炸”图标，系统打开如图 10-38 所示对话框，选择要删除的爆炸图的名称。单击“确定”按钮，即可完成删除操作。

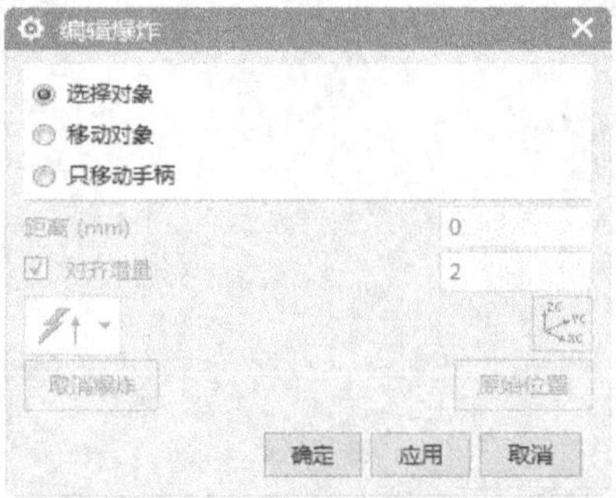

图 10-37 “编辑爆炸”对话框

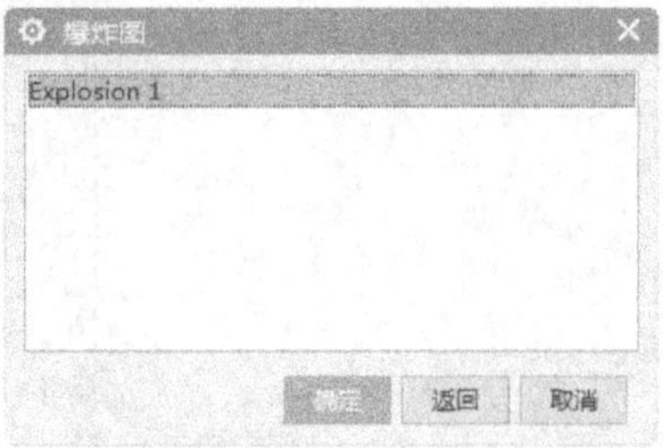

图 10-38 “爆炸图”对话框

（3）隐藏爆炸图：隐藏爆炸图是将当前爆炸图隐藏起来，使图形窗口中的组件恢复到爆炸前的状态。选择“菜单”→“装配”→“爆炸图”→“隐藏爆炸”命令即可。

（4）显示爆炸图：显示爆炸图是将已建立的爆炸图显示在图形区中。选择“菜单”→“装配”→“爆炸图”→“显示爆炸”命令即可。

10.5.4 实例——笔爆炸图

本小节将对笔的爆炸图进行详细地讲解。爆炸图是在装配模型中零部件按照装配关系偏离原来位置的拆分图形。通过爆炸视图可以方便查看装配中的零部件及其相互之间的装配关系，如图 10-39 所示。

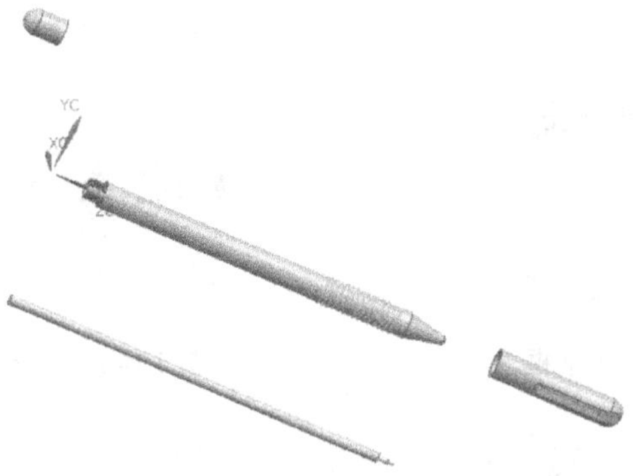

图 10-39　笔爆炸图

绘制步骤

（1）选择“菜单”→“文件”→“打开”命令，或者单击“主页”选项卡→“标准”组→“打开”图标，打开“打开”对话框，选择“bizhuangpei”文件，单击“OK”按钮。如果打开后部件不显示，可单击“文件”选项卡→“装配加载选项”选项，在对话框中，选择“按照保存的”，再重新打开。

（2）选择“菜单”→“装配”→“爆炸图”→“新建爆炸”命令，或者单击“装配”选项卡→“爆炸图”组→“新建爆炸”图标，打开“新建爆炸”对话框，如图 10-40 所示。

图 10-40　“新建爆炸”对话框

在“名称”文本框中可以输入爆炸视图的名称，或是接受默认名称。单击“确定”按钮，建立“Explosion 1”爆炸视图，此时绘图窗口中并没有什么变化，各个零部件并没有从它们的装配位置偏离。接下来就是将零部件都炸开，有两种方法：编辑爆炸视图和自动爆炸组件。

（3）选择“菜单”→“装配”→“爆炸图”→“自动爆炸组件”命令，打开“类选择”对话框，如图 10-41 所示。单击“全选”按钮，选择绘图窗口中所有组件，单击“确定”按钮，打开“自动爆炸组件”对话框，如图 10-42 所示，设置“距离”为 20。单击“自动爆炸组件”对话框中“确定”按钮，完成自动爆炸组件操作，如图 10-43 所示。

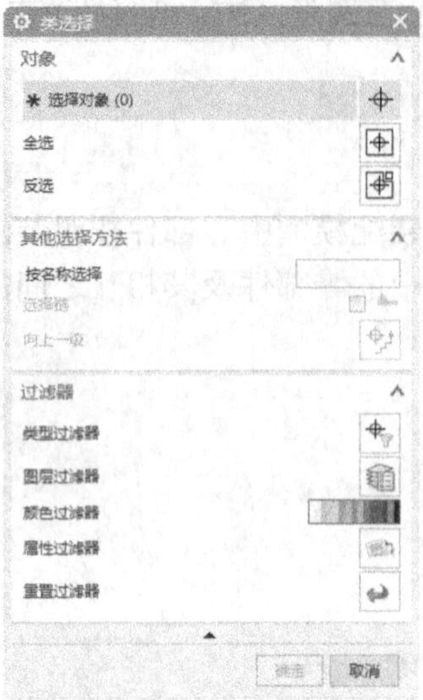

图 10-41 “类选择”对话框

图 10-42 “自动爆炸组件”对话框

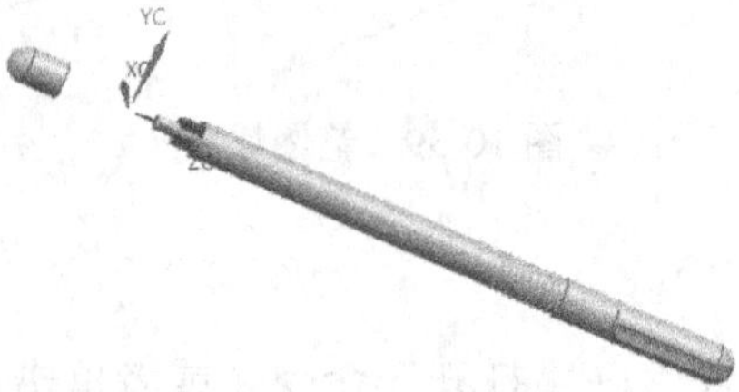

图 10-43 自动爆炸组件

（4）选择“菜单”→“装配”→“爆炸图”→“编辑爆炸”命令，或者单击“装配”选项卡→“爆炸图”组→“编辑爆炸”图标，打开“编辑爆炸”对话框，如图 10-44 所示。在绘图窗口中单击左上侧“笔后端盖”，然后在“编辑爆炸”对话框单击“移动对象”单选框，如图 10-45 所示，在工作区中单击 Y 轴，如图 10-46 所示，激活“编辑爆炸”对话框中“距离”设定文本框，设定沿 Y 轴负方向移动 50mm，即在距离中输入-50，如图 10-47 所示。单击“确定”按钮后，完成对笔组件爆炸位置的重定位，结果如图 10-48 所示。

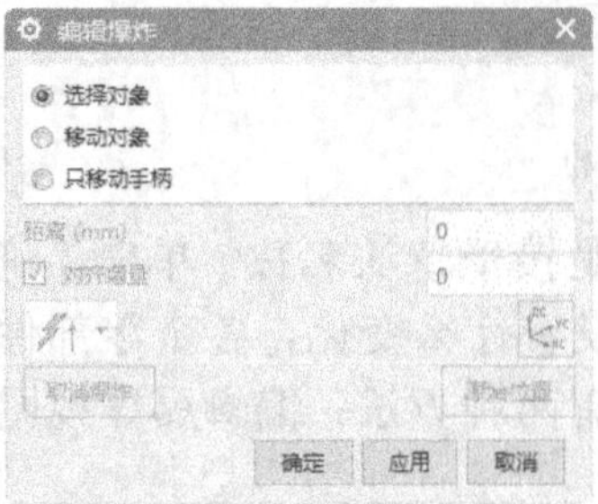

图 10-44 “编辑爆炸”对话框

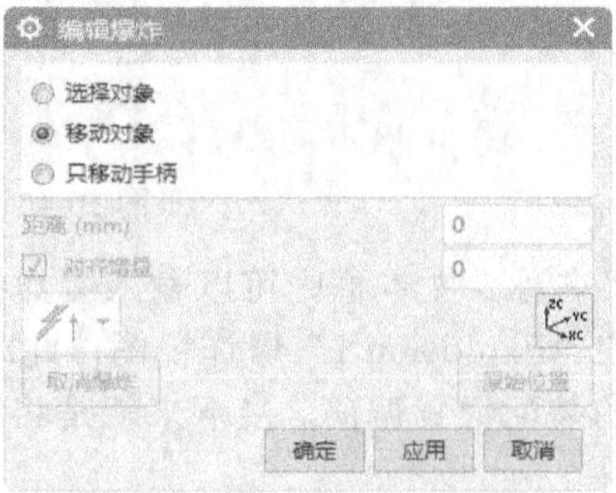

图 10-45 选择“移动对象”选项

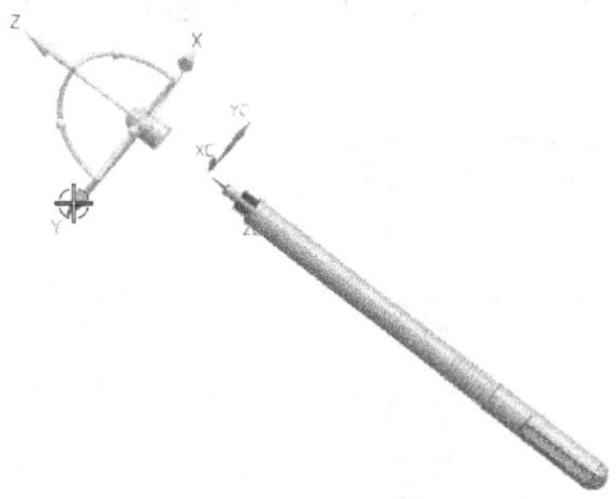

图 10-46　点击 Y 轴

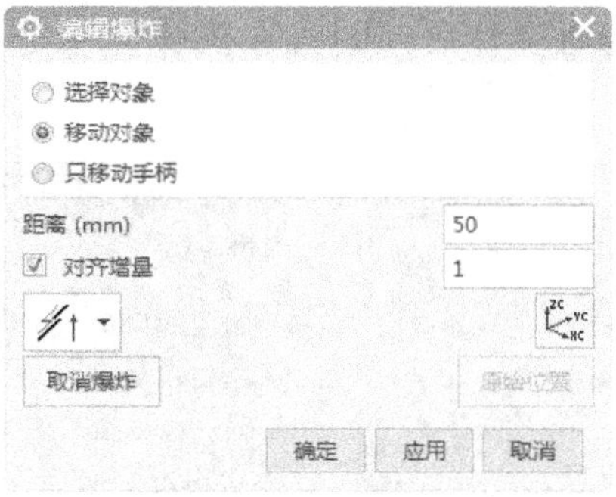

图 10-47　设定移动距离（一）

（5）单击“装配”选项卡→“爆炸图”组→“编辑爆炸”图标，将笔前端盖沿 Z 轴负向相对移动 50mm，如图 10-49 所示。结果如图 10-50 所示。

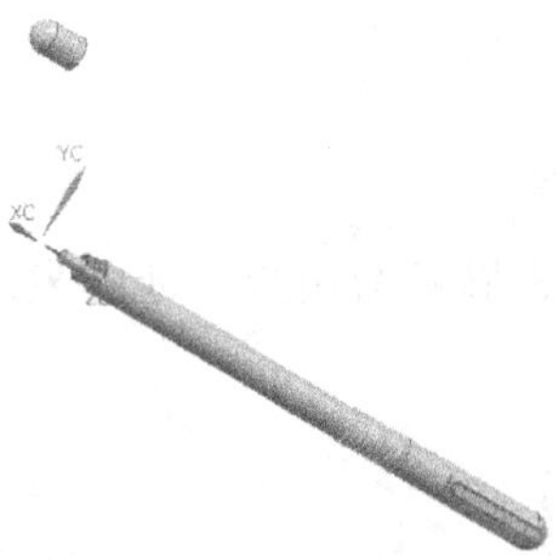

图 10-48　编辑笔后端盖组件

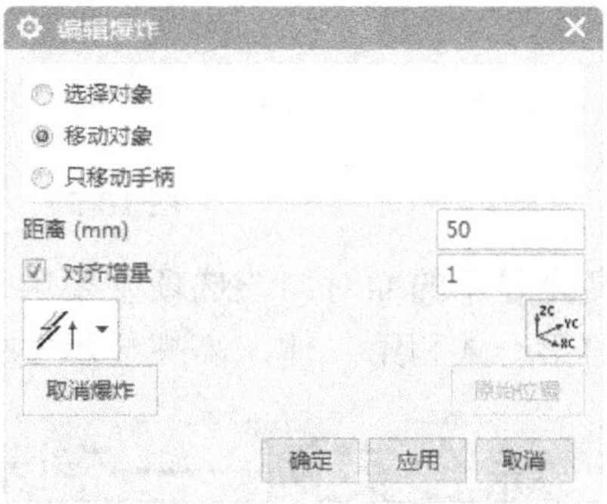

图 10-49　设定移动距离（二）

（6）单击“装配”选项卡→“爆炸图”组→“编辑爆炸”图标，将笔芯沿 Z 轴正向相对移动 160mm，将笔芯沿 Y 轴正向相对移动 50mm，再将笔芯沿 Z 轴负向相对移动 160mm，结果如图 10-51 所示。

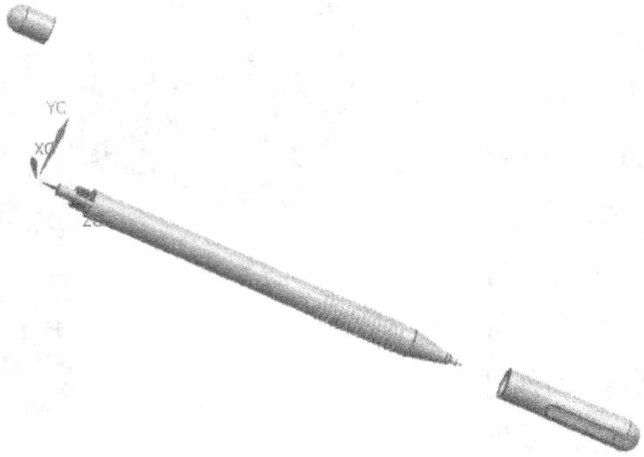

图 10-50　编辑笔前端盖组件

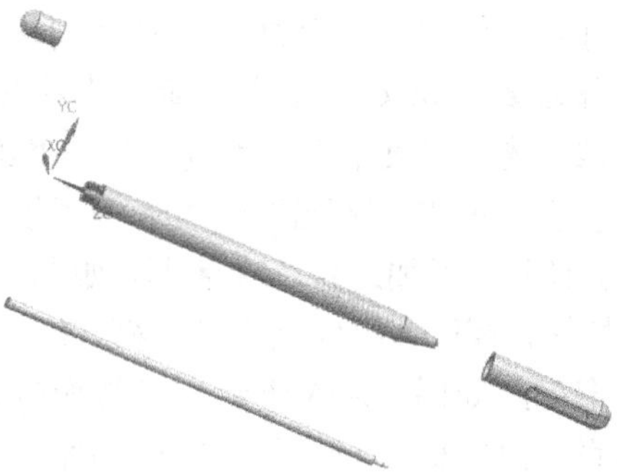

图 10-51　笔爆炸图

10.5.5 对象干涉检查

选择“菜单”→“分析”→“简单干涉”命令，打开如图 10-52 所示“简单干涉”对话框。该对话框提供了以下两种干涉检查结果对象的方法。

（1）干涉体：该选项用于以产生干涉体的方式显示给用户发生干涉的对象。在选择了要检查的实体后，则会在工作区中产生一个干涉实体，以便用户快速地找到发生干涉的对象。

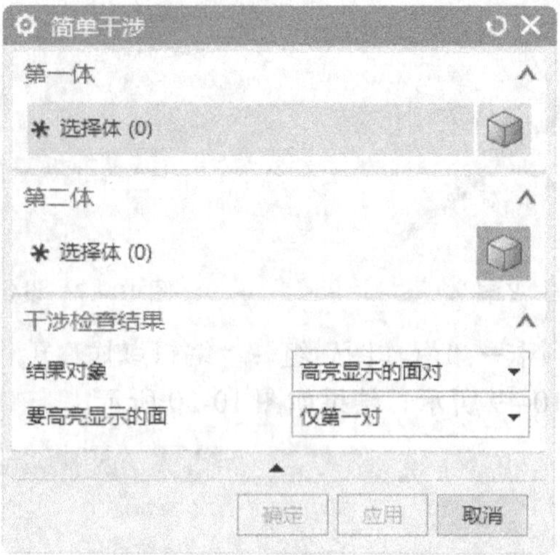

图 10-52 “简单干涉”对话框

（2）高亮显示的面对：该选项主要用于加亮表面的方式显示给用户干涉的表面。选择要检查干涉的第一体和第二体，高亮显示发生干涉的面。

10.6 综合实例——制动器装配

本节装配如图 10-53 所示的制动器。

绘制步骤

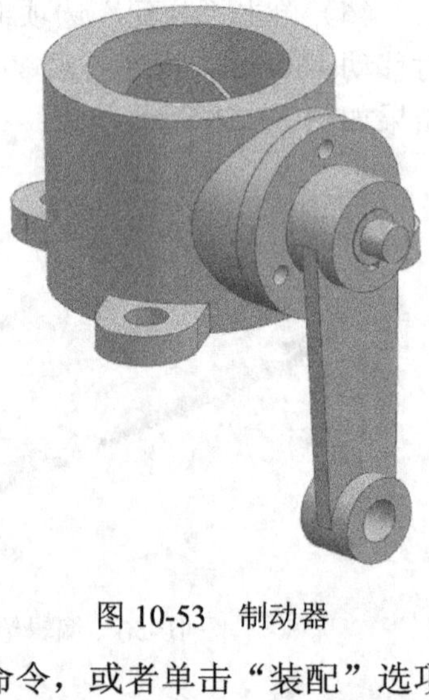

图 10-53 制动器

（1）单击“主页”选项卡→“标准”组→“新建”图标，打开“新建”对话框。在模板列表中选择“装配”，输入名称为 zhidongqi，单击“确定”按钮，进入装配环境。

（2）选择“菜单”→“装配”→“组件”→“添加组件”命令，或者单击“装配”选项卡→“组件”组→“添加”图标，打开“添加组件”对话框，如图 10-54 所示。单击“打开”按钮，打开“部件名”对话框，加载 fati 部件，打开“预览”窗口，如图 10-55 所示。“装配位置”选项选择“绝对坐标系-工作部件”选项，单击“确定”按钮，将 fati 添加到装配环境原点处。

（3）选择“菜单”→“装配”→“组件”→“添加组件”命令，或者单击“装配”选项卡→“组件”组→“添加”图标，打开“添加组件”对话框。选择部件 zhou，打开“组件预览”窗口。在“放置”选项卡选择“约束”，在“约束类型”选项卡选择“接触对齐”类型，方位为“接触”，依次选择如图 10-56 所示阀体端面和轴端面；选择“自动判断中心/轴”方位，依次选择如图 10-57 所示阀体圆柱面和轴圆柱面，单击“确定”按钮；完成阀体和轴的装配，如图 10-58 所示。

图 10-54 “添加组件”对话框

图 10-55 “组件预览”窗口

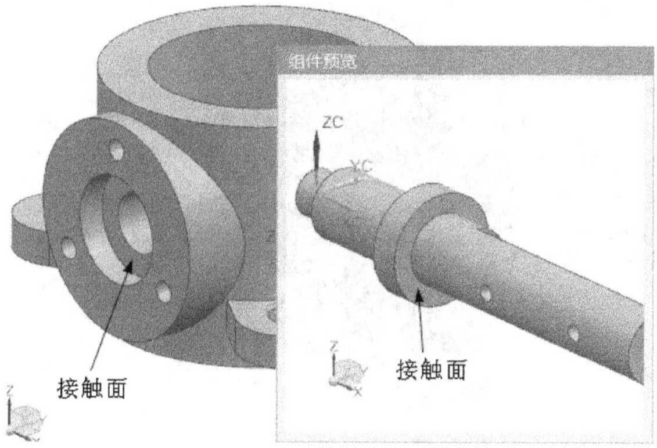

图 10-56 选择接触面

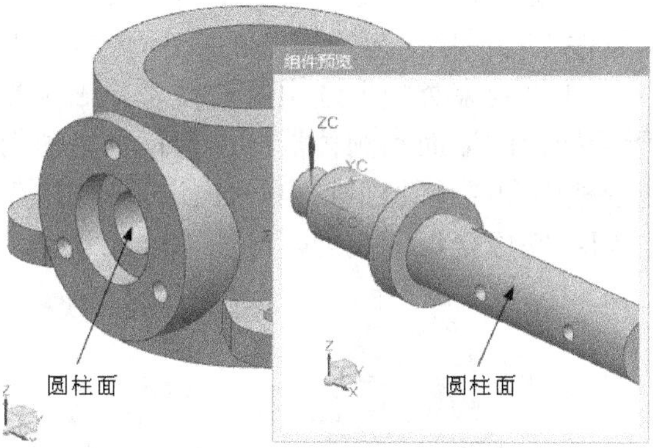

图 10-57 选择圆柱面

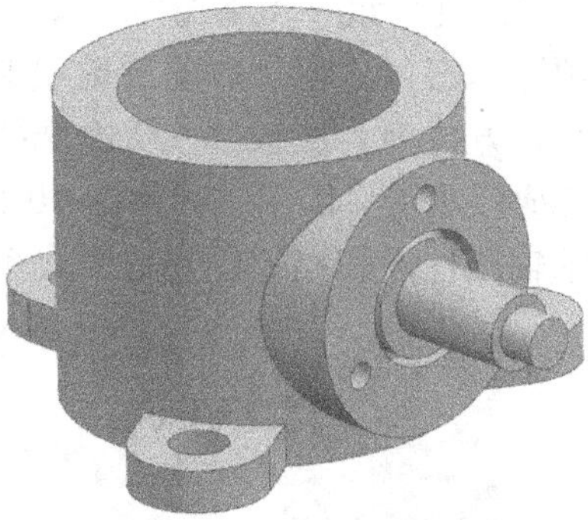

图 10-58 装配阀体和轴

（4）选择“菜单”→“装配”→“组件”→“添加组件”命令，或者单击“装配”选项卡→“组件”组→“添加”图标，打开“添加组件”对话框。选择部件 pan，打开“组件预览”窗口。在“放置”选项卡选择“约束”，在“约束类型”选项卡选择“接触对齐”类型，方位为“接触”，依次选择如图 10-59 所示轴的端面和盘端面；选择“自动判断中心/轴”

方位，依次选择如图 10-60 所示轴圆柱面和盘圆柱面；选择另一侧相应的孔圆柱面，完成盘和轴的装配，如图 10-61 所示。

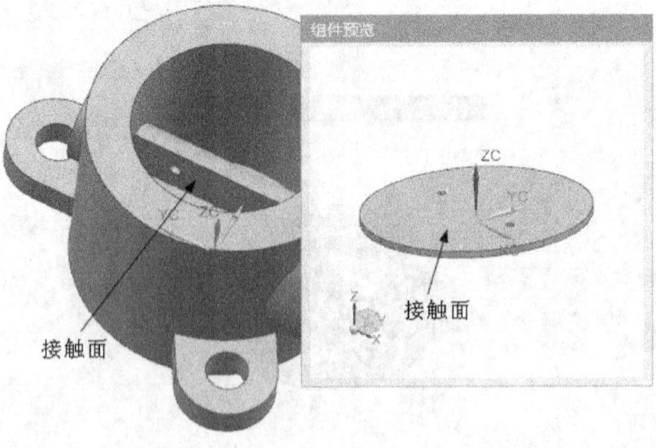

图 10-59　选择接触面（一）

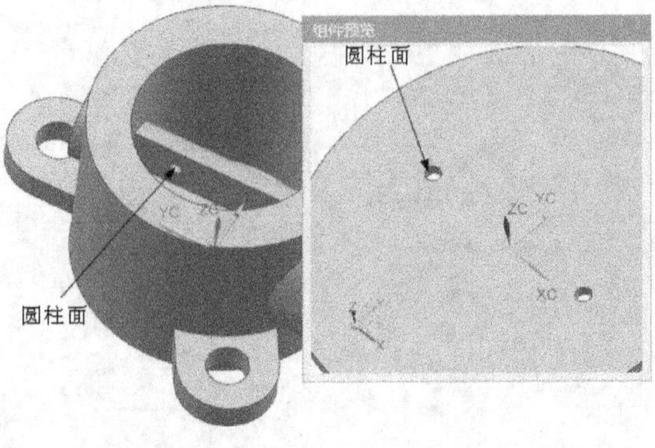

图 10-60　选择圆柱面（一）

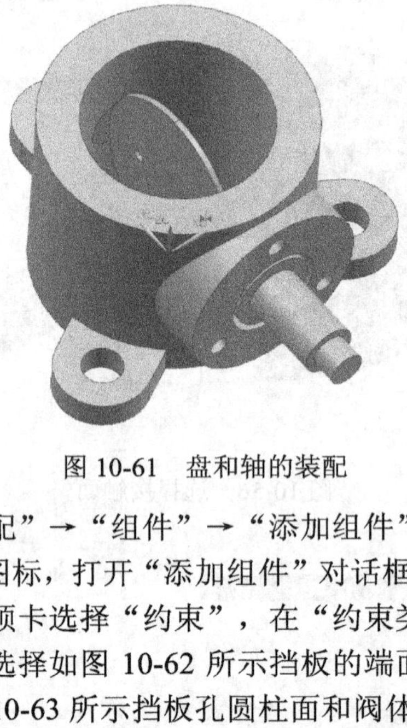

图 10-61　盘和轴的装配

（5）选择“菜单”→“装配”→“组件”→“添加组件”命令，或者单击“装配”选项卡→“组件”组→“添加”图标，打开“添加组件”对话框。选择部件 dangban，打开“组件预览”窗口。在“放置”选项卡选择“约束”，在“约束类型”选项卡选择“接触对齐”类型，方位为“接触”，依次选择如图 10-62 所示挡板的端面和阀体端面；选择“自动判断中心/轴”方位，依次选择如图 10-63 所示挡板孔圆柱面和阀体孔圆柱面；依次选择如图 10-64 所示轴圆柱面和挡板孔圆柱面，单击“确定”按钮；完成挡板的装配，如图 10-65 所示。

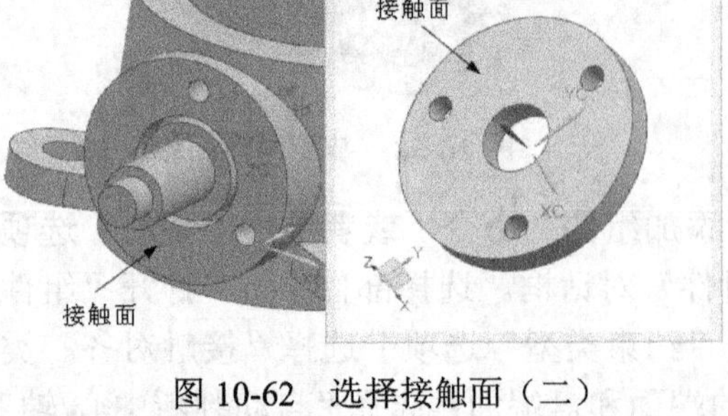

图 10-62　选择接触面（二）

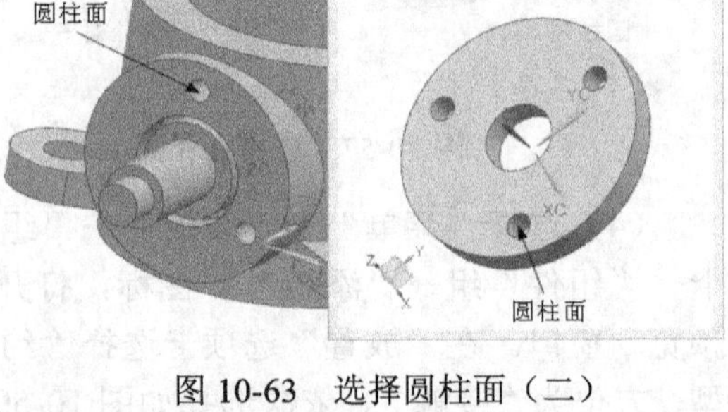

图 10-63　选择圆柱面（二）

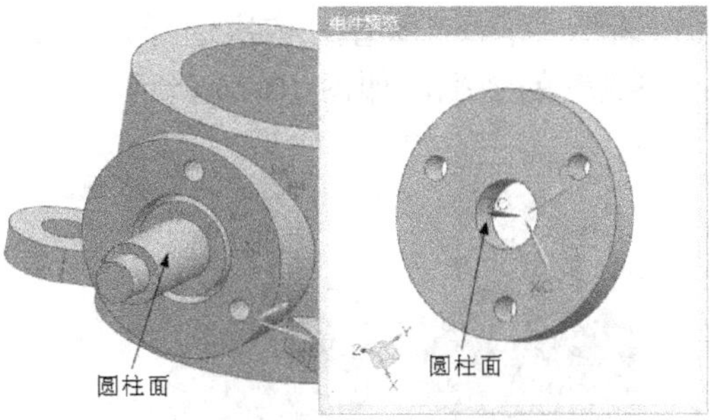

图 10-64　选择圆柱面（三）

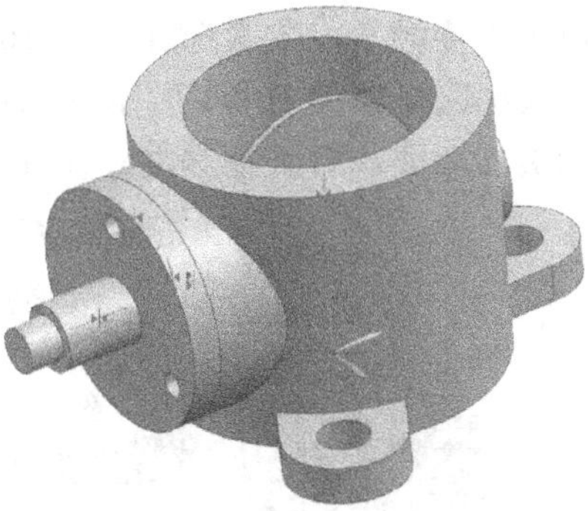

图 10-65　装配挡板

（6）选择“菜单”→“装配”→“组件”→“添加组件”命令，或者单击“装配”选项卡→“组件”组→“添加”图标，打开“添加组件”对话框。选择部件 jian，打开“组件预览”窗口。在“放置”选项卡选择“约束”，在“约束类型”选项卡选择“接触对齐”类型，方位为“接触”，依次选择如图 10-66 所示键的端面和轴上的键槽端面；选择“平行”类型，依次选择如图 10-67 所示键的边和键槽边；选择“接触对齐”类型，选择“自动判断中心/轴”方位，依次选择如图 10-68 所示键圆柱面和键槽圆柱面，单击“确定”按钮；完成底座和胶垫的装配，如图 10-69 所示。

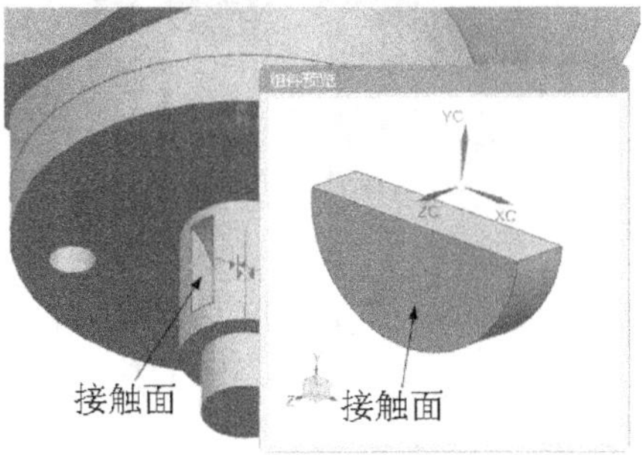

图 10-66　选择接触面（三）

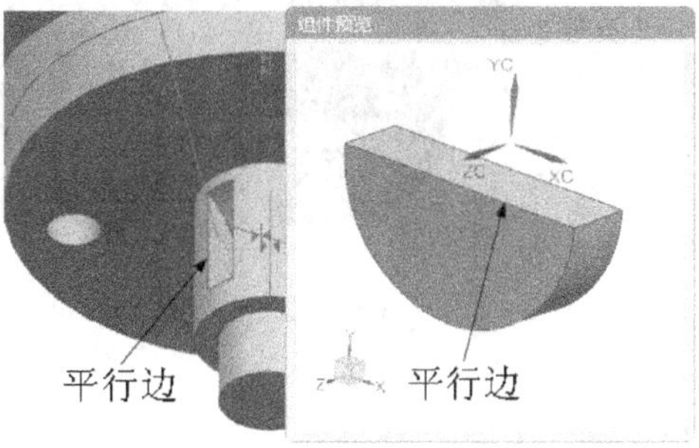

图 10-67　选择平行边

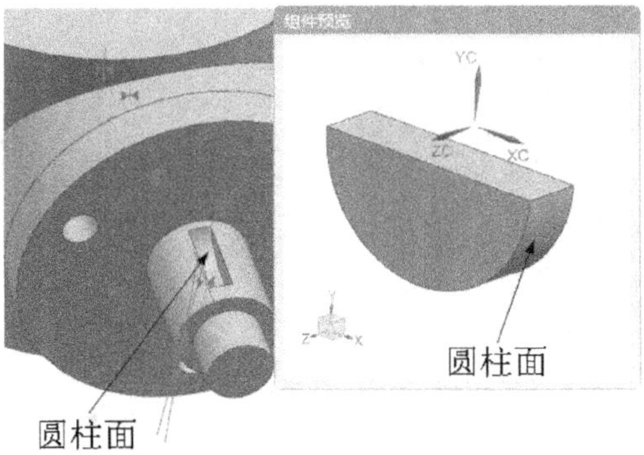

图 10-68　选择圆柱面（四）

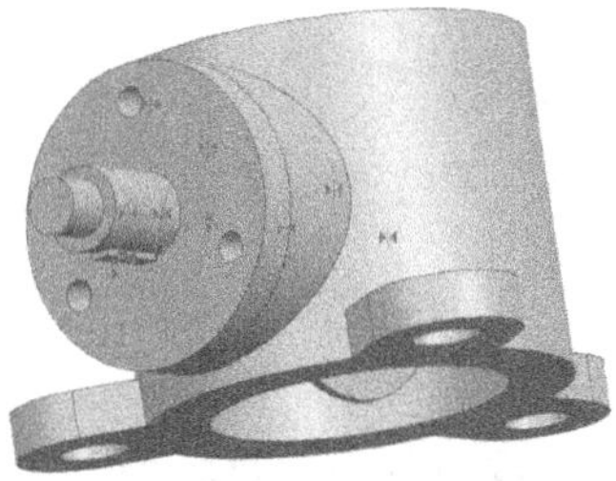

图 10-69　装配键

（7）选择“菜单”→“装配”→“组件”→“添加组件”命令，或者单击“装配”选项卡→“组件”组→“添加”图标，打开“添加组件”对话框。选择部件 bi，打开“组件预览”窗口。在“放置”选项卡选择“约束”，在“约束类型”选项卡选择“接触对齐”类型，方位为“接触”，依次选择如图 10-70 所示臂端面和挡板端面；选择“自动判断中心/轴”方位，依次选择如图 10-71 所示轴圆柱面和臂圆柱面；选择“平行”类型，依次选择如图 10-72 所示键的端面和臂键槽端面，单击“确定”按钮；完成臂的装配，如图 10-73 所示。

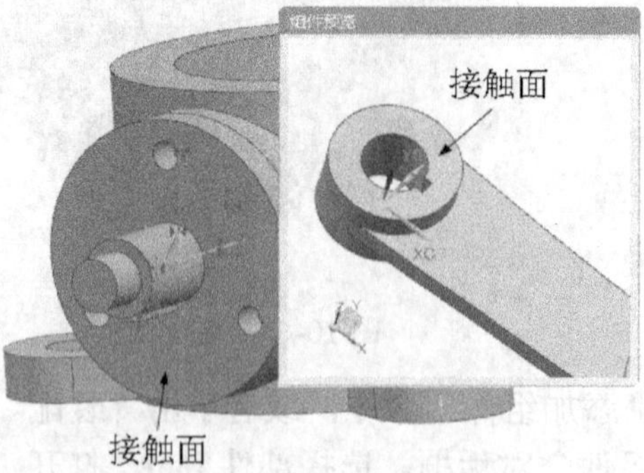

图 10-70　选择接触面（四）

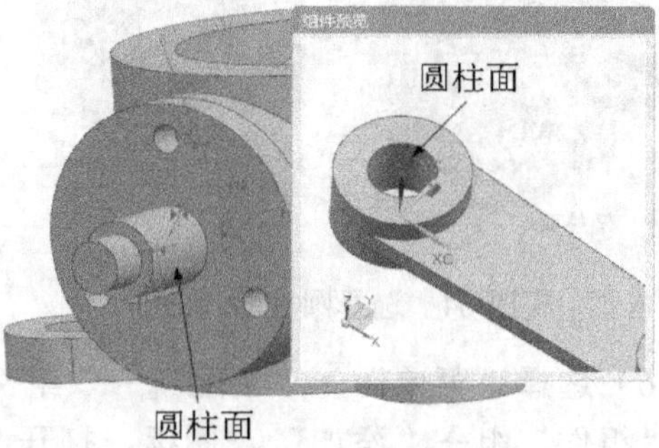

图 10-71　选择圆柱面（五）

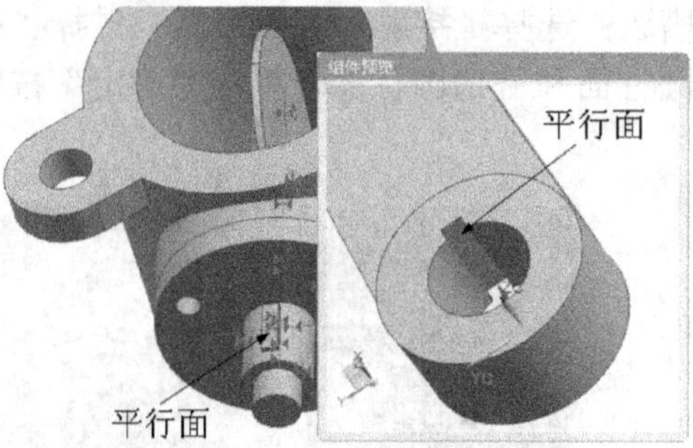

图 10-72　选择平行面

图 10-73　装配臂

Chapter

工 程 图

11

内容简介

UG 工程图是为了满足用户的二维出图功能而设计的，尤其是对传统的二维设计用户来说，很多工作需要二维工程图。利用 UG 建模功能中创建的零件和装配模型，可以被引用到 UG 制图功能中快速生成二维工程图，UG 制图功能模块建立的工程图是由投影三维实体模型得到的。因此，二维工程图与三维实体模型完全关联，模型的任何修改都会引起工程图的相应变化。

本章简要介绍 UG 工程制图中的常用功能。

内容要点

- 工程图概述
- 图纸管理
- 视图管理
- 视图编辑
- 尺寸
- 符号

案例效果

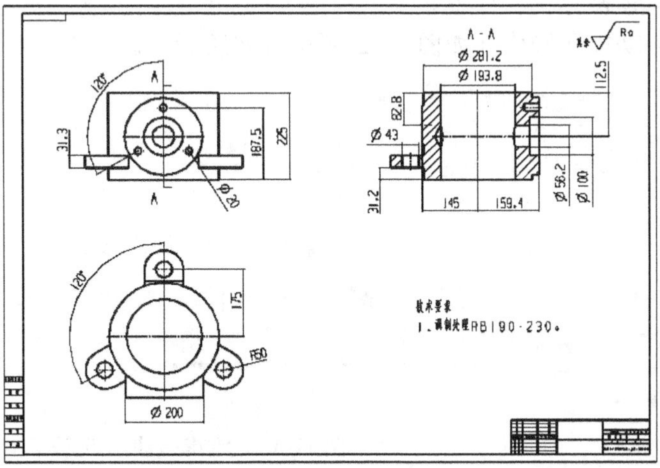

11.1 工程图概述

本节主要介绍如何进入工程图界面，并对工程图中常见功能区进行简单介绍。

选择“菜单”→“文件”→“新建”命令，在“新建”对话框中选择“图纸”选项卡，选择适当模板，单击“确定”按钮，即可启动 UG 工程制图模块，进入工程制图界面，如图 11-1 所示。

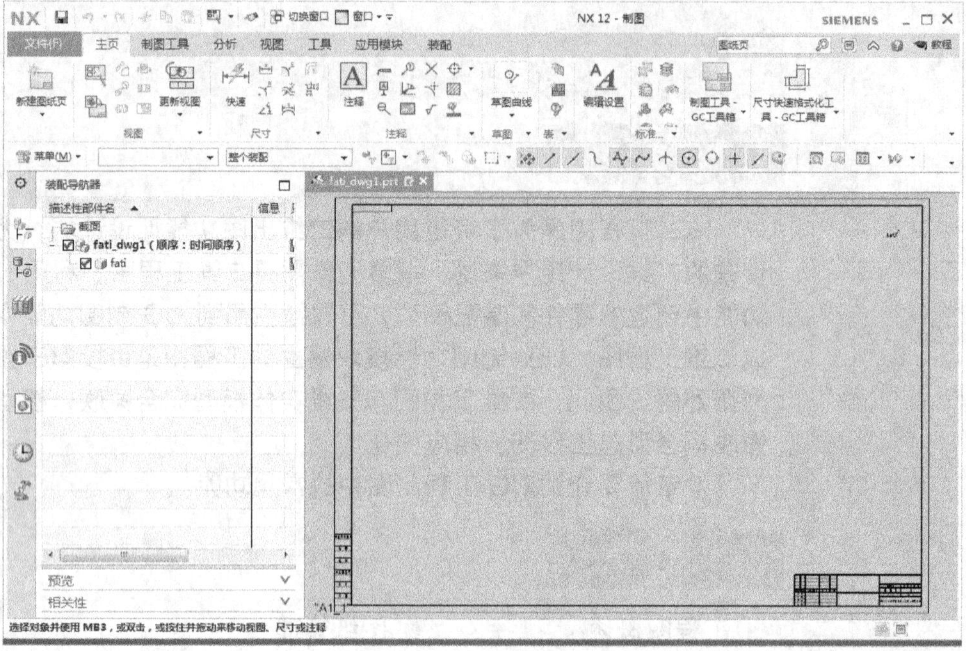

图 11-1　工程制图界面

UG 工程绘图模块提供了自动视图布置、剖视图、各向视图、局部放大图、局部剖视图、自动、手工尺寸标注、形位公差、表面粗糙度符号标注、支持 GB、标准汉字输入、视图手工编辑、装配图剖视、爆炸图、明细表自动生成等功能。

各具体操作说明如下。

（1）功能区操作（如图 11-2～图 11-4 所示）。

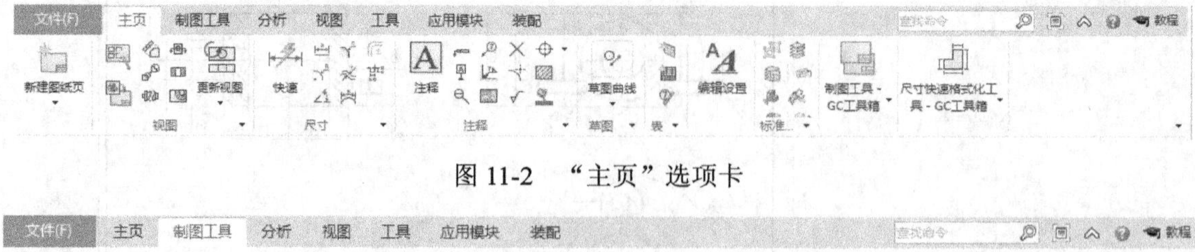

图 11-2　“主页”选项卡

图 11-3　“制图工具”选项卡

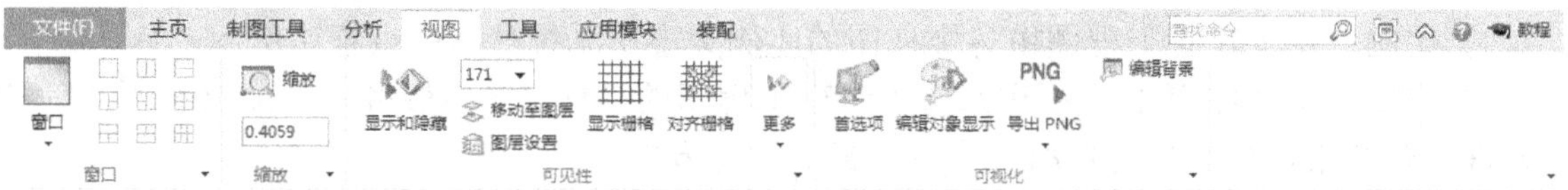

图 11-4 “视图”选项卡

（2）制图导航器操作（如图 11-5～图 11-6 所示）。与建模环境一样，用户同样可以通过图纸导航器来操作图纸。对应于每一幅图纸也会有相应的父子关系和细节窗口可以显示。在图纸导航器上同样有很强大的快捷菜单命令功能（单击鼠标右键即可实现）。对于不同层次，单击鼠标右键后打开的快捷菜单功能是不一样的。

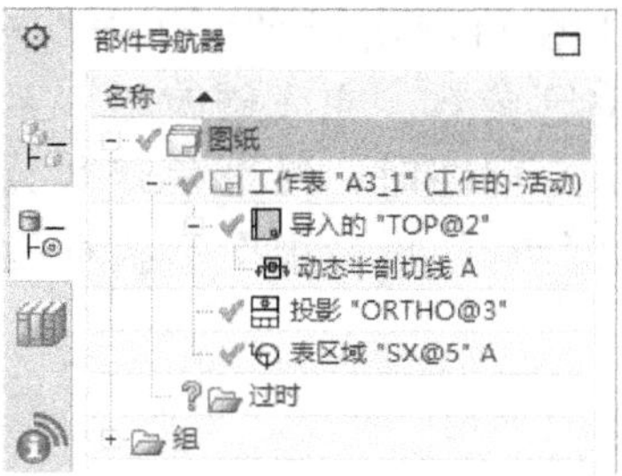

图 11-5 部件导航器

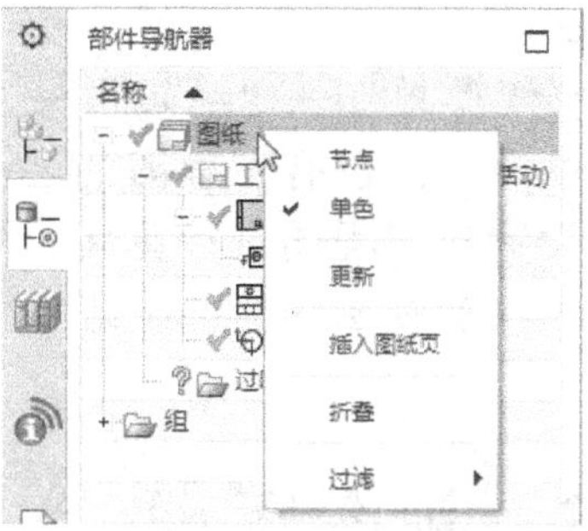

图 11-6 导航器上快捷菜单

11.2 图纸管理

在 UG 中，任何一个三维模型，都可以通过不同的投影方法、不同的图样尺寸和不同的比例创建灵活多样的二维工程图。本节包括工程图纸的创建、打开、删除和编辑。

11.2.1 新建工程图

选择“菜单”→“插入”→“图纸页”命令，或者单击“主页”选项卡→“新建图纸页”图标，打开如图 11-7 所示“工作表”对话框。

对话框部分选项功能介绍如下。

（1）大小。

① 使用模板：选择此选项，在该对话框中选择所需的模板即可。

② 标准尺寸：选择此选项，通过图 11-7 所示的对话框设置标准图纸的大小和比例。

③ 定制尺寸：选择此选项，通过此对话框可以自定义设置图纸的大小和比例。

④ 大小：用于指定图纸的尺寸规格。

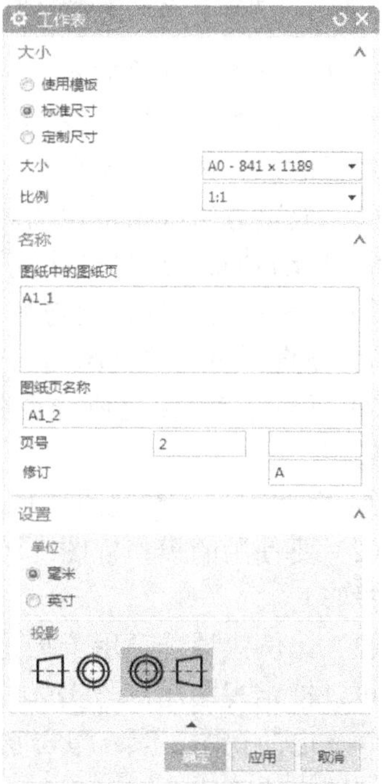

图 11-7 “工作表”对话框

⑤ 比例：用于设置工程图中各类视图的比例大小，系统默认的设置比例为 1:1。

（2）图纸页名称：该文本框用来输入新建工程图的名称。名称最多可包含 30 个字符，但不允许含有空格，系统自动将所有字符转换成大写方式。

（3）投影：该选项用来设置视图的投影角度方式。系统提供的投影角度分为“第三角投影”和“第一角投影”两种。

11.2.2 编辑工程图

在进行视图添加及编辑过程中，有时需要临时添加剖视图、技术要求等，那么新建过程中设置的工程图参数可能无法满足要求（例如比例不适当），这时需要对已有的工程图进行修改编辑。

选择“菜单”→“编辑”→“图纸页”命令，打开图 11-7 所示“工作表”对话框。在对话框中修改已有工程图的名称、尺寸、比例和单位等参数。完成修改后，系统会按照新的设置对工程图进行更新。需要注意的是：在编辑工程图时，投影角度参数只能在没有产生投影视图的情况下进行修改，否则，需要删除所有的投影视图后执行投影视图的编辑。

11.3 视图管理

创建完工程图之后，就应该在图纸上绘制各种视图来表达三维模型。生成各种投影是工程图最核心的问题，UG 制图模块提供了各种视图的管理功能，包括添加各种视图、对齐视图和编辑视图等。

11.3.1 建立基本视图

选择“菜单”→“插入”→“视图”→“基本”命令，或者单击“主页”选项卡→“视图”组→“基本视图”图标，打开如图 11-8 所示“基本视图”对话框。

对话框部分选项功能介绍如下。

（1）放置方法：指定视图对齐方法。

① 自动判断：通过当前视图位置自动判断最佳放置方法，并使用该方法对齐视图。

② 水平：将所选视图与另一视图水平对齐。

③ 竖直：将所选视图与另一视图竖直对齐。

④ 垂直于直线：将所选视图与指定的另一视图相关的参考线垂直对齐。使用指定矢量指定直线。

⑤ 叠加：将所选视图与另一视图水平或竖直对齐，以便使视图相互叠加。

（2）要使用的模型视图：该选项包括俯视图、左视图、前视图、正等测图等 8 种基本视图的投影。

（3）比例：该选项用于指定添加视图的投影比例，其中共有 9 种方式，如果是表达式，用户可以指定视图比例与实体的一个表达式保持一致。

（4）定向视图工具：单击该按钮，打开如图 11-9 所示“定向视图工具”对话框，用于定向视图的投影方向。

图 11-8 “基本视图”对话框

图 11-9 “定向视图工具”对话框

11.3.2 投影视图

选择“菜单”→“插入”→“视图”→“投影”命令，或者单击“主页”选项卡→“视图”组→“投影视图”图标，打开如图 11-10 所示“投影视图”对话框。

图 11-10 “投影视图”对话框

部分选项功能如下。

（1）父视图：该选项用于在绘图工作区选择视图作为基本视图（父视图），并以它投影出其他视图。

（2）铰链线：选择父视图后，定义折页线图标会被自动激活，所谓折页线就是与投影方向垂直的线。用户也可以单击该图标来定义一个指定的、相关联的折页线方向。如不满足要求用户还可以使用“反转投影方向”进行调整。

11.3.3 局部放大视图

选择“菜单”→“插入”→“视图”→“局部放大图”命令，或者单击“主页”选项卡→“视图”组→“局部放大图”图标，打开如图 11-11 所示“局部放大图”对话框。

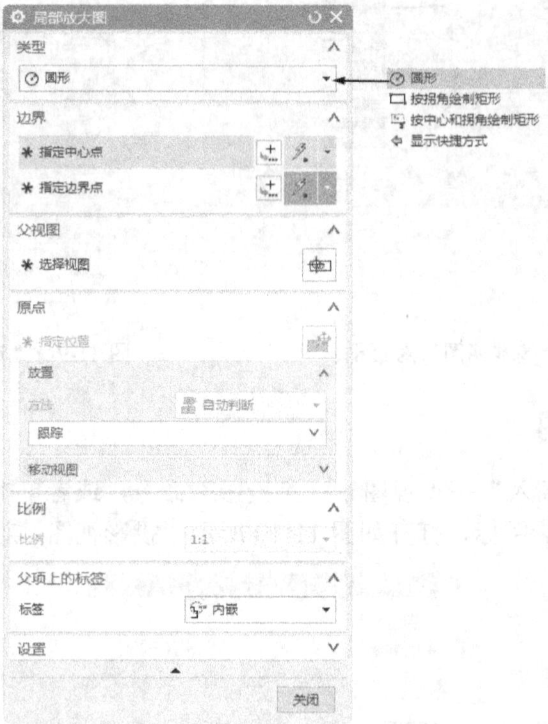

图 11-11 “局部放大图”对话框

部分选项功能如下。

（1）圆形：在父视图中选择了局部放大部位的中心点后，拖动鼠标来定义圆周视图边界的大小。

（2）按拐角绘制矩形：通过选择对角线上的两个拐点创建矩形局部放大图边界。

（3）按中心和拐角绘制矩形：通过选择一个中心点和一个拐角点创建矩形局部放大图边界。

11.3.4 剖视图

选择“菜单”→“插入”→“视图”→“剖视图”或单击“主页”功能区“视图”组中的“剖视图”按钮，打开如图 11-12 所示左侧“剖视图”对话框。选择父视图后，打开如图 11-12 所示的右侧“剖视图”对话框。

部分选项功能如下。

1. 截面线

（1）定义：包括动态和选择现有的两种。如果选择“动态”，根据创建方法，系统会自动创建截面线，将其放置到适当位置即可；如果选择现有的，根据截面线创建剖视图。

（2）方法：在列表中选择创建剖视图的方法，包括简单剖/阶梯剖、半剖、旋转和点到点。

图 11-12 “剖视图”对话框

2．铰链线

（1）矢量选项：包括自动判断和已定义。

① 自动判断：为视图自动判断铰链线和投影方向。

② 已定义：允许为视图手工定义铰链线和投影方向。

（2）反转剖切方向：反转剖切线箭头的方向。

3．设置

（1）非剖切：在视图中选择不剖切的组件或实体，做不剖切处理。

（2）隐藏的组件：在视图中选择要隐藏的组件或实体，使其不可见。

11.3.5 局部剖视图

选择“菜单”→“插入”→“视图”→“局部剖”命令，或者单击“主页”选项卡→“视图”组→“局部剖视图”图标，打开如图 11-13 所示的“局部剖”对话框。该对话框用于通过任何父图纸视图中移除一个部件区域来创建一个局部剖视图，其示意图如图 11-14 所示。

图 11-13 “局部剖”对话框

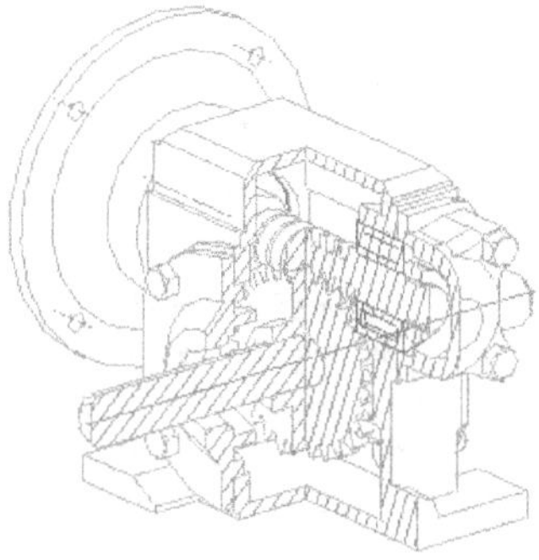

图 11-14 “局部剖”示意图

对话框中的功能选项说明如下。

（1）创建：激活局部剖视图创建步骤。

（2）编辑：修改现有的局部剖视图。

（3）删除：从主视图中移除局部剖。

（4）选择视图：用于选择要进行局部剖切的视图。

（5）指出基点：用于确定剖切区域沿拉伸方向开始拉伸的参考点，该点可通过“捕捉点”工具栏指定。

（6）指出拉伸矢量：用于指定拉伸方向，可用矢量构造器指定，必要时可使拉伸反向，或指定为视图法向。

（7）选择曲线：用于定义局部剖切视图剖切边界的封闭曲线。当选择错误时，可单击“取消选择上一个”按钮，取消上一个选择。定义边界曲线的方法是：在进行局部剖切的视图边界上单击鼠标右键，在打开的快捷菜单中选择“扩展成员视图”，进入视图成员模型工作状态。用曲线功能在要产生局部剖切的位置创建局部剖切边界线。完成边界线的创建后，在视图边界上单击鼠标右键，再从快捷菜单中选择“扩展成员视图”命令，恢复到工程图界面。这样，就建立了与选择视图相关联的边界线。

（8）修改边界曲线：用于修改剖切边界点，必要时可用于修改剖切区域。

（9）切穿模型：勾选该复选框，则剖切时完全穿透模型。

11.4 视图编辑

选中需要编辑的视图，单击右健打开快捷菜单（如图 11-15 所示），可以更改视图样式、添加各种投影视图等。

视图的详细编辑命令集中在“菜单”→“编辑”→“视图”子菜单下，如图 11-16 所示。

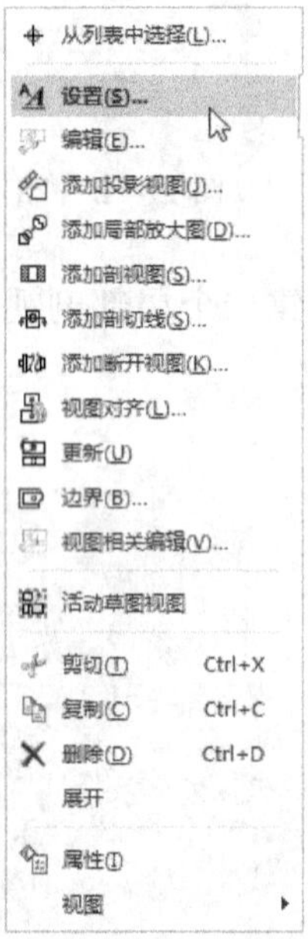

图 11-15　快捷菜单

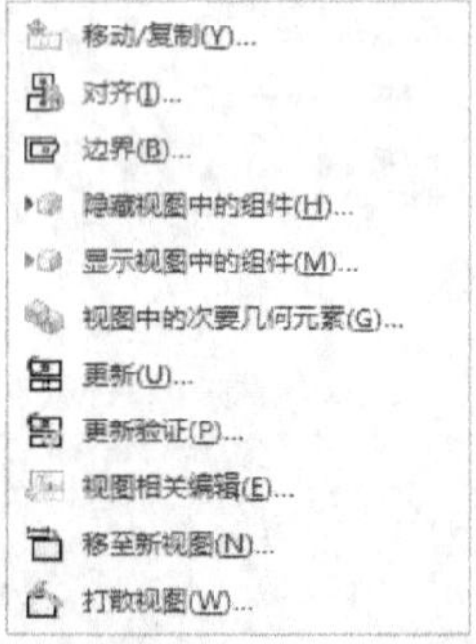

图 11-16　“视图”子菜单

11.4.1 视图对齐

一般而言，视图之间应该对齐，但 UG 在自动生成视图时是可以任意放置的，需要用户根据需要进行对齐操作。在 UG 制图中，用户可以拖动视图，系统会自动判断用户意图（包括中心对齐、边对齐多种方式），并显示可能的对齐方式，基本上可以满足用户对于视图放置的要求。

选择“菜单”→“编辑”→“视图”→“对齐”命令，或者单击“主页”选项卡→“视图”组→“编辑视图”下拉菜单→“视图对齐”图标，打开如图 11-17 所示的对话框。该对话框用于调整视图位置，使之排列整齐。

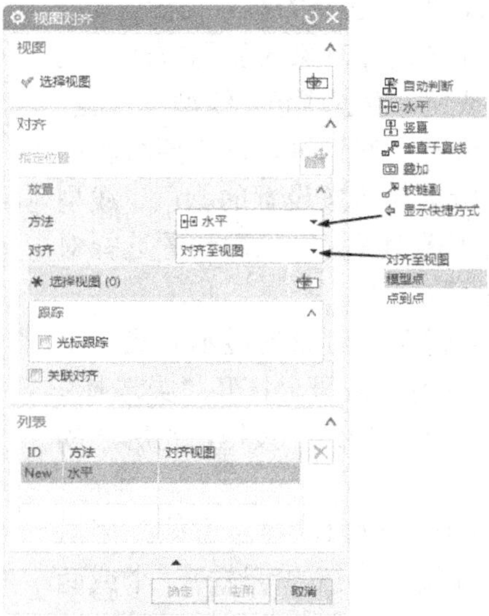

图 11-17　“视图对齐”对话框

对话框中部分选项说明如下。

（1）叠加：即重合对齐，系统会将视图的基准点进行重合对齐。

（2）水平：系统会将视图的基准点进行水平对齐。

（3）竖直：系统会将视图的基准点进行竖直对齐。它与“水平对齐”都是较为常用的对齐方式。

（4）垂直于直线：系统会将视图的基准点垂直于某一直线对齐。

（5）自动判断：该选项中，系统会根据选择的基准点，判断用户意图，并显示可能的对齐方式。

（6）对齐。

① 模型点：使用模型上的点对齐视图。

② 对齐至视图：使用视图中心点对齐视图。

③ 点到点：移动视图上的一个点到另一个指定点来对齐视图。

11.4.2　视图相关编辑

选择“菜单”→“编辑”→“视图”→“视图相关编辑”命令，或者单击“主页”选项卡→“视图”组→“编辑视图”下拉菜单→“视图相关编辑”图标，打开如图 11-18 所示的“视图相关编辑”对话框。该对话框用于编辑几何对象在某一视图中的显示方式，而不影响在其他视图中的显示。

对话框中的相关选项如下。

1．添加编辑

（1）擦除对象：擦除选择的对象，如曲线、边等。擦除并不是删除，只是使被擦除的对象不可见而已，使用“删除选择的擦除”命令可使被擦除的对象重新显示。若要擦除某一视图中的某个对象，则先选择视图；而若要擦除所有视图中的某个对象，则先选择图纸，再选择此功能，然后选择要擦除的对象并单击“确定”按钮，则所选择的对象被擦除。

（2）编辑完整对象：编辑整个对象的显示方式，包括颜色、线型和线宽。单击该按钮，设置颜色、线型和线宽，单击“应用”按钮。打开“类选择”对话框，选择要编辑的对象并单击“确定”按钮，则所选对象按设置的颜色、线型和线宽显示。如要隐藏选择的视图对象，则只用设置选择对象的颜色与视图背景色相同即可。

（3）编辑着色对象：编辑着色对象的显示方式。单击该按钮，设置颜色，单击“应用”按钮。打开“类选择”对话框，选择要编辑的对象并单击“确定”按钮，则所选的着色对象按设置的颜色显示。

（4）编辑对象段：编辑部分对象的显示方式，用法与编辑整个对象相似。再选择编辑对象后，可选择一个或两个边界，则只编辑边界内的部分。

（5）编辑剖视图背景：编辑剖视图背景线。在建立剖视图时，可以有选择地保留背景线，而使背景线编辑功能，不但可以删除已有的背景线，而且还可添加新的背景线。

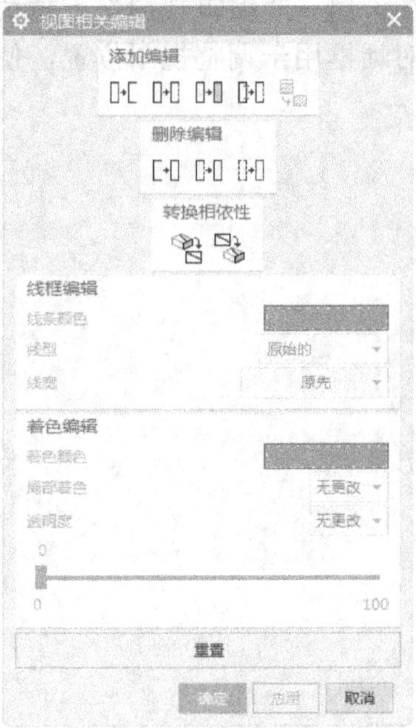

图 11-18 “视图相关编辑”对话框

2. 删除编辑

（1）删除选定的擦除：恢复被擦除的对象。单击该图标，将高显已被擦除的对象，选择要恢复显示的对象并确认。

（2）删除选定的编辑：恢复部分编辑对象在原视图中的显示方式。

（3）删除所有编辑：恢复所有编辑对象在原视图中的显示方式。单击该图标，将显示警告信息对话框，单击“是”按钮，则恢复所有编辑，单击“否”，则相反。

3. 转换相依性

（1）模型转换到视图：转换模型中单独存在的对象到指定视图中，且对象只出现在该视图中。

（2）视图转换到模型：转换视图中单独存在的对象到模型视图中。

11.4.3 移动/复制视图

选择“菜单”→“编辑”→“视图”→“移动/复制”命令，或者单击“主页”选项卡→“视图”组→“编辑视图”下拉菜单→“移动/复制视图”图标，打开如图 11-19 所示的“移动/复制视图”对话框。该对话框用于在当前图纸上移动或复制一个或多个选定的视图，或者把选定的视图移动或复制到另一张图纸中。

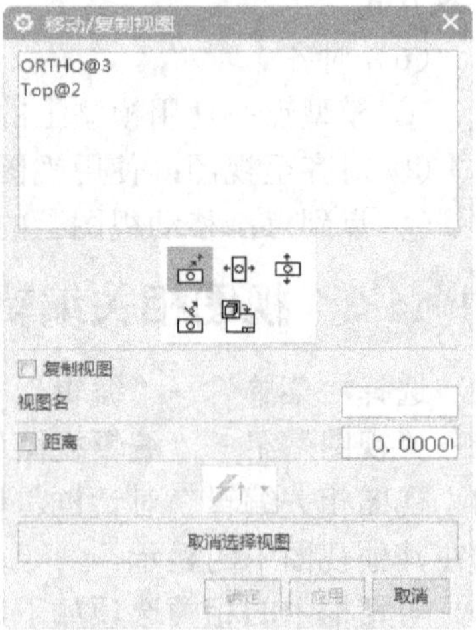

图 11-19 “移动/复制视图”对话框

对话框中的功能选项说明如下。

（1）至一点：移动或复制选定的视图到指定点，该点可用光标或坐标指定。

（2）水平：在水平方向上移动或复制选定的视图。

（3）竖直：在竖直方向上移动或复制选定的视图。

（4）垂直于直线：在垂直于指定方向移动或复制视图。

（5）至另一图纸：移动或复制选定的视图到另一张图纸中。

（6）复制视图：勾选该复选框，用于复制视图，否则移动视图。

（7）距离：勾选该复选框，用于输入移动或复制后的视图与原视图之间的距离值。若选择多个视图，则以第一个选定的视图作为基准，其他视图将与第一个视图保持指定的距离。若不勾选该复选框，则可移动光标或输入坐标值指定视图位置。

11.4.4 视图边界

选择“菜单”→“编辑”→“视图”→“边界”命令，或者单击“主页”选项卡→“视图”组→“编辑视图”下拉菜单→“视图边界”图标，或在要编辑视图边界的视图边界上单击鼠标右键，在打开的菜单中选择“视图边界”命令，打开如图 11-20 所示的“视图边界”对话框。该对话框用于重新定义视图边界，既可以缩小视图边界只显示视图的某一部分，也可以放大视图边界显示所有视图对象。

图 11-20 “视图边界”对话框

对话框中的相关选项如下。

1．边界类型

（1）断裂线/局部放大图：定义任意形状的视图边界，使用该选项只显示出被边界包围的视图部分。用此选项定义视图边界，则必须先建立与视图相关的边界线。当编辑或移动边界曲线时，视图边界会随之更新。

（2）手工生成矩形：以拖动方式手工定义矩形边界，该矩形边界的大小是由用户定义的，可以包围整个视图，也可以只包围视图中的一部分。该边界方式主要用在一个特定的视图中隐藏不要显示的几何体。

（3）自动生成矩形：自动定义矩形边界，该矩形边界能根据视图中几何对象的大小自动更新，主要用在一个特定的视图中显示所有的几何对象。

（4）由对象定义边界：由包围对象定义边界，该边界能根据被包围对象的大小自动调整，通常用于大小和形状随模型变化的矩形局部放大视图。

2．其他参数

（1）锚点：用于将视图边界固定在视图对象的指定点上，从而使视图边界与视图相关，当模型变化时，视图边界会随之移动。锚点主要用在局部放大视图或用手工定义边界的视图。

（2）边界点：用于指定视图边界要通过的点。该功能可使任意形状的视图边界与模型相关。当模型修改后，视图边界也随之变化，也就是说，当边界内几何模型的尺寸和位置变化时，该模型始终在视图边界之内。

（3）包含的点：视图边界要包围的点，只用于“由对象定义的边界”定义边界的方式。

（4）包含的对象：选择视图边界要包围的对象，只用于由“由对象定义边界”定义边界的方式。

11.4.5 显示与更新视图

1．视图的显示

选择“菜单”→“视图”→“显示图纸页”命令，则系统会在对象的三维模型与二维工程图纸间进行转换。

2．视图的更新

选择“菜单”→“编辑”→“视图”→“更新”命令，或者单击“主页”选项卡→“视图”组→“更新视图”图标，打开如图 11-21 所示“更新视图”对话框。

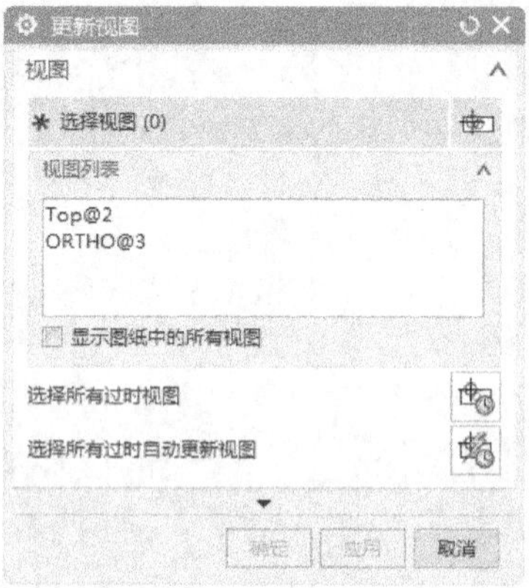

图 11-21 “更新视图”对话框

对话框部分选项介绍如下。

（1）显示图纸中的所有视图：该选项用于控制在列表框中是否列出所有的视图，并自动选择所有过期视图。选取该复选框之后，系统会自动在列表框中选取所有过期视图，否则，需要用户自己更新过期视图。

（2）选择所有过时视图：用于选择当前图纸中的过期视图。

（3）选择所有过时自动更新视图：用于选择每一个在保存时勾选“自动更新”的视图。

11.5 尺寸

UG 标注的尺寸是与实体模型匹配的，与工程图的比例无关。在工程图中进行标注的尺寸是直接引用三维模型的真实尺寸，如果改动了零件中某个尺寸参数，工程图中的标注尺寸也会自动更新。

选择“菜单”→“插入”→“尺寸”子菜单，如图 11-22 所示。或者单击“主页”选项卡→“尺寸”组中的任意图标，如图 11-23 所示。

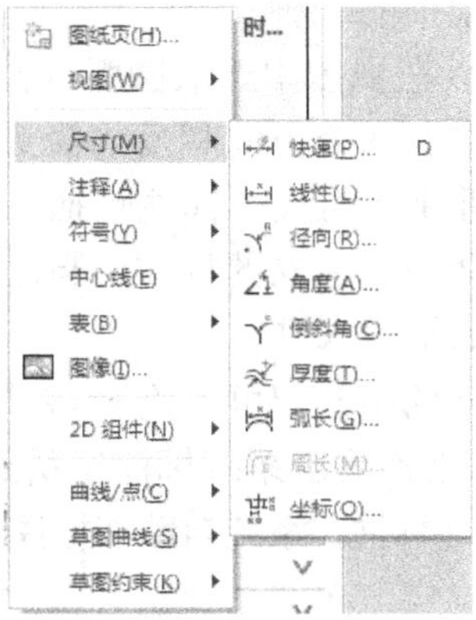

图 11-22 “尺寸”子菜单

图 11-23 尺寸命令组

尺寸标注方法如下。

（1）快速：可用单个命令和一组基本选择项从一组常规、好用的尺寸类型快速创建不同的尺寸。下面是快速尺寸对话框中的各种测量方法。

① 自动判断：系统根据所选对象的类型和鼠标位置自动判断生产尺寸标注。可选对象包括点、直线、圆弧、椭圆弧等。

② 水平：该选项用于指定与约束两点间距离的与 XC 轴平行的尺寸（也就是草图的水平参考），选择好参考点后，移动鼠标到合适位置，单击确定就可以在所选的两个点之间建立水平尺寸标注。

③ 竖直：该选项用于指定与约束两点间距离的与 YC 轴平行的尺寸（也就是草图的竖直参考），选择好参考点后，移动鼠标到合适位置，单击确定就可以在所选的两个点之间建立竖直尺寸标注。

④ 点到点：该选项用于指定与约束两点间距离，选择好参考点后，移动鼠标到合适位置，单击确定就可以建立尺寸标注平行于所选的两个参考点的连线。

⑤ 垂直：选择该选项后，首先选择一个线性的参考对象，线性参考对象可以是存在的直线、线性的中心线、对称线或者是圆柱中心线。然后利用捕捉点工具条在视图中选择定义尺寸的参考点，移动鼠标到合适位置，单击确定就可以建立尺寸标注。建立的尺寸为参考点和线性参考之间的垂直距离。

（2）倒斜角：该选项用于定义倒角尺寸，但是该选项只能用于 45º 角的倒角。在尺寸形式对话框中可以设置倒角标注的文字、导引线等的类型。

（3）角度：该选项用于标注两个不平行的线性对象间的角度尺寸。

（4）线性：可将六种不同线性尺寸中的一种创建为独立尺寸，或者在尺寸集中选择链或基线，创建为一组链尺寸或基线尺寸。以下为线性尺寸对话框中的测量方法（其中水平、竖直、点到点、垂直与上述快速尺寸中的一致，这里不再列举）。

① 圆柱式：该选项以所选两对象或点之间的距离建立圆柱的尺寸标注。系统自动将系统默认的直径符号添加到所建立的尺寸标注上，在尺寸形式对话框中可以自定义直径符号和直径符号与尺寸文本的相对关系。

② 孔标注：该选项用于标注视图中的孔的尺寸。在视图中选取圆弧特征，系统自动建立尺寸标注，并且自动添加直径符号，所建立的标注只有一条引线和一个箭头。

（5）径向：用于创建 3 个不同的径向尺寸类型中的一种。

① 直径：该选项用于标注视图中的圆弧或圆。在视图中选取圆弧或圆后，系统自动建立尺寸标注，并且自动添加直径符号，所建立的标注有两个方向相反的箭头。

② 径向：该选项用于建立径向尺寸标注，所建立的尺寸标注包括一条引线和一个箭头，并且箭头从标注文本指向所选的圆弧。系统还会在所建立的标注中自动添加半径符号。

③ 孔标注：用来标注工程图中所选大圆弧的半径尺寸。

（6）厚度：该选项用于标注等间距两对象之间的距离尺寸。选择该项后，在图纸中选取两个同心而半径不同的圆，选取后移动鼠标到合适位置单击系统标注出所选两圆的半径差。

（7）弧长：该选项用于建立所选弧长的长度尺寸标注，系统自动在标注中添加弧长符号。

11.6 符号

11.6.1 基准特征符号

使用此命令创建形位公差基准特征符号，以便在图纸上指明基准特征。

选择“菜单”→“插入”→“注释”→“基准特征符号”命令，或者单击“主页”选项卡→“注释”组→“基准特征符号”图标，打开如图 11-24 所示的“基准特征符号”对话框。

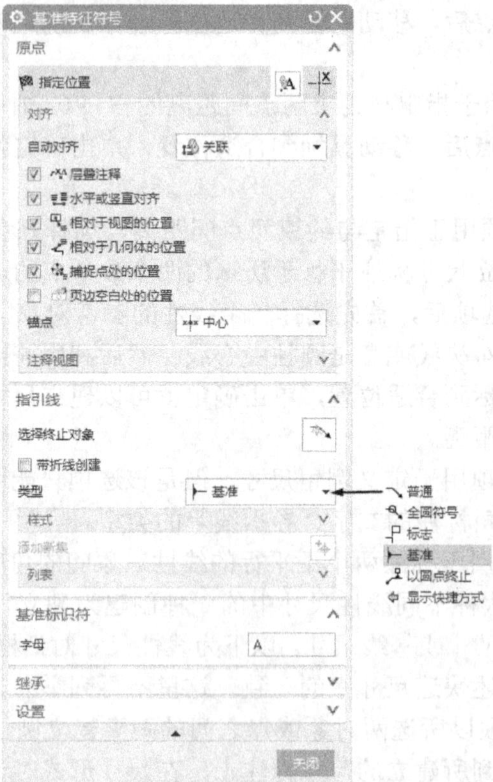

图 11-24 “基准特征符号”对话框

1．原点

（1）原点工具：使用原点工具查找图纸页上的表格注释。

（2）指定位置：用于为表格注释指定位置。

（3）对齐。

① 自动对齐：用于控制注释的相关性。

② 层叠注释：用于将注释与现有注释堆叠。

③ 水平或竖直对齐：用于将注释与其他注释对齐。

④ 相对于视图的位置：将任何注释的位置关联到制图视图。

⑤ 相对于几何体的位置：用于将带指引线的注释的位置关联到模型或曲线几何体。

⑥ 捕捉点处的位置：可以将光标置于任何可捕捉的几何体上，然后单击放置注释。

⑦ 页边空白处的位置：可将注释放置在与模型几何体预置距离的位置上。临时虚线显示为注释被拖拽越过边距。

⑧ 锚点：用于设置注释对象中文本的控制点。

2．指引线

（1）选择终止对象：用于为指引线选择终止对象。

（2）类型：列出指引线类型。

① 普通：创建带短画线的指引线。

② 全圆符号：创建带短画线和全圆符号的指引线。

③ 标志：创建一条从直线的一个端点到形位公差框角的延伸线。

④ 基准：创建可以与面、实体边或实体曲线、文本、形位公差框、短画线、尺寸延伸线以及下列中心线类型关联的基准特征指引线。

⑤ 以圆点终止：在延伸线上创建基准特征指引线，该指引线在附着到选定面的点上终止。

3．基准标识符-字母

用于指定分配给基准特征符号的字母。

4．设置

单击此按钮，打开“设置”对话框，用于指定基准显示实例的样式的选项。

基准特征符号示意图如图 11-25 所示。

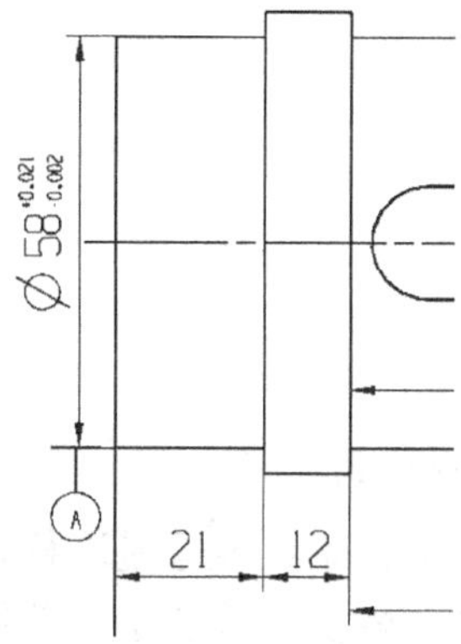

图 11-25 基准特征符号示意图

11.6.2 基准目标

使用此命令可在部件上创建基准目标符号，以指明部件上特定于某个基准的点、线或面积。基准符号是一个圆，分为上下两部分。下半部分包含基准字母和基准目标标号，可将标示符放在符号的上半部分中，以显示目标面积形状和大小。

选择“菜单”→“插入”→“注释”→“基准目标”命令，或者单击“主页”选项卡→“注释”组→“基准目标”图标，打开如图 11-26 所示“基准目标”对话框。

（1）类型：指定基准目标区域的形状。包括点、直线、矩形、圆形、环形、球形、圆柱形和任意八种类型。

（2）原点和指引线选项参数与基准特征符号中的选项相同。

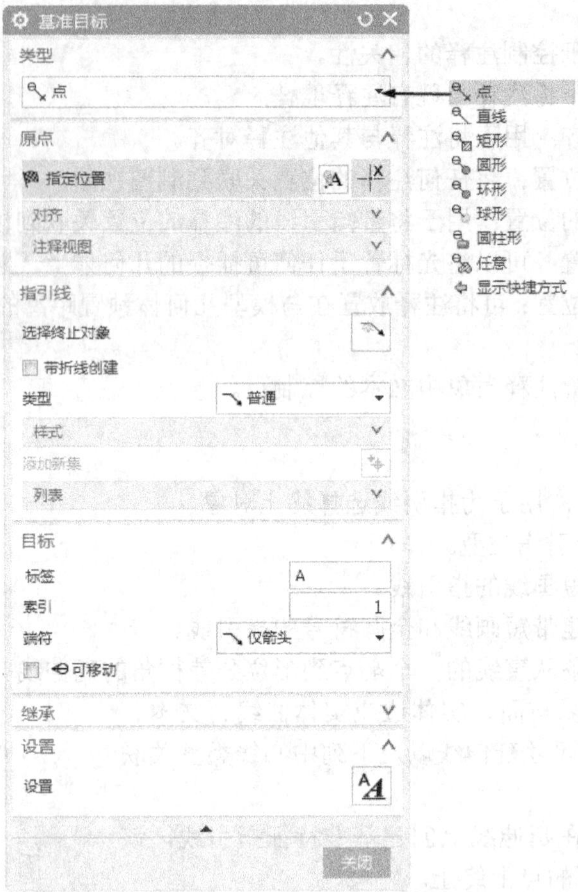

图 11-26 “基准目标”对话框

（3）目标。

① 标签：设置基准标识符号。

② 索引：设置索引的编号。

③ 可移动：将修饰符添加到圆形基准目标符号。

（4）设置：单击此按钮，打开“设置”对话框，用于指定基准目标符号的样式。

11.6.3 特征控制框

使用此命令创建形位公差基准特征符号，以便在图纸上指明基准特征，示意图如图 11-27 所示。

选择“菜单”→“插入”→“注释”→“特征控制框”命令，或者单击“主页”选项卡→“注释”组→“特征控制框” 图标，打开如图 11-28 所示“特征控制框”对话框。

（1）原点和指引线选项参数与基准特征符号中的选项相同。

（2）框。

① 特性：指定几何控制符号类型。

② 框样式：可指定样式为单框或复合框。

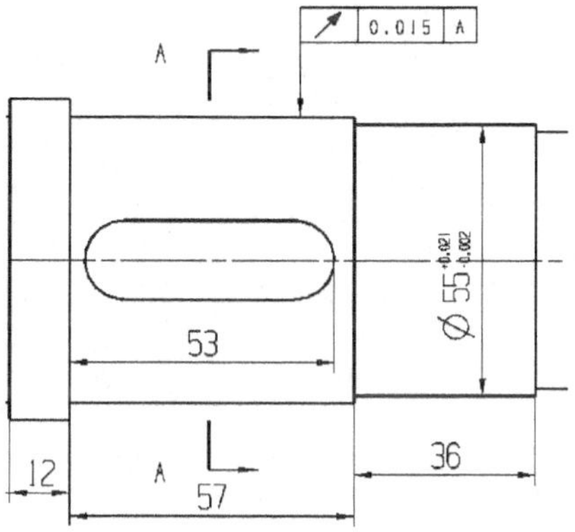

图 11-27　示意图（一）

图 11-28　“特征控制框”对话框

③ 公差。

- 单位基础值：适用于直线度、平面度、线轮廓度和面轮廓度特性。可以为单位基础面积类型添加值。
- ▾形状：可指定公差区域形状的直径、球形或正方形符号。
- 0.0：输入公差值。
- ▾修饰符：用于指定公差材料修饰符。
- 公差修饰符：设置投影、圆 U 和最大值修饰符的值。

④ 第一基准参考/第二基准参考/第三基准参考。

- ▾：用于指定主基准参考字母、第二基准参考字母或第三基准参考字母。
- ▾：指定公差修饰符。
- 自由状态：指定自由状态符号。
- 复合基准参考：单击此按钮，打开“复合基准参考”对话框，该对话框允许向主基准参考、第二基准参考或第三基准参考单元格添加附加字母、材料状况和自由状态符号。

（3）文本。

① 文本框：用于在特征控制框前面、后面、上面或下面添加文本。

② 符号-类别：用于从不同类别的符号类型中选择符号。

11.6.4 表面粗糙度

使用此命令创建符号标准的表面粗糙度符号，示意图如图 11-29 所示。

选择“菜单”→“插入”→“注释”→“表面粗糙度符号”命令，或单击“主页”选项卡→“注释”组→“表面粗糙度符号”√图标，打开如图 11-30 所示“表面粗糙度”对话框。

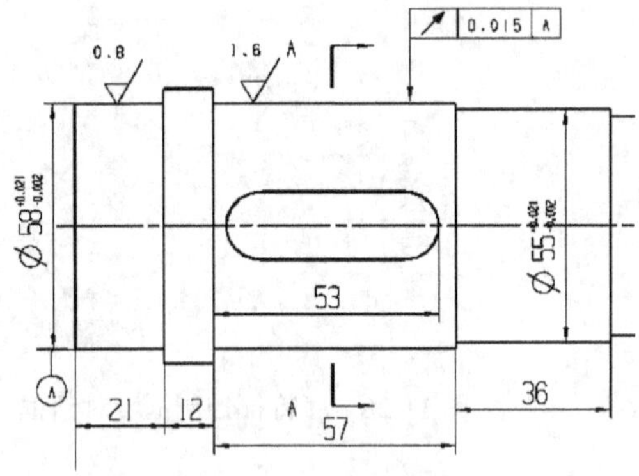

图 11-29　示意图（二）

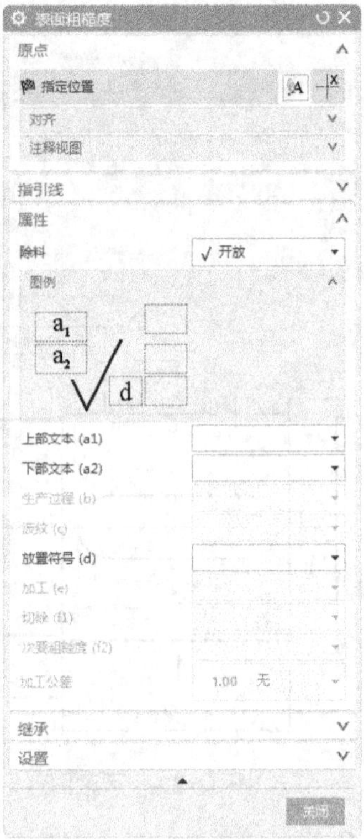

图 11-30　“表面粗糙度”对话框

（1）原点和指引线选项参数与基准特征符号中的选项相同。

（2）属性。

① 除料：用于指定符号类型。

② 图例：显示表面粗糙度符号参数的图例。

③ 上部文本：用于选择一个值以指定表面粗糙度的最大限制。

④ 下部文本：用于选择一个值以指定表面粗糙度的最小限制。

⑤ 生产过程：选择一个选项以指定生产方法、处理或涂层。

⑥ 波纹：波纹是比粗糙度间距更大的表面不规则性。

⑦ 放置符号：放置是由工具标记或表面条纹生成的主导表面图样的方向。

⑧ 加工：指定材料的最小许可移除量。

⑨ 切除：指定粗糙度切除。粗糙度切除是表面不规则性的采样长度，用于确定粗糙度的平均高度。

⑩ 次要粗糙度：指定次要粗糙度值。

⑪ 加工公差：指定加工公差的公差类型。

（3）设置。

① 设置：单击此按钮，打开“设置”对话框，用于指定显示实例的样式的选项。

② 角度：更改符号的方位。

③ 圆括号：在表面粗糙度符号旁边添加左侧、右侧或两侧。

11.6.5 注释

使用此命令创建和编辑注释及标签。通过对表达式、部件属性和对象属性的引用来导入文本，文本可包括由控制字符序列构成的符号或用户定义的符号。

选择“菜单”→“插入”→“注释”→“注释”命令，或者单击“主页”选项卡→“注释”组→“注释”A图标，打开如图 11-31 所示“注释”对话框。

图 11-31 “注释”对话框

1. 文本输入

（1）编辑文本

① 清除：清除所有输入的文字。

② 剪切：从窗口中剪切选中的文本。剪切文本后，将从编辑窗口中移除文本，并将其复制到剪贴板中。

③ 复制：将选中文本复制到剪贴板。将复制的文本重新粘贴到编辑窗口，或插入到支持剪贴板的任何其他应用程序中。

④ 粘贴：将文本从剪贴板粘贴到编辑窗口中的光标位置。

⑤ 删除文本属性：删除字型为斜体或粗体的属性。

⑥ 选择下一个符号：注释编辑器输入的符号来移动光标。

（2）格式设置

① 上标：在文字上面添加内容。

② 下标：在文字下面添加内容。

③ chinesef_fs 选择字体：用于选择合适的字体。

（3）符号

插入制图符号。

（4）导入/导出

① 插入文件中的文本：将操作系统文本文件中的文本插入到当前光标位置。

② 注释另存为文本文件：将文本框中的当前文本另存为 ASCII 文本文件。

2. 继承-选择注释

用于添加与现有注释的文本、样式和对齐设置相同的新注释。还可以用于更改现有注释的内容、外观和定位。

3. 设置

（1）设置：单击此按钮，打开“设置”对话框，为当前注释或标签设置文字首选项。

（2）竖直文本：勾选此复选框，在编辑窗口中从左到右输入的文本将从上到下显示。

（3）斜体角度：相应字段中的值将设置斜体文本的倾斜角度。

（4）粗体宽度：设置粗体文本的宽度。

（5）文本对齐：在编辑标签时，可指定指引线短画线与文本和文本下画线对齐。

11.7　综合实例——创建阀体工程图

本例创建阀体工程图，如图 11-32 所示。

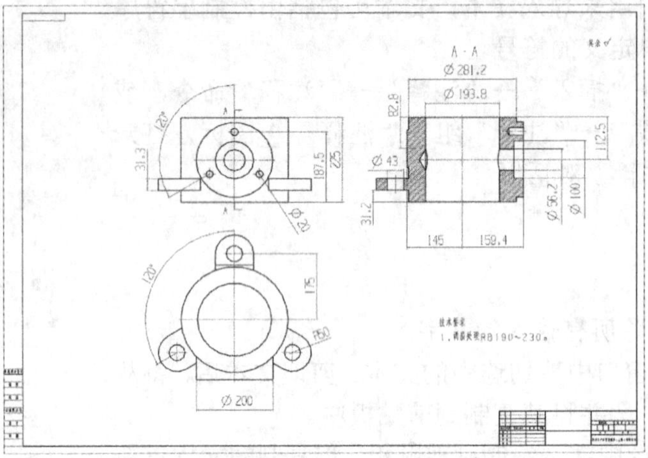

图 11-32　阀体视图

绘制步骤

（1）单击“主页”选项卡→“标准”组→“新建”图标，打开“新建”对话框。在“图纸”选项卡中选择 A1-无视图模型，如图 11-33 所示。单击“打开”按钮，打开如图 11-34 所示的“选择主模型部件”对话框，单击“打开”按钮，打开“部件名”对话框，选择 fati 部件，单击“OK”按钮，再单击“确定”按钮。

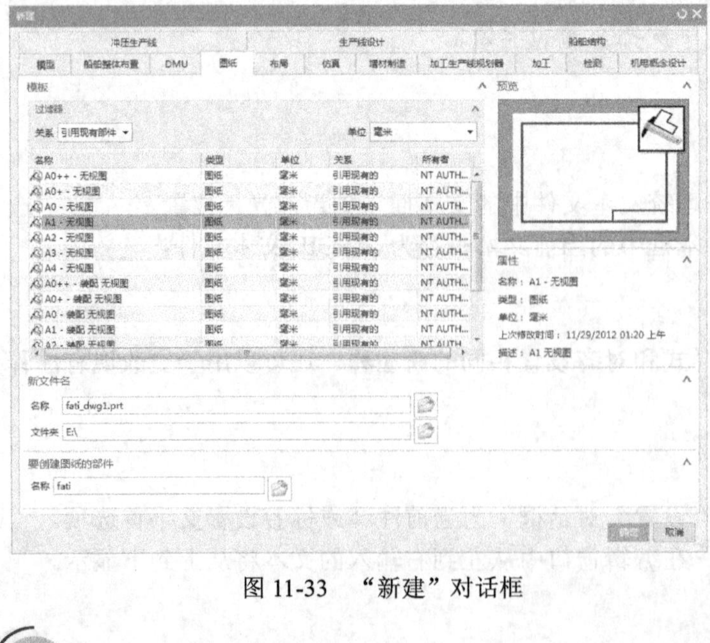

图 11-33　“新建”对话框

图 11-34　“选择主模型部件”对话框

（2）单击“菜单”→“首选项”→“制图”命令，打开如图 11-35 所示的“制图首选项”对话框。

3

图 11-35 “制图首选项”对话框

① 选择“公共”→“文字”选项，如图 11-36 所示，高度改为 12。

图 11-36 “文字”选项

② 选择“视图”→“表区域” →“标签”选项，如图 11-37 所示，去掉前缀，字符高度因子改为 1.5。

③ 选择“尺寸”→“文本”→“尺寸文本”选项，如图 11-38 所示，高度改为 12。若有些标签或其他图标在图纸上大小不适合，可双击其调整大小。

（3）单击“主页”选项卡→“视图”组→“基本视图”图标，打开如图 11-39 所示的

“基本视图”对话框。选择“前视图”，设置比例为 1:2。在图纸中适当的地方放置基本视图，如图 11-40 所示。单击“关闭”按钮，关闭“基本视图”对话框。

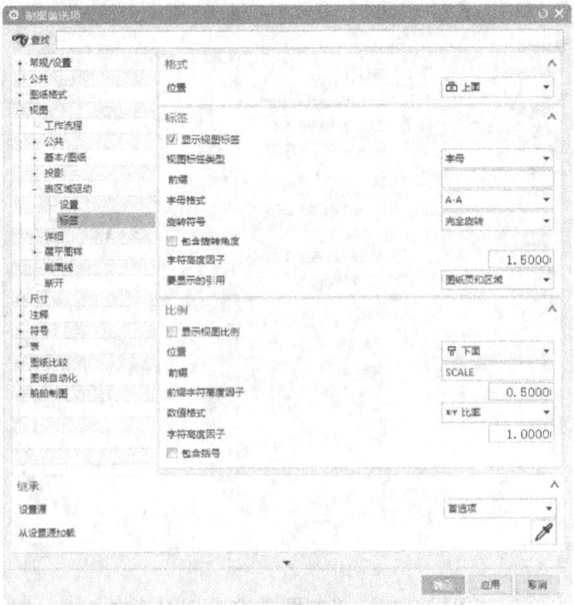

图 11-37 “标签”选项

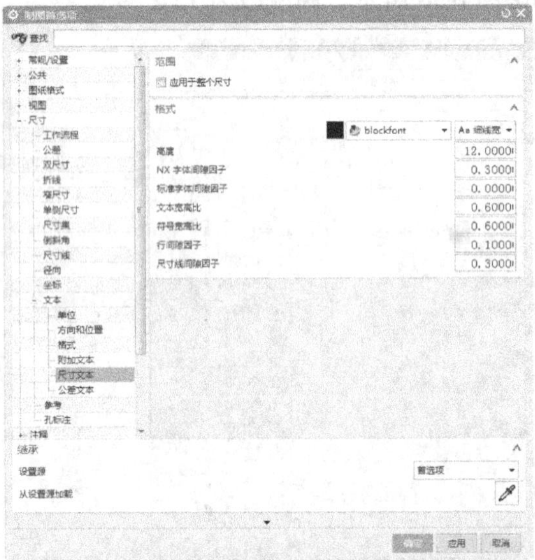

图 11-38 “尺寸文本”选项

图 11-39 “基本视图”对话框

（4）单击“主页”选项卡→“视图”组→“剖视图”图标，打开如图 11-41 所示的“剖视图”对话框，选择上步创建的前视图为父视图，捕捉圆心为铰链线的放置位置，单击鼠标左键确定剖视图的位置，将视图放置到前视图右方适当位置，如图 11-42 所示。

（5）单击“主页”选项卡→“视图”组→“投影视图”图标，打开如图 11-43 所示的“投影视图”对话框。选择主视图为父视图，选择投影方向，如图 11-44 所示，将投影放置在图纸中适当位置，如图 11-45 所示。

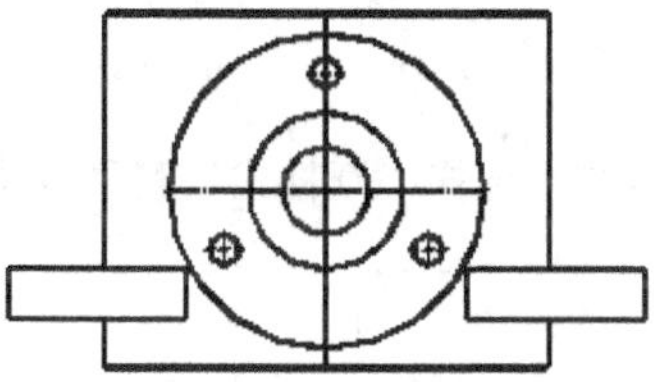

图 11-40　创建基本视图

图 11-41　“剖视图”对话框 1

图 11-42　创建剖视图

图 11-43　“投影视图”对话框

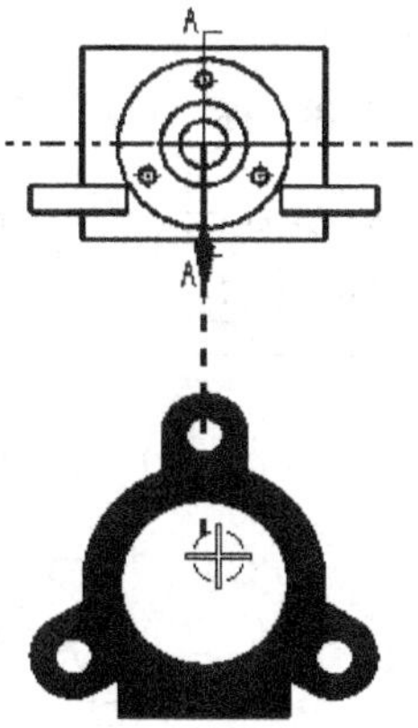

图 11-44　选择投影方向

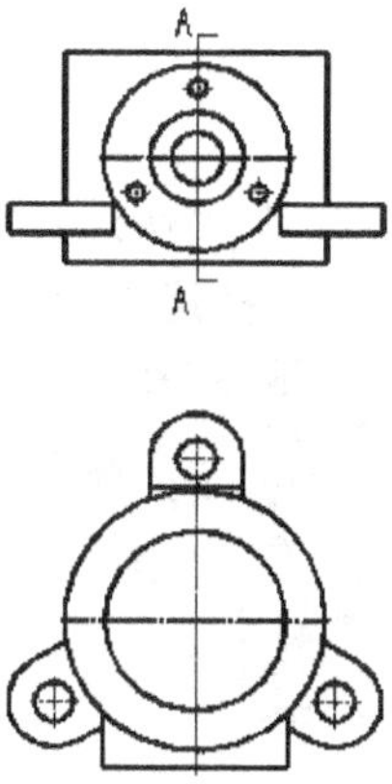

图 11-45　放置适当的位置

（6）选择“菜单”→“插入”→“尺寸”→“快速”命令，或者单击“主页”选项卡→“尺寸”组→“快速”图标，打开如图 11-46 所示的“快速尺寸”对话框，选择合适的“测量方法”进行合理的尺寸标注。

① 在“快速尺寸”对话框中，测量方法选择“圆柱式”，如图 11-47 所示，进行“圆柱式”尺寸标注，如图 11-48 所示。

图 11-46 “快速尺寸”对话框

图 11-47 选择“圆柱式”测量方法

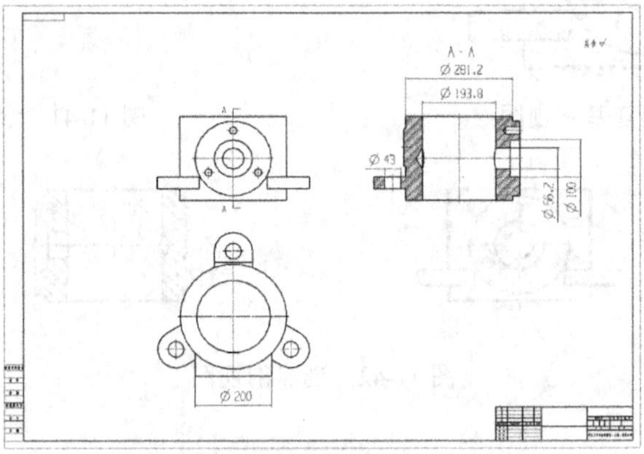

图 11-48 标注“圆柱形”尺寸

② 在“快速尺寸”对话框中，测量方法选择“水平”进行尺寸标注，如图 11-49 所示，进行“圆柱形”尺寸标注，如图 11-50 所示。

图 11-49 选择“水平”测量方法

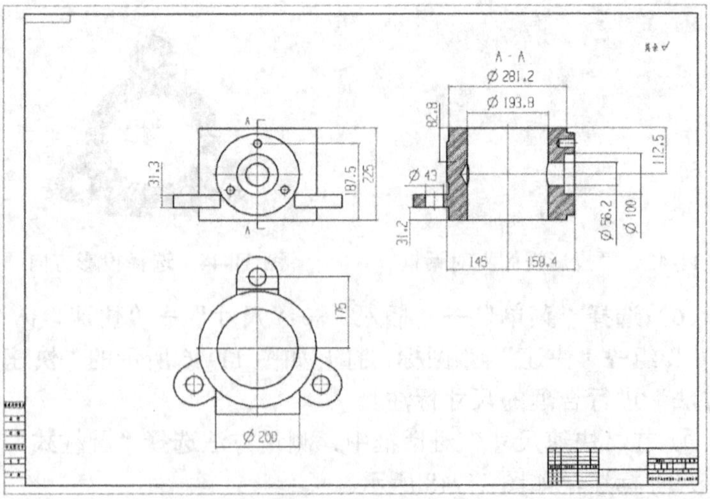

图 11-50 标注“水平”尺寸

③ 在“快速尺寸”对话框中，测量方法选择“竖直”进行尺寸标注，如图 11-51 所示，进行“竖直”尺寸标注，如图 11-52 所示。

图 11-51 选择“竖直”测量方法

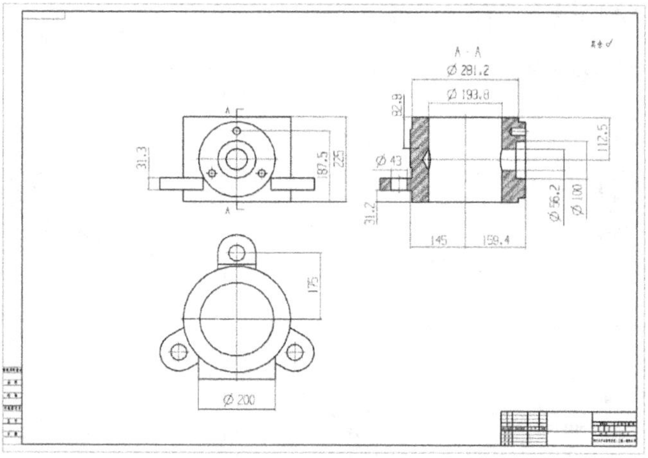

图 11-52 标注“竖直”尺寸

④ 在“快速尺寸”对话框中，测量方法选择“径向”进行尺寸标注，如图 11-53 所示，进行“径向”尺寸标注，如图 11-54 所示。

图 11-53 选择“径向”测量方法

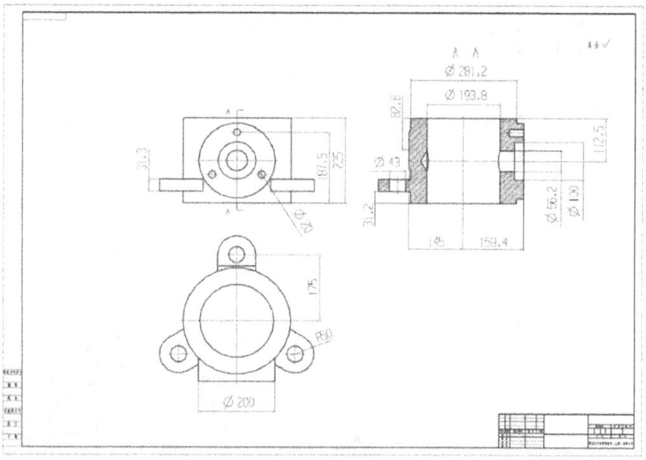

图 11-54 标注“径向”尺寸

⑤ 在“快速尺寸”对话框中，测量方法选择“直径”进行尺寸标注，如图 11-55 所示，进行“直径”尺寸标注，如图 11-56 所示。

（7）选择“菜单”→“插入”→“尺寸”→“角度”命令，或者单击“主页”选项卡→“尺寸”组→“角度”图标，打开如图 11-57 所示的“角度尺寸”对话框，选择模式为“Vectors and Objects”，以投影视图为例，第一个对象选择上方的圆孔，第一个矢量使用两点法，选择中心的圆和上方的圆孔；第二个对象选择左下方的圆孔，第二个矢量使用两点法，选择中心的圆和左下方的圆孔。单击“确定”按钮，完成角度尺寸的创建，如图 11-58 所示，前视图的圆孔也按照上述方法。

（8）单击“主页”选项卡→“注释”组→“注释”A图标，打开如图 11-59 所示的“注释”对话框。在文本框中输入如图 11-60 所示的技术要求文本，拖动文本到合适位置处，单击鼠标左键，将文本固定在图样中，效果如图 11-32 所示。

图 11-55　选择“直径”测量方法

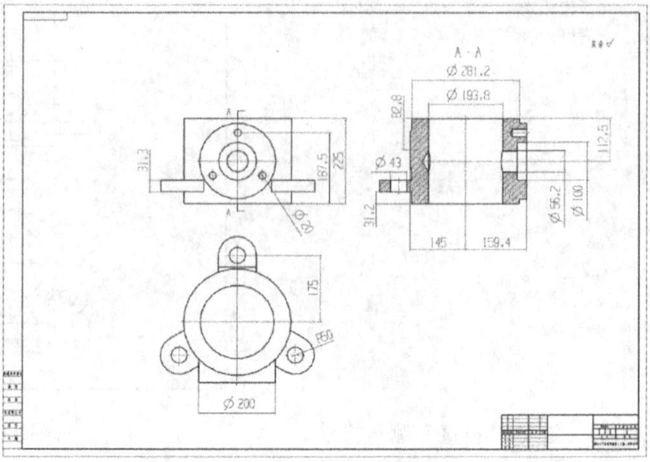

图 11-56　标注“直径”尺寸

图 11-57　“角度尺寸”对话框

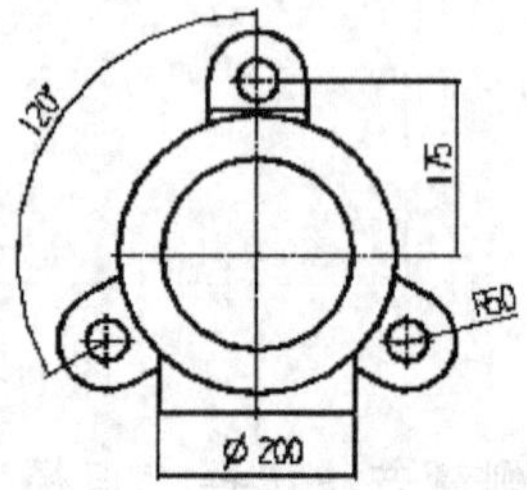

图 11-58　标注“角度”尺寸

图 11-59　“注释”对话框

技术要求

1.调制处理RB190-230。

图 11-60　技术要求